Dieter Füg
und Autorenkollektiv

Stahltragwerke

1 Entwicklung der Eisen- und Stahlbauweise	Dr.-Ing. F. Werner, Hochschule für Architektur und Bauwesen Weimar
2 Tragwerkselemente	Prof. Dr. sc. techn. D. Füg, Ingenieurhochschule Cottbus, unter Mitarbeit von Dr.-Ing. H. Gliedstein, Ingenieurhochschule Cottbus Dr.-Ing. S. Kind, VEB MLK Forschungsinstitut Leipzig Dr.-Ing. W. Wapenhans, VEB BMK Kohle und Energie KB Forschung und Projektierung Dipl.-Ing. H. J. Weihnacht, Ingenieurhochschule Cottbus
3 Hallenbauten und Überdachungen	Prof. Dr. sc. techn. D. Füg, Ingenieurhochschule Cottbus
4 Mehrgeschossige Gebäude	Doz. Dr.-Ing. H. Bark, unter Mitarbeit von Dipl.-Ing. D. Steinbrecher, Ingenieurhochschule Cottbus
5 Kranbahnen	Doz. Dr.-Ing. H. Voigtländer, Ingenieurschule für Schwermaschinenbau Roßwein
6 Industriegerüste	Dipl.-Ing. E. Jahn, Ingenieurhochschule Cottbus Dipl.-Ing. R. Scholz, VEB Dampferzeugerbau Berlin Dipl.-Ing. W. Schreiber, VEB Dampferzeugerbau Berlin
7 Industriebrücken	Studienrat Dipl.-Ing. K. Lachmann, Ingenieurschule für Schwermaschinenbau Roßwein
8 Sondertragwerke	Doz. Dr. sc. techn. K. H. Schanz, Ingenieurhochschule Wismar Prof. Dr.-Ing. habil. K. Raboldt, Ingenieurhochschule Cottbus, unter Mitwirkung von Dr.-Ing. W. Randel, VEB MLK Werk Calbe Bauing. J. Rother, VEB BMK Erfurt, IPRO Jena
9 Rekonstruktionsmaßnahmen im Industriebau	Prof. Dr. sc. techn. D. Füg, Ingenieurhochschule Cottbus, unter Mitwirkung von Dr.-Ing. F. Gellner, Ingenieurhochschule Cottbus Dr.-Ing. S. Kind, VEB MLK Forschungsinstitut Leipzig

Dieter Füg
und Autorenkollektiv

Stahltragwerke im Industriebau

Berechnung
und Konstruktion

VEB Verlag für Bauwesen
Berlin

In den Abschnitten des Fachbuchs wurden Zuarbeiten folgender sowjetischer Autoren berücksichtigt:

Dipl.-Ing. W. P. Babanin, Hochschule für Bauwesen Charkow (UdSSR)
Doz. Kand. d. techn. Wissenschaften K. E. Dshan-Temirow, Hochschule für Bauwesen Charkow (UdSSR)
Doz. Kand. d. techn. Wissenschaften W. W. Fursow, Hochschule für Bauwesen Charkow (UdSSR)
Doz. Kand. d. techn. Wissenschaften P. I. Saizew, Hochschule für Bauwesen Charkow (UdSSR)
Doz. Kand. d. techn. Wissenschaften M. S. Wladowskij, Hochschule für Bauwesen Charkow (UdSSR)

ISBN 3-345-00296-5

1. Auflage
© VEB Verlag für Bauwesen, Berlin, 1989
VLN 152 · 905/4/88
Printed in the German Democratic Republic
Gesamtherstellung: VEB Druckhaus „Maxim Gorki", 7400 Altenburg
Lektoren: Dipl.-Ing. Bärbel Gräbe, Dr.-Ing. Doris Greiner-Mai
Typographie: Helmut Pfeifer
Einbandgestaltung: Lothar Gabler
LSV 3705
Bestellnummer: 562 171 6
06800

Vorwort

Der Industriebau nimmt im Bauwesen der Industrienationen der Welt einen wichtigen Platz ein. Für die Tragwerke des Industriebaus spielt aus der Sicht der vielfältigen Nutzertechnologie und der Forderung nach rationellem Stahleinsatz die Stahlkonstruktion eine dominierende Rolle. Die Vorteile gegenüber anderen Bauweisen lassen für die speziellen Aufgaben des Industriebaus oft nur den Stahlbau als einzige Variante zu. Die Verringerung des Stahleinsatzes in diesem Anwendungsgebiet hat deshalb große volkswirtschaftliche Bedeutung. Anliegen der Autoren ist es, mit diesem Fachbuch Anregungen zur Berechnung und Konstruktion von Industriebauten unter Beachtung eines effektiven Stahleinsatzes zu geben und durch Anwendungsbeispiele die praktische Handhabung zu zeigen. Dieser Zielstellung entsprechend wurden z. B. Aussagen zur Nutzung der räumlichen Tragwirkung, zur Anwendung der Verbund- und Mischbauweise und zur Erhaltung vorhandener Bausubstanz durch Rekonstruktionsmaßnahmen gemacht. Weiterhin wurde auf die Darstellung konstruktiver Vorzugslösungen Wert gelegt.

Viele Tragwerke des Industriebaus sind Einzelbauwerke, für deren Berechnung nicht immer der Einsatz von EDV-Programmen möglich ist. Die Autoren haben deshalb auch eine Reihe von Rechenhilfsmitteln, wie z. B. Bemessungstafeln, Schnittkrafttabellen, Knicklängenbeiwerte für die Berechnung nach dem Ersatzstabverfahren, aufgenommen.

Durch die unmittelbare Beteiligung sowjetischer Autoren konnten auch Erfahrungen aus dem Industriebau der Sowjetunion eingearbeitet werden.

Zur Zeit der Bearbeitung dieses Titels befanden sich die Vorschriften der DDR in Überarbeitung. Die Vorschriftenentwürfe zur Bemessung mit Hilfe von Teilsicherheitsfaktoren wurden weitestgehend in die entsprechenden Abschnitte einbezogen.

Die Autoren hoffen, mit diesem Fachbuch sowohl den Studierenden als auch den in der Praxis tätigen Ingenieuren ein aktuelles und anwendungsfreundliches Hilfsmittel für Projektierungsaufgaben des Stahlbaus zur Verfügung zu stellen. Aus Sicht dieser Zielstellung wünschen wir dem vorliegenden Fachbuch eine günstige Aufnahme beim angesprochenen Leserkreis.

Der besondere Dank der Autoren gebührt den Gutachtern, Prof. Dr.-Ing. habil. P. HOFMANN, Hochschule für Architektur und Bauwesen Weimar, und Prof. Dr. sc. techn. H. STENKER, Ingenieurhochschule Cottbus, für eine Vielzahl helfender Hinweise.

DIETER FÜG

Hinweis

Zum Zeitpunkt der Bearbeitung der vorliegenden Monographie lagen folgende Grundstandards für die Berechnung der Stahltragwerke nach Grenzzuständen mit Teilsicherheitsfaktoren vor

TGL 13500/01 Entwurf 6/85
    13500/02 Entwurf 7/85
    13503/01 Entwurf 7/85
    13503/02 Entwurf 7/85
    13450/01 Entwurf 7/86
    13471   Entwurf 6/85

Anliegen der Autoren war es, den neuesten Entwicklungsstand der Standards zu berücksichtigen und damit dem Anwender die Einarbeitung in die neuen Vorschriften zu erleichtern. Außer in den Abschnitten 2.1. (Umhüllungen), 2.2. (Pfetten), 8.1. (Bunker und Silos), 8.2. (abgespannte Maste), wo die Umstellung der Vorschriften noch nicht erfolgt ist, wurde die Bemessung mit Teilsicherheitsfaktoren als Berechnungsgrundlage genutzt.

Gegenüber dem berücksichtigten Bearbeitungsstand der Vorschriften haben sich Veränderungen ergeben. Solche Veränderungen betreffen beispielsweise

— Werkstoffbezeichnungen und -kennwerte
— Größenordnung der Wertigkeits- und Materialfaktoren
— Verfeinerung der Lastkombinationen

Sie beeinflussen die Grundkonzeption der Berechnung nach Grenzzuständen mit Teilsicherheitsfaktoren nicht. Im Rahmen der verlagstechnischen Bearbeitung konnten sie nicht berücksichtigt werden. Sie sind jedoch bei der Nutzung der vorliegenden Monographie zu beachten.

Autorenkollektiv

Inhaltsverzeichnis

1.	**Entwicklung der Eisen- und Stahlbauweise**	9
2.	**Tragwerkselemente**	21
2.1.	Umhüllungen	21
2.1.1.	Hüllelemente aus metallischen Werkstoffen	21
2.1.1.1.	Hüllelemente, bei denen die Membranwirkung dünner Bleche genutzt wird	21
2.1.1.2.	Hüllelemente bei Verwendung von profilierten Blechen	22
2.1.1.3.	Dreischichtige Hüllelemente (Sandwichbauweise)	27
2.1.2.	Hüllelemente aus nichtmetallischen Werkstoffen	29
2.2.	Pfetten und Riegel	29
2.2.1.	Pfetten	29
2.2.1.1.	Querschnittsgestaltung/Pfettensysteme	29
2.2.1.2.	Lastannahmen	29
2.2.1.3.	Pfettenberechnung	30
2.2.1.4.	Konstruktive Besonderheiten	34
2.2.2.	Wandriegel	41
2.3.	Decken und Bühnen	41
2.3.1.	Funktion, Wirkungsweise, Gestaltung	41
2.3.2.	Bemessung von vollwandigen Biegeträgern	45
2.3.2.1.	Bemessung von doppeltsymmetrischen I-Querschnitten aus Material gleicher Festigkeit	46
2.3.2.2.	Bemessung von einfachsymmetrischen I-Querschnitten aus Material gleicher Festigkeit	47
2.3.2.3.	Bemessung des Hybridträgers	47
2.3.3.	Bemessung von Trägern mit regelmäßigen Stegdurchbrechungen (Wabenträger)	49
2.3.4.	Stahlblech-Verbunddecken und Stahlverbundträger	50
2.3.4.1.	Entwicklungsstand von Verbunddecken (Stahlblech-Verbunddecken)	51
2.3.4.2.	Berechnung von Verbunddecken	52
2.3.4.3.	Entwicklungsstand von Stahlverbundträgern	53
2.3.4.4.	Berechnung von Verbundträgern	55
2.3.4.5.	Vergleich der Tragfähigkeit von Stahl- und Verbundträgern	59
2.4.	Treppen und Steigleitern	59
2.4.1.	Funktion und Gestaltung	59
2.4.2.	Berechnung	61
2.5.	Stützenfußgestaltung	63
2.5.1.	Prinzip, Wirkungsweise	63
2.5.2.	Bemessung und Gestaltung von Stützenfüßen in Form von Gelenken	64
2.5.3.	Bemessung und Gestaltung von Stützenfüßen einteiliger Stützen und Rahmenstiele als Einspannung	66
2.5.4.	Bemessung und Gestaltung von Stützenfüßen mehrteiliger Stützen und Rahmenstiele als Einspannung	68
2.5.5.	Verankerungsteile	68
2.6.	Rahmenecken, Konsolen	68
2.6.1.	Prinzip, Wirkungsweise	68
2.6.2.	Berechnung und konstruktive Gestaltung	71
2.6.2.1.	Geschweißte Rahmenecken und Konsolen	71
2.6.2.2.	Geschraubte Rahmenecken und Konsolen	72
3.	**Hallenbauten und Überdachungen**	79
3.1.	Systeme von Hallenbauten und deren Stabilisierung	79
3.1.1.	Stabilisierungselemente	79
3.1.2.	Dachtragwerke auf massiven Umfassungswänden	79
3.1.3.	Dachtragwerk-Stützen-Systeme	80
3.1.4.	Rahmensysteme	82
3.1.5.	Sondersysteme	83
3.1.5.1.	Shedkonstruktionen	83
3.1.5.2.	Raumtragwerke	85
3.1.5.3.	Seiltragwerke	85
3.1.5.4.	Vorgespannte Konstruktionen	85
3.1.6.	Systemwahl aus der Sicht des Materialaufwands	85
3.2.	Gestaltung und Bemessung von Dachtragwerken	86
3.2.1.	Fachwerkträger	86
3.2.2.	Unterspannte Systeme	94
3.2.3.	R-Träger	96
3.2.4.	Vollwandige Dachtragwerke	97
3.2.5.	Sheddächer	98
3.2.6.	Raumstabwerke	99
3.3.	Gestaltung und Berechnung von Dachtragwerk-Stützen-Systemen	101
3.3.1.	Beanspruchung und Gestaltung der Stützen im Binder-Stützen-System	101
3.3.2.	Grundlagen der Berechnung von Binder-Stützen-Systemen	105
3.3.2.1.	Ermittlung der Schnittkräfte	105
3.3.2.2.	Knicklängenbeiwerte für Stützen	111
3.3.2.3.	Nachweis der Stützen	120
3.4.	Gestaltung und Berechnung von Rahmentragwerken	120
3.4.1.	Beanspruchung und Gestaltung der Rahmenstiele und -riegel	128
3.4.2.	Berechnung von Rahmentragwerken	129
3.4.2.1.	Berechnungsgrundsätze	129
3.4.2.2.	Ermittlung der Schnittkräfte	130
3.4.2.3.	Knicklängenbeiwerte	130
4.	**Mehrgeschossige Gebäude**	137
4.1.	Überblick	137
4.2.	Systeme und deren Stabilisierung	139
4.2.1.	Systeme mit Scheibenstabilisierung	139

4.2.2.	Systeme mit Kernstabilisierung	141		6.1.1.3.	Funktionen des Kesselgerüstes	194
4.3.	Lasten und Lastannahmen	141		6.1.2.	Lastannahmen	195
4.4.	Berechnung mehrgeschossiger Gebäude	142		6.1.3.	Berechnung und Bemessung	195
4.4.1.	Näherungsverfahren	143		6.1.3.1.	Wahl des statischen Systems	195
4.4.2.	Ermittlung der Knicklängenbeiwerte für orthogonale Stockwerkrahmen	144		6.1.3.2.	Querschnitte	196
4.5.	Konstruktive Durchbildung	149		6.1.3.3.	Stahlgüten	197
4.5.1.	Profilierung der Bauglieder	149		6.1.3.4.	Riegel-Stützen-Verbindung	197
4.5.2.	Zuordnung der Bauglieder	150		6.1.3.5.	Misch- und Verbundbauweise	197
4.5.3.	Verbindungslösungen	151		6.1.3.6.	Berechnungsverfahren	197
4.5.4.	Decken- und Dachausbildung	153		6.1.4.	Konstruktive Besonderheiten	198
4.6.	Korrosions- und Brandschutz	154		6.2.	Bunker-, Silo- und Apparategerüste	200
4.7.	Beispiellösungen	156		6.2.1.	Gestaltung der Tragstruktur	200
4.7.1.	Geschoßbau Typ „Calbe"	156		6.2.2.	Lastannahmen	201
4.7.2.	Beispiel eines mehrgeschossigen Industriegebäudes	157		6.2.3.	Berechnung	201
				6.2.4.	Konstruktive Gestaltung	202
				6.2.4.1.	Bühnenabdeckung	202
5.	**Kranbahnen**	**161**		6.2.4.2.	Profilgestaltung	202
5.1.	Grundlagen	161		6.2.4.3.	Anschlüsse, Stöße, Stielfüße	204
5.1.1.	Einteilung und prinzipieller Aufbau	161		6.2.5.	Ausführungsbeispiele	204
5.1.2.	Entwurfsgrundlagen	162				
5.2.	Berechnung und Konstruktion	163		**7.**	**Industriebrücken**	**207**
5.2.1.	Lastannahmen	163		7.1.	Funktion	207
5.2.1.1.	Ständige Lasten	163		7.2.	Trassierung	208
5.2.1.2.	Langfristige Verkehrslasten	163		7.3.	Technologische Ausrüstung	208
5.2.1.3.	Kurzfristige Verkehrslasten	163		7.3.1.	Rohrleitungsbrücken	208
5.2.1.4.	Sonderlasten	165		7.3.2.	Bandbrücken	211
5.2.1.5.	Lastfaktoren	165		7.4.	Aufbau der Gesamtbrücke	211
5.2.1.6.	Wertigkeitsfaktor und Faktor γ	166		7.4.1.	Rohrleitungsbrücken	211
5.2.1.7.	Lastkombinationen	166		7.4.2.	Bandbrücken	211
5.2.2.	Statische Systeme und Schnittkräfte	166		7.5.	Belastungen	212
5.2.3.	Kranbahnträger	167		7.5.1.	Rohrleitungsbrücken	213
5.2.3.1.	Gestaltung des Querschnitts aus statisch-konstruktiver Sicht	167		7.5.1.1.	Windlast quer zur Brücke	213
5.2.3.2.	Statischer Festigkeitsnachweis	170		7.5.1.2.	Technologische Lasten	214
5.2.3.3.	Ermüdungsfestigkeitsnachweis	171		7.5.2.	Bandbrücken	214
5.2.3.4.	Stabilitätsnachweis	174		7.5.2.1.	Technologische Lasten	214
5.2.3.5.	Formänderungsnachweis	176		7.5.2.2.	Massenkräfte	215
5.2.4.	Horizontalverband und Nebenträger	176		7.5.2.3.	Windlasten	215
5.2.4.1.	Funktion und Gestaltung	176		7.6.	Entwurfsgrundlagen	215
5.2.4.2.	Nachweise	177		7.6.1.	Rohrleitungsbrücken	215
5.2.5.	Längsstabilisierung	177		7.6.2.	Bandbrücken	215
5.2.5.1.	Funktion und Gestaltung	177		7.7.	Berechnung und Konstruktion	218
5.2.5.2.	Nachweise	178		7.7.1.	Querträger	218
5.2.6.	Stützen für Freikranbahnen	178		7.7.2.	Horizontalverbände	219
5.2.6.1.	Funktion und Gestaltung	178		7.7.3.	Hauptträger	219
5.2.6.2.	Nachweise	182		7.7.4.	Endquerscheiben	220
5.2.7.	Konstruktive Details	182		7.7.5.	Stützen	220
5.2.7.1.	Schienenstoß und Schienenbefestigung	182		7.7.6.	Spann-, Umlenk- und Übergabetürme	221
5.2.7.2.	Auflagerausbildung für Kranbahnträger	182		7.8.	Sonderkonstruktionen	221
5.2.7.3.	Endanschläge	182		7.9.	Typisierung	222
5.2.7.4.	Schleifleitungskonsole	182		7.10.	Ausführungsbeispiele	224
5.2.7.5.	Stöße von Unterflanschkatzbahnträgern	183				
5.3.	Typenkranbahnträger	189		**8.**	**Sondertragwerke**	**229**
				8.1.	Bunker und Silos	229
6.	**Industriegerüste**	**191**		8.1.1.	Funktion und Entwurf	229
6.1.	Kesselgerüste	191		8.1.2.	Berechnungsgrundlagen	229
6.1.1.	Systemgestaltung	192		8.1.3.	Konstruktive Gestaltung	232
6.1.1.1.	Kriterien für die Gestaltung der Dampferzeuger	192		8.2.	Abgespannte Maste	233
6.1.1.2.	Leistungsumfang — Stahlbau	192		8.2.1.	Funktion und Entwurf	233
				8.2.2.	Berechnungsgrundlagen	233
				8.2.3.	Mastberechnung als elastisch gestützter Durchlaufträger nach PETERSEN	234

8.2.4.	Berechnung des abgespannten Mastes als räumliches Stabtragwerk nach MELAN	236	
8.2.5.	Ausführung	238	
8.3.	Hochregallager	244	
8.3.1.	Bedeutung, Funktion und Entwurf	244	
8.3.1.1.	Entwurfslösungen und Entwicklungstendenzen	244	
8.3.1.2.	Technische Gebäudeausrüstung	246	
8.3.1.3.	Gesundheits-, Arbeits-, Brandschutz, Korrosionsschutz	248	
8.3.2.	Berechnung	248	
8.3.2.1.	Lastannahmen	248	
8.3.2.2.	Untersuchung der Haupttragwirkung	249	
8.3.2.3.	Sonstige Untersuchungen	249	
8.3.3.	Konstruktion	249	
8.3.3.1.	Auflageriegel	249	
8.3.3.2.	Regalscheiben	250	
8.3.3.3.	Sonstige Konstruktionsteile	250	
8.3.4.	Fertigung und Montage	250	

9. Rekonstruktionsmaßnahmen im Industriebau ... 253

9.1.	Analyse des aktuellen Zustands und Schlußfolgerungen für die Rekonstruktionsmaßnahmen	253
9.2.	Rekonstruktion durch Ersatz von Elementen und Bauteilen	255
9.3.	Verstärkungsmaßnahmen	257
9.3.1.	Zugstab	257
9.3.1.1.	Verstärkung des Zugstabes	257
9.3.1.2.	Vorspannung des Zugstabes	258
9.3.2.	Druckstab	259
9.3.2.1.	Verstärkter Druckstab	259
9.3.2.2.	Seitlich abgestützter Druckstab	261
9.3.2.3.	Druckstäbe mit Vorspannung	261
9.3.2.4.	Tragfähigkeitserhöhung durch Stahlverbund	262
9.3.3.	Biegestab	267
9.3.3.1.	Verstärkung durch Laschen im überbeanspruchten Bereich aus Material gleicher bzw. höherer Festigkeit	267
9.3.3.2.	Aufhängung bzw. Unterstützung des Biegeträgers	267
9.3.3.3.	Vorgespannter Biegestab	268
9.3.3.4.	Unterspannung des Biegeträgers	272
9.3.3.5.	Der Verbundträger	272
9.3.4.	Verstärkungsmaßnahmen bei Stabsystemen	272
9.4.	Nutzung vorhandener Tragreserven	275
9.4.1.	Experimentelle Bestimmung der Tragwerkssteifigkeit	275
9.4.2.	Berücksichtigung der räumlichen Tragwirkung	275
9.4.3.	Nutzung der teilweisen Einspannung unvollkommener Gelenke von Auflagerungen und Anschlüssen	278
9.4.4.	Nutzung plastischer Tragreserven	279
9.4.5.	Einbeziehung wirksamer Bauteile in die Tragwirkung von Metallkonstruktionen	280
9.4.6.	Nutzung der wirklichen Materialeigenschaften	280
9.5.	Gezielte Veränderungen des Tragsystems	280
9.5.1.	Veränderungen bei Trägersystemen	281
9.5.2.	Veränderungen bei Binder-Stützen-Systemen	281
9.5.3.	Veränderungen an Rahmensystemen	281
9.6.	Präzisierung der Belastung	282
9.6.1.	Erfassung der tatsächlichen Belastung	282
9.6.2.	Gezielte Veränderung der Lasteinwirkung	282
9.6.3.	Nutzung neuer wissenschaftlicher Erkenntnisse zur Erfassung der Lasten	283

Übersicht über verwendete Vorschriften ... 285

Sachwörterverzeichnis ... 287

1

Entwicklung der Eisen- und Stahlbauweise

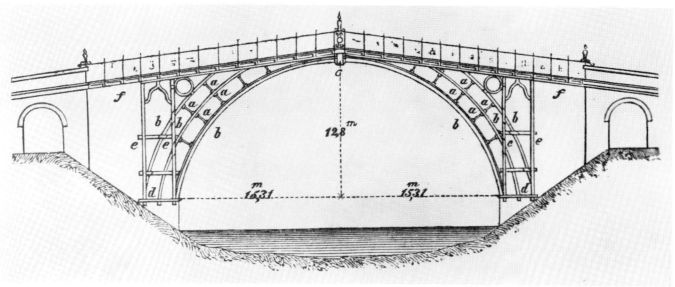

Bild 1.1. Erste gußeiserne Brücke in Coalbrook Dale, erbaut 1779

Mit der Einführung der Eisenbauweise wurde eine Umwälzung in der Bautechnik vollzogen. Die historischen Baumaterialien Stein und Holz mußten dem wichtigsten Werkstoff der Epoche der industriellen Revolution, dem Eisen, weichen.

Neuartige Produktionsweisen führten zu einer gewaltigen Ausweitung und einem enormen Anstieg der Produktion, verbunden mit qualitativ neuen Anforderungen an die Erstellung von Trag- und Hüllkonstruktionen der technologischen Ausrüstungen.

Gleiche Bedeutung erlangte die Schaffung von zuverlässigen und schnellen Transportwegen. Diese Aufgabenstellungen konnten durch die herkömmlichen Baustoffe Stein und Holz nicht mehr im vollen Umfang erfüllt werden.

Zu Beginn des 19. Jahrhunderts stand das Eisen in erster Linie als sprödes, vorzugsweise auf Druck beanspruchbares Baumaterial (Gußeisen) zur Verfügung. Die Bezeichnungsweise unterlag dabei im Laufe der Zeit einer Veränderung. Der Begriff Stahl im heutigen Sinne wurde erst im Jahre 1924 eingeführt. Bis dahin bezeichnete man das schmiedbare Eisen, das härtbar ist, als „Stahl" (mit dem Zusatz der Herstellungsart: Schweiß-, Flußstahl) und das nicht härtbare als „Eisen".

Die erste Brücke aus Gußeisen über den Severn bei Coalbrookdale in England, fertiggestellt 1779 (Bild 1.1.), zeigte, daß der massive Stein durch vergleichsweise leichte und schnell montierbare Konstruktionen zu ersetzen war. Im Hausbau gab es schon vor der Jahrhundertwende den Einsatz von eisernen Trägern (Bild 1.2.). In England wurden zu Beginn des 19. Jahrhunderts in den Eisenhüttenzentren Gerüste, Fußböden und Dachbalken aus Gußeisen hergestellt, da hölzerne Balken teurer waren.

Insgesamt blieben die Eisenkonstruktionen allerdings noch Einzelbeispiele, da die Eisenpreise relativ hoch und nur sehr wenige Ingenieure in der Lage waren, das Material ökonomisch zu zuverlässigen Konstruktionen zu verarbeiten.

Ein allgemeiner Aufschwung setzte zu Beginn der 40er Jahre des 19. Jahrhunderts ein. Das konstruktiv dem Gußeisen überlegene Schweißeisen wurde aufgrund stark fallender Eisenpreise wirtschaftlich anwendbar, und vor allem durch die Eisenbahn wurde nach immer größeren Bauwerken verlangt.

Ein weites Anwendungsfeld stellten Dachkonstruktionen dar. Die anfänglich verwendeten gußeisernen Tragwerke in der typischen Bogenform (Bild 1.3.) wurden bald durch eine fachwerkartige Bauweise ersetzt, wobei Mischkonstruktionen aus Holz, Guß- und Schweißeisen

10 1. Entwicklung der Eisen- und Stahlbauweise

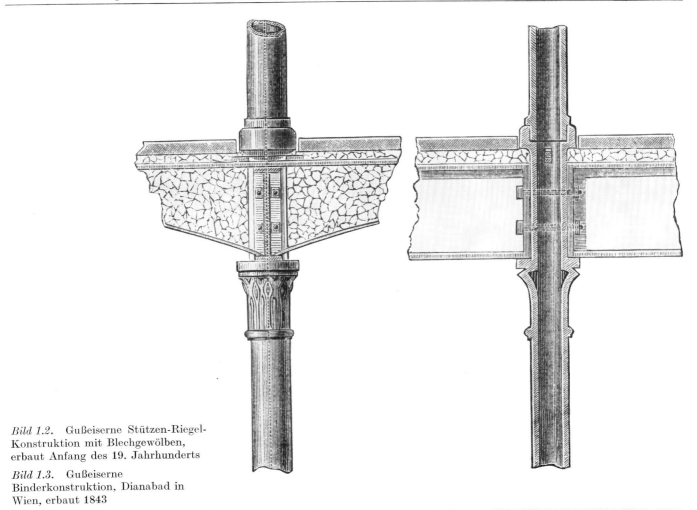

Bild 1.2. Gußeiserne Stützen-Riegel-Konstruktion mit Blechgewölben, erbaut Anfang des 19. Jahrhunderts

Bild 1.3. Gußeiserne Binderkonstruktion, Dianabad in Wien, erbaut 1843

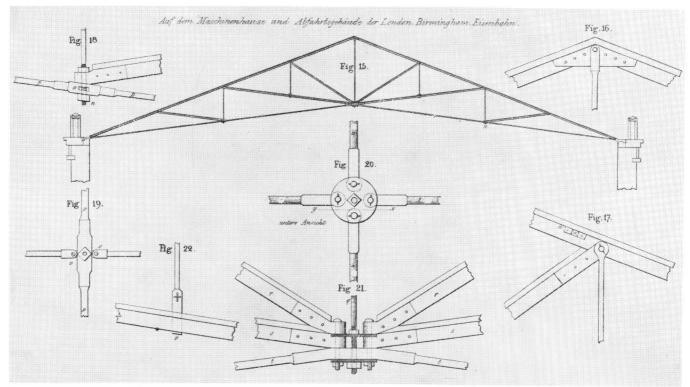

Bild 1.4. Englische Binderkonstruktion, Kings and Queen post roof, erbaut um 1835

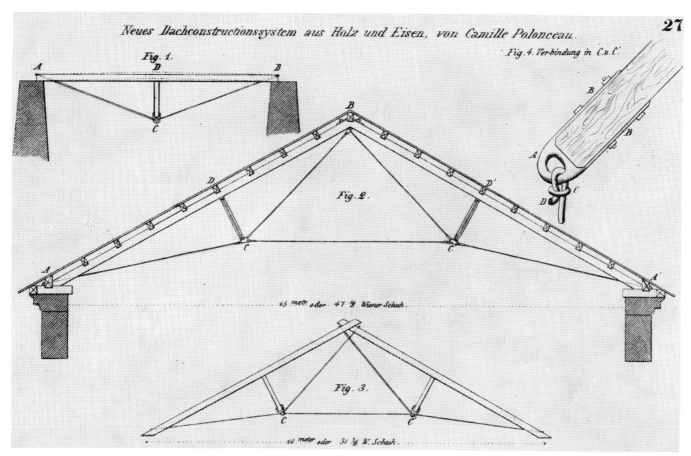

Bild 1.5. Einfachste Form des POLONCEAUbinders, ab 1840

12   1. Entwicklung der Eisen- und Stahlbauweise

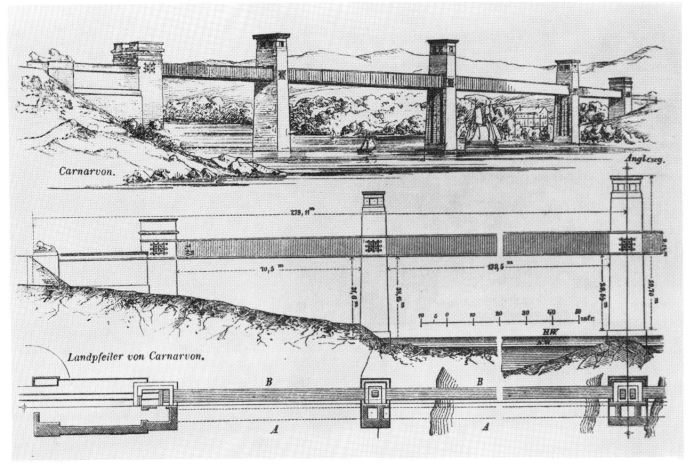

Bild 1.6.   Erste Eisenbahnbrücke als Hohlkasten (Britanniabrücke) erbaut 1849

Bild 1.7.   Kristallpalast in London, erbaut 1851

vorherrschten. Berühmt waren die englischen Stationshallen mit ihren „Kings and Queens post roofs" (eine Art Hängesprengwerk, Bild 1.4.) und der französische POLONCEAUbinder, eine sehr leichte und universelle Konstruktion (Bild 1.5.). Die kühnsten Tragwerke entstanden im Brückenbau, durch den entwicklungsbedingt bis dahin unerreichte Spannweiten und Lastgrößen zu realisieren waren. Mit einem vergleichsweise geringen Erfahrungsschatz und einfachsten technischen Hilfsmitteln wurden Eisenbahnbrücken von über 100 m Spannweite in relativ kurzen Zeiträumen konstruiert, gefertigt und montiert (Britanniabrücke: 140,2 m Spannweite, im Jahre 1849 vollendet, Bild 1.6.).

Ein Einsatzgebiet, das auch dem Eisenhochbau Gelegenheit bot, seine Möglichkeiten zu demonstrieren, waren die beginnenden Weltausstellungen. Hier kam es darauf an, wirtschaftliche Leistungsfähigkeit und Macht sichtbar auszudrücken. Damit war das Eisen als Bauwerkstoff attraktiv und konnte fast ohne ökonomische Zwänge eingesetzt werden.

Eine besonders markante Konstruktion stellte der im Jahre 1851 in London fertiggestellte Kristallpalast dar. In einer Gesamtbauzeit von nur sieben Monaten wurde ein Hallenkomplex von 7,4 ha Grundfläche und 20 m Höhe im Mittelschiff geschaffen (Bild 1.7.).

Das herausragende Wahrzeichen der Pariser Weltausstellung war der EIFFELturm (fertiggestellt im Jahre 1889), heute das Symbol für einen Eisenbau des 19. Jahrhunderts. Nicht weniger großartig war die gleichzeitig errichtete Maschinenhalle von 110 m Spannweite, 50 m Höhe und 120 m Länge (Bild 1.8.).

Mit dem immer rascher zunehmenden Einsatz des Eisens war das intensive Bemühen zur Qualitätsverbesserung und weiteren Verringerung der Materialkosten einerseits und der gründlicheren Erforschung und Durchdringung der Berechnungsgrundlagen auf den Gebieten der Lastannahmen, Materialkennwerte, Statik und Festigkeitslehre andererseits verbunden. Dem Eisenbau war es als erster der modernen Bauweisen vorbehalten, die ingenieurtheoretischen Grundlagen auf allen Gebieten zu schaffen und praktisch zu erproben. Der Flußstahl (BESSEMERstahl 1856, SIEMENS-MARTIN-Stahl 1865, THOMASstahl 1882) besaß qualitativ neue Materialeigenschaften und verdrängte im letzten Viertel des 19. Jahrhunderts das Guß- und Schweißeisen völlig. Durch das Walzen von Profilen ab Mitte des 19. Jahrhunderts wurden wesentlich verbesserte konstruktive Möglichkeiten erschlossen. In den 90er Jahren gehörten Walzträger von 1 m Querschnittshöhe und Breitflanschprofile zum normalen Sortiment.

Die gewonnenen theoretischen Erkenntnisse zur Berechnung statisch bestimmter Konstruktionen spiegelten sich in seit den 60er Jahren errichteten Dreigelenksystemen wider, die bis zum Beginn des 20. Jahrhunderts bei weitgespannten Konstruktionen vorwiegend angewandt wurden (Bilder 1.8., 1.9.;).

Vollständig eiserne Tragwerke im Industriebau waren bis zum Ende des 19. Jahrhunderts nicht sehr häufig. Bevor-

14 1. Entwicklung der Eisen- und Stahlbauweise

1.8.

1.9.

1. Entwicklung der Eisen- und Stahlbauweise **15**

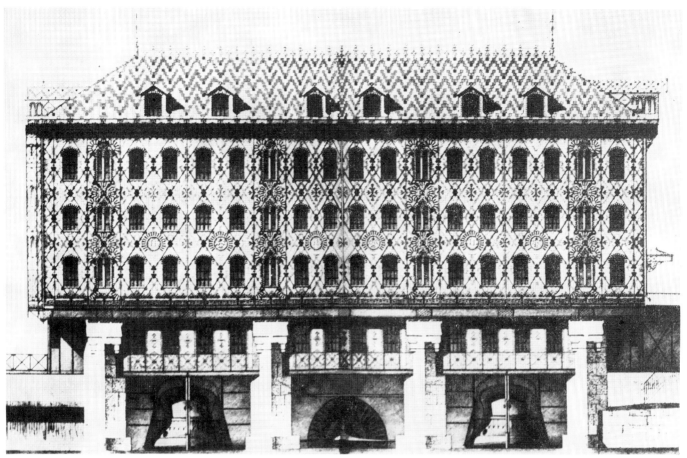

1.10.

1.11.

Bild 1.8. Maschinenhalle in Paris, erbaut 1889

Bild 1.9. Erster Dreigelenkbogen für eine Industriehalle in Berlin, errichtet 1863

Bild 1.10. Fabrikgebäude als Eisenfachwerk in Noisel sur Marne, bei Paris, erbaut 1872

Bild 1.11. Einer der ersten amerikanischen „Wolkenkratzer", Home Insurance Building in Chicago, erbaut 1885

zugt wurden Mischkonstruktionen mit massiven Außenwänden und leichten eisernen Bindern und im Geschoßbau eiserne Deckenträger und Stützen. Die entwicklungsbedingt notwendigen Brückenkrane setzte man meist auf speziellen Stützen ab. Obwohl schon in den 70er Jahren erste eiserne Skelettbauten errichtet wurden (Bild 1.10.), konnte sich diese Bauweise in Europa nicht durchsetzen.

In den USA erreichte der Bau von hohen Skeletten schon in den 90er Jahren des 19. Jahrhunderts beachtliche Dimensionen und war technologisch weit ausgereift (Bild 1.11.).

Mit dem Ende des 19. Jahrhunderts begann eine neue Entwicklungsepoche des Eisen- und Stahlbaus. Auf konstruktivem und theoretischem Gebiet hatte sich ein wesentlicher empirischer und wissenschaftlicher Erfahrungsschatz angesammelt, und die immer schneller fortschreitende Industrialisierung forderte qualitativ neue Konstruktionen.

Die gesellschaftliche Bedeutung der Bauwerke nahm zu, und es wurden allgemein anerkannte Vorschriften für die Berechnung und Ausführung notwendig. Der einzelne Ingenieur war nicht mehr in der Lage, die Verantwortung für die Sicherheit und Zuverlässigkeit einer Konstruktion zu übernehmen, wenn größtmögliche Wirtschaftlichkeit gefordert wurde.

Aufbauend auf vorhandene Verordnungen verschiedener Institutionen (Eisenbahngesellschaften, örtliche Baupolizeibehörden usw.) und auf grundlegende Vorschriften zu den Werkstoffen (Normalprofilbuch für Walzeisen, 1881; Vorschriften zur Lieferung von Eisen und Stahl, 1889), verabschiedete man im Jahre 1892 die „Normalbedingungen für die Lieferung von Eisenkonstruktionen für Brücken- und Hochbau".

In Preußen erschienen im Jahre 1910 die „Bestimmungen über die bei Hochbauten anzunehmenden Belastungen und die Beanspruchungen der Baustoffe, sowie Berechnungsvorschriften für die statische Untersuchung von Hochbauten". Bei einer zulässigen Grundbeanspruchung von Flußeisen mit zul $\sigma = 120$ N/mm² wurden zwei weitere Belastungsfälle mit zul $\sigma = 140$ N/mm² (ungünstigste Wirkung von Eigenlast, Nutzlast, Schnee- und Winddruck) und zul $\sigma = 160$ N/mm² (strengste Anforderung an Berechnung und Ausführung) eingeführt. Damit war schon sehr bald das Konzept der Grenzlastfälle, als Verfeinerung der Berechnung mit globalem Sicherheitsfaktor, entstanden, das erst in jüngster Zeit durch die Bemessung mit Teilsicherheitsfaktoren abgelöst wurde.

Ein weiterer wichtiger Schritt in der Entwicklung der Stahlbauvorschriften waren die im Jahre 1925 in Preußen verabschiedeten „Bestimmungen über die zulässige Beanspruchung und Berechnung von Konstruktionsteilen aus Flußstahl und hochwertigem Baustahl ... in Hochbauten". Hier führte man die ω-Zahlen ein und löste damit nach breiten Diskussionen das Problem des Stabilitätsnachweises in einer praktikablen Art, die sich prinzipiell bis in die Gegenwart bewährt.

Der Expertenstreit um die ω-Zahlen verhinderte eine mögliche, in allen deutschen Ländern gültige, DIN-Vorschrift für den Stahlbau, die so erst im Jahre 1934 als DIN 1050 „Berechnungsgrundlagen für Stahl im Hochbau" erschien. Damit wurde ein nur für den Stahlbau gültiger Standard vorgelegt, der von Hinweisen und Festlegungen zur Berechnung, über zulässige Spannungen (zul $\sigma = 140$ N/mm² im Hauptlastfall für St 37) und Bemessungsregeln, einschließlich Stabilitätsangaben bis zu Konstruktionsdetails, die wichtigsten Fragen zusammenhängend regelte. Das neue Gebiet der Schweißtechnik war nicht enthalten, es erhielt eine eigene DIN 4100 („Vorschriften für geschweißte Stahlhochbauten" 1931). Eine selbständige Stabilitätsvorschrift erschien erst nach mehreren Entwürfen im Jahre 1952 als DIN 4114 — „Knick-, Kipp- und Beulvorschriften für Baustahl".

Im 20. Jahrhundert stand der Stahlbau mit der sich weiter entwickelnden Stahlbetonbauweise im Wettbewerb, die auf vielen Gebieten vorteilhaft eingesetzt werden konnte. Neben den zweifellos vorhandenen Vorzügen dieser neuen Bauweise waren es sehr stark die allgemeinen wirtschaftlichen Bedingungen (Stahlmangel nach dem ersten Weltkrieg und in Vorbereitung des zweiten Weltkrieges), die die Anwendungsgebiete des Stahlbaus wesentlich einschränkten.

Eine qualitative Veränderung bahnte sich in der ersten Hälfte des 20. Jahrhunderts auf dem Gebiet der Verbindungsmittel an, die weitgehend die Konstruktionsform und die Herstellungs- und Montagetechnologie der Stahltragwerke bestimmten.

Nach der Mitte des 19. Jahrhunderts wurde vorwiegend die Nietung angewandt. Schrauben gelangten nur dort zum Einsatz, wo sie technologisch bedingt waren.

In den 20er Jahren des 20. Jahrhunderts nutzten viele Industriezweige die Schweißtechnik, wobei zunächst vorrangig die Gasschweißung Anwendung fand.

Im Stahlbau begann eine breitere Nutzung erst nach Vorliegen grundlegender Erkenntnisse, die im Jahre 1929 in die „Richtlinie für die Ausführung geschweißter Stahlbauten" einflossen. Um mit der Nietung konkurrieren zu können, mußten neben der Entwicklung der Technologie vor allem die Probleme der Schweißbarkeit, der Verformungen und der Schrumpfspannungen beherrscht und schweißspezifische Konstruktionsformen gefunden werden. Schadensfälle bei der Verarbeitung insbesondere von dickeren Blechen aus St 52 in den Jahren 1936 und 1938 führten zu intensiven Untersuchungen und wichtigen neuen Erkenntnissen über die Schweißbarkeit der Baustähle. Im Ergebnis wurden neue Prüfverfahren (Schweißraupenbiegeprobe), veränderte Legierungsanteile und ein feinkörniges Materialgefüge (veränderte Erschmelzungsart) festgelegt.

Ende der 30er Jahre waren wichtige Fragen der allgemeinen Nutzung der Schweißtechnik im Stahlbau geklärt und die Technologie so entwickelt, daß die Nietung in den Nachkriegsjahren verdrängt werden konnte.

Im 20. Jahrhundert wurde der Industriebau zum wichtigsten Anwendungsgebiet des Stahlbaus und bestimmte damit in großem Maße die Entwicklungsrichtung der Tragwerke und -systeme unter den gegebenen materiellen, technologischen und konstruktiven Randbedingungen. Im Wettbewerb mit dem Stahlbeton blieb der Stahl auf folgenden Gebieten dominierend:

— leichte und weitgespannte Konstruktionen (Binder)
— dynamisch beanspruchte Tragwerke (Hallen mit Kranbahnen)

1. Entwicklung der Eisen- und Stahlbauweise

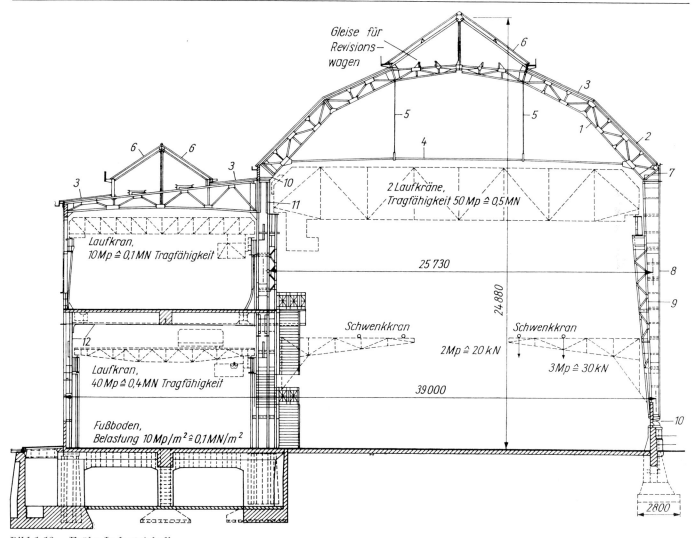

Bild 1.12. Frühe Industriehalle mit Brückenkran in Berlin, erbaut 1910

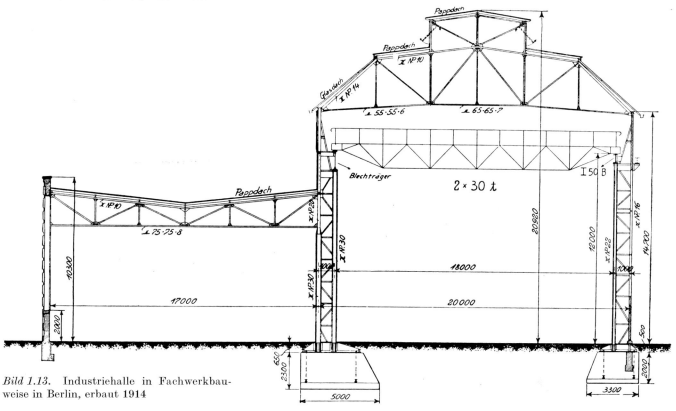

Bild 1.13. Industriehalle in Fachwerkbauweise in Berlin, erbaut 1914

18 1. Entwicklung der Eisen- und Stahlbauweise

1.14.

1.15.

1. Entwicklung der Eisen- und Stahlbauweise

1.16.a

1.17.a

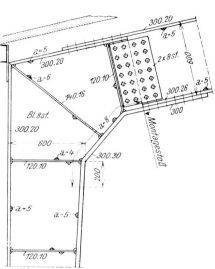
1.17.b

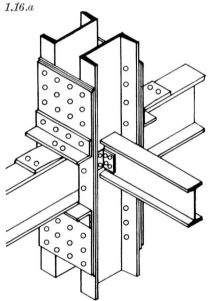
1.16.b

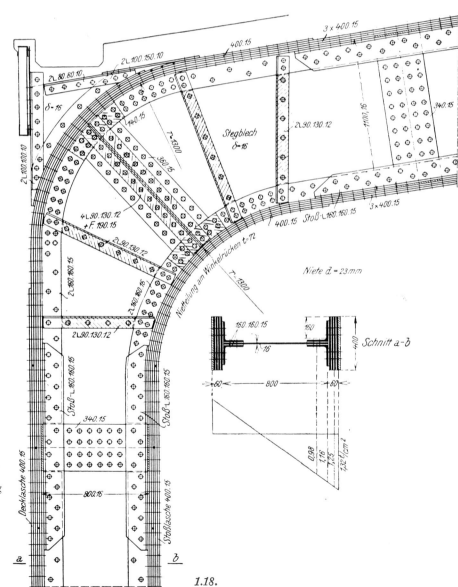
1.18.

Bild 1.14. Zweigelenkvollwandrahmenhalle in Berlin, erbaut 1930

Bild 1.15. Stahlskelettkonstruktion in Berlin, errichtet 1931

Bild 1.16.a/b Riegel-Stützen-Verbindung einer Skelettkonstruktion mit Keilen, Ende der 20er Jahre

Bild 1.17.a/b Geschweißte Rahmenecke, Anfang der 30er Jahre

Bild 1.18. Genietete Rahmenecke, Ende der 20er Jahre

— Tragwerke, die häufigen Veränderungen unterworfen sind
— Skelettbauten, besonders bei großen Höhen und Belastungen
— Tragwerke für technologische Anlagen (Kesselgerüste usw.).

War in den ersten größeren Industriehallen noch eine Anlehnung an die bis dahin bewährte Bogenform erkennbar (Bild 1.12.), so fand man schon kurze Zeit später Hallenquerschnitte, die in geeigneter Weise den neuen Anforderungen, vor allem aus dem Brückenkranbetrieb, gerecht wurden und die die Vorläufer der modernen Tragsysteme darstellten (Bild 1.13.).

In den 20er Jahren erfuhr die Vollwandbauweise, vor allem bei größeren Projekten, einen starken Aufschwung. Vornehmlich aus Gestaltungs- und Korrosionsschutzgründen wurde die beträchtliche Massezunahme in Kauf genommen (Bild 1.14.).

Die Berechnung der Tragwerke, besonders bei dynamischen Kranbelastungen, erfolgte recht überschläglich. Da man sich dieser Tatsache bewußt war, wurde die Spannungsauslastung in wichtigen Tragwerksteilen üblicherweise unter 100 N/mm² gehalten. Ab Mitte der 20er Jahre errichtete man in größerem Maße Skelettbauten (Bild 1.15.). Aufbauend auf amerikanische Erfahrungen, entwickelte man schon bald eigene Systeme, wobei besonderer Wert auf große Steifigkeiten in den Riegel-Stützen-Verbindungen gelegt wurde (Bild 1.16.).

Wesentliches Element der allgemeinen Entwicklung der Stahltragwerke war die Vereinfachung der konstruktiven Gestaltung. Ausgehend von einer möglichst genauen Nachbildung des gewählten statischen Systems, wurde mit wachsendem Erfahrungsstand die konstruktive Lösung nach fertigungstechnischen Gesichtspunkten ausgeführt, wobei ein vergrößerter Berechnungsaufwand und kompliziertere Spannungszustände in Kauf genommen wurden. Einen besonderen Anteil hatte daran die Schweißtechnik, die qualitativ neue Konstruktionsformen erlaubte (Bilder 1.17., 1.18.). In der ersten Hälfte des 20. Jahrhunderts wurden sowohl auf konstruktivem als auch theoretischem Gebiet die Grundlagen des modernen Stahlbaus geschaffen, die in vielen Belangen ihre Gültigkeit bis in die heutige Zeit beibehalten haben.

Bildquellen

Bild Nr.   Quelle

1.1., 1.6.   HEINZERLING, F.: Die Schule der Baukunst — Die Brücken in Eisen. Leipzig 1870
1.2.   FAIRBAIRN, W.: Die eisernen Träger und ihre Anwendung beim Hoch- und Brückenbau. Braunschweig 1859
1.3.   Allgemeine Bauzeitung. Wien 8 (1843), Tafel DXIV
1.4.   Allgemeine Bauzeitung. Wien 3 (1838), Tafel CXXXXIV
1.5.   Allgemeine Bauzeitung. Wien 5 (1840), S. 275
1.7.   Allgemeine Bauzeitung. Wien 15 (1850), Blatt 362
1.8.   PLATZ, G.: Die Baukunst der neuesten Zeit. Berlin 1927
1.9.   Zeitschrift für Bauwesen. Berlin 12 (1872), Blatt 19
1.10., 1.11.   GIEDION, S.: Raum, Zeit, Architektur. Ravensburg 1964
1.12.   Industriebau. Heilbronn 1 (1910), S. 134
1.13.   Industriebau. Heilbronn 5 (1914), S. 198
1.14.   Industriebau. Heilbronn 21 (1930), S. 135
1.15.   Der Bauingenieur. Berlin 12 (1931), S. 451
1.16.   DENGLER, A.: Der deutsche Stahlhochbau. Dortmund 1930
1.17., 1.18.   BLEICH, F.: Stahlhochbauten. Berlin 1933

2 Tragwerkselemente

2.1. Umhüllungen
2.1.1. Hüllelemente aus metallischen Werkstoffen

Für tragende metallische Hüllelemente werden Stahl- bzw. Aluminiumbleche der Dicke 0,5 bis 1,5 mm verwendet. In ihrer Funktion als tragende Dach- und Wandelemente haben die dünnen Bleche senkrecht zur Blechebene in der Regel Wind-, Schnee- und Verkehrslasten zu übertragen. Werden sie in die Stabilisierung der Tragwerke mit einbezogen, so treten gleichzeitig Beanspruchungen in Blechebene auf, die sich mit der Beanspruchung senkrecht zur Blechebene überlagern können.

In Abhängigkeit davon, wie die Querlasten durch die dünnen Bleche aufgenommen und an die Unterkonstruktion abgegeben werden, lassen sich für Hüllelemente 3 Konstruktionsprinzipien erkennen:

— ebene, mit der Unterkonstruktion verbundene dünne Bleche, bei denen die Querbelastung durch Membranwirkung übertragen wird (Bild 2.1.a)
— Bleche, bei denen eine erhöhte Tragwirkung quer zur Ebene durch Profilierung erzielt wird (Bild 2.1.b)
— Hüllelemente, bei denen die Tragfähigkeit quer zur Ebene durch Zusammenwirken von dünnen äußeren Blechen mit einer dazwischenliegenden Dämmschicht gewährleistet wird (Stützkernbauweise) (Bild 2.1.c).

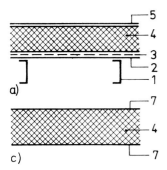
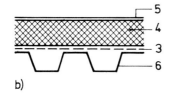

Bild 2.1. Konstruktionsprinzipien für Hüllelemente aus dünnen Blechen

a) membranartig wirkendes Tragblech
b) profilierte Bleche
c) dreischichtige Hüllelemente

1 Tragkonstruktion
2 membranartig wirkendes Tragblech
3 Dampfsperre
4 Wärmedämmung
5 Außenhaut
6 profiliertes Blech
7 Deckbleche

Vorteil der Hüllelemente aus Metall im Vergleich zu Stahl- bzw. Spannbetonelementen ist die geringe Eigenmasse, die zu erheblichen Stahleinsparungen für die Unterkonstruktion führen kann. Nachteilig ist der aufwendige und teure Korrosionsschutz für Stahlbleche (z. B. Verzinkung, Plastbeschichtung). An Stellen, an denen unterschiedliche Metalle zusammentreffen (z. B. Aluminium und Stahl), sind zur Verhütung der Kontaktkorrosion Schutzfolien anzuordnen.

2.1.1.1. Hüllelemente, bei denen die Membranwirkung dünner Bleche genutzt wird

Das Konstruktionsprinzip dieser Dachelemente besteht darin, daß dünne vorgespannte Bleche sowohl einseitig als auch beiderseitig auf einer Rahmenkonstruktion mit Hilfe geeigneter Verbindungstechniken wie Widerstandspunktschweißung, Lichtbogenschweißung, Verschraubung oder Einschießen von Bolzen befestigt werden (Bild 2.2.).
Die Eintragung der Vorspannkraft kann nach folgenden Prinzipien erfolgen:

— durch Hebelwirkung (Bild 2.2.a) nach einem Vorschlag von MICHAILOV [2.1; 2.2]
— durch elastisches Aufbiegen der beiden Halbrahmen und ein nach dem Befestigen der Bleche sich anschließendes Zurückbiegen (Bild 2.2.b)
— durch außerhalb des Elements vorhandene Einrichtungen, wobei die Bleche im vorgespannten Zustand aufzubringen sind.

Durch die Vorspannung der Bleche ist es möglich, diese in den tragenden Querschnitt mit einzubeziehen und somit die Tragwirkung der Konstruktion zu erhöhen. Daneben bewirkt die Vorspannung eine Erhöhung der Steifigkeit des Elements und eine Verminderung der Durchbiegung des oberen Bleches aus direkter Belastung.
Das obere Blech des im Bild 2.2. dargestellten Elements arbeitet bei vorheriger Vorspannung unter Querbelastung wie eine zugvorgespannte Membran.
Die Größe der Vorspannung kann sich aus 2 Forderungen ergeben:

1. Die Größe der Durchbiegung der Membran wird begrenzt.
2. Um die Membran in den Druckgurtquerschnitt einbeziehen zu können, muß die Vorspannung mindestens gleich der Druckspannung aus Querbelastung sein.

Im ersten Fall ergibt sich die Größe der Vorspannkraft H_0 wie folgt:

$$H_0 \approx \frac{p_0 a^4 (1-\mu^2)(1+\nu) - 20 t E f_{zul}^3}{8 f_{zul} a^2 (1-\mu^2)(1+\nu)} \quad (2.1)$$

a Spannweite der Membran
t Membrandicke
μ Querdehnzahl
ν Faktor zur Berücksichtigung der Nachgiebigkeit der Membranlager infolge elastischer Verformung des Rahmens, bezogen auf einen Streifen der Breite 1

Im zweiten Fall ergibt sich die Größe der Vorspannkraft aus der größten auftretenden Druckspannung am oberen Rand zu:

$$H_0 = \sigma_d t. \quad (2.2)$$

Die Ermittlung von ν sowie die weitere Nachweisführung derartiger Dachelemente kann nach [2.3] und [2.4] erfolgen.

Platten dieses Tragprinzips wurden bei einer Reihe von Industrie- und Gesellschaftsbauten in der Sowjetunion angewendet [2.5]. Die Dachkonstruktion bestand aus räumlich angeordneten Blöcken, die aus 2 Bindern, Querstäben und oberen und unteren Deckblechen zusammengesetzt wurden. Dabei erzielte man Spannweiten bis zu 60 m.

Als Vorspannprinzip kam das elastische Aufbiegen der Halbrahmen und ein nach dem Befestigen der dünnen Bleche sich anschließendes Zurückbiegen zur Anwendung [2.2].

Zu den Dach- und Wandelementen dieses Prinzips gehören auch die im Bild 2.3. angegebenen Lösungen, bei denen eine Vorspannung in 2 Richtungen durch Verschraubung bzw. durch Aufschäumen von PUR-Schaum erzeugt wird [2.6; 2.7].

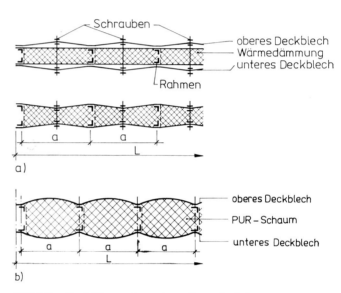

Bild 2.3. Umhüllungselemente mit zweiachsig vorgespannten metallischen Deckblechen
a) Vorspannung durch Verschraubung
b) Vorspannung durch Aufschäumen mit PUR-Schaum

2.1.1.2. Hüllelemente bei Verwendung von profilierten Blechen

Eine erhöhte Tragwirkung dünner Bleche quer zur Ebene kann durch verschiedene Profilierungen erzielt werden. Die häufigsten Profile für Bleche aus Aluminium und Stahl sind die Sinus- und Trapezprofile (TGL 28371, TGL 24290).

Als Umhüllungs- und Tragelemente für Dach- und Wandverkleidungen erfüllen sie aufgrund ihrer Formgebung, des geringen Eigengewichtes, der Großflächigkeit und des entsprechenden Korrosionsschutzes die hohen Anforderungen, die an derartige Konstruktionselemente bezüglich Tragfähigkeit, Korrosionsbeständigkeit, Montage und Wiederverwendungsmöglichkeit gestellt werden.

Ein besonderer Vorteil der profilierten Stahlbleche ist, daß sie nicht nur Lasten rechtwinklig zur Plattenebene (Plattenbelastung) übertragen, sondern auch in Plattenebene (Scheibenbelastung) wirken und damit zur Stabilisierung von Trägern hinsichtlich des seitlichen Aus-

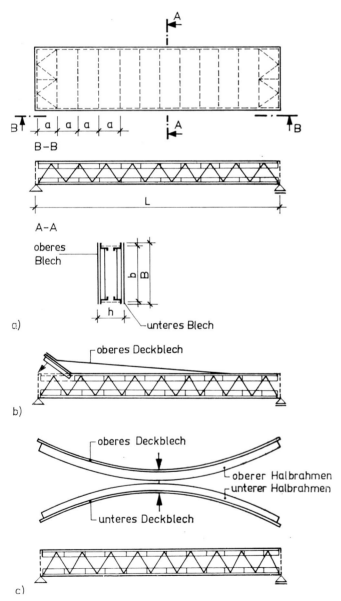

Bild 2.2. Dachelemente mit in Längsrichtung vorgespannten dünnen Deckblechen
a) Gesamtdarstellung
b) Vorspannung durch Hebelwirkung
c) Vorspannen durch elastisches Vorkrümmen der Halbrahmen

2.1. Umhüllungen

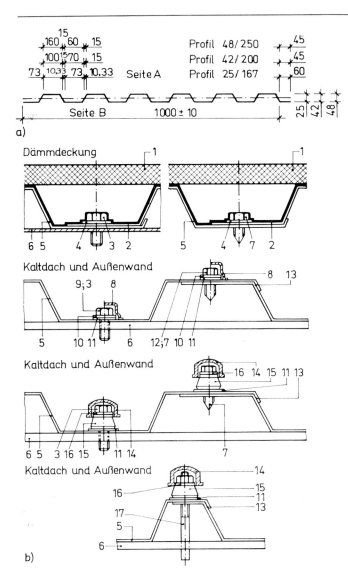

Bild 2.4. Hüllelemente aus EKOTAL-Trapezprofilblechen
a) Querschnitte
b) Befestigung

1 Wetterschale und Dämmschicht	10 Unterlegscheibe aus rostfreiem Stahl
2 Vollflächiger Bitumenanstrich	11 Plastscheibe
3 Gewindeschneidschraube, verzinkt TGL 5738	12 Blechschraube aus rostfreiem Stahl
4 Unterlegscheibe aus Stahl, verzinkt	13 Fugendichtung
5 EKOTAL-Profilblech	14 Miramidformstücke
6 Stahlunterkonstruktion	15 Miramidformstücke
7 Blechschraube, verzinkt TGL 0-7971/0-7976/0-7981	16 Unterlegscheibe aus Stahl, verzinkt max Außendurchmesser $d_a = 14$ mm
8 Plastabdeckkappe	17 Hakenschrauben St 38, M 8, verzinkt
9 Gewindeschneidschraube aus rostfreiem Stahl	

weichens und Verdrehens (Knicken, Kippen) beitragen können.

Profilierte Bleche aus Stahl dürfen als Ersatz von Verbänden zur Aussteifung von Konstruktionen verwendet werden. Dagegen ist beim Einsatz profilierter Aluminiumbleche nur eine Kippsicherung der Träger entsprechend TGL 13450/03 anzusetzen.

In der DDR werden seit 1974 plastbeschichtete Stahlbleche und Bänder als EKOTAL-Trapezprofile in den Abmessungen nach Bild 2.4.a hergestellt und in Verbindung mit den erforderlichen Komplettierungselementen nach [2.8] hauptsächlich für Dach- und Wandverkleidungen eingesetzt.

Die Profile 25/167 und 48/250 sind vorwiegend für die Wand- und das Profil 42/200 für Dachelemente geeignet.

Die Verbindung mit der Unterkonstruktion erfolgt durch Gewindeschneidschrauben oder Hakenschrauben und der Bleche untereinander durch Blechschrauben nach Bild 2.4.b. Die Tragfähigkeiten und Einbaubedingungen für Gewindeschneidschrauben und Blechschrauben sind TGL 13450/05 zu entnehmen.

In einer Übersicht (Tab. 2.1.a und b) sind die erforderlichen statischen Nachweise für die Profilbleche und Verbindungsmittel entsprechend TGL 13450/04 angegeben.

Die Berechnung der vorhandenen Werte (Schnittkräfte, Spannungen und Verformungen) erfolgt nach der Elastizitätstheorie. Die Berücksichtigung plastischer Tragreserven ist nicht zulässig. Beim Vergleich mit den zulässigen Schnitt- und Stützenkräften ist darauf zu achten, daß die in TGL 13450/04, Tab. 4, angegebenen Werte für den GLF H und für eine Mindestauflagerbreite — Endauflage in Dächern und Fassaden 40 mm; Endauflage in Geschoßdecken 25 mm; Zwischenauflage 50 mm — gelten. Der Multiplikator für den GLF HZ beträgt 1,125 und für den GLF S 1,25.

Sollten die Auflagerbreiten geringer sein oder Kantenlagerung vorliegen, dann sind die zulässigen Auflagerkräfte auf 60% zu verringern.

In der Tab. 2.1.a und b bedeuten:

F_A	Auflagerkraft am Endfeldträger oder am Ende des Durchlaufträgers
F_B	Zwischenauflagerkraft am Durchlaufträger oder Auflagerkraft am Kragträger
F_K	konzentrierte Einzellast
F_s	Verbindungskraft zwischen Querträger und einem Profilblechgurt
$p_{x,Zug}$	Zugkraft in Richtung der Profilierung
$p_{x,Druck}$	Druckkraft in Richtung der Profilierung
A_w	wirksame Querschnittsfläche
I_w	wirksames Trägheitsmoment
$e_{w,1/2}$	Schwerpunktabstand zum maßgebenden Profilblechrand
e_Q	mittlerer Abstand der Verbindungen auf dem Querträger
l_s	Schubfeldlänge TGL 13450/04
$l_{s,Gr}$	Schubfeldgrenzlänge Tab. 6
s	Profilblechdicke
b_F	Breite des mit dem Querträger verbundenen Profilblechflansches TGL 13450/04, Tab. 2
h	Profilblechhöhe
l_T	wirksame Dehnlänge der Profilbleche TGL 13450/04, Bild 13
c_V	Federsteifigkeit der Verbindungen TGL 13450/04, Tab. 7
c_A	Biegesteifigkeit der Auflagerkonstruktion TGL 13450/04, Tab. 8
b_V	Verteilungsbreite TGL 13450/04, Tab. 9

(Die Größen A_w, I_w, $e_{w,1/2}$ sind TGL 13450/04 Tab. 3 zu entnehmen.)

Weitere Größen sind Tab. 2.1.a bzw. b zu entnehmen.

Formänderungen treten sowohl aus der Platten- als auch aus der Scheibenbeanspruchung auf. Sie sind zu ermitteln, um die Funktionssicherheit der Tragkonstruktion z. B. hinsichtlich der Wassersackbildung, der Be-

24 2. Tragwerkselemente

Tabelle 2.1. Nachweisführung für EKOTAL-Trapezprofilbleche
a) Nachweis der Profilbleche

Nr.	Konstruktionsform/Belastung	Beanspruchung	Nachweise	Bemerkungen
1	*Plattenbelastung*	Biegung	vorh $M \leqq$ zul M; vorh $\left(\dfrac{F_A}{F_B}\right) \leqq$ zul $\left(\dfrac{F_A}{F_B}\right)$ und für $0{,}3 < \dfrac{\text{vorh } F_B}{\text{zul } F_B} \leqq 1{,}0$ $\dfrac{\text{vorh } M}{\text{zul } M} + \dfrac{\text{vorh } F_B^*}{\text{zul } F_B} \leqq 1{,}15$ vorh Werte: Berechnung nach Regeln der Baustatik für elastische Tragwerke zul Werte: TGL 13450/04, Tab. 4	Abhebende Stützkräfte sind nicht zu berücksichtigen. Lastverteilung für Biegemomente bei konzentrierten Einzellasten: Im Einleitungsbereich von Scheibenkräften vorh $M + \Delta M$ bzw. $2\Delta M$ vorh $F_A + \bar{F}_A$ $\bar{F}_A \approx \tau \cdot h \cdot s$
2	*Scheibenbelastung mit oder ohne Plattenbelastung* Profilbleche werden zur Übertragung des Scheibenbiegemomentes herangezogen			
3a		Biegung und Zug in Richtung der Profilierung	wie Nr. 3a), wobei vorh $p_{x,\text{Zug}} = \sigma_s s$ vorh $M + \Delta M$ bei Befestigung in jedem Wellental vorh $M + 2\Delta M$ bei Befestigung in jedem 2. Wellental $\|\Delta M\| = \dfrac{F_s \cdot I_w}{4 b_F \cdot s \cdot e_{w,1/2}} \sqrt{\dfrac{b_F}{s}}$	Lasteintragung: dann Zusatznachweis: vorh $F_Q \leqq 0{,}2 \cdot b_F \cdot s \sqrt{\dfrac{s}{b_F}}$ in kN b_F und s in mm keine Berücksichtigung von ΔM, wenn lasteinleitender Stiel eine Plattendurchbiegung des Bleches verhindert.
3b		Biegung und Druck in Richtung der Profilierung	wie Nr. 3b), wobei vorh $p_{x,\text{Druck}} = \sigma_s s$ vorh $M + \Delta M$ bei Befestigung in jedem Wellental vorh $M + 2\Delta M$ bei Befestigung in jedem 2. Wellental	
4		Schub	wie Nr. 4	
		Biegung und Zug in Richtung der Profilierung	vorh $\sigma_{1,2} = \dfrac{\text{vorh } p_{x,\text{Zug}}}{A_w} + \dfrac{\text{vorh } M e_{w,1/2}}{I_w} \leqq$ zul $\sigma_{1,2} = \dfrac{\text{zul } M e_{w,1/2}}{I_w}$ und für $0{,}3 < \dfrac{\text{vorh } F_B^*}{\text{zul } F_B}$ vorh $\sigma_{1,2} = \dfrac{\text{vorh } p_{x,\text{Zug}}}{A_w} + \dfrac{\text{vorh } M e_{w,1/2}}{I_w} \leqq$ zul $\sigma_{1,2} = \dfrac{\text{zul } M \left(1{,}15 - \dfrac{\text{vorh } F_B^*}{\text{zul } F_B}\right) e_{w,1/2}}{I_w}$	Das Scheibenbiegemoment $M_s = \dfrac{p_x a^2}{8}$ führt zu einer außermittigen Längskraftbeanspruchung $N = \dfrac{M_s}{l_s}$, die bei der Bemessung des Randquerträgers zu berücksichtigen ist.
		Biegung und Druck in Richtung der Profilierung	$\sigma_c (1 + \mu_N f_N) + \sigma_{bc} f_M \leqq$ zul $\sigma_{1,2}$ bzw. $\sigma_c (-1 + \mu_N f_N) + \sigma_{bc} f_M \leqq$ zul $\sigma_{1,2}$	δ; v_{kr} entsprechend TGL 13503/01 u. 02 Zwängungskräfte aus Temperaturunterschieden dürfen vernachlässigt werden.

2.1. Umhüllungen

		vereinfachter Nachweis: Voraussetzung: • p_x – Dachschub • Dachneigung $\leq 20\%$ k_D vorh $M \leq$ zul M k_D TGL 13450/04 Tab. 5	und für $0{,}3 < \dfrac{\text{vorh } F_B^*}{\text{zul } F_B} \leq 1{,}0$ $\sigma_c(1+\mu_N f_N) + \sigma_{bc} f_M \leq \text{zul } \sigma_{1,2} = \dfrac{\text{zul } M\left(1{,}15 - \dfrac{\text{vorh } F_B^*}{\text{zul } F_B}\right) e_{w,1/2}}{I_w}$ bzw. $\sigma_c(-1+\mu_N f_N) + \sigma_{bc} f_M \leq \text{zul } \sigma_{1,2} = \dfrac{\text{zul } M\left(1{,}15 - \dfrac{\text{vorh } F_B}{\text{zul } F_B}\right) e_{w,1/2}}{I_w}$ mit $\sigma_c = \dfrac{p_{x,\text{Druck}}}{A_w}$; $\sigma_{bc} = \dfrac{\text{vorh } M e_{w,1/2}}{I_w}$; $\mu_N = \dfrac{93\bar\lambda - 10}{320}$; $f = 1 + \dfrac{1+\delta}{\dfrac{\sigma_{ki}}{v_{kr}\sigma_c}-1}$
4		Schub	vorh $\tau = \dfrac{Q_s}{l_s s} \leq $ zul $\tau = 8$ N/mm² für $l_s \geq l_{s,\text{Gr}}$ Befestigung in jedem Wellental $= 1{,}5$ N/mm² für $l_s \geq l_{s,\text{Gr}}$ Befestigung in jedem 2. Wellental $= 8\dfrac{l_s}{l_{s,\text{Gr}}}$ N/mm² für $l_s < l_{s,\text{Gr}}$ Befestigung in jedem Wellental $= 1{,}5 \dfrac{l_s}{l_{s,\text{Gr}}}$ N/mm² für $l_s < l_{s,\text{Gr}}$ Befestigung in jedem 2. Wellental
			Bei vorh $\tau > 3$ N/mm² und Profilblechhöhen ≤ 50 mm sind vorh M durch $f = 1 + \dfrac{0{,}6}{\dfrac{\tau_{ki}}{v_\tau \text{ vorh } \tau}-1}$ zu vergrößern τ_{ki} Beulspannung nach Tab. 8 TGL 13450/04 v_τ Beulsicherheit für ausgesteifte ebene Bleche nach TGL 13503/01
			$\dfrac{\tau_{ki}}{\text{vorh } \tau} \geq \text{erf } v_\tau$
5	ohne Randlängsträger längs der Profilierung	Biegung und Druck in Richtung der Profilierung	wie Nr. 3b) mit $\sigma_c = \dfrac{\text{vorh } F_s}{0{,}5\bar A_w}$; $\sigma_{bc} = \dfrac{\text{vorh } M e_{w,1/2}}{0{,}5 I_w}$; $\mu_N = \dfrac{93\bar\lambda-10}{320}$; $f = 1 + \dfrac{1+\delta}{\dfrac{\sigma_{ki}}{v_{kr}\cdot\sigma_c}-1}$ l_k (Knicklänge) $= 0{,}5 l_p$
			– Scheibenbelastung – Randträger des Teilschubfeldes – Profilblechhöhe ≤ 50 mm Das zulässige Biegemoment wird mit der unmittelbar beanspruchten halben Wellbreite multipliziert. $\bar A_w$; $\bar I_w$ Querschnittswerte der unmittelbar beanspruchten Welle $\bar A_w = \dfrac{A_w}{n}$; $\bar I_w = \dfrac{I_w}{n}$ n Anzahl der Wellen des Profilbleches $\bar A_w = 0{,}2 A_w$ und $\bar I_w = 0{,}2 I_w$ für Profilblech 42/200
6		Biegung und Druck in Richtung der Profilierung	wie Nr. 3b) mit $\sigma_c = \dfrac{\text{vorh } F}{A_w}$; $\sigma_{bc} = \dfrac{\text{vorh } M e_{w,1/2}}{I_w}$; $\mu_N = \dfrac{93\bar\lambda-10}{320}$; $f = 1 + \dfrac{1+\delta}{\dfrac{\sigma_{ki}}{v_{kr}\cdot\sigma_c}-1}$ $l_k = a$
			Das zulässige Biegemoment wird mit der unmittelbar beanspruchten Wellenbreite multipliziert. $\bar A_w$; $\bar I_w$ – s. Nr. 5

Scheibenbelastung mit oder ohne Plattenbelastung

*) F_K – Einzellasten; im Einleitungsbereich von konzentrierten Einzellasten ist vorh F_B durch F_K zu ersetzen.

Tabelle 2.1. Nachweisführung für EKOTAL-Trapezprofilbleche
b) Nachweis der Verbindungsmittel

	Nr.	Konstruktionsform/Belastung	Beanspruchung	Nachweise	Bemerkungen
Plattenbelastung	1		Zug	vorh $F_z \leq$ zul F_z L-Profil: vorh $F_z = \dfrac{m_v}{d} e_Q$ für $p_y > 0$ vorh $F_z = \left[|p_y| - \dfrac{m_v}{d}\right] e_Q$ für $p_y < 0$ I-Profil: vorh $F_z = |p_y| \cdot e_Q$ nur für $p_y < 0$ m_v ist nach TGL 13450/03 zu ermitteln. e_Q mittlerer Abstand der Verbindungen auf dem Träger	Bereiche erhöhten Windsoges 1/2 Pfetten- bzw. Riegellänge – dann Berechnung von F_z ohne c_s zul F_z nach TGL 13450/05
Scheibenbelastung	2		Schub	vorh $F_z = $ vorh $\tau sh \left(1 - \dfrac{e_{\bar{u}}}{8h}\right) \leq$ zul F_z mit vorh $\tau = \dfrac{Q_s}{l_s s}$ nur für $1 - \dfrac{e_{\bar{u}}}{8h} \geq 0$	zul F_z nach TGL 13450/05
	3			$F_{s,1} = \dfrac{Q_s e_Q}{l_s} \leq$ zul F_s oder zul $F_{Be,s}$ $F_{s,2/3} = \dfrac{Q_s}{n_l} \leq$ zul F_s oder zul $F_{Be,s}$ Schub aus unterschiedlicher Temperaturdehnung $F_s = \dfrac{e_Q}{e_Q + b_v} \cdot \dfrac{\alpha_t \cdot \Delta T \cdot l_T}{\left(c_A + \dfrac{e_Q c_v}{b_v}\right)} \leq$ zul F_s $\begin{array}{l}\alpha_t = 12 \cdot 10^{-6}\text{ K}^{-1}\\ \Delta T - \text{TGL 13450/04 Tab. 1}\end{array}$ $\max F_T$	Verbindungen unterbrochener Flansche an Durchbrüchen nach TGL 13450/04 zul F_s nach TGL 13450/05 zul $F_{Be,s}$ nach TGL 13450/05 Abschn. 4.2.3. Nachweis kann entfallen, wenn: $l_T \leq 6$ m; und Gewindeschneidschrauben Blech- oder Blechbohrschrauben TGL 13450/05 und Querträgerauflagerausbildung nach TGL 13450/04 Tab. 8
	4		Zug und Schub	$\dfrac{\text{vorh } F_z}{\text{zul } F_z} + \dfrac{\text{vorh } F_s}{\text{zul } F_s} \leq 1$	
Scheibenbelastung	5		Biegung der Verbindungsmittel	vorh $M_v \leq$ zul M_v	z. B. wenn die zu verbindenden Teile nicht unmittelbar aufeinander liegen zul M_v nach TGL 13450/05 Tab. 7

anspruchung der Deckschichten bei Dämmdeckungen und zur Abschätzung eventuell erforderlicher konstruktiver Maßnahmen an Anschlüssen usw. zu gewährleisten. Folgende Formänderungen sind nachzuweisen:

■ *Verformungen infolge Biegung*

Die Durchbiegungen unter Plattenbelastung dürfen mit dem vollen Trägheitsmoment I berechnet werden.
Bei Dämmdeckung gilt:

Dachneigung	$< 5\%$	$\geqq 5\%$
Zul. Durchbiegung f	$\dfrac{l}{300}$	$\dfrac{l}{200}$

■ *Verformungen infolge Scheibenbelastung*

Folgende Verformungsanteile sind nach TGL 13450/04, Abschn. 3.6.3. zu berücksichtigen:

— elastische Scheibenbiegung u_{Bl}
— Verformungen in den Verbindungsmitteln u_V
— Randträgerverformungen u_R
— Auflagerverformungen u_A

Des weiteren ist nachzuweisen, ob die gegenseitige Verschiebung (u_T) (Bild 2.5.) der Gurte des Profilblechs die Funktion der Profilscheibe beeinflußt.

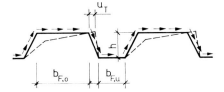

Bild 2.5. Verschiebung der Rippen durch Schubbeanspruchung

Für $l_s \geqq l_{s,\mathrm{Gr}}$ und Befestigung in jedem Wellental

$$u_T = \frac{\text{vorh } \tau h^2}{Es} \sqrt{\frac{b_{F,o}}{s}} \tag{2.3a}$$

Für $l_s \geqq l_{s,\mathrm{Gr}}$ und Befestigung in jedem zweiten Wellental

$$u_T = \frac{\text{vorh } \tau h^2}{Es} \sqrt{\frac{b_{F,o}}{s}} \cdot 4{,}3 \left(1 + \frac{b_{F,u}}{2 b_{F,o}}\right) \tag{2.3b}$$

Für $l_s < l_{s,\mathrm{Gr}}$ ist u_T im Verhältnis von $\dfrac{l_{s,\mathrm{Gr}}}{l_s}$ zu erhöhen.

Neben den statischen Nachweisen nach Tab. 2.1. und der Überprüfung der Formänderungen sind konstruktive Forderungen bezüglich der Anordnung von Verbindungsmitteln und Durchbrüchen, der Ausführung von Warm- und Kaltdächern, der Wandausbildung sowie Bestimmungen des Brandschutzes, des Transportes, der Lagerung, der Montage und des Korrosionsschutzes entsprechend TGL 13450/04 einzuhalten.

2.1.1.3. Dreischichtige Hüllelemente (Sandwichbauweise)

Die Stützkernbauweise (Sandwichbauweise) ist eine effektive Form der Erhöhung der Tragfähigkeit dünnwandiger Bleche. Die tragenden dünnen Deckschichten werden durch einen schubsteifen Stützkern in einem möglichst großen Abstand gehalten und damit eine hohe Tragwirkung erzielt. Die Kernschichten dreischichtiger Metallelemente bestehen in der Regel aus Plastschaumstoffen, wodurch neben der erforderlichen Tragwirkung gleichzeitig eine gute Wärmedämmung erzielt wird. Vorteile sind weiterhin die geringe Eigenmasse, die Möglichkeit der industriellen Vorfertigung, hohe Fertigungsgenauigkeit, hoher Komplettierungsgrad und leichte Montier- und Demontierbarkeit.

Beim Einsatz solcher dreischichtigen Elemente als Umhüllung für Dach und Wände tritt Plattenbeanspruchung aus Eigenlast, Schnee und Wind und Scheibenbeanspruchung z. B. aus Dachschub, Verdrehbehinderung der Pfetten, Gebäudestabilisierung auf. Wegen des großen Wärmebeharrungsvermögens kann außerdem bei Temperaturunterschieden zwischen Innen- und Außenhaut beim Durchlaufsystem Platten- und Scheibenbeanspruchung infolge behinderter Verformungen auftreten. Die verschiedenen Beanspruchungen sind miteinander zu kombinieren.

Für die baumechanische Untersuchung ist zu beachten, daß für den Plastwerkstoff (Kern) Eigenschaften wie z. B. Alterung, Temperatur, Feuchtigkeit, Dauerstandfestigkeit mit stark streuenden Kennwerten von Bedeutung sind.

Die Berechnung von in der Praxis üblichen Stützkernkonstruktionen erfolgt unter Berücksichtigung verschiedener Voraussetzungen wie z. B. kleiner Verformungen, Ausbildung eines Membranspannungszustandes in den Deckschichten, Vernachlässigung der Normalspannungen in der Kernschicht aufgrund des sehr kleinen E-Moduls sowie der Schubweichheit der Kernschichten nach der linearen Sandwichtheorie [2.11].

Für die in der DDR industriell gefertigten Elemente in den Abmessungen nach Bild 2.6. mit Deckschichten aus Aluminium und aus Stahl kann die Nachweisführung nach der Methode der zulässigen Spannungen entsprechend den Tab. 2.2. und 2.3. erfolgen.

Weitere Berechnungsgrundlagen für Platten- und Scheibenbeanspruchung unter Beachtung von Näherungen geben [2.12; 2.13 und 2.14] an. Ebenso sind in diesen Literaturquellen Angaben zum Nachweis der Gesamtstabilität und der örtlichen Stabilität (Knittern) zu finden.

Sandwichelemente nach Bild 2.6. gelten als ausreichend sicher bemessen, wenn entsprechend [2.15] und TGL 22972/13 die dort angegebenen Auflagerkräfte aus Eigenlast, Schnee, Wind und Temperaturdifferenz nicht überschritten werden, die zulässigen Verbindungskräfte für die Verbindungsmittel eingehalten werden. Ebenso müssen die Kontaktkräfte aus Stabilisierung der Pfetten bzw. Riegel innerhalb der zulässigen Grenzen bleiben und die vorgegebenen Stützweiten und Kraglängen eingehalten werden.

Für die Beanspruchung in Elementenebene sind die Elemente als untereinander unverbunden anzusehen und dürfen somit nicht zur Bauwerksaussteifung im Sinn einer schubsteifen Scheibe herangezogen werden. Die Aufnahme der in der Ebene des einzelnen Elements

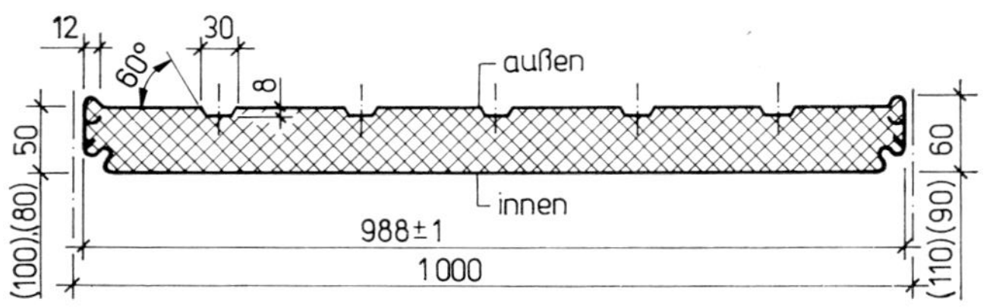

28 2. Tragwerkselemente

Bild 2.6. Querschnitt eines Al-PUR-Al (St-PUR-St)-Elementes

Tabelle 2.2. Querschnittswerte für Stützkernelemente, bezogen auf 1,0 m Breite mit Berücksichtigung von Randprofilierungen

Material-kombination	Element-dicke	I_D	W_D	A_K	$E_D J_D$	$G_K A_K$ $T \leq 60$ grd	$G_K A_K$ $T > 60$ grd
	mm	cm^4	cm^3	cm^2	N/mm^2	N	N
Al–PUR–Al	50	92	37,2	470	$6,44 \cdot 10^6$	$141 \cdot 10^3$	$71 \cdot 10^3$
	80	239	60,4	757	$16,73 \cdot 10^6$	$227 \cdot 10^3$	$114 \cdot 10^3$
St–PUR–St	50	81,2	32,5	470	$17,05 \cdot 10^6$	$141 \cdot 10^3$	$71 \cdot 10^3$
	80	210	52,5	757	$44,10 \cdot 10^6$	$227 \cdot 10^3$	$114 \cdot 10^3$
	100	329,3	65,9	947	$69,15 \cdot 10^6$	$284 \cdot 10^3$	$142 \cdot 10^3$

Erläuterungen

Es bedeuten:
- s_D Deckschichtdicke
- s_K Kernschichtdicke
- s Elementdicke
- b Elementbreite
- A_K Schubfläche des Kernquerschnitts
- G_K Schubmodul der Kernschicht
- I_D Trägheitsmoment (ohne Kern)
- E_D Elastizitätsmodul der Deckschichten
- Δ_T Temperaturdifferenz zwischen den Deckschichten
- f Durchbiegung
- σ_D Normalspannung in den Deckschichten
- τ_K Schubspannungen im Kern
- α_T linearer Temperaturdehnungskoeffizient
- A_T Auflagerreaktion aus dem Lastfall Δ_T

Tabelle 2.3. Formeln zur Berechnung der Beanspruchung von Stützkernelementen aus Streckenlast und Temperaturdifferenz

Nr.		Einfeldträger	Zweifeldträger	Dreifeldträger
1	Moment über der Stütze infolge Streckenlast q	—	$X_q = -\dfrac{ql^2}{8} \cdot \dfrac{1}{1+\dfrac{3E_D J_D}{l^2 G_K A_K}} = -\dfrac{ql^2 K_2}{8}$	$X_q = -\dfrac{ql^2}{8} \cdot \dfrac{1}{1,25 + \dfrac{3E_D J_D}{2l^2 G_K A_K}} = -\dfrac{ql^2 K_3}{8}$
2	Moment über der Stütze infolge ΔT	—	$X_T = \dfrac{1,5 E_D J_D \alpha_T \Delta T}{s} K_2$	$X_T = \dfrac{1,5 E_D J_D \alpha_T \Delta T}{s} K_3$
3	Moment in Feldmitte ($l/2$) infolge Streckenlast q	$M = \dfrac{ql^2}{8}$	$M = \dfrac{ql^2}{8}\left(1 - \dfrac{K_2}{2}\right)$	$M = \dfrac{ql^2}{8}\left(1 - \dfrac{K_3}{2}\right)$
4	Normalspannungen in den Deckschichten	$\sigma_D = \dfrac{M}{W}$	analog Einfeldträger	analog Einfeldträger
5	Maximale Querkraft infolge Streckenlast q	$Q_q = \dfrac{ql}{2}$	$Q_q = \dfrac{ql}{2} + \dfrac{x_q}{l}$	analog Zweifeldträger
6	maximale Querkraft infolge ΔT	—	$Q_T = \dfrac{X_T}{l}$	analog Zweifeldträger
7	Schubspannungen im Kern	$\tau = \dfrac{Q}{A_K}$	analog Einfeldträger	analog Einfeldträger
8	Durchbiegungen in Feldmitte ($l/2$) infolge q	$f_q = \dfrac{5ql^4}{384 E_D J_D} + \dfrac{ql^2}{8 G_K A_K}$	$f_q = \dfrac{l^2}{16 E_D J_D}\left(\dfrac{5ql^2}{24} - X_q\right) + \dfrac{ql^2}{8 G_K A_K}$	analog Zweifeldträger
9	Durchbiegungen in Feldmitte ($l/2$) infolge ΔT	$f_T = \dfrac{\alpha_T \Delta T l^2}{8s}$	$f_T = \dfrac{l^2}{16 E_D J_D}\left(-\dfrac{2 E_D J_D \alpha_T \Delta T}{s} + X_T\right)$	analog Zweifeldträger
10	Auflagerreaktion der mittleren Stütze infolge ΔT	—	$A_T = 2\dfrac{X_T}{l}$	$A_T = \dfrac{X_T}{l}$

wirkenden Lastkomponenten erfolgt
— bei der Wand (Eigengewicht) durch Aufstellen auf eine Auflagerung (Sockel)
— beim Dach (Dachschub) über zusätzliche Verbindungsmittel in eine biegesteife Pfette.

Die vorhandenen Formänderungen sind insbesondere aus der Sicht der Funktionstüchtigkeit des Tragwerks interessant. Die Unterkonstruktion (Pfetten, Riegel) sind für die durch Kombination der nach [2.15] bzw. TGL 22972/13 ermittelten Auflagerkräfte nachzuweisen.

2.1.2. Hüllelemente aus nichtmetallischen Werkstoffen

Prinzipiell haben die Hüllelemente aus nichtmetallischen Werkstoffen die gleichen Aufgaben hinsichtlich der Tragfunktion, des Witterungsschutzes und der Gewährleistung besonderer bauphysikalischer Forderungen wie die metallischen Dach- und Wandelemente. Aufgrund der Vielfalt der zur Herstellung von Hüllelementen möglichen nichtmetallischen Werkstoffe ist auch die Angebotspalette sehr groß. Sie reicht von schweren Dach- und Wandelementen aus Stahlbeton bis hin zu sehr leichten Elementen aus Wellasbest bzw. aus glasfaserverstärktem Polyester.

Auf eine Darstellung der Tragwirkung und der erforderlichen Nachweisführung für die nichtmetallischen Dach- und Wandelemente wird in diesem Buch verzichtet.

2.2. Pfetten und Riegel

2.2.1. Pfetten

Pfetten sind tragende Elemente der Dachkonstruktion, die dann erforderlich werden, wenn Hüllelemente nicht unmittelbar von Binder zu Binder spannen können, sondern in geringeren Abständen unterstützt werden müssen. Sie werden in der Regel parallel zur Firstlinie angeordnet, stehen im allgemeinen senkrecht zur Dachneigung, liegen auf dem Binderobergurt und erhalten an diesem eine entsprechende Befestigung. Der Pfettenabstand richtet sich nach der vorhandenen Dacheindeckung. Um z. B. Biegebeanspruchung im Obergurt von Fachwerkbindern zu vermeiden, ist der Pfettenabstand mit dem Abstand der Fachwerkknoten in Übereinstimmung zu bringen. Die Spannweite der Pfetten ist abhängig vom Achsabstand (Raster) der Unterkonstruktion und beträgt in der Regel 6000 mm bzw. 12000 mm.

Nach TGL 13450/01 ist für Pfetten keine Durchbiegungsbegrenzung vorgeschrieben. Es muß jedoch nachgewiesen werden, daß Formänderungen die Funktionstüchtigkeit des Tragwerks nicht beeinträchtigen.

2.2.1.1. Querschnittsgestaltung/Pfettensysteme

Die Querschnittsgestaltung ist abhängig von der Belastung, der Spannweite, dem statischen System und konstruktiven Erfordernissen zur Befestigung der Dachhaut bzw. der Verbindung mit der Unterkonstruktion. Die Querschnittsgestaltung bestimmt wesentlich den

Tabelle 2.4. Pfettenquerschnitte

Nr.	Querschnitt/ Konstruktionsprinzip	Profil	Wirtschaftliche Einsatzparameter
1		Walzprofile $h = 120$ bis 200 mm	— schwere Dachhülle — Einfeldträger bis etwa 6,0 m Spannweite — Durchlaufträger bis etwa 10,0 m Spannweite
2		Stahlleichtprofile $h = 120$ bis 180 mm	— leichte Dachhülle — Einfeld- und Durchlaufträger bis etwa 6,0 m Spannweite
3		Schweißprofile	— schwere Dachhülle — $> 6{,}0$ m bis etwa 12,0 m Spannweite
4	Wabenträger	Walzprofile	— schwere Dachhülle — $> 6{,}0$ m bis etwa 12,0 m Spannweite
5	R-Träger	L-Profile T-Profile Rundstähle	— leichte Dachhülle — $> 6{,}0$ m bis etwa 12,0 m Spannweite
6	Unterspannte Träger	Walzprofile Rundstähle	— schwere Dachhülle — $> 6{,}0$ m bis etwa 15,0 m Spannweite
7	Fachwerkträger	Walzprofile Stahlleichtprofile	— schwere Dachhülle — $\geq 12{,}0$ m bis etwa 24,0 m Spannweite

Material- und Herstellungsaufwand und ist deshalb in die ökonomischen Vorbetrachtungen zur Pfettenauswahl einzubeziehen.

Die Tab. 2.4. und 2.5. zeigen Vorzugslösungen für die Pfettenquerschnittsgestaltung in Abhängigkeit von der Spannweite und Pfettensystemen.

2.2.1.2. Lastannahmen

Die Pfetten sind für Eigenlasten, Schneelasten und gegebenenfalls für Nutz- und Verkehrslasten zu berechnen. Zusätzlich hierzu können in Richtung der z-Achse der Pfette Zug- bzw. Druckkräfte aus Wind (auf die Giebelseiten), aus der Vorspannung und aus der Stabilisierung der Binderobergurte auftreten. Die durch die Pfetten zu übertragenden Stabilisierungskräfte erhält man unter

2. Tragwerkselemente

Tabelle 2.5. Pfettensysteme

Nr.	Pfettensystem	Konstruktionsprinzip/Vorzugsquerschnitte	Vorteile	Nachteile
1	Zweistützträger	I; [Walzprofil [; Z Stahlleichtprofil	— einfacher und schneller Produktionsdurchlauf — wenig unterschiedliche Positionen — einfache Montage — bei Baugrundsetzung keine zusätzliche Beanspruchung	— hoher Materialaufwand
2	*Gerber*träger (Gelenkträger)	I; [Walzprofil [Stahlleichtprofil	— materialökonomischer als Nr. 1 (Größe der Momente durch a regulierbar — $M_{\text{Feld}} = M_{\text{Stütze}}$ bei gleichmäßig verteilter Belastung ist anzustreben.)	— arbeitsintensiv in Herstellung (unterschiedliche Längen; viele Gelenke) und Montage (Einhängeträger muß bis zur Verschraubung vom Hebezeug gehalten werden.)
3	Durchlaufträger mit konstantem Trägheitsmoment	I; [Walzprofil	— materialökonomischer als Nr. 1 — bei Durchlaufträgern mit teilweiser Einspannung Abbau des Montagenachteils	— arbeitsintensiv durch biegesteife Stoßgestaltung und Montage (Pfette muß bis zur Verschraubung des Stoßes durch Hebezeug gehalten werden.) — zusätzliche Spannungen bei Baugrundsetzungen
4	Durchlaufträger mit veränderlichen Trägheitsmoment (Koppelpfetten)	[Walzprofil [Stahlleichtprofil $\quad c = \sim 0{,}1\,l$	— gute Anpassung an den Momentenverlauf — einfache Montage — materialökonomisch	— biegesteife Stoßausbildung — zusätzliche Spannungen bei Baugrundsetzung
5	Pfetten mit Kopfstreben	I; [Walzprofil [Stahlleichtprofil	— durch Stützweitenverringerung günstiger Materialeinsatz — Stabilisierung des Binderuntergurts bei eventueller Druckbeanspruchung	— arbeitsintensiv in Herstellung und Montage — zusätzlicher Materialverbrauch für Kopfstreben

Beachtung von TGL 13503/01 und 02, Abschn. 15, und [2.16, Heft 19].

Durch das Vorhandensein einer Dachneigung entsteht der Dachschub q_x (Bild 2.7.a), der bei Verschieblichkeit der Hüllelemente (Asbestzementwelltafeln, Betonplatten ohne vergossene Fugen u. ä.) senkrecht zur Trägerachse die Pfette zusätzlich auf Biegung (um die y-y Achse) und Torsion beansprucht. Bei der Sicherung der Pfetten mittels Zugstangen (Bild 2.7.g bis i) kann die Größe des Biegemomentes M_y reduziert werden und gegebenenfalls die Verdrehung des Trägers unberücksichtigt bleiben (vergleiche Tab. 2.6.). Die Lastkomponente q_x ist den Hüllelementen zuzuweisen, wenn diese als ausreichend unverschieblich rechtwinklig zur Pfettenachse angesehen werden können (z. B. an First- oder Traufverbänden befestigte profilierte Bleche aus Stahl oder Aluminium, Stützkernelemente, Scheiben aus profiliertem Blech und Betonplatten mit vergossenen Fugen).

Bei der schubsteifen Dacheindeckung wird der Dachschub unmittelbar in den Binderobergurt bzw. Rahmenriegel eingetragen, während bei zug- bzw. drucksteifen Dachelementen spezielle First- oder Traufpfetten nach Bild 2.7.b bis f erforderlich sind.

2.2.1.3. Pfettenberechnung

Aus Wirtschaftlichkeitsgründen sollte stets das statische Zusammenwirken von Hüllelement und Träger Berücksichtigung finden. Ohne Inanspruchnahme des stabilisierenden Einflusses der Dachelemente muß die Pfette als frei verformbar und kippgefährdet behandelt werden, was im allgemeinen zu einer geringen Belastbarkeit führt. Der Grad des Zusammenwirkens zwischen Pfette und Dachhaut richtet sich nach der Beanspruchbarkeit des Hüllelements und der Befestigung zwischen Träger und Hülle (Bild 2.8.).

Ausgehend vom gegenwärtigen Stand der Vorschriftenentwicklung erfolgt der Pfettennachweis nach der Methode der zulässigen Spannungen.

2.2. Pfetten und Riegel

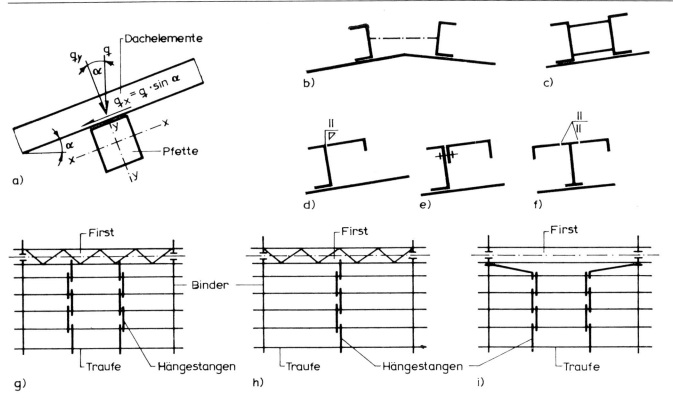

Bild 2.7. Ermittlung und Aufnahme des Dachschubs
    a)   Ermittlung des Dachschubs
    b) bis f)   versteifte First- bzw. Traufpfetten
    g) bis h)   Aufnahme des Dachschubs durch einfache bzw. doppelte Verhängung mit Hängestangen

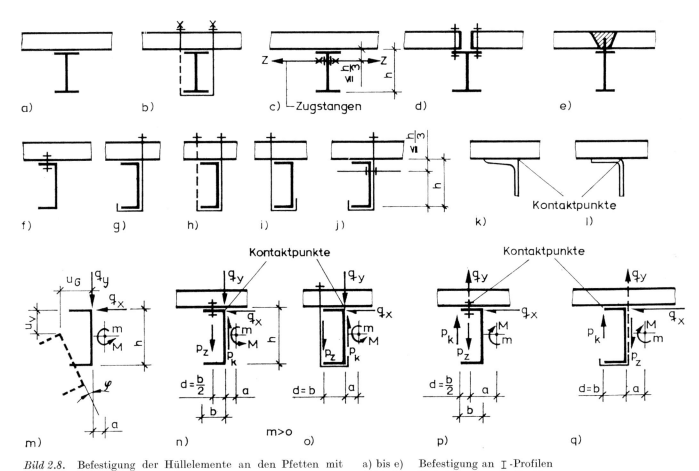

Bild 2.8. Befestigung der Hüllelemente an den Pfetten mit Verdrehbehinderung
    a) bis e)   Befestigung an I-Profilen
    f) bis l)   Befestigung an $[$-Profilen
    m) bis n)   auftretende Beanspruchung

■ Pfetten aus I-Walz-, I-Schweiß-, ⌶-Walz- und ⌶-Leichtprofilen

Die Berechnung der Pfetten erfolgt nach Tab. 2.6. Für ⌶-Walz- und ⌶-Leichtprofile ist zu beachten, daß der Schubmittelpunkt außerhalb der Querschnittskonturen liegt und das sich daraus ergebende Torsionsmoment in der Regel bei der konstruktiven Gestaltung und Berechnung der Verbindung sowie beim Trag- und Verformungsverhalten der Pfetten zu berücksichtigen ist (TGL 13450/03).
Darin bedeuten:

W_i	ideelles plastisches Widerstandsmoment entsprechend TGL 13450/03
M	Biegemoment aus der resultierenden Belastung q
u	größte Verschiebung des Trägers in Richtung der x-Achse infolge der Lastkomponente $v_k \cdot q_x$. Sind Längskräfte vorhanden, ist die Verschiebung u mit der Vergrößerungsfunktion f nach TGL 13503 zu multiplizieren.
q_{yki}	kritische Kipplast aus σ_{ki} nach TGL 13503/02 bei Lasteintragung im Obergurt des Trägers $\left(v = +\dfrac{u}{2}\right)$
k_k	Hilfswert, der die Art der Stoßausbildung der Hüllelemente über dem Träger berücksichtigt
$k_k = 1{,}0$	bei Stützen mit Überdeckung oder biegesteif durchlaufenden Hüllelementen (z. B. Asbestzementwelltafeln)
$k_k = 0{,}5$	bei Stößen ohne Überdeckung (z. B. bei über dem Träger gestoßenen Betonplatten)
u_M	Verschiebung des Schubmittelpunkts aus der Biegung um die y-Achse infolge der Belastung $q_x \cos\varphi + q_y \sin\varphi \approx q_x + q_y \tan\varphi$. Bei Normalkräften ist u_M mit f_y zu multiplizieren.
l	Stützweite des Trägers, gegebenenfalls unter Berücksichtigung von Zug- und Druckstreben
μ	Gleitreibungszahl nach TGL 13450/03 zwischen Träger und Hüllelement

Weitere Größen sind Bild 2.8. zu entnehmen bzw. sind nach den üblichen Festlegungen der Festigkeitslehre/Statik gewählt.

■ Koppelpfetten

Koppelpfetten nach Bild 2.9. darf man näherungsweise wie folgt berechnen:

Endfeld $\quad \sigma_{b,z} = \dfrac{q_y l^2}{14 W_{R,x}} \leq \text{zul } \sigma \qquad (2.4)$

Mittelfeld $\quad \sigma_{b,z} = \dfrac{q_y l^2}{22 W_{R,x}} \leq \text{zul } \sigma \qquad (2.5)$

W_R Widerstandsmoment unter Berücksichtigung der mittragenden Breite nach TGL 13506/01 für $v\sigma_R = \sigma_F$

Voraussetzungen der Berechnung:

$q_x = 0; \; \dfrac{\min l}{\max l} \geq 0{,}8; \; l_{\ddot{u},1} \geq 0{,}116 l_1$ und $l_{\ddot{u},2} = 0{,}092 l_2$;

Profildicke des Trägers $s \geq 3$ mm; Abstand der Verbindungen nach Bild 2.9. $e \leq 1000$ mm

Sind Normalkräfte vorhanden, ist der Nachweis nach Gl. (2.6) zu führen.

$\sigma_c(1 + \mu_N f_N) + \sigma_{bcx} f_x \leq \text{zul } \sigma \qquad (2.6)$

Tabelle 2.6. Berechnung von Pfetten aus I-Walz-, I-Schweiß-

Nr.	Belastung	Statische Nachweise verdrehbehindert
1	$q_y > 0$ $F_z = 0$	vorh $\sigma = \dfrac{M_x}{W_x} + \dfrac{M_y}{W_y} \leq$ zul σ bzw. vorh $\sigma = \dfrac{M_x}{W_i} \leq$ zul σ (bei Durchlaufträgern mit I-Profilen) TGL 13450/03
2	$q_y > 0$ $F_z \neq 0$ (Druckkraft)	$\sigma_c(1 + \mu_N f_N) + \sigma_{bcx} f_x + \sigma_{bcy} f_{yi} \leq$ zul σ TGL 13503/01, Abschn. 9.3. bzw. $\sigma_c(1 + \mu_N f_N) + \sigma_{bc} f \leq$ zul σ $f = \dfrac{f_x + \dfrac{W_x}{W_y}\tan\gamma f_y}{1 + \dfrac{W_x}{W_y}\tan\gamma}; \quad \tan\gamma = \dfrac{q_x}{q_y}$ (bei Durchlaufträgern mit I-Profilen) TGL 13450/03
3	$q_y < 0$ $q_x = 0$ $F_z = 0$ (Druckkraft)	vorh $\sigma = \dfrac{M_x}{W_x} \leq$ zul σ
4	$q_y < 0$ $q_x = 0$ $F_z \neq 0$	$\sigma_c(1 + \mu_N f_N) + \sigma_{bc} f_M \leq$ zul σ $\dfrac{N}{\text{zul } N} + \left(\dfrac{M^{II}}{\text{zul } M}\right)^n \leq 1$ bzw. $\sigma_c = \dfrac{F_z}{A} \leq \varphi$ zul $\sigma; \; \varphi = f(\lambda_{yi})$ mit Berücksichtigung elast. Torsionseinsp.
5	$q_y < 0$ $q_x \neq 0$ $F_z = 0$	Nachweise wie Zeile 1 (mit Berücksichtigung elast. Torsionseinspannung)
6	$q_y < 0$ $q_x \neq 0$ $F_z \neq 0$ (Druckkraft)	Nachweise wie Zeile 2 (mit Berücksichtigung elast. Torsionseinspannung)

2.2. Pfetten und Riegel

und ⌶-Profilen

verdrehbar	Bemerkungen	
	I-Profile	⌶-Profile

vorh $\sigma = \dfrac{M_x - M_y\vartheta}{I_x} y k_x + \dfrac{M_y + M_x\vartheta}{I_y} x k_y$ $- 0{,}9 E w \vartheta'' \leq \sigma_F$ zusätzlicher Nachweis: $M_x \leq M_{kr}$ (M_x; M_y unter v_{kr}-facher Belastung) TGL 13503/02, Abschn. 11.3. Nachweis nach Theorie II. Ordnung erforderlich	Verdrehung bleibt unberücksichtigt, wenn:
	— Unverschieblichkeit der Hüllelemente in Richtung der x-Achse vorhanden ist ($q_x = 0$)
	— oder der Träger mit den Hüllelementen entsprechend Bild 2.8.a; b; d; e verbunden ist
	— oder mindestens in den Drittelspunkten der Trägerstützweite Zug- oder Druckstreben nach Bild 2.8.c angeordnet werden
	— oder $u \leq 0{,}6 \left(k_k b - \dfrac{q_x}{q_y} h \right)$
	— oder $u \leq \dfrac{L_x}{100}$ unter folgenden Bedingungen
	
	Hüllelement Belastungsbereich Profil
	durchlaufend $v_k q_y \leq 0{,}6 q_{yki}$ { I TGL 0-1025; TGL 10369
	  $v_k q_y \leq 0{,}4 q_{yki}$ I PE TGL 29658
	unterbrochen $v_k q_y \leq 0{,}54 q_{yki}$ { I TGL 0-1025; TGL 10369
	  $v_k q_y \leq 0{,}36 q_{yki}$ I PE TGL 29658
		Verdrehung bleibt unberücksichtigt, wenn:
		— für $m > 0$ der Träger mit dem Hüllelement entsprechend Bild 2.8.f; h; i verbunden ist oder entsprechend Bild 2.8.j zumindest in den Drittelspunkten der Stützweite des Trägers Zugstreben angeordnet werden oder
		— für die Verschiebung u_G entsprechend Bild 2.8.m im GLF H folgender Grenzwert eingehalten wird: $u_G = u_M + \dfrac{h}{2} \tan \varphi \leq \dfrac{1}{150} L$ keine Verformungsbehinderung durch das Hüllelement; $q_x \leq 0{,}5 q_y$ v vorh $q_y \leq q^*_{ykr}$; q^*_{ykr} nach TGL 13450/03
		Für ⌶-Querschnitte, kaltgeformt, ist zusätzlich nachzuweisen, daß
		— $\varphi \leq 0{,}175$ rad
		— bei der Konstruktionsform nach Bild 2.8.n für $m > 0$ und Unverschieblichkeit des Hüllelements rechtwinklig zur Trägerlängsachse und $F_z = 0$ entweder $v_k \dfrac{a}{h} \leq \mu$ oder v_k vorh $\sigma \leq \sigma_{ki}$ ist oder Gleithalterungen angebracht sind.

vorh $\sigma = \dfrac{M_x}{W_x} \leq$ zul σ und $v_{kr} M_x \leq M_{ki}$ TGL 13503/01 und 02, Abschn. 11.	Bei Verbindung der Träger mit den Hüllelementen entsprechend Bild 2.8.a; b; d; e kann der Nachweis des Kippens entfallen! Bei nur einseitiger Anordnung der L-Haken kann für den Kippnachweis die Lasteintragung bei $v = \dfrac{h}{2}$ angenommen werden (Nachweis — Nr. 3 verdrehbar).	Wenn für $m < 0$ der Träger mit dem Hüllelement entsprechend Bild 2.8.f; g; h; j verbunden ist, sind die Nachweise in den Zeilen 1 und 2 — verdrehbehindert — zu führen. Der Kippnachweis entfällt bei Verformungsbehinderung durch das Hüllelement. σ_{ki} wird näherungsweise nach TGL 13503/02 für I-Querschnitte mit $v = +\dfrac{h}{2}$ berechnet.
$\sigma_c (1 + \mu_N f_N) + \sigma_{bc} f_M \leq$ zul σ $\dfrac{N}{\text{zul } N} + \left(\dfrac{M^{\text{II}}}{\text{zul } M} \right)^n \leq 1$ TGL 13503/01, Abschn. 12. bzw. $\sigma_c = \dfrac{F_z}{A} \leq \varphi$ zul σ; $\varphi = f(\lambda_{yi})$ TGL 13503/01 und 02	Beim Nachweis des Biegedrillknickens bzw. Kippens mit Längskraft kann die elastische Torsionseinspannung berücksichtigt werden.	
Nachweise wie in Zeile 1 (mit Berücksichtigung elast. Torsionseinspannung)		
Nachweise wie in Zeile 2 (mit Berücksichtigung elast. Torsionseinspannung)		

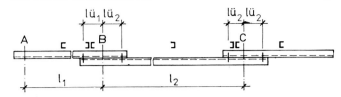

Bild 2.9. Draufsicht auf einen Pfettenstrang mit sich überlappenden Pfetten (Koppelpfetten)

Die Biegespannungsanteile sind nach den Gln. (2.4) und (2.5) zu ermitteln.
Der Anschluß am Überlappungsende ist für das Moment $M_x = 1{,}5 W_R \cdot \text{zul } \sigma$ zu bemessen.
Bei doppelter Trägerlage im Endfeld kann in diesem Bereich der Nachweis entfallen.

■ *Pfetten aus kaltgeformten Profilen mit Vorspannung*

Eine Erhöhung der Tragfähigkeit von Pfetten aus kaltgeformten Profilen kann mit Hilfe der Vorspannung erzielt werden. Nach [2.17] und [2.18] werden kaltgeformte Profile nach Bild 2.10. kontinuierlich mit einem unter Vorspannung stehenden Spannglied aus hochfestem Bandstahl durch geeignete Verfahren (z. B. Widerstandspunktschweißung) verbunden, so daß nach dem Entspannungsprozeß ein Eigenspannungszustand erzeugt wird, der bei Belastung den nutzbaren Spannungsbereich erheblich vergrößert. Gegenüber den nichtvorgespannten Profilen kann unter gleichen Voraussetzungen bei Querschnitten nach Bild 2.10.b eine Materialeinsparung bis zu 10% und bei Querschnitten nach Bild 2.10.c bis h bis zu 20% erreicht werden. Die Materialeinsparung ist vor allem abhängig von der optimalen Profilgestaltung. Doppelsymmetrische Profile nach Bild 2.10.a sind für die Vorspannung weniger geeignet.

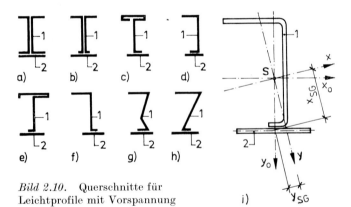

Bild 2.10. Querschnitte für Leichtprofile mit Vorspannung
1 Profil
2 Spannstab (Bandstahl höherer Festigkeit)

Bei fehlender Bimomentenbelastung (Vorspannkraft greift im Sektornullpunkt der Einheitsverwölbung an) ergibt sich der Vorspannungszustand nach [2.18] für ein Profil nach Bild 2.10.i wie folgt:

Hauptstab:

$$\sigma_{zH} = -\frac{V_{SG}}{A_{\text{ges}}} - \frac{M_y}{I_y} x + \frac{M_x}{I_x} y \qquad (2.7)$$

Spannstab:

$$\sigma_{zSG} = -\frac{V_{SG}}{A_{\text{ges}}} - \frac{M_y}{I_y} x + \frac{M_x}{I_x} y + \frac{V_{SG}}{A_{SG}} \qquad (2.8)$$

A_{ges} Gesamtquerschnittsfläche
A_{SG} Querschnittsfläche des Spanngliedes
$I_x; I_y$ Trägheitsmomente des Gesamtquerschnittes in bezug auf die x- bzw. y-Achse
$M_x; M_y$ Momente aus der im Schwerpunkt des Spanngliedes angreifenden Vorspannkraft V_{SG} bezüglich der x- und y-Achse
V_{SG} Vorspannkraft im Spannstab nach dem Verbund zwischen Haupt- und Spannstab

Die Spannungen aus Belastung sind mit Hilfe geeigneter Verfahren (z. B. Rechenprogramme) nach Theorie II. Ordnung zu ermitteln und mit dem Vorspannungszustand (Eigenspannungszustand) zu überlagern. Dabei ist zu beachten, daß der Einfluß des Eigenspannungszustands auf das Tragverhalten des Stabes durch Einführung eines reduzierten Drillwiderstands nach [2.18] berücksichtigt werden muß.
Die Berechnung derartiger Profile vereinfacht sich erheblich, wenn Drehbehinderung vorausgesetzt werden darf.

■ *Pfetten als Wabenträger*

Für Spannweiten > 6,0 m und schwere Dachhüllen eignen sich Pfetten in Form von Wabenträgern. Sie bestehen aus zahnartig im Steg aufgetrennten Walzprofilen, die ohne oder mit Zwischenblechen zu Trägern mit wabenartigen Öffnungen zusammengeschweißt werden. Ober- und Unterteil des Trägers bestehen dabei aus Material gleicher Festigkeit, oder in der Zugzone wird Material höherer Festigkeit verwendet. Neben der hohen Tragfähigkeit bei relativ geringem Materialaufwand haben sie den Vorteil, daß die Öffnungen für das Durchführen der Installationsleitungen im Industriebau genutzt werden können. Hinweise für die Berechnung können Abschn. 2.3.3. entnommen werden.

■ *Pfetten als R-Träger und als unterspannte Träger*

Pfetten mit geringem Material- und Fertigungsaufwand für Spannweiten bis 12,0 m können als R-Träger hergestellt werden. Sie bestehen aus Gurtprofilen (z. B. T-, V-Profile) und Rundstählen, die zwischen den Gurten im ∡α zwischen 45° und 60° als Rundstahlschlange geführt werden. Die Berechnung erfolgt entsprechend Abschn. 3.2.3.
Durch Unterspannung von Pfetten mit Hilfe von Pfosten und Zugbändern lassen sich auf konstruktiv einfache Weise relativ große Spannweiten überbrücken. Die für die Schnittkraftermittlung notwendigen Formeln erhält man aus Abschn. 3.2.2.

2.2.1.4. Konstruktive Besonderheiten

Von besonderer Bedeutung für die Pfettengestaltung ist die Auflagerung, Stoßgestaltung und Gelenkausbildung. Tab. 2.7. zeigt Möglichkeiten der konstruktiven Ausbildung.

Tabelle 2.7. Konstruktive Details für Pfettenauflagerung, -stöße und -gelenke

Art	Konstruktive Gestaltung	Anwendung
Pfettenauflagerung — unmittelbare Verschraubung		— bei miteinander verbundenen oder versteiften Doppelprofilen mit und ohne Durchlaufwirkung — wirtschaftlich günstigste Lösung
Pfettenbügel		— bei einteiligen Profilen mit u. ohne Durchlaufwirkung — bei offenem Binderobergurtprofil Verschraubung vorsehen — bei geschlossenem Binderobergurt Anschweißen möglich — Pfettenbügel bis $\leqq 12{,}5\%$ Dachneigung
Anschlußwinkel		
Pfettenstuhl		— für [-Profile mit und ohne Durchlaufwirkung
Pfettenblech		— vorzugsweise bei geschlossenen Binderobergurten und Pfetten aus [-Profilen mit und ohne Durchlaufwirkung — nicht geeignet für hohe und schwere Profile
Stirnbleche		— vorzugsweise für Zweistützträger mit großen Längskräften — nur in Ausnahmefällen, da großer Aufwand erforderlich

Tabelle 2.7. (Fortsetzung)

Art	Konstruktive Gestaltung	Anwendung
Biegesteife Pfettenstöße	Pfettenstoß bei teilweiser Einspannung am Auflager 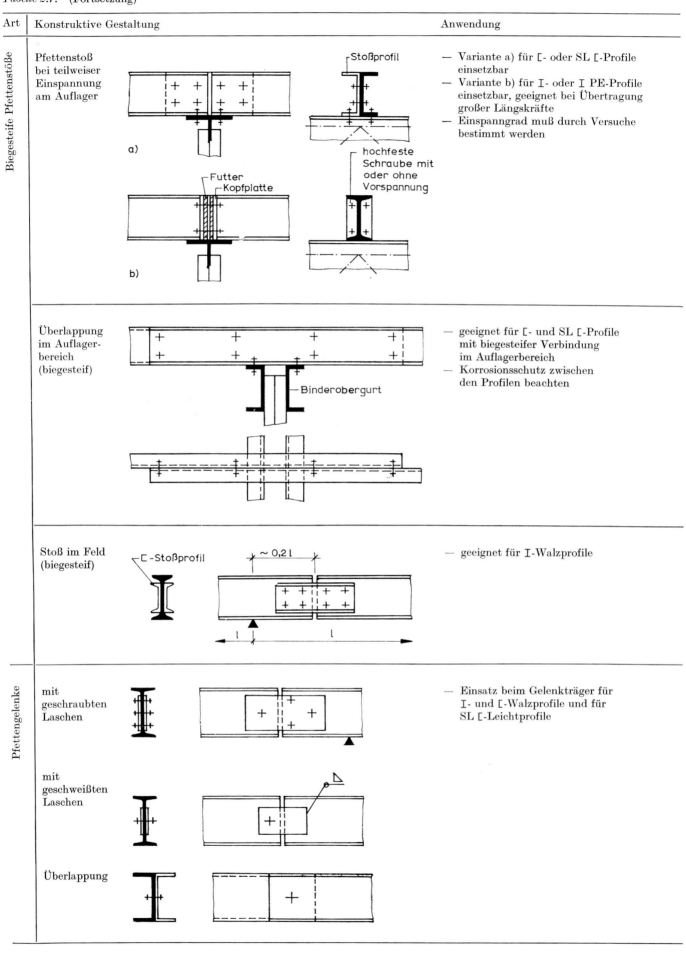	— Variante a) für [- oder SL [-Profile einsetzbar — Variante b) für I- oder I PE-Profile einsetzbar, geeignet bei Übertragung großer Längskräfte — Einspanngrad muß durch Versuche bestimmt werden
	Überlappung im Auflagerbereich (biegesteif)	— geeignet für [- und SL [-Profile mit biegesteifer Verbindung im Auflagerbereich — Korrosionsschutz zwischen den Profilen beachten
	Stoß im Feld (biegesteif)	— geeignet für I-Walzprofile
Pfettengelenke	mit geschraubten Laschen	— Einsatz beim Gelenkträger für I- und [-Walzprofile und für SL [-Leichtprofile
	mit geschweißten Laschen	
	Überlappung	

Beispiel 2.1

Pfettenbemessung in Verbindung mit der Dachscheibe aus Trapezprofil

(Bemessung nach zul. Spannungen)

Dem Bemessungsbeispiel liegt folgende Hallenkonstruktion zugrunde:

Gebäudelänge	115 m;	Satteldach mit Deckung aus Stahltrapezprofilband
Gebäudebreite	23 m;	(Kaltdachausführung)
Traufhöhe	8,1 m;	Längswand mit Toren (Gesamtfläche > 30% der Wandfläche)
Binderabstand	6 m;	Pfetten aus Sl $\mathsf{[}$ - Profilen (Einfeldträger)

Die Berechnung ist für ein Normalfeld durchzuführen.

1. Geometrie und Belastung

System der Dacheindeckung

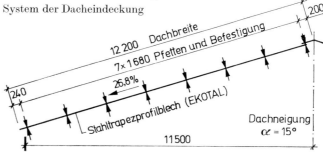

Eigenlasten	Stahltrapezprofil 42/200/0,8	0,10 kN/m²
	Pfetten	0,08 kN/m²
Schneelasten	$s = k_s s_0 c_i = 1,5 \cdot 0,50 \cdot 1,0 \quad =$	0,75 kN/m²
Windlasten	Luvseite $\quad w = -(0,45 + 0,8) \, 0,55 =$	$-0,69$ kN/m²
	Trauf- und Firstbereich $\quad w = -2,0 \cdot 0,55$	$= -1,10$ kN/m²
Verkehrslast	Einzellast	1,0 kN
	(nicht gleichzeitig mit Schnee und Wind)	

2. Dachdeckung

2.1. Plattenbeanspruchung B-Seite oben, $l = 1,68$ m

LF $g+s$ $\quad q \quad = 0,10 + 0,75 \cos 15° = 0,824$ kN/m²

$\quad q_y \quad = 0,824 \cos 15° = 0,796$ kN/m²

$\quad$ vorh $F_B = 1,10 \cdot 0,796 \cdot 1,68$
$\quad\quad\quad\quad = 1,47$ kN/m $< 15,6$ kN/m $=$ zul F_B

$\quad$ vorh $M_s \approx 0,10 \cdot 0,796 \cdot 1,68^2$
$\quad\quad\quad\quad = 0,23$ kNm/m $< 1,59$ kNm/m $=$ zul M_s

$\quad \dfrac{\text{vorh } F_B}{\text{zul } F_B} = \dfrac{1,47}{15,6} = 0,09$

LF $g+p$ $\quad q_y \quad = 0,10 \cos 15° = 0,097$ kN/m²

$\quad F_k \quad = 0,6 \cdot 1,0 \cdot \cos 15° = 0,580$ kN

$\quad \dfrac{\text{vorh } F_k}{\text{zul } F_B} = \dfrac{0,58}{15,6} = 0,04$

$\quad$ vorh $M_F = \dfrac{0,097 \cdot 1,68^2}{8} + \dfrac{0,58 \cdot 1,0 \cdot 1,68}{0,2 \cdot 4}$

$\quad\quad\quad\quad = 1,25$ kNm/m $< 1,86$ kNm/m
$\quad\quad\quad\quad = 1,49 \cdot 1,25 =$ zul M_F (GLF S)

Einfeldträger, Montagezustand, bei Annahme noch nicht wirksamer Profilverschraubung

LF $g+w$ $\quad -q_y \quad = -0,10 \cos 15° + 1,10$
$\quad\quad\quad\quad = 1,0$ kN/m² First- und Traufbereich

$\quad -q_y \quad = -0,10 \cos 15° + 0,69$
$\quad\quad\quad\quad = 0,593$ kN/m² Normalbereich

$\quad$ vorh $M_F \approx 0,078 \cdot 1,0 \cdot 1,68^2$
$\quad\quad\quad\quad = 0,22$ kNm/m $< 1,79$ kNm/m
$\quad\quad\quad\quad =$ zul M_F (GLF HZ)

$\quad$ vorh $F_A \approx 1,0 \cdot \dfrac{1,92^2}{2 \cdot 1,68} = 1,10$ kN/m

$\quad$ vorh $F_B \approx 1,1 \left(1,0 \cdot 1,92 \dfrac{0,72}{1,68} + 1,0 \cdot 0,08 \dfrac{1,64}{1,68} \right.$

$\quad\quad\quad\quad \left. + 0,593 \cdot 1,6 \dfrac{0,8}{1,68} \right) = 1,49$ kN/m

2.2. Scheibenbeanspruchung

LF $g+s$

$q_x \quad = (0,10 \cdot 12,2 + 8 \cdot 0,08 + 0,75 \cdot 12,2 \cdot \cos 15°)$
$\quad\quad \sin 15° = 2,77$ kN/m
(ohne Berücksichtigung zusätzlicher Stabilisierungskräfte infolge außerplanmäßiger Vorkrümmung der Normal-/Traufpfetten)

max $Q_s = \dfrac{2,77 \cdot 6,0}{2} = 8,31$ kN

$M_s \quad = \dfrac{2,77 \cdot 6,0^2}{8} = 12,47$ kNm

$l_{s,\text{Gr.}} = 2,9$ m bei Befestigung in jedem 2. Wellental am Flansch 1

$l_s \quad = 7 \cdot 1,68 = 11,76$ m $> 2,9$ m $\rightarrow$ zul τ
$\quad\quad = 1,5$ N/mm²

$\tau \quad = \dfrac{Q_s}{l_s s} = \dfrac{8,31 \cdot 10^3}{11,76 \cdot 10^3 \cdot 0,8}$

$\quad\quad = 0,883$ N/mm² $< 1,5$ N/mm² $=$ zul τ

Nachweis der Profilblechrand-Halbwelle

Nachweis bei fehlender direkter Verbindung zwischen Profilblech und Randträger parallel zur Profilierung

Annahme: Einfeldträger
(exakter: Berechnung als Durchlaufträger)

vorh $F_s = \dfrac{8,31}{1,5 \cdot 8} = 0,69$ kN $\rightarrow \dfrac{2}{3}$ Befestigungskraft Pfette—Binder

$\bar{A}_w \quad = \dfrac{A_w}{n} = \dfrac{743}{5} = 148,6$ mm²

$\bar{I}_w \quad = \dfrac{I_w}{n} = \dfrac{214 \cdot 10^3}{5} = 42,8 \cdot 10^3$ mm⁴

Beispiel 2.1 *(Fortsetzung)*

$$\sigma_c = \frac{690}{0{,}5 \cdot 148{,}6} = 9{,}3 \text{ N/mm}^2$$

$$\lambda = \frac{0{,}5 \cdot 1680}{17} = 49{,}4; \quad \sigma_{ki} = 850 \text{ N/mm}^2$$

$$f = 1 + \frac{1}{\frac{850}{1{,}5 \cdot 9{,}3} - 1} = 1{,}02;$$

$$\mu_N = \frac{49{,}4 - 10}{320} = 0{,}123$$

$$M_F = \frac{0{,}796 \, \frac{0{,}1}{1{,}0} \, 1{,}68^2}{8} = 0{,}028 \text{ kNm}$$

$$\sigma_{bc} = \frac{0{,}028 \cdot 10^6}{0{,}5 \cdot 42{,}8 \cdot 10^3} \, 23{,}8 = 31{,}1 \text{ N/mm}^2$$

Entlastung $e_1 F_s$ bleibt unberücksichtigt.

$\sigma = 9{,}3(1 + 0{,}123 \cdot 1{,}02) + 31{,}1 \cdot 1{,}02$
$= 42{,}2 \text{ N/mm}^2$

Nachweis der Beulsicherheit des Profilbleches unter Schubbelastung

$\tau_{ki} > 60 \text{ N/mm}^2$

$\nu_\tau = \frac{60}{0{,}883} = 68 > 1{,}35 = \text{erf } \nu_\tau$

(TGL 13450/04, Bild 8.)

2.3. Befestigung auf den Randpfetten

Gewindeschneidschrauben M 6 mit Stahl- und Plastunterlegscheiben; Verschraubung im 1., 3., 5. Wellental;

max $e_Q = 400$ mm; i.M. $e_Q = 0{,}333$ m;

$s_{Bl} = 0{,}8$ mm; $s_k = 4$ mm; $d_v = 6$ mm

Zug:

zul $F_z = 75 d_v s_k - 400 = 1400$ N
$= 1{,}4$ kN $< 4{,}0$ kN

bzw. $1400 \cdot s_{Bl}^2 (3 - s_{Bl}) = 1970$ N

bzw. $0{,}55 \cdot 1970 = 1080$ N $= 1{,}08$ kN
bei Windsog

Schub:

$\frac{s_k}{s_{Bl}} = \frac{4}{0{,}8} = 5 > 2{,}5$

zul $F_s = 2500 \cdot s_{Bl}^2 = 1600$ N $= 1{,}6$ kN

bzw. 2700 N

Beanspruchung durch Druck aus Temperaturunterschieden

$$I_{\text{Gurt}} = \frac{b_{\text{Gurt}}^3 t}{12} = \frac{63^3 \cdot 4}{12} = 83349 \text{ mm}^4$$

$$b_v = 10 \sqrt[4]{\frac{I_{\text{Gurt}} e_Q}{s}}$$

$$= 10 \sqrt[4]{\frac{83349 \cdot 333}{4}} = 512 \text{ mm}$$

$$c_A = 4{,}5 \cdot 10^{-4} \frac{h_A^2}{t} - 0{,}3 = 4{,}5 \cdot 10^{-4} \frac{140^2}{4} - 0{,}3 = 1{,}905 \frac{\text{m}}{\text{MN}}$$

vorh $F_s(t) = \dfrac{e_Q}{e_Q + b_v} \dfrac{\alpha_t \Delta T l_T}{\left(c_A + \dfrac{e_Q}{b_v} c_v\right)}$

$$= \frac{0{,}333}{0{,}333 + 0{,}512} \cdot \frac{12 \cdot 35 \cdot 0{,}5 \cdot 7 \cdot 1{,}68}{10^6 \left(1{,}905 + \frac{0{,}333}{0{,}512} 0{,}3\right)}$$

$= 4{,}634 \cdot 10^{-4}$ MN $= 463{,}4$ N

Nachweise im LF $g + s$

vorh $F_z = 0{,}35 +$ vorh $\tau s h \left(1 - \dfrac{e_{\ddot{u}}}{8h}\right); 1 - \dfrac{240}{8 \cdot 42} = 0{,}286 > 0$

(0,35 → aus Torsionsstabilisierung nach Abschn. 3.3.3.)

vorh $F_z = 0{,}35 + 0{,}883 \cdot 10^{-3} \cdot 0{,}8 \cdot 42 \cdot 0{,}286 = 0{,}35 + 8{,}49 \cdot 10^{-3}$
$= 0{,}358$ kN $< 1{,}4$ kN

$$b_v = 2{,}5 \sqrt[4]{\frac{I_{\text{Gurt}} e_Q}{s}} = 2{,}5 \sqrt[4]{\frac{83349 \cdot 333}{4}} = 128 \text{ mm}$$

vorh $F_{s,1} = \dfrac{Q_s e_Q}{l_s} = \dfrac{8{,}31 \cdot 0{,}333}{11{,}76} = 0{,}235$ kN

vorh $F_{s,3} = \dfrac{e_Q}{e_Q + b_v} \dfrac{Q_s}{n_l} = \dfrac{0{,}333}{0{,}333 + 0{,}128} \cdot \dfrac{8{,}31}{8} = 0{,}75$ kN

Äußere Gewindeschneidschraube am Randträger

vorh $F_s = \sqrt{\left(\frac{1}{2} 0{,}235\right)^2 + (0{,}75 + 0{,}463)^2} = 1{,}214$ kN $< 1{,}6$ kN
(Schub)

$\dfrac{\text{vorh } F_z}{\text{zul } F_z} + \dfrac{\text{vorh } F_s}{\text{zul } F_s} = \dfrac{0{,}008}{1{,}4} + \dfrac{1{,}219}{1{,}6} = 0{,}768 < 1$

(hier keine Berücksichtigung von vorh F_z aus Torsionsstabilisierung)

Innere Gewindeschneidschrauben am Randträger

vorh $F_s = \sqrt{0{,}235^2 + 0{,}463^2} = 0{,}519$ kN

$\dfrac{\text{vorh } F_z}{\text{zul } F_z} + \dfrac{\text{vorh } F_s}{\text{zul } F_s} = \dfrac{0{,}358}{1{,}4} + \dfrac{0{,}519}{1{,}6} = 0{,}58 < 1$

(hier keine Berücksichtigung von vorh $F_{s,3}$)

Nachweis im LF $g + w$

(GLF $H!$ wegen Profilblechausnutzung zur Stabilisierung von Tragwerken)

vorh $F_z = 0{,}93$ kN $< 1{,}08$ kN (vorh F_z nach Abschn. 3.3.3.)

Befestigung der Profilbleche miteinander

Blechschrauben B 4,8 $e_l = 400$ mm

Schub   zul $F_S = 1250(s_{Bl}^2 + 0{,}22) \, 1{,}2 = 1290$ N
$= 1{,}29$ kN

Nachweis im LF $g + s$ vorh $F_{S;2} = \dfrac{Q}{n_2} = \dfrac{8{,}31}{29} = 0{,}287$ kN $< 1{,}29$ kN

Profilblechverformungen

Es bestehen beim Kaltdach weder für Platten- noch für Scheibenverformungen zahlenmäßige Begrenzungen. Bei den vorliegenden Pfettenabständen sind die Verformungen ohne Zweifel so gering, daß keine Beeinträchtigung der Funktion zu erwarten ist. Auf Nachweise kann deshalb in diesen und ähnlichen Fällen verzichtet werden.

Beispiel 2.1 *(Fortsetzung)*

3. Pfetten

3.1. Schnittkräfte Einfeldträger, $l = 6$ m

LF $g + s$ $\quad q = 0{,}10 \cdot 1{,}68 + 0{,}08 + 0{,}75 \cdot 1{,}68 \cos 15°$
$\quad\quad\quad\quad\quad = 1{,}465$ kN/m

$$q_y = 1{,}465 \cdot \cos 15° = 1{,}415 \text{ kN/m}$$

$$M_x = 1{,}415 \cdot \frac{6{,}0^2}{8} = 6{,}37 \text{ kNm}$$

LF $g + w$*) $\quad q_y \approx \left(0{,}10 \frac{1{,}68}{2} + 0{,}10 \frac{1{,}92 \cdot 0{,}72}{1{,}68} + 0{,}08\right)$

$$\cos 15° - 0{,}69 \frac{1{,}60^2}{2 \cdot 1{,}68} - 1{,}1 \frac{2{,}0 \cdot 0{,}76}{1{,}68}$$

$$= -1{,}28 \text{ kN/m für 1. Innenpfette}$$

LF $g + p$ $\quad q = 0{,}08$ kN/m; $F = 1{,}0$ kN

$$M_x = \cos 15° \left(0{,}08 \frac{6{,}0^2}{8} + 1{,}0 \frac{6{,}0}{4}\right)$$

$$= 1{,}797 \text{ kNm}$$

Firstpfette mit Zusatzbeanspruchung aus Scheibenwirkung der Dachdeckung

$$q_y = \left(0{,}10 \frac{1{,}88^2}{2 \cdot 1{,}68} + 0{,}08 + 0{,}75 \frac{1{,}88^2}{2 \cdot 1{,}68} \cos 15°\right) \cos 15°$$

$$= 1{,}03 \text{ kN/m}$$

$$N_x = \frac{M_S}{l_S} = \frac{12{,}47}{11{,}76} = 1{,}06 \text{ kN}$$

$$M_x = \frac{1{,}03 \cdot 6{,}0^2}{8} + \frac{1{,}06 \cdot 0{,}14}{2} = 4{,}71 \text{ kNm}$$

3.2. Querschnittswerte

SL ⌐ $140 \cdot 63 \cdot 4$ TGL 7969

$A = 1011$ mm^2
$I_x = 3000 \cdot 10^3$ mm^4
$I_y = 386 \cdot 10^3$ mm^4
$W_x = 42{,}8 \cdot 10^3$ mm^3
$W_y = 8{,}34 \cdot 10^3$ mm^3
$i_x = 54{,}4$ mm
$a = x_M - e_s + 2{,}5s$
$\quad = 38{,}1 - 16{,}7 + 2{,}5 \cdot 4$
$\quad = 31{,}4$ mm
$GI_D = 0{,}81 \cdot 10^8 \cdot 5{,}4 \cdot 10^{-9}$
$\quad\quad = 0{,}437$ kNm^2
$EC^x = 2{,}1 \cdot 10^8 \cdot 3111 \cdot 10^{-12}$
$\quad\quad = 0{,}653$ kNm^4
$\lambda = \sqrt{\dfrac{GI_D}{EC_M}} = \sqrt{\dfrac{0{,}81 \cdot 5{,}4}{2{,}1 \cdot 1{,}22}} = 1{,}307$ m^{-1}
$\lambda l = 1{,}307 \cdot 6 = 7{,}84$
$|w| = 2557$ mm^2

Torsionsquerschnittswerte TGL 13450/03, Tab. 4.
(λ Querschnittswert $\ne$ Stabschlankheit)
Torsionsbettungsziffer des Pfettenprofils bei Verschraubung mit Trapezprofil 42/200/0,8 bei oben liegender B-Seite und mittlerem Schraubenanstand $e_Q = 333$ mm, TGL 13450/3, Tab. 3.

*) Bei der Pfettenberechnung ist eine statisch bestimmte Verteilung der Dachlast auf die Pfetten zugrunde gelegt worden.

$s = 0{,}8$ mm
$b_T = 63 - 2{,}5 \cdot 4 = 53$ mm $\quad$ Auflagerbreite
$b_{Bl} = b_3 = 100$ mm $\quad$ Kontaktbreite des Profilblechs
$k_\varphi = 4 \cdot 10^5 \dfrac{sb_T^2}{e_Q b_{Bl}^2} = 4 \cdot 10^5 \dfrac{0{,}8 \cdot 53^2}{333 \cdot 100^2}$
$\quad = 270$ Nmm/mm $= 0{,}27$ kNm/m

3.3. Nachweise

3.3.1. Spannungsnachweise

LF $g + s$
Normalpfette:
vorh $\sigma = \dfrac{M_x}{W_x} = \dfrac{6{,}37 \cdot 10^6}{42{,}8 \cdot 10^3} = 149$ N/mm$^2 < 160$ N/mm$^2 =$ zul σ

Firstpfette:
$\lambda = \dfrac{6000}{54{,}4} = 110{,}3$; $\sigma_{ki} = 170$ N/mm^2; $\mu_N = 0{,}191$;

$\sigma_c = \dfrac{1{,}06 \cdot 10^3}{1011} = 1{,}05$ N/mm^2

$\sigma_{bc} = \dfrac{4{,}71 \cdot 10^6}{42{,}8 \cdot 10^3} = 110$ N/mm^2; $f = 1 + \dfrac{1{,}273}{\dfrac{170}{1{,}5 \cdot 1{,}05} - 1}$

$\quad\quad = 1{,}01$

$\sigma = 1{,}05(1 + 0{,}191 \cdot 1{,}01) + 110 \cdot 1{,}01$
$\quad = 112{,}4$ N/mm$^2 < 160$ N/mm$^2 =$ zul σ

3.3.2. Verformungen, Durchbiegung rechtwinklig zur Dachebene, Normalpfette

$v = \dfrac{5}{384} \dfrac{q_y l^4}{EI_x} = \dfrac{5}{384} \cdot \dfrac{1{,}415 \cdot 6{,}0^4 \cdot 10^3}{2{,}1 \cdot 10^8 \cdot 3000 \cdot 10^{-9}} = 38$ mm

Verdrehung nach TGL 13450/03
LF $g + s$
$\tan \varphi =$

$$\dfrac{1{,}0 \cdot 1{,}415 \cdot 0{,}0314 \cdot 6{,}0^2}{8 \left(\dfrac{\pi^2}{6^2} 0{,}653 + 1{,}0 \cdot 0{,}437 + 0{,}56 \cdot 0{,}14 \cdot 1{,}415 \cdot 6^2 + \dfrac{1}{8} 0{,}27 \cdot 6^2\right)}$$

$\quad = 0{,}090 < 0{,}175$

$k_N = 1{,}0$ ohne Normalkraft; $k_0 = 1{,}0$ Einfeldträger
LF $g + w$
$a = 31{,}4 + 53 - 30 = 54{,}4$ mm $\quad$ TGL 13450/03, Bild 7
$\tan(-\varphi) =$

$$\dfrac{1{,}28 \cdot 0{,}0544 \cdot 6{,}0^2}{8 \left(\dfrac{\pi^2}{6^2} 0{,}653 + 0{,}437 + 0{,}056 \cdot 0{,}14 \cdot 1{,}28 \cdot 6^2 + \dfrac{1}{8} 0{,}27 \cdot 6^2\right)}$$

$\quad = 0{,}143 < 0{,}175$

3.3.3. Zusätzliche Verbindungskräfte

LF $g + s$
$m_v = k\varphi \tan \varphi = 0{,}27 \cdot 0{,}90 = 0{,}0243$ kNm/m
$d = 63 - 30 - 2{,}5 \cdot 4 = 23$ mm
vorh $F_z = \dfrac{m_v e_Q}{d} = \dfrac{0{,}0243 \cdot 0{,}333}{0{,}023} = 0{,}35$ kN

LF $g + w$
$m_v = -0{,}27 \cdot 0{,}143 = -0{,}039$ kNm/m; $d = 30$ mm
vorh $F_Z = \left[|p_y| - \dfrac{m_v}{d}\right] e_Q$

$\quad = \left[1{,}49 - \dfrac{-0{,}039}{0{,}030}\right] \cdot 0{,}333 = 0{,}93$ kN

Tabelle 2.8. Konstruktive Details für die Riegelanschlüsse

Art	Konstruktive Gestaltung	Bemerkungen
Riegelanschlüsse		Anschluß an Stahlstützen a) Anschluß direkt an Stahlstütze b) Anschluß mit Winkel c) Anschluß mit Konsol
		Anschluß an Stahlbetonstützen a) Riegel in Gabel an Betonstütze — nur für kittlose Verglasung b) Anschluß an Betonstütze c) Anschluß an Betonstütze
Bsp.-Anschluß Wandverkleidung		Anschluß der Wandverkleidung mit Asbestzementwelltafeln a) Traufriegelausbildung bei Anschluß an Stahlstütze b) Brüstungsriegel c) Traufriegelausbildung bei Anschluß an Betonstütze d) Zwischenriegelanschluß
Grundrisse zum Wandaufbau eingeschossiger Gebäude		a) Ecklösung für Betonkonstruktionen b) Ecklösung für Stahlkonstruktionen c) Ecklösung für Mischkonstruktionen

2.2.2. Wandriegel

Wandriegel sind tragende Elemente der Außenwände, die in der Regel vor den Stützen angeordnet werden und zur Befestigung der Wandhülle dienen. Die Wandriegelabstände richten sich nach der Art der Wandverkleidung. Die Stützweiten entsprechen dem Stützenraster und sollen 6000 mm nicht überschreiten, andernfalls wird die Anordnung von Zwischenstützen empfohlen.

Für die Riegel werden vorzugsweise ⊔-Profile nach TGL 0-1026 verwendet, die durch angeschweißte Winkel verstärkt werden, wenn das Einzelprofil für die Belastung nicht ausreicht. Weiterhin sind I-, IPE-, UE- und zusammengeschweißte Walzprofile möglich.

Das statische System für Riegel ist vorzugsweise der Träger auf zwei Stützen.

Die Beanspruchung der Riegel erfolgt durch Wind, durch Eigenlast der Verkleidung (sofern diese nicht selbsttragend ist und die Last unmittelbar in die Fundamente eingeleitet wird) und durch Längskräfte (wenn die Riegel Teil eines Verbandes sind).

Im ungünstigsten Fall sind Wandriegel auf zweiachsige Biegung mit Längskraft zu bemessen. Die Bemessung erfolgt dann nach TGL 13503/02 Abschn. 9.3. Kann eine Verdrehbehinderung durch die Umhüllung angenommen werden, erfolgt der Nachweis wie in Abschn. 2.2.1.3., Tab. 2.6.

2.3. Decken und Bühnen
2.3.1. Funktion, Wirkungsweise, Gestaltung

Die Funktion der Decke besteht darin, die Nutzlasten zu übertragen, die Geschosse im Bedarfsfall gegeneinander schalldicht, feuersicher und wärmedämmend abzuschließen und in vielen Fällen durch Scheibenwirkung zur Stabilisierung der Gebäude beizutragen.

Bühnen haben vorwiegend die Aufgabe, die Bedienung von Anlagen und Geräten zu ermöglichen. Sie können ebenfalls zur Übertragung von Nutzlasten aus verschiedenartiger Beanspruchung dienen und zur Stabilisierung herangezogen werden, haben jedoch in der Regel keine raumabschließende Funktion.

Hauptelemente von Decken und Bühnen sind Deckenträger und Unterzüge. Die Anordnung und Gestaltung richtet sich nach der Art der Nutzlast, nach dem Belag und der konstruktiven Ausführung des Gesamttragwerks.

Als Querschnitte kommen wegen der in der Regel im Industriebau hohen zu übertragenden Nutzlasten vorwiegend I-Walz- und I-Schweißprofile in Frage (Tab. 2.9.). Zur Rand- und Abschlußgestaltung ist der Einsatz von [-Walzprofilen möglich. Bei Torsionsbeanspruchung sind individuell geschweißte Kastenquerschnitte aus Walzprofilen bzw. Blechen günstig. Für geringere Beanspruchungen haben sich Träger mit Stegaussparungen

Tabelle 2.9. Profilsortiment für den Trägerbau

Nr.	Profilart		Trägerhöhe mm	Werkstoff	Einsatzgebiet	Bemerkungen
1	I-Walzprofile	I NP TGL 0-1025	100···400	St 38; KT 45 H 52; KT 52	vorwiegend Biegebeanspruchung	
2		I PE TGL 29658	140···400	St 38; KT 45 H 52; KT 52	vorwiegend Biegebeanspruchung	durchschnittlich 12% weniger Stahlaufwand als bei I NP
3		I PB DIN 1025 Bl. 2—4	100···1000	St 38 H 52	vorwiegend Normalkraft und/oder zweiachsige Biegung	
4	I-Schweißprofile	I L-Reihe TGL 26088	300···1200	St 38 H 52 KT 45; KT 52	vorwiegend Biegebeanspruchung	Stegblechdicken 4···10 mm, sehr materialökonomisch
5		I S-Reihe TGL 26088	300···1000	St 38 H 52 KT 45; KT 52	vorzugsweise Biegung mit Normalkraft	
6		I H-Reihe nach [2.19]	300···1200	Kombination von St 38/ H 52	vorzugsweise Biegebeanspruchung aus statischer Belastung	Untergurt aus Material höherer Festigkeit (Hybridträger), Teilplastizierung der Stege zugelassen
7		I K-Reihe nach [2.19]	300···1200	St 38 H 52 Kombination	in der Kohleindustrie zur Vermeidung von Staubablagerung auf dem Untergurt	Untergurt aus spießkant angeordneten Winkel aus Material gleicher oder höherer Festigkeit
8		I [-Reihe nach [2.19]	300···1200	St 38 H 52 Kombination	bei erforderlicher hoher Seitensteifigkeit	Ober- und Untergurt aus [-Walzprofilen, Untergurt aus Material gleicher oder höherer Festigkeit

Tabelle 2.10. Deckenbeläge

Nr.	Art	Abmessungen	Eigenlast/Nutzlast	Bemerkungen
1	Lichtgitterroste	Dicke: $h = 40$ mm Länge: 400 mm $\leq l \leq 1250$ mm in Sprüngen von jeweils 25 mm Breite: 200 mm $\leq b \leq 1000$ mm in Sprüngen von jeweils 50 mm	Eigenlast: $0{,}25$ kN/m² (einschließlich Korrosionsschutz und Befestigung) Nutzlast: $3{,}0$ kN wandernde Einzellast bzw. $5{,}0$ kN/m² Flächenlast	TGL 9310/01/02/03/04 keine Scheibenstabilisierung und Kipphalterung durch Gitterroste möglich
2	Blechabdeckungen Riffelbleche Grobbleche Lochbleche	Dicke: $h = 5$ mm; $h = 6$ mm; $h = 8$ mm Länge: $700 \leq l \leq 2000$ mm ohne und mit Aussteifrippen	$0{,}39$ kN/m² ohne Rippen $0{,}47$ kN/m² ohne Rippen $0{,}63$ kN/m² ohne Rippen Nutzlast: $1{,}5 \cdots 7{,}5$ kN wandernde Einzellast bzw. $3{,}0 \cdots 10{,}0$ kN/m² Flächenlast	nach [2.20] Scheibenstabilisierung und Kipphalterung bei schubsteifer Befestigung möglich Aussteifrippen für Bl 5: $\square$ 50 × 5; für Bl 6: $\square$ 60 × 6; für Bl 8: $\square$ 80 × 8
3	Stahlbetonhohldielen	Dicke: $h = 60$ mm; $h = 80$ mm; $h = 100$ mm Länge: bis 3000 mm in Abhängigkeit von Dicke und Nutzlast Breite: 333 mm	Eigenlast: $1{,}4$ kN/m² $1{,}7$ kN/m² $2{,}0$ kN/m² Nutzlast: $2{,}4 \cdots 24$ kN/m²	TGL 24778/01/02/03 Scheibenstabilisierung und Kipphalterung möglich
4	Stahl- und Spannbetondeckenplatten	Dicke: 190/240/290/340/390 mm Breite: 600/750/900/1200/1500/1800 mm Länge: 2400/3000/3600/4200/4800/5400/6000/7200 mm	Eigenlast: $1{,}5 \cdots 6{,}0$ kN/m² Nutzlast: $1{,}5 \cdots 30$ kN/m²	nach [2.21; 2.22; 2.23; 2.24; 2.25] und TGL 33482/01-02
5	Deckenplatten aus Ortbeton	Dicke: $h = 140/190/240/290$ mm Länge, Breite: nach Bedarf unter Beachtung von TGL 33405	Eigenlast und Nutzlast in Abhängigkeit von den nutzertechnologischen Anforderungen und konstruktiven Gesichtspunkten	TGL 33405/01 TGL 33482/02
6	Stahl-Beton-Verbunddecken	Stahlprofilblechverbunddecken bei Verwendung verschiedener Profilquerschnitte der Bleche (z. B. Reso-Holorib- und Montarib-Verbunddecke [BRD]; System VIP und VOK [ČSSR]). Blechdicken: $0{,}8 \cdots 1{,}25$ mm; Blechlängen: ≤ 18000 mm; Spannweiten: $3600 \cdots 8000$ mm; mit und ohne Verbund zwischen Decke und Deckenträgern	Eigenlast: abhängig von Gestaltung und Deckenabmessungen Nutzlast: $5 \cdots 20$ kN/m²	Literaturzusammenstellung in [2.26]
7	Kappen aus Steinen	gewölbte Kappe: $h \geq 115$ mm $t \geq \frac{1}{10} l$ scheitrechte Kappe: $h \geq 115$ mm $f \geq 20$ mm $l \leq 1300$ mm	Gesamtlast $7{,}0 \cdots 25$ kN/m² (ruhende Belastung) Gesamtlast $\leq 5{,}5$ kN/m²	Anwendung bei Rekonstruktionsmaßnahmen; zulässige Druckspannungen in Abhängigkeit von der Art der verwendeten Steine und der Mörtelgruppe (zul $\sigma_D = 0{,}3 \cdots 4$ N/mm²) TGL 112-0880

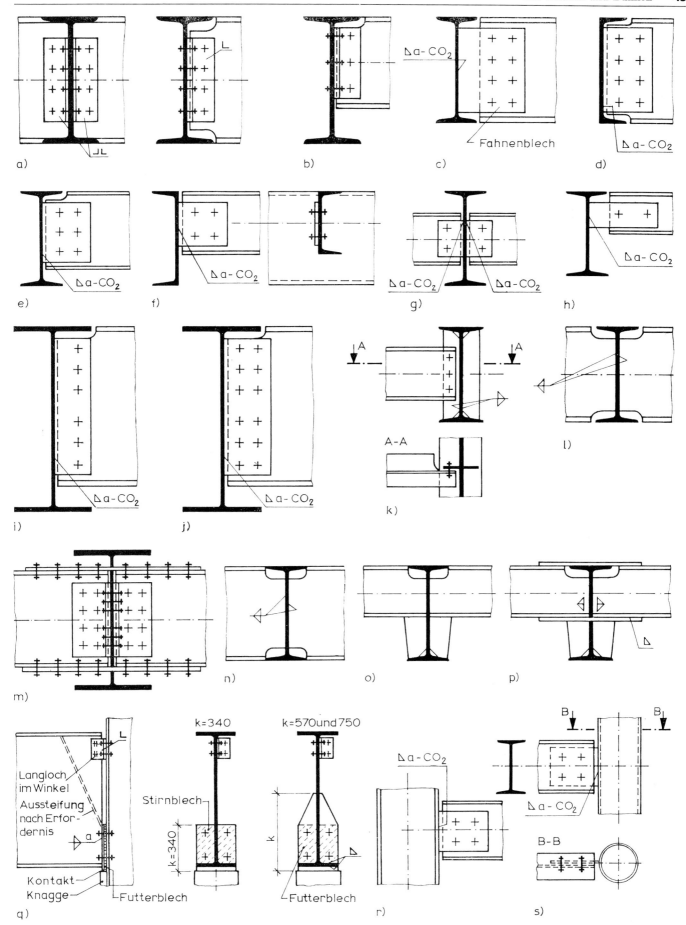

Bild 2.11. Trägeranschlüsse
a) bis j) gelenkig, mit Anschlußwinkeln bzw. Anschlußblechen
k) und l) gelenkig, unmittelbarer Anschluß geschraubt bzw. geschweißt
m) bis p) biegesteif, geschraubt bzw. geschweißt
q) bis s) gelenkige Anschlüsse an Stützen

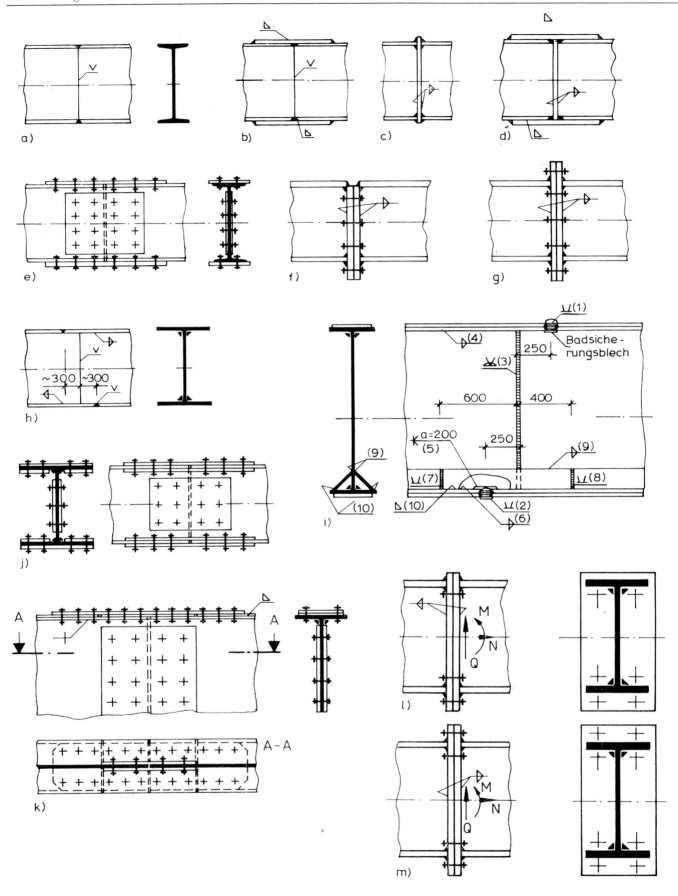

Bild 2.12.
Biegesteife Trägerstöße

- a) bis d) Geschweißte Walzprofilstöße
- e) Laschenstoß
- f) und g) Stirnplattenstoß mit normalfesten Schrauben
- h) und i) geschweißte Blechträgerstöße
- j) und k) Laschenstöße für Blechträger
- l) und m) Stirnplattenstoß mit hochfesten Schrauben

(z. B. Wabenträger) bzw. Stahlleichtprofile (z. B. [-, ⊥ und zusammengesetzte Profile) bewährt. In der Regel bestehen Biegeträger aus Material gleicher Festigkeitseigenschaften. Vorteilhaft aus der Sicht des Materialverbrauchs sind jedoch auch geschweißte I-Profile, bei denen ein bzw. zwei Gurte aus Stahl höherer Festigkeit bestehen (Hybridträger).

Zur unmittelbaren Aufnahme der Nutzlasten dienen verschiedenartige Beläge (Tab. 2.10.), die auf die darunterliegenden Deckenträger aufgelagert bzw. zwischen diesen angeordnet werden (ohne Verbund). Werden sie mit der Unterkonstruktion schubsteif verbunden (Verbundträger), so kann man bei entsprechender Steifigkeit deren Tragwirkung unter Beachtung einer entsprechenden mittragenden Breite bei der Trägerbemessung berücksichtigen und/oder Scheibenwirkung erzielen. Die Beläge dienen in den meisten Fällen gleichzeitig zur Kippstabilisierung der Träger.

Dominierende Beanspruchung bei Deckenträgern und Unterzügen ist einachsige Biegung. In Abhängigkeit vom statischen System, von der Lasteintragung und von der Funktion im Gesamtsystem können jedoch auch zweiachsige Biegebeanspruchung sowie Beanspruchung durch Längskräfte und Torsion auftreten. Neben der Einhaltung der dafür maßgebenden Festigkeitskennwerte ist bei Trägern die Stabilität der Ausgangslage zu gewährleisten (Kippen, Beulen, Standsicherheit). Die oftmals auftretende dynamische Beanspruchung ist im Rahmen des Betriebsfestigkeitsnachweises zu untersuchen. Die Formänderung wird in der Regel durch funktionstechnische Gesichtspunkte für das Tragwerk begrenzt.

Wichtige Konstruktionselemente von Decken und Bühnen sind Anschlüsse und Stöße. Als Anschlüsse sind Regelausführungen mit Hilfe von Beiwinkeln, Anschlußblechen und Stirnplatten nach Bild 2.11. üblich [2.27]. Sind Deckenträger in einer Richtung hintereinander zwischen mehrere Unterzüge gespannt, so erreicht man durch biegesteife Gestaltung der Trägeranschlüsse Durchlaufwirkung und somit entsprechende Materialeinsparung (Bild 2.11. m bis p). Trägerstöße werden in Abhängigkeit von Herstellungs-, Transport- und Montagebedingungen als geschweißte Werkstatt- bzw. Baustellenstöße oder als geschraubte Laschen- bzw. Stirnplattenstöße ausgeführt (Bild 2.12.).

2.3.2. Bemessung von vollwandigen Biegeträgern

Die einschlägigen Vorschriften gestatten die Bemessung von Biegeträgern nach im Bild 2.13. angegebenen Spannungszuständen. Bei teilplastischer bzw. vollplastischer Bemessung (Bild 2.13. b und c) sind besondere Bedingungen einzuhalten (TGL 13500, TGL 13450/02). Können diese nicht verwirklicht werden, so erfolgt die Bemessung nach dem elastischen Spannungszustand (Bild 2.13. a).

Ist man bei der Bemessung der Profilquerschnitte nicht an Profilsortimente entsprechend Tab. 2.9. gebunden, so kann für Blechträger eine Vorbemessung unter Nutzung folgender Querschnittskennwerte erfolgen [2.29] (Vor-

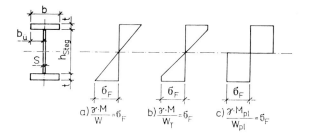

Bild 2.13. Spannungszustände bei unterschiedlichen Bemessungsverfahren für Biegeträger

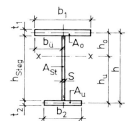

Bild 2.14. Bezeichnungen am Trägerquerschnitt

aussetzung: Gurtdicken sind klein gegenüber der Profilhöhe, Bild 2.14.).

$$a = \frac{h_u}{h_o} = \frac{W_{x,o}}{W_{x,u}} \tag{2.9}$$

$$h_u = h \cdot \frac{a}{a+1} \tag{2.10}$$

$$h_o = h \frac{1}{a+1} \tag{2.11}$$

$$A = A_o + A_u + A_{st} \tag{2.12}$$

$$m = \frac{A_{st}}{A} \tag{2.13}$$

$$A_{st} = hs = Am \tag{2.14}$$

$$A_o = A \left(\frac{a}{a+1} - \frac{m}{2} \right) \tag{2.15}$$

$$A_u = A \left(\frac{1}{a+1} - \frac{m}{2} \right) \tag{2.16}$$

$$\lambda = \frac{h}{s} = \frac{h^2}{A_{st}} \tag{2.17}$$

$$h = \sqrt{Am\lambda} \tag{2.18}$$

$$W_{x,o} = \sqrt{A^3 \lambda} \, c_o \tag{2.19}$$

$$W_{x,u} = \sqrt{A^3 \lambda} \, c_u \tag{2.20}$$

$$I_x = A^2 \lambda c_I \tag{2.21}$$

$$S_x = \sqrt{A^3 \lambda} \, c_s \tag{2.22}$$

$$c_o = \sqrt{m} \, \frac{6a - (a+1)^2 \, m}{6(a+1)} \tag{2.23}$$

$$c_u = \sqrt{m} \, \frac{6a - (a+1)^2 \, m}{6a(a+1)} = \frac{c_o}{a} \tag{2.24}$$

$$c_s = \sqrt{m} \, \frac{(2-m) a}{2(a+1)^2} \tag{2.25}$$

$$c_I = m \frac{6a - (a+1)^2 m}{6(a+1)^2} = \frac{\sqrt{m}\, c_o}{a+1} \qquad (2.26)$$

Für den doppeltsymmetrischen Querschnitt mit $a = 1$ ergibt sich daraus:

$$A_o = A_u = A_G = \frac{1}{2} A(1-m) \qquad (2.27)$$

$$W_{x,o} = W_{x,u} = W_x = c\sqrt{A^3 \lambda} \qquad (2.28)$$

$$c_o = c_u = c = \sqrt{m}\,\frac{(3-2m)}{6} \qquad (2.29)$$

$$c_s = \sqrt{m}\,\frac{(2-m)}{8} \qquad (2.30)$$

$$c_I = m\,\frac{(3-2m)}{12} = \frac{\sqrt{m}\, c}{2} \qquad (2.31)$$

$$W_{T;x} = \frac{W_x}{2} + S_x = \left(\frac{c}{2} + c_s\right)\sqrt{A^3 \lambda} \qquad (2.32)$$

2.3.2.1. Bemessung von doppeltsymmetrischen I-Querschnitten aus Material gleicher Festigkeit

■ *Elastische Bemessung*

Vorbemessung (einachsige Biegebeanspruchung)

$$M = R W_x = R c \sqrt{A^3 \lambda} \qquad (2.33)$$

$$A \geq \frac{1}{\sqrt{c^2}} \sqrt[3]{\frac{M^2}{R^2 \lambda}} \qquad (2.34)$$

In Gl. (2.34) muß c ein Maximum werden, und man erhält aus Gl. (2.29) mit $\dfrac{dc}{dm} = 0 \to m = \dfrac{1}{2}$

Daraus ergibt sich:

$$c = 0{,}236 \qquad (2.35)$$

$$M \leq 0{,}236 R \sqrt{A^3 \lambda} \qquad (2.33\text{a})$$

$$A \geq 2{,}62 \sqrt[3]{\frac{M^2}{R^2 \lambda}} \qquad (2.34\text{a})$$

Bemessung

In Abhängigkeit von den auftretenden Schnittkräften unter Beachtung der Achsenbezeichnungen nach Bild 2.15. sind folgende Nachweise zu führen:

Einzelnachweise

$$\sigma_z = \frac{M_x}{W_x} \leq R_z;$$

$$\sigma_z = \frac{M_y}{W_y} \leq R_z;$$

$$\sigma_z = \frac{N_z}{A} \leq R_z$$

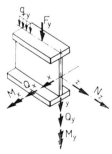

Bild 2.15. Achsenbezeichnungen beim Biegeträger

$$\tau \approx \frac{Q_y}{A_{\text{st}}} \leq R_\tau; \qquad \sigma_y = \frac{F_y}{A'} \leq R_y \qquad (2.36)$$

zusammengesetzte Spannungen

$$\sigma_z = \left|\pm \frac{M_x}{W_x} \pm \frac{M_y}{W_y} \pm \frac{N_z}{A}\right| \leq R_z \qquad (2.37)$$

ebener Spannungszustand

$$\sqrt{\left(\frac{\sigma_z}{R_z}\right)^2 + \left(\frac{\sigma_y}{R_y}\right)^2 - \frac{\sigma_z \sigma_y}{R_z R_y} + \left(\frac{\tau}{R_\tau}\right)^2} \leq 1{,}1 \qquad (2.38)$$

Die Einzelnachweise sind für die jeweils ungünstigsten Schnittkräfte (M_x; M_y; N_z, Q_y; F_y) aus Rechenlasten in Verbindung mit Kombinations- und Wertigkeitsfaktoren unter Beachtung der maßgebenden Querschnittswerte (W_x; W_y; A; A_{st}; A') zu führen. In Gl. (2.38) ist die ungünstigste Kombination aus einer maximalen und zwei zugehörigen Spannungen zu untersuchen. Vorhandene Spannungen werden mit Vorzeichen und die Normfestigkeiten mit den absoluten Beträgen eingesetzt. R_i = Normfestigkeit unter Berücksichtigung des Materialfaktors γ_m (Rechenfestigkeit)

■ *Teilplastische Bemessung*

Vorbemessung (einachsige Biegebeanspruchung)

$$M = R W_{T;x} = R \left(\frac{c}{2} + c_s\right) \sqrt{A^3 \lambda} \qquad (2.39)$$

$$A \geq \frac{1}{\sqrt[3]{\left(\frac{c}{2} + c_s\right)^2}} \sqrt[3]{\frac{M^2}{R^2 \lambda}} \qquad (2.40)$$

In Gl. (2.40) muß $\dfrac{c}{2} + c_s$ ein Maximum werden, und man erhält aus den Gln. (2.29) und (2.30) mit

$$\frac{d\left(\dfrac{c}{2} + c_s\right)}{dm} = 0 \to m = \frac{12}{21}$$

Damit ergibt sich: $\dfrac{c}{2} + c_s = 0{,}252 \qquad (2.41)$

$$M \leq 0{,}252\, R \sqrt{A^3 \lambda} \qquad (2.39\text{a})$$

$$A \geq 2{,}51 \cdot \sqrt[3]{\frac{M^2}{R^2 \lambda}} \qquad (2.40\text{a})$$

Bemessung

Einzelnachweise:

$$\sigma_z = \frac{M_x}{W_{T;x}} \leq R_z; \qquad \sigma_z = \frac{M_y}{W_{T;y}} \leq R_z; \qquad \sigma_z = \frac{N_z}{A} \leq R_z$$

$$\tau \approx \frac{Q_y}{A_{\text{st}}} = R_\tau; \qquad \sigma_y = \frac{F_y}{A'} = R_y \qquad (2.42)$$

zusammengesetzte Spannungen:

$$\sigma_z = \left|\pm \frac{M_x}{W_{T;x}} \pm \frac{M_y}{W_{T;y}} \pm \frac{N_z}{A}\right| \leq R_z \qquad (2.43)$$

Ebener Spannungszustand: nach Gl. (2.38).

Für den doppeltsymmetrischen I-Querschnitt erhält man aus Gl. (2.32) näherungsweise

$$W_{T;x} \approx h\left(bt + \frac{hs}{5}\right) \quad \text{oder} \quad W_{T;x} \approx 1{,}05 \cdot W_x;$$
$$W_{T;y} = 1{,}2 W_y \tag{2.44}$$

Mit dem Tragwiderstandsmoment W_T darf gerechnet werden, wenn die Bedingungen $W_T \leq 1{,}2W$ und

$$\frac{b''_{\ddot{u}}}{t} \leq 16n \sqrt{\frac{240}{\sigma''_F}} \text{ eingehalten werden, wobei} \tag{2.45}$$

$n = 1$ für nicht geschweißte Profile
$n = 0{,}9$ für geschweißte Profile

$$\sigma''_F = \sigma_F \frac{W_T}{W} \approx 1{,}1\sigma_F \text{ in N/mm}^2$$

■ *Vollplastische Bemessung (Traglastverfahren)*

Vorbemessung

$$vM_{pl} \leq \sigma_F W_{pl;x} = \sigma_F 2c_s \sqrt{A^3 \lambda} \tag{2.46}$$

$$A \geq \frac{1}{\sqrt[3]{4c_s^2}} \sqrt[3]{\frac{v^2 M_{pl}^2}{\sigma_F^2 \lambda}} \tag{2.47}$$

In Gl. (2.47) muß c_s ein Maximum werden, und man erhält aus Gl. (2.30) mit

$\frac{d_{c_s}}{d_m} = 0 \rightarrow m = \frac{2}{3}$. Daraus ergibt sich

$$c_s = 0{,}136 \tag{2.48}$$

$$vM_{pl} \leq 0{,}272 \sigma_F \sqrt{A^3 \lambda} \tag{2.46a}$$

$$A \geq 2{,}38 \sqrt[3]{\frac{v^2 M_{pl}^2}{\sigma_F^2 \lambda}} \tag{2.47a}$$

Bemessung

$$\sigma_z = \frac{vM_{pl;x}}{W_{pl;x}} \leq \sigma_F \tag{2.49}$$

A Gesamtquerschnitt unter Beachtung von Querschnittsschwächungen bei Zugbeanspruchung
A_{st} Stegquerschnitt
A' mitwirkende Fläche bei unmittelbarer Lasteintragung durch konzentrierte Lasten
$W_x; W_y$ Widerstandsmomente bei elastischer Spannungsverteilung unter Beachtung von Querschnittsschwächungen im Zugbereich, bezogen auf die Schwereachse des ungeschwächten Querschnitts
$W_{pl;x}; W_{pl;y}$ Widerstandsmomente bei vollplastischer Spannungsverteilung unter Beachtung von Querschnittsschwächungen im Zugbereich, bezogen auf die Flächenhalbierende des ungeschwächten Querschnitts
$W_{T;x}; W_{T;y}$ modifizierte Widerstandsmomente bei teilplastischer Spannungsverteilung $W_T = \frac{W + W_{pl}}{2}$. Wenn für den betrachteten Rand $W_{pl} < W$ ist, darf auf dieser Querschnittsseite $W_T = W$ gesetzt werden.
vM_{pl} plastisches Moment aus v-fachen Normlasten nach TGL 13450/02

Die Begrenzung der Längs- und Querkraft nach TGL 13450/02 und die vorgeschriebenen Stabilitätsbedingungen sind zu beachten.

2.3.2.2. Bemessung von einfachsymmetrischen I-Querschnitten aus Material gleicher Festigkeit

Für die Vorbemessung können die Gln. (2.9) bis (2.26) genutzt und der erforderliche Querschnitt A in Abhängigkeit vom Bemessungsverfahren analog zu Abschn. 2.3.2.1. hergeleitet werden (ungebundene Bemessung). Die Spannungsnachweise erfolgen in der in Abschn. 2.3.2.1. angegebenen Form. Beim einfachsymmetrischen Querschnitt entsprechend Bild 2.14. dürfen nach TGL 13500/02 folgende Querschnittswerte genutzt werden:

$$W_{pl;x} = h_{st}[b_1 t_1 \alpha + b_2 t_2 (1-\alpha)] + \frac{h_{st}^2 s}{2}$$
$$\times [2\alpha^2 - 2\alpha + 1] + \frac{b_1 t_1^2}{2} + \frac{b_2 t_2^2}{2} \tag{2.50}$$

mit $\alpha = \frac{1}{2}\left(1 - \frac{b_1 t_1 - b_2 t_2}{h_{st} s}\right)$, wenn $b_1 t_1 \leq b_2 t_2 + h_{st} s$ ist.

$W_{T;x} \approx 1{,}05 W_x$ für den schwächeren Gurt   (2.51)
$W_{T;y} = 1{,}2 W_y$ für den stärkeren Gurt.   (2.52)

2.3.2.3. Bemessung des Hybridträgers

Beim Hybridträger werden I-Querschnitte ausgebildet, bei denen ein bzw. beide Gurte aus Material höherer Festigkeit bestehen. TGL 13500 gestattet die Herstellung eines Hybridträgers mit einem Untergurt aus höherfestem Material nach Bild 2.16. unter folgenden Voraussetzungen:

— Anwendung in der Berechnungsgruppe C
— Die Spannungen im Steg dürfen unter Normlast dessen Streckgrenze σ_F nicht überschreiten.
— Im überbeanspruchten Teil des Stegblechs dürfen keine Querlasten auftreten.
— Für die Aufnahme der Querkraft darf nur der Teil des Steges herangezogen werden, in dem die Rechenfestigkeiten nicht überschritten werden.
— Der Träger muß in diesem Bereich parallelgurtig sein und darf nicht abgestuft werden.
— Der Beulsicherheitsnachweis ist für das volle Stegblech zu führen, wobei die Schubspannung dem Teil des Stegblechs zuzuweisen ist, in dem die Normfertigkeiten nicht überschritten werden.

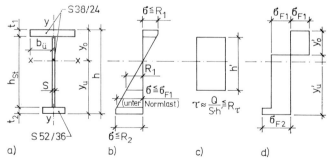

Bild 2.16.   a) Querschnitt
Gestaltung eines   b) Biegespannungen
Hybridträgers   c) Schubspannungen
                     d) vollplastische Spannungsverteilung

2. Tragwerkselemente

Tabelle 2.11. Materialkombinationen für Hybridträger

Querschnittsteil	Kombination 1	Kombination 2	Kombination 3	Kombination 4
Druckgurt Steg	S 38/24 $\sigma_F = 240$ N/mm²	S 45/30 $\sigma_F = 300$ N/mm²	S 38/24 $\sigma_F = 240$ N/mm²	S 52/36 $\sigma_F = 360$ N/mm²
Zuggurt	S 52/36 $\sigma_F = 360$ N/mm²	S 60/45 $\sigma_F = 450$ N/mm²	S 45/30 $\sigma_F = 300$ N/mm²	S 60/45 $\sigma_F = 450$ N/mm²

Beispiel 2.2

Bemessung eines Hybridträgers entsprechend Bild 2.16.

Festigkeitsklasse für den Obergurt und Steg: S 38/24

$\gamma_m = 1{,}1$

$R_1 = \dfrac{240}{1{,}1} = 218$ N/mm²

$R_\tau{}^n = 139$ N/mm²

$R_\tau = \dfrac{139}{1{,}1} = 126$ N/mm²

Festigkeitsklasse für den Untergurt: S 52/36

$\gamma_m = 1{,}1$

$R_2 = \dfrac{360}{1{,}1} = 327$ N/mm²

$a = \dfrac{\sigma_{F2}}{\sigma_{F1}} = 1{,}5$

gewählt: $\lambda = \dfrac{h_{st}}{s} = 130$

$m = 0{,}496$ n. Gl. (2.61)

Schnittkräfte

aus Normlasten:

$M = 5500$ kNm

$Q = 1900$ kN

aus Rechenlasten unter Beachtung von Kombinations- und Wertigkeitsfaktoren:

$M = 7500$ kNm

$Q = 2590$ kN

1. Vorbemessung

Gl. (2.63) $\quad A = 2{,}32 \cdot \sqrt[3]{\dfrac{(7500)^2 \cdot 10^{12}}{218^2 \cdot 130}} = 483 \cdot 10^2$ mm²

Gl. (2.14) $\quad A_{st} = 0{,}496 \cdot 483 \cdot 10^2 = 239{,}6 \cdot 10^2$ mm²

Gl. (2.15) $\quad A_o = 483 \cdot 10^2 \left(\dfrac{1{,}5}{1{,}5 + 1} - \dfrac{0{,}496}{2}\right) = 170 \cdot 10^2$ mm²

Gl. (2.16) $\quad A_u = 483 \cdot 10^2 \left(\dfrac{1}{1{,}5 + 1} - \dfrac{0{,}496}{2}\right) = 73{,}4 \cdot 10^2$ mm²

Gl. (2.18) $\quad h = \sqrt{483 \cdot 10^2 \cdot 0{,}496 \cdot 130} = 1765$ mm

Gewählt: $A_{st} = 1800 \cdot 14 = 252 \cdot 10^2$ mm²

$A_o = 550 \cdot 30 = 165 \cdot 10^2$ mm²

$A_u = 280 \cdot 25 = 70 \cdot 10^2$ mm²

2. Querschnittswerte (Bild 2.16)

$h = 1855$ mm $\quad y_u = 1100$ mm $\quad W_{xo} = 32966$ cm³ $\quad y'_o = 720$ mm

$y_o = 755$ mm $\quad I_x = 248975$ cm⁴ $\quad W_{xu} = 22627$ cm³ $\quad y'_u = 1135$ mm

3. Ertragbares Moment

Fließmomente $\quad M_{Fx,o} = W_{x,o}\sigma_{F1} = 7912$ kNm $\quad M_{Fx,u} = W_{x,u}\sigma_{F2} = 8146$ kNm

vollplastisches Moment $\quad M_{pl,x} = \sum(|S_x|\,\sigma_F) = 8491$ kNm

$M_{Tx,o} = \dfrac{M_{Fx,o} + M_{pl,x}}{2} = 8201$ kNm

$M_{Tx,u} = \dfrac{M_{Fx,u} + M_{pl,x}}{2} = 8319$ kNm

4. Nachweise

oberer Rand $\quad M = 7500$ kNm $\approx \dfrac{M_{Tx,o}}{\gamma_m} = \dfrac{8201}{1{,}1} = 7455$ kNm

unterer Rand $\quad M = 7500$ kNm $< \dfrac{M_{Tx,o}}{\gamma_m} = \dfrac{8319}{1{,}1} = 7563$ kNm

Spannung am unteren Rand des Stegblechs aus Normlasten

$\sigma = \dfrac{5500 \cdot 10^6 \cdot (1100 - 25)}{2488975 \cdot 10^4} = 238$ N/mm² $< \sigma_{F1} = 240$ N/mm²

Schubspannung: $h' = (y_o - t_1) + R_1 \dfrac{I_x}{M} = (755 - 30) + 218 \cdot \dfrac{2488975 \cdot 10^4}{7500 \cdot 10^6} = 1450$ mm

$\tau = \dfrac{2590 \cdot 10^3}{1450 \cdot 14} = 127{,}5$ N/mm² $\approx R_\tau = 126$ N/mm²

Breite-Dicken-Verhältnis des Druckgurts nach Gl. (2.45)

$\dfrac{b_{\ddot u}}{t_1} = \dfrac{0{,}5(550 - 14)}{30} = 7{,}33 < 16 \cdot 0{,}9 \cdot \sqrt{\dfrac{240}{\sigma''_F}} = 13{,}73$

$\sigma''_F \approx 1{,}1 \cdot \sigma_{F1} = 1{,}1 \cdot 240 = 264$ N/mm²

Unter Beachtung dieser Voraussetzungen darf das maximale Biegemoment aus Rechenlasten unter Beachtung von Lastkombinations- und Wertigkeitsfaktoren nicht größer als das ertragbare unter Beachtung des Materialfaktors γ_m sein, wobei man M_T bei Berücksichtigung einer Teilplastizierung wie folgt erhält:

$$M \leq \frac{M_T}{\gamma_m}; \qquad M_T = \frac{M_F + M_{pl}}{2} \leq 1{,}2 M_F \qquad (2.53)$$

$M_F = W\sigma_F$ Fließmoment, bezogen auf die Spannungsnullinie bei elastischer Spannungsverteilung

$M_{pl} = \Sigma(|S| \cdot \sigma_F)$ vollplastisches Moment, bezogen auf die Spannungsnullinie bei vollplastischer Spannungsverteilung

Aufgrund der Festlegung, daß im Steg unter Normlasten die Fließgrenze an keiner Stelle überschritten werden darf, sind mit den zur Verfügung stehenden Stählen höherer Festigkeit nur Materialkombinationen nach Tab. 2.11. möglich, wobei im Interesse einer vollen Ausschöpfung der Festigkeitswerte die Kombinationen 1 und 2 zu bevorzugen sind.

Für die Vorbemessung des Hybridquerschnitts bei teilweiser Plastizierung werden die Gln. (2.9) bis (2.26) genutzt. Das Profil ist dann gut ausgelastet, wenn in Gl. (2.53) die Fließmomente M_{Fx} in bezug auf den unteren und oberen Rand gleich sind ($M_{Fx,u} = M_{Fx,o}$ und somit $M_{T,u} = M_{T,o}$).

$$M_{Fx,o} = \sigma_{F1} W_{x,o} = \sigma_{F1} c_o \sqrt{A^3\lambda} = M_{Fx,u} = \sigma_{F2} W_{x,u}$$
$$= \sigma_{F2} c_u \sqrt{A^3\lambda} \qquad (2.54)$$

$$\frac{c_o}{c_u} = \frac{\sigma_{F2}}{\sigma_{F1}} = a \qquad (2.55)$$

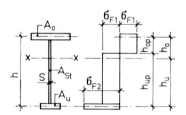

Bild 2.17. Vollplastische Spannungsverteilung im hybriden Querschnitt

Für die Ermittlung des vollplastischen Moments muß die Lage der Nullinie bei vollplastischer Spannungsverteilung nach Bild 2.17. bekannt sein.

$$h_{up} = hc_1; \quad h_{op} = h(1 - c_1); \quad c_1 = \frac{a+1}{4} \qquad (2.56)$$

$$M_{pl} = c_{pl}\sigma_{F1}\sqrt{A^3\lambda} \qquad (2.57)$$

$$C_{pl} = \sqrt{m}\left[\frac{m}{2} c_1(2c_1 - (1+a)) + \frac{a}{a+1}\right]$$
$$= \sqrt{m}\left[\frac{a}{a+1} - \frac{m}{2}\frac{(a+1)^2}{8}\right] \qquad (2.58)$$

Das Tragmoment $M_{T,x}$ erhält man aus Gl. (2.53) unter Beachtung der Gln. (2.54) bis (2.58):

$$M_T = \frac{1}{2} \sigma_{F1} \sqrt{A^3\lambda}\,(c_o + c_{pl}) \qquad (2.59)$$

In Gl. (2.59) muß $c_o + c_{pl}$ ein Maximum werden, und man erhält mit $\dfrac{d(c_o + c_{pl})}{d_m} = 0$

$$m = \frac{32a}{8(a+1)^2 + 3(a+1)^3} \qquad (2.60)$$

Mit $a = \dfrac{\sigma_{F2}}{\sigma_{F1}} = 1{,}5$ nach Tab. 2.13. erhält man:

$$m = 0{,}496; \quad c_o = 0{,}277; \quad c_{pl} = 0{,}286; \quad c_u = \frac{c_o}{a} = 0{,}185 \qquad (2.61)$$

$$M \leq \frac{M_T}{\gamma_m} = 0{,}282\, R_1 \sqrt{A^3\lambda} \qquad (2.62)$$

$$A \geq 2{,}32\, \sqrt[3]{\frac{M^2}{R_1^2 \lambda}} \qquad (2.63)$$

2.3.3. Bemessung von Trägern mit regelmäßigen Stegdurchbrechungen (Wabenträger)

Wabenträger entstehen durch zickzackförmiges Auftrennen der Stege von Walzprofilen und anschließendes Verschweißen nach Bild 2.18. Sie haben den Vorteil, daß

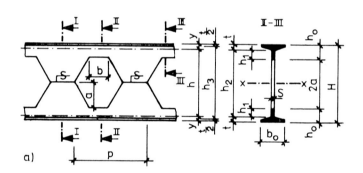

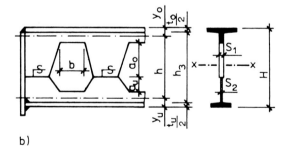

Bild 2.18. Wabenträger
  a) aus Material gleicher Festigkeit
  b) aus Material unterschiedlicher Festigkeit
  c) Normalspannungen im Schnitt A-A

sich dadurch die Tragfähigkeit des Grundprofils erhöht und damit der Materialeinsatz verringert. Der Nachteil liegt im hohen technologischen Aufwand für Brenn-, Schweiß- und Richtarbeiten, wobei gleichzeitig hohe Eigenspannungen eingetragen werden. Der Einsatz ist nur für vorwiegend statische Beanspruchung (Berechnungsgruppe C) erlaubt. Wabenträger werden entweder aus Material gleicher Festigkeit als doppeltsymmetrische Querschnitte (Bild 2.18.a) oder aus Material unterschiedlicher Festigkeit als einfachsymmetrische Querschnitte hergestellt (Bild 2.18.b).

Die Spannungen (aus Rechenlasten, Lastkombinations- und Wertigkeitsfaktoren) ergeben sich für doppeltsymmetrische Querschnitte nach Bild 2.18.c und sind im Einzel- und kombinierten Nachweis den Normfestigkeiten unter Beachtung von Materialfaktoren gegenüberzustellen. Im Fall der Kombination σ_1, σ_2 und σ_3 darf die Normfestigkeit mit $\gamma_d = 1{,}1$ multipliziert werden.

In den Nachweisen bedeuten

A Fläche des geschlossenen Querschnitts (I-I)
A_0 Fläche des Restquerschnitts (III-III)
I Trägheitsmoment des geschlossenen Querschnitts (I-I)
I_1 Trägheitsmoment des Querschnitts im Schnitt II-II
I_0 Trägheitsmoment des Restquerschnitts (III-III)
W_0 Widerstandsmoment des Restquerschnitts, bezogen auf eine Wabenecke.

Als Stabilitätsnachweise sind zu führen:

■ *Knicken:* Mittiger Druck ist nach TGL 13503/01 Abschn. 6. mit Querschnittswerten im Schnitt II-II nachzuweisen. Für planmäßig außermittig gedrückte Wabenträger ergibt sich mit den Spannungen nach Bild 2.18.c:

$$\sigma_3 + \sigma_3\mu_0 f_N + \sigma_1 f_M \leq R \qquad (2.64)$$

Für Drillknicken bzw. Biegedrillknicken ist TGL 13503/02 Abschn. 6.2. bzw. 9.2. maßgebend, wobei die Querschnittswerte im Schnitt I-I (Bild 2.18.a) zu verwenden sind.

■ *Kippen:* Die Kippuntersuchung erfolgt nach TGL 13503/01 Abschn. 11. mit Querschnittswerten im Schnitt I-I.

■ *Beulen:* Die Beuluntersuchung wird nach TGL 13503/01 Abschn. 16. mit einer reduzierten Stegdicke

$$s_{\text{red}} = \frac{s(2h_1 + a)}{h_2} \qquad (2.65)$$

für eine Beulfeldlänge $a = p$ mit der maßgebenden Spannung σ_1 (Bild 2.18.c) und der Schubspannung

$$\tau = \frac{Q}{h_2 s_{\text{red}}} \qquad (2.66)$$

geführt.

Der Nachweis der Durchbiegung aus Normlasten erfolgt mit näherungsweiser Berücksichtigung des Querkraftanteils wie folgt:

$$f = 1{,}15 f^*$$

f^* Durchbiegung für den entsprechenden Vollwandträger mit I_1 im Schnitt II-II

Für einfachsymmetrische Querschnitte des Wabenträgers aus unterschiedlichen Stahlgüten sind die Nachweise analog zu führen.

2.3.4. Stahlblech-Verbunddecken und Stahlverbundträger

Im Bauwesen wird traditionell das Zusammenwirken des zugfesten Stahls mit dem druckfesten Beton als *Verbund* bezeichnet. Das Zusammenwirken muß durch spezielle Verbundmittel gesichert werden, da der Haftverbund i. allg. nicht ausreicht, um die in Verbundkonstruktionen zu übertragenden Schubkräfte abzuführen.

Man spricht vom *Trägerverbund*, wenn es sich dabei um einen Stahlträger und eine Betonplatte handelt, und von *Deckenverbund*, wenn man dünne Stahlbleche als Bewehrung für Deckenplatten vorsieht. Die Stahlbleche sind meist profiliert und können dadurch als selbsttragende Schalung für den Frischbeton dienen. Im Sonderfall können es auch Flachbleche sein (Bild 2.19.).

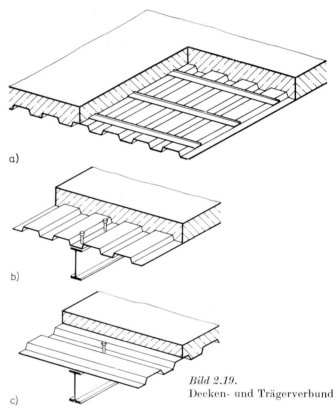

Bild 2.19. Decken- und Trägerverbund

a) Stahlprofilblech mit aufgeschweißten Blechwinkelleisten für den Deckenverbund
b) Trägerverbund bei spannrichtungsparalleler Verbunddecke
c) Trägerverbund bei spannrichtungsorthogonaler Verbunddecke

Die *Verbundträger* sind seit Jahrzehnten als vorteilhafte Konstruktionen zur Stahleinsparung bekannt, die den notwendigen Stahlquerschnitt gegenüber Stahlträgern ohne Verbund bis auf 50% reduzieren können. Durch den verminderten Stahleinsatz werden i. allg. Kosteneinsparungen erzielt, falls nicht solche Vorteile wie geringere Bauhöhe, höhere Tragfähigkeit, geringere Durchbiegungen usw. dominierend sind.

In den letzten Jahren haben neben den konventionellen Verbundträgern die *Stahlprofilblech-Verbunddecken* international stark an Bedeutung gewonnen, da die Stahlprofilbleche die Vorteile, sowohl Schalung für den Frischbeton als auch biegesteife Blechbewehrung zu sein, in sich vereinigen. Dadurch sind Kosteneinsparungen erzielbar, die durch einen höheren Stahleinsatz gegenüber rundstahlbewehrten Monolithbetondecken erkauft werden müssen. Meist sind jedoch technologische Vorteile für den Einsatz von Verbunddecken maßgebend.

2.3.4.1. Entwicklungsstand von Verbunddecken (Stahlblech-Verbunddecken)

■ *Geometrie und Eigenschaften von Verbunddecken*

Stahlprofilbleche bestehen aus etwa 0,5 bis 2,0 mm dickem Stahlblech, dessen Tafeln zu periodisch wiederkehrenden, rippenartigen Profilsträngen kaltverformt sind. Bild 2.20. zeigt einige charakteristische Profilformen.
Die geometrischen Abmessungen für die Profilrippen betragen für die Höhe etwa 20 bis 160 mm und für die Breite etwa 100 bis 300 mm. Die Gesamtbreite der Stahlprofilbleche liegt zwischen etwa 400 und 1000 mm. Für die in der DDR hergestellten Stahlprofilbleche wird Bandstahl verwendet, der dem St 38 gleichgesetzt wird.
Durch die künftige Entwicklung optimierter Verbundbleche mit zweckmäßigerer Geometrie und wirksamerer Verdübelung kann die Wirtschaftlichkeit von Verbunddecken erhöht werden [2.30; 2.31].
Die wesentlichen Eigenschaften von Verbunddecken, die in verschiedenen Veröffentlichungen (z. B. [2.32; 2.33]) ausführlich kommentiert und detailliert beschrieben werden, sind:

Vorteile

— Die Stahlprofilbleche dienen als Schalung für den Frischbeton und als Bewehrung für die Monolithbetondecke.
— Die Stahlprofilbleche sind leicht handhabbar, rasterunabhängig und einfach anpaßbar, so daß sie sich auch für Rekonstruktionen eignen.
— Transportvolumen und -masse der Stahlprofilbleche sind gering, so daß sie sich wegen der niedrigen Transportkosten für den Export anbieten.

Nachteile

— Der Betonierzustand von Verbunddecken erfordert meist die Aufstellung von Montagehilfsstützen.
— Der Stahlverbrauch liegt im Vergleich zu Stahlbetondecken höher.
— Der Brandschutz muß durch besondere Maßnahmen gewährleistet werden.

■ *Verdübelung und Tragverhalten von Verbunddecken*

Die Herstellung von Verbunddecken konzentriert sich auf die *Verbundsicherung* zwischen Stahlprofilblech und Beton. Im wesentlichen gibt es dafür nur 2 Möglichkeiten:

— eine möglichst flächige Verteilung von Verbundmitteln über die Oberfläche der Stahlprofilbleche zur Erzielung eines *Flächenverbundes* (da es sich um eine kontinuierliche Verdübelung handelt mitunter auch *Kontiverbund* genannt)
— die *Endverankerung* der Stahlprofilbleche *im* erhärteten *Deckenbeton*, so daß die Tragwirkung durch ein Bogen-Zugbandmodell näherungsweise charakterisiert werden kann.

Der Flächenverbund wird durch *Beton-* oder *Stahldübel* oder durch *Kombination* von beiden erreicht. Die Stahldübel verursachen wegen der Dünnwandigkeit der Stahlprofilbleche häufig komplizierte Lasteintragungs- und Verformungsprobleme [2.34], was die Wirksamkeit der Stahldübel verringern und zum elastischen (nachgiebigen) Verbund führen kann [2.35], der die Tragfähigkeit der Verbunddecke vermindert. Meist werden an bereits vorhandene Stahlprofilbleche nachträglich Verbundmittel angebracht, jedoch sind vorteilhafte Lösungen nur schwer zu finden. Bild 2.21.c stellt eine Stahldübelausbildung nach [2.31] dar.
Die Betondübel bewirken einen *quasi-starren* Verbund. Mit der RESO-Verbunddecke nach Bild 2.21.b ist diese Verbundsicherung erstmalig realisiert worden [2.36].
Bei Holorib- bzw. HOESCH-Verbunddecken nach Bild

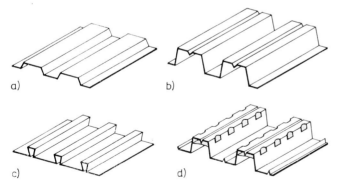

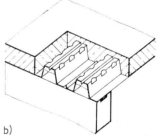

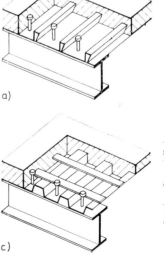

Bild 2.20. Arten der Profilierung von Blechen
a) trapezförmige, offene Profilierung, z. B. EKOTAL 42/200
b) trapezförmige, offene Profilierung mit Obergurtsicke, z. B. EKOTAL 100/250
c) schwalbenschwanzförmige, hinterschnittene Profilierung, z. B. Holorib 51/150
d) trapezförmige Profilierung mit Ober- und Untergurtsicken und Perforationen sowie zusätzlichem Einlegeblech, z. B. Reso 90/250

Bild 2.21. Aufbau verschiedener Stahlprofilblech-Verbunddecken
a) Holorib- oder HOESCH-Verbunddecke
b) RESO-Verbunddecke
c) Komplettierung von Trapezprofilen durch zusätzliche Verbundmittel

2.21.a verhindert die Profilform das Abheben des Profilblechs von Beton. In Rippenlängsrichtung darf jedoch nur der Haftverbund angesetzt werden.

Die Endverankerung von Stahlprofilblechen im erhärteten Deckenbeton kann direkt durch das Anbringen von Enddübeln auf dem Stahlprofilblech oder durch enddübelbildende Verformungen des Stahlprofilblechs oder indirekt durch Anbringen der Enddübel auf der Unterkonstruktion bei gleichzeitiger Arretierung der Stahlprofilbleche erfolgen.

In der DDR wurden verschiedene Verbunddecken entwickelt [2.30]. Diese Verbunddecken sind in einem weiten Bereich von Stützweite und Belastung vorteilhaft anwendbar, jedoch sind die Spannweiten zwischen 4,8 und 6,0 m bei Belastungen bis zu 10 kN/m² besonders günstig.

2.3.4.2. Berechnung von Verbunddecken

Hauptsächlich in den 70er Jahren wurden zahlreiche Untersuchungen zum Tragverhalten von Stahlprofilblech-Verbunddecken vorgenommen. Die Vielzahl der experimentellen und theoretischen Untersuchungen [2.31, 2.36] war notwendig, da das Tragvermögen der Verbunddecken abhängig von der gewählten konkreten Verdübelung ist. Die Entwicklungen wurden meistens von Stahlbauunternehmungen vorgenommen, die dann auch die Zulassung der betreffenden Konstruktion betreiben. In den letzten Jahren wurden international zahlreiche Richtlinien veröffentlicht.

In der DDR erfolgt die Berechnung, bauliche Durchbildung und Ausführung von Stahlblech-Verbunddecken nach der entsprechenden Vorschrift der StBA [2.37]. Die Vorschrift gilt für Verbunddecken bis zu einer Spannweite von 7200 mm, die zur Abtragung vorwiegend ruhender Lasten eingesetzt werden. Sie beruht auf der Methode der Grenzzustände. Es sind zu unterscheiden:

— Grenzzustand der Tragfähigkeit und
— Grenzzustand der Nutzungsfähigkeit

■ *Nachweis im Betonierzustand*

Im Betonierzustand übernimmt das Stahl- (profil-) blech sämtliche Belastungen. Die Berechnung erfolgt nach den verbindlichen Stahlbauvorschriften. Für handelsübliche Profile sind in der Vorschrift 10/76 [2.10] der StBA zulässige Schnittgrößen angegeben.

■ *Nachweis im Verbundzustand*

Im Grenzzustand der Tragfähigkeit ist gegen die Versagensarten gemäß Bild 2.22. abzusichern.

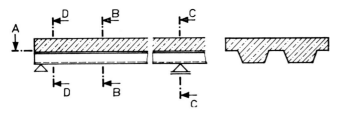

Bild 2.22. Versagensarten von Stahlprofilblech-Verbunddecken

■ *Nachweis der Momententragfähigkeit*

Die Schnittkräfte werden nach der Elastizitätstheorie ermittelt, wobei Momentenumlagerungen bis zu 30% zulässig sind. Der Nachweis der maximalen Feld- und Stützenmomente erfolgt nach

$$M(S) \leq M(R) \tag{2.68}$$

Dabei ist $M(R)$ nach Tab. 2.12. zu bestimmen. Es ist zu beachten, daß über den Innenstützen von durchlaufenden Decken die Betonbiegedruckzone kammartig geformt ist. Dies ist durch einen Reduktionsfaktor β_e zu berücksichtigen, der von der Geometrie des Stahlprofilblechs und der Nullinienlage abhängig ist [2.31; 2.38]. Für handelsübliche Profile sind die β_e-Werte in [2.37] angegeben. Es darf gemeinsames Wirken von Profilblech- und Rundstahlbewehrung angesetzt werden, wenn die Betonstahlbewehrung über das gesamte Feld geführt wird.

■ *Nachweis der Querkrafttragfähigkeit*

Es ist nachzuweisen

$$Q(S) \leq Q(R) \tag{2.69}$$

Die Querkrafttragfähigkeit der Stege des Stahlprofilblechs darf bei der Bestimmung von $Q(R)$ berücksichtigt werden.

■ *Nachweis der Verbundfuge*

Es ist nachzuweisen, daß die im Profilblech vorhandene Zugkraft über Verbundmittel in den Beton eingeleitet werden kann. Mindestens ist jedoch für einen Wert von $0{,}4 A_a R_a$ zu verdübeln:

$$S(S) \leq S(R) \tag{2.70}$$

Der Nachweis darf, jeweils für einen Bereich zwischen benachbarten Querkraftnullpunkten, für das am ungünstigsten beanspruchte Verbundmittel nach der Elastizitätstheorie geführt werden.

$$S_i(S) \leq S_i(R) \tag{2.70a}$$

Es sind mindestens zwei Verbundmittel je Querkraftbereich anzuordnen, davon eines über dem Auflager. Der Abstand der Verbundmittel untereinander darf dabei 1200 mm nicht überschreiten. Bei Verbunddecken unter gleichmäßig verteilten Lasten bis 2400 mm Spannweite (Länge des Querkraftbereichs ≤ 1200 mm) ist es zulässig, nur je ein Verbundmittel über den Auflagern anzuordnen.

Im Grenzzustand der Nutzungsfähigkeit ist der Nachweis der Verformungen zu führen. Dabei ist die Durchbiegung v_v nach der Elastizitätstheorie am Verbundquerschnitt im Zustand II zu ermitteln und wie folgt zu modifizieren:

$$v_v' = 0{,}9 k_{v,1}(1 + k_{v,2}) v_v \tag{2.71}$$

0,9 erhöhte Tragwirkung der Betonplatte zwischen den Rissen
$k_{v,1}$ diskontinuierliche Verdübelung
$k_{v,2}$ nur teilweise Verdübelung

Die Durchbiegung v_v' ist wie folgt zu begrenzen:

$$v_v' \leq l/150; \qquad v_v' \leq 30 \text{ mm} \tag{2.72}$$

2.3. Decken und Bühnen   53

Tabelle 2.12. Stahlprofilblech-Verbunddecken — Nachweis im Verbundzustand

	Nachweis	Formel		Erläuterungen
Grenzzustand der Tragfähigkeit	$M(S) \leq M(R)$	$x_R = \dfrac{A_a R_a + A_s R_s}{b R_b}$ $M(R) = R_b b x_R \left(\bar{h} - \dfrac{x_R}{2}\right)$ $x_R = \dfrac{A_s R_s}{\beta_e b R_b}$ $M(R) = R_b \beta_e b x_R \left(h_s - \dfrac{x_R}{2}\right)$		$\bar{h} = \dfrac{A_a R_a h_a + A_s R_s h_s}{A_a + A_s}$ b Gesamtbreite
	$Q(S) \leq Q(R)$	$Q(R) = 0{,}5 \cdot \min b \bar{h} R_{bt}$ $\min b = b_0 + n_t t \dfrac{G_a}{G_b} \leq b$ $Q(R) = 0{,}5 \cdot \min b h_s R_{bt}$ $\min b = b_0$		$b_0 = b_{0,1} \dfrac{b}{b_1}$
	$S(S) \leq S(R)$	$S(R) = \sum S_i(R) \geq 0{,}4 R_a A_a$		$S_i(R)$ Tragfähigkeit eines Dübels
Grenzzustand der Nutzungsfähigkeit	$v'_v \leq \text{zul } v_v$	$v'_v = 0{,}9 k_{v,1}(1 + k_{v,2}) v_v$ $k_{v,2} = 0{,}3 \left(\dfrac{J_v}{J_a} - 1\right)$ $\times (1 - \text{vorh } \eta_v)$ vorh η_v = Anzahl Verbundmittel/Anzahl Verbundmittel bei voller Verdübelung	Verbundmittel je Querkraftbereich $\quad k_{v,1}$ 1 $\quad$ 1,4 2 $\quad$ 1,2 $\geq 3 \quad$ 1,0	zul $v_v = l_i/150 \leq 30$ mm v_v Durchbiegung nach der Elastizitätstheorie
	$d_s \leq d_{s,lm}$	Nachweis nach Vorschrift [2.37] oder TGL 33405		kein Nachweis erforderlich bei $d_s \leq 14$ mm (St T-IV)

■ *Rißbreitennachweis*

Der Rißbreitennachweis ist gemäß TGL 33405 für Querschnitte über Innenstützen von durchlaufenden Decken zu führen.
In Tab. 2.12. sind alle erforderlichen Nachweise für den Verbundzustand zusammengestellt.

2.3.4.3. Entwicklungsstand von Stahlverbundträgern

■ *Geometrie und Eigenschaften von Verbundträgern*

Im Industriebau können für Verbundträger sowohl *Walzträger* als auch *geschweißte Blechträger* verwendet werden. *Fachwerkträger* werden seltener eingesetzt. Die Höhe der Stahlträger ist nicht größer als etwa 1 m. Es kommen St 38 und H 52 als Stahlgüten zum Einsatz, wobei auch Hybridträger eine größere Bedeutung erlangen. Statisch besonders günstig für Verbundträger sind einfachsymmetrische Stahlträger mit stärkeren Untergurten, die auch aus Walzträgern mit Zusatzlamellen am Untergurt hergestellt werden können. Für die meisten Anwendungsfälle sind Walzträger ohne Zusatzlamellen wirtschaftlich, wobei I PE-Walzprofile bevorzugt werden sollten. Die Ausbildung von Vouten ist statisch sehr günstig, wird jedoch wegen der hohen Schalkosten im Industriebau nicht mehr vorgenommen. Beispiele für Verbundträgerausbildungen sind im Bild 2.23. dargestellt.
Die wesentlichen Eigenschaften von Verbundträgern sind:

Vorteile

— Die Ausnutzung der Verbundwirkung zwischen Stahlträger und Betonplatte führt zu wesentlichen Stahleinsparungen.
— Der Stahlträger kann bereits im Montagezustand als Rüstträger für die Deckenplatte verwendet werden.

Nachteile

— Der Montagezustand erfordert meist die Aufstellung einer Montagehilfsstütze.

■ *Verdübelung und Tragverhalten von Verbundträgern*

Für die Verdübelung von Verbundträgern werden Stahldübel nach Bild 2.24. angewendet. Klebverbindungen konnten sich nicht durchsetzen.

54   2. Tragwerkselemente

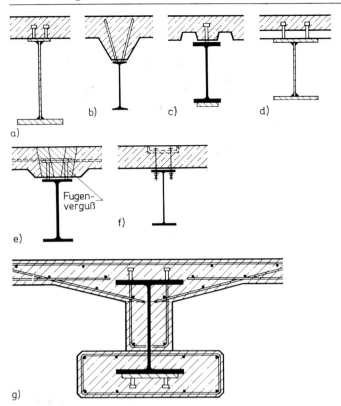

Eine besondere Verbreitung hat international die Kopfbolzenverdübelung erfahren. Sie ist durch die Entwicklung einer leistungsfähigen Kopfbolzenschweißtechnik besonders wirtschaftlich. Die Kopfbolzendübel werden als flexible Dübel bezeichnet, da bei hohen Schubbeanspruchungen größere Relativverschiebungen in der Verbundfuge auftreten. Dadurch wird eine gleichmäßige Verteilung der Schubkräfte erreicht. Die Tragfähigkeit von teilweise verdübelten Verbundträgern liegt über der des Stahlträgers und unter der des voll verdübelten Verbundträgers. Die teilweise Verdübelung entsteht, wenn entweder aus Platzgründen keine volle Verdübelung durch den Stahlträgerobergurt aufgenommen werden kann oder der Stahlträger aus technologischen Gründen (z. B. für den Montagezustand) größer gewählt werden muß und die Tragfähigkeit einer vollen Verdübelung nicht erforderlich ist.

Verbundträger im Industriebau haben übliche Spannweiten zwischen etwa 6 und 18 m bei unterschiedlichster Belastung. Durch Verwendung von geschweißten Fachwerk- oder vollwandigen Blechträgern sind wesentlich größere Spannweiten vorteilhaft erreichbar. Für St 38 liegen die Stahlträgerhöhen bei etwa 1/25 der Verbundträgerspannweite.

Bild 2.23. Verbundträgerausbildungen

a) vollwandiger, einfachsymmetrischer Blechträger mit Kopfbolzendübeln und Ortbetonplatte
b) Walzträger mit Verbundanker und Ortbetonplatte mit Voute (klassische Ausbildung)
c) Walzträger mit zusätzlicher Untergurtlamelle, Kopfbolzendübeln und spannrichtungsparalleler Verbunddecke
d) vollwandiger, symmetrischer Blechträger mit Kopfbolzendübeln und spannrichtungsorthogonaler Verbunddecke
e) Walzträger mit Kopfbolzendübeln und nachträglichem Verbund von Deckenfertigteilplatten
f) Walzträger mit HV-Schrauben und Reibungsverbund von Deckenfertigteilplatten
g) Querschnitt eines Preflex-Trägers

■ *Durchlaufende Verbundträger*

Bei durchlaufenden Verbundträgern führt der elastische (nachgiebige) [2.39; 2.40] und der unterbrochene [2.41] Verbund zu einem Abbau der Stützenmomente. Das wirkt sich besonders positiv auf die Querschnittsdimensionierung im Bereich der negativen Stützenmomente aus, da für die Aufnahme der anteiligen Zugkräfte der Beton entweder schlaff bewehrt (Industriebau) [2.42] oder vorgespannt [2.43] werden muß (Brückenbau). Im Brückenbau versuchte man den elastischen Verbund dadurch zu realisieren, daß die Fahrbahnplatten durch Fachwerkträger elastisch an die Hauptträger angeschlossen wurden [2.44]. Im Industriebau tritt wegen der geringeren Stahl-

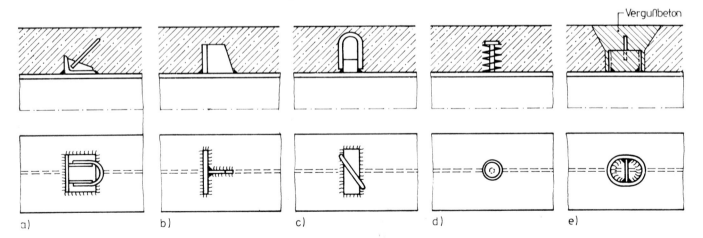

Bild 2.24. Verbundmittel für den Trägerverbund

a) Dübel aus ausgesteiftem Winkelstahl mit schräger Ankerschlaufe
b) Dübel aus kupiertem Walzträger
c) Blockdübel aus Vierkantstahl mit vertikaler Ankerschlaufe
d) Kopfbolzendübel mit Wendel
e) Hohldübel mit innerer Aussteifung und nachträglichem Vergußbeton (für Fertigteilplatten)

trägerhöhen bei Durchlaufverbundträgern ein Abbau der Stützenmomente ein, da erhebliche Unterschiede für die Trägheitsmomente im Feld- und Stützenbereich vorhanden sind und dadurch eine Momentenumlagerung erfolgt. Trotzdem sind durchlaufende Verbundträger im Industriebau nur von minderem Interesse, weil ihre Wirtschaftlichkeit durch den erforderlichen konstruktiven Aufwand und erhöhten Stahlverbrauch gegenüber einfeldrigen Verbundträgern gleicher Stützweite stark beeinträchtigt wird.

■ *Spezielle Verbundträgerkonstruktionen*

Der von LIPSKI konstruierte Preflex-Träger [2.45] stellt eine besonders günstige Vereinigung der bautechnischen Anforderungen des Brand- und Korrosionsschutzes mit der Möglichkeit der Vorspannung dar. Für seinen vorteilhaften Einsatz sind entweder hohe Belastung, große Stützweite oder kleinste Bauhöhe erforderlich.

Durch die Entwicklung von Verbundträgern mit Betonfertigteilen, die im Hochbau durch HV-Schraubenverbindungen [2.46] und im Brückenbau durch Hohldübel [2.47] realisiert werden können, werden Naßprozesse vermieden und kurze Bauzeiten erreicht. Eine weitere Spezialisierung dieser Bauweise ist die Entwicklung pfettenloser Verbunddächer [2.48], die aus mit Dachkassettenplatten verschweißten Fachwerkträgern bestehen.

2.3.4.4. Berechnung von Verbundträgern

■ *Grenztragfähigkeit der Verbundträger*

Die Grenztragfähigkeit der Verbundträger kann nach verschiedenen Verfahren mit unterschiedlichem Grad der Genauigkeit ermittelt werden. So sind zu unterscheiden

— *die elastische Grenztragfähigkeit*, gekennzeichnet dadurch, daß die Rechenfestigkeit des Stahlträgers bzw. des Betonteils in der Randfaser nicht überschritten wird, wobei alle Spannungszustände im Verbundträger

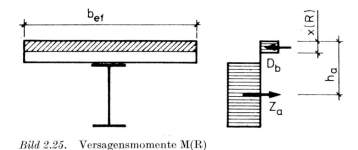

Bild 2.25. Versagensmomente M(R)

einschließlich Kriechen und Schwinden berücksichtigt werden und der Nachweis i. d. R. auf der sicheren Seite liegt
— *die plastische Grenztragfähigkeit* (Bild 2.25.), gekennzeichnet dadurch, daß volle Plastifizierung aller Querschnittsteile ohne Dehnungsbegrenzung zugrunde gelegt wird
— *die elastisch-plastische Grenztragfähigkeit*, gekennzeichnet dadurch, daß Dehnungsbegrenzungen berücksichtigt werden und dadurch ein Versagen des Betonteils durch Zug (bei Stahldehnungen $\varepsilon_a > 5‰$) bzw. Druck (bei Betonstauchungen $\varepsilon_b > 3{,}5‰$) oder des Stahlträgers infolge Stabilitätserscheinungen verhindert wird.

$$x(R) = \frac{A_a \cdot R_a}{b_{ef} \cdot R_b}$$

$$M(R) = A_a \cdot R_a \left(h_a - \frac{x(R)}{2} \right)$$

$$Q(S) = N(S) = 0$$

Die Bemessung über die elastische Grenztragfähigkeit spiegelt das Sicherheitsniveau nur ungenügend wider. Deshalb ist diese Berechnungsmethode in der Vorschrift für Stahlverbundträger [2.40] nicht zugelassen. Die Verteilung der Schnittgrößen darf sowohl nach der Elastizitätstheorie als auch nach der Plastizitätstheorie erfolgen. Bei Anwendung der Plastizitätstheorie sind örtliche Instabilitäten des Stahlträgers auszuschließen. Dabei gelten ähnliche Kriterien wie bei reinen Stahlkonstruktionen.

■ *Verbundsicherung*

Die Verbundmittel sichern den Verbund zwischen Stahlträger und Betonplatte. Sie brauchen nicht für die vollplastische Zugkraft

$$Z_{a,pl} = A_a R_a \qquad (2.73)$$

bemessen zu werden. Es ist ausreichend, die wirklich im Stahlträger vorhandene Zugkraft $Z(S)$ in den Beton einzuleiten. Dabei darf allerdings ein unterer Grenzwert von $0{,}4 A_a R_a$ nicht unterschritten werden (Bild 2.26.).

Diese Vorgehensweise hat Bedeutung, wenn

— nachträglich verstärkt werden soll,
— aus Platzmangel nicht mehr Dübel angeordnet werden können,
— nicht mehr Dübel erforderlich sind.

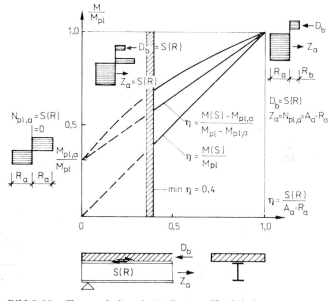

Bild 2.26. Tragverhalten bei teilweiser Verdübelung

Grundsätzlich gilt

$$M(R) = \text{vorh } \eta M_{pl} \qquad (2.74)$$

M_{pl} vollplastisches Moment des Verbundquerschnitts
η Verdübelungsgrad

Bei flexiblen Dübeln (Bolzendübel, Reibungsverbund) unter vorwiegend ruhender Belastung darf

$$M(R) = M_{pl,a} + \text{vorh } \eta(M_{pl} - M_{pl,a}) \qquad (2.75)$$

gesetzt werden, wenn folgende Voraussetzungen eingehalten werden:

— Einfeldträger $\qquad l \leq 20$ m
— Betonklasse $\qquad$ Bk 20 bis Bk 35
— örtliche Instabilität des Stahlträgers ausgeschlossen.

Starre Dübel sind gemäß dem Schubkraftverlauf anzuordnen. Bei flexiblen Dübeln ist dies nicht erforderlich.

■ *Kriechen und Schwinden*

Während sich der Betonteil eines Verbundträgers bei kurzzeitiger Belastung nahezu elastisch verhält, ist bei ständig wirkenden Lasten das Kriechen des Betons in Abhängigkeit von Belastungsbeginn und Einwirkungsdauer (Belastungsgeschichte) zu berücksichtigen. Außerdem sind Schwindeinflüsse zu beachten.

Die Schnittgrößen infolge des Langzeitverhaltens des Betons können u. a. nach drei unterschiedlichen Verfahren ermittelt werden, deren Ergebnisse sich nur geringfügig voneinander unterscheiden:

— Umlagerungsgrößenverfahren für Teilschnittgrößen nach SATTLER [2.49] mit differentiellen Spannungs-Dehnungs-Beziehungen für den Beton nach DISCHINGER
— Verfahren für Gesamtschnittgrößen nach FRITZ [2.50], WIPPEL [2.51] und HAENSEL [2.52] für einen quasi-elastischen Ersatzquerschnitt mit fiktiven α_a-Werten ($\alpha_a = E_a/E_b$) für den Beton
— Verfahren für Teilschnittgrößen nach TROST [2.53] mit algebraischen Spannungs-Dehnungs-Beziehungen für den Beton.

Für die Handrechnung empfiehlt sich eines der Verfahren

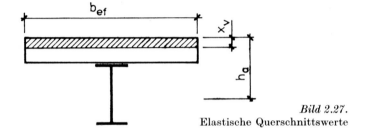

Bild 2.27. Elastische Querschnittswerte

Tabelle 2.13. Verbundträger — Nachweise im Verbundzustand

	Nachweis	Formel		Erläuterungen
Grenzzustand der Tragfähigkeit	$M(S) \leq M(R)$	$x_R = \dfrac{R_a}{R_b} \cdot \dfrac{\text{red } A_a}{b_\text{erf}}$ $M(R) = \text{red } A_a R_a(z_a - x/2)$ $\text{red } A_a = A_a^o + A_a^u + \sqrt{1 - \left(\dfrac{Q(S)}{Q(R)}\right)^2} A_{a,st}$		
	$Q(S) \leq Q_a(R)$ $\leq Q_b(R)$	$Q_a(R) = 0{,}577 R_a A_{a,st}$ $Q_b(R) = 0{,}3 \varrho R_b h z_a$ $A_q = \dfrac{M(S)}{z_\varrho R_s^o}$		$\varrho = \dfrac{b_{ef}}{\max b_{ef,i} + b_o}$
	$S(S) \leq S(R)$	$S(R) = \sum S_i(R) \geq 0{,}4 A_a R_a$		$S_i(R)$ Tragfähigkeit eines Dübels
Grenzzustand der Nutzungsfähigkeit	$v_v' \leq \text{zul } v_v$	$v_v' = k_{v,1}(1 + k_{v,2}) v_v$ $k_{v,2} = 0{,}3 \left(\dfrac{J_v}{J_a} - 1\right)$ $\times (1 - \text{vorh } \eta_v)$ vorh η_v Anzahl Verbundmittel/Anzahl der Verbundmittel bei voller Verdübelung	Verbundmittel $k_{v,1}$ je Querkraftbereich 1 1,4 2 1,2 $\geq$ 3 1,0	zul $v_v \leq l_i/300$ v_v Durchbiegung berechnet nach der Elastizitätstheorie
	$d_s \leq d_{s,lm}$	Nachweis nach Vorschrift [2.40]		kein Nachweis erforderlich bei $d_s \leq 12$ mm (St T-IV)

2.3. Decken und Bühnen

für Gesamtschnittgrößen mit fiktiven Elastizitätsmoduln, da bei diesen der Rechenaufwand am geringsten ist. Außerdem liefern sie auf einfache Art die wirksame Biegesteifigkeit des Verbundquerschnitts. Die Vorgehensweise kann Bild 2.27. entnommen werden.

$$x_v = \frac{2 \cdot \alpha_a A_a}{b_{ef}} \left[\sqrt{1 + \frac{b_{ef} h_a}{2 \cdot \alpha_a A_a}} - 1 \right]$$

$$J_v = \frac{b_{ef} \cdot x_v^3}{3 \cdot \alpha_a} + A_a(h_a - x_v)^2 + J_a$$

Kurzzeitlast: $\quad \alpha_{a,0} = E_a/E_{b,0}$
Dauerlast (Kriechen): $\alpha_{a,\infty} = \alpha_{a,0}(1 + 1{,}1 \cdot \varphi)$
Schwinden: $\quad \alpha_{a,sh} = \alpha_{a,0}(1 + 0{,}55 \cdot \varphi)$

■ *Erforderliche Nachweise*

Die Berechnung, bauliche Durchbildung und Ausführung von Verbundträgern erfolgt nach der entsprechenden Vorschrift der StBA [2.40]. Die Berechnung beruht auf der Methode der Grenzzustände. Dabei sind zu unterscheiden:

— Grenzzustand der Tragfähigkeit und
— Grenzzustand der Nutzungsfähigkeit.

Im Grenzzustand der Tragfähigkeit ist gegen die Versagensarten gemäß Bild 2.28. abzusichern. Dabei sind die Normlasten mit den entsprechenden Lastfaktoren

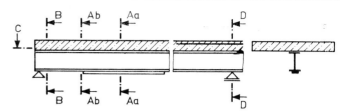

Bild 2.28. Versagensarten von Verbundträgern

nach TGL 32274 zu multiplizieren. Auf der Materialseite sind die Festigkeiten mittels Materialfaktors zu reduzieren und den Anpassungsfaktoren zu modifizieren.

Im Grenzzustand der Nutzungsfähigkeit ist der Nachweis der Verformungen zu führen. Bei durchlaufenden Verbundträgern sind über den Innenstützen die Rißbreiten zu begrenzen.

In Tab. 2.13. sind die erforderlichen Nachweise für den Verbundzustand zusammengestellt.

Zusätzlich zu den Nachweisen im Verbundzustand sind die Beanspruchungen im Montagezustand nachzuweisen, indem der Stahlträger sämtliche auftretende Belastungen übernimmt. Die Nachweise werden gemäß den gültigen Stahlbaustandards TGL 13500 und TGL 13503 geführt. Es sind die Spannungen und die Durchbiegungen des Stahlträgers zu begrenzen. Weiter ist der Kippsicherheitsnachweis zu führen.

Beispiel 2.3

Nachweis eines Verbundträgers

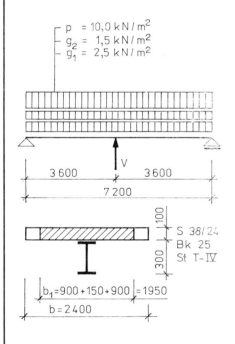

1. Belastung, Festigkeits- und Formänderungskennwerte

Eigenlast Decke $\quad g_1 = 2{,}5$ kN/m² $\quad g_1(S) = 1{,}1 \cdot 2{,}5 = 2{,}75$ kN/m²
Ausbaulast $\quad g_2 = 1{,}5$ kN/m² $\quad g_2(S) = 1{,}3 \cdot 1{,}5 = 1{,}95$ kN/m²
Verkehrslast $\quad p = 10{,}0$ kN/m² $\quad p(S) = 1{,}2 \cdot 10{,}0 = 12{,}00$ kN/m²
Gesamtlast $\quad q = 2{,}5 + 1{,}5 + 10{,}0 = 14{,}0$ kN/m²
$\quad q(S) = 2{,}75 + 1{,}95 + 12{,}0 = 16{,}7$ kN/m²
Dauerlast (40% der Verkehrslast sind Dauerlast)
$\quad q_D = 2{,}5 + 1{,}5 + 0{,}4 \cdot 10{,}0 = 8{,}0$ kN/m²
$\quad q_D(S) = 2{,}75 + 1{,}95 + 0{,}4 \cdot 12{,}0 = 9{,}5$ kN/m²
Stahl S 38/24 $\quad R_a^n = 240$ N/mm² $\quad R_a = 240/1{,}1 = 218$ N/mm²
Beton Bk 25 $\quad R_b^n = 18{,}2$ N/mm² $\quad R_b = 18{,}2/1{,}3 = 14{,}0$ N/mm²
$\quad E_b = 30900$ N/mm² $\quad \alpha_a = E_a/E_b = 210000/30900 = 6{,}80$

2. Betonierzustand

1 Hilfsstütze

Ersatzlast für das Betonieren $p_E = 1{,}2$ kN/m²

$$V(S) = 2{,}40(1{,}1 \cdot 2{,}5 + 1{,}4 \cdot 1{,}2) \cdot 1{,}25 \cdot 3{,}60 = 47{,}8 \text{ kN}$$

$$M(S) = \frac{2{,}40(1{,}1 \cdot 2{,}5 + 1{,}4 \cdot 1{,}2) \cdot 3{,}60^2}{8} = 17{,}2 \text{ kNm}$$

$$\sigma_a = \frac{17{,}2 \cdot 10^6}{0{,}557 \cdot 10^6} = 30{,}9 \text{ N/mm}^2 < 218 \cdot 0{,}8 = 174 \text{ N/mm}^2$$

ohne weiteren Nachweis.

3. Verbundzustand — Grenzzustand der Tragfähigkeit

3.1. Biegemoment

$$M(S) = \frac{2{,}40 \cdot 16{,}7 \cdot 7{,}20^2}{8} = 260 \text{ kNm}$$

$$b_{ef} = 2 \cdot \frac{l_i}{8} + b_a = 2 \cdot \frac{7200}{8} + 150$$
$$= 1950 \text{ mm} < 2400 \text{ mm} = b$$

$$Z_a = A_a R_a = 5380 \cdot 218 = 1170 \cdot 10^3 = 1170 \text{ kN}$$

$$x_R = \frac{Z_a}{b_{ef} R_b} = \frac{1170 \cdot 10^3}{1950 \cdot 14{,}0} = 43{,}0 \text{ mm} < 100 \text{ mm} = d_b$$

$$z_a = d_b + \frac{d_a - x_R}{2} = 100 + \frac{300 - 43}{2} = 228 \text{ mm}$$

$$M(R) = Z_a z_a = 1170 \cdot 10^3 \cdot 228 = 267 \cdot 10^6 \text{ Nmm}$$
$$= 267 \text{ kNm} > 260 \text{ kNm} = M(S)$$

Beispiel 2.3 *(Fortsetzung)*

3.2. Querkraft

Stahl

$$Q(S) = \frac{2{,}40 \cdot 16{,}7 \cdot 7{,}20}{2} = 144 \text{ kN}$$

$$Q_a(R) = 0{,}577 R_a s_a d_{a\,\text{st}} \sim 0{,}577 \cdot 218 \cdot 7{,}1 \cdot 300 \cdot 10^{-3}$$
$$= 268 \text{ kN} > 144 \text{ kN} = Q(S)$$

Beton (Anschluß Druckgurt)

$$\varrho = \frac{b_{ef}}{b_{ef,i}} = \frac{1950}{900} = 2{,}17$$

$$Q_b(R) = 0{,}3 \varrho d_b z_a R_b = 0{,}3 \cdot 2{,}17 \cdot 100 \cdot 228 \cdot 14{,}0 \cdot 10^{-3}$$
$$= 208 \text{ kN} > 144 \text{ kN} = Q(S)$$

Anschlußbewehrung

$$S(S) = D_b = Z_a = 1170 \text{ kN}$$

$$A_q = \frac{S(S)}{\varrho R_s} = \frac{1170 \cdot 10^3}{2{,}17 \cdot 430} = 1250 \text{ mm}^2/\text{Querkraftbereich (3,60 m)}$$
$$\triangle 348 \text{ mm}^2/\text{m}$$

gewählt: ⌀ 8 (St T-IV)

$a = 150 \text{ mm}$ ($A_s = 335 \text{ mm}^2/\text{m} \sim 348 \text{ mm}^2/\text{m}$)

Die vorhandene Biegebewehrung der Decke darf angesetzt werden.

3.3. Verdübelung durch Kopfbolzendübel

$d_B = 19 \text{ mm}$

$S(S) = 1170 \text{ kN}$

$$S_{1,B}(R) = 0{,}25 d_B^2 \sqrt{R_b E_b} \leq 0{,}7 \frac{\pi}{4} d_B^2 R_B$$

$$= 0{,}25 \cdot 19^2 \cdot \sqrt{14{,}0 \cdot 30900}$$

$$= 59{,}7 \text{ kN} < 0{,}7 \cdot \frac{\pi}{4} \cdot 19^2 \cdot 350 = 67{,}8 \text{ kN}$$

gewählt: 20 Dübel ⌀ 19, gleichmäßig verteilt

$S_B(R) = 20 \cdot 59{,}7 = 1190 \text{ kN} > 1170 \text{ kN} = S(S)$

3.4. Verdübelung durch Verbundanker

$d_s = 14 \text{ mm}$; St A-I

$$S_{1,v}(R) = 2 \cdot 0{,}85 \frac{\pi}{4} d_s^2 R_s$$

$$= 2 \cdot 0{,}85 \frac{\pi}{4} \cdot 14{,}0^2 \cdot 210 = 54{,}9 \text{ kN}$$

gewählt: 22 Dübel, entsprechend Querkraft verteilt

$S_v(R) = 22 \cdot 54{,}9 = 1210 \text{ kN} > 1170 \text{ kN} = S(S)$

4. Verbundzustand — Grenzzustand der Nutzungsfähigkeit

Durchbiegungen

4.1. Kurzzeitbelastung

$\alpha_a = 6{,}80$

$$x_v = \frac{\alpha_a A_a}{b_{ef}} \left[\sqrt{1 + \frac{2 \cdot b_{ef} h_a}{\alpha_a A_a}} - 1 \right] = \frac{6{,}8 \cdot 5380}{1950} \left[\sqrt{1 + \frac{2 \cdot 1950 \cdot 250}{6{,}8 \cdot 5380}} - 1 \right] = 79{,}9 \text{ mm} < 100 \text{ mm} = d_b$$

$$I_v = \frac{b_{ef}}{3 \cdot \alpha_a} x_v^3 + A_a(h_a - x_v)^2 + I_a = \frac{1950}{3 \cdot 6{,}8} \cdot 79{,}9^3 + 5380(250 - 79{,}9)^2 + 83{,}6 \cdot 10^6 = 288 \cdot 10^6 \text{ mm}^4$$

$V = 2{,}40 \cdot 2{,}5 \cdot 1{,}25 \cdot 3{,}60 = 27 \text{ kN}$

$$v_{g1} = \frac{V}{48} \frac{l^3}{E_a I_v} = \frac{27 \cdot 10^3}{48} \cdot \frac{7200^3}{210000 \cdot 288 \cdot 10^6} = 3{,}5 \text{ mm}$$

$$v_{g2+p} = \frac{5}{384} \cdot \frac{b \cdot (g_2 + p) l^4}{E_a I_v} = \frac{5}{384} \cdot \frac{2{,}40(1{,}5 + 10{,}0) \cdot 7200^4}{210000 \cdot 288 \cdot 10^6} = 15{,}7 \text{ mm}$$

$\sum v = 3{,}5 + 15{,}7 = 19{,}2 \text{ mm} \triangle 1/375$

4.2. Dauerlast

$\alpha_{a,\infty} = \alpha_a(1 + 1{,}1 \cdot \varphi_\infty) = 6{,}80(1 + 1{,}1 \cdot 2{,}0) = 21{,}8$

$$v_{g1} = 3{,}4 \cdot \frac{293 \cdot 10^6}{242 \cdot 10^6} = 4{,}1 \text{ mm}$$

$$v_{g2+p} = \frac{5}{384} \cdot \frac{2{,}40(1{,}5 + 0{,}4 \cdot 10{,}0) \cdot 7200^4}{210000 \cdot 242 \cdot 10^6} = 9{,}1 \text{ mm}$$

4.3. Schwinden

$\alpha_{a,sh} = \alpha_a(1 + 0{,}55 \cdot \varphi_\infty) = 6{,}80(1 + 1{,}1 \cdot 2{,}0) = 14{,}3$

$$M_{sh} = \varepsilon_{sh} E_b A_b e_{sh} = 0{,}35 \cdot 10^{-3} \cdot \frac{210000}{14{,}3} (1950 \cdot 82{,}2) \cdot \frac{82{,}2}{2} = 33{,}9 \text{ kNm}$$

$$v_{sh} = \frac{M_{sh} l^2}{8 E_a I_v} = \frac{33{,}9 \cdot 10^6 \cdot 7200^2}{8 \cdot 210000 \cdot 252 \cdot 10^6} = 4{,}1 \text{ mm}; \qquad \sum v_\infty = 4{,}1 + 9{,}1 + 4{,}1 = 17{,}3 \text{ mm}$$

		Kurzzeit-last	Dauerlast	Schwinden
α_a	—	6,8	21,8	14,3
x_v	mm	79,9	90,8	82,2
J_v	10^{-6} mm^4	288	242	252
v_{g1}	mm	3,5	4,1	—
v_{g2+p}	mm	15,7	9,1*	—
v_{sh}	mm	—	—	4,1
$\sum v$	mm	19,2		17,3

* Dauerlast

Tabelle 2.14. Verbundträger und Stahlträger — Vergleich von Tragfähigkeit und Stahlverbrauch

		Hilfsstütze im Montagezustand		Ohne Verbund		Mit Verbund		
				elastische Bemessung	elastisch-plastische Bemessung	elastische Bemessung	plastische Bemessung	
							40% verdübelt	100% verdübelt
		Dübelanzahl		Kippblech in Feldmitte		$2 \times [3 \oslash 19]$	$2 \times [4 \oslash 19]$	$2 \times [10 \oslash 19]$
		Gesamt-belastung q	kN/m² %	3,77 44,4	4,03 47,4	6,63 78,0	6,64 78,1	8,5 100
		Verkehrslast p	kN/m² %	0,27 5,4	0,53 10,6	3,13 62,6	3,14 62,8	5,0 100
		IPE	—	300	Schweißprofil $300 \times 6 -$ 150×10	240*	240	200
		Masse Stahlträger	kg/m %	42,2 100	36,7 87,0	30,7 72,7	30,7 72,7	22,4 53,0
		Dübelanzahl		Kippbleche in Drittels-punkten		$2 \times [4 \oslash 19]$	$2 \times [6 \oslash 19]$	$2 \times [10 \oslash 19]$
	Durchbiegung					1 Hilfsstütze im Montagezustand		
		Eigenlast	mm	5,8	6,5	2,3	4,6	5,1
		Ausbau- und Verkehrslast	mm	13,8	15,6	5,5	11,0	12,4
		Zuwachs aus Kriechen/Schw.	mm	—	—	1,6	1,8	5,0
		$\sum$ Kurzzeit-lasten	mm	19,6	22,1	7,8	15,6	17,5
		$\sum$ Dauerlast				9,4	17,4	22,5

Betonplatte $g_1 = 2{,}5 \text{ kN/m}^2$
Ausbaulast $g_2 = 1{,}0 \text{ kN/m}^2$
Verkehrslast $p = 5{,}0 \text{ kN/m}^2$

*) leichte Überschreitung der zul. Spannungen

2.3.4.5. Vergleich der Tragfähigkeit von Stahl- und Verbundträgern

In Tab. 2.14. wurden Stahlträger mit aufgelegter Verbundplatte Verbundträgern gegenübergestellt, die nach unterschiedlichen Verfahren berechnet wurden. Grundlage des Vergleichs war ein Einfeldträger mit 6000 mm Spannweite. Zum einen wurde bei gegebenen Querschnitt die aufnehmbare Belastung, zum anderen bei gegebener Belastung das erforderliche Stahlprofil bestimmt. Es ist zu erkennen, daß sich bei Verbundkonstruktionen die Tragfähigkeit deutlich erhöht bzw. sich der Stahlverbrauch und/oder die Bauhöhe reduziert. Gleichzeitig steigen dabei aber der Fertigungsaufwand (Realisierung des Verbundes) und gegebenenfalls der Montageaufwand (Montagehilfsstützen) an.

2.4. Treppen und Steigleitern
2.4.1. Funktion und Gestaltung

Treppen stellen die Verbindung zwischen Geschoßdecken her bzw. dienen zum Erreichen von Arbeitsbühnen, wobei verschiedene Grundrißformen (Bild 2.29.) ausgeführt werden können. Sie sind vorwiegend für den Personenverkehr vorgesehen, haben jedoch auch vielfach den

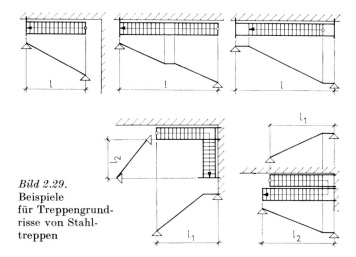

Bild 2.29. Beispiele für Treppengrundrisse von Stahltreppen

Transport tragbarer Lasten zu gewährleisten. Nach TGL 10694 wird unterschieden zwischen Treppen (Neigungswinkel $\leq 45°$) und Treppenleitern (Neigungswinkel $60°$ bis $79°$). Im Industriebau bestehen bei Stahltreppen die Trittstufen vorwiegend aus Blech bzw. aus Lichtgitterrosten (Bild 2.30.). Für die Treppenwangen sind [-Profile günstig [2.54], wobei aus konstruktiven Gründen eine Profilhöhe von 180 mm zu empfehlen ist. Als Treppengeländer bieten sich Stahlrohrprofile an (Geländerstiel

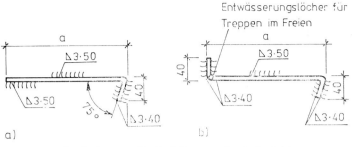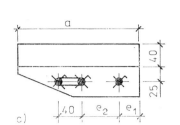

Bild 2.30. Stufenformen für Stahltreppen im Industriebau

a) Blechstufe Form A ($a = 160; 250; 270$ mm)
b) Blechstufe Form B ($a = 160; 220; 250; 270$ mm)
c) Gitterstufen ($a = 200; 220; 250; 270, 360$ mm)

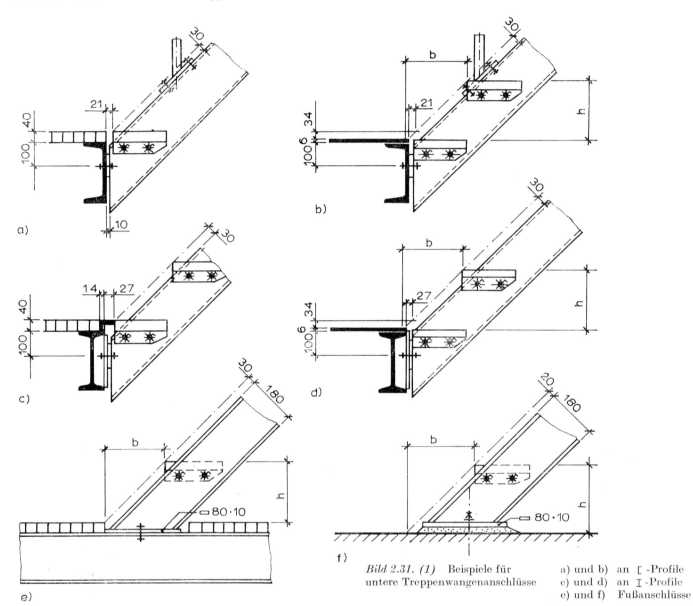

Bild 2.31. (1) Beispiele für untere Treppenwangenanschlüsse
a) und b) an ⸤-Profile
c) und d) an I-Profile
e) und f) Fußanschlüsse

und Handlauf 1 1/4"; Knieleiste 3/4") [2.55], wobei Geländerstiele entsprechend Bild 2.31.a und b auf der Treppenwange befestigt werden.

Auftrittsbreite b und Steigung h bilden zusammen das Steigungsverhältnis, das sich in der Größenordnung $2h + b = 630 \pm 30$ in mm bewegen soll und der mittleren Schrittlänge eines Menschen entspricht. Bei mehr als 20 Steigungen wird ein Zwischenpodest angeordnet, wobei die Podestlänge in der Regel der Laufbreite entspricht (mindestens 3 Auftrittsbreiten). Die nutzbare Laufbreite sollte $600 \leq B \leq 1000$ mm betragen.

Steigleitern dienen zum Erreichen von Bühnen, Laufstegen, Dächern, als Zugänge zu Schornsteinen, Kühltürmen, Behältern, Kammern von Versorgungsleitungen,

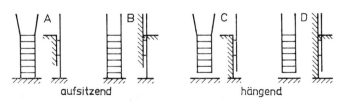

Bild 2.32. Steigleiterformen (mit oder ohne Rückenschutz)

Schwimmbecken usw. Sie sind im allgemeinen senkrecht anzuordnen, eine Abweichung bis zu 10° ist zulässig. Die Steigleiterlänge darf höchstens $h = 10000$ mm betragen. Überschreitet die zu überwindende Höhe die Steigleiterlänge, so sind im Abstand von $h \leq 10000$ mm Zwischenpodeste anzuordnen, wobei deren Bodenöffnungen gegeneinander zu versetzen sind. Wie im Bild 2.32. dargestellt, unterscheidet man zwischen aufsitzenden (Form A und B) und hängenden (Form C und D) Steigleitern [2.56]. Führen diese unmittelbar auf Bühnen oder Laufstege, so sind am Leitereinstieg selbstschließende Sicherheitsschranken vorzusehen. Bei Steigleitern der Form A bzw. C, die vor Austrittsflächen enden, die nicht durch Geländer eingefaßt sind (z. B. bei Dächern), ist ein abgebogenes Handlaufrohr (Bild 2.33.) von mindestens 600 mm Länge anzuordnen. Haben die Steigleitern einen seitlichen Austritt entsprechend Form B und D (Bild 2.32.), sind die Holme bis zur Geländerhöhe und die Sprossen über die gesamte Holmhöhe weiterzuführen.

Steigleitern mit einer Höhe $h > 5000$ mm müssen ab 3000 mm Höhe und bei Absturzgefahr ab 1800 bis 2000 mm über der Antrittsebene einen Rückenschutz erhalten (Bild 2.33.). Die Steigleiterholme bestehen in der Regel aus Rohr ⌀ 1 1/4″ bis 2″, während für die im Abstand von ≤ 300 mm angeordneten Sprossen der Rohr ⌀ 1/2 bis 1″ ausreicht. Für die Holme ist der Abstand so zu wählen, daß die nutzbare Laufbreite zwischen 350 mm und 500 mm beträgt. Der Korb des Rückenschutzes wird aus Flachstahl 50×5 und 30×5 gebildet (Bild 2.33.).

2.4.2. Berechnung

Für Industrietreppen sind Belastungsstufen entsprechend Tab. 2.15. maßgebend.

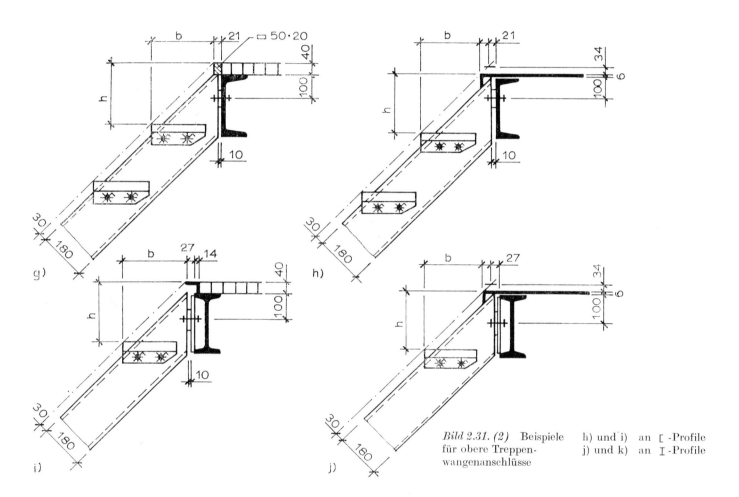

Bild 2.31. (2) Beispiele für obere Treppenwangenanschlüsse
h) und i) an ⊏-Profile
j) und k) an I-Profile

Tabelle 2.15. Belastungsstufen für Industrietreppen

	Blechstufen			Lichtgitterrost
	Form A	Form B		Stufen
Belastungsstufe (Normlasten)	3,0 kN/m² bzw. 1,5 kN	5,0 kN/m² bzw. 3,0 kN	5,0 kN/m² bzw. 3,0 kN	5,0 kN/m² bzw. 3,0 kN
Stufenlänge	5 mm Blechdicke $b \leq 1000$ mm	5 mm Blechdicke $b \leq 600$ mm	5 mm Blechdicke $b \leq 1000$ mm	$b \leq 1000$ mm
	—	6 mm Blechdicke $b \leq 800$ mm	—	

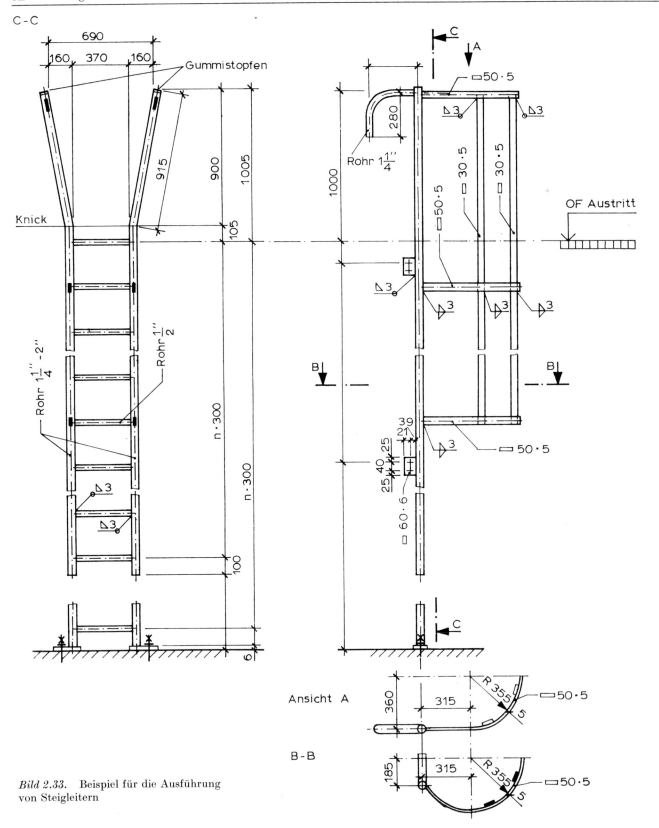

Bild 2.33. Beispiel für die Ausführung von Steigleitern

Die Bemessung der Treppenwangen erfolgt in Form des Biegetorsionsnachweises (TGL 13503/02, Abschn. 11.3.) als Spannungsnachweis der Theorie II. Ordnung für Träger mit beliebig gerichteter Querbelastung

$$\sigma = \frac{M_x - M_y}{I_x} ykx + \frac{M_y + M_x\vartheta}{I_y} xky$$
$$- 0{,}9 E w_M \cdot \vartheta'' \leq R^n \qquad (2.76)$$

Hierin bedeuten:

σ — vorhandene Spannung, Druckspannung positiv

$M_x; M_y$ — γ-fache Biegemomente aus Rechenlasten nach Theorie I. Ordnung in bezug auf die Hauptträgheitsachsen

$\gamma = \gamma_n \cdot \gamma_m$ — Produkt aus Wertigkeits- und Materialfaktor nach TGL 13500

$kx = \dfrac{W_x}{W_{Tx}}$ — Faktor für Biegung um die x-Achse

$k_y = \dfrac{W_y}{W_{Ty}}$ Faktor für Biegung um die x-Achse

$W_{Tx}; W_{Ty}$ modifizierte Widerstandsmomente nach TGL 13500/02 Abschn. 2.1.2.

$I_x; I_y; W_x; W_y$ Trägheitsmoment, Widerstandsmomente in bezug auf die Hauptachsen

w_M Einheitsverwölbung in bezug auf den Schubmittelpunkt, im Rechtsumfahrungssinn positiv

$\vartheta; \vartheta''$ Verdrehung, zweite Ableitung der Verdrehung

Für Steigleitern ist der Nachweis zu führen, daß Holme, Sprossen, Befestigungen und Anschlüsse eine Last von 1,0 kN aufnehmen können.

2.5. Stützenfußgestaltung

2.5.1. Prinzip, Wirkungsweise

Der Stützenfuß stellt die Verbindung von Stützen bzw. Rahmenstielen mit den Fundamenten bzw. der Stahlunterkonstruktion her. Ausgehend von der Wirkungsweise dieser Verbindung, unterscheidet man die Ausbildung als Fußgelenk oder als Fußeinspannung. Während Fußgelenke nur Längs- und Querkräfte zu übertragen haben, ist durch die Stützenfußeinspannung gleichzeitig die Übertragung von Momenten zu gewährleisten.

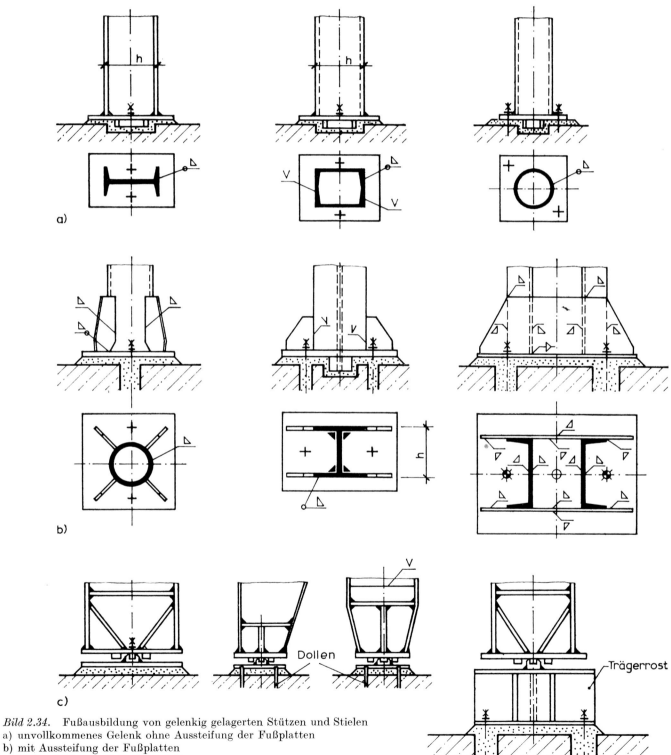

Bild 2.34. Fußausbildung von gelenkig gelagerten Stützen und Stielen
a) unvollkommenes Gelenk ohne Aussteifung der Fußplatten
b) mit Aussteifung der Fußplatten
c) Fußausbildung mit Zentrierplatten

Beim Fußgelenk ist die Drehbewegung um die Auflagerachse zu ermöglichen, die durch Veränderung der Gebrauchslasten zu erwarten ist. Im Interesse eines möglichst geringen Aufwands für den Stützfuß wird vielfach auf eine ideale Gelenkausbildung verzichtet und eine flächige Auflagerung gewählt. Zu beachten ist dabei, daß eine Fußverdrehung um die Auflagerachse zu Kantenpressungen führt, die das Mehrfache der Mittelspannung σ_m erreichen können. Die Kantenpressungen entziehen sich einem genaueren Nachweis und können zu Fundamentschäden bzw. bei Lagerung auf einer Stahlunterkonstruktion zu Verformungen der Anschlußteile führen. Die Ausbildung als Flächenlager sollte deshalb vorwiegend bei geringer Verdrehung, geringer Druckbeanspruchung und kleinen Fußabmessungen gewählt und durch konstruktive Maßnahmen zu erwartenden Schäden vorgebeugt werden. Andernfalls ist der Ausbildung als Gelenk, z. B. durch Anordnung von Zentrierplatten, der Vorzug zu geben.

Bei einer Fußeinspannung unterscheidet man zwischen der unmittelbaren Einspannung durch Einbetonieren des Stützenfußes in Hülsenfundamente und der mittelbaren Einspannung durch Ankerschrauben. Der geringere Aufwand liegt bei der unmittelbaren Einspannung, der bei geringerer Beanspruchung der Vorzug gegeben wird. Die Fußeinspannung bei der Verbindung mit einer Stahlunterkonstruktion wird durch die im Abschn. 2.6. beschriebenen Möglichkeiten der Rahmenecken und Stirnplattenanschlüsse verwirklicht.

2.5.2. Bemessung und Gestaltung von Stützenfüßen in Form von Gelenken

Für überwiegende Druckbeanspruchung ist das Flächenlager die einfachste Ausführung des Stützenfußes (Bild 2.34.). Um hierbei der Gelenkwirkung möglichst nahe zu kommen, sollten Fußplattenabmessungen klein gehalten werden. Nach [2.58] ist eine flächenhafte Lagerung für alle Walz- und Blechträgerprofile mit $h \leq 800$ mm gestattet, wobei im Projektierungsstadium bei großen Profilen, hoher Belastung und extrem starren Baugrund die Auswirkung der eingeschränkten Gelenkwirkung einzuschätzen ist.

Im Interesse des geringsten Fertigungsaufwands ist die Fußausbildung ohne Aussteifrippen vorteilhaft (Bild 2.34.a). Bei höherer Beanspruchung sind Aussteifungen erforderlich, um wirtschaftliche Fußplattendicken zu gewährleisten (Bild 2.34.b). Muß eine ideale Gelenkwirkung erreicht werden, bietet sich eine Fußausbildung mit Zentrierplatten an (Bild 2.34.c).

Für die angegebenen Ausführungen gelten bezüglich der Bemessung und Gestaltung folgende Grundsätze:

— Die auftretenden Horizontalkräfte sind durch Schubverankerungen in die Fundamente einzuleiten.
— Als Anschlußnähte für die Fußplatten sind Kehlnähte zu wählen. Bei Flächenlagerung dürfen die Schweißnähte für 1/4 der Längskräfte bemessen werden, wenn eine Kontaktwirkung zwischen Fußplatte und Stützenende garantiert wird. In diesem Fall sind die Kontaktflächen des Stützenprofils zu bearbeiten, wobei in der Regel ein rechtwinkliger Sägeschnitt genügt.
— Treten Zugkräfte auf, sind Ankerschrauben anzuordnen.
— Für die Ermittlung der Fußplattenabmessungen bei Flächenlagerung wird eine gleichmäßig verteilte Pressung unter der Fußplatte vorausgesetzt. Die Fußplattengröße erhält man aus:

$$\sigma_D = \frac{N}{ab} \leq R_b \tag{2.77}$$

wobei die Rechenfestigkeit R_b in Abhängigkeit von der Betongüte den einschlägigen Vorschriften zu entnehmen ist.

Die Fußplattendicke ergibt sich aus verschiedenen Belastungsfällen nach Bild 2.35. Für einen Streifen der Breite „1" erhält man die Plattendicke für die Fälle a) und b) (Bild 2.35.) aus:

$$M_\mathrm{I} = p\,1\,\frac{c^2}{2}; \quad W = \frac{1t^2}{6}; \quad \sigma = \frac{M_\mathrm{I}}{W} \leq R;$$
$$t_\mathrm{erf} = c\sqrt{\frac{3\sigma_D}{R}} \tag{2.78}$$

Unter der Voraussetzung, daß $\frac{f}{l} > 1$ bzw. $\frac{f_1}{l} > 1$, betrachtet man für die Fälle c) und d) (Bild 2.35.) einen Streifen der Breite „1" als Träger auf 2 Stützen mit Kragarm und erhält hierfür:

$$c > 0{,}353l: M_\mathrm{I} > M_\mathrm{II}; \quad M_\mathrm{I} = p \cdot 1\,\frac{c^2}{2};$$
$$W = \frac{1t^2}{6}; \quad \sigma = \frac{M_\mathrm{I}}{W} \leq R \quad t_\mathrm{erf} = c\sqrt{\frac{3\sigma_D}{R}} \tag{2.79}$$

$$c = 0{,}353l: M_\mathrm{I} = M_\mathrm{II} = \frac{pl^2}{16}; \quad t_\mathrm{erf} = l\sqrt{\frac{0{,}375\sigma_D}{R}} \tag{2.80}$$

$$c < 0{,}353l: M_\mathrm{I} < M_\mathrm{II}; \quad t_\mathrm{erf} = l\sqrt{\frac{\alpha \cdot \sigma_D}{R}} \tag{2.81}$$

α ist Tab. 2.16. zu entnehmen.

Ebenfalls unter der Voraussetzung, daß $\frac{f}{l} > 1$ bzw. $\frac{f_1}{l} > 1$, wird für die Fälle e) und f) (Bild 2.35.) ein Streifen der Breite „1" als Träger auf 3 Stützen mit beiderseitigen Kragarmen betrachtet und die Fußplattendicke damit wie folgt bestimmt:

$$c > 0{,}408l: M_\mathrm{I} > M_\mathrm{III}; \quad M_\mathrm{I} = p\,1\,\frac{c^2}{2};$$
$$W = \frac{1t^2}{6}; \quad \sigma = \frac{M_\mathrm{I}}{W} \leq R \quad t_\mathrm{erf} = c\sqrt{\frac{3\sigma_D}{R}} \tag{2.82}$$

$$c = 0{,}408l: M_\mathrm{I} = M_\mathrm{III}; \quad t_\mathrm{erf} = l\sqrt{\frac{0{,}5\sigma_D}{R}} \tag{2.83}$$

$$c < 0{,}408l: M_\mathrm{I} < M_\mathrm{III}; \quad t_\mathrm{erf} = l\sqrt{\frac{\beta \cdot \sigma_D}{R}} \tag{2.84}$$

β ist Tab. 2.16. zu entnehmen.

2.5. Stützenfußgestaltung

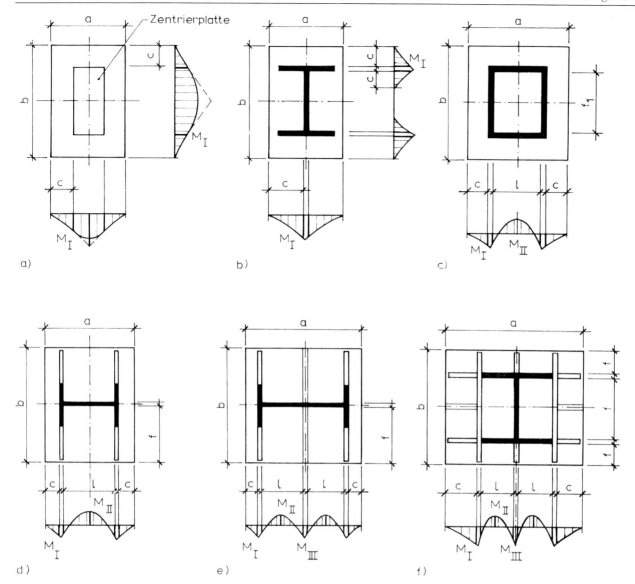

Bild 2.35. Lastfälle zur Berechnung der Fußplattendicke

Wird $\frac{f_1}{l} \leq 1$ bzw. $\frac{f}{l} \leq 1$, so wird die Fußplatte zwischen den Aussteifblechen als vier- bzw. dreiseitig gelagerte Platte betrachtet. Für die vierseitig gelagerte Platte erhält man das für die Bemessung maßgebende Moment aus:

$$M = \gamma p 1 f_1^2; \quad t_{erf} = f_1 \sqrt{\frac{\overline{\gamma}\sigma_D}{R}} \qquad (2.85)$$

Tabelle 2.16. Beiwerte α und β zur Ermittlung der erforderlichen Plattendicken

c/l	α	β	c/l	α	β
0	0,75	0,75	0,30	0,42	0,62
0,05	0,74	0,75	0,35	0,38	0,57
0,10	0,72	0,73	0,353	0,375	—
0,15	0,68	0,72	0,40	—	0,51
0,20	0,63	0,69	0,408	—	0,50
0,25	0,56	0,66			

Für die dreiseitig gelagerte Platte ergibt sich das ungünstigste Moment aus

$$M = \delta p 1 f^2; \quad t_{erf} = f \sqrt{\frac{\overline{\delta}\sigma_D}{R}} \qquad (2.86)$$

M, N Schnittkräfte aus Rechenlasten unter Beachtung von Lastkombinations- und Wertigkeitsfaktoren
R Rechenfestigkeit in Abhängigkeit von der Stahlgüte bei Beachtung des Materialfaktors
R_b Rechenfestigkeit in Abhängigkeit von der Betongüte bei Beachtung des Anpassungsfaktors

Die Werte γ; $\overline{\gamma}$; δ und $\overline{\delta}$ sind Tab. 2.17. zu entnehmen. Betrachtet man die Fußplatte zwischen den Aussteifblechen als vier- bzw. dreiseitig eingespannte Platte, so können die Werte γ, $\overline{\gamma}$, δ und $\overline{\delta}$ aus Tab. 2.18. entnommen werden.
— Der Bemessung der Aussteifungsrippen liegt der Belastungsanteil zugrunde, der über die Fußplatte in diese eingetragen wird (Bild 2.36.). Bei der Bemessung

der Aussteifungsrippen für die auftretende Biegebeanspruchung wird in der Regel der mittragende Querschnitt der Fußplatte nicht berücksichtigt. Die Bemessung der Schweißnähte (Kehlnähte Ausführungsklasse II B) erfolgt für die durch die Aussteifungsrippen zu übertragenden Schnittkräfte.

Tabelle 2.17. Beiwerte γ bzw. $\bar{\gamma}$ und δ bzw. $\bar{\delta}$ zur Ermittlung der Momente bzw. Plattendicken bei vierseitiger bzw. dreiseitiger Lagerung

l/f_1	γ	$\bar{\gamma}$	l/f	δ	$\bar{\delta}$
1,0	0,048	0,288	0,5	0,060	0,360
1,1	0,055	0,330	0,6	0,074	0,444
1,2	0,063	0,378	0,7	0,088	0,528
1,3	0,069	0,414	0,8	0,097	0,582
1,4	0,075	0,450	0,9	0,107	0,642
1,5	0,081	0,486	1,0	0,112	0,672
1,6	0,086	0,516	1,2	0,120	0,720
1,7	0,091	0,546	1,3	0,124	0,744
1,8	0,094	0,564	1,4	0,126	0,756
1,9	0,098	0,588	1,5	0,128	0,768
2,0	0,100	0,600	2,0	0,132	0,792
> 2	0,125	0,750	> 2	0,133	0,798

Tabelle 2.18. Beiwerte γ bzw. $\bar{\gamma}$ und δ bzw. $\bar{\delta}$ zur Ermittlung der Momente bzw. Plattendicken bei beiderseitiger bzw. dreiseitiger Einspannung

l/f_1	γ	$\bar{\gamma}$	l/f	δ	$\bar{\delta}$
1,0	0,051	0,306	0,6	0,075	0,450
1,1	0,058	0,348	0,7	0,078	0,468
1,2	0,064	0,384	0,8	0,081	0,486
1,3	0,069	0,414	0,9	0,084	0,504
1,4	0,073	0,438	1,0	0,085	0,520
1,5	0,076	0,456	1,25	0,087	0,522
1,6	0,078	0,468	1,50	0,084	0,504
1,7	0,080	0,480			
1,8	0,081	0,486			
1,9	0,082	0,492			
2,0	0,083	0,498			
> 2	0,083	0,498			

2.5.3. Bemessung und Gestaltung von Stützenfüßen einteiliger Stützen und Rahmenstiele als Einspannung

Die Übertragung von Momenten am Stützenfuß erfolgt durch eine Einspannung. Diese kann dabei unmittelbar durch Einbetonieren des Stützenendes in das Fundament (Bild 2.37. a) oder mittelbar mit Hilfe von Ankerschrauben (Bild 2.37. b) verwirklicht werden.

Die Berechnung einer unmittelbaren Stützenfußeinspannung ist im Bild 2.38. veranschaulicht.

Nach [2.60] erhält man unter Beachtung von [2.59] die Schnittkräfte im Bereich der Einspannung wie folgt:

$$D_1 = \frac{M + 0{,}65Hh_1 - 0{,}12Nh_1}{mh_1} \qquad (2.87)$$

$$D_N = nD_1 \qquad (2.88)$$

m und n nach Tab. 2.19.

Tabelle 2.19. Hilfswerte m und n

$Z = h_1/d_1$	1,8	2,0	2,2	2,5	3,0	3,5	4,0
m	0,83	0,79	0,75	0,72	0,67	0,65	0,63
n	0,48	0,39	0,32	0,25	0,17	0,13	0,10

Die zugehörigen Kantenpressungen ergeben sich aus:

$$\max \sigma_D = \frac{D_1}{A_D} \leq R_b \qquad (2.89)$$

$$\max \sigma_N = \frac{N}{A_1 + A_2} + \frac{4D_N}{A_1} \leq R_b \qquad (2.90)$$

Für A_D ist die ausgesteifte Fläche nach Bild 2.38. b bzw. c einzusetzen, wobei man die mitwirkende Breite l erhält aus:

$$l = \sqrt{\frac{s^2 R}{3\sigma_D}} \qquad (2.91)$$

In Gl. (2.90) ist für A_1 die ausgesteifte Fläche der Fußplatte und für A_2 die Fläche von Dübeln bzw. ähnlich

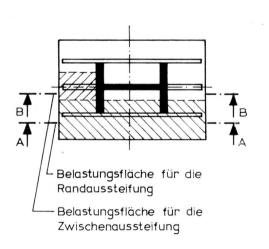

Bild 2.36. Annahmen zur Berechnung der Aussteifungen

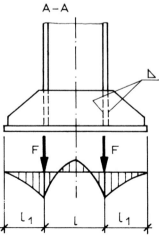

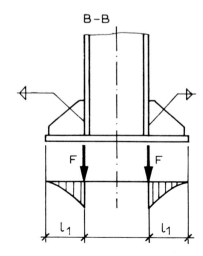

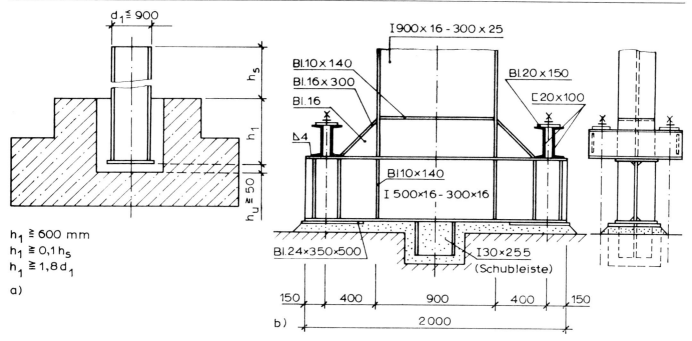

Bild 2.37. Stützenfußgestaltung einteiliger eingespannter Stützen

a) unmittelbare Einspannung
b) mittelbare Einspannung mit Hilfe von Ankerschrauben

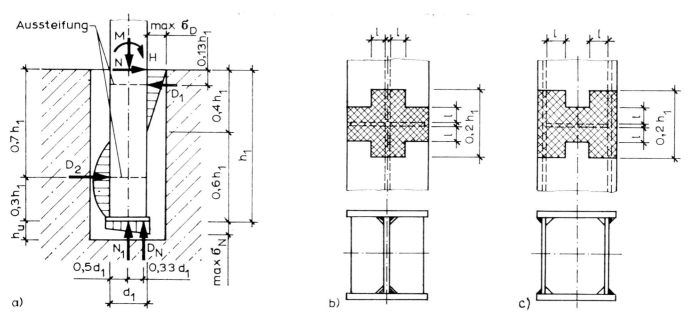

Bild 2.38. Zur Berechnung der unmittelbaren Fußeinspannung

a) Schnittkräfte im Bereich der Einspannung
b) und c) ausgesteifte Fläche für I- bzw. Kastenstütze

wirkenden Bauelementen einzusetzen. Reibung bzw. Haftspannung zwischen Stütze und Verfüllbeton wird nicht berücksichtigt.

Für die mittelbare Einspannung mit Hilfe von Ankerschrauben nach Bild 2.37.b und Bild 2.39. erhält man die Schnittkräfte für den Nachweis am Stützenfuß aus Bild 2.40.

Bei einer Fußausbildung entsprechend Bild 2.40.a ergeben sich die Schnittkräfte mit Hilfe der Gleichgewichtsbedingungen wie folgt:

$$Z = \frac{M - Nd}{z + d}; \qquad D = Z + N \tag{2.92}$$

Mit Hilfe dieser Schnittkräfte lassen sich der Stützenfuß und seine Einzelteile nachweisen.

Für eine durchgehende Fußplatte entsprechend Bild 2.39. und 2.40.b empfiehlt sich die Ermittlung der größten Betonpressung in folgender Weise:

$$\max \sigma_D = \frac{N}{bl} \pm \frac{M6}{bl^2} \tag{2.93}$$

Der Angriffspunkt der Druckkraft liegt im Schwerpunkt der Druckspannungsfläche. Berücksichtigt man die plastische Deformation im Beton, so erhält man den Spannungszustand entsprechend Bild 2.40.c.

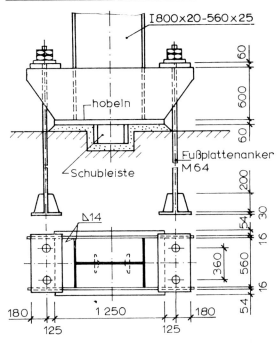

Bild 2.39. Fußeinspannung für eine Vollwandstütze mit Hilfe von Ankerschrauben

Horizontalkräfte dürfen nicht durch die Ankerschrauben übertragen werden, sie sind durch entsprechende Schubleisten in das Fundament einzuleiten (Bilder 2.37.b und 2.39.).

Der Stützenfuß gilt rechtwinklig zur Wirkungsebene der Biegebeanspruchung im statischen Sinne als Gelenk. Für den Fall der zweiachsigen Biegung sind Fußträger und Verankerung in beiden Hauptachsenrichtungen der Stütze anzuordnen.

2.5.4. Bemessung und Gestaltung von Stützenfüßen mehrteiliger Stützen und Rahmenstiele als Einspannung

Die Richtlinie [2.61] gestattet auch für leichte Fachwerkstützen eine unmittelbare Fußeinspannung entsprechend Bild 2.41.a und b. Für schwere Fachwerkstützen ist die Einspannung durch eine die Einzelprofile verbindende Quertraverse und entsprechende Verankerungselemente zu verwirklichen (Bild 2.41.c).

Die Schnittkräfte zur Bemessung der Traverse erhält man in Abhängigkeit von deren Gestaltung entsprechend Bild 2.42. unter Beachtung von Abschn. 2.5.3.

2.5.5. Verankerungsteile

Verankerungsteile wie Ankerbarren und Ankerschrauben sind typisierte Elemente, deren Abmessungen in Abhängigkeit von den ermittelten Schnittkräften den einschlägigen Vorschriften zu entnehmen sind (TGL 24889/01 bis /07). Die dort angegebenen Anwendungs- und Einbaubedingungen sind zu beachten.

2.6. Rahmenecken, Konsolen

2.6.1. Prinzip, Wirkungsweise

Wichtigstes konstruktives Element bei rahmenartigen Tragwerken ist die biegesteife Verbindung (Rahmenecke) von horizontalen (Riegel) und vertikalen Stäben (Stiele). Dieser Verbindung ist wegen des komplizierten Spannungszustandes aus der Umlenkung der Schnittkräfte große Aufmerksamkeit zu schenken.

In der Regel wird die Verbindungsstelle zwischen Riegel und Stiel genutzt, um eine Montageverbindung auszuführen. In diesem Fall erfolgt die Gestaltung einer ge-

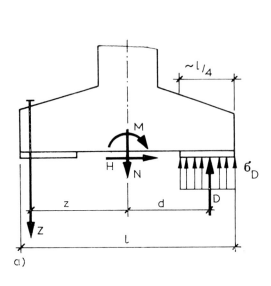

Bild 2.40. Schnittkräfte am Stützenfuß bei Einspannung mit Hilfe von Ankerschrauben

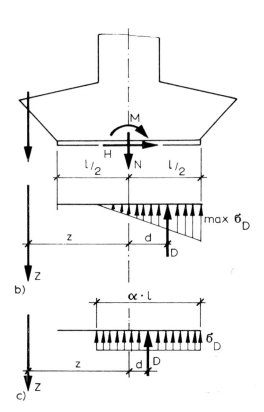

2.6. Rahmenecken, Konsolen   69

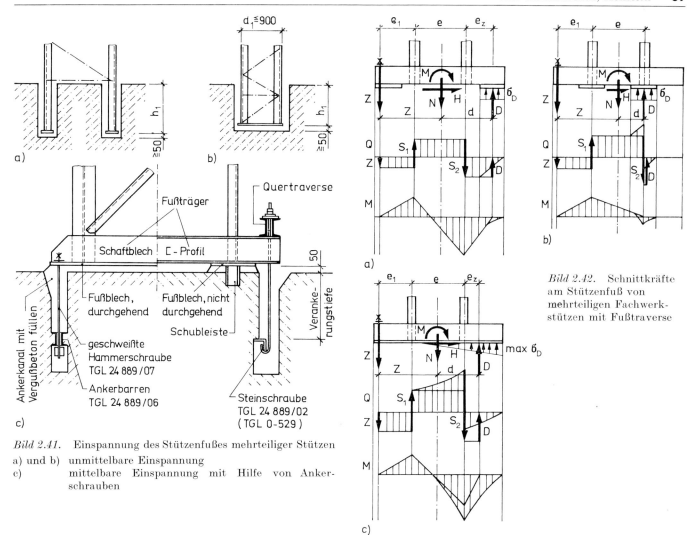

Bild 2.41. Einspannung des Stützenfußes mehrteiliger Stützen
a) und b) unmittelbare Einspannung
c) mittelbare Einspannung mit Hilfe von Ankerschrauben

Bild 2.42. Schnittkräfte am Stützenfuß von mehrteiligen Fachwerkstützen mit Fußtraverse

schraubten Rahmenecke. Bei geschweißten Rahmenecken liegt der Montagestoß entweder in entsprechendem Abstand im Riegel oder Stiel, oder Transport- und Montageverhältnisse erlauben es, darauf zu verzichten.
In Tab. 2.20. sind die wichtigsten Konstruktionsprinzipien für geschweißte und geschraubte Rahmenecken dargestellt. Bei der Gestaltung von geschweißten Rahmenecken wurde zunächst versucht, durch Ausrundung der Gurte (Tab. 2.20., Zeile 3) eine allmähliche Überleitung der Schnittkräfte vom Riegel in den Stiel zu erreichen. Diese architektonisch anspruchsvolle Rahmenecke führte zu einem erheblichen fertigungstechnologischen Aufwand und wird heute selten ausgeführt. Das Bestreben, den Fertigungsaufwand klein zu halten, führte zu Rahmenecken, bei denen das zu übertragende Moment vorwiegend in Zug- und Druckkräfte aufgelöst und über die Gurte und entsprechende Anschlußschweißnähte übertragen wird (Tab. 2.20., Zeile 1). Der geringeren Tragfähigkeit der Schweißnähte wird durch die Anordnung zusätzlicher Laschen meist auf der Zugseite, bei Bedarf jedoch auch auf der Druckseite, begegnet. Durch ein- bzw. beiderseitig angeordnete Vouten kann der Hebelarm zur Aufnahme des Eckmoments erhöht und damit die Größe der zu übertragenden Zug- und Druckkräfte verringert werden (Tab. 2.20., Zeile 2). Um die Verformung der Stege durch Überbeanspruchung aus Zug- und Druckkräften zu vermeiden,

werden an den Krafteinleitungsstellen in den Steg hineinragende oder durchgehende Aussteifbleche angeordnet.
Bei geschraubten Rahmenecken ist die Ausführung insbesondere davon abhängig, ob normalfeste oder hochfeste Schrauben verwendet werden. Die Ausführung mit normalfesten Schrauben erfordert wegen deren verhältnismäßig geringer Tragfähigkeit eine große Schraubenanzahl, zu deren Anordnung die gesamte Anschlußfläche erforderlich ist (Tab. 2.20., Zeile 4). Meist reicht die sich aus der Trägerhöhe ergebende Anschlußfläche nicht aus, so daß sich zu deren Vergrößerung die Anordnung von Vouten erforderlich macht (Tab. 2.20., Zeile 5). Oftmals kann dabei die Anordnung von Zuglaschen die Kraftübertragung günstig beeinflussen.
Hochfeste Schrauben haben eine etwa dreifach höhere Tragfähigkeit als normalfeste Schrauben. Dadurch wird deren Konzentration im Zug- und Druckbereich möglich (Tab. 2.20., Zeile 6). Bei großen Anschlußmomenten ergeben sich dabei Anschlüsse nach Tab. 2.20., Zeile 7, wo durch einen größeren Hebelarm zwischen Zug- und Druckseite die einzuleitenden Kräfte verringert werden. Aus Gründen des Korrosionsschutzes ist dabei ein genügend großer Abstand zwischen Stirnplatte und Rahmenstiel einzuhalten. Wie auch bei der geschweißten Ausführung macht die konzentrierte Eintragung der Schnittkräfte die Anordnung von Aussteifblechen erforderlich.

Tabelle 2.20. Konstruktionsprinzipien für Rahmenecken

Nr.	Art	Konstruktionsprinzip
1	Geschweißt, ohne Vouten	ohne Laschen / mit Laschen
2	Geschweißt, mit Vouten	
3	Geschweißt, mit gekrümmtem Gurtübergang	
4	Geschraubt, ohne Vouten, normalfeste Schrauben	ohne Laschen / mit Laschen
5	Geschraubt, mit Vouten, normalfeste Schrauben	ohne Laschen — Ausführung mit Laschen analog zu Zeile 4
6	Geschraubt, ohne Vouten, hochfeste Schrauben	
7	Geschraubt mit Vouten, hochfeste Schrauben	

Für Konsolen liegen ähnliche Beanspruchungen wie für Rahmenecken vor, von Prinzip her gelten deshalb für deren Gestaltung gleiche Aussagen.

2.6.2. Berechnung und konstruktive Gestaltung

2.6.2.1. Geschweißte Rahmenecken und Konsolen

Bei geschweißten Rahmenecken ist aus der Sicht der konstruktiven Gestaltung und der Berechnung zu unterscheiden zwischen solchen mit Gurtausrundungen und polygonal geführten Rahmenecken.

Bildet man Rahmenecken mit Gurtausrundungen aus, so ist bei der Umlenkung der Flanschkräfte aus der horizontalen Richtung der Riegel- in die vertikale Richtung der Stielflansche die für gekrümmte Träger bekannte Tatsache zu berücksichtigen, daß die Spannungen über die Querschnittshöhe einen hyberbolischen Verlauf erhalten (Bild 2.43.). Es treten Spannungsspitzen am Innenrand auf, die um so stärker ausgeprägt sind, je kleiner der Krümmungsradius im Verhältnis zur Trägerhöhe ist. Zweckmäßig ist ein Ausrunden der Gurte mit einem Krümmungsradius r_i etwa in der Größenordnung der Trägerhöhe h (Bild 2.44.).

Die Normalspannungen am gekrümmten Träger unter der Voraussetzung des Ebenbleibens der Querschnitte und bei Beachtung der Normalkraft ergeben sich aus

$$\sigma_{za} = \frac{N}{A} + \frac{M}{uA} \frac{y_a}{r_a}; \quad \sigma_{zi} = \frac{N}{A} - \frac{M}{uA} \frac{y_i}{r_i} \qquad (2.94)$$

wobei $u = r_s - \dfrac{A}{\int_{r_i}^{r_a} \dfrac{dA}{r}}$ (2.95)

Denkt man sich die Stahlprofile aus Rechteckquerschnitten (bh) zusammengesetzt, so erhält man für die Einzelquerschnitte bei Beachtung deren Randabstände vom Kreismittelpunkt r_u und r_o aus dem in Gl. (2.95) angegebenen Integral:

$$\int_{r_u}^{r_o} \frac{dA}{r} = \int_{r_u}^{r_o} \frac{bdr}{r} = b \int_{r_u}^{r_o} \frac{dr}{r} = b(l_n r_o - l_n r_u) = bl_n \frac{r_o}{r_u}$$

und damit wird aus (2.95):

$$u = r_s - \frac{A}{\sum_R bl_n \dfrac{r_o}{r_u}} \qquad (2.95\,\text{a})$$

Ausgehend von den im Bild 2.43.b angegebenen Beziehungen, lassen sich die aus der Richtungsänderung der Gurtkraft herrührenden Umlenkkräfte q wie folgt ermitteln:

$$\sin \frac{d\alpha}{2} \approx \frac{d\alpha}{2} \frac{R/2}{N_G} = \frac{qrd}{2N_G}; \quad q = \frac{N_G}{r} \qquad (2.96)$$

Die Umlenkkräfte beanspruchen die Trägergurte quer zur Stabachse auf Biegung, und daraus resultierende Verformungen führen zur Verringerung der mittragenden Breite der Gurte bei der Übertragung der Biegemomente.

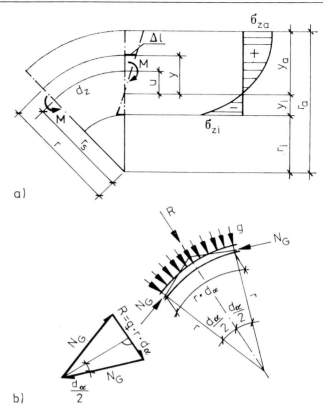

Bild 2.43. Beziehungen am gekrümmten Stab
a) Dehnungen und Spannungen
b) Umlenkkräfte am Gurt

Um die Gurtverformung zu verhindern, werden üblicherweise kurze dreieckförmige Zwischenaussteifungen in geringen Abständen e angeordnet (Bild 2.44.). Die Belastung der Zwischenaussteifungen kann überschläglich nach Gl. (2.95) ermittelt werden. Bei großen Krümmungsradien und schmalem dickem Gurt kann meist auf Zwischenaussteifungen verzichtet werden.

Das Bild 2.44. zeigt die übliche Ausführung von Rahmenecken mit gekrümmtem Innengurt. Der Außengurt wird meist nicht in der Krümmung mitgeführt. Aus Gleichgewichtsgründen muß an der sich so bildenden scharfen

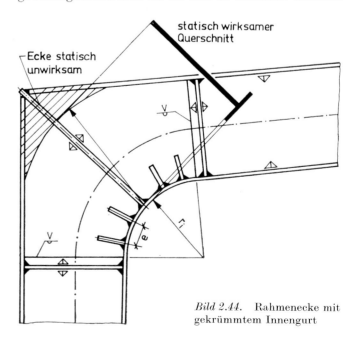

Bild 2.44. Rahmenecke mit gekrümmtem Innengurt

72 2. Tragwerkselemente

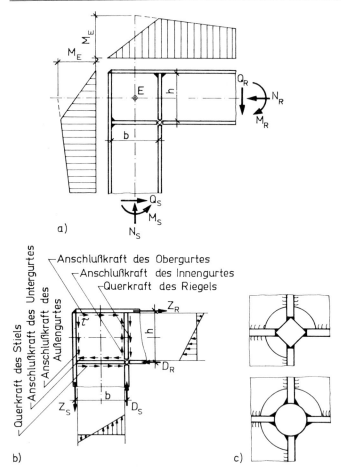

Bild 2.45. Geschweißte Rahmenecke
a) Gestaltung
b) Beanspruchung des Eckblechs
c) Varianten der Gestaltung des inneren Eckpunktes

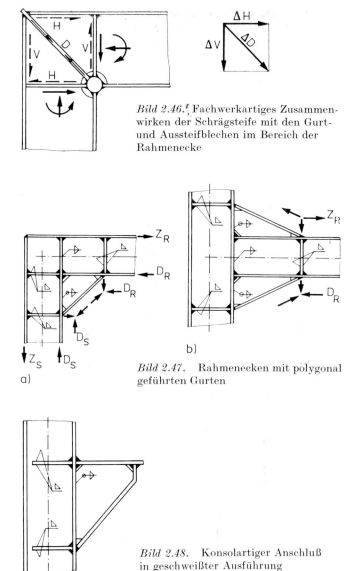

Bild 2.46. Fachwerkartiges Zusammenwirken der Schrägsteife mit den Gurt- und Aussteifblechen im Bereich der Rahmenecke

Bild 2.47. Rahmenecken mit polygonal geführten Gurten

Bild 2.48. Konsolartiger Anschluß in geschweißter Ausführung

Ecke die Spannung im Gurt verschwinden, so daß sich der im Bild 2.44. angegebene statisch wirksame Querschnitt ergibt. Zur Verbesserung der Beulsicherheit und zur Erzielung eines genügend großen mitwirkenden Querschnitts wird das Stegblech im Bereich der Rahmenecke in der Regel dicker ausgeführt.
Die fertigungstechnisch günstigere Gestaltung erhält man bei scharfkantig (Bild 2.45.) bzw. polygonal geführten Rahmenecken (Bild 2.47.). Bei scharfkantigen Rahmenecken sind die aus den Eckmomenten herrührenden Flanschkräfte Z_R; D_R; Z_S; D_S durch Schubspannungen über die verhältnismäßig geringen Abmessungen des Stegblechs bh abzubauen (Bild 2.45.b). Der strenggenommen nur über die Scheibentheorie erfaßbare Spannungszustand in diesem Blech läßt sich in der im Bild 2.45.b angegebenen Form recht gut abschätzen.
Die großen Schubspannungen erfordern in der Regel dickere Stegbleche im Bereich der Rahmenecken. Aber auch eine Schrägsteife kann durch fachwerkartiges Zusammenwirken mit den Trägergurten und Aussteifungen zum Abbau der Schubspannungen führen (Bild 2.46.). Vergrößert man die Anschlußhöhe des Riegels in der Art

der polygonal geführten Rahmenecken nach Bild 2.47., so können die aufzunehmenden Anschlußkräfte soweit verringert werden, daß die Schubbeanspruchung ohne Stegverstärkung aufgenommen werden kann. (Hinweise zur Berechnung polygonal geführter Rahmenecken s. Abschn. 6.1.3.4.).
Aussteifungen verursachen einen großen Arbeits- und Materialaufwand. Die Frage, ob Aussteifungen notwendig sind, kann mit Hilfe von [2.62] untersucht werden. Dazu ist näherungsweise die Erfassung der Beanspruchung der Stege entsprechend Bild 2.47. möglich. Geschweißte konsolartige Anschlüsse sind in Gestaltung und Berechnung wie Rahmenecken zu behandeln (Bild 2.48.).

2.6.2.2. Geschraubte Rahmenecken und Konsolen

Bei Rahmenecken bzw. Konsolen in Form von geschraubten Stirnplattenanschlüssen mit Verteilung der Schrauben über die gesamte Anschlußfläche (in der Regel normalfeste Schrauben) wird zur Berechnung das Verfahren SCHINEIS [2.63] bzw. SAHMEL [2.64] herangezogen. Beide

2.6. Rahmenecken, Konsolen

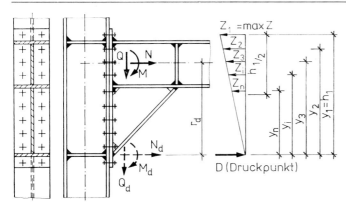

Bild 2.49. Rahmenecke als Stirnplattenanschluß mit gleichmäßiger Verteilung der Schrauben über die Anschlußhöhe

Tabelle 2.21. Hilfswerte f_z und f_d für konstante Schraubenabstände bei $m = 2$

Anzahl der Schrauben in einer senkrechten Reihe	$f_z = \dfrac{h_1^2}{2 \sum\limits_{i=1}^{n} y_i^2}$	$f_d = \dfrac{h_1 \sum\limits_{i=1}^{n} y_i}{\sum\limits_{i=1}^{n} y_i^2}$
1	0,500	1,00
2	0,400	1,20
3	0,346	1,15
4	0,276	1,24
5	0,250	1,20
6	0,209	1,26
7	0,194	1,22
8	0,168	1,26
9	0,159	1,24
10	0,141	1,27
11	0,134	1,24
12	0,121	1,27

Verfahren gehen von folgenden Voraussetzungen aus:

— starre Stirnplatte
— Berechnungsgruppe C (vorwiegend statische Beanspruchung)
— Annahme eines Druckpunktes im Druckflanschschwerpunkt (nach [2.63]) bzw. einer linearen Spannungsverteilung (nach [2.64])
— linear veränderliche Schraubenkräfte mit zunehmendem Abstand vom Druckflanschschwerpunkt [2.63] bzw. von der Spannungsnullinie [2.64]
— kein Anliegen der überstehenden Stirnplatte bei Spaltöffnung im Flanschbereich und damit keine Erzeugung von Hebelkräften H (Bild 2.50.).

Beim Verfahren SAHMEL muß zur Berechnung der Schraubenzugkräfte die Spannungsnullinie durch die Gleichgewichtsbedingungen bestimmt werden, was bei Vorhandensein eines Momentes zur Gleichung zweiten Grades und bei gleichzeitiger Berücksichtigung einer Normalkraft zu einer Gleichung dritten Grades führt. Der mit der Lösung dieser Gleichungen verbundene verhältnismäßig große Aufwand durch die Festlegung des Angriffspunktes der Druckkraft im Druckflanschschwerpunkt vermieden. Dadurch erhält man genügend genaue, einfache Rechenansätze, die auch bei Biegung mit Normalkraft leicht zu handhaben sind. Für gleiche Schraubenabstände stehen außerdem tabellisierte Berechnungskennwerte zur Verfügung. Die aus der vereinfachten Annahme für die Lage des Angriffspunktes der Druckkraft und der linearen Veränderlichkeit der Schraubenkräfte entstehenden Ungenauigkeiten werden beim Verfahren SCHINEIS näherungsweise dadurch berücksichtigt, daß nur die oberhalb der halben Anschlußhöhe liegenden Schrauben in die Berechnung der Anschlußkräfte einbezogen werden (Bild 2.49.).

Für die Anschlußgestaltung nach Bild 2.49. erhält man mit Hilfe des Verfahrens SCHINEIS:

■ *Schnittkräfte in bezug auf den Druckpunkt*

$$M_d = M + N r_d; \quad Q_d = Q; \quad N_d = N \qquad (2.97)$$

■ *Maximale Schraubenzugkraft*

Aus $M = 0$ bezogen auf den Angriffspunkt der Druckkraft D erhält man:

$$M_d = m(Z_1 y_1 + Z_2 y_2 + \cdots + Z_n y_n)$$

Daraus folgt mit $Z_1 : Z_2 : Z_n = y_1 : y_2 : y_n$ die größte Beanspruchung in der äußersten Schraube:

$$\max Z = \frac{M_d}{h_1} \cdot \frac{h_1^2}{m \cdot \sum\limits_{i=1}^{n} y_i^2} = \frac{M_d}{h_1} f_z \leqq \text{zul } Z \qquad (2.98)$$

■ *Druckkraft im Druckpunkt*

Aus $H = 0$ erhält man:

$$D = \sum_{i=1}^{n} m Z_i - N = \max Z \sum_{i=1}^{n} \frac{m h_i}{h_1} - N_d$$

Unter Beachtung von Gl. (2.98) ergibt sich daraus:

$$D = \frac{M_d}{h_1} \cdot \frac{h_1 \sum\limits_{i=1}^{n} h_i}{\sum\limits_{i=1}^{n} h_i^2} - N = \frac{M_d}{h_1} f_d - N \qquad (2.99)$$

Für den häufig vorkommenden Fall des zweireihigen Anschlusses ($m = 2$) und konstante Schraubenabstände erhält man f_z und f_d aus Tab. 2.21.

Die zulässige Zugkraft einer Schraube wird unter Beachtung des Spannungsquerschnitts A_s nach TGL 10826/02 und Beachtung der maßgeblichen Rechenfestigkeit wie folgt ermittelt:

$$\text{zul } Z = A_s R_z^n / \gamma_m \qquad (2.100)$$

Die Stirnplattendicke erhält man näherungsweise aus der Biegebeanspruchung einer Kragplatte für den Einflußbereich einer Schraube, bei der eine Verformung nach Bild 2.50. angenommen wird. Wird der Abstand c so gewählt, daß ein Anziehen der Schrauben mit dem Handschlüssel möglich ist (nicht vorgespannte Schrauben), nimmt man eine mitwirkende Breite $b_k = 2c$ bis $3c$ an und setzt als zulässige Beanspruchung für die Stirnplatten $R^n = 240$ N/mm² (S 38/24) und $R^n = 360$ N/mm² (S 52/36) voraus, so ergeben sich nach [2.65] und [2.66] die

74 2. Tragwerkselemente

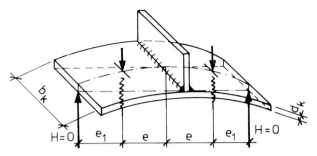

Bild 2.50. Stirnplattenverformung nach *Schineis*

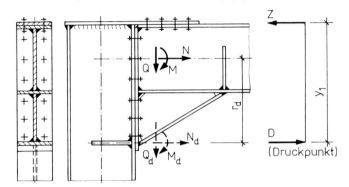

Bild 2.51. Rahmenecke als Stirnplattenanschluß mit Zuglasche

Tabelle 2.22. Erforderliche Kopfplatten- und Flanschdicken für Schrauben der Festigkeitsklassen 4.6; 5.6; KT 45

Schraube	Stirnplattendicken d_k in mm		Flanschdicken d_f in mm	
	S 38/24; S 45/30	S 52/36	S 38/24; S 45/30	S 52/36
M 12	15	12	12	12
M 16	20	16	16	15
M 20	25	20	20	18
M 24	30	25	24	22
M 27	35	30	28	25

Kopfplattendicken und Flanschdicken im Anschlußbereich nach Tab. 2.22.

Für den *Nachweis der Rahmenecke* ist zu beachten:

— Die äußeren Schnittkräfte M, N, Q sind für den Schnitt zwischen Stirnplatte und Stützenflansch zu ermitteln. Für statische Systeme, in denen die Verformung wesentlichen Einfluß hat, müssen die Verbindungen ebenfalls für die Schnittkräfte nach Theorie II. Ordnung bemessen werden. Wird das System mit Hilfe von Knicklängenfaktoren β bemessen, ist der Einfluß nach Theorie II. Ordnung bei den Eckmomenten durch einen Vergrößerungsfaktor f (TGL 13503/01 und /02) zu berücksichtigen.

— Der Werkstoff der Stirnplatten soll dem des Trägers entsprechen. In der Regel sind die Stirnplatten durch Kehlnähte der Ausführungsklasse II B anzuschließen.

— Für die Aufnahme der Querkraft werden alle Schrauben herangezogen.

Eine Verringerung der Anschlußhöhe kann durch die Ausbildung einer Rahmenecke mit einer zugseitig angeordneten Lasche erfolgen (Bild 2.51.).

Bei diesem Anschluß sind nach [2.63] die zwischen der in Höhe der Riegeloberkante angreifenden Zugkraft und dem Druckpunkt liegenden Schrauben nur in geringem Umfang an der Übertragung des Momentes beteiligt, so daß deren Mitwirkung vernachlässigt werden kann. Damit erhält man sehr einfache Beziehungen für die Anschlußkräfte:

$$M_d = M + N r_d; \quad N_d = N; \quad Q_d = Q \qquad (2.101)$$

$$Z = \frac{M_d}{y_1}; \quad D = Z - N_d \qquad (2.102)$$

Die Zugkraft ist durch die Zuglasche und deren Anschlußmittel aufzunehmen, während die Druckkraft durch die Pressung in den Kontaktdruckflächen übertragen wird. Die zwischen dem Druckpunkt und dem Angriffspunkt der Zugkraft liegenden Schrauben werden für die zu übertragende Querkraft nachgewiesen. Für den Fall der Anordnung von Laschen auf der Zug- und Druckseite ist analog zu verfahren.

Die Verwendung hochfester Schrauben gestattet wegen der etwa dreifach höheren zulässigen Zugkräfte gegenüber normalfesten Schrauben eine wesentlich wirtschaftlichere Anschlußgestaltung für Rahmenecken und Konsolen. Die Schrauben werden konzentriert auf der Zug- und Druckseite angeordnet, und bei entsprechender Gestaltung kann die Stirnplattenverbindung das volle Tragmoment des anzuschließenden Trägers aufnehmen. Um baupraktisch mögliche Plattendicken zu erhalten, erfordert der Anschluß mit hochfesten Schrauben die Bemessung der Stirnplatten unter Beachtung des elastisch-plastischen Verformungsverhaltens nach Bild 2.52.b.

Bei der Bemessung des Anschlusses werden nach [2.66] und [2.28] folgende Annahmen gemacht:

— elastisch-plastische Verformung der Stirnplatte
— Druckpunkt liegt im Schwerpunkt des Druckflanschquerschnitts
— Anliegen der überstehenden Stirnplatte bei Spaltöffnung im Flanschbereich und somit Erzeugung von Hebelkräften H (Bild 2.52.b)
— Wegen Verformung der Stirnplattenrandbereiche werden bei vierreihigem Anschluß die äußeren Schrauben nur mit 80% der zulässigen Tragfähigkeit angesetzt.

Bezieht man die Schnittkräfte auf den Angriffspunkt der Druckkraft, so erhält man wiederum die Gl. (2.101). Daraus errechnet sich:

$$Z = \frac{M_d}{h_0} \leq \text{zul } Z; \quad D = Z - N_d \qquad (2.103)$$

Die zulässige Zugkraft erhält man für einen zweireihigen Anschluß ($m = 2$) wie folgt:

• überstehende Stirnplatte

$$\text{zul } Z = 4 \cdot A_s R_z^n / \gamma_m \qquad (2.104)$$

• bündige Stirnplatte

$$\text{zul } Z = 2 \cdot A_s R_z^n / \gamma_m \qquad (2.105)$$

Für den vierreihigen Anschluß ($m = 4$) erhält man:

• überstehende Stirnplatte

$$\text{zul } Z = 4(0,8 + 1,0) \cdot A_s R_z^n / \gamma_m = 7,2 \cdot A_s R_z^n / \gamma_m \qquad (2.106)$$

2.6. Rahmenecken, Konsolen

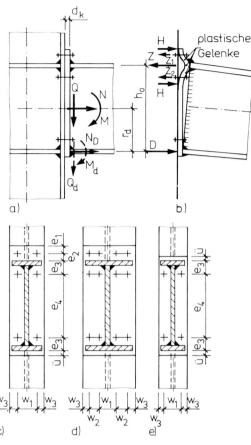

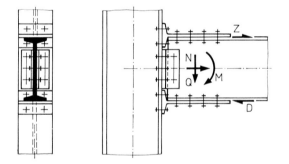

Bild 2.52. Rahmenecken als Stirnplattenverbindungen mit hochfesten Schrauben
a) Seitenansicht
b) Verformungsverhalten
c) bis e) Querschnitte

Bild 2.54. Für automatisierte Fertigung geeignete geschraubte Rahmenecke

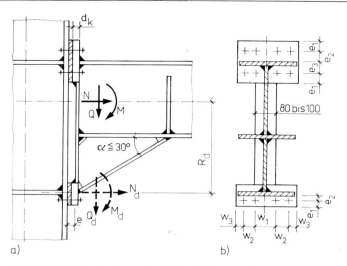

Bild 2.53. Prinzip der aufgelösten Rahmenecke

Tabelle 2.23. Stirnplattenabmessungen in mm

Schraube	ü	e_1	e_2	e_3	w_1	w_2	w_3
M 12 M 16	20 bis 30	30	35	$e_2 + t$	$w_2 + s$	70...105	35...45
M 20		35	40			80...120	40...60
M 24		40	50			100...150	50...75

Tabelle 2.24. Stirnplattendicken in mm

	Stirnplattendicke d_k				Stützenflanschdicke d_f		
	bei überstehender Stirnplatte		bei bündiger Stirnplatte				
Festigkeitsklasse	S 38/24 S 45/30	S 52/36	S 38/24 S 45/30	S 52/36	S 38/24 S 45/30	S 52/36	S 38/24 S 45/30 S 52/36
m	2; 4		2; 4		2; 4		2
M 12	15	12	20	15	12	12	8
M 16	20	18	30	25	16	15	8
M 20	25	22	34	30	20	18	10
M 24	30	25	—	34	24	22	12

- bündige Stirnplatte

$$\text{zul } Z = 2(0{,}8 + 1{,}0) \cdot A_s R_z^n / \gamma_m = 3{,}6 \cdot A_s R_z^n / \gamma_m \tag{2.107}$$

Unter Berücksichtigung der Abstände nach Tab. 2.23. in Verbindung mit Bild 2.52.c, d, e ergeben sich die Stirnplattendicken entsprechend Tab. 2.24., wobei für den Fall der Spannungsspielzahl $N \leq 1000$ die Plastizierung genutzt wird.

Für die Querkraftübertragung sind alle Schrauben heranzuziehen. Die Schweißnähte zur Verbindung des Trägerzugflansches mit der Stirnplatte sind in der Regel als beiderseitige Kehlnähte auszubilden und für die zu übertragende Zugkraft zu bemessen. Der Druckflansch wird bei voutenlosen Verbindungen ebenfalls mit beiderseitigen Kehlnähten, bei Ausbildung mit Vouten jedoch durch Stumpfnähte angeschlossen. Die Schweißnähte am Druckflansch sind auch bei nachgewiesener Kontaktwirkung für die Aufnahme der vollen Druckkraft auszubilden.

In Abhängigkeit von der Korrosionsbelastung ist vom Stirnplattenanschluß nach Bild 2.52. zur aufgelösten Gestaltung nach Bild 2.53. mit und ohne Vouten überzugehen. Der Abstand e ist dabei aus korrosionsschutztechnischen Gesichtspunkten zu wählen.

Der Forderung nach automatisierter Fertigung entspricht ein biegesteifer Anschluß nach Bild 2.54., wo auf aufwendige Schweißarbeiten verzichtet und der Vorteil automatischer Säge- und Bohranlagen genutzt werden kann.

Beispiel 2.4

Rahmenecke als geschraubter Stirnplatten-anschluß mit hochfesten Schrauben M 24/10.9 nach dem Verfahren RESOW/RUDNITZKI

1. Schnittkräfte im Anschluß

$M_d = M + Nr_d = 268$ kNm

$Q_d = Q = 410$ kN; $N_d = N = 0$

$Z = \dfrac{M_d}{h_0} = \dfrac{268 \cdot 10^3}{378} = 709$ kN

$D = Z - N = 709$ kN

2. Nachweis der Schrauben

zul $Z = 4 \cdot 352 \cdot 600/1{,}1 = 768 \cdot 10^3$ N (Gl. 2.104)

$Z = 709$ kN $<$ zul $Z = 768$ kN

$\sigma_l = \dfrac{410 \cdot 10^3}{6 \cdot 24 \cdot 24} = 119$ N/mm^2 $< \dfrac{R_l^n}{\gamma_m}\left(\dfrac{4}{3} - \dfrac{2}{3} \cdot \dfrac{\gamma_m \cdot Z'}{P_v}\right) = 387$ N/mm^2

$P_v = 222$ kN; $Z' = \dfrac{Z}{4} = 177{,}3$ kN $> 0{,}5 P_v/\gamma_m$

$\tau_a = \dfrac{410 \cdot 10^3}{6 \cdot \pi \cdot \dfrac{24^2}{4}} = 151$ N/mm^2 $< R_a^n/\gamma_m = 327$ N/mm^2

3. Übertragung der Druckkraft

$\sigma_I = \dfrac{709 \cdot 10^3}{(20 + 21{,}6 + 30) \cdot 210} = 47$ N/mm^2 $< R^n/\gamma_m = 218$ N/mm^2

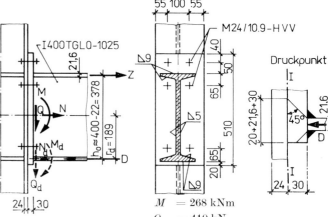

$M = 268$ kNm
$Q = 410$ kN
$N = 0$ (aus Rechenlasten unter Beachtung von Lastkombinations- und Wertigkeitsfaktor),
Festigkeitsklasse der Stahlbauteile: S 38/24
$R^n = 240$ N/mm^2
Lastspielzahl $N \leq 1000$
Schrauben M 24/10.9 — HVV TGL 12517
$A_S = 352$ mm^2
$R_a^n = 360$ N/mm^2
$R_l^n = 570$ N/mm^2
$R_z^n = 600$ N/mm^2
Materialfaktor $\gamma_m = 1{,}1$

Beispiel 2.5

Rahmenecke als geschraubter Stirnplatten-anschluß mit normalfesten Schrauben M 24/4.6 nach dem Verfahren SCHIENEIS

1. Schnittkräfte im Anschluß

$M_d = M + Nr_d = 268$ kNm

$Q_d = Q = 410$ kN

$N_d = N = 0$

max $Z = \dfrac{M_d}{h_1} f_z = \dfrac{268 \cdot 10^3}{1{,}1 \cdot 10^3} \cdot 0{,}25 = 60{,}9$ kN

(f_z nach Tab. 2.21.)

max $D = \dfrac{M_d}{h_1} f_d - N_d = \dfrac{268 \cdot 10^3}{1{,}1 \cdot 10^3} \cdot 1{,}2 = 292{,}4$ kN (f_d nach Tab. 2.21.)

2. Nachweis der Schrauben

$\sigma_z = \dfrac{60{,}9 \cdot 10^3}{352} = 173$ N/mm^2 $< R_z^n/\gamma_m = 177{,}3$ N/mm^2

$\tau_a = \dfrac{410 \cdot 10^3}{18 \cdot \pi \cdot \dfrac{24^2}{4}} = 50{,}4$ N/mm^2 $< R_a^n/\gamma_m = 191$ N/mm^2

$\sigma_l = \dfrac{410 \cdot 10^3}{18 \cdot 24 \cdot 24} = 39{,}5$ N/mm^2 $< R_l^n/\gamma_m = 327$ N/mm^2

3. Übertragung der Druckkraft

$\sigma_d = \dfrac{292{,}4 \cdot 10^3}{(20 + 20 \cdot \sqrt{2} + 30) \cdot 210} = 17{,}8$ N/mm^2 $< R^n/\gamma_m = 218$ N/mm^2

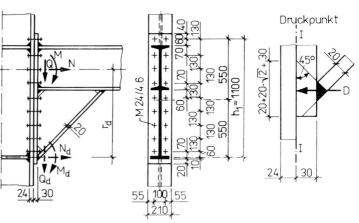

$M = 268$ kNm
$Q = 410$ kN
$N = 0$ (aus Rechenlasten unter Beachtung von Lastkombinations- und Wertigkeitsfaktor),
Festigkeitsklasse der Stahlbauteile: S 38/24
$R^n = 240$ N/mm^2
Lastspielzahl $N \leq 1000$
Schrauben M 24/4.6 TGL 0-7990
$A_s = 352$ mm^2
$R_a^n = 210$ N/mm^2
$R_l^n = 360$ N/mm^2
$R_z^n = 195$ N/mm^2
Materialfaktor $\gamma_m = 1{,}1$

Literatur

[2.1] MICHAILOV, G. G.; TROFIMOV, V. I.: Issledovanie i rasčet metalličeskich panelej s predvaritel'no-naprjažennymi obšivkami (Untersuchung und Berechnung von Hüllelementen aus Metall mit vorgespannten Deckblechen). Stroitel'naja mechanika 1 (1969)

[2.2] POPOV, G. D.: Predvaritel'no naprjažennye paneli (Vorgespannte Hüllelemente). Stroitel'nye aljuminievye konstrukcii (3) Moskva: Izdatel'stvo literatury po stroitel'stvu 1967

[2.3] FÜG, D.: Die zugvorgespannte Membran als Deckschicht von leichten Umhüllungen. Wissenschaftliche Zeitschrift der IH Cottbus 1 (1979) 2

[2.4] FÜG, D.: Vorschlag zur Berechnung von Dachelementen aus Metall mit dünnen vorgespannten Deckblechen. Informationen des VEB MLK Forschungsinstitut, Leipzig 13 (1974) 3, S. 25—28

[2.5] Metalličeskije konstrukcii — cnravočnik projektirovčika (Metallkonstruktionen — Handbuch des Projektanten). Moskva: Strojizdat 1980, S. 620—621 u. 660

[2.6] TROFIMOV, V. I.; DUKARSKIJ, I. M.: Issledovanije membrannych panelej s raspornym sposobom predvaritel'nogo naprjaženija (Untersuchung membranartiger Platten mit Vorspannung durch Spreizung). Aljuminievye konstrukcii (4). Moskva: Izdatel'stvo literatury po stroitel'stvu 1970

[2.7] TROFIMOV, V. I., i drugie: Aljuminievye predvaritel'no naprjažennye paneli dlja sten promyšlennych zdanij (Vorgespannte Wandplatten aus Aluminium für Industriebauten). Promyšlennoe stroitel'stvo (1969) 10

[2.8] Autorenkollektiv der Bauakademie der DDR: EKOTAL-Trapezprofile, Hinweise zur Anwendung im Bauwesen. VEB Bandstahlkombinat „Hermann Matern", Eisenhüttenstadt — Berlin 1980

[2.9] Vorschrift 18/79 StBA (verb. ab 1. 1. 1979). Anwendung von Gewindeschneidschrauben, Blechschrauben und Dübelbolzen im Metalleichtbau. VEB MLK Forschungsinstitut Leipzig, Arno-Nitzsche-Str. 45

[2.10] Vorschrift 10/76 StBA (verb. ab 1. 1. 1977). Einsatz von EKOTAL-Trapezprofilblechen als Dach- und Wandelemente. Bauinformationen, Berlin 19 (1976) 12, Serie Bauaufsicht, S. 101—122
1. Ergänzung: Anlage 13 Berechnungsbeispiel Staatliche Bauaufsicht, Berlin, 1 (1977) 3, S. 21—24
2. Ergänzung: (verb. ab 1. 10. 77) zu den Abschnitten 5.6. und 7.2. sowie zur Anlage 12. Staatliche Bauaufsicht, Berlin 1 (1977) 10, S. 81

[2.11] STAMM, K.; WITTE, H.: Sandwichkonstruktionen, Berechnung, Fertigung, Ausführung. Wien/New York: Springer-Verlag 1974

[2.12] Autorenkollektiv: Leichte Flächenelemente. Institut für Bauelemente und Faserbaustoffe. Leipzig: 1976

[2.13] HINTERSDORF, G.: Tragwerke aus Plasten. Berlin: VEB Verlag für Bauwesen 1972

[2.14] Konstruktions- und Berechnungsgrundlagen Leichtbau, Teil E — Festigkeit. Institut für Leichtbau, Dresden, März 1969

[2.15] Zulassung Nr. 131/77 StBA (MfB). Stützkernelemente für Bauwerke, mit Deckschichten aus Bandstahl, verzinkt, mit organischen Schutzschichten und einer Kernschicht aus Polyurethan-Hartschaumstoff — Herstellung und Anwendung

[2.16] Autorenkollektiv: Einführung in die neue Stabilitätsvorschrift TGL 13503/01 u. 02. Wissenschaftliche Berichte der TH, Leipzig (1982) 18 und 19

[2.17] FÜG, D.: Beitrag zur Vorspannung dünnwandiger Zug- und Biegestäbe aus Metall. Dissertation B, Hochschule für Architektur und Bauwesen, Weimar 1978

[2.18] GLIEDSTEIN, H.: Beitrag zur Berechnung vorgespannter unsymmetrischer Dünnblechträger mit kontinuierlich befestigtem Spannglied aus Bandstahl. Dissertation A, Ingenieurhochschule Cottbus 1983

[2.19] Stahlhochbau, Richtlinien für Projektierung und Konstruktion, RiG2. I-Träger, geschweißt. Auswahlreihen, Abmessungen, statische Werte. VEB MLK, 4/1983

[2.20] MLK-S 1415 Werkstandard des VEB MLK, Ausgabe 3/1975. Blechabdeckungen — Stufen

[2.21] TBE PK 67-32 Projektierungskatalog Bauelemente, Deckenplatten aus Stahlbeton. VEB BMK Kohle und Energie, BT Industrieprojektierung Berlin, 1967

[2.22] TBE PK 65-81 Projektierungskatalog Bauelemente, Kassettendeckenplatten. VEB Industrieprojektierung Berlin, 1965

[2.23] Elementekatalog Rippendecken, Bausystem SKBM 72 Berlin, 1974

[2.24] Typro 61-22 Stahlbetonfertigteildecken, Rundlochdeckenplatten. VEB Typenprojektierung Berlin, 1961

[2.25] Typro 65-29 Geschoßdeckenelemente — Wandbau 0,8 bis 2,0 Mp. VEB Typenprojektierung Berlin, 1965

[2.26] GOEBEN, H.-E.; KIND, S.: Weltstandsanalyse über Stahlprofilblechverbunddecken und Ausblick auf Anwendungsmöglichkeiten in der DDR. Wissenschaftliche Berichte der TH, Leipzig (1980) 1, S. 35—64

[2.27] MLK-S 1404/01 bis 03 Trägeranschlüsse, gelenkig, mit Anschlußblech, an Stützen, mit Anschlußwinkeln. VEB MLK 4/1975, 6/1976; 4/1980

[2.28] Stahlhochbau, Richtlinien für Projektierung und Konstruktion, RiG5. Stirnplattenverbindungen geschraubt, Rahmenecken, Trägerstöße, VEB MLK 6/1975

[2.29] FÜG, D.; WEIHNACHT, H.-J.: Optimierung des Querschnitts von Hybridträgern bei teilweise plastischer Bemessung. Informationen des VEB MLK Forschungsinstitut, Leipzig 21 (1982) 3/4, S. 46—49

[2.30] KIND, S.: Neuentwickelte Verbunddecken in der DDR. Wissenschaftliche Berichte der TH, Leipzig 8 (1984) 15, S. 96—112

[2.31] KIND, S.: Experimentelle und analytische Untersuchungen zum Tragverhalten von Stahlprofilblechverbunddecken. Dissertation A, TH Leipzig 1983

[2.32] BADOUX, I.-C.: Stahlprofilblech-Verbunddecken, Systeme, Entwurfs- und Berechnungsregeln, Einsatz. Fortschrittberichte der VDI-Zeitschriften, Reihe 4 (Bauingenieurwesen), Fortschritte in der Verbundtechnik, Düsseldorf (1976) 33, S. 17—37

[2.33] REINITZHUBER, F.: Stahlprofilblech-Verbunddecken. Zentralblatt für Industriebau, Hannover 22 (1976) 4, S. 136—142

[2.34] GRÄFE, R.: Verdübelung und Tragverhalten von Stahlprofilblech/Beton-Verbundplatten. Dissertation A, TH Darmstadt 1976

[2.35] BÜRKNER, K.: Elasto-plastische Berechnung von nachgiebig verdübelten Verbundtragwerken — Finite-Elemente-Berechnung und Versuche. Technisch-wissenschaftliche Mitteilungen, Mitteilung Nr. 81-1, Ruhr-Universität, Bochum, Januar 1981, 181 S.

[2.36] REINSCH, W.; CORDES, R.; SOWA, W.: Eine neue Trapezblechdecke mit starrem Verbund. Stahlbau, Berlin (West) 47 (1978) 1, S. 12—22

[2.37] Entwurf 7/84 zur Vorschrift der StBA: Berechnung, bauliche Durchbildung und Ausführung von stahlblechbewehrten Ortbetondecken (Stahlblech-Verbunddecken) 1984

[2.38] MUESS, H.: Deckensysteme im elementierten Bauen. Fertigteilbau und industrialisiertes Bauen, Waiblingen 11 (1976) 4, S. 35—39

[2.39] SATTLER, K.: Ein allgemeines Berechnungsverfahren für Tragwerke mit elastischem Verbund. Köln: Stahlbau-Verlags-GmbH 1955

[2.40] Entwurf 09/84 zur Vorschrift der StBA: Berechnung, bauliche Durchbildung und Ausführung von Verbundträgern 1984

[2.41] HOISCHEN, A.: Die praktische Berechnung von Verbundträgern. Stuttgart: Verlag Konrad Wittwer 1955

[2.42] BUCHELI, P.; CRISINEL, M.: Verbundträger im Hochbau. Zürich: Schweizerische Zentralstelle für Stahlbau 1982

[2.43] ROIK, K.; BODE, H.; HAENSEL, I.: Erläuterungen zu

den „Richtlinien für die Bemessung und Ausführung von Stahlverbundträgern"; Anwendungsbeispiele. Technisch wissenschaftliche Mitteilungen Nr. 75-11, Ruhr Universität Bochum 1975

[2.44] HOMBERG, H.: Brücke mit elastischem Verbund zwischen Stahlhauptträgern und der Betonfahrbahntafel. Bauingenieur, Berlin (West) 27 (1952) 6, S. 213—216

[2.45] MORTENSEN, M.: Vorgespannte Stahlkonstruktionen. In: Handbuch für den Stahlbau Band III. Berlin: VEB Verlag für Bauwesen 1976, S. 257—349

[2.46] ROIK, K.; HANSWILLE, G.: Beitrag zur Ermittlung der Tragfähigkeit von Reib-Abscherverdübelungen bei Stahlverbundträgerkonstruktionen. Stahlbau, Berlin (West) 53 (1984) 2, S. 41—46

[2.47] HÄNSCH, H.: Der Hohldübel — ein neuer Dübel für Verbundtragwerke mit Fertigteilplatten. Die Straße, Berlin 7 (1967) 10, S. 461

[2.48] Pfettenlose Verbunddächer — Richtlinien für Projektierung und Ausführung. Schriftenreihe der Bauforschung Reihe Industriebau Nr. 33, Hg.: Bauinformationen der DDR, Bearbeiter: BARTEL, W.; Berlin 1974

[2.49] SATTLER, K.: Theorie der Verbundkonstruktionen. Berlin (West): Verlag von Wilhelm Ernst & Sohn 1959, Bd. 1 u. Bd. 2

[2.50] FRITZ, B.: Verbundträger. Berlin (West): Springer Verlag 1961

[2.51] WIPPEL, H.: Berechnung von Verbundkonstruktionen aus Stahl und Beton. Berlin (West): Springer-Verlag 1963

[2.52] HAENSEL, I.: Praktische Berechnungsverfahren für Stahlverbund-Konstruktionen unter Berücksichtigung neuerer Erkenntnisse zum Betonzeitverhalten. Technisch-wissenschaftliche Mitteilungen, Mitteilung Nr. 75-2. Ruhr-Universität Bochum 1975

[2.53] TROST, H.: Zur Berechnung von Stahlverbundträgern im Gebrauchszustand auf Grund neuerer Erkenntnisse des viskoelastischen Verhaltens von Beton. Stahlbau, Berlin (West) 37 (1968) 11, S. 321—331

[2.54] MLK-S 1411 Werkstandard des VEB MLK, Ausgabe 5/1974. Treppen aus U-Stahlwangen mit Lichtgitterroststufen für Industriebauten

[2.55] MLK-S 1412 Werkstandard des VEB MLK, Ausgabe 1/1974. Geländer aus Stahl

[2.56] MLK-S 1413 Werkstandard des VEB MLK, Ausgabe 4/1974. Steigleitern aus Stahl

[2.57] MLK-S 1415 Werkstandard des VEB MLK, Ausgabe 3/1975. Blechdachdeckungen, Stufen

[2.58] MLK-S 1407 Werkstandard des VEB MLK, Ausgabe 10/1974. Gelenkige Stützenfüße

[2.59] Richtlinie für die Projektierung von Stahlstützen, die in Hülsenfundamente eingespannt sind. 5. Entwurf 11/77, VEB MLK Forschungsinstitut, AG Hülsenfundamente

[2.60] HOFMANN, P.; HÜNERSEN, G.; FRITSCHE, E.; SCHEIDER, L.: Stahlbau, Berechnungsalgorithmen und Beispiele. Berlin: VEB Verlag für Bauwesen 1983

[2.61] MLK-S 1408 (E) Werkstandard des VEB MLK. Eingespannte Stützenfüße

[2.62] Stahlhochbau, Richtlinien für Projektierung und Konstruktion. RiE9. Steifenarme Konstruktionen. VEB MLK 12/1981

[2.63] SCHINEIS, M.: Vereinfachte Berechnung geschraubter Rahmenecken. Der Bauingenieur 44 (1969) 12, S. 439 bis 449

[2.64] SAHMEL, P.: Bemessung geschraubter Rahmenecken und Konsolanschlüsse. Der Stahlbau 23 (1954) 3, S. 64—66

[2.65] ROTH, H.: Berechnung geschraubter Rahmenecken. Der Stahlbau 25 (1956) 11, S. 278—281

[2.66] BEYER, K.; HOHAUS, A.: Geschraubte Stirnplattenanschlüsse. In: Beiträge der 8. Informationstagung Metallbau. KDT Bezirksverband Erfurt 1979, S. 28—59

3
Hallenbauten und Überdachungen

3.1. Systeme von Hallenbauten und deren Stabilisierung

3.1.1. Stabilisierungselemente

Eingeschossige Hallenbauten sind räumliche Tragwerke, in denen die einzelnen Tragelemente so miteinander kombiniert werden müssen, daß sie in der Lage sind, sämtliche vertikalen und horizontalen Lasten aufzunehmen, weiterzuleiten und ohne Verlust der Tragfähigkeit auf möglichst kurzem Wege an die Fundamente abzugeben. Hallenbauten werden beansprucht durch:

— ständige Lasten (z. B. Eigenlasten, Vorspannkräfte zur Zeit $t = \infty$)
— langzeitige Lasten (z. B. technologisch bedingte Temperatureinwirkungen, Lasten aus Ablagerungen wie z. B. Staub, Eigenlasten versetzbarer Trennwände, Lasten aus ortsfesten Ausrüstungen einschließlich Füllgut oder Auflasten, wie z. B. Fördergut von Transportbändern, Lasten aus Schwinden der Baustoffe)
— kurzzeitige Lasten (z. B. Lasten in der Phase der Montage, des Aufbaus und des Ausbaus, Lasten, die bei Ein- und Abschaltphasen und beim Probebetrieb entstehen, Lasten aus ortsveränderlichen Transport- und Hebezeugen einschließlich Transportgut, Verkehrslasten, Schneelasten, Windlasten, Eislasten, klimatisch bedingte Temperatureinwirkungen)
— plötzliche Lasten (z. B. Kräfte infolge Betriebsstörungen wie Bruch, Kurzschluß, Anprall, Beanspruchungen aus Erdbeben und Bergsenkungen).

Die wesentlichen Lasten können nach Größe, Wirkungsweise und Richtung für Grundfälle aus TGL 32274/01 bis /07 entnommen werden und sind bei Sonderbeanspruchungen durch Lasten aus Spezialvorschriften zu ergänzen. Bei Zusammenstellung der Lasten sind nutzertechnologische Forderungen zu berücksichtigen.
Vorwiegend zur Aufnahme der horizontalen Lasten, wie z. B. Wind-, Anfahr-, Brems- und Seitenkräfte von Kranen, und zur Stabilisierung von Druckgliedern sind Stabilisierungselemente erforderlich, deren Wirkungsprinzip aus Bild 3.1. hervorgeht.
Bei Hallen werden tragende und stabilisierende Elemente in sinnvoller Weise zu einem räumlichen Tragwerk zusammengesetzt. Wird die räumliche Tragwirkung bei der Ermittlung der Schnittkräfte erfaßt, kommt das den tatsächlichen Verhältnissen am nächsten. Viele experimentelle und theoretische Untersuchungen der letzten Jahre sind der Erfassung des räumlichen Tragverhaltens gewidmet. Der damit verbundene hohe Rechenaufwand wird mit der modernen Rechentechnik leicht bewältigt. In der Projektierungspraxis ist es jedoch im Regelfall üblich, das Tragverhalten des räumlichen Tragwerks durch Zerlegen in Scheiben zu erfassen (Dachscheibe, Querscheibe, Giebel- und Längswandscheiben) und diese für die auftretende Gesamtbeanspruchung nachzuweisen. Dabei sind Kopplungskräfte, die sich an den Verbindungsstellen von zwei oder mehreren Scheiben ergeben, bei der Bemessung der Einzelscheiben zu berücksichtigen.
In Abhängigkeit von der Stabilisierung der Querscheiben eines Hallentragwerks im Industriebau läßt sich, ausgehend von den prinzipiellen Lösungen, eine Einteilung in

— Dachtragwerke auf massiven Wänden
— Dachtragwerk-Stützen-Systeme
— Rahmentragwerke (vollwandig und gegliedert)
— Sondertragwerke

vornehmen.

3.1.2. Dachtragwerke auf massiven Umfassungswänden

Für eingeschossige Hallenbauten ohne Kranbahnen findet man häufig im Industriebau Stahldachkonstruktionen auf massiven Wänden (Ziegelbauweise, Beton/Stahlbeton) vor (Bild 3.2.).
Die Stahldachkonstruktion besteht in der Regel aus Vollwandbindern, Fachwerkbindern oder unterspannten Systemen, die auf den Umfassungswänden und eventuell vorgeblendeten Pfeilern gelenkig auflagern. Horizontalkräfte aus Wind werden durch die Giebel- bzw. Längswände aufgenommen. Auf Dachbinder am Giebel wird meist verzichtet und die Pfetten auf den hochgezogenen Giebelwänden aufgelagert. Ist keine starre Dachscheibe vorhanden, so sind die Druckgurte der Binder nach TGL 13503/01 Ri 15 zu stabilisieren. Bei entsprechend stabilisierter Giebelwand (z. B. durch vorgeblendete Pfeiler) können die Stabilisierungskräfte durch diese selbst aufgenommen werden. Andernfalls ist ein Stabilisierungsverband entsprechend Bild 3.2. erforderlich, der gleichzeitig als Montageverband dient.
Eingeschossige massive Hallenbauten sind geeignet für kurze einschiffige Hallen geringer Breite. Wegen des hohen manuellen Aufwands für die massiven Umfassungswände sind derartige Hallen heute selten, bei der

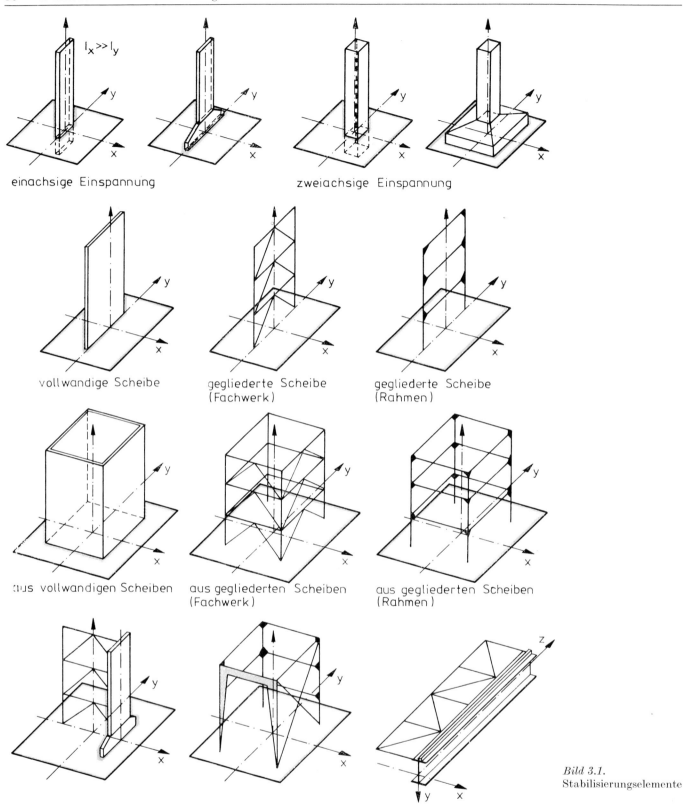

Bild 3.1. Stabilisierungselemente

3.1.3. Dachtragwerk-Stützen-Systeme

Rekonstruktion von in diesem Jahrhundert errichteten Industriehallen ohne Kranbetrieb sind sie jedoch häufig anzufinden.

Im Industriebau bestehen ein- und mehrschiffige Hallen am häufigsten aus ebenen bzw. räumlichen Dachtragwerken, die auf Stützen gelagert werden. Typisches Beispiel hierfür sind Systeme, bei denen Stützen und Binder die Haupttragglieder darstellen (Binder-Stützen-Systeme). Dabei lassen sich die im Bild 3.3. angegebenen Tragsysteme unterscheiden.

Das System, bei dem *Binder gelenkig auf Stützen mit Fußgelenken gelagert* sind, eignet sich für kurze einschiffige Hallen geringer Breite ohne Kranbetrieb (Bild 3.3., Zeile 1). Der Vorteil dieses Systems liegt in der Ausbildung kleiner, mittig gedrückter Fundamente. Nach-

3.1. Systeme für Hallenbauten und deren Stabilisierung

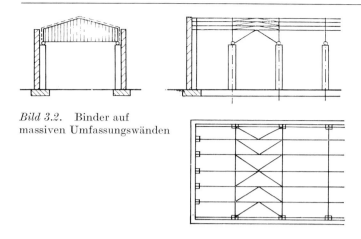

Bild 3.2. Binder auf massiven Umfassungswänden

teilig sind die geringe Seitensteifigkeit des Tragwerks und der hohe werkstoff-, fertigungs- und montagetechnische Aufwand für die Stabilisierungsverbände. Wegen des durch die Gelenke labilen Systems sind Verbände in Längs- und Querrichtung erforderlich. Die quer zum Gebäude angreifenden Horizontallasten sind durch in Binderobergurtebene (bei flachen, glatten Dächern) bzw. in Binderuntergurtebene (bei steilen und durch Oberlichter unterbrochenen Dächern) über die gesamte Gebäudelänge und -breite angeordneten Verbänden den Giebelwandscheiben und Fundamenten zuzuweisen. In der Regel werden am Giebel keine Binder angeordnet, sondern die zur Unterstützung der Giebelwandriegel angeordneten Stiele nehmen gleichzeitig die Pfetten- bzw. Dachelementelasten auf. Giebelstützen und Riegel bilden zusammen mit variierbaren Verbandssystemen die Giebelscheiben. Alle in Längsrichtung angreifenden Horizontallasten werden durch meist in den Endfeldern in Dach- und Wandebene angeordneten Verbänden in

Nr.	Systemart	System	Stabilisierung	Anwendung
1	Binder, gelenkig gelagert auf Stützen mit Fußgelenken	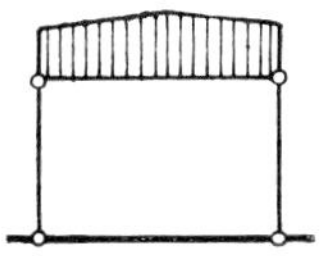	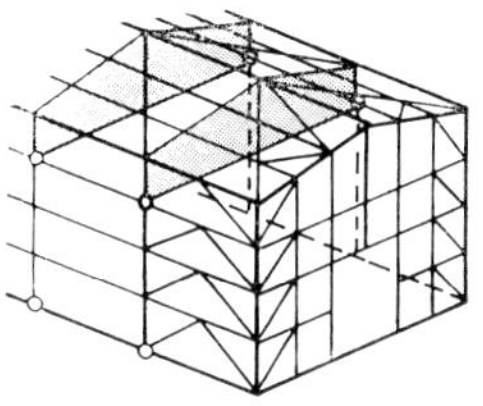	Für kurze, einschiffige Hallen geringer Breite ohne Kranbetrieb
2	Binder, gelenkig gelagert auf Stützen mit Fußeinspannung	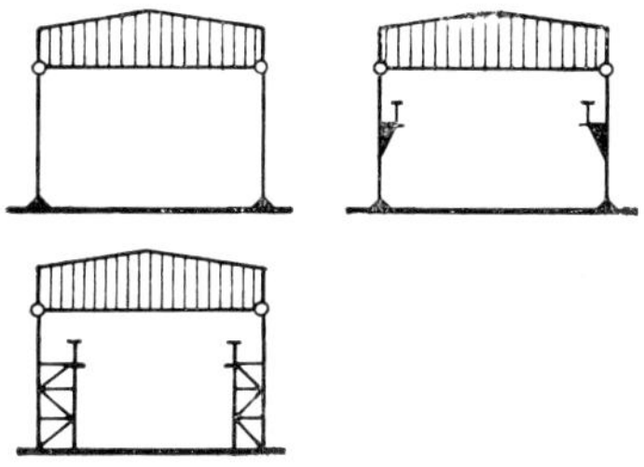	Querstabilisierung: — Binderscheibe: wird durch die Stützenfuß-, Stützenkopf- bzw. beiderseitige Einspannung stabilisiert — Giebelscheibe:	Für ein- und mehrschiffige Hallen beliebiger Länge ohne, mit leichtem, mittleren oder schwerem Kranbetrieb. Für Krantragfähigkeit bis 80 kN Konsole verwenden
3	Binder, eingespannt zwischen Stützen mit Fußgelenken	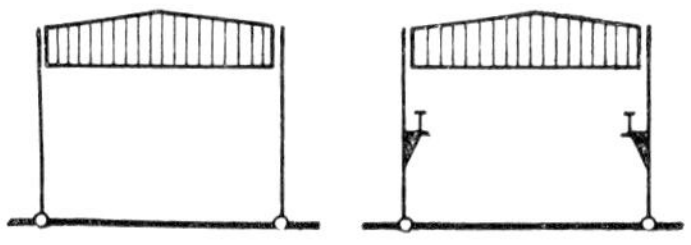	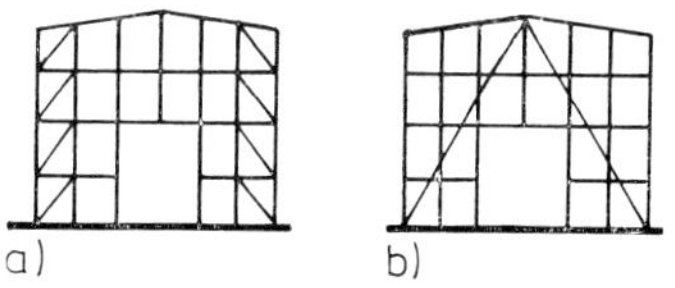	Für ein- und mehrschiffige Hallen beliebiger Länge ohne oder mit leichtem Kranbetrieb
4	Binder, eingespannt zwischen Stützen mit Fußeinspannung	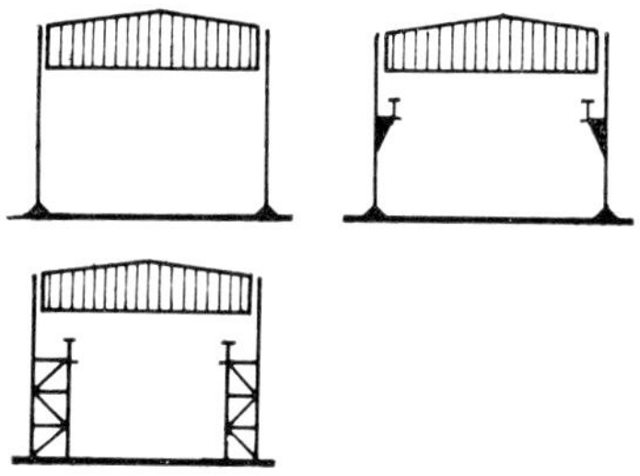	Längsstabilisierung: 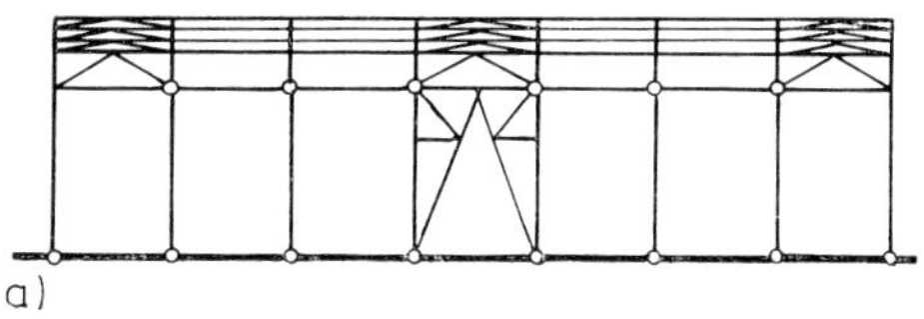	Für ein- und mehrschiffige Hallen beliebiger Länge vorwiegend mit schwerem Kranbetrieb
5	Mischsysteme (Beispiele)	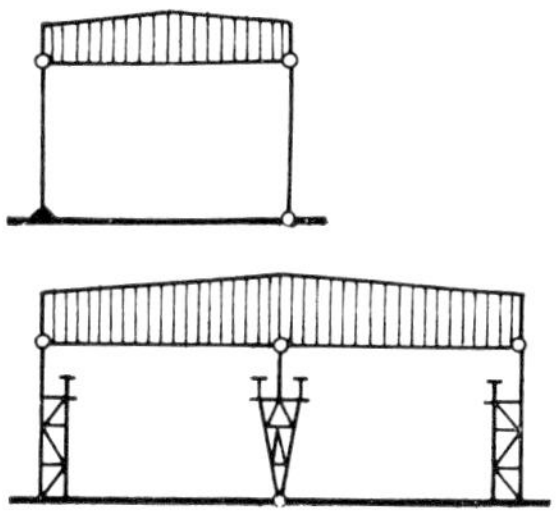	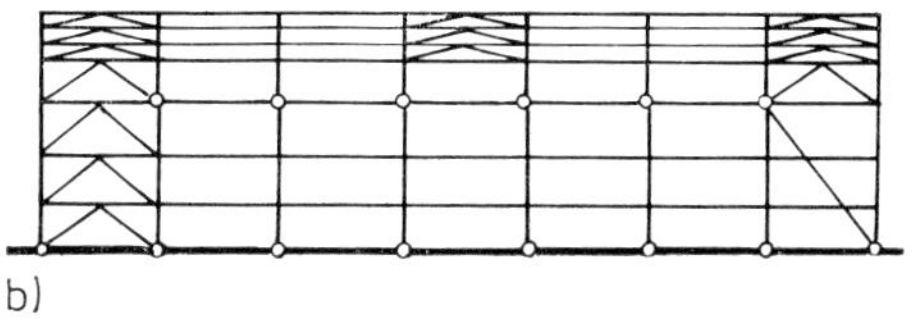	Für ein- und mehrschiffige Hallen unter Beachtung des, ausgehend von den Gründungsverhältnissen, erforderlichen Systems

Bild 3.3. Binder-Stützen-Systeme

die Fundamente eingeleitet. Die Verbände in Dachebene bilden in Verbindung mit den Pfetten gleichzeitig die Stabilisierung der Binderobergurte. Wegen des hohen technologischen Aufwands für die Verbände wird dieser Hallentyp selten angewandt.

Für ein- und mehrschiffige Hallen beliebiger Länge mit und ohne Kranbahnen ist das Tragsystem geeignet, bei dem *Binder gelenkig auf Stützen mit Fußeinspannung gelagert* werden (Bild 3.3., Zeile 2). Wegen der großen Seitensteifigkeit und der einfachen Montage stellt dieses System die häufigste Bauart für Hallen des Industriebaus dar. Für Hallen mit schwerem Kranbetrieb und übereinanderliegenden Brückenkranen kommt vorwiegend dieses Hallensystem in Betracht.

Die Stabilisierung in Querrichtung wird durch vollwandige bzw. gegliederte Stützen erreicht, die am unteren Ende in die Fundamente eingespannt werden. Bei kleineren Vollwandstützen erfolgt die Einspannung durch unmittelbares Einbetonieren in Hülsenfundamente, bei schweren, vollwandigen und gegliederten Stützen erfolgt eine mittelbare Einspannung mit Hilfe von kräftigen Fußträgern und Ankerschrauben verschiedener Ausführung.

In Hallenlängsrichtung wird wegen der meist wesentlich geringeren Steifigkeit von unmittelbar eingespannten Stützprofilen ($I_y \ll I_x$) bzw. nur geringer Einspannwirkung von mittelbarer Einspannung durch Ankerschrauben eine gelenkige Stützenfußausbildung angenommen, und es sind zur Aufnahme der Horizontalkräfte Verbände erforderlich:

— Dachwindverbände in den Endfeldern und bei langen Hallen eventuell auch in Zwischenfeldern zur Aufnahme der Windlasten auf die Giebelscheiben. Zusammen mit den Pfetten bilden diese Verbände gleichzeitig die Stabilisierung für den Binderobergurt und dienen als Montageverband.
— Längswandverbände zur Weiterleitung der Auflagerreaktionen der Dachwindverbände in die Fundamente
— Bremsportale zur Aufnahme der Brems- und Anfahrkräfte der Krane (eventuell kombiniert mit den Längswandverbänden).

Längswandverbände werden bei kurzen Hallen in der Regel in der Mitte bzw. an einem Hallenende angeordnet. Längenänderungen infolge Temperaturdifferenzen können sich dadurch ungehindert ausgleichen. Bei Anordnung von zwei oder mehreren Längswandverbänden in einer Längswandscheibe sind Zwängungskräfte aus Temperaturänderungen zu berücksichtigen.

Für ein- und mehrschiffige Hallen ohne und mit leichtem Kranbetrieb eignen sich auch Systeme, bei denen die *Binder zwischen Stützen mit Fußgelenken eingespannt* werden (Bild 3.3., Zeile 3). Der Vorteil dieses Systems liegt in den geringen Fundamentabmessungen durch die Fußgelenke bei genügender Seitensteifigkeit. Die Montage ist bei vorheriger Verbindung von Stütze und Binder leicht zu verwirklichen. Die Querstabilisierung wird durch das System selbst erreicht, und die Längsstabilisierung erfolgt in der gleichen Weise wie bei Stützen mit Fußeinspannung.

Die *Einspannung der Binder zwischen Stützen mit Fußeinspannung* kann die Steifigkeit der Querscheiben weiter erhöhen (Bild 3.3., Zeile 4), was besonders für schweren Kranbetrieb vorteilhaft ist. Nach [3.1] ist dieses System anzuwenden, wenn zwei und mehr Krananlagen übereinander liegen, große Gebäudehöhen mit $H/L > 1,5$ vorhanden sind oder Krane unmittelbar an die Dachkonstruktion angehangen werden. Um eine weitere Lastverteilung der quergerichteten Horizontalkräfte (Schlingerkräfte aus Kranbetrieb) auf mehrere Querscheiben zu erzielen, werden zusätzlich in Binderuntergurtebene über die gesamte Gebäudelänge laufende Längsverbände angeordnet.

In Abhängigkeit von der erforderlichen Seitensteifigkeit, den Gründungsverhältnissen und der Montage sind für ein- und mehrschiffige Hallen des Binder-Stützen-Systems verschiedenartige Kombinationen der erläuterten Systeme möglich (Bild 3.3., Zeile 5).

3.1.4. Rahmensysteme

Rahmensysteme sind in vollwandiger und gegliederter Form üblich (Bild 3.4.).

Bei *Dreigelenkrahmen* (Bild 3.4., Zeile 1) als Querscheiben von einschiffigen Hallen handelt es sich um statisch bestimmte Systeme mit relativ geringer Seitensteifigkeit und relativ hohem Stahlaufwand. Wegen der großen Horizontalkräfte in den Fußgelenken haben auch die Fundamente große Abmessungen. Problemhaft ist die Gestaltung des Scheitelgelenks, die hohen Aufwand für die Stahlkonstruktion und die Abdichtung der Dachfuge erfordert.

Dieses System ist deshalb auf spezielle Einsatzgebiete beschränkt, z. B. hohe Spezialhallen, sehr große Spannweiten (mit Zugband zur Vermeidung des ungünstigen Einflusses des Horizontalschubs auf die Fundamente) und Bauwerke in Bergsenkungsgebieten. Die Anordnung von Kranbahnen ist wegen der geringen Seitensteifigkeit zu vermeiden.

Der *Zweigelenkrahmen* (Bild 3.4., Zeile 2) ist das am häufigsten angewandte Rahmentragwerk. Das System ist für ein- und mehrschiffige Hallen beliebiger Länge ohne bzw. mit leichtem Kranbetrieb geeignet, wobei die Auflagerung der Kranbahnen in der Regel auf kräftigen Konsolen erfolgt. Gegenüber dem eingespannten Rahmen sind die Fundamentabmessungen geringer, wobei aber größere Querverformungen möglich sind. Bei relativ flachen Gebäuden treten in Höhe der Fundamentoberkante große Horizontalkräfte auf, die durch Anordnung von Zugbändern aufgenommen werden können. Damit werden die Fundamentabmessungen gering gehalten.

Der *eingespannte Rahmen* (Bild 3.4., Zeile 3) hat gegenüber dem Dreigelenk- und Zweigelenkrahmen den geringsten Stahlverbrauch und die größte Quersteifigkeit. Nachteilig ist, daß relativ große Fundamentabmessungen erforderlich werden und der Aufwand für die Einspannung erheblich ist. Die große Seitensteifigkeit gestattet die Anwendung des Systems für ein- und mehrschiffige Hallen beliebiger Länge mit mittlerem bis schwerem Kranbetrieb.

In Abhängigkeit von den Gründungsverhältnissen, der

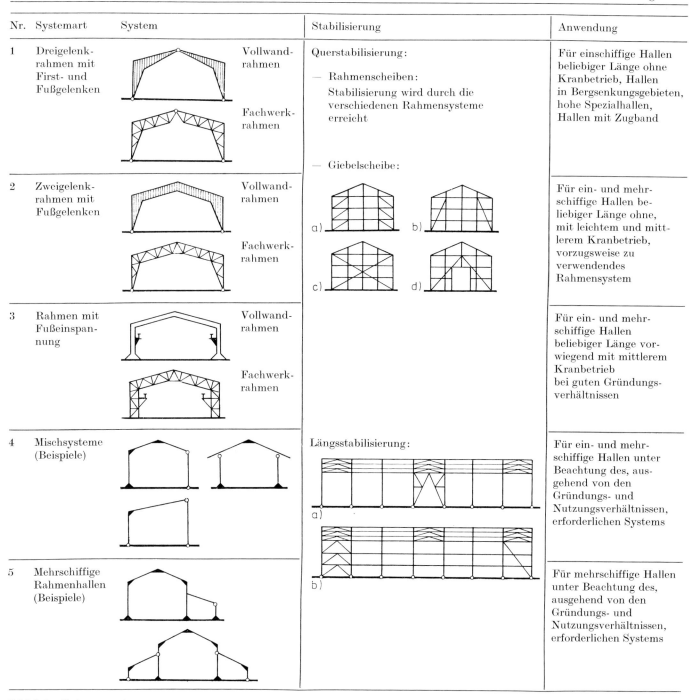

Bild 3.4. Rahmensysteme

erforderlichen Seitensteifigkeit und der Montage ist die Kombination der erläuterten Systeme (Bild 3.4., Zeile 4 und 5) für ein- und mehrschiffige Hallen möglich.

3.1.5. Sondersysteme

Neben den in Abschn. 3.1.3. und 3.1.4. beschriebenen und bevorzugt im Industriebau verwendeten Binder-, Stützen- und Rahmensystemen gibt es für eingeschossige Hallen eine Reihe von Sondersystemen, die besonderen nutzertechnologischen Forderungen entsprechen (z. B. große stützenfreie Räume, gleichmäßiger Tageslichtquotient) oder wo im Interesse der Stahleinsparung neue Wege in der Nutzung der Tragreserven gegangen werden

(z. B. räumliche Tragwirkung, Nutzung der Festigkeitseigenschaften hochfester Stähle).

Zu diesen Sondertragwerken gehören z. B.:

— Shedhallen
— Raumtragwerke
— Seiltragwerke
— vorgespannte Konstruktionen.

3.1.5.1. Shedkonstruktionen

Bei eingeschossigen Bauten, bei denen hohe nutzertechnologischen Forderungen bezüglich des Tageslichtquotienten sowie an eine von direkter Sonnenlichtbestrahlung unbeeinflußte Raumtemperatur gestellt werden, bietet

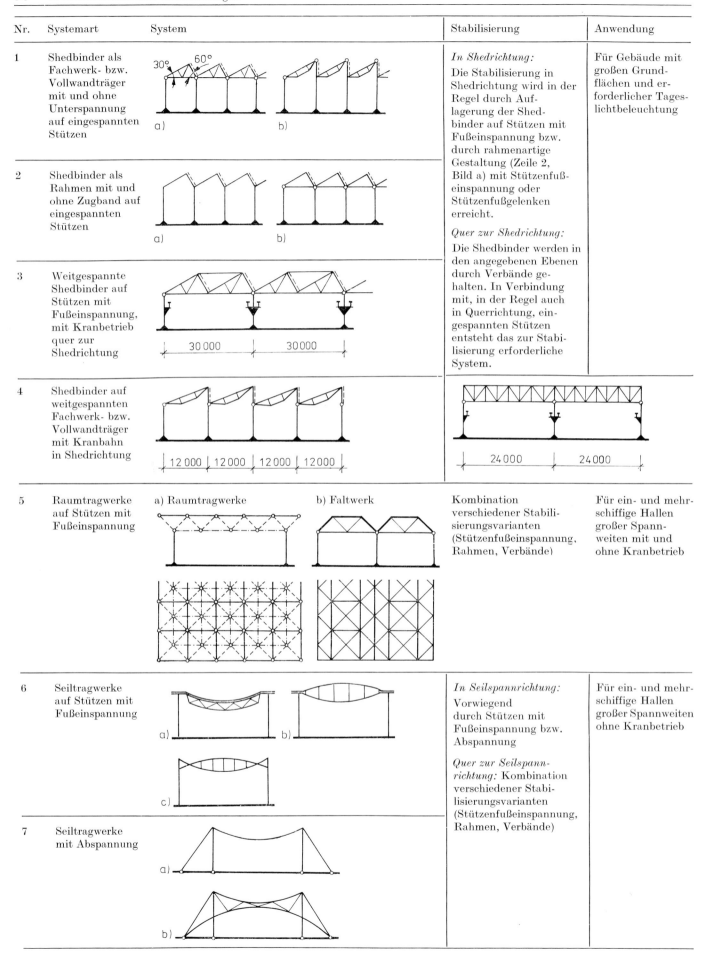

Bild 3.5. Sheddächer, Raum- und Seiltragwerke

sich eine Dachkonstruktion mit Shedform an (Bild 3.5., Zeile 1 bis 4).

Durch senkrechte bzw. bis zu 60° geneigte, in Richtung Nordost bis Nordwest angeordnete Glasflächen in der Dachkonstruktion wird man den genannten Anforderungen gerecht. Dabei können die Shedbinder als Fachwerk- oder Vollwandträger ohne bzw. mit Unterspannung (Bild 3.5., Zeile 1) oder als Rahmen ohne bzw. mit Zugband (Bild 3.5., Zeile 2) ausgebildet werden und entweder unmittelbar auf Stützen oder auf vollwandigen bzw. fachwerkartigen Unterzügen aufgelagert werden. Zur Gewinnung größerer stützenfreier Räume sind entweder schwere, weitgespannte Shedbinder (Bild 3.5., Zeile 3) oder leichte Shedbinder geringer Stützweite mit Unterzügen quer zur Shedrichtung erforderlich (Bild 3.5., Zeile 4). Am besten wird die Anordnung von Unterzügen in beiden Richtungen der Forderung nach großen stützenfreien Räumen gerecht. Die Sheddachkonstruktion lagert auf in Fundamenten eingespannten Stützen auf, die bei erforderlichem Kranbetrieb als Kranbahnstützen ausgeführt werden.

3.1.5.2. Raumtragwerke

Für Dachkonstruktionen eingeschossiger Bauten lassen sich räumliche Tragwerke in Form von Raumstabwerken (durch Knoten verbundene Stäbe in räumlicher Anordnung) oder in Form von Faltwerken (durch Kanten verbundene Flächen) ausbilden. Der Vorteil solcher Raumtragwerke gegenüber ebenen Tragwerken liegt in günstigerem Tragverhalten sowie dem Wegfall von Dachverbänden und teilweise der Pfetten. Sie bieten außerdem die Möglichkeit einer architektonisch wirkungsvollen Gestaltung der Tragstrukturen und der stützenfreien Überdachung großer Grundflächen. Die Ausführung von räumlichen Tragwerken ist wegen der großen Zahl von Stäben und aufwendigen Knoten nur dann ökonomisch, wenn die Fertigung bei Beschränkung auf ein geringes Sortiment von Grundelementen serienweise auf voll- bzw. teilautomatischen Fließstrecken erfolgt. Zur Gebäudestabilisierung in Längs- und Querrichtung kann die Kombination verschiedener Stabilisierungs- und Stützungsvarianten erfolgen (Bild 3.5., Zeile 5).

3.1.5.3. Seiltragwerke

Haupttragglieder von Seiltragwerken sind auf Zug beanspruchte Rundstahlstäbe, Seile und Walzprofile aus hochfesten Stählen. Der Vorteil dieser Tragwerke liegt in der vollen Ausnutzung der Festigkeitseigenschaften hochfester Stähle (Stabilitätsprobleme entfallen), der geringen Eigenmasse und damit im geringen Stahlaufwand bei gleichzeitig großen erzielbaren Spannweiten. Der Nachteil liegt in der Eintragung großer Horizontalkräfte in die Unterkonstruktion, die durch kräftige in relativ große Fundamente eingespannte Stützen (Bild 3.5., Zeile 6) oder Abspannungen (Bild 3.5., Zeile 7) aufgenommen werden müssen. Wegen der relativ geringen Seitensteifigkeit und der Empfindlichkeit bei robustem Kranbetrieb bleibt die Anwendung von Seiltragwerken als Dachkonstruktion im Industriebau auf Ausnahmefälle beschränkt.

3.1.5.4. Vorgespannte Konstruktionen

Der Materialverbrauch von Stahlkonstruktionen kann verringert werden, indem man diese auf verschiedene Art vorspannt. Damit ist in der Regel ein erhöhter Fertigungsaufwand verbunden. Am häufigsten erfolgt die Vorspannung durch Spannglieder (Rundstähle, Seile, Spanndrähte) höherer Festigkeit, wobei sowohl eine Erhöhung des Tragvermögens als auch eine Verbesserung der Steifigkeit erreicht werden kann. Durch entsprechende Anordnung der Spannglieder ist die Vorspannung von Einzelstäben, von Bauteilen und von Systemen möglich (Bild 3.6.). Das Tragprinzip wird durch die Vorspannung meist nicht verändert, so daß auch für vorgespannte Systeme bezüglich der Stabilisierung die in den Abschn. 3.1.3. und 3.1.4. angegebenen Maßnahmen erforderlich sind.

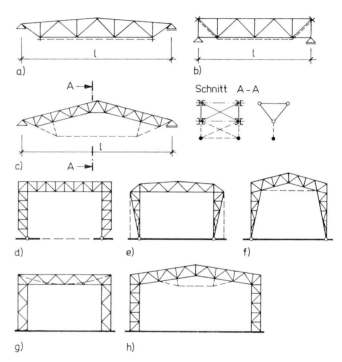

Bild 3.6. Beispiel für vorgespannte Tragwerke
a) Vorspannung eines Einzelstabes
b) und c) Vorspannung von Bindern
d) bis h) Vorspannung von Tragsystemen

3.1.6. Systemwahl aus der Sicht des Materialaufwands

Neben Gesichtspunkten der Gestaltung, der nutzertechnologischen Anforderungen, des Fertigungs-, Transport- und Montageaufwands ist für die Systemwahl der erforderliche Materialaufwand ein entscheidender Faktor. Für typisierte Industriebauhallen liegen hierzu vergleichende Untersuchungen vor, die dem Projektanten eine Entscheidungshilfe zur Projektbearbeitung geben. Bei individuellen Bauten ist man meist auf Abschätzungen angewiesen. Bild 3.7. zeigt Tendenzen im Stahlverbrauch von ausgewählten Dachtragwerken nach [3.39], die als Grundlage für die Abschätzung von Normeigenlasten und als Vergleichsbasis dienen können.

86 3. Hallenbauten und Überdachungen

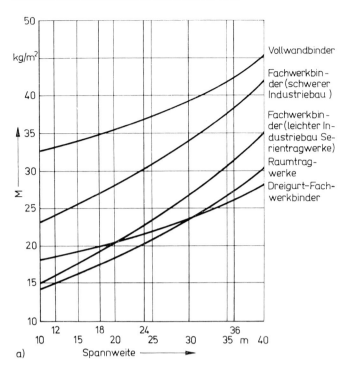

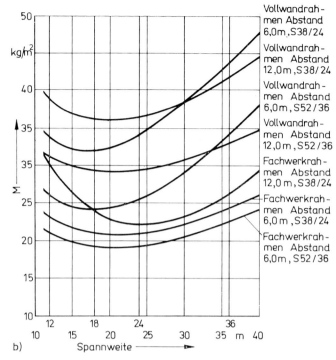

Bild 3.7. Stahlverbrauch von ausgewählten Dachtragwerken des Industriebaus (Tendenzen)

a) Vollwand-, Fachwerkbinder und Raumtragwerke, Binderabstand 6 und 12 m, Festigkeitsklasse S 38/24
b) Zweigelenkrahmen, Abstand 6 bzw. 12 m, Festigkeitsklasse S 38/24 bzw. S 52/36

3.2. Gestaltung und Bemessung von Dachtragwerken

3.2.1. Fachwerkträger

Das zur Überspannung von ein- und mehrschiffigen Hallen am häufigsten angewandte Tragsystem ist der Fachwerkträger. Fachwerkträger bestehen aus den Gurtstäben (Obergurt, Untergurt) und den Wandstäben (Diagonal-, Vertikalstäbe), die in Knotenpunkten mit und ohne Knotenbleche mit Hilfe der Schweiß- bzw. Schraubtechnik zu einem ebenen Tragwerk zusammengesetzt werden. Der Vorteil von Fachwerken ist, daß sie bei Überbrückung großer Spannweiten ohne Komplikationen den nutzertechnologischen Anforderungen angepaßt werden können (z. B. Neigung der Gurte entsprechend der geforderten Dachneigung, Anordnung von zusätzlichen Stäben zur Gestaltung von Oberlichten, Unterbringung von Installationsleitungen). Grundsysteme sind Streben-, Pfosten-, Rauten- und K-Fachwerke, wobei für Fachwerkbinder Streben- und Pfostenfachwerke bevorzugt werden. Ausgehend von diesen Grundsystemen, werden in Abhängigkeit von der Dachform (Pultdach, Satteldach), der Art der Gurtführung und der Spannweite die in Tab. 3.1. dargestellten Bindersysteme verwendet. Die in dieser Tabelle angegebenen Binderhöhen gelten für Einfeldträger, für Durchlaufträger sind die angegebenen Werte 15 bis 20% geringer anzunehmen.

Die optimale Gestaltung der Fachwerke wird von den im Bild 3.8. angegebenen Einflußfaktoren bestimmt. Mathematische Verfahren zur Optimierung von Fachwerken erfassen die Summe dieser Einflußfaktoren nur ungenügend und beziehen sich meistens auf den Materialauf-

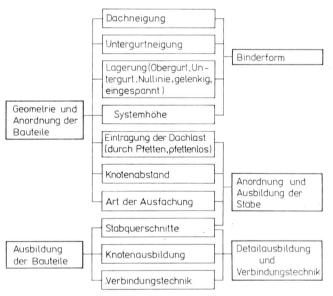

Bild 3.8. Einflüsse auf die optimale Gestaltung von Fachwerkträgern

wand und die Herstellungskosten (z. B. [3.2, 3.3, 3.4, 3.5, 3.6]). Eine Reihe von Einflußfaktoren ergeben sich aus nutzertechnologischen Anforderungen.

Die Binderform ist abhängig von der Dachneigung, die von der Art der Dachhülle bestimmt wird (Abschn. 2.1.). Vorherrschend sind im Industriebau sowohl bei schwerer Dacheindeckung (Dachkassettenplatten mit und ohne Pfetten) als auch bei leichter Dacheindeckung (EKOTAL-Trapezprofile mit und ohne Wärmedämmung, Al-PUR-Al-Dachplatten, Stahl-PUR-Stahl-Dachplatten) Dach-

Tabelle 3.1. Übersicht über die wichtigsten Binderformen

Nr.	Binderform	System	Dachneigung	Binderspannweite	Binderhöhe (Mitte)	Bemerkungen
1	Parallelgurtig, eben			≤ 36000	$\frac{1}{8} \ldots \frac{1}{12} l$	Strebenneigung: $45° \ldots 55°$
2				≤ 36000	$\frac{1}{8} \ldots \frac{1}{12} l$	Strebenanordnung: steigend oder fallend
3				≤ 36000	$\frac{1}{8} \ldots \frac{1}{12} l$	Strebenneigung $55° \ldots 60°$
4	Pultdach, geneigter Obergurt		$2 \ldots 5\%$	≤ 36000	$\frac{1}{8} \ldots \frac{1}{12} l$	
5			$2 \ldots 5\%$	≤ 36000	$\frac{1}{8} \ldots \frac{1}{12} l$	
6			$2 \ldots 10\%$	≤ 36000	$\frac{1}{8} \ldots \frac{1}{12} l$	
7	Pultdach, geneigter Binder		$2 \ldots 35\%$	≤ 36000	$\frac{1}{8} \ldots \frac{1}{12} l$	
8			$2 \ldots 35\%$	≤ 36000	$\frac{1}{8} \ldots \frac{1}{12} l$	
9			$2 \ldots 35\%$	≤ 36000	$\frac{1}{8} \ldots \frac{1}{12} l$	
10			$2 \ldots 30\%$	≤ 30000	$\frac{1}{10} \ldots \frac{1}{14} l$	
11	Satteldach, Dreieckform		$20 \ldots 35\%$	≤ 18000	$\frac{1}{6} \ldots \frac{1}{9} l$	
12			$20 \ldots 35\%$	≤ 18000	$\frac{1}{6} \ldots \frac{1}{9} l$	
13			$20 \ldots 35\%$	≤ 18000	$\frac{1}{6} \ldots \frac{1}{9} l$	

Tabelle 3.1. (Fortsetzung)

Nr.	Binderform	System	Dachneigung	Binderspannweite	Binderhöhe (Mitte)	Bemerkungen
14	Satteldach, Dreieckform		30···45%	≤ 18000	$\frac{1}{4} \cdots \frac{1}{7} l$	
15			30···45%	≤ 30000	$\frac{1}{4} \cdots \frac{1}{7} l$	
16			25···40%	≤ 48000	$\frac{1}{5} \cdots \frac{1}{8} l$	
17			10···20%	42000···72000	$\frac{1}{10} \cdots \frac{1}{20} l$	
18	Satteldach, Trapezform		2···10%	≤ 36000	$\frac{1}{8} \cdots \frac{1}{12} l$	
19			2···10%	≤ 36000	$\frac{1}{8} \cdots \frac{1}{12} l$	
20			2···10%	≤ 36000	$\frac{1}{8} \cdots \frac{1}{12} l$	
21			2···10%	≤ 36000	$\frac{1}{8} \cdots \frac{1}{12} l$	
22			2···10%	≤ 48000	$\frac{1}{8} \cdots \frac{1}{12} l$	
23	gekrümmter Obergurt		—	≤ 60000	$\frac{1}{10} \cdots \frac{1}{12} l$	
24			—	60000···90000	$\frac{1}{10} \cdots \frac{1}{12} l$	
25			—	≤ 60000	$\frac{1}{10} \cdots \frac{1}{12} l$	
26			—	60000···90000	$\frac{1}{10} \cdots \frac{1}{12} l$	

neigungen zwischen 2,5 und 10%. Die Neigung des Binderuntergurtes ist nutzertechnologischen und ästhetischen Anforderungen anzupassen. Im Normalfall hat der Untergurt horizontalen Verlauf. Eine Erhöhung des Gurtabstands in der Mitte des Fachwerkträgers durch entsprechende Untergurtführung (Tab. 3.1., Zeile 9 und 10) kann jedoch zu erheblicher Materialeinsparung führen. Wählt man z. B. aus Gründen der Fertigung (gleiche Füllstablängen) anstelle von Trapezbindern nach Tab. 3.1., Zeile 18 bis 20, parallelgurtige Binder (geknickter Untergurt), so erfordert das in Abhängigkeit von der Spannweite bei 5% Dachneigung einen etwa 10 bis 25% höheren Materialaufwand. Die Binderauflagerung auf die Unterkonstruktion erfolgt in der Regel als Gelenk. Die Einspannung wird bei erhöhten Anforderungen an die Quersteifigkeit des Gebäudes gewählt. Die Obergurtlagerung wird häufig der Untergurtlagerung vorgezogen, da erstere eine Reihe von Vorteilen bei der Montage, bei der Gestaltung der Wand-Dach-Anschlüsse und bei der Einleitung der Horizontalkräfte in die Ebene einer schubsteifen Dachtragschale aufweist. Eine Auflagerung in der Nullinie des Binders erfordert hohen konstruktiven Aufwand.

Untersuchungen zur optimalen Systemhöhe bei minimalem Stahleinsatz (z. B. [3.4]) ergaben bei parallelgurtigen und trapezförmigen Bindern Werte zwischen $l/6$ und $l/7$, praktisch sind jedoch bei Einfeldträgern Systemhöhen von $l/8$ bis $l/12$ üblich.

Auf die *Anordnung und Ausbildung* der Stäbe haben die Art der Eintragung der Dachlast (über Pfetten, pfettenlos), der Knotenabstand, die Art der Ausfachung und die Stabquerschnitte Einfluß.

Während bei der Eintragung der Dachlast über die in den Knoten des Obergurtes angeordneten Pfetten nur zentrische Längskräfte auftreten, führt eine unmittelbare Lagerung der Dachhaut auf den Binderobergurt gleichzeitig zur Biegebeanspruchung. Bei optimaler Obergurtgestaltung sind im ersten Fall druckstabile Profile auszubilden (z. B. Rohr- und Kastenquerschnitte), während im 2. Fall z. B. IPE-Profile der gleichzeitigen Biegebeanspruchung besser Rechnung tragen. Ebenso wirken sich unterschiedliche Knicklängen um x- und y-Achse bei der Querschnittsgestaltung des Obergurtes aus.

Für die Ausfachung des Fachwerks gilt der Grundsatz:

— lange Zugstäbe, kurze Druckstäbe
— geringe Stab- und Knotenanzahl
— einfache Knotengestaltung (möglichst wenig Stabanschlüsse an einem Knoten, Vermeidung spitzer Winkel).

Beispiele für die Gestaltung von Stabquerschnitten zeigt Bild 3.9.

Wesentlichen Einfluß auf die optimale Gestaltung von Fachwerkträgern, bezogen auf den Materialaufwand und die Fertigung, haben die *Detailausbildung* und *die Verbindungstechnik*. Die Auswahl der optimalen Knotengestaltung für einen konkreten Anwendungsfall ist nur durch komplexe Bewertung aller maßgebenden Faktoren möglich. So erhöhten z. B. hohe Genauigkeitsanforderungen beim Einbau von Füllstäben ohne Knotenbleche den Aufwand für Zuschnitt und Zusammenbau. Es sind in der Regel spezielle Fertigungseinrichtungen (z. B. automatisierte Rohr-Brennschneidmaschinen) erforderlich. Der Anschluß mit Hilfe von Knotenblechen führt zwar zur einfachen Schnittführung und zum leichteren Zusammenbau, erhöht jedoch den Materialaufwand und den technologischen Aufwand für die Herstellung und den Anschluß der in der Regel sehr unterschiedlichen Knotenbleche. Für die Auswahl der Verbindungstechnik sind die Gesamtaufwendungen für Vorfertigung, Transport und Montage zu berücksichtigen. Bild 3.10. zeigt verschiedene Lösungen zur Knotengestaltung mit und ohne Knotenbleche.

Bei der *Ermittlung der Schnittkräfte* geht die Fachwerktheorie davon aus, daß die Stäbe in den Knoten in Form von reibungsfreien Gelenken zusammentreffen. Werden die äußeren Lasten unmittelbar in die Knoten eingeleitet und erfolgt ein zentrischer Anschluß der Stäbe, so wird eine Biegebeanspruchung vermieden, und der Nachweis der Stäbe kann auf planmäßig mittigen Zug bzw. Druck (TGL 13500 bzw. 13503) erfolgen.

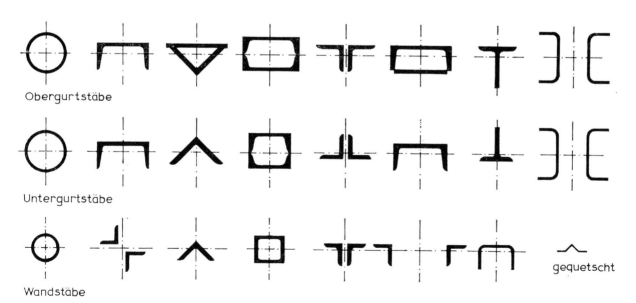

Bild 3.9. Beispiele für Stabquerschnitte einwandiger Fachwerke

3. Hallenbauten und Überdachungen

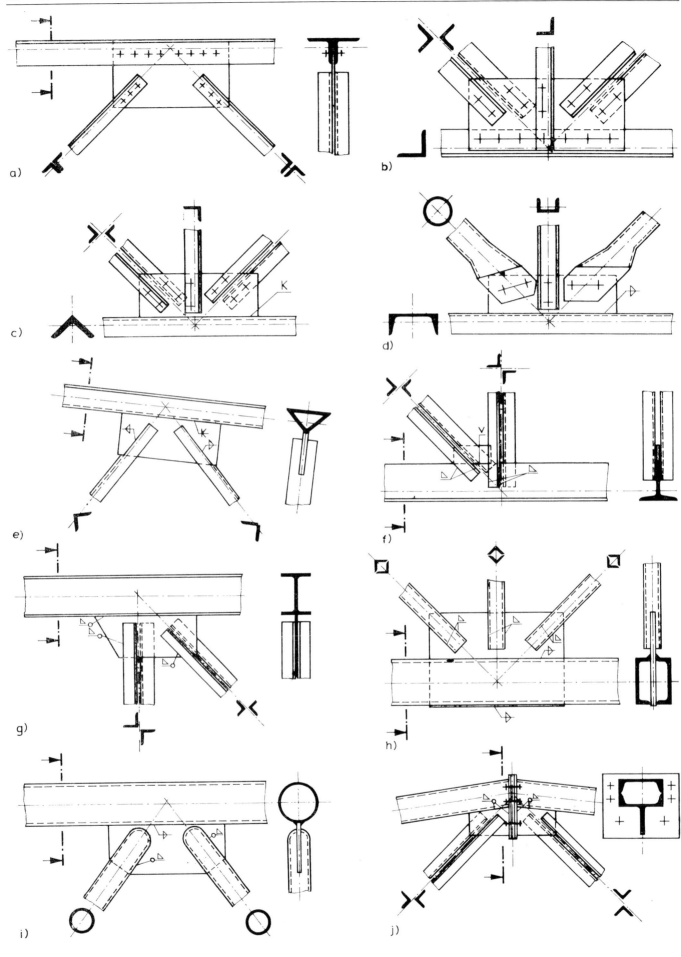

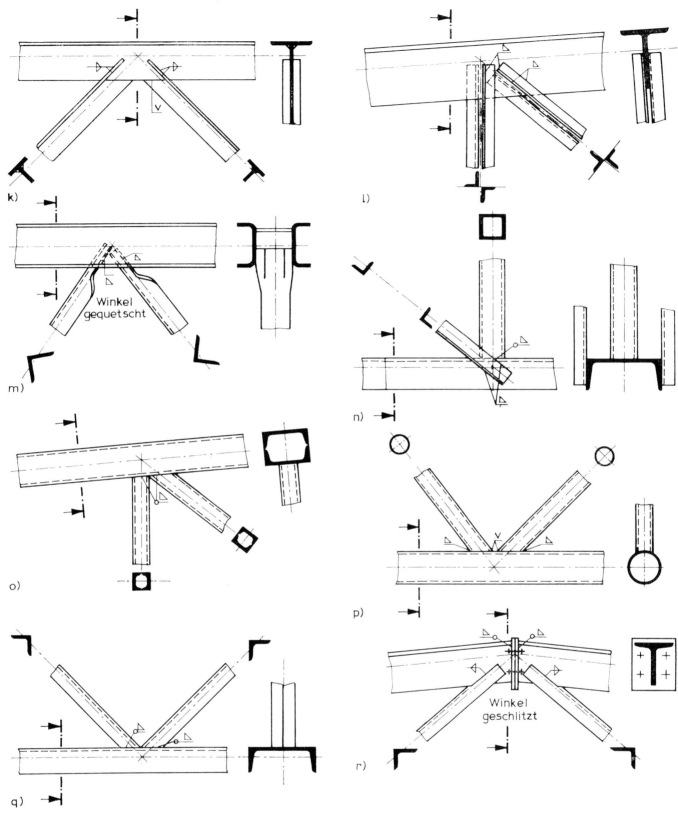

Bild 3.10. Beispiele für die Knotengestaltung von einwandigen Fachwerken

a) und b) Stäbe und Knotenbleche geschraubt
c) und d) Stäbe geschraubt, Knotenbleche geschweißt
e) bis i) Stäbe und Knotenbleche geschweißt
k) bis q) Stäbe geschweißt, ohne Knotenbleche
j) und r) Firstknoten, Montagestoß

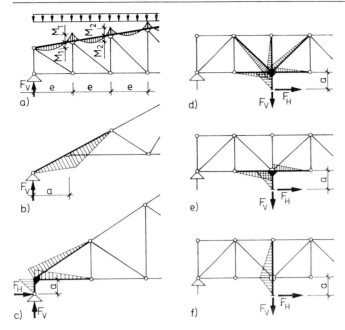

Bild 3.11. Sonderfälle der Lasteintragung für Fachwerke
a) unmittelbare Lasteintragung in den Obergurt
b) und c) Momente am Auflager
d) bis f) Momente am Knoten

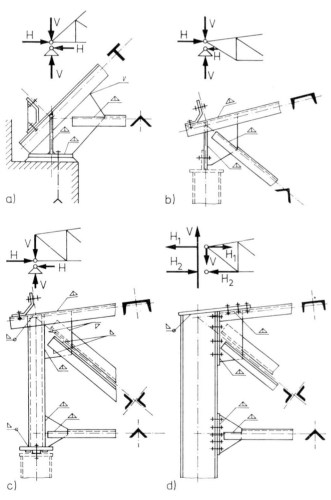

Bild 3.12. Beispiele für Binderauflagerungen
a) auf massiven Wänden
b) Obergurtauflagerung
c) Untergurtauflagerung
d) Binderauflager — eingespannt

Bei Lasteintragungen entsprechend Bild 3.11. werden Einzelstäbe des Fachwerks auf Biegung beansprucht. Durch gewollte biegesteife Anschlußgestaltung, aber auch durch ungewollte Mitwirkung des steifen Knotenblechs sind meistens mehrere Stäbe an der Übertragung eines Momentes beteiligt (Bild 3.11. c, d und e). Das anteilige Stabmoment kann über Steifigkeitszahlen k_n für den Stab n wie folgt bestimmt werden:

$$k_n = \frac{I_n}{s_n} \qquad (3.1)$$

Das anteilige Moment M_n des Stabes n erhält man aus:

$$M_n = M \frac{k_n}{\sum_{1}^{i} k_i} \qquad (3.2)$$

I_n Trägheitsmoment des Stabes n in der Momentenebene
s_n Netzlänge des Stabes n

Bei unmittelbarer Lasteintragung einer gleichmäßig verteilten Linienlast in den Obergurt entsprechend Bild 3.11.a können die Momente näherungsweise wie folgt bestimmt werden:

$$M_1 = 0{,}0957 q e^2; \quad M_2 = 0{,}0625 q e^2 \qquad (3.3)$$

Treten die im Bild 3.11.a bis f dargestellten Sonderfälle der Lasteintragung auf bzw. werden Stäbe exzentrisch angeschlossen, so sind die Stäbe auf planmäßig außermittigen Zug bzw. Druck (TGL 13500 bzw. 13503) nachzuweisen.

Um eine Biegebeanspruchung aus der vertikalen Auflagerkraft zu vermeiden, ist am Auflager deren zentrische Einleitung zu ermöglichen. Dieser Forderung entspricht die konstruktive Gestaltung nach Bild 3.12.b und c.

Bei geringer Binderspannweite und niedrigen Auflagerdrücken genügt eine Ausbildung als Flächenlager nach Bild 3.12.a. Eine Einspannung des Binders zwischen Stützen kann entsprechend Bild 3.12.d ausgeführt werden.

Bei Fachwerken mit Knotenblechen (Bild 3.10.a bis j) sind diese so zu bemessen, daß die angeschlossenen Stabkräfte ohne Spannungsüberschreitung übertragen werden können. Die Form des Knotenblechs (Länge, Breite) sind durch die Anschlußlängen für Diagonal- und Vertikalstäbe im wesentlichen festgelegt, so daß noch dessen Dicke in Abhängigkeit von der Beanspruchung zu bestimmen ist. Eine rechnerische Erfassung des Spannungszustands im Knotenblech ist schwierig (Scheibenproblem). Eine genügend genaue Erfassung der Spannungen unter Beachtung der Gleichgewichtsbedingungen liefert z. B. die Untersuchung eines Obergurtknotens nach Bild 3.13. in den angegebenen Schnitten A-A; B-B; C-C.

Der Forderung nach Verringerung des Fertigungsaufwands für Anschluß- oder Knotenpunkte und nach verringertem Materialaufwand entsprechen Ausführungen ohne Knotenbleche nach Bild 3.10.k bis r. Bei den Ausführungen nach Bild 3.10.n bis q ist für die Anschlußbemessung das Lastverformungsverhalten maßgebend, da die Wandstäbe durch ihre geringen Abmessungen gegenüber den Gurten ihre Kräfte in relativ dünnwandige, nicht ausgesteifte Gurtstäbe einleiten. Für Rohrknoten

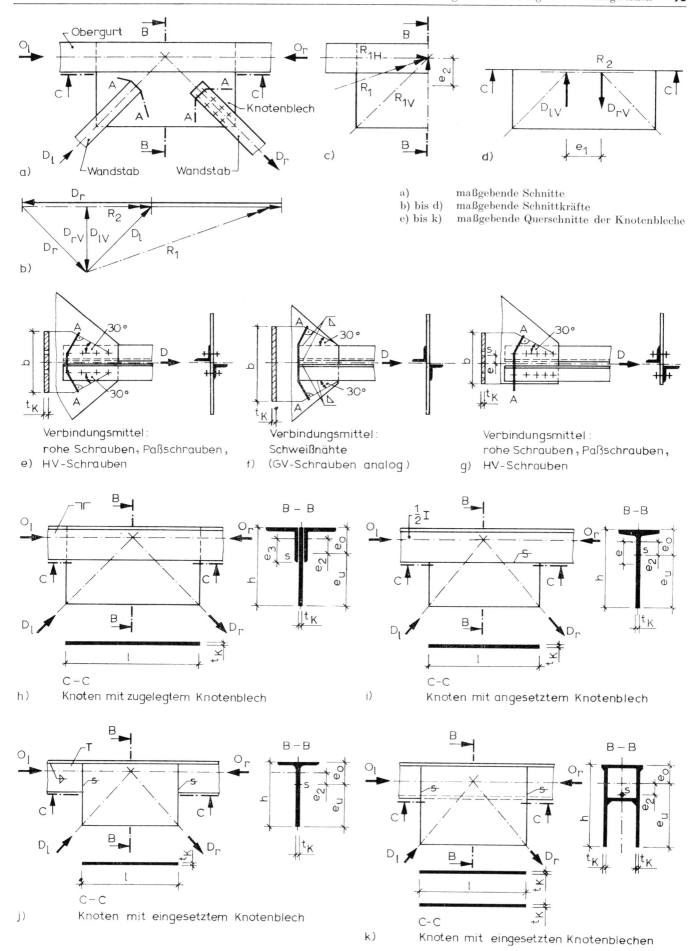

Bild 3.13. Nachweis der Knotenbleche

3. Hallenbauten und Überdachungen

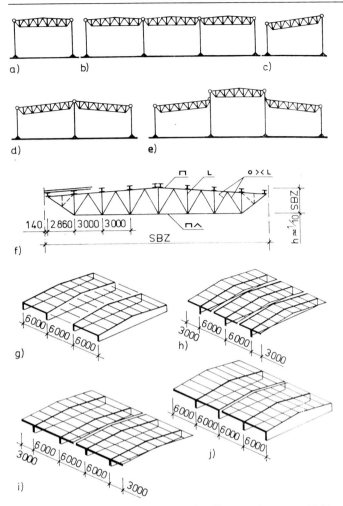

Bild 3.14. Fachwerkbinderlösung für Spannweiten von 18 bis 30 m
a) bis e) Systemvarianten
f) Bindersystem
g) bis j) Montagevarianten für Segmentmontage

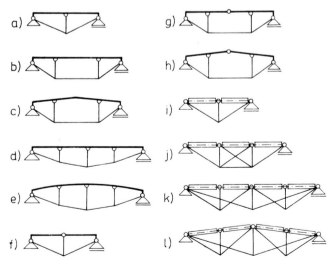

Bild 3.15. Systeme mit Unterspannung
a) bis e) einfach statisch unbestimmte Systeme
f) bis l) statisch bestimmte Systeme

verschiedener Art erfolgt der Nachweis nach TGL 13501. Für nahtlose Hohlprofile, geschweißte und spießkant angeordnete Winkelprofile können dem Nachweis die Literaturangaben [3.8, 3.9, 3.10, 3.11] zugrunde gelegt werden.

Im Bestreben, den Projektierungs-, Fertigungs-, Transport- und Montageaufwand so klein wie möglich zu halten und dabei eine universelle Einsetzbarkeit zu ermöglichen, werden Anstrengungen unternommen, Vorzugslösungen zu erarbeiten. In der DDR wurde die im Bild 3.14. angegebene Fachwerkkonstruktion entwickelt, die bei geringem Stahlverbrauch sehr variabel einsetzbar und anpassungsfähig ist [3.7, 3.12, 3.13]. Der Fachwerkträger wird auf eingespannten Stahl- bzw. Stahlbetonstützen oder auf Mauerwerk (Rekonstruktion) gelenkig aufgelagert. Er hat entweder Trapezform (für Satteldächer) oder ist parallelgurtig (für Pultdächer). Mit parallelgurtigen Trägern lassen sich mehrere Hallenschiffe unter einem Pultdach vereinigen, ebenso ist eine Kombination von Sattel- und Pultdach möglich (Bild 3.14. a bis e). Die Dachneigung ist beliebig, für Binder mit Trapezform werden vorzugsweise 5 bzw. 10% angewandt. Der Binderabstand beträgt im Regelfall 6,0 m, es ist jedoch auch jeder andere Binderabstand möglich. Bei einem Binderabstand von größer als 7,5 m steigt jedoch der Materialaufwand für die Pfetten stärker an als die Einsparung bei den Bindern. Die Binderspannweite (System) liegt vorzugsweise im Bereich von 18 bis 30 m. Die Montage kann sowohl einzeln (Binder — Pfetten — Verbände — Dachelemente), als auch segmentweise nach Bild 3.14.g bis j erfolgen.

3.2.2. Unterspannte Systeme

Für Pfetten, Binder und Randträger von Dachkonstruktionen eignet sich als günstiges System bezüglich des Material- und Fertigungsaufwands der ein- bzw. mehrfach unterspannte Träger. Er besteht aus dem geraden bzw. entsprechend der Dachneigung geknickten Streckträger, dem Zugband und einem bzw. mehreren Pfosten. Wird der Streckträger von Auflager zu Auflager ohne Gelenke durchgeführt, so entsteht durch die Unterspannung ein einfach statisch unbestimmtes System (Bild 3.15.a bis e). Bei Anordnung eines Gelenks wird das System statisch bestimmt (Bild 3.15.f bis h). Die Unterspannung kann in der Ebene, aber auch in räumlicher Anordnung unter einer Dachscheibe erfolgen.

Eine effektive Gestaltung der Dachkonstruktion erhält man, wenn man auf den Streckträger verzichtet und ihn unmittelbar durch die Dachelemente ersetzt. Eine äußerst leichte Dachkonstruktion kann dabei hergestellt werden, wenn man die Unterspannung mit geraden bzw. elastisch gekrümmten Trapezprofilscheiben kombiniert. Ebenso ist die Kopplung von getypten Stahlbetondachelementen mit Hilfe einer leichten Unterspannung (Bild 3.15.i bis l) möglich.

Aus Tab. 3.2. kann die Berechnung der Zugkraft X im Zugband für einfache Lastfälle im statisch bestimmten und unbestimmten unterspannten System entnommen werden (Elastizitätstheorie I. Ordnung). Durch Überlagerung der jeweiligen Lastfälle lassen sich die Schnittkräfte für weitere Lastkombinationen ermitteln. Aus der konstruktiven Gestaltung, der Auflagerung ergibt sich in der Regel eine außermittige Eintragung der Horizontalkomponente aus der Kraft im Zugband, die sich positiv auf den Momentenverlauf im Streckträger auswirken kann. Durch Regulierung dieser Außermittigkeit, aber auch durch zweckmäßige Wahl des Neigungswinkels α $(\alpha = f(h))$ kann die optimale Gestaltung des Systems erreicht werden.

Das Zugband wird aus Rundstahl, Flachstahl oder Profil-

Tabelle 3.2. Ermittlung der Horizontalkraft X in statisch bestimmten und unbestimmten unterspannten Systemen

Nr.	System	Horizontalkraft X
1		$X = \dfrac{A\dfrac{l}{2} - F_1\left(\dfrac{l}{2} - a_1\right) - F_2\left(\dfrac{l}{2} - a_2\right) - F_n\left(\dfrac{l}{2} - a_n\right)}{h}$
2		$X = \dfrac{A\dfrac{l}{2} - qx\left(\dfrac{l}{2} - \dfrac{x}{2}\right)}{h}$
3		$X = \dfrac{Fa}{6h} \cdot \dfrac{Z}{N}$ $N = \dfrac{2}{3}(1 + \gamma + \gamma^2)\beta + (1 - 2\beta) + \dfrac{1}{h^2}\left[\dfrac{I}{A} + \dfrac{I}{A_z}\left[1 + 2\beta\left(\dfrac{1}{\cos^3\alpha} - 1\right)\right]\right]$ Fall 1: $0 < a \leq \beta \cdot l$ $Z = 3 + \beta(3\gamma - 4) - \dfrac{a}{l}\left(3\gamma - \dfrac{\gamma}{\beta}\dfrac{a}{l}\right)$ Fall 2: $\beta l \leq a \leq \dfrac{l}{2}$ $Z = 3\left(1 - \dfrac{a}{l}\right) - \beta^2\dfrac{l}{a}(1 - \gamma)$
4		$X = \dfrac{ql^2}{24h}\dfrac{Z}{N}$ $N = \dfrac{2}{3}(1 + \gamma + \gamma^2)\beta + (1 - 2\beta) + \dfrac{1}{h^2}\left[\dfrac{I}{A} + \dfrac{I}{A_z}\left[1 + 2\beta\left(\dfrac{1}{\cos^3\alpha} - 1\right)\right]\right]$ Fall 1: $Z = 6\beta^2 - \beta^3(7 - 3\gamma)$ Fall 2: $Z = 1 - \beta^2(8 - 2\gamma) + \beta^3(8 - 4\gamma)$ Fall 3: $Z = 2 - 2\beta^2(2 - \beta) \cdot (1 - \gamma)$

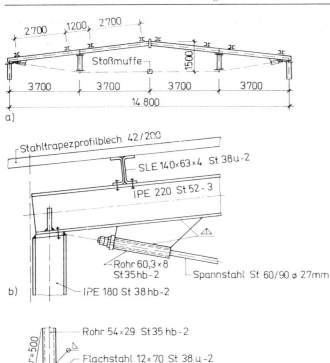

Bild 3.16. Ebener unterspannter Binder
a) System
b) Auflager und Zugbandanschluß
c) Umlenkpunkt des Zugbandes

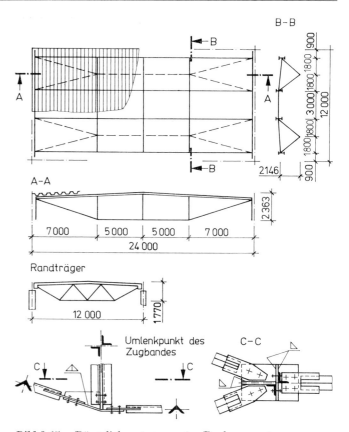

Bild 3.17. Räumlich unterspanntes Dachsegment

stählen hergestellt. Eine Verschraubung am Auflager (Bild 3.16.b) oder ein Spannschloß ermöglichen die Regulierung der Momentenverteilung durch Vorspannung. Bei der Gestaltung der Pfosten ist deren Druckbeanspruchung Rechnung zu tragen. Das im Bild 3.16. verwendete Zugband aus Rundstahl höherer Festigkeit ist an der Umlenkstelle in großem Radius auszurunden, wobei die Umlenkkräfte durch die Fußplatte des Pfostens aufgenommen werden [3.37].

Das im Bild 3.17. dargestellte räumlich unterspannte Dachtragwerk bildet ein vollmontagefähiges Dachsegment mit den Systemabmessungen 12 m × 24 m. Das Tragsystem enthält zwei Tragelemente, die jeweils aus zwei parallel zueinander liegenden geknickten Streckträgern bestehen, die räumlich unterspannt sind. Auf Pfetten und Verbände in der Dachscheibe wird verzichtet, deren Funktion übernehmen unmittelbar die Stahltrapezprofilbleche. Bei überwiegender Windsogbeanspruchung (Montagezustand) sind Abspannungen erforderlich, da die Unterspannungsstäbe aufgrund ihrer großen Schlankheit keine Druckkräfte übertragen können. Durch elastisches Vorkrümmen einer EKOTAL-Trapez-Profilscheibe mit einem Bogenstich von $l/5$ bis $l/7$ und anschließendes Unterspannen entsprechend Bild 3.18. erhält man eine effektive Überdachung für Spannweiten bis zu 18 m [3.38].

3.2.3. R-Träger

Für leichte Fachwerkbinder und Pfetten bis zu einer Spannweite von etwa 12000 mm sind R-Träger geeignet.

Sie bestehen aus Gurtprofilen (z. B. T-, ⊓-, Γ-Profile) und Rundstählen, die als Wandstäbe zwischen den Gurten angeordnet sind. Der Neigungswinkel α der Diagonalstäbe beträgt zwischen 45° und 60°. Als Systemhöhe wird für den R-Träger $1/12$ bis $1/15\,l$ gewählt. Bild 3.19. zeigt verschiedene Systeme und Möglichkeiten der konstruktiven Gestaltung.

Die Ermittlung der Stabkräfte erfolgt nach den Regeln der Fachwerktheorie. Wird der Obergurt unmittelbar belastet, so ist er als Biegeträger mit unendlich vielen Feldern aufzufassen und auf planmäßig außermittigen

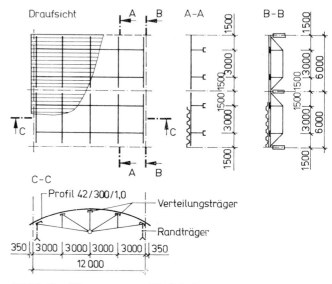

Bild 3.18. Unterspanntes Blechdachsegment 6 m × 12 m

Druck zu bemessen. Für die auf Druck beanspruchten Diagonalstäbe ist der Stabilitätsnachweis für planmäßig mittigen Druck zu führen. Dabei darf nach [3.14] für Knicken in der Fachwerkebene die Knicklänge mit dem Beiwert $\beta = 0{,}5$ ermittelt werden. Für Knicken aus der Ebene unterscheidet man zwischen einem gegen Verdrehen gehaltenen Obergurt (Einbindung des Obergurtes in eine starre Dachscheibe wie z. B. Dachkassettenplatten oder Stahlbetonhohldielen nach Bild 3.19.d) und dem nicht drehbehinderten Obergurt (z. B. leichte Dacheindeckungen wie Asbestzementwelltafeln nach Bild 3.19.e). In Abhängigkeit von diesen beiden Fällen ist der Knicklängenbeiwert β für Knicken aus der Trägerebene Bild 3.20. zu entnehmen.

Bild 3.19.f zeigt die Beanspruchung der Anschlußnaht der Rundstahlstäbe.

Folgende Nachweise sind erforderlich:

$$\tau = \gamma \frac{H}{\sum a \cdot l} \leq R_\tau^n \qquad (3.4)$$

$$\sigma_\perp = \gamma \frac{6M}{\sum a \cdot l^2} \leq R_\perp^n \qquad (3.5)$$

$$\sqrt{\left(\frac{\sigma_\perp}{R_\perp^n}\right)^2 + \left(\frac{\tau}{R_\tau^n}\right)^2} \leq 1{,}1 \qquad (3.6)$$

$\gamma = \gamma_n \cdot \gamma_m$ Produkt aus Wertigkeits- und Materialfaktor
R_τ^n
$R_\perp^n$ Normfestigkeit der Schweißnähte

3.2.4. Vollwandige Dachtragwerke

Gewalzte und geschweißte vollwandige Profile finden bei Dachkonstruktionen als Pfetten, Binder und Randträger Anwendung. Sie haben den Vorteil des geringeren Aufwands für die Fertigung, ihr Einsatz ist jedoch in der Regel mit höherem Materialaufwand verbunden.

Die Einsatzgrenzen vollwandiger Binder als Einfeldträger mit einseitiger Dachneigung (Pultdach) liegen bei einer Spannweite von 18 m und bei zweiseitiger Dachneigung (Satteldach) bei 24 m (Bild 3.21.a bis e), wobei die Trägerhöhe in der Größenordnung $1/10\,l$ bis $1/15\,l$ gewählt werden sollte. Für Binder mit Durchlaufwirkung liegt die größte Spannweite bei 30 bzw. 36 m (Bild 3.21.f und g), wobei eine Trägerhöhe im Bereich von $1/25\,l$ bis $1/40\,l$ empfehlenswert ist.

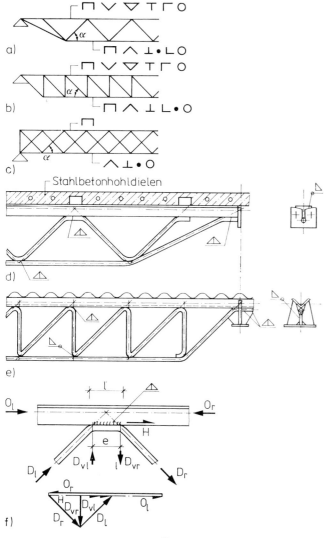

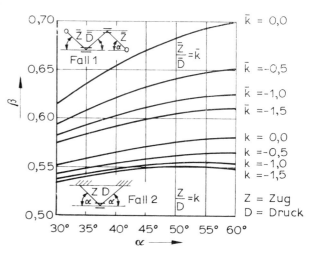

Bild 3.20. Knicklängenbeiwerte von Rundstahlstäben für Knicken aus der R-Träger-Ebene

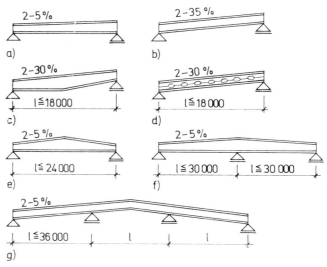

Bild 3.19.   a) bis c)   Systeme
Gestaltung von   d) und e)   konstruktive Einzelheiten
R-Trägern   f)   Nachweis der Schweißnaht

Bild 3.21. Systeme für   a) bis d)   Pultdach
vollwandige Dachtragwerke   e) bis g)   Satteldach

Durch entsprechende Trägergestaltung kann eine Anpassung an den Momentenverlauf erfolgen. Bei gewalzten Profilen geschieht dies in der Regel durch keilförmiges Auftrennen des Steges, anschließendes Verschwenken der Einzelteile und Verschweißen im Steg (Bild 3.22.). Materialsparend ist die Ausbildung von Trägern mit Stegunterbrechungen. Hierzu werden Walzprofile im Steg auf verschiedene Weise aufgetrennt und mit oder ohne Zwischenteile wieder zusammengesetzt. Die dadurch entstehenden Vierendeel- und Wabenträger (Bild 3.22.f bis j) führen gegenüber den Grundprofilen zu einer Materialeinsparung von 10 bis 20%. Richt-, Schneid- und Schweißarbeiten erfordern jedoch einen hohen Herstellungs- und Energieaufwand.

Bei Blechträgern kann durch Dicken- und Breitenwechsel der Gurte und Variation der Stegblechhöhen eine Anpassung an den Momentenverlauf und gleichzeitig an die geforderte Dachneigung erreicht werden. Eine Materialeinsparung bis etwa 10% erzielt man bei Blechträgern, wenn für den Zuggurt höherfester Stahl verwendet wird (Hybridträger).

Die Kippsicherheit des Vollwandbinders wird entweder durch Pfetten in Verbindung mit den Dachverbänden oder durch Einbindung des Druckgurtes in eine aus Dachplatten bestehende schubsteife Dachscheibe erzielt.

3.2.5. Sheddächer

Hinsichtlich der konstruktiven Gestaltung und der Berechnung kann unterschieden werden zwischen Shedbindern, die unmittelbar auf Stützen auflagern (Bild 3.23.a bis f), Shedbindern auf Unterzügen quer bzw. längs zur Shedrichtung (Bild 3.23.g und h) und Sheddächern, bei denen die Unterzüge in verschiedenartiger Ausführung in den Shedflächen untergebracht werden (Bild 3.23.i bis n).

Für die Shedbinder können unterschiedliche statische Systeme verwandt werden (Bild 3.23.a bis f), wobei beim Einzelshedbinder eine Spannweite von 12 m nicht überschritten werden sollte, damit die Glasflächen nicht zu hoch werden. Die Shedstützweite beträgt in der Regel 6 bis 8 m. Bei unmittelbarer Auflagerung auf Stützen erhält man dabei einen sehr engen Stützenabstand. Zur Gewinnung größerer stützenfreier Räume können mehrere Sheds zu einem Binder (Bild 3.23.f) zusammengefaßt werden. Der im Freien liegende Obergurt sollte dabei durch entsprechende Ummantelung vor unmittelbarem Witterungseinfluß geschützt werden.

Einen größeren Stützenabstand gewinnt man auch durch die Anordnung von Unterzügen längs- bzw. quer zur Shedrichtung. Die quer zur Shedrichtung verlaufenden Unterzüge (Rinnenträger) können als I-Profile mit verbreitertem Gurt zur Aufnahme der Windlasten, als Hohlkasten bei möglicher Nutzung als Lüftungskanal oder als Fachwerkträger ausgeführt werden.

Effektiv ist die Anordnung der Shedunterzüge unmittelbar in den Glas- bzw. Dachflächen quer zur Shedrichtung. Am wirtschaftlichsten für die Ausbildung des Unterzuges in der Glasfläche ist die Gestaltung eines Fachwerkträgers (Bild 3.23.k). Sind die Zugdiagonalen im Lichtband unerwünscht, besteht die Möglichkeit der

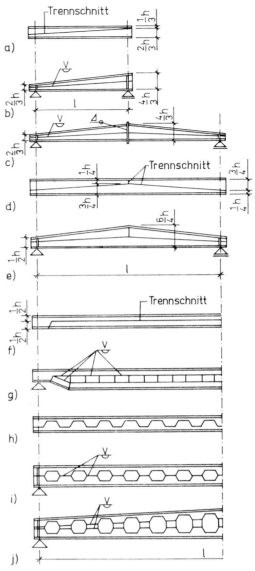

Bild 3.22. Vollwandige Dachkonstruktionen aus Walzprofilen
a) bis e) Beispiele für die Anpassung an die Dachneigung und den Momentenverlauf
f) bis j) Erhöhung der Tragfähigkeit durch Ausbildung von Systemen mit Stegaussparungen

Ausbildung eines Fachwerk- bzw. Vollwandträgers im Brüstungsbereich, eines Sprengwerks oder eines Vierendeelträgers (Bild 3.23.l bis n).

Legt man in beide Ebenen (Dach- und Glasfläche) über die gesamte Shedlänge spannende Tragwerke, so entstehen Faltwerke. Die von den Shedbindern (Fachwerk- oder Vollwandbinder) an die Eckpunkte des Faltwerks abgegebenen Lasten F werden in die Scheibenbelastung F_G und F_D zerlegt und dafür die Tragwerksscheiben einzeln berechnet (Bild 3.23.i und k). In gemeinsamen Traggliedern (Gurte) beider Tragwerksscheiben auftretende Kräfte sind zu überlagern. An der Endfalte ergeben sich Abtriebskräfte F_H (Bild 3.23.i), die durch Anordnung einer horizontalen Scheibe in Untergurtebene des letzten Shedbinders aufzunehmen sind.

Unter der Shedkonstruktion angeordnete Stützen haben neben den senkrechten Lasten die Horizontalkräfte aus Wind und bei der Ausbildung als Kranbahnstützen die

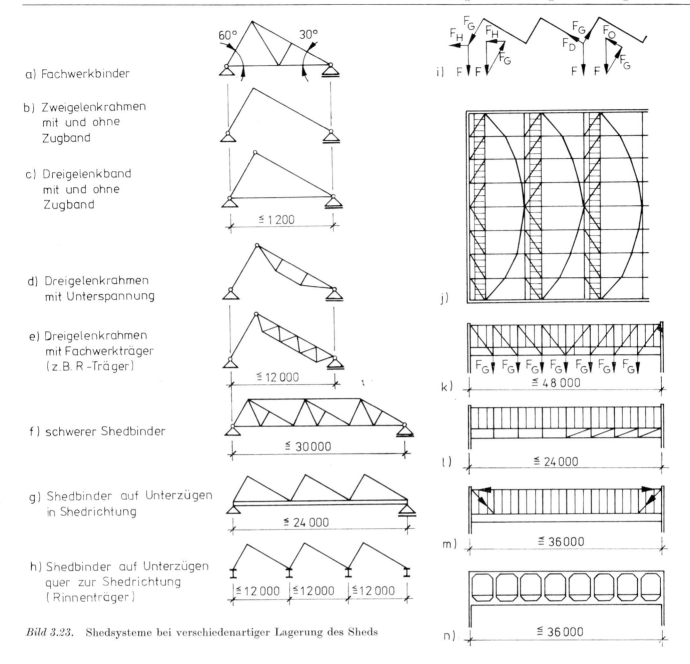

Bild 3.23. Shedsysteme bei verschiedenartiger Lagerung des Sheds

Brems- und Schlingerkräfte aufzunehmen. Die Stabilisierung erfolgt hierzu in der üblichen Weise durch Kombination von Stützenfußeinspannung mit Brems- und eventuellen Windverbänden in den entsprechenden Quer- und Längswandscheiben.

3.2.6. Raumstabwerke

Raumstabwerke können in 3 Hauptgruppen eingeteilt werden:
— ebene Stabwerke,
— einfach gekrümmte Stabwerke (Tonne),
— doppelt gekrümmte Stabwerke (Kuppel, Kegel, Translations-Stabnetzwerke).

Vorteile derartiger Raumstabwerke gegenüber den als eben angesehenen Tragwerken sind:
— das günstige Tragverhalten (räumliche Tragwirkung, Fähigkeit, ungleichmäßige Lasten und Einzellasten aufzunehmen),
— die erhöhte Steifigkeit (Wegfall von Dachverbänden),
— die Verringerung der Lasten der Umhüllung (geringere Knoten- und Netzabstände zur Auflagerung der Hüllelemente, meist Wegfall der Pfetten),
— die größtmögliche Typisierung der Stäbe und Knoten (geringes Sortiment, voll- bzw. teilautomatisierte Fließbandfertigung),
— das geringe Transportvolumen, die Anwendung moderner Montagemethoden (Zusammenbau der Segmente auf ebener Montagefläche und anschließender Hub),
— die stützenfreie Überdachung großer Grundflächen und die architektonisch wirkungsvolle Gestaltung.

Diese Vorteile lassen die Raumstabwerke für repräsentative Bauwerke, wie z. B. Ausstellungshallen, Sportstätten, bei denen die ästhetischen und technischen Vorteile der Raumstabwerke gut zur Geltung kommen, als besonders geeignet erscheinen. Nur in wenigen Fällen wird der Einsatz von Raumstabwerken auch bei der Überdachung von Lager- und Produktionshallen gerechtfertigt sein. In diesem Fall kommen vorwiegend ebene Tragwerke zur Anwendung. Diese bestehen aus zwei Stabebenen im Abstand von $h \approx 1/15$ bis $1/20l$, die durch Raumdiagonalen miteinander verbunden sind. Die unterschiedlichen Tragstrukturen ergeben sich durch Anordnung von Grundkörpern (Kubus, Tetraeder, Oktaeder usw.) nach einem bestimmten Packsystem. Als Profile für die Stabwerke kommen vorwiegend Rohre zur Anwendung, die Verbindung der Stäbe in den Knoten erfolgt mittels spezieller Knotenelemente durch Schweißen, Verschrauben bzw. durch Klemmwirkung. Eine Auswahl verschiedener Knotenlösungen zeigt Bild 3.24.

Dachsegmente werden in der Regel gelenkig auf eingespannten Stahl- bzw. Stahlbetonstützen aufgelagert. Bei Kranbetrieb sind die Stützen als Kranbahnstützen auszubilden und in der Regel im Stützenraster von 12 m anzuordnen. In Abhängigkeit von der Spannweite der ein- bzw. mehrschiffigen Hallen ergeben sich damit Dachsegmente von 12 m × 18 m; 12 m × 24 m und 12 m × 30 m (Bild 3.25.).

Raumstabwerke sind in der Regel mehrfach statisch unbestimmte Systeme, und die Ermittlung der Stabkräfte erfolgt über Rechenprogramme. Zu Näherungslösungen

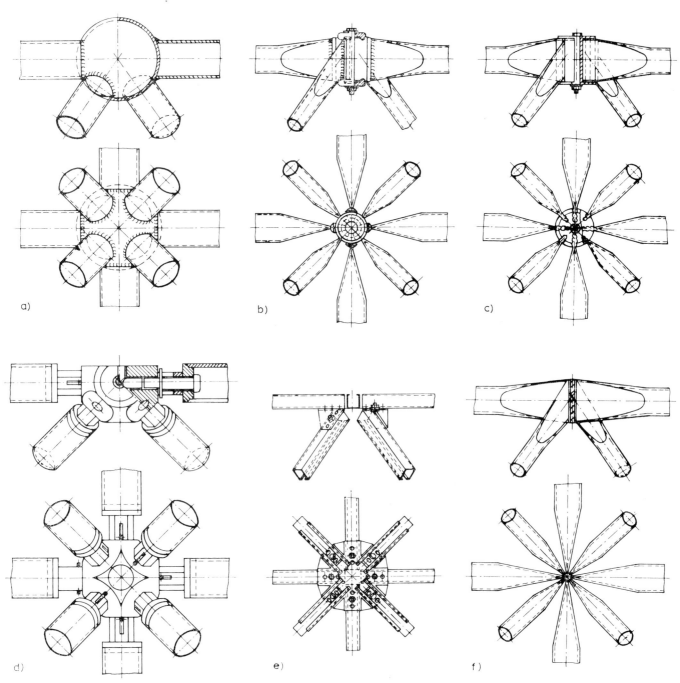

Bild 3.24. Knotengestaltung für Raumtragwerke

a) Kugelknoten-System Oktaplatt (BRD)
b) Knoten-System IFI (DDR)
c) Knoten-System Triodetik (Kanada)
d) Knoten-System Mero (BRD)
e) Knoten-System Junostrat (USA)
f) Knoten-System CNIISK (UdSSR)

kommt man, wenn man Raumstabwerke als orthotrope Platten mit elastischen Eigenschaften bzw. als Trägerroste von ebenen oder räumlichen Fachwerkträgern (in Abhängigkeit von der Form der Grundkörper) betrachtet und Grenzbedingungen berücksichtigt, die denen des Stabwerks entsprechen [3.21].

3.3. Gestaltung und Berechnung von Dachtragwerk-Stützen-Systemen

Die bei ein- und mehrschiffigen Hallen des Industriebaus häufigste Ausführung ist die Kombination von ebenen (Fachwerkbinder, Vollwandbinder, unterspannte Binder) bzw. räumlichen Dachtragwerken (Faltwerke, Raumstabwerke, räumlich unterspannte Dachtragwerke) mit ein- bzw. mehrteiligen Stützen. Die Stützen bilden mit den verschiedenen Dachtragwerken räumliche Systeme, die ein Verschieben und Verdrehen der Hallenkonstruktion verhindern sollen. Die raumabschließenden, geschlossenen oder offenen Hallen sind also grundsätzlich als räumliche Tragwerke aufzufassen und zu berechnen. Wesentliche tragende und stabilisierende Elemente sind dabei die Stützen. Im Industriebau haben diese in der Regel nicht nur die Aufgabe, die Dach-, Wind- und Eigenlasten zu übertragen, sondern müssen auch Kräfte aus dem robusten Kranbetrieb aufnehmen. Der Gestaltung und Bemessung der Stützen und der damit in Zusammenhang stehenden Ausbildung von Binderauflagerung, Kranbahnauflagerung und Stützenfuß ist also große Aufmerksamkeit zu schenken. Die folgenden Ausführungen beziehen sich auf das ebene Binder-Stützen-System, das zur Vereinfachung der Berechnung als Teil des räumlich wirkenden Hallensystems betrachtet wird. Bei der Beanspruchung dieser Querscheibe sind aus der räumlichen Tragwirkung herrührende Schnittkräfte wie z. B. Gurtkräfte aus der Binderstabilisierung oder Stützenkräfte aus dem Kranbahnportal und den Windverbänden mit zu berücksichtigen. Die für das Binder-Stützen-System im folgenden gemachten Angaben können sinngemäß auch für alle anderen Dachtragwerk-Stützen-Systeme angewendet werden.

3.3.1. Beanspruchung und Gestaltung der Stützen im Binder-Stützen-System

Stützen im Binder-Stützen-System haben in der Querscheibe die Auflagerkräfte der Dachbinder am Stützenkopf (horizontale Auflagerkräfte der Dachbinder einschließlich der Koppelkräfte F_H, vertikale Auflagerkräfte F_V, Momente bei Einspannung des Binders M), die Auflagerkräfte aus Kranbetrieb und Eigenlast der Kranbahn F_K; Schlingerkräfte aus Kranbetrieb F_S, horizontale Windlasten auf die Längswand W und ihre Eigenlasten aufzunehmen.

Entsprechend den im Abschn. 3.1.3. dargestellten Binder-Stützen-Systemen unterscheidet man die im Bild 3.26. angegebenen Systemarten für Stützenkonstruktionen. Die Pendelstütze (Bild 3.26.a bis c) mit Lagerungsart am Stützenkopf nach Bild 3.26.m und n im Binder-Stützen-System ein- und mehrschiffiger Hallen stützt sich am oberen Ende gegen eine starre Dachscheibe oder über die

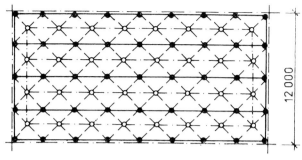

Stabnetzfaltwerk (Typ Berlin)

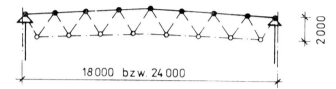

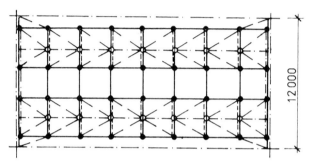

Raumtragwerk (Typ Ruhland)

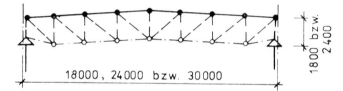

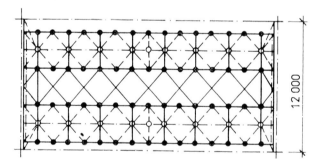

Raumtragwerk (Typ Plauen)

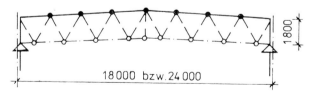

Bild 3.25. Anwendungsbeispiele für ebene Raumstabwerke (DDR)

Kopplung durch den Dachbinder gegen eine oder mehrere eingespannte Stützen ab. Wegen der geringen Seitensteifigkeit von mit eingespannten Stützen gekoppelten

Pendelstützen ist deren Einsatz in der Regel ohne oder mit leichtem Kranbetrieb möglich. Die Kranbahn wird für diesen Fall auf Konsolen aufgelagert.

Bei Einspannung des Binders zwischen Stützen mit Fußgelenken nach Bild 3.26.a bis c ist die Lagerung des Stützenkopfes entsprechend Bild 3.26.o oder p anzunehmen. Der Einsatz dieser Systemart erfolgt für ein- und mehrschiffige Hallen ohne oder mit leichtem Kranbetrieb.

Häufigste Ausführung ist die Stütze mit Fußeinspannung, die ohne und mit leichtem Kranbetrieb als Vollwandstütze (Stahl bzw. Stahlbeton) ausgeführt wird (Bild 3.26.d bis f). Für mittelschweren und schweren Kranbetrieb bei großer Hallenspannweite (≥ 24 m) ist die Ausführung als Fachwerkstütze aus Stahl üblich (Bild 3.26.g und h). Die Lagerung am Stützenkopf erfolgt in Abhängigkeit von den Lagerungsbedingungen nach Bild 3.26.m bis p, wobei diese idealisiert nach Bild 3.35. angenommen werden können.

Die Anwendung von Koppelstützen (Bild 3.26.i bis l) ist

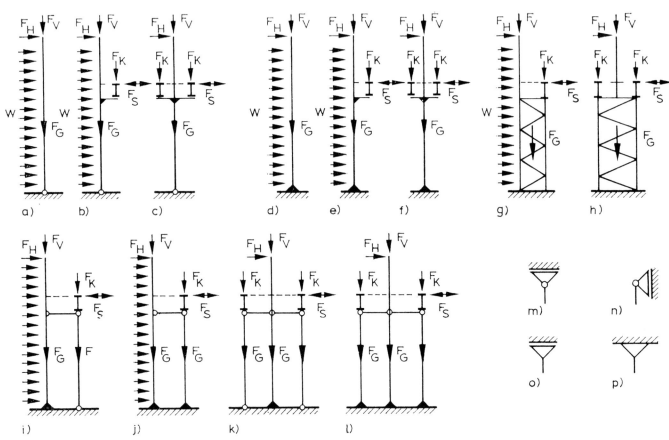

Bild 3.26. Beispiele für ein- und mehrgliedrige Stützensysteme

a) bis c) einteilige Stützen mit Fußgelenk
d) bis h) ein- und mehrteilige Stützen mit Fußeinspannung
i) bis l)   Koppelstützen
m) bis p) Möglichkeiten der Lagerung am Stützenkopf

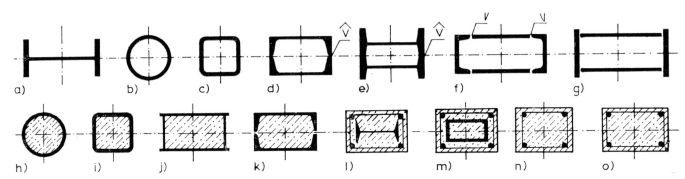

Bild 3.27. Beispiele für die Querschnittsgestaltung von vollwandigen Stützen im Binder-Stützen-System

a) bis g) Stahlquerschnitte
h) bis k) betongefüllte Stahlhohlprofile
l) bis n) betonummantelte Stahlprofile
o)   Stahlbetonquerschnitt

3.3. Gestaltung und Berechnung von Dachtragwerk-Stützen-Systemen

für Hallensysteme in Mischbauweise üblich (Dachbinder aus Stahl, Dach- und Kranbahnstützen aus Stahlbeton bzw. Dachstütze aus Stahlbeton, Kranbahnstütze aus Stahl), wobei diese besonders für Spannweiten von 15 bis 24 m Vorteile im Stahlverbrauch aufweisen.

Für vollwandige Stützen ohne und mit Konsol werden Querschnitte entsprechend Bild 3.27. bevorzugt. Bei Betonfüllung bzw. -ummantelung der Stahlstützen werden der Feuerwiderstand und bei Ausnutzung der Verbundwirkung auch die Tragfähigkeit erhöht. Der Nachweis von betongefüllten Stahlhohlprofilstützen und betonummantelten Stützen kann nach den Literaturquellen [3.15] bis [3.18] erfolgen.

Bei abgestuften Fachwerkstützen ist konstruktiv eine sichere Einleitung der Schnittkräfte aus dem Stützenoberteil in den Unterteil zu gewährleisten. Bild 3.28.a bis h gibt Varianten zur Gestaltung des Fachwerkstützensystems an. Beispiele für die Querschnittsgestaltung und den Anschluß des Querverbands zeigt Bild 3.28. i bis v.

Eine Prinziplösung für Koppelstützen aus Stahlbeton

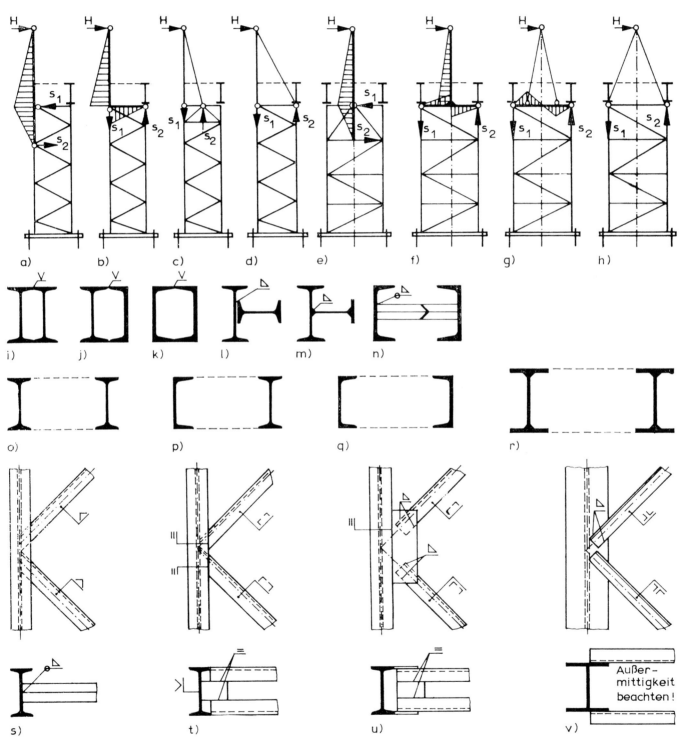

Bild 3.28. Gestaltung von Fachwerkstützen
a) bis h) Varianten zur Einleitung der Schnittkräfte aus dem Stützenoberteil in den Unterteil
i) bis r) Querschnittsgestaltung für Stützenober- bzw. -unterteil
s) bis v) Varianten zum Anschluß des Querverbandes

104 3. Hallenbauten und Überdachungen

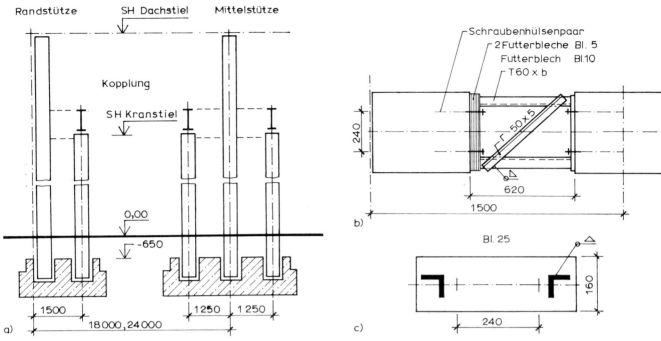

Bild 3.29. Gestaltung von Koppelstützen aus Stahlbeton für Binder-Stützen-Systeme in Mischbauweise

a) Rand- und Mittelstütze
b) Gestaltung der Kopplung
c) Anschlußblech der Kopplung

Tabelle 3.3. Beispiele zur Festlegung der Auflagerbedingungen und der rechnerischen Systeme in Abhängigkeit von der Binderauflagerung

Gelenkige Auflagerung der Binder auf den Stützen		Einspannung der Binder zwischen den Stützen	
Konstruktion	rechnerisches System	Konstruktion	rechnerisches System

zur Koppelung von Dach und Kranbahnstützen ist aus Bild 3.29. ersichtlich [3.20]. Die konsolartige Auflagerung von Kranbahnträgern kann konstruktiv nach Bild 3.30. gestaltet werden, wobei spezielle Kranbahnauflagerungen Abschn. 5. zu entnehmen sind.

3.3.2. Grundlagen der Berechnung von Binder-Stützen-Systemen

3.3.2.1. Ermittlung der Schnittkräfte

Beim Binder-Stützen-System einetagiger, ein- und mehrschiffiger Hallen des Industriebaus sind die Stützen (verschiedener Ausführung und Lagerung am Stützenfuß) durch die Dachbinder miteinander gekoppelt (Bild 3.31.). Dabei ist zu unterscheiden zwischen Systemen, bei denen der Binder gelenkig auf den Stielen aufgelagert wird, und solchen, bei denen eine Einspannung der Binder zwischen den Stützen erfolgt. Die Lagerungsbedingungen können für die Untersuchung der Kopplung näherungsweise nach Tab. 3.3. angenommen werden.

Für die Ermittlung der Schnittkräfte in den Stützen wird angenommen, daß die Binder als Koppelglieder unendlich dehnstarr sind ($EI = \infty$) und somit bei einer Belastung des Teil- oder Gesamtsystems Verschiebungen für alle Stützenköpfe erzwungen werden. Damit erfolgt eine Verteilung der Biegebeanspruchung entsprechend der Biegesteifigkeit der Stützen auf das gesamte System.

Die Untersuchung der Stützen erfolgt in der Projektierungspraxis in der Regel nach Elastizitätstheorie II. Ordnung oder mit Hilfe des Ersatzstabverfahrens unter Beachtung von Knicklängenbeiwerten. Wird für die Untersuchung die Elastizitätstheorie II. Ordnung genutzt, so ist der Rechenaufwand erheblich, wird aber mit Hilfe von zur Verfügung stehenden Rechenprogrammen leicht bewältigt. Zu beachten ist dabei, daß für die Ermittlung der Schnittkräfte das Superpositionsgesetz nur beschränkt gilt und somit in der Regel summarische Lastfälle zu untersuchen sind. Für Stäbe und einfache Stabwerke geben z. B. [3.22, 3.23, 3.24] und [3.25] Verfahren zur Ermittlung der Schnittkräfte nach Theorie II. Ordnung an.

Wegen der leichteren Handhabbarkeit der Untersuchung mit Hilfe des Ersatzstabverfahrens wird nach wie vor in der Projektierungspraxis diesem der Vorzug gegeben. Dabei können einzelne Lastfälle untersucht und nach dem Superpositionsgesetz überlagert werden.

Für die hierzu erforderliche Ermittlung von Schnittkräften nach Theorie I. Ordnung geben z. B. die Literaturquellen [3.22] und [3.26] für eine Reihe von häufig auftretenden Sonderfällen Gebrauchsformeln und Projektierungshilfen an, die hier auszugsweise wiedergegeben werden sollen bzw. weiter aufbereitet wurden.

Ein in der Praxis häufig auftretender Fall ist die Kopplung von Stützen mit Fußgelenken bzw. mit Fußeinspannung durch gelenkig aufgelagerte Binder in durchgehend gleicher Höhe (Bild 3.32.). Bei der Annahme von dehnstarren Koppelgliedern wird im Fall der Verformung eines Stabes an allen anderen Stäben die gleiche Stützenkopfverschiebung erzwungen. Die Beziehungen an den Stäben mit den beiden unterschiedlichen Lagerungs-

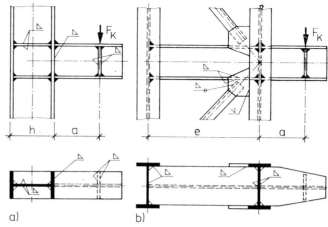

Bild 3.30. Beispiele für konsolartige Trägerauflagerungen
a) für Vollwandstütze
b) für Fachwerkstütze

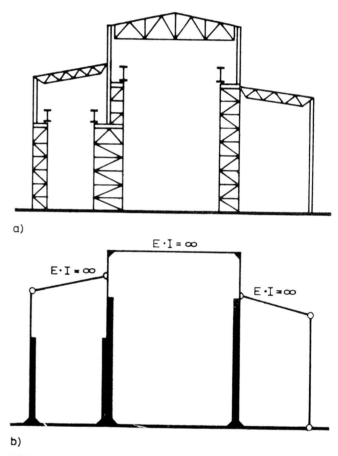

Bild 3.31. Mehrschiffige Halle
a) Querschnitt
b) statisches System

bedingungen am Stützenfuß sind im Bild 3.33. dargestellt (Stabart „g" und Stabart „e").

Unter Beachtung der Beziehungen auf den Bildern 3.32. und 3.33. und den Voraussetzungen

a) E konstant
b) Koppelglieder dehnstarr ($EI = \infty$)
c) Koppelglieder waagerecht in gerader Linie verlaufend
d) Anzahl der eingespannten und der Pendelstützen beliebig, jedoch $n - m \geq 0$ ($n + 1$ Gesamtstützenzahl, m Anzahl der Stützen der Art „e")

erhält man nach der Deformationsmethode die in Tab.

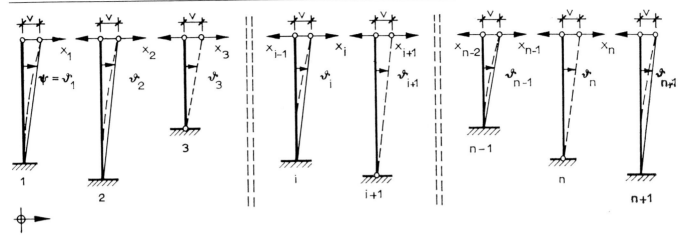

Bild 3.32. Verformungen und Verschiebungen eines in gleicher Höhe gekoppelten Systems mit gelenkig gelagertem dehnstarrem Koppelglied

Tabelle 3.4. Gebrauchsformeln für die Ermittlung von Schnittkräften für gekoppelte Stiele nach Theorie I. Ordnung

Allgemeine Formel		Sonderfall: $S_{i,g} =$ konst $h_{i,g}$ bzw. $r_{i,g} =$ konst	
$X_i = \sum\limits_{i=1}^{i}(A_{i,g,0}+A_{i,e,0}) - \sum\limits_{i=1}^{n+1}(A_{i,g,0}+A_{i,e,0})\dfrac{\sum\limits_{i=1}^{i}r_{i,g}}{\sum\limits_{i=1}^{n+1}r_{i,g}}$		$X_i = \sum(A_{i,g,0}+A_{i,e,0}) - \dfrac{i}{n+1}\sum\limits_{i=1}^{n+1}(A_{i,g,0}+A_{i,e,0})$	
$+\sum\limits_{i=1}^{i}(A_{i,g,0}^{*}) - 3E\sum\limits_{i=1}^{n+1}(r_{i,g}V_{i,0})\dfrac{\sum\limits_{i=1}^{i}r_{i,g}}{\sum\limits_{i=1}^{n+1}r_{i,g}}$	(3.7)	$+\sum\limits_{i=1}^{i}(A_{i,g,0}^{*}) - \dfrac{i}{n+1}3E\sum\limits_{i=1}^{n+1}(r_{i,g}V_{i,0})$	(3.7a)
$A_{i,g} = A_{i,g,0} - \sum\limits_{i=1}^{n+1}(A_{i,g,0}+A_{i,e,0})\dfrac{r_{i,g}}{\sum\limits_{i=1}^{n+1}r_{i,g}}$		$A_{i,g} = A_{i,g,0} - \dfrac{1}{n+1}\sum\limits_{i=1}^{n+1}(A_{i,g,0}+A_{i,e,0})$	
$+A_{i,g,0}^{*} - 3E\sum\limits_{i=1}^{n+1}(r_{i,g}V_{i,0})\dfrac{r_{i,g}}{\sum\limits_{i=1}^{n+1}r_{i,g}}$	(3.8)	$+A_{i,g,0}^{*} - \dfrac{1}{n+1}3E\sum\limits_{i=1}^{n+1}(r_{i,g}V_{i,0})$	(3.8a)
$A_{i,e} = A_{i,e,0}$	(3.9)	$A_{i,e} = A_{i,e,0}$	(3.9a)
$H_{i,g} = H_{i,g,0} - \sum\limits_{i=1}^{n+1}(A_{i,g,0}+A_{i,e,0})\dfrac{r_{i,g}}{\sum\limits_{i=1}^{n+1}r_{i,g}}$		$H_{i,g} = H_{i,g,0} - \dfrac{1}{n+1}\sum\limits_{i=1}^{n+1}(A_{i,g,0}+A_{i,e,0})$	
$+H_{i,g,0}^{*} - 3E\sum\limits_{i=1}^{n+1}(r_{i,g}V_{i,0})\dfrac{r_{i,g}}{\sum\limits_{i=1}^{n+1}r_{i,g}}$	(3.10)	$+H_{i,g,0}^{*} - \dfrac{1}{n+1}3E\sum\limits_{i=1}^{n+1}(r_{i,g}V_{i,0})$	(3.10a)
$H_{i,e} = H_{i,e,0}$		$H_{i,e} = H_{i,e,0}$	
$M_{i,g} = M_{i,g,0} + h_i\sum\limits_{i=1}^{n+1}(A_{i,g,0}A_{i,e,0})\dfrac{r_{i,g}}{\sum\limits_{i=1}^{n+1}r_{i,g}}$		$M_{i,g} = M_{i,g,0} + \dfrac{1}{n+1}h_i\sum\limits_{i=1}^{n+1}(A_{i,g,0}+A_{i,e,0})$	
$+M_{i,g,0}^{*} + 3Eh_i\sum\limits_{i=1}^{n+1}(r_{i,g}V_{i,0})\dfrac{r_{i,g}}{\sum\limits_{i=1}^{n+1}r_{i,g}}$	(3.11)	$+M_{i,g,0}^{*} + \dfrac{1}{n+1}3Eh_i\sum\limits_{i=1}^{n+1}(r_{i,g}V_{i,0})$	(3.11a)

3.3. Gestaltung und Berechnung von Dachtragwerk-Stützen-Systemen

Tabelle 3.5. Stützkräfte A_0; H_0; M_0 für einige häufig auftretende Lastfälle nach Theorie I. Ordnung für Stäbe mit konstantem Trägheitsmoment I

Lastfall	System	Stützkräfte	Lastfall	System	Stützkräfte
Gleichlast		$A_0 = -\frac{3}{8}ph$ $H_0 = +\frac{5}{8}ph$ $M = -\frac{1}{8}ph$	exzentrische Vertikallast		$A_0 = +\frac{3Fe}{2h}$ $H_0 = +\frac{3Fe}{2h}$ $M_0 = -\frac{Fe}{2}$
Moment		$A_0 = -\frac{3M}{2h^3}(h^2-a^2)$ $H_0 = -\frac{3M}{2h^3}(h^2-a^2)$ $M_0 = -\frac{3M}{2h^2}(h^2-a^2)$	Einzellast am Stützenkopf		$A_0 = -F$ $H_0 = 0$ $M_0 = 0$
Einzellast		$A_0 = -\frac{F}{2h^3}(2h^3 - 3ah^2 + a^3)$ $H_0 = +\frac{F}{2h^3}(3ah^2 - a^3)$ $M_0 = -\frac{F}{2h^2}(ah^2 - a^3)$	Stützenkopfverschiebung		$A_0 = +3Erv_0$ $H_0 = +3Erv_0$ $M_0 = -3Erv_0 h$ $\left(r=\frac{I}{h^3}\right)$

Tabelle 3.6. η-Werte zur Ermittlung von A_0 für unten eingespannte und oben gelenkig abgestützte Stäbe mit sprunghaft veränderlichem Trägheitsmoment

System		λ	I_1/I							
			1,0	0,6	0,4	0,2	0,1	0,06	0,03	0,01	0,00
	$A_0 = -\eta F$	0,5	0,312	0,288	0,263	0,208	0,147	0,106	0,062	0,023	0,000
		0,6	0,432	0,414	0,394	0,344	0,274	0,216	0,141	0,059	0,000
		0,7	0,564	0,554	0,542	0,509	0,453	0,396	0,301	0,153	0,000
		0,8	0,704	0,700	0,696	0,682	0,657	0,626	0,559	0,343	0,000
		0,9	0,851	0,850	0,849	0,847	0,843	0,837	0,824	0,774	0,000
	$A_0 = -\eta \frac{M}{h}$	0,5	1,125	1,038	0,947	0,750	0,529	0,380	0,223	0,084	0,000
		0,6	1,260	1,208	1,150	1,003	0,799	0,629	0,411	0,172	0,000
		0,7	1,365	1,341	1,312	1,232	1,098	0,959	0,729	0,372	0,000
		0,8	1,440	1,432	1,423	1,395	1,343	1,280	1,144	0,804	0,000
		0,9	1,485	1,484	1,483	1,479	1,472	1,462	1,438	1,351	0,000
	$A_0 = -\eta ph$	0,5	0,375	0,361	0,345	0,312	0,276	0,251	0,225	0,202	0,187
		0,6	0,375	0,366	0,355	0,329	0,293	0,262	0,223	0,181	0,150
		0,7	0,375	0,370	0,365	0,349	0,324	0,297	0,253	0,184	0,112
		0,8	0,375	0,373	0,371	0,366	0,355	0,342	0,313	0,242	0,075
		0,9	0,375	0,375	0,374	0,374	0,372	0,370	0,364	0,345	0,037
	$A_0 = -\eta \frac{EI}{h^3}\Delta$	0,5	−3,00	−4,62	−6,32	−10,0	−14,1	−16,9	−19,8	−22,4	−24,0
		0,6	−3,00	−4,80	−6,84	−11,9	−19,0	−25,0	−32,6	−40,9	−96,9
		0,7	−3,00	−4,91	−7,21	−13,5	−24,1	−35,1	−53,4	−81,7	−111,0
		0,8	−3,00	−4,97	−7,41	−14,5	−28,0	−44,4	−79,4	−167,0	−375,0
		0,9	−3,00	−5,00	−7,49	−14,9	−29,7	−49,2	−96,4	−273,0	−3000,0

Tabelle 3.7. Schnittkräfte X_i; M_i; H_i an Koppelsystemen mit gleicher Stützenhöhe h und gleichem Trägheitsmoment aller Stützen nach Theorie I. Ordnung

Belastung	Momentenflächen belastete Stütze	Momentenflächen übrige Stützen	Koppelkraft X_i rechts der belasteten Stütze	Koppelkraft X_i links der belasteten Stütze	Horizontalkraft H_i belastete Stütze	Horizontalkraft H_i übrige Stützen	Moment M_i belastete Stütze	Moment M_i übrige Stützen	Bemerkungen
w			$-\dfrac{3(n+1-i)}{8(n+1)}wh$	$\dfrac{3i}{8(n+1)}wh$	$\dfrac{5(n+1)+3}{8(n+1)}wh$	$\dfrac{3}{8(n+1)}wh$	$-\dfrac{n+4}{8(n+1)}wh^2$	$-\dfrac{3}{8(n+1)}wh^2$	
F			$-\dfrac{n+1-i}{n+1}F$	$\dfrac{i}{n+1}F$	$\dfrac{1}{n+1}F$	$\dfrac{1}{n+1}F$		$-\dfrac{1}{n+1}Fh$	
F (mit a)			$-\dfrac{n+1-i}{2(n+1)}F\beta$	$\dfrac{i}{2(n+1)}F\beta$	$F-\dfrac{n}{2(n+1)}F\beta$	$\dfrac{1}{2(n+1)}F\beta$	$-F(h-a)$ $+\dfrac{n}{2(n+1)}Fh\beta$	$-\dfrac{1}{2(n+1)}Fh\beta$	$\beta = 2 - 3\dfrac{a}{h} + \dfrac{a^3}{h^3}$ Sonderfall: $a=0 \to \beta = 2$
M			$-\dfrac{n+1-i}{2(n+1)}\dfrac{M}{h}$	$\dfrac{3i}{2(n+1)}\dfrac{M}{h}$	$-\dfrac{3}{2(n+1)}\dfrac{M}{h}$	$\dfrac{3}{2(n+1)}\dfrac{M}{h}$	$-M+\dfrac{3n}{2(n+1)}M$	$-\dfrac{3}{2(n+1)}M$	
M (mit a)			$-\dfrac{3(n+1-i)}{2(n+1)}\dfrac{M}{h}\alpha$	$\dfrac{3i}{2(n+1)}\dfrac{M}{h}\alpha$	$-\dfrac{3n}{2(n+1)}\dfrac{M}{h}\alpha$	$\dfrac{3}{2(n+1)}\dfrac{M}{h}\alpha$	$-M+\dfrac{3n}{2(n+1)}M\alpha$	$-\dfrac{3}{2(n+1)}M\alpha$	$\alpha = 1 - \dfrac{a^2}{h^2}$ Sonderfall: $a=0 \to \alpha = 1$

3.3. Gestaltung und Berechnung von Dachtragwerk-Stützen-Systemen 109

Tabelle 3.8. Schnittkräfte X_i; M_i; H_i an Koppelsystemen mit gleicher Stützenhöhe, gleichem Trägheitsmoment I_1, für die Randstützen und gleichem Trägheitsmomenten I für die Zwischenstützen nach Theorie I. Ordnung

System

Stütze: 1, 2, 3, ..., i−1, i, i+1, ..., n−1, n, n+1
Feld: 1, 2, ..., i−1, i, ..., n−2, n−1, n
Schnittkräfte: V_1, M_1, H_1; V_2, M_2, H_2; V_3, M_3, H_3; ...; V_i, M_i, H_i; $V_{i+1}, M_{i+1}, H_{i+1}$; ...; $V_{n-1}, M_{n-1}, H_{n-1}$; V_n, M_n, H_n; $V_{n+1}, M_{n+1}, H_{n+1}$

Hilfswert $k = \dfrac{I_1}{I}$

Belastung	Momentenflächen belastete Stütze	Momentenflächen übrige Stützen	Koppelkraft X_i rechts der belasteten Stütze	Koppelkraft X_i links der belasteten Stütze		Horizontalkraft H_i belastete Stütze	Horizontalkraft H_i übrige Stützen	Moment M_i belastete Stütze	Moment M_i übrige Stützen	Bemerkungen
W			$-\dfrac{k+n-i}{2k+n-1} \cdot \dfrac{3}{8} wh$	$\dfrac{k+i-1}{2k+n-1} \cdot \dfrac{3}{8} wh$	I_1	$\dfrac{13k+5(n-1)}{8(2k+n-1)} wh$	$\dfrac{k}{2k+n-1} \cdot \dfrac{3}{8} wh$	$\dfrac{5k+n-1}{8(2k+n-1)} wh^2$	$\dfrac{k}{2k+n-1} \cdot \dfrac{3}{8} wh^2$	
					I	$\dfrac{10k+5n-2}{8(2k+n-1)} wh$	$\dfrac{1}{2k+n-1} \cdot \dfrac{3}{8} wh$	$\dfrac{2k+n+2}{8(2k+n-1)} wh^2$	$\dfrac{1}{2k+n-1} \cdot \dfrac{3}{8} wh^2$	
F			$-\dfrac{k+n-i}{2k+n-1} \cdot \dfrac{F}{2}\beta$	$\dfrac{k+i-1}{2k+n-1} \cdot \dfrac{F}{2}\beta$	I_1	$F - \dfrac{k+n-1}{2k+n-1} \cdot \dfrac{F}{2}\beta$	$\dfrac{k}{2k+n-1} \cdot \dfrac{F}{2}\beta$	$-F(h-a) + \dfrac{k+n-1}{2k+n-1} \cdot \dfrac{F}{2}\beta h$	$\dfrac{k}{2k+n-1} \cdot \dfrac{F}{2}\beta h$	$\beta = 2 - 3\dfrac{a}{h} + \dfrac{a^3}{h^3}$ Sonderfall: $a=0 \to \beta=2$
					I	$F - \dfrac{2k+n-2}{2k+n-1} \cdot \dfrac{F}{2}\beta$	$\dfrac{1}{2k+n-1} \cdot \dfrac{F}{2}\beta$	$-F(h-a) + \dfrac{2k+n-2}{2k+n-1} \cdot \dfrac{F}{2}\beta h$	$\dfrac{1}{2k+n-1} \cdot \dfrac{F}{2}\beta h$	
M			$-\dfrac{k+n-i}{2k+n-1} \cdot \dfrac{3M}{2h}\alpha$	$\dfrac{k+i-1}{2k+n-1} \cdot \dfrac{3M}{2h}\alpha$	I_1	$\dfrac{k+n-1}{2k+n-1} \cdot \dfrac{3M}{2h}\alpha$	$\dfrac{k}{2k+n-1} \cdot \dfrac{3M}{2h}\alpha$	$-M\dfrac{k+n-1}{2k+n-1} \cdot \dfrac{3}{2}M\alpha$	$\dfrac{k}{2k+n-1} \cdot \dfrac{3}{2}M\alpha$	$\alpha = 1 - \dfrac{a^2}{h^2}$ Sonderfall: $a=0 \to \alpha=1$
					I	$\dfrac{2k+n-2}{2k+n-1} \cdot \dfrac{3M}{2h}\alpha$	$\dfrac{1}{2k+n-1} \cdot \dfrac{3M}{2h}\alpha$	$-M + \dfrac{2k+n-2}{2k+n-1} \cdot \dfrac{3}{2}M\alpha$	$\dfrac{1}{2k+n-1} \cdot \dfrac{3}{2}M\alpha$	

110 3. Hallenbauten und Überdachungen

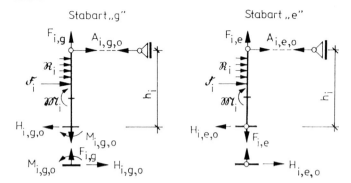

Bild 3.33. Beziehungen an den Stäben der Art „g" und „e"

3.4. angegebenen Gebrauchsformeln für die Schnittkräfte nach Theorie I. Ordnung
Darin bedeuten:

$M_{i,g,0}$ Einspannmoment
$H_{i,g,0}$ H-Kraft an der Einspannstelle
$A_{i,g,0}$ obere Auflagerkraft

} der Stütze „i" (Stabart „g") im geometrisch bestimmten Grundsystem unter Beachtung der Vorzeichen nach Bild 3.33.

$H_{i,e,0}$ H-Kraft am Fußpunkt
$A_{i,e,0}$ obere Auflagerkraft

} der Stütze „i" (Stabart „e") im geometrisch bestimmten Grundsystem unter Beachtung der Vorzeichen nach Bild 3.33.

$M_{i,g}$; $H_{i,g}$; $A_{i,g}$;
$H_{i,e}$; $A_{i,e}$

} Stütz- bzw. Schnittkräfte am verformten System (Gleichgewichtszustand) unter Beachtung der Vorzeichen nach Bild 3.33.

$r_{i,g} = \dfrac{I_{i,g}}{h_i^3}$ Charakteristik der Steifigkeit des Stabes i (Stabart „g")

$A^*_{i,g,0}$; $H^*_{i,g,0}$; $M^*_{i,g,0}$ Stütz- und Schnittkräfte der Stäbe i (Stabart „g") im geometrisch bestimmten Grundsystem infolge $r_{i,0}$

Für konstantes Trägheitsmoment I lassen sich für einige häufige Lastfälle die Schnittkräfte $M_{i,g,0}$; $H_{i,g,0}$ und $A_{i,g,0}$ (Stütze i, Stabart „g") im geometrisch bestimmten Grundsystem aus Tab. 3.5. entnehmen.

Tab. 3.6. gibt für den Fall des sprunghaft veränderlichen Trägheitsmoments (einfach abgestufte Stützen) die Schnittkraft $A_{i,g,0}$ im geometrisch bestimmten Grundsystem an, wobei die Charakteristik der Steifigkeit des Stabes i wie folgt ermittelt wird:

$$r_i = \frac{I}{h^3} \cdot \frac{I_1}{I_1 + (I - I_1)(1 - \lambda)^3} \qquad (3.12)$$

Haben alle Stützen ein- und mehrschiffiger Hallen konstantes gleich großes Trägheitsmoment und gleiche Höhe, so lassen sich die Schnittkräfte nach Theorie I. Ordnung

Tabelle 3.9. Ermittlung der Koppelkräfte für einschiffige Hallen mit einfach abgestuften Stützen und gelenkig gelagerten Koppelgliedern nach Theorie I. Ordnung

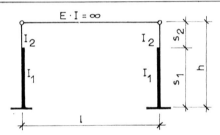

$\eta = \dfrac{s_z}{h}$ $\qquad \alpha_2 = \dfrac{(n-1)\eta^2 + 1}{n}$

$n = \dfrac{I_1}{I_2}$ $\qquad \alpha_3 = \dfrac{(n-1)\eta^3 + 1}{n}$

$\alpha_1 = \dfrac{(n-1)\eta + 1}{n}$ $\qquad \alpha_4 = \dfrac{(n-1)\eta^4 + 1}{n}$

Nr.	System	Koppelkraft X	Nr.	System	Koppelkraft X
1		$X = \dfrac{F}{2}(1-\varepsilon)$	5		$X = \dfrac{M_0}{h} \cdot \dfrac{3(\alpha_2 - \eta^2)}{4\alpha_3}(1+\varepsilon)$
2		$X = \dfrac{F}{2}\left[1 - \dfrac{\psi}{2\alpha_3}(3\alpha_2 - \psi^2)\right]$	6		$X = \dfrac{M_0}{h} \cdot \dfrac{3\xi(2-\xi)}{4n\alpha_3}$
3		$X = F\dfrac{\xi^2(3-\xi)}{4n\alpha_3}$	7		$X = wh\dfrac{3}{16}\cdot\dfrac{\alpha_4}{\alpha_3}(1-\varepsilon)$
4		$X = \dfrac{M_0}{h}\cdot\dfrac{3(\alpha_2-\psi^2)}{4\alpha_3}$	8		$X = \dfrac{3}{2\alpha_3\eta}[M_1\alpha_2 - M_2(\alpha_2 - \eta^2)]$

aus Tab. 3.7. entnehmen. Für den Fall unterschiedlicher Trägheitsmomente der Rand- und Zwischenstützen kann Tab. 3.8. zur Ermittlung der Schnittkräfte genutzt werden.

Die Tab. 3.9. bis 3.11. ermöglichen die Ermittlung der Schnittkräfte für eine Reihe von Sonderfällen.

3.3.2.2. Knicklängenbeiwerte für Stützen

■ *Knicklängenbeiwerte für Knicken in der Ebene des Binder-Stützen-Systems*

Zur Untersuchung von Stützen des Binder-Stützen-Systems mit Hilfe des Ersatzstabverfahrens ist die Er-

Tabelle 3.10. Ermittlung der Koppelkräfte für zweischiffige Hallen mit einfach abgestuften Stützen und gelenkig gelagerten Koppelgliedern nach Theorie I. Ordnung

$$S_2 = \eta \cdot h_1;\ S_1 = (1 - \eta) h_1$$
$$S_4 = \eta \cdot h_2;\ S_3 = (1 - \eta_1) h_2$$
$$\gamma = \frac{h_2}{h_1};\ n = \frac{I_1}{I_2};$$
$$n_1 = \frac{I_3}{I_4};\ m = \frac{I_2}{I_4}$$
$$b_0 = m \cdot \gamma^3 \cdot \alpha_3';\ b = \alpha_3 + b_0;$$
$$b_1 = m \cdot \gamma^3 \cdot \alpha_3;\ C = \alpha_3(\alpha_3 + 2b_0)$$

$$\alpha_1 = \frac{(n-1)\eta + 1}{n};\quad \alpha_1' = \frac{(n_1-1)\eta_1 + 1}{n_1}$$
$$\alpha_2 = \frac{(n-1)\eta^2 + 1}{n};\quad \alpha_2' = \frac{(n_1-1)\eta_1^2 + 1}{n_1}$$
$$\alpha_3 = \frac{(n-1)\eta^3 + 1}{n};\quad \alpha_3' = \frac{(n_1-1)\eta_1^3 + 1}{n_1}$$
$$\alpha_4 = \frac{(n-1)\eta^4 + 1}{n};\quad \alpha_4' = \frac{(n_1-1)\eta_1^4 + 1}{n_1}$$

Nr.	System	Koppelkraft X	Nr.	System	Koppelkraft X
1		$X_1 = \dfrac{F\alpha_3 b - F'\alpha_3 b_0}{C}$ $X_2 = \dfrac{F\alpha_3 b_0 - F'\alpha_3 b}{C}$	7		$X_1 = -\dfrac{3M_0}{2h_1 C}(\alpha_2' - \psi_1^2) b_1$ $X_2 = \dfrac{3M_0}{2h_1 C}(\alpha_2' - \psi_1^2) b_1$
2		$X_1 = \dfrac{F}{C}\left[\alpha_3 - \dfrac{\psi}{2}(3\alpha_2 - \psi^2)\right] b$ $X_2 = \dfrac{F}{C}\left[\alpha_3 - \dfrac{\psi}{2}(3\alpha_2 - \psi^2)\right] b_0$	8		$X_1 = \dfrac{3M_0}{2nh_1 C}\xi(2 - \xi) b$ $X_2 = \dfrac{3M_0}{2nh_1 C}\xi(2 - \xi) b_0$
3		$X_1 = -\dfrac{F}{C}\left[\alpha_3' - \dfrac{\psi_1}{2}(3\alpha_2' - \psi_1^2)\right] b_1$ $X_2 = \dfrac{F}{C}\left[\alpha_3' - \dfrac{\psi_1}{2}(3\alpha_2' - \psi_1^2)\right] b_1$	9		$X_1 = -\dfrac{3M_0}{2n_1 h_1 C}\xi_1(2 - \xi_1) b_1$ $X_2 = \dfrac{3M_0}{2n_1 h_1 C}\xi_1(2 - \xi_1) b_1$
4		$X_1 = \dfrac{F}{2nC}\xi^2(3 - \xi) b$ $X_2 = \dfrac{F}{2nC}\xi^2(3 - \xi) b_0$	10		$X_1 = \dfrac{3}{2h_1 C}\left[\dfrac{M_{01}}{n}(1 - \eta^2) b + \dfrac{M_{02}}{n_1}(1 - \eta_1^2) b_1\right]$ $X_2 = \dfrac{3}{2h_1 C}\left[\dfrac{M_{01}}{n}(1 - \eta^2) b_0 + \dfrac{M_{02}}{n_1}(1 - \eta_1^2) b_1\right]$
5		$X_1 = -\dfrac{F}{2n_1 C}\xi_1^2(3 - \xi_1) b_1$ $X_2 = \dfrac{F}{2n_1 C}\xi_1^2(3 - \xi_1) b_1$	11		$X_1 = \dfrac{3h_1 \alpha_4}{8C}(w_1 b - w_2 b_0)$ $X_2 = \dfrac{3h_1 \alpha_4}{8C}(w_1 b_0 - w_2 b)$
6		$X_1 = \dfrac{3M_0}{2h_1 C}(\alpha_2 - \psi^2) b$ $X_2 = \dfrac{3M_0}{2h_1 C}(\alpha_2 - \psi^2) b_0$	12		$X_1 = \dfrac{3}{2h_1 C}(M_{01}\alpha_2 b + M_{02}\alpha_2' b_1)$ $X_2 = \dfrac{3}{2h_1 C}(M_{01}\alpha_2 b_0 - M_{02}\alpha_2' b_1)$

Tabelle 3.11. Schnittkräfte für die Stützen mit konstantem Trägheitsmoment einschiffiger Hallen mit eingespanntem Koppelglied ($EI = \infty$) nach Theorie I. Ordnung

Nr.	System	Schnittkräfte
1		$X = \dfrac{F}{2}$ $M_a = M_b = M_c = M_d = \dfrac{Fh}{4}$ $H_a = H_d = \dfrac{F}{2}$
2		$X = F\dfrac{(3a+b)b^2}{2h^3}$ $M_c = M_d = F\dfrac{(3a+b)b^2}{4h^2}$ $M_b = F\dfrac{(b-a)b^2}{4h^2}$ $M_a = Fb - Xh - M_b$ $H_d = X;\ H_a = F - X$
3		$X = \dfrac{wh}{4}$ $M_c = M_d = \dfrac{wh^2}{8}$ $M_b = \dfrac{wh^2}{24}$ $M_c = \dfrac{5}{24}wh^2$ $H_a = \dfrac{3}{4}wh$ $H_d = \dfrac{1}{4}wh$
4		$X = M_0\dfrac{3ab}{h^3}$ $H_a = H_d = X$ $M_c = M_d = M_0\dfrac{3ab}{2h^2}$ $M_b = M_0 \cdot \dfrac{b(2b-a)}{2h^2}$ $M_a = Xh + M_b - M_0$

mittlung von Ersatzstablängen (Knicklängen) erforderlich. Die Ersatzstablängen werden nach den Vorschriften der DDR (TGL 13503) und auch der UdSSR (SNiP II-23-81) durch Multiplikation der geometrischen Stablänge s mit einem Knicklängenfaktor β gewonnen ($sk = \beta s$).

Eine Zusammenstellung von Knicklängenfaktoren für Stiele mit gleichbleibendem Querschnitt bei verschiedenen Beanspruchungs- und Lagerungsarten zeigt Tab. 3.12.

Für den Fall der sprunghaft veränderlichen Normalkraft der unten eingespannten und oben frei beweglichen Stütze mit konstantem Querschnitt ist die Ermittlung des Knicklängenbeiwertes β nach Bild 3.34. und Gl. (3.13) möglich. Die Auswertung der Gl. (3.13) für den Fall einer einfachen Abstufung im Normalkraftverlauf kann Tab. 3.13. entnommen werden.

In vielen Fällen erfolgt die Kopplung von Stützen des Binder-Stützen-Systems mit unverschieblichen Gerüsten im Innern des Gebäudes. Der Einfluß solcher seitlich unverschieblicher Lagerungen auf die Ermittlung des Knicklängenbeiwertes β ist aus Tab. 3.14. ersichtlich [3.27, 3.28, 3.29].

Für Stiele mit unterschiedlicher Lagerung bei konstantem Querschnitt und zwischen den Stabenden an beliebiger Stelle angreifender Normalkraft ergibt sich der Knicklängenbeiwert aus Tab. 3.15. [3.27].

Für unten eingespannte Stützen mit sprunghaft ver-

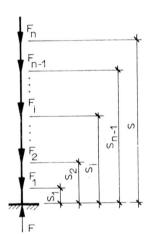

$$F = F_n + \sum_{i=1}^{n-1} F_i$$

$$\alpha_i = \dfrac{S_i}{S}$$

$$\beta = 2\sqrt{\dfrac{F_N \sum(\alpha_i^2 \cdot F_i)}{F}}$$

(3.13)

Bild 3.34. Knicklängenbeiwert β für eine unten eingespannte Stütze mit sprunghaft veränderlicher Normalkraft

änderlichem Querschnitt gestattet die sowjetische Vorschrift (SNiP II-23-81) die Ermittlung der Knicklängenbeiwerte bei verschiedenen Lagerungsbedingungen am oberen Stützenende (Bild 3.35.). Die Lagerungsbedingungen dürfen dabei in Abhängigkeit von der Art der Kopplung wie folgt angenommen werden:

— *Fall 1* freies Ende (für einschiffige Hallen bei gelenkiger Kopplung mit dem Koppelglied)
— *Fall 2* seitlich verschiebliche Einspannung (für einschiffige Hallen mit Einspannung des Koppelgliedes zwischen eingespannten Stützen)
— *Fall 3* gelenkige Lagerung (für zwei- und mehrschif-

3.3. Gestaltung und Berechnung von Dachtragwerk-Stützen-Systemen

Tabelle 3.12. Knicklängenbeiwerte β für Stützen und Stiele gleichbleibenden Querschnitts bei unterschiedlichen Lagerungsbedingungen und verschiedenartiger Lasteintragung

Nr.	System	β	Nr.	System	β	Nr.	System	β	Nr.	System	β	Nr.	System	β
1		2,0	5		1,0	8		1,12	11		0,73	14		0,71
2		1,0	6		2,0	9		2,0	12		0,71	15		0,57
3		0,7	7		0,73	10		0,79	13		0,28	16		0,43
4		0,5												

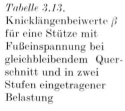

Tabelle 3.13. Knicklängenbeiwerte β für eine Stütze mit Fußeinspannung bei gleichbleibendem Querschnitt und in zwei Stufen eingetragener Belastung

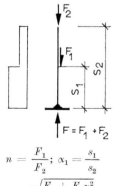

$n = \dfrac{F_1}{F_2}; \quad \alpha_1 = \dfrac{s_1}{s_2}$

$\beta = \sqrt{\dfrac{F_2 + F_1 \alpha_1^2}{F}}$

n	β-Werte für s_1/s_2										
	0	0,1	0,2	0,3	0,4	0,5	0,6	0,7	0,8	0,9	1,0
0	2,00	2,00	2,00	2,00	2,00	2,00	2,00	2,00	2,00	2,00	2,00
0,1	1,91	1,91	1,91	1,91	1,92	1,92	1,94	1,95	1,96	1,98	2,00
0,2	1,83	1,83	1,83	1,83	1,84	1,86	1,88	1,91	1,93	1,97	2,00
0,5	1,63	1,63	1,64	1,65	1,67	1,71	1,75	1,81	1,87	1,93	2,00
1	1,41	1,41	1,42	1,45	1,49	1,54	1,62	1,71	1,80	1,90	2,00
2	1,15	1,16	1,17	1,21	1,27	1,37	1,48	1,61	1,73	1,87	2,00
5	0,82	0,82	0,85	0,92	1,04	1,18	1,34	1,50	1,67	1,83	2,00
10	0,60	0,61	0,65	0,77	0,92	1,10	1,28	1,46	1,64	1,82	2,00
20	0,44	0,44	0,52	0,68	0,86	1,05	1,24	1,43	1,62	1,81	2,00
50	0,28	0,30	0,44	0,63	0,82	1,02	1,22	1,41	1,61	1,80	2,00
∞	0	0,20	0,40	0,60	0,80	1,00	1,20	1,40	1,60	1,80	2,00

Tabelle 3.14. Knicklängenbeiwerte β für seitlich unverschieblich abgestützte Stäbe mit konstantem Querschnitt

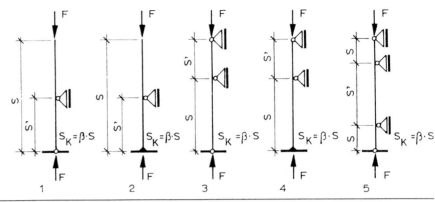

Fall	β-Werte für s'/s												
	0,1	0,2	0,3	0,4	0,5	0,6	0,7	0,8	0,9	1,0	1,5	2,0	2,5	3,0
1	1,88	1,76	1,63	1,50	1,38	1,25	1,14	1,06	1,01	1,0	—	—	—	—
2	1,86	1,72	1,58	1,43	1,28	1,13	0,98	0,83	0,73	0,70	—	—	—	—
3	0,73	0,76	0,79	0,81	0,83	0,85	0,88	0,92	0,95	1,00	—	—	—	—
4	0,53	0,55	0,57	0,59	0,62	0,65	0,69	0,75	0,81	0,88	—	—	—	—
5	—	—	—	—	0,84	—	—	—	—	1,00	1,15	1,40	1,65	1,88

Tabelle 3.15. Knicklängenbeiwerte β für in beliebiger Höhe angreifende Normalkräfte bei Stäben mit konstantem Querschnitt und verschiedener Lagerung

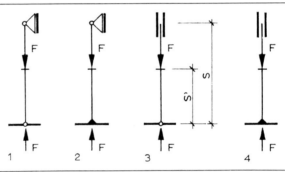

Fall	β-Werte für s'/s									
	0,1	0,2	0,3	0,4	0,5	0,6	0,7	0,8	0,9	1,0
1	0,52	0,65	0,71	0,73	0,73	0,74	0,78	0,83	0,91	1,00
2	0,18	0,31	0,39	0,44	0,46	0,46	0,48	0,53	0,61	0,70
3	0,43	0,53	0,55	0,55	0,57	0,60	0,64	0,68	0,70	0,70
4	0,17	0,28	0,34	0,36	0,36	0,39	0,43	0,47	0,49	0,50

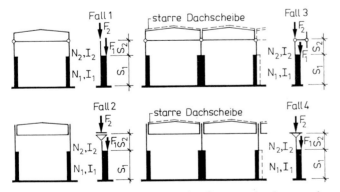

Bild 3.35. Idealisierte Lagerung der Stützen ein- bzw. mehrschiffiger Hallen

Tabelle 3.16. Knicklängenbeiwerte einfach abgestufter Stützen unter speziellen Bedingungen

Lagerung des oberen Stützenendes	β_1		β_2
	$0,3 \geq \dfrac{I_2}{I_1} \geq 0,1$	$0,1 > \dfrac{I_2}{I_1} \geq 0,05$	
Fall 1	2,5	3,0	3,0
Fall 2	2,0	2,0	3,0
Fall 3	1,6	2,0	2,5
Fall 4	1,2	1,5	2,0

fige Hallen bei gelenkiger Kopplung mit den Koppelgliedern)
— *Fall 4* starre Einspannung (für zwei- und mehrschiffige Hallen bei Einspannung der Koppelglieder zwischen eingespannten Stützen).

Für die Fälle 3 und 4 wird die Gewährleistung von starren Dachscheiben vorausgesetzt.

Bei einfach abgestuften Stützen gestattet die sowjetische Vorschrift SNiP II-23-81 eine vereinfachte Festlegung der Knicklängenbeiwerte β_1 (Stützenunterteil) und β_2 (Stützenoberteil) nach Tab. 3.16., wenn folgende Bedingungen eingehalten sind:

$$\frac{s_2}{s_1} \leq 0{,}6; \quad \frac{N_1}{N_2} \geq 3 \quad (N_1 = F_1 + F_2; \; N_2 = F_2)$$

Sind diese Bedingungen nicht erfüllt, so ist eine genauere Ermittlung der Knicklängenbeiwerte erforderlich.

Für einfach abgestufte Stützen der Fälle 1 und 2 können die β_1-Werte (Stützenunterteil) direkt aus Tab. 3.17. und 3.18. entnommen werden [3.30]. Der Knicklängenbeiwert β_1 ist abhängig von den Hilfswerten:

$$c_1 = \frac{s_2}{s_1} \sqrt{\frac{I_1 N_2}{I_2 N_1}} \tag{3.14}$$

$$c_2 = \frac{I_2 s_1}{I_1 s_2} \tag{3.15}$$

Für die Fälle 3 und 4 sind drei Einflußfaktoren zu berücksichtigen, so daß eine allgemeine Tabellisierung zu aufwendig ist. Tabellisiert wurden in den sowjetischen Vorschriften die Sonderfälle (Bild 3.36.):

$$N_1 = N_2 \text{ mit } \beta_{12} \quad \text{und} \quad N_2 = 0 \text{ mit } \beta_{11}$$

Diese Knicklängenbeiwerte β_{12} und β_{11} für den unteren Stützenabschnitt können in Abhängigkeit von den Verhältnissen:

$$c_3 = \frac{I_2}{I_1} \tag{3.16}$$

$$c_4 = \frac{s_2}{s_1} \tag{3.17}$$

für den Fall 3 den Tabellen 3.19. und 3.20. und für den Fall 4 den Tabellen 3.21. und 3.22. entnommen werden. Der Knicklängenbeiwert β_1 für den Stützenunterteil unter der gegebenen Belastung erhält man daraus näherungsweise zu:

$$\beta_1 = \sqrt{\left[\beta_{12}^2 + \beta_{11}^2 \left(\frac{N_1}{N_2} - 1\right)\right] \frac{N_2}{N_1}} \tag{3.18}$$

In allen 4 Fällen ermittelt man den Knicklängenbeiwert β_2 für den oberen Stützenteil aus dem Knicklängenbeiwert β_1 mit Hilfe von c_1 nach Gl. (3.14) wie folgt:

$$\beta_2 = \beta_1/c_1 \leq 3 \tag{3.19}$$

Für zweifach abgestufte Stützen (Bild 3.37.a) sind 6 verschiedene Einflußfaktoren zu berücksichtigen. Zur Vereinfachung gibt die sowjetische Vorschrift SNiP II-23-81 das folgende Näherungsverfahren an, wobei als Grund-

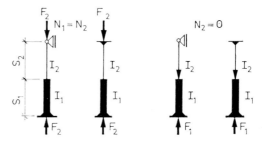

Bild 3.36. Sonderfälle der Belastung zur Ermittlung des Knicklängenbeiwertes β_1 für die Fälle 3 und 4

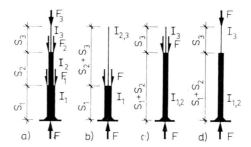

Bild 3.37. Zweifach abgestufte Stütze und Grundfälle zur Ermittlung der Knicklängenbeiwerte

system und -belastungen die einfach abgestuften Stützen nach Bild 3.37.b, c und d genutzt und die 4 Fälle der Lagerung am oberen Stützenende berücksichtigt werden können. Zunächst werden folgende Hilfswerte errechnet:

$$t_1 = \frac{F_1}{F_3}; \quad t_2 = \frac{F_2}{F_3} \tag{3.20}$$

$$n_2 = \frac{s_2}{s_1} \tag{3.21}$$

$$I_{12} = \frac{I_1 s_1 + I_2 s_2}{s_1 + s_2} \tag{3.22}$$

$$I_{23} = \frac{I_2 s_2 + I_3 s_3}{s_2 + s_3} \tag{3.23}$$

$$\bar{c}_2 = \frac{s_2}{s_1} \sqrt{\frac{I_1 (F_2 + F_3)}{I_2 (F_1 + F_2 + F_3)}} \tag{3.24}$$

$$\bar{c}_3 = \frac{s_3}{s_1} \sqrt{\frac{I_1 F_3}{I_3 (F_1 + F_2 + F_3)}} \tag{3.25}$$

Für die Grundfälle der einfach abgestuften Stütze nach Bild 3.37.b, c und d sind die Knicklängenbeiwerte $\bar{\beta}_1$, $\bar{\beta}_2$ und $\bar{\beta}_3$ nach den Hinweisen in Tab. 3.23. zu ermitteln. Mit diesen Werten erhält man die Knicklängenbeiwerte für die entsprechenden Stützenabschnitte wie folgt:

$$\beta_1 = \sqrt{\frac{t_1 \bar{\beta}_1^2 + (t_2 \bar{\beta}_2^2 + \bar{\beta}_3^2)(1 + n_2)^2 \frac{I_1}{I_{23}}}{1 + t_1 + t_2}} \tag{3.26}$$

$$\beta_2 = \beta_1/\bar{c}_2 \tag{3.27}$$

$$\beta_3 = \beta_1/\bar{c}_3 \tag{3.28}$$

Für den Fall der Anwendung abgestufter Stützen mit seitlich unverschieblicher Lagerung erhält man die Knicklängenbeiwerte einiger Sonderfälle aus Tab. 3.24. [3.28, 3.29].

116 3. Hallenbauten und Überdachungen

Tabelle 3.17. Knicklängenbeiwerte β_1 für Fall 1

c_1 \ c_2	0	0,1	0,2	0,3	0,4	0,5	0,6	0,7	0,8	0,9	1,0	1,2	1,4	1,6	1,8	2,0	2,5	5,0	10,0	20,0
0	2,0	2,0	2,0	2,0	2,0	2,0	2,0	2,0	2,0	2,0	2,0	2,0	2,0	2,0	2,0	2,0	2,0	2,0	2,0	2,0
0,2	2,0	2,01	2,02	2,03	2,04	2,05	2,06	2,06	2,07	2,08	2,09	2,10	2,12	2,14	2,15	2,17	2,21	2,40	2,76	3,38
0,4	2,0	2,04	2,08	2,11	2,13	2,18	2,21	2,25	2,28	2,32	2,35	2,42	2,48	2,54	2,60	2,66	2,80	—	—	—
0,6	2,0	2,11	2,20	2,28	2,36	2,44	2,52	2,59	2,66	2,73	2,80	2,93	3,05	3,17	3,28	3,39	—	—	—	—
0,8	2,0	2,25	2,42	2,58	2,70	2,83	2,96	3,07	3,17	3,27	3,36	3,55	3,74	—	—	—	—	—	—	—
1,0	2,0	2,50	2,73	2,94	3,13	3,29	3,44	3,59	3,74	3,87	4,00	—	—	—	—	—	—	—	—	—
1,5	3,0	3,43	3,77	4,07	4,35	4,61	4,86	5,08	—	—	—	—	—	—	—	—	—	—	—	—
2,0	4,0	4,44	4,90	5,29	5,67	6,03	—	—	—	—	—	—	—	—	—	—	—	—	—	—
2,5	5,0	5,55	6,08	6,56	7,00	—	—	—	—	—	—	—	—	—	—	—	—	—	—	—
3,0	6,0	6,65	7,25	7,82	—	—	—	—	—	—	—	—	—	—	—	—	—	—	—	—

Tabelle 3.18. Knicklängenbeiwerte β_1 für Fall 2

c_1 \ c_2	0	0,1	0,2	0,3	0,4	0,5	0,6	0,7	0,8	0,9	1,0	1,2	1,4	1,6	1,8	2,0	2,5	5,0	10,0	20,0
0	2,0	1,92	1,86	1,80	1,76	1,70	1,67	1,64	1,60	1,57	1,55	1,50	1,46	1,43	1,40	1,37	1,32	1,18	1,10	1,05
0,2	2,0	1,93	1,87	1,82	1,76	1,71	1,68	1,64	1,62	1,59	1,56	1,52	1,48	1,45	1,41	1,39	1,33	1,20	1,11	—
0,4	2,0	1,94	1,88	1,83	1,77	1,75	1,72	1,69	1,66	1,62	1,61	1,57	1,53	1,50	1,48	1,45	1,40	—	—	—
0,6	2,0	1,95	1,91	1,86	1,83	1,79	1,77	1,76	1,72	1,71	1,69	1,66	1,63	1,61	1,59	—	—	—	—	—
0,8	2,0	1,97	1,94	1,92	1,90	1,88	1,87	1,86	1,85	1,83	1,82	1,80	1,79	—	—	—	—	—	—	—
1,0	2,0	2,00	2,00	2,00	2,00	2,00	2,00	2,00	2,00	2,00	2,00	—	—	—	—	—	—	—	—	—
1,5	2,0	2,12	2,25	2,33	2,38	2,43	2,48	2,52	—	—	—	—	—	—	—	—	—	—	—	—
2,0	2,0	2,45	2,66	2,81	2,91	3,00	—	—	—	—	—	—	—	—	—	—	—	—	—	—
2,5	2,5	2,94	3,17	3,34	3,50	—	—	—	—	—	—	—	—	—	—	—	—	—	—	—
3,0	3,0	3,43	3,70	3,93	4,12	—	—	—	—	—	—	—	—	—	—	—	—	—	—	—

3.3. Gestaltung und Berechnung von Dachtragwerk-Stützen-Systemen

Tabelle 3.19. Knicklängenbeiwerte β_{12} für Fall 3

c_3	c_4													
	0,1	0,2	0,3	0,4	0,5	0,6	0,7	0,8	0,9	1,0	1,2	1,4	1,6	1,8	2,0
0,04	1,02	1,84	2,25	2,59	2,85	3,08	3,24	3,42	3,70	4,00	4,55	5,25	5,80	6,55	7,20
0,06	0,91	1,47	1,93	2,26	2,57	2,74	2,90	3,05	3,24	3,45	3,88	4,43	4,90	5,43	5,94
0,08	0,86	1,31	1,73	2,05	2,31	2,49	2,68	2,85	3,00	3,14	3,53	3,93	4,37	4,85	5,28
0,1	0,83	1,21	1,57	1,95	2,14	2,33	2,46	2,60	2,76	2,91	3,28	3,61	4,03	4,43	4,85
0,2	0,79	0,98	1,23	1,46	1,67	1,85	2,02	2,15	2,28	2,40	2,67	2,88	3,11	3,42	3,71
0,3	0,78	0,90	1,09	1,27	1,44	1,60	1,74	1,86	1,98	2,11	2,35	2,51	2,76	2,99	3,25
0,4	0,78	0,88	1,02	1,17	1,32	1,45	1,58	1,69	1,81	1,92	2,14	2,31	2,51	2,68	2,88
0,5	0,78	0,86	0,99	1,10	1,22	1,35	1,47	1,57	1,67	1,76	1,96	2,15	2,34	2,50	2,76
1,0	0,78	0,85	0,92	0,99	1,06	1,13	1,20	1,27	1,34	1,41	1,54	1,68	1,82	1,97	2,10

Tabelle 3.20. Knicklängenbeiwerte β_{11} für Fall 3

c_3	c_4													
	0,1	0,2	0,3	0,4	0,5	0,6	0,7	0,8	0,9	1,0	1,2	1,4	1,6	1,8	2,0
0,04	0,67	0,67	0,83	1,25	1,43	1,55	1,65	1,70	1,75	1,78	1,84	1,87	1,88	1,90	1,92
0,06	0,67	0,67	0,81	1,07	1,27	1,41	1,51	1,60	1,64	1,70	1,78	1,82	1,84	1,87	1,88
0,08	0,67	0,67	0,75	0,98	1,19	1,32	1,43	1,51	1,58	1,63	1,72	1,77	1,81	1,82	1,84
0,1	0,67	0,67	0,73	0,93	1,11	1,25	1,36	1,45	1,52	1,57	1,66	1,72	1,77	1,80	1,82
0,2	0,67	0,67	0,69	0,75	0,89	1,02	1,12	1,21	1,29	1,36	1,46	1,54	1,60	1,65	1,69
0,3	0,67	0,67	0,67	0,71	0,80	0,90	0,99	1,08	1,15	1,22	1,33	1,41	1,48	1,54	1,59
0,4	0,67	0,67	0,67	0,69	0,75	0,84	0,92	1,00	1,07	1,13	1,24	1,33	1,40	1,47	1,51
0,5	0,67	0,67	0,67	0,69	0,73	0,81	0,87	0,94	1,01	1,07	1,17	1,26	1,33	1,39	1,44
1,0	0,67	0,67	0,67	0,68	0,71	0,74	0,78	0,82	0,87	0,91	0,99	1,07	1,13	1,19	1,24

Tabelle 3.21. Knicklängenbeiwerte β_{12} für Fall 4

c_3	c_4													
	0,1	0,2	0,3	0,4	0,5	0,6	0,7	0,8	0,9	1,0	1,2	1,4	1,6	1,8	2,0
0,04	0,78	1,02	1,53	1,73	2,01	2,21	2,38	2,54	2,65	2,85	3,24	3,70	4,20	4,76	5,23
0,06	0,70	0,86	1,23	1,47	1,73	1,93	2,08	2,23	2,38	2,49	2,81	3,17	3,50	3,92	4,30
0,08	0,68	0,79	1,05	1,31	1,54	1,74	1,91	2,05	2,20	2,31	2,55	2,80	3,11	3,45	3,73
0,1	0,67	0,76	1,00	1,20	1,42	1,61	1,78	1,92	2,04	2,20	2,40	2,60	2,86	3,18	3,41
0,2	0,64	0,70	0,79	0,93	1,07	1,23	1,41	1,50	1,60	1,72	1,92	2,11	2,28	2,45	2,64
0,3	0,62	0,68	0,74	0,85	0,95	1,06	1,18	1,28	1,39	1,48	1,67	1,82	1,96	2,12	2,20
0,4	0,60	0,66	0,71	0,78	0,87	0,99	1,07	1,16	1,26	1,34	1,50	1,65	1,79	1,94	2,08
0,5	0,59	0,65	0,70	0,77	0,82	0,93	0,99	1,08	1,17	1,23	1,39	1,53	1,66	1,79	1,92
1,0	0,55	0,60	0,65	0,70	0,75	0,80	0,85	0,90	0,95	1,00	1,10	1,20	1,30	1,40	1,50

Tabelle 3.22. Knicklängenbeiwerte β_{11} für Fall 4

c_3	c_4													
	0,1	0,2	0,3	0,4	0,5	0,6	0,7	0,8	0,9	1,0	1,2	1,4	1,6	1,8	2,0
0,04	0,66	0,68	0,75	0,94	1,08	1,24	1,37	1,47	1,55	1,64	1,72	1,78	1,81	1,85	1,89
0,06	0,65	0,67	0,68	0,76	0,94	1,10	1,25	1,35	1,44	1,50	1,61	1,69	1,74	1,79	1,82
0,08	0,64	0,66	0,67	0,68	0,84	1,00	1,12	1,25	1,34	1,41	1,53	1,62	1,68	1,75	1,79
0,1	0,64	0,65	0,65	0,65	0,78	0,92	1,05	1,15	1,25	1,33	1,45	1,55	1,62	1,68	1,71
0,2	0,62	0,64	0,65	0,65	0,66	0,73	0,83	0,92	1,01	1,09	1,23	1,33	1,41	1,48	1,54
0,3	0,60	0,63	0,64	0,65	0,66	0,67	0,73	0,81	0,89	0,94	1,09	1,20	1,28	1,35	1,41
0,4	0,58	0,63	0,63	0,64	0,64	0,66	0,68	0,75	0,82	0,88	1,01	1,10	1,19	1,26	1,32
0,5	0,57	0,61	0,63	0,64	0,64	0,65	0,68	0,72	0,77	0,83	0,94	1,04	1,12	1,19	1,25
1,0	0,55	0,58	0,60	0,61	0,62	0,63	0,65	0,67	0,70	0,73	0,80	0,88	0,93	1,01	1,05

Tabelle 3.23. Übersicht zur Ermittlung der Werte $\bar{\beta}_1; \bar{\beta}_2; \bar{\beta}_3$

	Bild		
	3.37.b	3.37.c	3.37.d
Hilfswerte			
c_1	0	0	$\dfrac{s_3}{s_1+s_2}\cdot\sqrt{\dfrac{I_{12}}{I_3}}$
c_2	$\dfrac{I_{23}\cdot s_1}{I_1(s_2+s_3)}$	$\dfrac{I_3(s_1+s_2)}{I_{12}\cdot s_3}$	$\dfrac{I_3(s_1+s_2)}{I_{12}\cdot s_3}$
c_3	I_{23}/I_1	I_3/I_{12}	I_3/I_{12}
c_4	$(s_2+s_3)/s_1$	$s_3/(s_1+s_2)$	$s_3/(s_1+s_2)$
Lagerung des Stützenkopfes	$\bar{\beta}_1$	$\bar{\beta}_2$	$\bar{\beta}_3$
Fall 1	2,0	2,0	β_1 Tab. 3.17.
Fall 2	β_1 Tab. 3.18.	β_1 Tab. 3.18.	β_1 Tab. 3.18.
Fall 3	β_{11} Tab. 3.20.	β_{11} Tab. 3.20.	β_{12} Tab. 3.19.
Fall 4	β_{11} Tab. 3.22.	β_{11} Tab. 3.22.	β_{12} Tab. 3.21.

■ *Knicklängenbeiwerte quer zur Binder-Stützen-Scheibe*

Rechtwinklig zur Binder-Stützen-Scheibe werden die Außenwandstützen als oben und unten gelenkig gelagert angenommen. Das gilt in der Regel auch für unmittelbare Fußeinspannungen, da die Biegesteifigkeit quer zur Binder-Stützen-Scheibe meist wesentlich geringer ist. Bei Anordnung von Riegeln in Verbindung mit Windverbänden wird die Knicklänge weiter unterteilt. Der Innenstiel von mehrteiligen Kranbahnstützen besitzt meist eine große freie Stablänge quer zur Binder-Stützen-Scheibe (Bild 3.38.), wobei der Knicklängenbeiwert sich aus folgender Beziehung ergibt:

$$sk_1 = \beta_1 s_1; \quad \beta_1 = \sqrt{\frac{1+\gamma N_0/N_{\max}}{1+\gamma}} \qquad (3.29)$$

($\gamma = 0{,}88$ bei gleichmäßig zunehmender Druckkraft)

$$sk_2 = \beta_2 s_2; \quad \beta_2 = 1 \qquad (3.30)$$

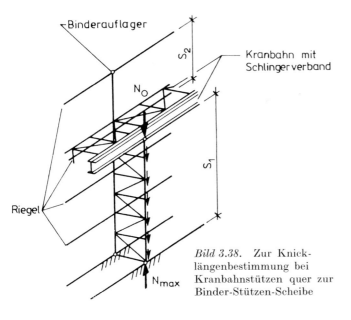

Bild 3.38. Zur Knicklängenbestimmung bei Kranbahnstützen quer zur Binder-Stützen-Scheibe

Tabelle 3.24. Knicklängenermittlung für Sonderfälle seitlich unverschieblich gehaltener Stiele mit abgestuftem Querschnitt

Fall	Knicklängenbeiwerte

Fall 1

$N_1 = F_1 + F_2; \quad N_2 = F_2$

$s_{k1} = \beta_1 \cdot s_1; \quad s_{k2} = \beta_2 \cdot s_2$

$\alpha = \dfrac{s_2}{s_1}; \quad c = \dfrac{s_2 I_1}{s_1 I_2}; \quad n = \dfrac{N_2}{N_1}$

$k = 0{,}5 + \alpha n(1{,}65 + 2c)$

$\beta_1 = \sqrt{k + \sqrt{k^2 - \alpha n(1{,}35 + 4c)}}$

$\beta_2 = \beta_1/\sqrt{\alpha c n}$

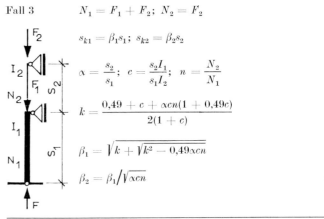

Fall 2

$N_1 = F_1 + F_2; \quad N_2 = F_2$

$s_{k1} = \beta_1 s_1; \quad s_{k2} = \beta_2 s_2$

$\alpha = \dfrac{s_2}{s_1}; \quad c = \dfrac{s_2 I_1}{s_1 I_2}; \quad n = \dfrac{N_2}{N_1}$

$k = 0{,}5[0{,}49 + \alpha n(2{,}47 + 4c)]$

$\beta_1 = \sqrt{k + \sqrt{k^2 - 0{,}49 \alpha n(1{,}4 + 4c)}}$

$\beta_2 = \beta_1/\sqrt{\alpha c n}$

Fall 3

$N_1 = F_1 + F_2; \quad N_2 = F_2$

$s_{k1} = \beta_1 s_1; \quad s_{k2} = \beta_2 s_2$

$\alpha = \dfrac{s_2}{s_1}; \quad c = \dfrac{s_2 I_1}{s_1 I_2}; \quad n = \dfrac{N_2}{N_1}$

$k = \dfrac{0{,}49 + c + \alpha c n(1 + 0{,}49 c)}{2(1+c)}$

$\beta_1 = \sqrt{k + \sqrt{k^2 - 0{,}49 \alpha c n}}$

$\beta_2 = \beta_1/\sqrt{\alpha c n}$

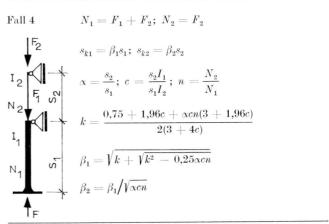

Fall 4

$N_1 = F_1 + F_2; \quad N_2 = F_2$

$s_{k1} = \beta_1 s_1; \quad s_{k2} = \beta_2 s_2$

$\alpha = \dfrac{s_2}{s_1}; \quad c = \dfrac{s_2 I_1}{s_1 I_2}; \quad n = \dfrac{N_2}{N_1}$

$k = \dfrac{0{,}75 + 1{,}96 c + \alpha c n(3 + 1{,}96 c)}{2(3 + 4c)}$

$\beta_1 = \sqrt{k + \sqrt{k^2 - 0{,}25 \alpha c n}}$

$\beta_2 = \beta_1/\sqrt{\alpha c n}$

3.3. Gestaltung und Berechnung von Dachtragwerk-Stützen-Systemen 119

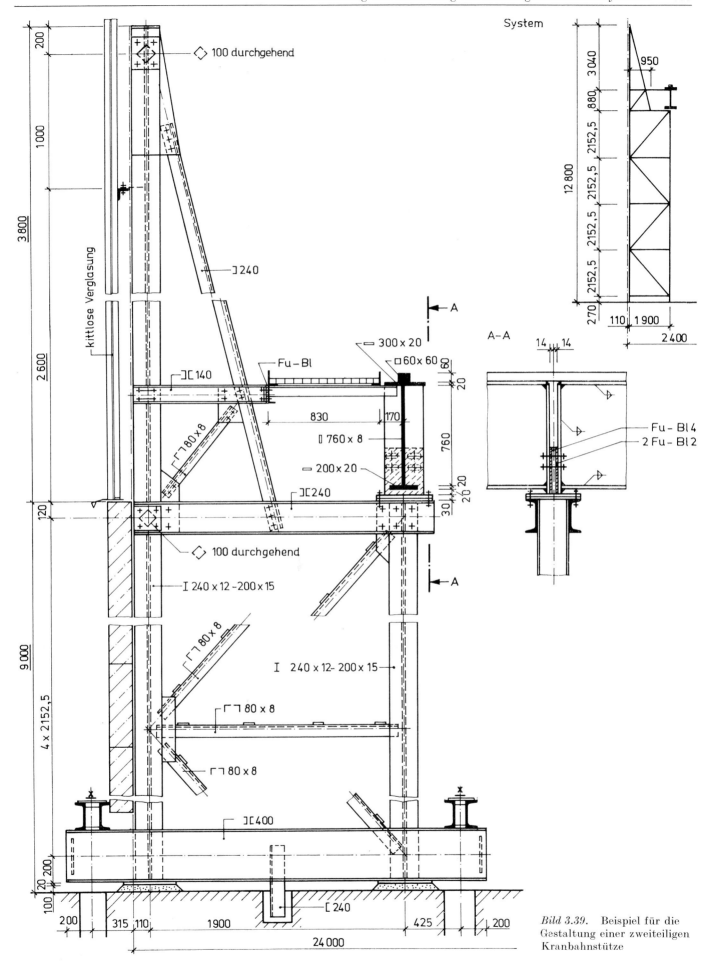

Bild 3.39. Beispiel für die Gestaltung einer zweiteiligen Kranbahnstütze

3.3.2.3. Nachweis der Stützen

Für die Stützen und ihre Einzelteile sind der statische Nachweis, der Nachweis der Betriebsfestigkeit und der Stabilitätsnachweis erforderlich. Erfolgt der Nachweis mit Hilfe des Ersatzstabverfahrens, so kann der Stabilitätsnachweis in folgender Form erfolgen (TGL 13503/01):

— planmäßig mittig gedrückter einteiliger Stab

$$\gamma \sigma_c = \frac{\gamma N}{A} \leq R^n \varphi \qquad (3.31)$$

— planmäßig außermittig beanspruchter einteiliger Druckstab mit einachsiger Biegebeanspruchung in Binder-Stützen-Ebene

$$\gamma \sigma_c (1 + \mu_N f_N) + \gamma \sigma_{bc} f_M \leq R^n \qquad (3.32)$$

und

$$\gamma \sigma_c (-1 + \mu_N f_N) + \gamma \sigma_{bz} f_M \leq R^n \qquad (3.33)$$

— planmäßig außermittig beanspruchter mehrteiliger Druckstab (Gitterstab) mit Biegebeanspruchung in Binder-Stützen-Ebene (näherungsweise):

$$\gamma \sigma_c = \frac{\gamma N}{2 A_1} (1 + \mu_N f_N) + \frac{\gamma M}{e A_1} f_M \leq R^n \varphi_1 \qquad (3.34)$$

N — Absolutwert der größten im Stab auftretenden Druckkraft aus Rechenlasten unter Berücksichtigung der dynamischen Kräfte und Schwingbeiwerte nach den jeweiligen Vorschriften

$A; A_1$ — ungeschwächte Querschnittsfläche des Gesamt- bzw. Einzelstabes

$\varphi; \varphi_1$ — Knickfaktor für den Gesamt- bzw. Einzelstab in Abhängigkeit vom Schlankheitsgrad $\lambda = \frac{\beta s}{i}$, der Form des Querschnitts und den Eigenspannungen

μ_N — Imperfektionen

$f; f_N; f_M$ — Faktor, der die Vergrößerung der Biegemomente nach Theorie II. Ordnung gegenüber denen nach Theorie I. Ordnung ausdrückt

$$f = 1 + \frac{1 + \delta}{\frac{\sigma_{ki}}{\gamma \sigma_c} - 1} \qquad (3.35)$$

$\sigma_{bc} = \dfrac{M}{W_{Td}}$; $\sigma_{bz} = \dfrac{M}{W_{Tz}}$ — Absolutwerte der Biegedruck- bzw. Biegezugspannungen unter Berücksichtigung der dynamischen Kräfte und Schwingbeiwerte und einer Teilplastizierung aus $W_T = 0,5 \times (W_{el} + W_{pl})$

e — Abstand der Einzelstabachsen beim Gitterstab

R^n — Normfestigkeit nach TGL 13500/01

$\gamma = \gamma_n \gamma_m$ — Produkt aus Wertigkeits- und Materialfaktor

3.4. Gestaltung und Berechnung von Rahmentragwerken

Die häufigste Ausführung von Rahmentragwerken für ein- und mehrschiffige Hallen sind Rahmen mit Fußgelenken (Zweigelenkrahmen). Sie haben den Vorteil des geringeren Aufwands für die Fundamente und die Rahmenstielfußausbildung und sind für die Anordnung leichter bis mittelschwerer Krane geeignet. Wegen der größeren Seitensteifigkeit wird bei mittelschwerem bis schwerem Kranbetrieb oft das Rahmensystem mit Fußeinspannung den Systemen mit Fußgelenken vorgezogen. Für diese liegt allerdings ein höherer Aufwand für die Fundamente und die Fußeinspannung vor.

Für einschiffige Hallen ist die Gestaltung der Riegel zur Sattel- bzw. Pultdachform üblich. Bei mehrschiffigen Hallen sollte der Pult- bzw. Satteldachform ebenfalls der Vorzug gegeben werden, um dadurch die Ausbildung von konstruktiv aufwendigen Mittelrinnen zu vermeiden (Bild 3.40.b bis d). Bei hoher Vertikal- und geringer Horizontalbeanspruchung kann die Ausbildung der Mittelstütze als Pendelstütze eine wirtschaftliche Lösung ergeben (Bild 3.40.b).

Bei Rahmenhallen kommen überwiegend vollwandige Querschnitte zum Einsatz. Für kleinere Stützweiten und Belastungen (Spannweite bis 18,0 m) verwendet man in der Regel IPE-Walzprofile (TGL 29658). Durch die Verwendung von Wabenträgern für den Riegel und bei Hallen ohne Kranbahnen auch für den Stiel kann der relativ hohe Materialaufwand der Walzprofile gesenkt werden. Wirtschaftlich sind durch moderne Schweißtechnologien hergestellte I-Schweißprofile mit dünnem Steg (≥ 4 mm), die bei Bedarf auch mit veränderlicher Trägerhöhe ausführbar sind. Profile mit erhöhter Seitensteifigkeit erhält

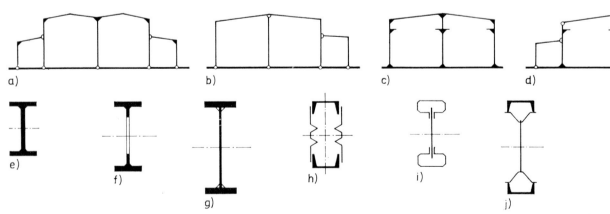

Bild 3.40. Gestaltung von Rahmen

a) bis d) Systeme eingeschossiger mehrschiffiger Rahmen
e) bis j) Gestaltung vollwandiger Rahmenquerschnitte
k) fachwerkartiger Rahmenquerschnitt

Beispiel 3.1

Schnittkraftermittlung für ein Koppelsystem mit Stützen konstanten Trägheitsmomentes

Es sind zu ermitteln:
— Koppelkräfte in den Riegeln X_1, X_2, X_3
— Schnittkräfte in den Stützen M_1, M_2, M_3, M_4

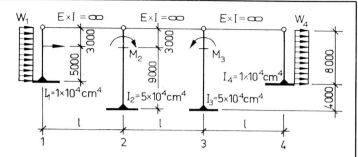

$W_1 = 3{,}0$ kN/m
$W_4 = 1{,}5$ kN/m
$H_1 = 10$ kN
$M_2 = 30$ kNm
$M_3 = 45$ kNm

1. Auflagerreaktionen A_0, H_0, M_0

in den Stützen 1 bis 4 bei Beachtung von Tab. 3.5.

Stütze 1:

$$A_{1;0} = -\frac{3}{8} \cdot 3 \cdot 8 - \frac{10}{2 \cdot 8^3}(2 \cdot 8^3 - 3 \cdot 3 \cdot 8^2 + 3^3) = -13{,}64 \text{ kN}$$

$$H_{1;0} = +\frac{5}{8} \cdot 3 \cdot 8 + \frac{10}{2 \cdot 8^3}(3 \cdot 3 \cdot 8^2 - 3^3) = +20{,}36 \text{ kN}$$

$$M_{1;0} = -\frac{1}{8} \cdot 3 \cdot 8^2 - \frac{10}{2 \cdot 8^2}(3 \cdot 8^2 - 3^3) = -36{,}89 \text{ kNm}$$

Stütze 2:

$$A_{2;0} = -\frac{3 \cdot 30}{2 \cdot 12^3}(12^2 - 3^2) = -3{,}52 \text{ kN}$$

$$H_{2;0} = -\frac{3 \cdot 30}{2 \cdot 12^3}(12^2 - 3^2) = -3{,}52 \text{ kN}$$

$$M_{2;0} = -\frac{30}{2 \cdot 12^2}(3 \cdot 3^2 - 12^2) = +12{,}19 \text{ kNm}$$

Stütze 3:

$$A_{3;0} = +\frac{3 \cdot 45}{2 \cdot 12^3}(12^2 - 3^2) = +5{,}27 \text{ kN}$$

$$H_{3;0} = +\frac{3 \cdot 45}{2 \cdot 12^3}(12^2 - 3^2) = +5{,}27 \text{ kN}$$

$$M_{3;0} = +\frac{45}{2 \cdot 12^2}(3 \cdot 3^2 - 12^2) = -18{,}28 \text{ kNm}$$

Stütze 4:

$$A_{4;0} = -\frac{3}{8} \cdot 1{,}5 \cdot 8 = -4{,}5 \text{ kN}$$

$$H_{4;0} = +\frac{5}{8} \cdot 1{,}5 \cdot 8 = +7{,}5 \text{ kN}$$

$$M_{4;0} = -\frac{1}{8} \cdot 1{,}5 \cdot 8^2 = -12{,}0 \text{ kNm}$$

2. Ermittlung der Koppelkräfte $X_1; X_2; X_3$ in den Koppelgliedern bei Beachtung von Tab. 3.4.

i	h_i	I_i	$r_i = \dfrac{I_i}{h_i^3}$	$\sum_1^i r_i$	r_i^{-1}	$A_{i,0}$	$\sum_1^i A_{i,0}$
	cm	cm^4	cm	cm	cm^{-1}	kN	kN
1	800	$1 \cdot 10^4$	$1{,}95 \cdot 10^{-5}$	$1{,}95 \cdot 10^{-5}$	$0{,}51 \cdot 10^5$	$-13{,}64$	$-13{,}64$
2	1 200	$5 \cdot 10^4$	$2{,}89 \cdot 10^{-5}$	$4{,}84 \cdot 10^{-5}$	$0{,}35 \cdot 10^5$	$-3{,}52$	$-17{,}16$
3	1 200	$5 \cdot 10^4$	$2{,}89 \cdot 10^{-5}$	$7{,}73 \cdot 10^{-5}$	$0{,}35 \cdot 10^5$	$+5{,}27$	$-11{,}89$
4	800	$1 \cdot 10^4$	$1{,}95 \cdot 10^{-5}$	$9{,}68 \cdot 10^{-5}$	$0{,}51 \cdot 10^5$	$-4{,}50$	$-16{,}39$

$$X_1 = -13{,}64 - (-16{,}39)\frac{1{,}95 \cdot 10^{-5}}{9{,}68 \cdot 10^{-5}} = -10{,}34 \text{ kN}$$

$$X_2 = -17{,}16 - (-16{,}39)\frac{4{,}84 \cdot 10^{-5}}{9{,}68 \cdot 10^{-5}} = -8{,}97 \text{ kN}$$

$$X_3 = -11{,}89 - (-16{,}39)\frac{7{,}73 \cdot 10^{-5}}{9{,}68 \cdot 10^{-5}} = +1{,}20 \text{ kN}$$

Beispiel 3.1 *(Fortsetzung)*

3. Ermittlung der Stütz- und Schnittkräfte

in den Auflagern der Stützen bei Beachtung von Tab. 3.4.

$A_1 = -13{,}64 - (-16{,}39) \dfrac{1{,}95 \cdot 10^{-5}}{9{,}68 \cdot 10^{-5}} = -10{,}34$ kN

$A_2 = -3{,}52 - (-16{,}39) \dfrac{2{,}89 \cdot 10^{-5}}{9{,}68 \cdot 10^{-5}} = +1{,}37$ kN

$A_3 = +5{,}27 - (-16{,}39) \dfrac{2{,}89 \cdot 10^{-5}}{9{,}68 \cdot 10^{-5}} = +10{,}16$ kN

$A_4 = -4{,}50 - (-16{,}39) \dfrac{1{,}95 \cdot 10^{-5}}{9{,}68 \cdot 10^{-5}} = -1{,}20$ kN

$H_1 = +20{,}36 - (-16{,}39) \dfrac{1{,}95 \cdot 10^{-5}}{9{,}68 \cdot 10^{-5}} = +23{,}66$ kN

$H_2 = -3{,}52 - (-16{,}39) \dfrac{2{,}89 \cdot 10^{-5}}{9{,}68 \cdot 10^{-5}} = +1{,}37$ kN

$H_3 = +5{,}27 - (-16{,}39) \dfrac{2{,}89 \cdot 10^{-5}}{9{,}68 \cdot 10^{-5}} = +10{,}16$ kN

$H_4 = +7{,}5 - (-16{,}39) \dfrac{1{,}95 \cdot 10^{-5}}{9{,}68 \cdot 10^{-5}} = +10{,}80$ kN

$M_1 = -36{,}89 + 8(-16{,}39) \dfrac{1{,}95 \cdot 10^{-5}}{9{,}68 \cdot 10^{-5}} = -63{,}30$ kNm

$M_2 = +12{,}19 + 12(-16{,}39) \dfrac{2{,}89 \cdot 10^{-5}}{9{,}68 \cdot 10^{-5}} = -46{,}53$ kNm

$M_3 = -18{,}28 + 12(-16{,}39) \dfrac{2{,}89 \cdot 10^{-5}}{9{,}68 \cdot 10^{-5}} = -77{,}00$ kNm

$M_4 = -12{,}0 + 8(-16{,}39) \dfrac{1{,}95 \cdot 10^{-5}}{9{,}68 \cdot 10^{-5}} = -38{,}41$ kNm

5. Darstellung des Schnittkraftverlaufs

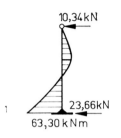

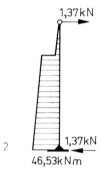

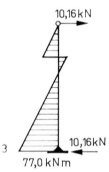

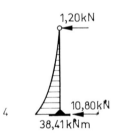

4. Kontrolle der Durchbiegungen

am Stützenkopf der einzelnen Stützen

Unter Berücksichtigung der Vorzeichen der Bilder 3.32. und 3.33. wird die Durchbiegung der Stützen durch die Kraft $A_{i;0} - X_i + X_{i-1}$ erzeugt. Die $3E$-fache Stützenkopfverschiebung v_i berechnet sich aus:

$3Ev_i = -(A_{i;0} - X_i + X_{i-1})\, r_i^{-1}$

$3Ev_1 = -(-13{,}64 + 10{,}34 + 0)\, 0{,}51 \cdot 10^5 = 1{,}68 \cdot 10^5$ kN/cm

$3Ev_2 = -(-3{,}52 + 8{,}97 - 10{,}34)\, 0{,}35 \cdot 10^5 = 1{,}71 \cdot 10^5$ kN/cm

$3Ev_3 = -(+5{,}27 - 1{,}20 - 8{,}97)\, 0{,}35 \cdot 10^5 = 1{,}71 \cdot 10^5$ kN/cm

$3Ev_4 = -(-4{,}5 - 0 + 1{,}20)\, 0{,}51 \cdot 10^5 = 1{,}68 \cdot 10^5$ kN/cm

Die Stützenköpfe weisen nahezu gleiche Verschiebung auf.

Beispiel 3.2

Schnittkraftermittlung für ein Koppelsystem mit abgestuften Stützen

Es sind zu ermitteln

— Koppelkräfte in den Riegeln X_1; X_2; X_3
— Schnittkräfte in den Stützen M_1; M_2; M_3; M_4.

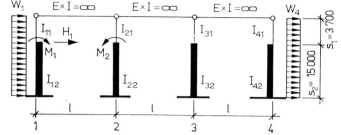

1. Auflagerreaktionen A_0; H_0; M_0

in den Stützen 1 bis 4 bei Beachtung von Tab. 3.6.

Stütze 1:

$\lambda = \dfrac{15}{18,7} = 0,80;\quad \dfrac{I_{11}}{I_{12}} = \dfrac{1 \cdot 10^4}{5 \cdot 10^4} = 0,2;\quad \eta_{H1} = 0,682;$

$\eta_{W1} = 0,366;\quad \eta_{M1} = 1,40$

$A_{1;0} = -0,682 \cdot 32,1 - 1,40 \cdot \dfrac{187}{18,7} - 0,366 \cdot 3,4 \cdot 18,7 = -59,16 \text{ kN}$

$H_{1;0} = -59,16 + 32,1 + 3,4 \cdot 18,7 = +36,52 \text{ kN}$

$M_{1;0} = -3,4 \cdot \dfrac{18,7^2}{2} - 32,1 \cdot 15 - 187 + 59,16 \cdot 18,7 = -156,68 \text{ kNm}$

$I_{11} = I_{21} = I_{31} = I_{41} = 1 \cdot 10^4 \text{ cm}^4$
$I_{12} = I_{42} = 5 \cdot 10^4 \text{ cm}^4$
$I_{22} = I_{32} = 10 \cdot 10^4 \text{ cm}^4$
$W_1 = 3,4 \text{ kN/m}$
$W_4 = 2,1 \text{ kN/m}$
$H_1 = 32,1 \text{ kN}$
$M_1 = 187 \text{ kNm}$
$M_2 = 716,2 \text{ kNm}$

Stütze 2:

$\lambda = \dfrac{15}{18,7} = 0,80;\quad \dfrac{I_{21}}{I_{12}} = \dfrac{1 \cdot 10^4}{10 \cdot 10^4} = 0,1;\quad \eta_{M2} = 1,343$

$A_{2;0} = +1,343 \cdot \dfrac{716,2}{18,7} = +51,44 \text{ kN}$

$H_{2;0} = +51,44 \text{ kN}$

$M_{2;0} = +716,2 - 51,44 \cdot 18,7 = -245,73 \text{ kNm}$

Stütze 3:

$A_{3;0} = 0;\quad H_{3;0} = 0;\quad M_{3;0} = 0$

Stütze 4:

$\lambda = 0,80;\quad \dfrac{I_{41}}{I_{42}} = 0,2;\quad \eta_{W4} = 0,366$

$A_{4;0} = -0,366 \cdot 2,1 \cdot 18,7 = -14,37 \text{ kN}$

$H_{4;0} = -14,37 + 2,1 \cdot 18,7 = +24,90 \text{ kN}$

$M_{4;0} = 14,37 \cdot 18,7 - 2,1 \cdot \dfrac{18,7^2}{2} = -98,45 \text{ kNm}$

2. Ermittlung der Koppelkräfte X_1; X_2; X_3 in den Koppelgliedern bei Beachtung von Tab. 3.4. und Gl. (3.12)

i	h_i cm	I_i cm^4	r_i cm	$\sum_1^i r_i$ cm	r_i^{-1} cm^{-1}	$A_{i;0}$ kN	$\sum_1^i A_{i;0}$ kN
1	1870	$1 \cdot 10^4$ / $5 \cdot 10^4$	$7,41 \cdot 10^{-6}$	$7,41 \cdot 10^{-6}$	$0,135 \cdot 10^6$	$-59,16$	$-59,16$
2	1870	$1 \cdot 10^4$ / $10 \cdot 10^4$	$14,27 \cdot 10^{-6}$	$21,68 \cdot 10^{-6}$	$0,070 \cdot 10^6$	$+51,44$	$-7,72$
3	1870	$1 \cdot 10^4$ / $10 \cdot 10^4$	$14,27 \cdot 10^{-6}$	$35,95 \cdot 10^{-6}$	$0,070 \cdot 10^6$	0	$-7,72$
4	1870	$1 \cdot 10^4$ / $5 \cdot 10^4$	$7,41 \cdot 10^{-6}$	$43,36 \cdot 10^{-6}$	$0,135 \cdot 10^6$	$-14,37$	$-22,09$

$X_1 = -59,16 - (-22,09) \dfrac{7,41 \cdot 10^{-6}}{43,36 \cdot 10^{-6}} = -55,38 \text{ kN}$

$X_2 = -7,72 - (-22,09) \dfrac{21,68 \cdot 10^{-6}}{43,36 \cdot 10^{-6}} = +3,33 \text{ kN}$

$X_3 = -7,72 - (-22,09) \dfrac{35,95 \cdot 10^{-6}}{43,36 \cdot 10^{-6}} = +10,60 \text{ kN}$

Beispiel 3.2 *(Fortsetzung)*

3. Ermittlung der Stütz- und Schnittkräfte

in den Auflagern der Stützen unter Beachtung von Tab. 3.4.

$$A_1 = -59{,}16 - (-22{,}09)\,\frac{7{,}41 \cdot 10^{-6}}{43{,}36 \cdot 10^{-6}} = -55{,}38 \text{ kN}$$

$$A_2 = +51{,}44 - (-22{,}09)\,\frac{14{,}27 \cdot 10^{-6}}{43{,}36 \cdot 10^{-6}} = +58{,}71 \text{ kN}$$

$$A_3 = 0 - (-22{,}09) \cdot \frac{14{,}27 \cdot 10^{-6}}{43{,}36 \cdot 10^{-6}} = +7{,}27 \text{ kN}$$

$$A_4 = -14{,}37 - (-22{,}09)\,\frac{7{,}41 \cdot 10^{-6}}{43{,}36 \cdot 10^{-6}} = -10{,}50 \text{ kN}$$

$$H_1 = 36{,}52 - (-22{,}09) \cdot \frac{7{,}41 \cdot 10^{-6}}{43{,}36 \cdot 10^{-6}} = +40{,}30 \text{ kN}$$

$$H_2 = +51{,}44 - (-22{,}09)\,\frac{14{,}27 \cdot 10^{-6}}{43{,}36 \cdot 10^{-6}} = +58{,}71 \text{ kN}$$

$$H_3 = 0 - (-22{,}09) \cdot \frac{14{,}27 \cdot 10^{-6}}{43{,}36 \cdot 10^{-6}} = +7{,}27 \text{ kN}$$

$$H_4 = -14{,}37 - (-22{,}09)\,\frac{7{,}41 \cdot 10^{-6}}{43{,}36 \cdot 10^{-6}} = +18{,}14 \text{ kN}$$

$$M_1 = -156{,}68 + 18{,}7(-22{,}09)\,\frac{7{,}41 \cdot 10^{-6}}{43{,}36 \cdot 10^{-6}} = -227{,}27 \text{ kNm}$$

$$M_2 = -245{,}73 + 18{,}7(-22{,}09)\,\frac{14{,}27 \cdot 10^{-6}}{43{,}36 \cdot 10^{-6}} = -381{,}68 \text{ kNm}$$

$$M_3 = 0 + 18{,}7(-22{,}09) \cdot \frac{14{,}27 \cdot 10^{-6}}{43{,}36 \cdot 10^{-6}} = -135{,}95 \text{ kNm}$$

$$M_4 = -98{,}45 + 18{,}7(-22{,}09) \cdot \frac{7{,}41 \cdot 10^{-6}}{43{,}36 \cdot 10^{-6}} = -169{,}04 \text{ kNm}$$

4. Kontrolle der Durchbiegung

am Stützenkopf der einzelnen Stützen

$3EIV_i = -(A_{i,0} - X_i + X_{i-1})\,r_i^{-1}$

$3EIV_1 = -(-59{,}16 - (-55{,}38) + 0)\,0{,}135 \cdot 10^6 = 0{,}51 \cdot 10^6 \text{ kN/cm}$

$3EIV_2 = -(+51{,}44 - 3{,}33 - 55{,}38)\,0{,}070 \cdot 10^6 = 0{,}51 \cdot 10^6 \text{ kN/cm}$

$3EIV_3 = -(0 - 10{,}60 + 3{,}33)\,0{,}070 \cdot 10^6 = 0{,}51 \cdot 10^6 \text{ kN/cm}$

$3EIV_4 = -(-14{,}37 - 0 + 10{,}60) \cdot 0{,}135 \cdot 10^6 = 0{,}51 \cdot 10^6 \text{ kN/cm}$

Die Stützenköpfe weisen gleiche Verschiebung auf.

5. Darstellung des Schnittkraftverlaufs

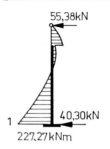

1

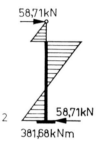

2

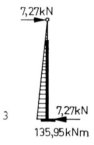

3

4

Beispiel 3.3

Stabilitätsnachweis einer Kranbahnstütze

Aufgabenstellung:

Für das angegebene System und die Lasten ist der Stabilitätsnachweis der Kranbahnstütze zu führen.

Festigkeitsklasse: S 38/24
Wertigkeitsfaktor: $\gamma_n = 1{,}1$
 (Wertigkeit durchschnittlich, Schadensfolgen ausgedehnt)
Materialfaktor: $\gamma_m = 1{,}1$
Produkt aus Wertigkeits- und Materialfaktor: $\gamma = \gamma_n \gamma_m \approx 1{,}2$

Der Außenstiel der Stütze ist in Längswandrichtung durch einen Verband und Riegel ausgesteift

Lastzusammenstellung

Lastkombination	Lastart, Lastkombination, Kombinationsfaktoren	Eigenlasten			F_2 aus Radlasten					H_3 aus	Wind			Schnee
		Dach	Kranbahn	Stütze							$h > 10$ m		$h \leqq 10$ m	
		F_1 kN	F_2 kN	F_3 kN	R_g kN	R_p kN	R_m kN	R_f kN	R_p kN	R_s kN	H_1 kN	H_2 kN	H_2 kN	F_1 kN
	Normlasten	200	25	50	209	363	164	19	±3	±52	+30 / −23	+53 / −40	+64 / −48	150
	Koppelkraft X	−17,5	+2,2	—	+14,0	+17,0	+7,5	+1,3	—	±19,3	+3,5	+1,3	+64 / −48	−13,1
	Lastfaktoren	1,1	1,1	1,1	1,1	1,2	1,2	1,2	1,2	1,2	1,2	1,2	1,2	1,4
LK 1	E_g, R_g, R_p, R_m, W	220	27,5	55	230	436	196				+36 / −28	+64 / −48		
LK 2	$E_g, R_g, R_p(R_s; W)^*$	220	27,5	55	230	436				±62	−36 / −28	−64 / −48		
LK 3	E_g, R_g, R_p, S	220	27,5	55	230	436								210
LK 4	$E_g, R_g, R_p, 0{,}9(W, S)$	220	27,5	55	230	436					+32 / −25	+57 / −43		189
LK 5	$E_g, R_g, 0{,}9(R_p, R_m)$, $0{,}9(R_s, W)^*$	220	27,5	55	230	392	176			±56	+32 / −25	+57 / −43		
LK 6	E_g, R_g^g $0{,}9(R_p, R_m, R_s, S)$	220	27,5	55	230	392	176			±56				189
LK 7**	$E_g, R_g, 0{,}8(R_p, W, S)$	220	27,5	55	230	349					+29 / −22	+51 / −38		168

* Schnittkraft aus der kleineren der beiden Lasten auf ¹/₃ herabsetzen
** in Verbindung mit Sonderkombination

Beispiel 3.3 *(Fortsetzung)*

1. Querschnittswerte

Stützenunterteil:

Stützenoberteil (nach [3.22]):

I 240×12—200×15

Lösung:

$A = 2 \cdot 85{,}2 = 170{,}4 \text{ cm}^2$

$I_x = 2 \cdot 8762{,}6 = 17525{,}2 \text{ cm}^4$

$i_x = 10{,}14 \text{ cm}$

$I_y = 2 \cdot 2003 + 2 \cdot 85{,}2 \cdot 95^2 = 1\,541\,866 \text{ cm}^4 = I_1$

$i_y = 95{,}12 \text{ cm}; \quad i_{yI} = 4{,}85 \text{ cm}$

$I_2 = \dfrac{A_I \cdot e^2}{1 + \dfrac{l_D^3 A_I}{h_2^3 A_{[}}} = \dfrac{85{,}2 \cdot 95^2}{1 + \dfrac{401^3 \cdot 85{,}2}{390^3 \cdot 42{,}3}} = 241\,084 \text{ cm}^4$

$l_D = \sqrt{95^2 + 390^2} = 401 \text{ cm}; \quad A_I = 85{,}2 \text{ cm}^2; \quad A_{[} = 42{,}3 \text{ cm}^2$

$i_{y[} = 2{,}42 \text{ cm}$

Diagonalstab:

$A = 2 \cdot 12{,}3 = 24{,}6 \text{ cm}^2$

$i_x = 2{,}42 \text{ cm}$

2. Knicklängen:

— Knicken rechtwinklig zur x-Achse

- Stützenoberteil — Vertikalstab: $skx = 3900 \text{ mm}$
- Stützenoberteil — Diagonalstab: $skx = 4010 \text{ mm}$
- Stützenunterteil — Gesamtstütze: $skx = 9000 \text{ mm}$
- Stützenunterteil — Innenstiel nach Formel 3.29 und Bild 3.38:

Normalkräfte (aus Kombination 1): $N_o = 917 \text{ kN}, N_u = 1067 \text{ kN}$

$skx_1 = \sqrt{\dfrac{1 + 0{,}88 \cdot \dfrac{917}{1067}}{1{,}88}} \cdot 9000 = 8700 \text{ mm}$

— Knicken rechtwinklig zur y-Achse (Fall 1 nach Bild 3.35)

- Stützenunterteil

Nach TGL 13503/02 Pkt. 14.4 darf für die Ermittlung der Knicklängenfaktoren näherungsweise ein Normalkraftzustand berücksichtigt werden, der entsteht, wenn in jedem Stabteil die größte Druckkraft angesetzt wird. Die so ermittelten Knicklängenfaktoren dürfen für alle Kombinationen verwendet werden. Der Knicklängenermittlung werden die Normalkräfte aus Kombination 3 zugrunde gelegt.

$N_2 = 430 \text{ kN}; \quad N_1 = 1178{,}5 \text{ kN}$

aus Formel (3.14) u. (3.15):

$c_1 = \dfrac{h_2}{h_1}\sqrt{\dfrac{I_1}{I_2} \cdot \dfrac{N_2}{N_1}} = \dfrac{3{,}9}{9{,}0}\sqrt{\dfrac{1\,541\,866}{241\,084} \cdot \dfrac{430}{1178{,}5}} = 0{,}66; \quad c_2 = \dfrac{I_2}{I_1} \cdot \dfrac{h_1}{h_2} = \dfrac{241\,084}{1\,541\,866} \cdot \dfrac{9}{3{,}9} = 0{,}36$

aus Tabelle 3.17: $\beta_1 = 2{,}42; \quad sky = 2{,}42 \cdot 9000 = 21780 \text{ mm}$

- Stützenoberteil — Vertikalstab: $sky = 3100 \text{ mm}$
- Stützenoberteil — Diagonalstab: $sky = 3200 \text{ mm}$

3. Nachweis für Knicken rechtwinklig zur x-Achse (TGL 13503)

— Stützenunterteil — Gesamtstütze $\quad N_1 = 1178{,}5 \text{ kN}$ (aus Kombination 3)

$\lambda_x = \dfrac{900}{10{,}14} = 89 \quad \varphi_x = 0{,}632$ (Knickspannungslinie b)

$\gamma\sigma_c = 1{,}2 \cdot \dfrac{1178{,}5 \cdot 10^3}{170{,}4 \cdot 10^2} = 83 \text{ N/mm}^2 < 240 \cdot 0{,}632 = 152 \text{ N/mm}^2$

— Stützenunterteil — Innenstiel $\quad N_u = 1067 \text{ kN}$ (aus Kombination 1)

$\lambda_x = \dfrac{870}{10{,}14} = 86 \quad \varphi_x = 0{,}65$ (Knickspannungslinie b)

$\gamma\sigma_c = 1{,}2 \cdot \dfrac{1067 \cdot 10^3}{85{,}2 \cdot 10^2} = 150 \text{ N/mm}^2 < 240 \cdot 0{,}65 = 156 \text{ N/mm}^2$

— Stützenoberteil — Vertikalstab $\quad N = 543 \text{ kN}$ (aus Kombination 5)

$\lambda_x = \dfrac{390}{10{,}14} = 38{,}5 \quad \varphi_x = 0{,}89$ (Knickspannungslinie b)

$\gamma\sigma_c = 1{,}2 \cdot \dfrac{543 \cdot 10^3}{85{,}2 \cdot 10^2} = 63{,}7 \text{ N/mm}^2 < 0{,}89 \cdot 240 = 214 \text{ N/mm}^2$

— Stützenoberteil — Diagonalstab (ohne Nachweis) $\quad$ Der Biegedrillknicknachweis wird nicht maßgebend

Beispiel 3.3. *(Fortsetzung)*

4. Nachweis für Knicken rechtwinklig zur *y*-Achse (TGL 13503)

– Stützenunterteil (Formel 3.34)
  Schnittkräfte bezogen auf die Stützenhauptachse y-y (aus Kombination 1)
  $N = 1164{,}5$ kN; $M = 1029$ kNm;
  Für die Diagonalstäbe werden ⌐⌐80 × 8 nach Bild 3.39
  verwendet mit $A_D = 12{,}3$ cm² (Einzelstab)

$$\lambda_1 = \pi \sqrt{\frac{A}{z \cdot A_D} \cdot \frac{d^3}{c \cdot e^2}} = \pi \sqrt{\frac{170{,}4}{2 \cdot 12{,}3} \cdot \frac{2{,}96^3}{2{,}25 \cdot 1{,}9^2}} = 15$$

$$\lambda_y = \frac{2178}{95{,}12} = 23; \quad \lambda_{ym} = \sqrt{15^2 + 23^2} = 27{,}5$$

$$\sigma_{ki} = \frac{\pi^2 E}{\lambda_{ym}^2} = 2738 \text{ N/mm}^2;$$

$$\gamma'\sigma_c = 1{,}2 \cdot \frac{1164{,}5 \cdot 10^3}{170{,}4 \cdot 10^2} = 82 \text{ N/mm}^2$$

$$f_N = 1 + \frac{1}{\frac{2738}{82} - 1} = 1{,}030;$$

$$f_M = 1 + \frac{1 + 0{,}273}{\frac{2738}{82} - 1} = 1{,}039$$

$$\mu_N = \frac{92{,}93 \cdot \sqrt{\frac{\sigma_F}{\sigma_{ki}}} - 10}{220} = 0{,}08 \quad \text{(Knickspannungslinie } c\text{)}$$

für den Einzelstab:

$$\lambda_1 = \frac{225}{4{,}85} = 46{,}4 \quad \varphi_1 = 0{,}827 \text{ (Knickspannungslinie } c\text{)}$$

$$\gamma\sigma_c = \frac{\gamma \cdot N}{2 A_1}(1 + \mu_N \cdot f_N) + \frac{\gamma \cdot M}{e \cdot A_1} f_M \leq R^n \varphi_1$$

$$\gamma'\sigma_c = 1{,}2 \cdot \frac{1164{,}5 \cdot 10^3}{170{,}4 \cdot 10^2}(1 + 0{,}08 \cdot 1{,}03)$$

$$\qquad + 1{,}2 \frac{1029 \cdot 10^6}{1{,}90 \cdot 85{,}2 \cdot 10^5} \cdot 1{,}039 = 88{,}8 + 79{,}3$$

$$= 167{,}5 \text{ N/mm}^2 < 240 \cdot 0{,}827 = 198{,}5 \text{ N/mm}^2$$

– Stützenoberteil – Vertikalstab

$$\lambda_y = \frac{310}{4{,}85} = 63{,}9; \quad \varphi_y = 0{,}73 \text{ (Knickspannungslinie } c\text{)}$$

$$\gamma'\sigma_c = 1{,}2 \cdot \frac{574 \cdot 10^3}{85{,}2 \cdot 10^2} = 81 \text{ N/mm}^2 < 0{,}73 \cdot 240 = 175 \text{ N/mm}^2$$

– Stützenoberteil – Diagonalstab

$D_0 = 148$ kN (aus Kombination 2)

$$\lambda_y = \frac{320}{2{,}42} = 132; \quad \varphi_y = 0{,}349 \text{ (Knickspannungslinie } c\text{)}$$

$$\gamma'\sigma_c = 1{,}2 \cdot \frac{148 \cdot 10^3}{42{,}3 \cdot 10^2} = 42 \text{ N/mm}^2 < 0{,}349 \cdot 240 = 82 \text{ N/mm}^2$$

5. Knicknachweis für Diagonalstab – Stützenunterteil

$$Q_m = Q_a + Q_i + \frac{M}{sk} \cdot \pi(f_M - 1)$$

$Q_a = 88{,}4$ kN; $N = 968{,}5$ kN; $M = 1098$ kNm
(aus Kombination 2)

$$\mu_i = \frac{\lambda_m - 10}{320} = \frac{27{,}5 - 10}{320} = 0{,}051$$

$$Q_i = N \cdot \pi \cdot \frac{\mu_i}{\lambda_m} \cdot f_N = 968{,}5 \cdot \pi \cdot \frac{0{,}051}{27{,}5} \cdot 1{,}03 = 5{,}8 \text{ kN}$$

$$Q_m = 88{,}4 + 5{,}8 + \frac{1098}{21{,}78} \cdot \pi(1{,}039 - 1) = 100{,}4 \text{ kN}$$

$D_u = 156$ kN

Knicken rechtwinklig zur x-Achse:

$$\lambda_x = \frac{296}{2{,}42} = 122 \quad \varphi_x = 0{,}425 \text{ (Knickspannungslinie } b\text{)}$$

$$\gamma'\sigma_c = 1{,}2 \cdot \frac{156 \cdot 10^3}{24{,}6 \cdot 10^2} = 76{,}3 \text{ N/mm}^2 < 0{,}425 \cdot 240$$

$$= 102 \text{ N/mm}^2$$

Knicken rechtwinklig zur y-Achse:

Abstand der Querverbindung:

$$l_1 = \frac{2960}{5} = 592 \text{ mm} < 50 i_1 = 775 \text{ mm}$$

Nachweis wird nicht maßgebend

6. Konstruktive Ausbildung siehe Bild 3.39 auf S. 119

Beispiel 3.4

Ermittlung der Knicklängenbeiwerte einer zweifach abgestuften Stütze für Knicken in Binder-Stützen-Ebene

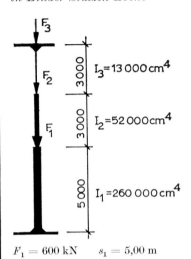

$F_1 = 600$ kN $s_1 = 5{,}00$ m
$F_2 = 400$ kN $s_2 = 3{,}00$ m
$F_3 = 700$ kN $s_3 = 3{,}00$ m

Die Knicklängenbeiwerte sind zu ermitteln.

1. **Hilfsbeiwerte** aus den Gln. (3.20) bis (3.25) und Bild 3.37.

aus Gl. (3.20): $t_1 = \dfrac{F_1}{F_3} = 0{,}857;\quad t_2 = \dfrac{F_2}{F_3} = 0{,}571$

aus Gl. (3.21): $n_2 = \dfrac{s_2}{s_1} = \dfrac{3{,}0}{5{,}0} = 0{,}6$

aus Gl. (3.22): $I_{12} = \dfrac{I_1 s_1 + I_2 s_2}{s_1 + s_2} = 182\,000$ cm^4

aus Gl. (3.23): $I_{23} = \dfrac{I_2 s_2 + I_3 s_3}{s_2 + s_3} = 32\,500$ cm^4

aus Gl. (3.24): $\bar{c}_2 = \dfrac{s_2}{s_1}\sqrt{\dfrac{I_1(F_2 + F_3)}{I_2(F_1 + F_2 + F_3)}} = 1{,}08$

aus Gl. (3.25): $\bar{c}_3 = \dfrac{s_3}{s_1}\sqrt{\dfrac{I_1 F_3}{I_3(F_1 + F_2 + F_3)}} = 1{,}72$

2. **Knicklängenbeiwerte der Grundfälle** nach Tab. 3.23. (Fall 4)

für $\bar{\beta}_1$: $c_3 = \dfrac{I_{23}}{I_1} = 0{,}125;\quad c_4 = \dfrac{s_2 + s_3}{s_1} = 1{,}2$

für $\bar{\beta}_2 + \bar{\beta}_3$: $c_3 = \dfrac{I_3}{I_{12}} = 0{,}0714;\quad c_4 = \dfrac{s_3}{s_1 + s_2} = 0{,}375$

$\bar{\beta}_1 = \beta_{11} = 1{,}40$ aus Tab. 3.22. (nach Tab. 3.23.)

$\bar{\beta}_2 = \beta_{11} = 0{,}71$ aus Tab. 3.22. (nach Tab. 3.23.)

$\bar{\beta}_3 = \beta_{12} = 1{,}29$ aus Tab. 3.21. (nach Tab. 3.23.)

3. **Knicklängenbeiwerte der Stützenabschnitte**

— unterer Stützenabschnitt nach Gl. (3.26)

$$\beta_1 = \sqrt{\dfrac{t_1 \bar{\beta}_1^2 + (t_2 \bar{\beta}_2^2 + \bar{\beta}_3^2)(1 + n_2)^2 \dfrac{I_1}{I_{23}}}{1 + t_1 + t_2}} = 3{,}31$$

— mittlerer Stützenabschnitt nach Gl. (3.27) $\beta_2 = \dfrac{\beta_1}{\bar{c}_2} = 3{,}06$

— oberer Stützenabschnitt nach Gl. (3.28) $\beta_3 = \dfrac{\beta_1}{\bar{c}_3} = 1{,}92$

---

man in Form von Leichtbauquerschnitten mit konstanter Höhe, deren fertigungstechnischer Mehraufwand durch Serienfertigung ausgeglichen werden kann (Bild 3.40.h bis j). Fachwerkartige Querschnitte sind für die Serienfertigung von typisierten Rahmenbindern geeignet (typisierter Leichtbauquerschnitt Bild 3.40.k), werden jedoch trotz des geringeren Materialverbrauchs wegen des höheren Herstellungsaufwands seltener ausgeführt.
Der Achsabstand der Rahmen in Hallenlängsrichtung beträgt im allgemeinen 6,0 m. Dabei werden Dach- und Wandlasten in der Regel durch Pfetten bzw. Riegel aus I-Walz- bzw. [- oder ⏊-Leichtprofilen in die Rahmen eingeleitet. In Verbindung mit Dach- und Längswandverbänden entsprechend Bild 3.4. stabilisieren sie gleichzeitig die Rahmenhalle in Längsrichtung. Bei Verwendung von Dach- und Wandelementen mit 6,0 m Spannweite kann meist auf Pfetten und Riegel verzichtet werden.

3.4.1. Beanspruchung und Gestaltung der Rahmenstiele und -riegel

Die Schnittkraftermittlung der statisch unbestimmten Rahmentragwerke erfolgt für die im Abschn. 3.1.1. angegebenen Lasten. Dabei ist die Kenntnis des Trägheitsmomentenverlaufs erforderlich, den man durch Überschlagsrechnung oder durch den Vergleich mit ausgeführten Tragwerken gewinnt. Vielfach werden dabei aus fertigungstechnischen Gründen für den gesamten Rahmen konstante Querschnittsabmessungen der statisch günstigeren Profilgebung durch Anpassung an den Momentenverlauf vorgezogen.
Die Gestaltung der Rahmenstiele ist abhängig vom vorgesehenen Kranbetrieb. Bis zu einer Nutzlast des Krans von ≤ 80 kN erfolgt die Auflagerung der Kranbahn meist unmittelbar auf in der Regel an den Rahmenstiel angeschweißte Konsole (Bild 3.41.b und c). Für mittel-

3.4. Gestaltung und Berechnung von Rahmentragwerken

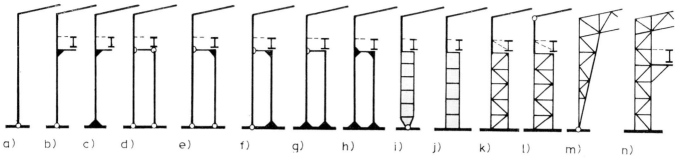

Bild 3.41. Systeme für Rahmenstiele
a) bis c) einteiliger Rahmenstiel
d) bis h) Rahmenstiel mit vorgelagertem Kranbahnstiel
i) und j) abgestufter vollwandiger Rahmenstiel
k) und l) abgestufter Fachwerkrahmenstiel
m) und n) Stiele von Fachwerkrahmen

schweren Kranbetrieb können die Rahmenstiele mit einer vorgelagerten Stütze aus Stahl- bzw. Stahlbeton gekoppelt werden, wobei diese je nach Ausführung in die Tragwirkung des Rahmens einbezogen werden kann (Bild 3.41.d bis h).

Für mittelschweren bis schweren Kranbetrieb werden entweder die Vollwandstützen mit verbreitertem Stützenunterteil (Bild 3.41.i und j) oder eingespannte Fachwerkstützen (Bild 3.41.k und l) ausgeführt. Bild 3.41.m und n zeigt die Ausbildung der Stiele der seltener ausgeführten Fachwerkrahmen.

Bei vollwandigen einteiligen Rahmenstielen mit Fußgelenken ist aus ästhetischen Gründen oftmals eine Verjüngung zum Stützenfuß hin erwünscht, die jedoch zu höherem fertigungstechnischem Aufwand führt.

Für die Fußausbildung von vollwandigen Rahmenstielen sind die Ausführungen im Abschn. 2.5. zu berücksichtigen. Eine möglichst einfache konstruktive Lösung des Stützenfußes ist anzustreben. Bei Vollwandrahmenhallen ohne und mit leichtem Kranbetrieb kann meist auf die aufwendige Gelenkausbildung mit Zentrierplatten verzichtet werden und eine Flächenlagerung erfolgen. Auf Aussteifbleche und Verjüngungen des Stützenfußes ist dabei im Interesse eines verringerten technologischen Aufwandes zu verzichten. Für auftretende Zugkräfte bieten sich Bohranker und Anker in Rundstahlschlaufen an, die den Aufwand für die Fundamentherstellung und Verankerung gegenüber der Anwendung von Ankerbarren wesentlich vereinfachen. Für die Gestaltung einer Stützenfußeinspannung ist bei mittleren Einspannmomenten und geringen Stielabmessungen die unmittelbare Einspannung in Hülsenfundamente zweckmäßig. Bei großen Schnittkräften erfolgt die Einspannung mit biegesteifen Fußträgern, Ankerbarren und Ankerschrauben entsprechend Abschn. 2.5.

Der Rahmenriegel wird bei vollwandigen Rahmen in der Regel als parallelgurtiger Träger nach Bild 3.43. ausgebildet und dem Verlauf der vorgesehenen Dachneigung angepaßt. Wenn die Aufnahme der meist größeren Eckmomente durch langgestreckte Vouten an den Rahmenecken erfolgt, so kann der Rahmenriegel für das kleinere Feldmoment bemessen werden. Aus Transport- und Montagegründen wird die Rahmenecke meist geschraubt ausgebildet. Dazu bietet sich der Stirnplattenanschluß mit hochfesten Schrauben an, die konzentriert das in ein Kräftepaar aufgelöste Eckmoment aufnehmen. Die verhältnismäßig geringe Schraubenanzahl und die korrosionsschutzgerechte Ausführung entsprechend Bild 3.43. führen zur wirtschaftlichen Gestaltung des Rahmenriegelanschlusses an den Stiel. Der eventuell notwendige Montagestoß des Riegels am Firstpunkt wird ebenfalls wirtschaftlich als Stirnplattenstoß mit hochfesten Schrauben ausgeführt.

3.4.2. Berechnung von Rahmentragwerken

3.4.2.1. Berechnungsgrundsätze

Nach TGL 13503/01 und /02 Abschn. 14. sind Stabwerke nach Theorie II. Ordnung unter Annahme einer ungewollten Vorverformung zu berechnen, die ähnlich der ersten Eigenfunktion des Tragwerks beim Knicken anzunehmen ist. Kriterium für die Traglast ist die Teilplastizierung.

Der Nachweis von auf Druck beanspruchten Stäben der Stabwerke darf auch über die Verzweigungslast mit den Knickfaktoren φ nachgewiesen werden, wenn durch die Verformung keine wesentliche Erhöhung der Schnittkräfte auftritt oder diese näherungsweise berücksichtigt wird.

Beim Nachweis nach Theorie II. Ordnung unterscheidet man zwischen unverschieblichen und verschieblichen Stabwerken. Im ersten Fall ist für jeden Druckstab des unverschieblichen Stabwerks eine sinusförmige Vorverformung mit dem Größtwert aus der Imperfektion μ_N nach TGL 13503/01 Abschn. 9.1. anzunehmen. Bei in der Ebene nicht gehaltenen Rahmen ist eine Verschiebung der Riegel von 1/200 der Stockwerkshöhe zusätzlich zu den Verformungen aus den äußeren Lasten anzusetzen, wobei die Imperfektion μ_N unberücksichtigt bleiben darf. Wird zusätzlich der Nachweis über die Verzweigungslast ohne Berücksichtigung der Horizontalkräfte geführt, genügt der Ansatz einer ungewollten Verschiebung der Riegel mit 1/800 der Stockwerkshöhe.

Statt der Berechnung nach Theorie II. Ordnung können Rahmen näherungsweise so nachgewiesen werden, daß die Stiele unter Berücksichtigung eines Knicklängenbeiwerts β als Ersatzstäbe für planmäßig mittigen bzw. planmäßig außermittigen Druck berechnet werden.

Werden Knotenpunkte nicht gegen Ausweichen aus der Rahmenebene gehalten, so ist außerdem die Berücksichtigung der räumlichen Verformung erforderlich.

3.4.2.2. Ermittlung der Schnittkräfte

Die Orientierung zur Untersuchung von Rahmentragwerken (TGL 13503/01 und /02) nach Theorie II. Ordnung erfordert die Schnittkraftermittlung am verformten System unter Beachtung der Tatsache, daß eine Superposition von Schnittkräften aus Einzellastfällen nicht möglich ist. Nach Theorie II. Ordnung sind also stets summarische Lastfälle zu untersuchen. Für umfangreiche Stabwerke führt diese Untersuchung zu erheblichem Rechenaufwand, der nur mit entsprechenden Rechenprogrammen zu bewältigen ist. Für einfache Systeme (z. B. einfeldriger Rechteckrahmen) liegen Veröffentlichungen vor (z. B. [3.24; 3.25; 3.31; 3.32]), die die Ermittlung von Schnittkräften nach Theorie II. Ordnung mit verhältnismäßig geringem Aufwand unter Nutzung von Taschen- und Tischrechnern ermöglichen.

Das Verfahren zur Schnittkraftermittlung nach Theorie II. Ordnung ist nicht vorgeschrieben, in der Projektierungspraxis ist meist die vereinfachte Deformationsmethode (Stabdehnungen werden vernachlässigt) üblich. Sind die Schnittkräfte in der angegebenen Form ermittelt, erfolgt der Spannungsnachweis in der üblichen Weise, wobei gegen die Normfestigkeit R^n abgesichert wird:

$$\gamma\sigma = \frac{\gamma N^{II}}{A} + \frac{\gamma M^{II}}{W_T} \leq R^n \qquad (3.36)$$

Für einfache Systeme, für die Schnittkräfte nach Theorie I. Ordnung und Knicklängenbeiwerte schnell durch Nutzung von entsprechenden Hilfsmitteln errechnet werden können, ist das Ersatzstabverfahren weniger aufwendig. Die EDVA ermöglicht selbstverständlich ebenfalls mit Hilfe von leistungsfähigen Programmen den Nachweis ausgehend von Schnittkräften nach Theorie I. Ordnung und zugehörigen Knicklängenbeiwerten, was jedoch wesentlich aufwendiger ist als die Schnittkraftermittlung nach Theorie II. Ordnung.

Erfolgt der Nachweis mit Hilfe des Ersatzstabverfahrens, so sind die Einzelstäbe der Stabwerke mit Hilfe von Schnittkräften nach Theorie I. Ordnung unter Beachtung von Knicklängenbeiwerten β zu bemessen [Abschn. 3.3.2.3., Gln. (3.31) bis (3.35)].

Für häufig angewandte Systeme liegen Tabellenwerte bereit (z. B. [3.26; 3.33; 3.34]), die die relativ schnelle Ermittlung der Schnittkräfte nach Theorie I. Ordnung für verschiedene Lastfälle und deren anschließende Superposition ermöglichen. Der Rechenaufwand wird hierbei wesentlich verringert.

Mehrschiffige Rahmen kann man sich vielfach aus ⌐- und T-förmigen Einzelrahmen zusammengesetzt denken und dadurch die Anzahl der Überzähligen im mehrfach statisch unbestimmten System verringern. Tab. 3.25. und 3.26. geben Schnittkräfte für ⌐- und T-förmige Rahmen mit konstantem Querschnitt an. Für Rahmen mit abgestuften (Kranbahn-) Stielen hält [3.26] ebenfalls Rahmenformeln für die Schnittkraftermittlung nach Theorie I. Ordnung bereit.

Unabhängig davon, ob der Nachweis mit Hilfe des Ersatzstabverfahrens oder nach Theorie II. Ordnung erfolgt, sind, falls erforderlich, der Kipp- bzw. der Biegedrillknicknachweis und der Beulnachweis zu führen.

3.4.2.3. Knicklängenbeiwerte

Knicklängenbeiwerte, die zur Berechnung der Ersatzstablänge benötigt werden, ergeben sich aus dem Knickverhalten des gesamten Systems, wobei der reine Normalkraftzustand zugrunde gelegt wird. Es ist dabei zu beachten, daß die Knicklängenbeiwerte vom Belastungszustand abhängig sind. Um den dadurch bedingten Aufwand zu verringern, gestattet es TGL 13503/02, Abschn. 14.4., die Knicklängen näherungsweise für einen Normalkraftzustand zu ermitteln, bei dem in jedem Stab die größte auftretende Druckkraft angesetzt wird.

Ist für den Druckstab i des Stabwerks der Knicklängenbeiwert β_i bekannt, so kann der Knicklängenbeiwert β_k für den Stab k nach folgender Beziehung ermittelt werden:

$$\beta_k = \beta_i \frac{l_i}{l_k} \sqrt{\frac{N_i I_k}{N_k I_i}} \qquad (3.37)$$

Für beiderseitig gelenkig angeschlossene Stäbe ist der Knicklängenbeiwert $\beta = 1{,}0$ zu setzen (Ersatzstablänge gleich geometrische Stablänge).

Zur Ermittlung des Momentenvervielfachers f_M (Gl. 3.35) für den Nachweis des Ersatzstabs nach den Gln. (3.31) bis (3.34) hält TGL 13503/02, Abschn. 9., Tab. 8., für eine Reihe von Sonderfällen δ-Werte bereit. Für dort nicht berücksichtigte Fälle ist f_M mit dem ungünstigsten Wert $\delta = 0{,}273$ zu ermitteln. Nach Überlegungen in [3.35] darf für Stiele von horizontal verschieblichen Rechteckrahmen mit $\delta = 0$ gerechnet werden.

Für eine Reihe von Sonderfällen können Knicklängenbeiwerte für Rahmenstiele bei Knickuntersuchung in Rahmenebene (TGL 13503/02, Abschn. 14.) wie folgt ermittelt werden. Voraussetzung ist dabei, daß die Knoten rechtwinklig zur Rahmenebene gehalten werden. Der Einfluß der Verformung ist bei den nach Theorie I. Ordnung ermittelten Eckmomenten durch die bereits erwähnte Vergrößerungsfunktion f_M [Gl. (3.35)] zu berücksichtigen. Die lotrechten Kräfte F und $F_1 \leq F$ behalten während des Ausknickens ihre Richtung bei.

■ *Für freistehende einfeldrig-einstöckige Rahmen ist*
— nach Bild 3.42.a bis c mit gelenkigen Stielfüßen:

$$\beta = \sqrt{\frac{1+m}{2}} \sqrt{4 + 1{,}4(c + 6\alpha) + 0{,}02(c + 6\alpha)^2} \qquad (3.38)$$

— nach Bild 3.42.d bis f mit eingespannten Stielfüßen:

$$\beta = \sqrt{\frac{1+m}{2}} \sqrt{1 + 0{,}35(c + 6\alpha) - 0{,}017(c + 6\alpha)^2} \qquad (3.39)$$

Hilfswerte für Bild 3.42.a und d:

$$m = \frac{F_1}{F} \leq 1; \quad c = \frac{Ib}{I_0 h} \leq 10; \quad \alpha = \frac{4I}{b^2 A} \leq 0{,}2 \qquad (3.40)$$

Hilfswerte für Bild 3.42.b, c, e, f:

$$m = 1; \quad c = 2\frac{Ib}{I_0 h}; \quad \alpha = \frac{I}{b^2}\left(\frac{1}{A} + \frac{1}{A_1}\right) \qquad (3.41)$$

■ *Für freistehende mehrfeldrig-einstöckige Rahmen ist*
— nach Bild 3.42.g für gelenkige Stielfüße:

$$\beta = \frac{6 + 1{,}2c_n}{3 + 0{,}1c_n}\sqrt{\frac{2+p}{2+t}} \qquad (3.42)$$

Tabelle 3.25. Momente für einige häufig auftretende Lastfälle des Γ-förmigen Rahmens mit verschiedenen Lagerungsbedingungen

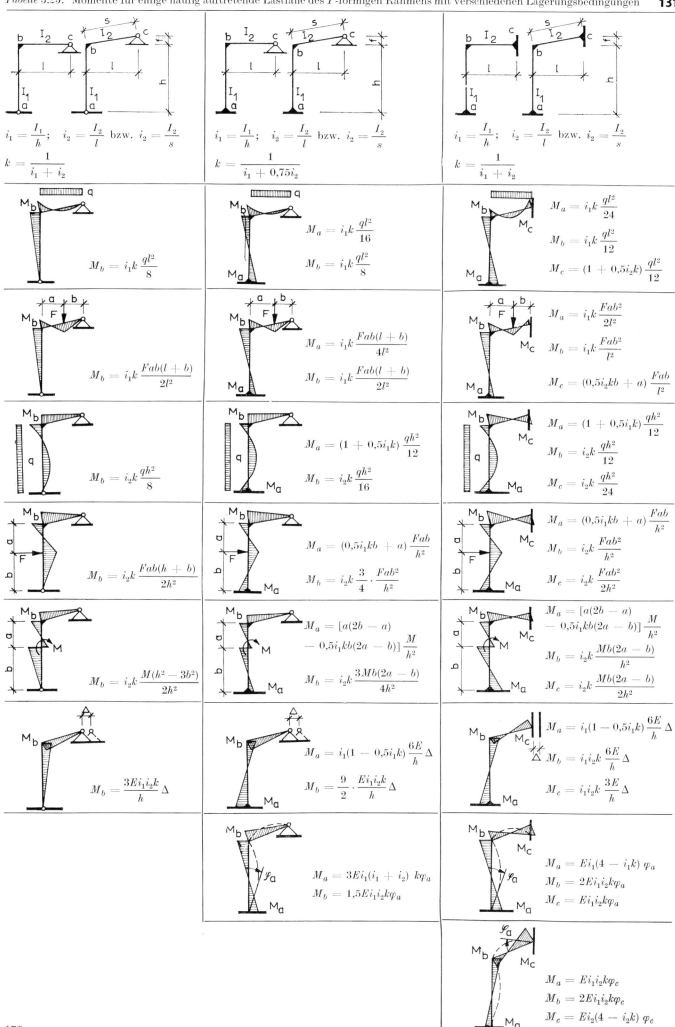

Tabelle 3.26. Momente für einige häufig auftretende Lastfälle des T-förmigen Rahmens mit verschiedenen Lagerungsbedingungen

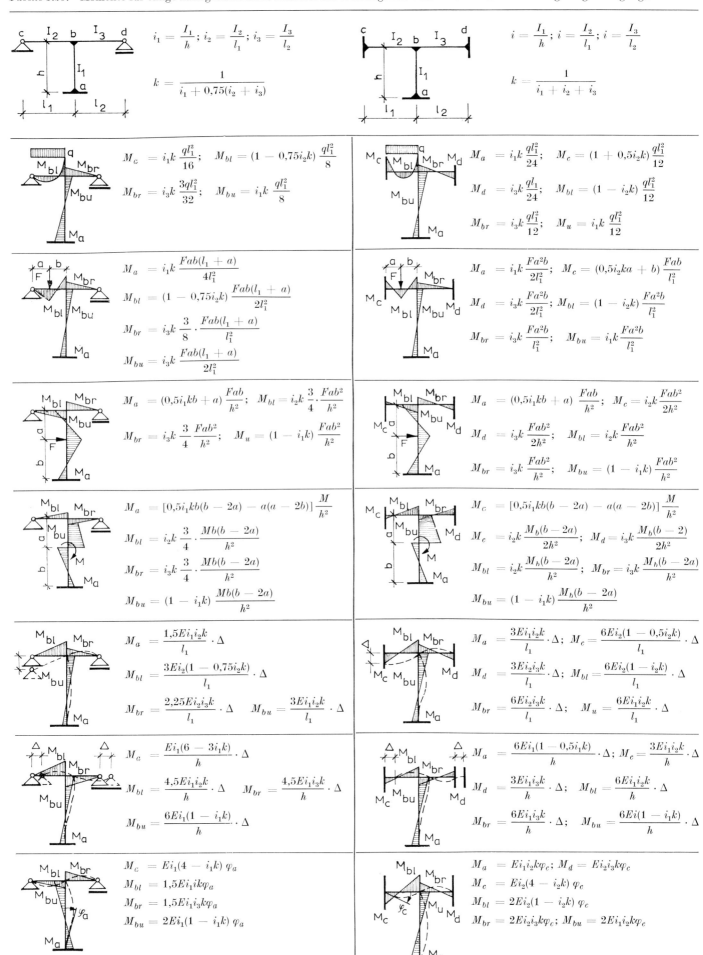

— nach Bild 3.42.g für eingespannte Stielfüße:

$$\beta = \frac{1+0{,}4c_n}{1+0{,}2c_n}\sqrt{\frac{2+p}{2+t}} \qquad (3.43)$$

— nach Bild 3.42.h für gelenkige Stielfüße:

$$\beta = \frac{6+1{,}2c_n}{3+0{,}1c_n}\sqrt{\frac{1+p}{1+t}} \qquad (3.44)$$

— nach Bild 3.42.h für eingespannte Stielfüße:

$$\beta = \frac{1+0{,}4c_n}{1+0{,}2c_n}\sqrt{\frac{1+p}{1+t}} \qquad (3.45)$$

$$c_n = c + \frac{9}{4}\alpha;\quad t = \frac{I_m}{I};\quad p = \frac{F_m}{F};\quad \beta_m = \beta\sqrt{\frac{t}{p}} \qquad (3.46)$$

Gültigkeitsbereich: $\beta \leq 3$ bei eingespannten Stielfüßen
$\beta \leq 6$ bei gelenkigen Stielfüßen

■ *Einstöckige Rechteckrahmen mit Pendelstützen*

Werden durch einstöckige Rechteckrahmen Pendelstützen gehalten, die durch während des Ausknickens lotrecht bleibende Kräfte $F_2 \ldots F_i \ldots F_k$ belastet sind, so muß der Knicklängenbeiwert β nach Gln. (3.38) bzw. (3.39) mit folgenden Faktoren multipliziert werden:

— Zweigelenkrahmen nach Bild 3.42.i: $\sqrt{1+0{,}48n}$

— einhüftiger, gelenkig gelagerter Rahmen nach Bild 3.42.j: $\sqrt{1+0{,}96n}$

— eingespannter Rahmen nach Bild 3.42.k: $\sqrt{1+0{,}43n}$

— einhüftiger, eingespannter Rahmen nach Bild 3.42.l: $\sqrt{1+0{,}86n}$

Darin bedeutet:

$$n = \frac{h}{F}\sum_{i=2}^{k}\cdot\frac{F_i}{h_i} \leq 10 \qquad (3.47)$$

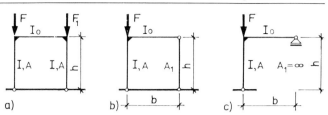
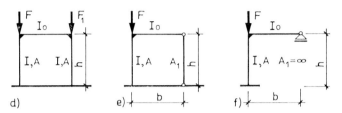
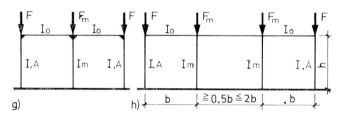
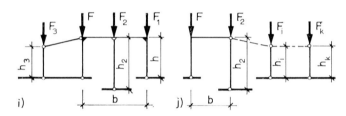

Bild 3.42. Zur Knicklängenermittlung von Rahmentragwerken

Beispiel 3.5

Schnittkraftermittlung für einen mehrschiffigen Rahmen durch Zerlegung in ⌐- und ⊤-förmige Rahmenteile

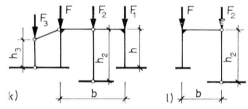

Die Momente aus der Beanspruchung durch F, M_2 und M_3 sind zu ermitteln.

Das vorliegende Rahmensystem wird in 5 Elemente zerlegt:

2 ⌐-förmige Rahmen 1-6-7; 9-10-5;
1 ⊤-förmiger Rahmen 7-8-9-3 und 2 Stiele 2-7; 4-9.

Die Schnittkräfte erhält man aus einem Gleichungssystem mit 3 Unbekannten:

$r_{11}\varphi_1 + r_{12}\varphi_2 + r_{13}\delta + r_{1q} = 0$
$r_{21}\varphi_1 + r_{22}\varphi_2 + r_{23}\delta + r_{2q} = 0$
$r_{31}\varphi_1 + r_{32}\varphi_2 + r_{33}\delta + r_{3q} = 0$

Dabei werden als Unbekannte die Verdrehungen φ_1 und φ_2 der Knoten 7 und 9 und die horizontale Verschiebung δ des Riegels eingeführt. Unter Nutzung der Tab. 3.25. und 3.26. lassen sich die Größen r bestimmen, wobei r_{11} (oder r_{22}) die Summe der Stabmomente im Knoten 7 (oder Knoten 9) infolge der Verdrehung $\varphi_1 = 1$ (oder $\varphi_2 = 1$) und r_{33} die Summe der Auflagerreaktionen infolge $\delta = 1$ darstellt.

Beispiel 3.6

Schnittkraftermittlung für einen Zweifeldrahmen

Die Momente im Rahmensystem infolge q sind zu ermitteln.

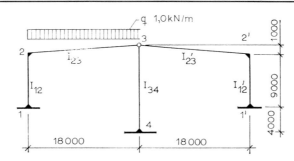

$I_{12} = 2 \cdot 10^4 \text{ cm}^4 = I'_{12}$
$I_{23} = 5 \cdot 10^4 \text{ cm}^4 = I'_{23}$
$I_{34} = 5 \cdot 10^4 \text{ cm}^4$
$s_{23} = \sqrt{18^2 + 1^2} = 18{,}03 \text{ m}$

1. Ermittlung der Schnittkräfte im belasteten unverschieblichen Rahmen nach Tab. 3.25.

$M_1 = i_1 k \dfrac{q l^2}{16} = 10{,}48 \text{ kNm}$

$M_2 = i_1 k \dfrac{q l^2}{8} = 20{,}96 \text{ kNm}$

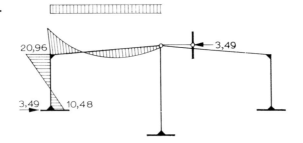

$i_1 = \dfrac{I_{12}}{h_{12}} = \dfrac{2 \cdot 10^4}{9 \cdot 10^2} = 22{,}22 \text{ cm}^3$

$i_2 = \dfrac{I_{23}}{s_{23}} = \dfrac{5 \cdot 10^4}{18{,}03 \cdot 10^2} = 27{,}73 \text{ cm}^3$

$k = \dfrac{1}{i_1 + 0{,}75 i_2} = 0{,}0233 \text{ cm}^{-3}$

$r_{1q} = \dfrac{M_1 + M_2}{h_{12}} = 3{,}49 \text{ kN}$

2. Ermittlung der Schnittkräfte im Rahmen infolge der Verschiebung des Punktes 3 um $\delta = 1$ unter Nutzung der Tab. 3.25.

$M_1 = i_1 (1 - 0{,}5 i_1 k) \dfrac{6E}{h_{12}} \delta = 0{,}11 E \cdot 10^{-6} \text{ m}^3$

$M_2 = \dfrac{q}{2} \dfrac{E i_1 i_2 k}{h_{12}} \delta = 0{,}072 E \cdot 10^{-6} \text{ m}^3$

$r'_{11} = -\dfrac{M_1 + M_2}{h_{12}} = -2{,}02 E \cdot 10^{-8} \text{ m}^2$

aus der Verschiebung $\delta = 1$ erhält man für die Mittelstütze

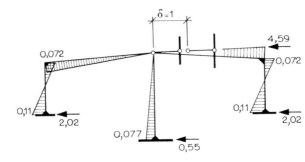

$r'_{11} = \dfrac{3 E I_{34}}{h_{34}^3} \delta$

$= -0{,}55 E \cdot 10^{-8} \text{ m}^2$

$M_4 = r''_{11} h_{34}$

$= 0{,}077 E \cdot 10^{-6} \text{ m}^3$

$r_{11} = 2 r'_{11} + r''_{11}$

$= -4{,}59 E \cdot 10^{-8} \text{ m}^2$

3. Ermittlung der Momente aus der tatsächlichen Verschiebung durch Multiplikation mit δ

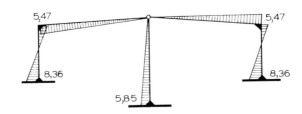

$r_{11} \delta + r_{1q} = 0$

$\delta = -\dfrac{r_{1q}}{r_{11}} = 0{,}76 E^{-1} 10^8 \text{ kNm}^{-2}$

4. Überlagerung der Momente aus dem belasteten unverschieblichen Rahmen und der Verschiebung δ

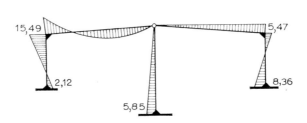

Beispiel 3.7
Konstruktive Gestaltung von typisierten Stahlvollrahmen für ein- und mehrschiffige Hallen

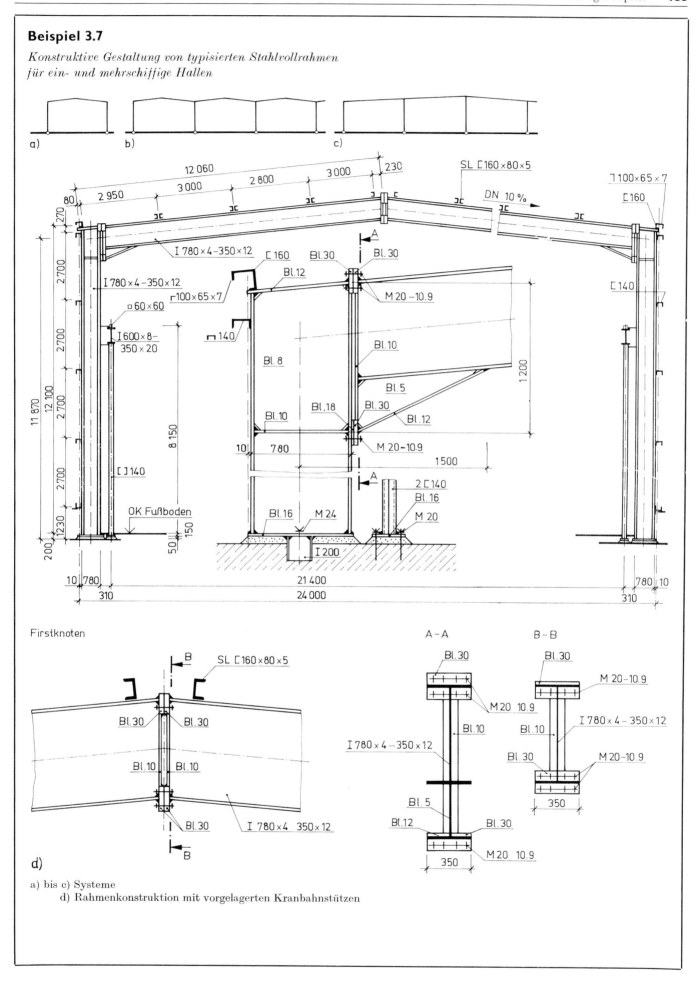

a) bis c) Systeme
d) Rahmenkonstruktion mit vorgelagerten Kranbahnstützen

Literatur

[3.1] Metalličeskie konstrukcii spravočnik proektirovčika (Metallkonstruktionen, Handbuch des Projektanten). Moskva: Strojizdat 1980

[3.2] LIPP, W.: Ein Verfahren zur optimalen Dimensionierung allgemeiner Fachwerkkonstruktionen und ebener Rahmentragwerke. Bochum: Universität, Diss. 1976

[3.3] MEYN, G.: Ein Beitrag zur Automatisierung des konstruktiven Entwicklungsprozesses optimaler Fachwerke. Weimar: Hochschule für Bauwesen und Architektur, Diss. 1972

[3.4] BURKHARDT, G.: Beitrag zur wirtschaftlichen Systemwahl statisch bestimmter und unbestimmter Fachwerke unter ruhender Belastung. Dresden: Technische Universität, Diss. 1967

[3.5] BREITLING, U.: Entwurfsoptimierung von Fachwerken nach Kostenkriterien. Berlin (West): Technische Universität, Diss. 1977

[3.6] SCHWEITZER, A.: Optimierung von Fachwerken. Bauplanung — Bautechnik, Berlin 27 (1973) 6, S. 292—295

[3.7] GRÜNBERG, D.; THOMAS, S.: Beitrag zur Entwicklung von materialsparenden fertigungs- und montagegerechten Dachkonstruktionen in Metalleichtbauweise. Cottbus: Ingenieurhochschule, Diss. 1982

[3.8] HOFMANN, P.; KROLL, R.; SOBOLJEW, I.; WERNER, F.: Zur Berechnung knotenblechloser Stabanschlüsse an ebene dünnwandige, nicht ausgesteifte Bauteile. Bauplanung — Bautechnik, Berlin 33 (1979) 8, S. 363

[3.9] KROLL, R.: Anschlüsse an dünnwandige nicht ausgesteifte Bauteile. In: Beiträge der 9. Informationstagung Metallbau. Erfurt: KDT-Bezirksverband 1980

[3.10] WERNER, F.: Sowjetische Projektierungsrichtlinie für Konstruktionen aus kaltgeformten Rechteckhohlprofilen. In: Beiträge der 10. Informationstagung Metallbau. Erfurt: KDT-Bezirksverband 1981

[3.11] HOFMANN, P.; HÜNERSEN, G.; FRITZSCHE, E.; SCHEIDER, L.: Stahlbau, Berechnungsalgorithmen und Beispiele. Berlin: VEB Verlag für Bauwesen 1983

[3.12] GRÜNBERG, D.; SAMMET, H.; POETZSCH, K.: Fachwerk 80 — ein vielseitig verwendbares Hallensystem. Informationen des VEB MLK Forschungsinstitut, Leipzig 21 (1982) 2, S. 2—9

[3.13] SAMMET, H.: Erfahrungen und Erkenntnisse beim Export von Erzeugnissen des VEB Metalleichtbaukombinat. In: Beiträge der 12. Informationstagung Metallbau. Erfurt: KDT-Bezirksverband 1983

[3.14] RESINGER, F.: Zur Knicklänge von torsionssteifen Fachwerkfüllstäben, insbesondere aus Rundstahl. Der Stahlbau 32 (1963), S. 18

[3.15] ROIK, K.; WAGENKNECHT, G.: Ermittlung der Grenztragfähigkeit von ausbetonierten Hohlprofilstützen aus Baustahl. Der Bauingenieur 51 (1976) 5

[3.16] ROIK, K.; BERGMANN, R.: Zur Traglastberechnung von Verbundstützen. Der Stahlbau 51 (1982) 1, S. 8

[3.17] KIND, S.: Bemessung und bauliche Durchbildung von betongefüllten Stahlhohlprofilen (Hohlprofilverbundstützen). Vorschrift der Staatlichen Bauaufsicht, 1. Entwurf 12/83, VEB MLK Forschungsinstitut

[3.18] HOFMANN, P.: Einsatz von Stahlverbundstützen zur Walzstahleinsparung. In: Beiträge der 13. Informationstagung Metallbau. Erfurt: KDT-Bezirksverband 1983

[3.19] Stahlhochbau: Richtlinien für Projektierung und Konstruktion. Leipzig: VEB MLK Forschungsinstitut

[3.20] SEIFFAHRT, H.; RIEDEL, K.; ZÜHLKE, H.: Einsatz von Koppelstützen bei eingeschossigen Mehrzweckgebäuden in Stahlbetonbauweise. Bauplanung — Bautechnik, Berlin 37 (1983) 11

[3.21] BELENJA, E. I.: Metalličeskie konstrukcii (Metallkonstruktionen). Moskva: Izdatel'stvo literatury po stroitel'stvu 1973

[3.22] MAI, C.; RAMMLER, W.: Ein einfaches Verfahren zur Berechnung gekoppelter Tragwerkssysteme eingeschossiger Bauwerke ohne Auflösung von Gleichungssystemen. Informationen des VEB MLK Forschungsinstitut, Leipzig 18 (1979) 1, S. 20—34

[3.23] KRAHMER, D.; RABOLDT, K.: Stabwerke, in: Einführung in die neue Stabilitätsvorschrift für den Stahlbau. Berlin: Verlag für Standardisierung 1983

[3.24] RABOLDT, K.; NGUYEN-THANH-YEN: Formelzusammenstellung zur Ermittlung von Schnittkräften nach Theorie II. Ordnung für einfache Stabwerke. Informationen des VEB MLK Forschungsinstitut, Leipzig 20 (1981) 2, S. 19—21

[3.25] RABOLDT, K.: Zusammenstellung von Formeln zur Schnittkraftermittlung nach Theorie II. Ordnung am Einzelstab. Informationen des VEB MLK Forschungsinstitut, Leipzig 20 (1981) 2, S. 21—25

[3.26] Spravočnik proektirovčika, rasčetno-teoteričeskij (Handbuch des Projektanten) Tom I. Moskva: Izdatel'stvo literatury po stroitel'stvu 1972

[3.27] MOK-KONG-SHEN: Über den Einfluß der Lastangriffshöhe auf den Knickbeiwert des EULERschen Stabes. Der Bauingenieur 37 (1962) 11, S. 428

[3.28] Technologien der Projektierung — Statik (Betonbau) Stabförmige Druckglieder/Nachweisführung — Katalog I 8244 RSB, Bauakademie der DDR, Institut für Industriebau
AM 4.4/02 Knicklängenbeiwerte für stabförmige Druckglieder
AM 4.4/03 Knicklängenbeiwerte für Rahmen
AM 4.4/04 Knicklängenbeiwerte für gekoppelte Systeme

[3.29] GÜNTHER, H.: Einige Formeln zur Berechnung von Ersatzstablängen für den Knicknachweis. Die Bautechnik 5 (1973) 9, S. 304

[3.30] HOFMANN, P.; RÖSIGER, R.; KOCH, M.; RABOLDT, K.: Einführung zu Stahlbau-Standards TGL 13474, TGL 13470, TGL 13502 (DDR) und SNiP II-W 372 (UdSSR). In: Beiträge der 5. Informationstagung Metallbau. Erfurt: KDT-Bezirksverband 1976

[3.31] RABOLDT, K.: Bestimmen des Verhältnisses $\sigma_{ki}/\nu\sigma_c$ für die näherungsweise Untersuchung von stählernen Stabwerken nach TGL 13503. Hebezeuge und Fördermittel 15 (1975) 5, S. 141

[3.32] BARTLOVA, A.: Frame stability with a view to the influence of imperfections (Rahmenstabilität unter Berücksichtigung des Einflusses von Imperfektionen). Regional colloquium in stability of steel structures, Budapest/Balatonfüred 1977, Proceedings, S. 137—145

[3.33] KLEINLOGEL, A.; HASELBACH, W.: Rahmenformeln. Berlin—München—Düsseldorf: Verlag von Wilhelm Erst u. Sohn 1979

[3.34] RABOLDT, K.: Zur Untersuchung von Zweigelenkrahmen als Stabilitäts- bzw. Spannungsproblem der Theorie II. Ordnung, Informationen Metalleichtbaukombinat 14 (1975) 4, S. 12—19

[3.35] PETERSEN, C.: Statik und Stabilität der Baukonstruktionen. Braunschweig—Wiesbaden: Vieweg-Verlag 1980

[3.36] Autorenkollektiv: Metallbau-Arbeitsblätter Heft 1 und Heft 2. Leipzig: Institut für Aus- und Weiterbildung 1980/1982

[3.37] BARK, H.; GRÜNBERG, D.; THOMAS, S.: Konstruktion und Montage der Mehrzweckhalle 15 × 30 Typ Cottbus. Informationen des VEB MLK Forschungsinstitut, Leipzig 17 (1978) 2, S. 15

[3.38] RIEDEBURG, K.; SCHMALZRIED, P.: Das unterspannte Blechdach — eine Neuentwicklung des VEB Metalleichtbaukombinat. Informationen des VEB MLK Forschungsinstitut, Leipzig 20 (1981) 1, S. 15

[3.39] NAUMANN, G.: Tragsysteme und Konstruktionen von Metalldachtragwerken für Hallen. Diss. B, TU Dresden 1985.

4

Mehrgeschossige Gebäude

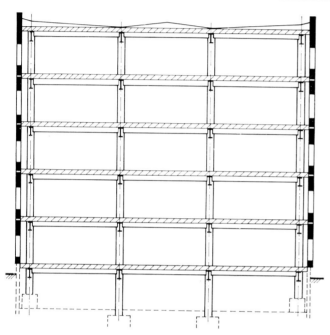

Bild 4.1. Schnitt durch ein mehrgeschossiges Industriegebäude

4.1. Überblick

Mehrgeschossige Industriegebäude gehören nach ihrem konstruktiven Aufbau zu den Skelettbauten (Bild 4.1.).
Gegenüber den mehrgeschossigen Wohn- und Gesellschaftsbauten sind sie dadurch gekennzeichnet, daß sie wesentlich höhere Nutzlasten aufzunehmen haben und die Forderung nach größeren stützenfreien Räumen besteht. Weiterhin spielt die Funktion gegenüber der Architektur die dominierende Rolle und beispielsweise der für Wohn- und Gesellschaftsbauten so bedeutende Komplex der Außenwandelemente verliert im Vergleich zu anderen Bauwerkselementen relativ an Wertigkeit.
Nutzungsbedingt weisen mehrgeschossige Industriegebäude häufig nicht jene Regelmäßigkeit der Tragstruktur auf, wie sie z. B. für Hochhäuser (vielgeschossige Stockwerkrahmen) typisch ist. Entsprechend treten Berechnungsverfahren, die auf dieser Gleichmäßigkeit der Tragstruktur aufbauen, in ihrer Bedeutung für den Industriebau zurück. Die Notwendigkeit, mehrgeschossige Industriegebäude in Stahlskelettbauweise zu errichten, ergibt sich vor allem aus:

— den Erfordernissen der Nutzertechnologie
— Platzmangel bei Neubauten auf vorhandenem, nicht erweiterungsfähigem Betriebsgelände
— der gesellschaftlich notwendigen Beschränkung der Inanspruchnahme landwirtschaftlicher und anderer Nutzflächen
— der Senkung der Erschließungskosten, insbesondere bei Gebäuden mit großen Höhenunterschieden
— der Senkung der Aufwendungen für innerbetrieblichen Transport
— der Rekonstruktionsfreundlichkeit der Stahlkonstruktion
— der leichten Demontierbarkeit
— der Möglichkeit der Rückführung von etwa 80% des verwendeten Stahls in den stoffwirtschaftlichen Kreislauf nach Ablauf der Nutzungsdauer.

Im Industriebau ist zu berücksichtigen, daß die Nutzertechnologie einer schnellen Weiterentwicklung und Veränderung unterliegt, woraus sich die Forderung nach einer hohen Flexibilität der Produktionsbauten ergibt.
Bei Tragwerken aus Stahl kann diese Forderung weitestgehend realisiert werden.
Gegenüber eingeschossigen Tragwerken ergeben sich folgende nachteilige Faktoren:

— erhöhter Investitionsaufwand
— erhöhter Stahleinsatz
— größerer Aufwand für die Gründung (insbesondere bei ungünstigem Baugrund)
— größere Anfälligkeit der Stahlkonstruktion im Falle der Brandeinwirkung.

Technologische Untersuchungen zeigen, daß mehrgeschossige Industriegebäude sowohl für viele traditionelle als auch für neue, sich dynamisch entwickelnde Industriezweige geeignet sind (z. B. Elektronik, blechverarbeitende Industrie, Textilindustrie, Lederverarbeitung, verschiedene Bereiche der Nahrungsmittelindustrie).
Die Projektierung erfolgt in der Regel bauwerksbezogen bei weitgehender Verwendung vorgefertigter Elemente, insbesondere der Wand- und Deckenelemente. Große Reserven können durch Entwicklung und Anwendung vorgefertigter Ausbauelemente erschlossen werden. Die Entwicklung von Angebotsprojekten und Baukastensystemen [4.1] setzt eine hochentwickelte materielltechnische Basis und einen entsprechenden Anwendungsumfang voraus, damit die möglichen Rationalisierungseffekte voll wirksam werden können.
Entwurf, Projektierung und Ausführung mehrgeschossi-

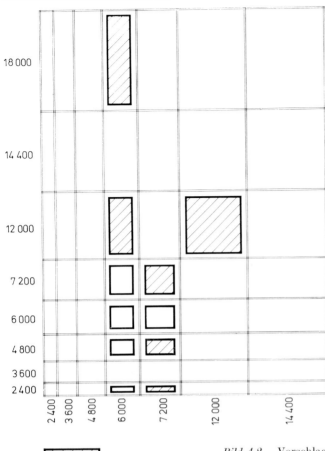

Bild 4.2. Vorschlag für ein geometrisches Grundsystem nach [4.4]

(schraffiert) Vorzugsparameter
(weiß) mögliche Parameter

ger Gebäude stellen im Vergleich zu entsprechenden eingeschossigen Bauwerken an die Zusammenarbeit von Architekten, Ingenieuren und Technologen wesentlich höhere Anforderungen. Eine entscheidende Bedingung ist die Gestaltung des Bauwerks auf der Grundlage eines Großrasters (Primärraster) nach TGL 37706 und TGL 37707 (siehe auch [4.2; 4.3]). Er sollte Bild 4.2. entsprechen. Bei einer modular koordinierten Gebäudelösung kann dann der Ausbau als in der Regel kosten- und zeitaufwendigster Teil des gesamten Bauvorhabens weitgehend unabhängig vom System der Tragkonstruktion ebenfalls mit vorgefertigten Elementen erfolgen (Sekundärraster). Vorteilhaft ist der Versatz von Primär- und Sekundärraster in der horizontalen Struktur nach Bild 4.3. Auch in der Vertikalen ist eine modulare Höhenordnung zweckmäßig (Bild 4.4.).

Mit Rücksicht auf ein geringes Sortiment an Ausbau-Elementen werden alle Stützen in Achs-Achs-Lage angeordnet (Bild 4.5.).

Der Stahleinsatz verteilt sich nach [4.6] auf die Hauptbauelemente wie folgt

— Stützen 40…60% — Treppen, Aufzüge 3…6%
— Riegel 30…50% — Verbände 2…7%

Als Orientierungsgröße für den Stahleinsatz je m³ umbauten Raumes wird angegeben

$$m = \left(12 + \frac{n}{2}\right) \text{ in kg/m}^3 \qquad (4.1)$$

Dabei ist n die Anzahl der Etagen. Bei 4 Etagen und 4800 mm Geschoßhöhe ergeben sich 14 kg/m³ ≙ 67,2 kg/m².

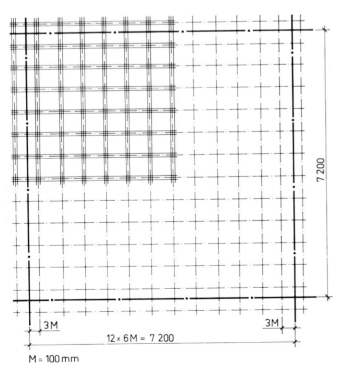

Bild 4.3. Versetzter Sekundärraster

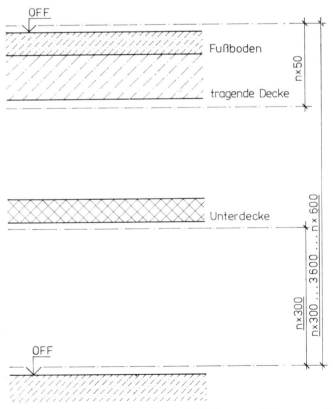

Bild 4.4. Zuordnung von Bauwerksteilen zu System- und Rasterlinien im Aufriß [4.5]

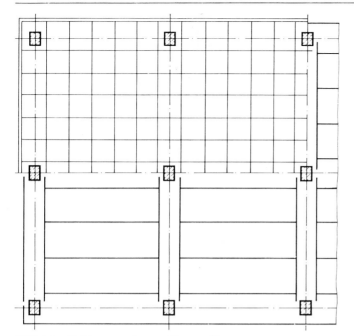

Bild 4.5. Stützenanordnung, Vorzugslösung

Bild 4.6. Horizontale Verbände

4.2. Systeme und deren Stabilisierung

Die Wahl des Systems und seine Stabilisierung haben entscheidenden Einfluß auf die Gesamtlösung des Bauwerks. Das betrifft nicht nur die technische und gestalterische Lösung, sondern auch die Herstellungs- und Montagetechnologie und schlägt sich am Ende in den Baukosten nieder.

Die Grundstruktur des Tragwerks besteht aus 2 Elementen, den Stützen und Riegeln. Die Art und Weise ihrer Anordnung und Verbindung sowie das Zusammenwirken mit den Stabilisierungselementen lassen dabei viele Varianten zu, die zu sehr unterschiedlichen Lösungen führen können. Das System der Stabilisierung setzt sich aus horizontal und vertikal wirkenden Elementen zusammen. Als horizontal wirkende Stabilisierungselemente dienen überwiegend die Geschoßdecken. Sie sind meist als Massivdecken ausgebildet, seltener werden horizontale Verbände angeordnet (Bild 4.6.).

Als vertikale Stabilisierungselemente kommen Scheiben und Kerne in Betracht.

4.2.1. Systeme mit Scheibenstabilisierung

Im Falle der Scheibenstabilisierung ist ein System von Scheiben erforderlich, das eine Verdrehung und Verschiebung des Gebäudes ausschließt. Setzt man eine wirksame horizontale Scheibe in Form von massiven Geschoßdecken oder Verbänden voraus, so sind drei vertikale Scheiben so anzuordnen, daß sich deren drei Mittelflächen nicht auf einer Linie schneiden (Bild 4.7.). Bei

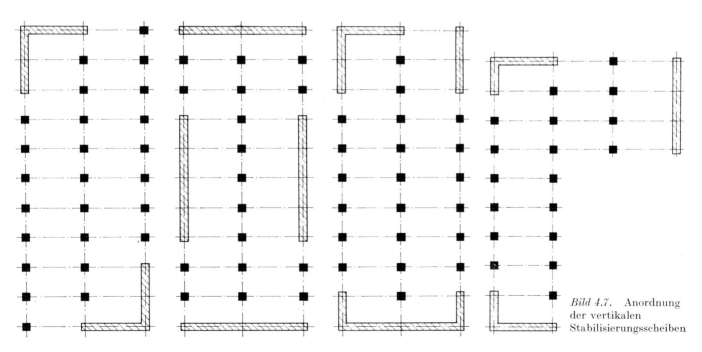

Bild 4.7. Anordnung der vertikalen Stabilisierungsscheiben

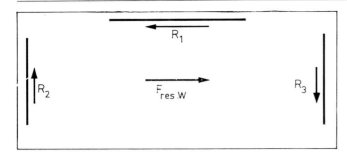

Bild 4.8. Scheibenbelastung infolge Wind bei unsymmetrischer Scheibenanordnung

$F_{res.W}$ resultierende Windkraft
$R_1 \ldots R_3$ Reaktionen in den Stabilisierungsscheiben

unsymmetrischer Lage der Stabilisierungsscheiben sind die Verdrehwirkungen zu berücksichtigen (Bild 4.8.).
Für andere Grundrisse als Rechteck bzw. Quadrat (z. B. L, ⊔, △, ○) gelten für die Stabilisierungsscheiben die gleichen Grundsätze. Die Stabilisierungsscheiben können als Fachwerkverband, Rahmen oder monolithische Scheiben ausgebildet werden.
Der Fachwerkverband ist eine stahlbaugerechte, häufig anzutreffende Lösung (Bild 4.9.).
Die Wahl der Ausfachung hängt sowohl von den Erfordernissen und Möglichkeiten der Öffnungsbildung in der Scheibe (Bild 4.9.a) als auch von der Größe der Kräfte ab. Bei langen und hohen Bauwerken sind die Kräfte in den zum Giebel parallelen Scheiben (infolge Windeinwirkung auf die Längsseiten) beträchtlich, so daß kurze Druckstäbe erwünscht sind. Einige der dargestellten Ausfachungen sind keine vollständigen Fachwerke, d. h.,

infolge horizontaler Lasten entstehen Biegemomente in Stützen und Riegeln, die als Verbandsstäbe mit herangezogen werden. Sie weisen eine geringere Steifigkeit als vollständige Fachwerke auf und sind deshalb für hohe Bauwerke und große Kräfte nicht geeignet. Der Kreuzverband ist ein statisch unbestimmtes Fachwerk. Infolge der elastischen Zusammendrückung der Stützen entstehen in den Diagonalen Zusatzspannungen, die bei der Bemessung zu berücksichtigen sind.

$$\sigma_D = \sigma_S \sin^2 \alpha \qquad (4.2)$$

σ_D Spannung im Diagonalstab
σ_S Spannung im Stützenquerschnitt
α Anstiegswinkel der Diagonalen

Die Rahmenscheibe basiert auf der biegesteifen Ausbildung der Verbindung von Stütze und Riegel. Sie wird bevorzugt für die Querstabilisierung angewandt. Dabei müssen nicht alle Stabenden biegesteif angeschlossen sein. Abweichend von den anderen Formen der Scheibenstabilisierung wird hierbei in jeder Stützenreihe eine Rahmenscheibe ausgebildet (Bild 4.10.). Rahmenscheiben erreichen nicht die Steifigkeit von Verbänden und monolithischen Scheiben.
Monolithische Scheiben sind aus Ortbeton oder Fertigteilen hergestellte Stahlbetonscheiben. Je nach den konkreten Bedingungen kann sich Vorspannung als zweckmäßig erweisen. Dies trifft vor allem für Scheiben aus Fertigteilen zu, bei denen die Zugbewehrung aus hochfestem Stahl in wenigen Kanälen konzentriert wird.
Die Anordnung unterschiedlicher Stabilisierungselemente in einem Bauwerk ist durchaus möglich (z. B. Rahmen in Querrichtung, Verbände in Längsrichtung).

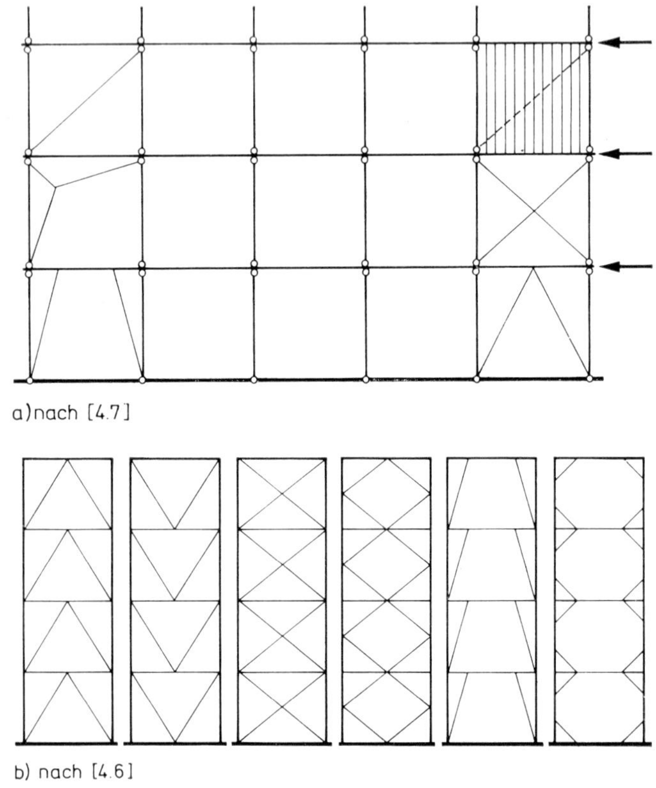

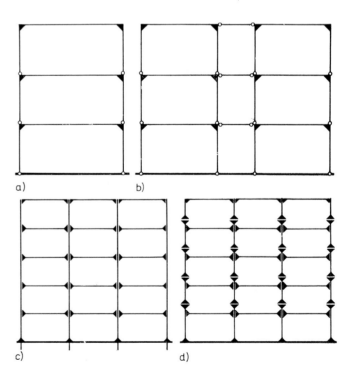

Bild 4.10. Varianten von Rahmenscheiben
a) übereinandergestellte Zweigelenkrahmen
b) übereinandergestellte Zweigelenkrahmen mit eingehängten Unterzügen
c) durchgehende Stützen, biegefeste Riegelanschlüsse
d) gestoßene Einzelstützen und Riegel

a) nach [4.7]

b) nach [4.6]

Bild 4.9. Varianten vertikaler Fachwerkverbände

Im Normalfall sollen Stabilisierungsscheiben durch alle Geschosse gehen und im Grundriß an der gleichen Stelle angeordnet sein. Technologische Bedingungen (z. B. erforderliche große Öffnungen im Wandbereich) zwingen manchmal dazu, von einer Etage zur anderen die Stabilisierungsscheibe in ein oder mehrere benachbarte Stützenfelder zu verschieben. Hierbei steigt der konstruktive Aufwand. Die statisch sichere Fortleitung der Kräfte ist an diesen Sprungstellen besonders zu beachten. Als technische Lösung kommt der Fachwerkverband in Frage.

4.2.2. Systeme mit Kernstabilisierung

Vor allem aus funktioneller Sicht werden in jeder Etage eines mehrgeschossigen Gebäudes gleichartige Einrichtungen benötigt, deren bautechnische Lösung in kompakter Form sinnvoll als Stabilisierungskern für das gesamte Gebäude genutzt werden kann. Insbesondere sind Treppenhäuser, Aufzugsschächte, Räume der technischen Erschließung, Sanitärräume u. ä. geeignet. In zweckmäßiger Anordnung entstehen kompakte Kerne mit gleichem Querschnitt in jeder Etage. Bei entsprechender konstruktiver Gestaltung weisen diese Kerne eine große räumliche Steifigkeit auf und sind — wiederum in Verbindung mit den horizontalen Stabilisierungsscheiben — in der Lage, das gesamte Gebäude zu stabilisieren. In der Regel genügt es dann, die Verbindung von Stützen und Riegel gelenkig auszubilden, was im Vergleich zu biegesteifen Verbindungen bedeutende konstruktive Vereinfachungen mit sich bringt und die Aufwendungen für die Ausbildung des Stabilisierungskerns kompensiert.

Als wirtschaftlicher Anwendungsbereich gelten Gebäudehöhen zwischen 40 und 110 m bei einem Seitenverhältnis im Grundriß $B/L = 0,3$ bis $0,7$.

Form und Anordnung der Stabilisierungskerne können sehr unterschiedlich sein (Bild 4.11.). Bei Industriebauten überwiegt die Rechteckform. Die Anordnung der Stabilisierungskerne im Grundriß unterliegt vorwiegend funktionellen Gesichtspunkten. Als technische Lösung dominieren Stahlbetonkonstruktionen, die im Gleitbauverfahren oder nach ähnlichen Prinzipien hergestellt werden. Für geringe Gebäudehöhen sind auch Fertigteilbauweisen geeignet. Stabilisierungskerne aus Stahlfachwerk, wie sie für sehr hohe Gebäude (über 100 m) die oft einzige technische Lösung darstellen, haben für mehrgeschossige Industriegebäude keine Bedeutung.

Zu beachten ist, daß Stabilisierungskerne stets vor der Skelettmontage tragfähig sein müssen, was im Bauablauf zu berücksichtigen ist.

Auch bei kernstabilisierten Gebäuden sind Kombinationen unterschiedlicher Stabilisierungssysteme möglich, z. B. Kern- und Rahmenstabilisierung. Die Rahmen dürfen dabei als unverschieblich angenommen werden, wenn die Steifigkeit des Kerns das Fünffache der Rahmensteifigkeit beträgt oder überschreitet.

$$\frac{S_{\text{Kern}}}{S_{\text{Rahmen}}} \geqq 5 \qquad (4.3)$$

S_{Kern} und S_{Rahmen} können z. B. ausgedrückt werden durch die Reziprokwerte der Horizontalverschiebungen infolge horizontal angreifender Einheitslast.

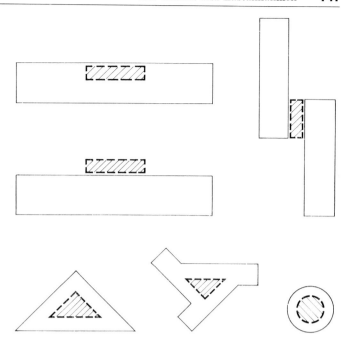

Bild 4.11. Formen und Anordnung von Stabilisierungskernen

4.3. Lasten und Lastannahmen

Lasten für mehrgeschossige Industriegebäude werden nach den jeweils gültigen Standards ermittelt (TGL 32274; DIN 1055). Für die Beurteilung der Stand- und Tragsicherheit des Gebäudes ist es zweckmäßig, die Lasten nicht nur nach der Ursache ihrer Entstehung (Eigenlasten, Verkehrslasten, Windlasten usw.) zu unterscheiden, sondern auch nach der Art und Weise ihrer Wirkung auf das Tragwerk (ständige, langzeitige, kurzzeitige und plötzliche Lasten). Aus den einzelnen Lasten werden die unter Betriebsbedingungen möglichen Lastkombinationen gebildet. Mit Hilfe der Lastfaktoren γ_f, der jeweiligen Lastkombinationsfaktoren ψ und unter Berücksichtigung des Wertigkeitsfaktors γ_n wird die — allgemein durch Schnittkräfte ausgedrückte — Beanspruchung im Grenzzustand dargestellt.

Im allgemeinen sind folgende Einflüsse zu berücksichtigen:

- Eigengewicht der Konstruktion
- Eigengewicht von Fußböden, Unterdecken, Trennwänden
- Verkehrslast
- Installationslasten
- Einzellasten von Flurförderzeugen
- Einzellasten aus Hängetransport
- Schnee
- Schwinden
- Kriechen
- Temperatur
- Windlasten
- seismische Lasten.

Die Verkehrslasten werden aus den tatsächlich wirkenden Lasten als gleichmäßig verteilte Flächenlasten berechnet. Es ist zweckmäßig, die aus der tatsächlichen Last ermittelte Verkehrslast in eine der Verkehrslaststufen nach Tab. 4.1. einzuordnen und diese der Berechnung des gesamten Tragwerks zugrunde zu legen. In seltenen Fällen, z. B. bei besonders schweren Einzelaggregaten, werden die tatsächlichen Lasten zur Berechnung der Tragglieder verwendet.

Im Gegensatz zu Büro- und Gesellschaftsbauten wird die Berechnung der Stützen und Fundamente mehrgeschos-

Tabelle 4.1. Vorzugs-Verkehrslaststufen für mehrgeschossige Industriegebäude (Normlasten)

	Riegelspannweite	
	≤ 12 m	≤ 18 m
Verkehrslast in kN/m²	5,0	5,0
	10,0	10,0
	17,5	15,0
	25,0	—

Tabelle 4.2. Kombinationsfaktoren bei der Bildung von Lastkombinationen (TGL 32274/01)

Lastkombination	Anzahl der kurzzeitigen Lasten	Kombinationsfaktor ψ
Grundkombination	1	1
	2 oder 3	0,9
	> 3	0,8
Sonderkombination	≥ 1	

siger Industriegebäude mit der vollen rechnerischen Last aller Geschosse vorgenommen. Verschiedene Standards lassen in geringem Umfang Abminderungen zu. So sieht DIN 1055, Teil 3 (Ausg. 6/71), bei Werkstätten mit leichtem Betrieb und mehr als drei Vollgeschossen Abminderungen der Verkehrslast in einem genau definierten Umfang vor, die jedoch 20% der gesamten auf ein Bauteil wirkenden Verkehrslast nicht überschreiten darf. Lasten aus Flurförderzeugen werden als nicht gleichzeitig mit der Verkehrslast wirkend angenommen. Ebenso kann davon ausgegangen werden, daß Flurförderzeuge und Hängetransport nicht gleichzeitig an ungünstigster Stelle ihre Belastungsmaxima erreichen. Es genügt, die ungünstigste Wirkung eines Transportmittels anzunehmen.

Die hohe Zahl der verschiedenen Lastarten erfordert bei mehrgeschossigen Industriegebäuden die Bildung von Lastkombinationen. Hierbei sind neben den ständigen Lasten alle Lastarten anzusetzen, die gleichzeitig wirken können und deren Kombination zu Größtwerten führt. Lastkombinationen ohne plötzliche Lasten heißen Grundkombinationen, solche mit plötzlichen Lasten heißen Sonderkombinationen. Die Abminderung der Größe einzelner Lastarten oder der durch sie hervorgerufenen Beanspruchungen ist in Standards festgelegt. Nach TGL 32274/01 werden kurzzeitige Lasten mittels Lastkombinationsfaktoren abgemindert (Tab. 4.2.). Als kurzzeitige Lasten gelten:

— die Summe aller Verkehrslasten der Decken, die die Beanspruchung des betrachteten Schnitts beeinflussen
— die Summe aller Lastkomponenten eines Krans.

Darüber hinaus ist zu beachten, daß die als gleichmäßig verteilt angenommenen Verkehrslasten feldweise auftreten können. Daraus folgt, daß für alle bemessungsmaßgebenden Stellen des Tragwerks die ungünstigste Lastanordnung zu betrachten ist.

4.4. Berechnung mehrgeschossiger Gebäude

Die Berechnung mehrgeschossiger Gebäude ist eine anspruchsvolle Aufgabe. Umfang und Schwierigkeitsgrad hängen nicht nur von der angestrebten Genauigkeit ab, sondern von der Wahl des statischen Systems.

ROIK [4.8] charakterisiert die „exakte" Berechnung der Traglast räumlicher, mehrgeschossiger Rahmensysteme als „äußerst kompliziert". Es ist daher geboten, einen sinnvollen Kompromiß zwischen Berechnungsaufwand und erreichbarem Nutzen anzustreben.

Ohne ökonomischen Nachteil ist in der Regel die Bildung des statischen Systems in der Art möglich, daß die Berechnung des Skeletts in Form ebener Systeme durchgeführt werden kann. Auch hierbei kann die Berechnung sehr umfangreich werden. Als Beispiel sei die Berechnung verschieblicher Stockwerkrahmen genannt. Bei der Berechnung auf der Grundlage der Elastizitätstheorie sollten die Schnittkräfte nach der Theorie II. Ordnung bereitgestellt werden, was ohne leistungsfähige Rechner nicht möglich ist. Da diese Berechnung für den Grenzlastzustand durchgeführt wird, ist es notwendig, die Belastung zutreffend zu erfassen. In den meisten Fällen wird von einem proportionalen Anwachsen aller Lastkomponenten der jeweiligen Gebrauchslastkombination ausgegangen.

$$\mathfrak{K}_L = \nu \mathfrak{K}_N \qquad (4.4)$$

$\mathfrak{K}_L$ Lastkombination im Grenzzustand
$\mathfrak{K}_N$ Lastkombination im Gebrauchszustand
ν Proportionalitätsfaktor

Der Grenzlastzustand ist erreicht, wenn an der am ungünstigsten beanspruchten Stelle gerade die Fließgrenze σ_F erreicht wird. Es ist zu beachten, daß dies bei dem stochastischen Charakter der Lasten nur selten zutreffen wird.

Andererseits schöpft eine „elastische" Berechnung der hochgradig statisch unbestimmten Rahmentragwerke das wirkliche Tragvermögen bei weitem nicht aus, wenn vorzeitiges Versagen infolge Instabilität ausgeschlossen ist. Bild 4.12. zeigt das Verhalten eines verschieblichen Rahmensystems aus elasto-plastischem Werkstoff.

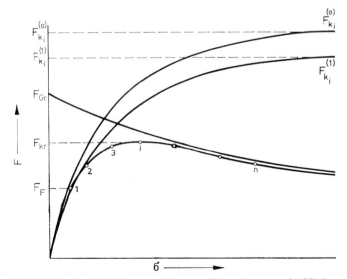

Bild 4.12. Last-Verformungskurve für ein verschiebliches Rahmensystem bei elasto-plastischem Werkstoff (nach [4.8])

Die Verschiebungen unter stetig steigender Belastung entwickeln sich zunächst elastisch, nichtlinear. Bei unbegrenzt elastischem Werkstoffverhalten würde eine asymptotische Annäherung an die kritische Last $F_{ki}^{(0)}$ erfolgen.
Tatsächlich wird mit der Ausbildung des 1. Fließgelenks die elastische Grenzlast F_F erreicht.
Das System wird durch das Fließgelenk weicher und würde, wenn keine weitere Gelenkbildung stattfände, auf die Asymptote $F_{ki}^{(1)}$ zulaufen.
Praktisch entstehen jedoch weitere Fließgelenke, bis mit der Bildung des i-ten Gelenks die plastische Grenzlast F_{kr} erreicht wird.
Bei vielen Systemen hat die Last-Verformungs-Kurve einen labilen Ast, d. h., es bilden sich bei abfallender Last weitere Fließgelenke ($i \ldots n$).
Für die Bemessung haben sie keine Bedeutung.
Auszugehen ist von der „plastischen Grenzlast" F_{kr}. Es muß darüber hinaus beachtet werden, daß nicht unzulässige Verformungen eintreten. Zusammen mit der in Abschn. 4.3. dargestellten Problematik der Lastkombination wird damit der Umfang der Berechnung verschieblicher Stockwerkrahmen deutlich.
Neben der bereits genannten Ausbildung ebener Systeme empfiehlt sich daher die Ausbildung unverschieblicher Systeme, weil damit die Berechnung nach Theorie II. Ordnung in den meisten Fällen umgangen werden kann und Verformungskriterien in der Regel nicht bemessungsmaßgebend werden (s. a. Abschn. 4.2.).
Für die Berechnung von Stabwerken nach der Elastizitätstheorie I. und II. Ordnung stehen Rechenprogramme zur Verfügung, welche im Sinn der jeweiligen Theorie zuverlässige Ergebnisse liefern.
Die plastischen Verfahren der Berechnung biegesteifer Stabsysteme liegen ebenfalls in einer für baupraktische Zwecke geeigneten Form vor, z. B. [4.9; 4.10; 4.11].
In [4.12] wird die Berechnung von Rahmentragwerken unter variabler wiederholter Belastung nach der Plastizitätstheorie II. Ordnung gezeigt. Plastisches Verhalten berücksichtigen in differenzierter Form z. B. auch Programmbausteine des Programmsystems „STATRA".
Die Literatur zu spezifischen Problemen der Berechnung mehr- und vielgeschossiger Gebäude ist auch in neuerer Zeit sehr umfangreich.
In [4.13] wird ein Überblick über Verfahren der Optimierung elastischer Skelettkonstruktionen gegeben. Elastische kritische Lasten verschieblicher Rahmen werden in [4.14] mit Hilfe von Ersatzlastlasten bestimmt. Die Versagenswahrscheinlichkeit nichtlinearer Rahmenkonstruktionen wird in [4.15] untersucht. Ein aktueller Forschungsgegenstand ist die Untersuchung halbstarrer Knotenverbindungen zwischen Stützen und Riegeln [4.16].

4.4.1. Näherungsverfahren

Angesichts der genannten Probleme einer „exakten" Berechnung mehrgeschossiger Gebäude gewinnen Näherungsverfahren vor allem unter dem Aspekt notwendiger Voruntersuchungen außerordentliche Bedeutung. Allgemein müssen sie die „Handrechnung" zulassen bei Nutzung gebräuchlicher rechentechnischer Hilfsmittel.

In den USA [4.17] sind für die elastische Berechnung drei Methoden vorgesehen:

— *Typ 1:* Berechnung nach der Elastizitätstheorie unter Annahme starrer Stützen-Riegel-Verbindungen (konstante Anschlußwinkel) der Stäbe im Knoten auch am verformten Tragwerk).
Diese bei elastischen Systemen übliche Annahme wird als Näherung gegenüber dem wirklichen Verhalten der Anschlußkonstruktionen betrachtet.
— *Typ 2:* Annahme gelenkiger Verbindungen für alle vertikalen (d. h. aus Gravitation herrührenden) Lasten; starre Verbindungen für alle übrigen Lasten.
— *Typ 3:* Annahme halbstarrer Verbindungen zwischen Stützen und Riegeln.

Typ 3 gilt als „exakte" Lösung. Die Anwendung ist mangels gesicherter Daten über das Last-Verformungs-Verhalten der Anschlüsse mit Schwierigkeiten verbunden. Typ 2 kann als grobe Näherung gelten. Nach [4.18] führt das Verfahren zu einer Überschätzung der Riegelmomente und zu einer (teilweise beträchtlichen) Unterschätzung der Stützenmomente, wobei zu beachten ist, daß sich der Fehler nicht proportional auf die Stützenbemessung auswirkt, da hier gewöhnlich die Normalkräfte dominieren.
Näherungsverfahren werden auch in [4.6] vorgeschlagen. Bei biegesteifen Systemen werden die Schnittkräfte aus vertikaler Belastung nach Bild 4.13. bestimmt. Berücksichtigt werden für den Riegel 2—3 alle an den Knoten 2 und 3 anschließenden Stäbe. Die elastische Einspannung „abliegender Knoten" wird durch Festlegung des Momentennullpunkts bei $\dfrac{l}{4}$ bzw. $\dfrac{h}{4}$ näherungsweise erfaßt.
Andere Ausbildungen „abliegender Knoten", wie Festeinspannung oder freie Lagerung, können leicht berück-

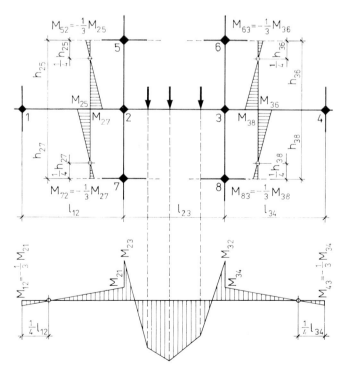

Bild 4.13. Berechnungsmodell für Rahmenriegel bei vertikaler Belastung

144 4. Mehrgeschossige Gebäude

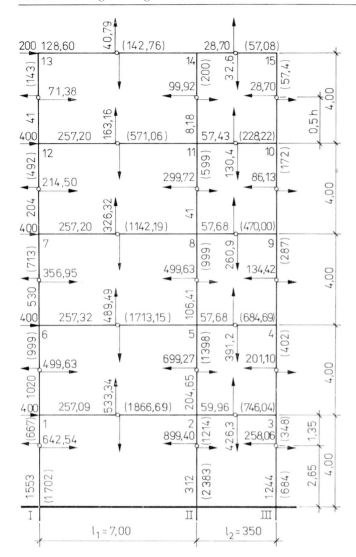

Bild 4.14. Berechnungsmodell eines Rahmens für horizontale Belastung

sichtigt werden. Die Berechnung kann nach einem einschlägigen Verfahren erfolgen. Sehr einfach ist der Momentenausgleich nach CROSS, wenn für die Stäbe mit elastisch eingespannten „abliegenden Knoten"

$$k = 0{,}9 \frac{I}{l} \qquad (4.5)$$

gesetzt wird. Das Verfahren liefert etwas zu kleine Stützmomente, was jedoch allgemein günstig für die Bemessung ist und in gewisser Weise elasto-plastisches Tragverhalten impliziert.

Für horizontale Lasten (Windlasten) wird aus dem realen System durch Anordnung von Gelenken ein Berechnungsmodell wie in Bild 4.14. gebildet. Das System ist statisch bestimmt. Der Schnittkraftzustand kann leicht bestimmt werden.

Besondere Bedeutung besitzen Verfahren zur genäherten Berechnung von auf Druck oder auf Druck und Biegung beanspruchten Bauteilen, wie z. B. die „Ersatzstabmethode" nach TGL 13503 oder [4.8]. Es handelt sich um ein „Ingenieurmodell", das die stabilisierende Wirkung der an den Enden des untersuchten Stabes ange-

schlossenen Stäbe näherungsweise berücksichtigt. Das Verfahren gilt sowohl für elastisch als auch plastisch bemessene Stabwerke. Für unverschiebliche Systeme ist die Handhabung relativ einfach. Bei verschieblichen Systemen erfordert die Anwendung besondere Überlegungen. Auf eine ausführliche Darstellung wird in diesem Rahmen verzichtet.

4.4.2. Ermittlung der Knicklängenbeiwerte für orthogonale Stockwerkrahmen

■ *Voraussetzungen*

— Rahmenstiele und Riegel biegesteif verbunden und über die Gesamthöhe h_{ges} bzw. -breite b_{ges} durchlaufend
— Stielfüße jeweils gleichartig (alle gelenkig bzw. alle eingespannt)
— Rahmen verschieblich in allen Geschossen
— Randstiele je Geschoß:

$$\frac{\max I_r}{\min I_r} \leq 2 \qquad (4.6)$$

— Innenstiele i je Geschoß:

$$\frac{\max I_i}{\min I_i} \leq 5 \qquad (4.7\,\mathrm{a})$$

$$\frac{\max I_i}{\min I_r} \leq 5 \qquad (4.7\,\mathrm{b})$$

$$\frac{\min I_i}{\min I_r} \geq 1 \qquad (4.7\,\mathrm{c})$$

— Riegel R je Geschoß:

$$\frac{\max (I_R/l_R)}{\min (I_R/l_R)} \leq 2 \qquad (4.8)$$

— Längskräfte der Randstiele r je Geschoß:

$$\frac{\max N_r \min I_r}{\min N_r \max I_r} \leq 2 \qquad (4.9)$$

— Längskräfte der Innenstiele i je Geschoß:

$$0{,}25 \leq \frac{N_i \min I_r}{\min N_r I_i} \leq 4 \qquad (4.10)$$

Der Näherungscharakter des Verfahrens folgt aus der Umformung des aktuellen Rahmens in einen „proportionierten" [4.19; 4.20; 4.21; 4.28] Rahmen. Der Fehler ist besonders gering bei

— symmetrischen Rahmen
— relativ steifen Riegeln
— $\dfrac{I_R}{l_R}$ = const (geschoßweise).

■ *Lösungsschritte*

— Umformen des aktuellen Rahmens in einen „proportionierten" Rahmen und Aufspalten dieses Rahmens in gleiche einfeldrige Rahmen gleicher Stabilität
— Bestimmung der Knicklängenbeiwerte des einfeldrigen Ersatzrahmens
— Ermittlung der Knicklängenbeiwerte des aktuellen Rahmens

4.4. Berechnung mehrgeschossiger Gebäude

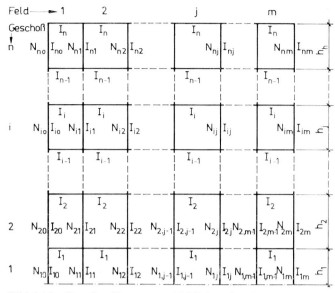

Bild 4.15. Regelmäßiger, verschieblicher Stockwerkrahmen

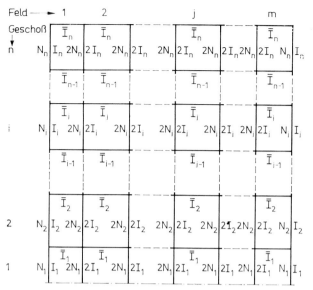

Bild 4.16. Proportionierter Rahmen zu Bild 4.15.

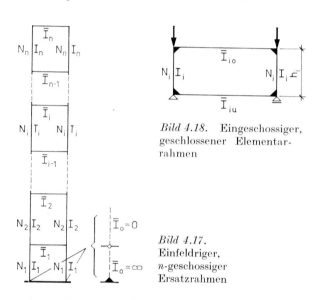

Bild 4.18. Eingeschossiger, geschlossener Elementarrahmen

Bild 4.17. Einfeldriger, n-geschossiger Ersatzrahmen

■ *Ablauf der Berechnung*

1. Schritt

Für den Stockwerkrahmen mit m Feldern und n Geschossen (Bild 4.15.) wird in jedem Geschoß gebildet:

$$I_i = \frac{1}{2m} \sum_{j=0}^{m} I_{ij} \qquad (4.11)$$

$$\bar{I}_{Ri} = \frac{1}{m} \sum_{j=1}^{m} \frac{I_{Rij}}{l_j} = \frac{1}{m} \sum_{j=1}^{m} \bar{I}_{Rij} \qquad (4.12)$$

$$N_i = \frac{1}{2m} \sum_{j=0}^{m} N_{ij} \qquad (4.13)$$

I_i; N_i Biegesteifigkeit und Normalkraft der Randstiele des „proportionierten" Rahmens im i-ten Geschoß (Innenstiele: $2I_i$; $2N_i$)

$\bar{I}_{Ri}$ bezogene Biegesteifigkeit des i-ten Riegels des „proportionierten" Rahmens (alle Felder gleich!)

I_{ij}; N_{ij} Biegesteifigkeit und Normalkraft des Stieles zwischen j-tem und $j+1$-tem Feld im i-ten Geschoß

I_{Rij} Biegesteifigkeit des i-ten Riegels im j-ten Feld

$\bar{I}_{Rij}$ bezogene Biegesteifigkeit des i-ten Riegels im j-ten Feld

l_j Spannweite des j-ten Feldes

h_i Höhe des i-ten Geschosses

Im Ergebnis der Umformung des Rahmens nach Bild 4.15. entstehen der „proportionierte" Rahmen nach Bild 4.16. und durch Aufspaltung der einfeldrige, n-geschossige Ersatzrahmen nach Bild 4.17.

2. Schritt

Der Bestimmung der Knicklängenbeiwerte des Ersatzrahmens liegt folgendes Gedankenmodell zugrunde:

Die Riegel des Ersatzrahmens stabilisieren die Stiele. Die Biegesteifigkeit der Riegel wird den benachbarten Geschossen so zugeordnet, daß ein System übereinandergestellter geschlossener Rahmen entsteht, wobei die Stiele die gleichen Knicklängenbeiwerte aufweisen wie am Ersatzrahmen. Statt des Ersatzrahmens werden mehrfach eingeschossige geschlossene Elementerahmen untersucht (Bild 4.18.).

Der Bezeichnungsweise in [4.19] folgend, wird unter Anwendung der vereinfachten Deformationsmethode folgende Beziehung benutzt

$$z_{iu} = \frac{1}{6} \left\{ \frac{\beta_i^2 [\varepsilon_i^2 - 2(\alpha_i + \beta_i)] - (\alpha_i + 6z_{io} - 2\beta_i)(\alpha_i + \beta_i)^2}{(\alpha_i + 6z_{io})[\varepsilon_i^2 - 2(\alpha_i + \beta_i)] + (\alpha_i + \beta_i)^2} - \alpha_i \right\}$$

mit (4.14)

$$z_{io} = \bar{I}_{Rio} \frac{h_i}{I_i} \qquad (4.14\,\text{a})$$

$$z_{iu} = \bar{I}_{Riu} \frac{h_i}{I_i} \qquad (4.14\,\text{b})$$

$$\varepsilon_i = h_i \sqrt{\frac{N_i}{EI_i}} \qquad (4.14\,\text{c})$$

$$\alpha_i = \frac{\varepsilon_i \sin \varepsilon_i - \varepsilon_i^2 \cos \varepsilon_i}{2(1 - \cos \varepsilon_i) - \varepsilon_i \sin \varepsilon_i} \qquad (4.14\,\text{d})$$

$$\beta_i = \frac{\varepsilon_i^2 - \varepsilon_i \sin \varepsilon_i}{2(1 - \cos \varepsilon_i) - \varepsilon_i \sin \varepsilon_i} \qquad (4.14\,\text{e})$$

z_{io} und z_{iu} sind in Gl. (4.14) austauschbar.

$\alpha_i = \alpha_i(\varepsilon_i)$ und $\beta_i = \beta_i(\varepsilon_i)$ sind Hilfswerte der vereinfachten Deformationsmethode II. Ordnung.

Die Aufteilung der Steifigkeit der Zwischenriegel erfolgt iterativ. Man schätzt den Knicklängenbeiwert β_1 der Stiele im untersten Geschoß und bestimmt mit

$$\varepsilon_1 = \frac{\pi}{\beta_1} \qquad (4.15)$$

für alle Stiele

$$\varepsilon_i = \varepsilon_1 \frac{h_i}{h_1} \sqrt{\frac{N_i I_1}{N_1 I_i}} \qquad (4.16)$$

Es ist leicht einzusehen, daß für beiderseits biegesteif angeschlossene Stäbe $\varepsilon_i \leq 6{,}28$ ($\beta_i \geq 0{,}5$) und für einseitig biegesteif, einseitig gelenkig angeschlossene Stäbe $\varepsilon_i \leq 4{,}49$ ($\beta_i \geq 0{,}7$) sein muß. Größere Werte von ε_i bedeuten, daß der Einzelstab früher knickt als das System, was qualitativ einer anderen Knickbedingung entspricht. Mit dem oberen Geschoß beginnend, wird berechnet

$$z_{no} = \bar{I}_{Rn} \frac{h_n}{I_n} \qquad (4.17)$$

und aus (Gl. 4.14) z_{nu}. Aus Gl. (4.14b) folgt der Anteil der Biegesteifigkeit $\bar{I}_{Rnu}$ des vorletzten Riegels, der zur Stabilisierung des obersten Elementarrahmens benötigt wird. Bleibt für den nächst niederen

$$\bar{I}_{Rn-1o} = \bar{I}_{Rn-1} - \bar{I}_{Rnu} \qquad (4.18)$$

Indem man von oben nach unten so fortschreitet, gelangt man zu I_{R1o}. Mit $c_o = \frac{Il}{I_{Ro}h} = \frac{\bar{I}}{\bar{I}_{Ro}}$ und $c_u = \infty$ für gelenkige bzw. $c_u = 0$ für eingespannte Stützenfüße kann Tab. 4.3. der Knicklängenbeiwert β_1 für das untere Geschoß entnommen werden. Bei richtiger Schätzung von $\beta_1^{(0)}$ wird $\beta_1 = \beta_1^{(0)}$.

Die Berechnung ist ggf. mit verbesserten Werten von β_1 zu wiederholen, bis genügende Übereinstimmung besteht.

3. Schritt

Die Berechnung der Knicklängenbeiwerte β_{ij} des aktuellen Rahmens erfolgt bei Kenntnis von β_1 (s. 2. Schritt) nach der Beziehung

$$\beta_{ij} = \beta_1 \frac{h_1}{h_i} \sqrt{\frac{N_1 I_{ij}}{N_{ij} I_1}} \qquad (4.19)$$

Anmerkung

Die Schätzung von $\beta_1^{(0)}$ kann vorteilhaft mit der Tab. 4.3. vorgenommen werden. β_1 ist Elementarrahmen der Form b ($c_u = 0$) und c ($c_u = \infty$) zugehörig. Es kommt somit darauf an, in dem Parameter c_o das anteilige Trägheitsmoment I_{Ro} zutreffend abzuschätzen. Bei Form c ist zweckmäßig, das volle Trägheitsmoment des oberen Riegels für die Stabilisierung des 1. Geschosses anzusetzen. Bei Form b kann ein Teil für die Stabilisierung des 2. Geschosses abgegeben werden. Eine verbesserte Lösung ist daher mit

$$I_{Ro} = \psi I_{R1} \quad (\psi \leq 1) \qquad (4.20)$$

möglich.

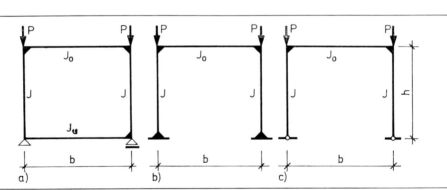

Tabelle 4.3. Knicklängenbeiwerte β für die Stiele des geschlossenen Elementarrahmens nach [4.22]

Hilfswerte
$c_o = \dfrac{Jb}{J_o h}$
$c_u = \dfrac{Jb}{J_u h}$

c_u	c_o														
	0	0,2	0,4	0,6	0,8	1,0	2,0	4,0	6,0	8,0	10,0	15,0	20,0	25,0	30,0	∞
0	1,00	1,03	1,06	1,10	1,12	1,15	1,28	1,44	1,55	1,62	1,67	1,75	1,80	1,84	1,86	2,00
0,2	1,03	1,06	1,10	1,13	1,16	1,19	1,31	1,48	1,60	1,66	1,72	1,80	1,86	1,89	1,91	2,07
0,4	1,06	1,10	1,13	1,16	1,19	1,22	1,35	1,52	1,64	1,71	1,77	1,86	1,91	1,95	1,97	2,14
0,6	1,10	1,13	1,16	1,19	1,22	1,25	1,38	1,56	1,68	1,76	1,82	1,90	1,96	2,00	2,03	2,20
0,8	1,12	1,16	1,19	1,22	1,25	1,29	1,41	1,60	1,72	1,79	1,86	1,96	2,01	2,05	2,09	2,27
1,0	1,15	1,19	1,22	1,25	1,29	1,31	1,44	1,64	1,76	1,84	1,91	2,00	2,06	2,10	2,13	2,33
2,0	1,28	1,31	1,35	1,38	1,41	1,44	1,58	1,79	1,93	2,03	2,11	2,22	2,31	2,36	2,40	2,62
4,0	1,44	1,48	1,52	1,56	1,60	1,64	1,79	2,04	2,21	2,33	2,43	2,59	2,71	2,78	2,83	3,15
6,0	1,55	1,60	1,64	1,68	1,72	1,76	1,93	2,21	2,40	2,56	2,66	2,88	2,99	3,11	3,17	3,62
8,0	1,62	1,66	1,71	1,76	1,79	1,84	2,03	2,33	2,56	2,71	2,85	3,11	3,28	3,38	3,45	4,06
10,0	1,67	1,72	1,77	1,82	1,86	1,91	2,11	2,43	2,66	2,85	3,02	3,28	3,50	3,61	3,70	4,47
15,0	1,75	1,80	1,86	1,90	1,96	2,00	2,22	2,59	2,88	3,11	3,18	3,61	3,88	4,03	4,19	5,35
20,0	1,80	1,86	1,91	1,96	2,01	2,06	2,31	2,71	2,99	3,28	3,50	3,88	4,19	4,36	4,55	6,07
25,0	1,84	1,89	1,95	2,00	2,05	2,10	2,36	2,78	3,11	3,38	3,61	4,03	4,36	4,62	4,84	6,71
30,0	1,86	1,91	1,97	2,03	2,09	2,13	2,40	2,83	3,17	3,45	3,70	4,19	4,55	4,84	5,07	7,30
∞	2,00	2,07	2,14	2,20	2,27	2,33	2,62	3,15	3,62	4,06	4,47	5,35	6,07	6,71	7,30	∞

Beispiel 4.1

Ermittlung der Knicklängenbeiwerte für einen orthogonalen, verschieblichen Stockwerkrahmen

1. Geometrie, Querschnittswerte, Normalkräfte

Obergeschoss (Riegel oben): I $500 \times 6 - 200 \times 12$
- $I_{R31} = 34\,000 \cdot 10^4$ mm^4
- $\bar{I}_{R31} = 47{,}2 \cdot 10^3$ mm^3

Stützen 3. Geschoss:
- Links: I $400 \times 6 - 200 \times 10$, $I_{30} = 18\,000 \cdot 10^4$ mm^4, $\bar{I}_{30} = 37{,}5 \cdot 10^3$ mm^3, $N = -200$ kN
- Mitte: I $400 \times 8 - 200 \times 12$, $I_{31} = 21\,600 \cdot 10^4$ mm^4, $\bar{I}_{31} = 45{,}0 \cdot 10^3$ mm^3, $N = -400$ kN
- Rechts: $N = -300$ kN

Riegel: I $600 \times 12 - 200 \times 15$
- $I_{R21} = 69\,900 \cdot 10^4$ mm^4
- $\bar{I}_{R21} = 97{,}1 \cdot 10^3$ mm^3

Stützen 2. Geschoss:
- Links: I $400 \times 8 - 200 \times 12$, $I_{20} = 21\,600 \cdot 10^4$ mm^4, $\bar{I}_{20} = 45{,}0 \cdot 10^3$ mm^3, $N = -560$ kN
- Mitte: I $400 \times 8 - 200 \times 14$, $I_{21} = 24\,300 \cdot 10^4$ mm^4, $\bar{I}_{21} = 50{,}6 \cdot 10^3$ mm^3, $N = -800$ kN
- Rechts: $N = -700$ kN

Riegel: I $600 \times 12 - 200 \times 15$
- $I_{R11} = 69\,900 \cdot 10^4$ mm^4
- $\bar{I}_{R11} = 97{,}1 \cdot 10^3$ mm^3

Stützen 1. Geschoss:
- Links: I $400 \times 8 - 200 \times 14$, $I_{10} = 24\,300 \cdot 10^4$ mm^4, $\bar{I}_{10} = 40{,}5 \cdot 10^3$ mm^3, $N = -800$ kN
- Mitte: I $400 \times 10 - 200 \times 20$, $I_{11} = 32\,800 \cdot 10^4$ mm^4, $\bar{I}_{11} = 54{,}7 \cdot 10^3$ mm^3, $N = -1200$ kN
- Rechts: $N = -1000$ kN

Geschosshöhen: 4800 / 4800 / 6000 (gesamt 15 600)
Feldweiten: 7200 / 7200 (gesamt 14 400)

Anzahl der Felder: $m = 2$
Anzahl der Geschosse: $n = 3$

Kennwerte der Riegel

i	$j = 1$			$j = 2$			
	l_1 mm	$I_{Ri1}\,10^{-4}$ mm^4	$\bar{I}_{Ri1}\,10^{-3}$ mm^3	l_2 mm	$I_{Ri2}\,10^{-4}$ mm^4	$\bar{I}_{Ri2}\,10^{-3}$ mm^3	$\bar{I}_{Ri}\,10^{-3}$ mm^3
3	7200	34 000	47,2	7200	34 000	47,2	47,2
2	7200	69 900	97,1	7200	69 900	97,1	97,1
1		69 900	97,1		69 900	97,1	97,1

Beispiel 4.1 (Fortsetzung)

Kennwerte der Stiele

i	h_i mm	j								i	j			N_i
		0		1		2					0	1	2	
		$I_{i0}\,10^{-4}$ mm^4	$\bar I_{i0}\,10^{-3}$ mm^3	$I_{i1}\,10^{-4}$ mm^4	$\bar I_{i1}\,10^{-3}$ mm^3	$I_{i2}\,10^{-4}$ mm^4	$\bar I_{i2}\,10^{-3}$ mm^3	$I_i\,10^{-4}$ mm^4						
3	4800	18000	37,5	21600	45,0	18000	37,5	14000		3	200	400	300	225
2	4800	21600	45,0	24300	50,6	21600	45,0	16875		2	560	800	700	515
1	6000	24300	40,5	32800	54,7	24300	40,5	20350		1	800	1200	1000	750

Normalkräfte der Stiele in kN

2. Zulässigkeit des Verfahrens

(4.6) $\quad \dfrac{\max I_r}{\min I_r} = 1 < 2$

(4.7a) $\quad \dfrac{\max I_i}{\min I_i} = 1 < 5$

(4.7b) $\quad \dfrac{\max I_i}{\min I_r} = \dfrac{32800 \cdot 10^4}{24300 \cdot 10^4} = 1{,}35 < 5$

(4.7c) $\quad \dfrac{\min I_i}{\min I_r} = \dfrac{24300 \cdot 10^4}{21600 \cdot 10^4} = 1{,}13 > 1$

(4.8) $\quad \dfrac{\max (I_R/l_R)}{\min (I_R/l_R)} = 1 < 2$

Die Bedingungen (4.9) und (4.10) sollen ebenfalls erfüllt sein. Die Anwendung des Verfahrens ist zulässig!

3. Bezogene Steifigkeiten und Normalkräfte des Ersatzrahmens

$\bar I_{R11} = \dfrac{I_{R11}}{l_1} = \dfrac{69900 \cdot 10^4}{7200} = 97{,}1 \cdot 10^3$ mm^3

alle weiteren $\bar I_{R \cdot j}$ s. Übersicht „Kennwerte der Riegel".

(4.12) $\quad \bar I_{R1} = \dfrac{1}{2}(97{,}1 + 97{,}1) \cdot 10^3 = 97{,}1 \cdot 10^3$ mm^3

alle weiteren $\bar I_{Ri}$ s. Übersicht „Kennwerte der Riegel".

$\bar I_{10} = \dfrac{I_{10}}{h_1} = \dfrac{24300 \cdot 10^4}{6000} = 40{,}5 \cdot 10^3$ mm^3

alle weiteren $\bar I_{ij}$ s. Übersicht „Kennwerte der Stiele".

(4.13) $\quad N_1 = \dfrac{1}{2 \cdot 2}(800 + 1200 + 1000) = 750$ kN

alle weiteren N_i s. Übersicht „Normalkräfte der Stiele".

4. Bestimmung des Knicklängenbeiwertes

Berechnungsschema

i	Hilfswerte			1. Annahme $\beta_1^{(0)} = 1{,}08$			2. Annahme $\beta_1^{(1)} = 1{,}00$		
	$\varepsilon_i/\varepsilon_1$	$\bar I_i\,10^{-3}$	$\bar I_{Ri}\,10^{-3}$	ε_i	$\bar I_{Rio}\,10^{-3}$ $\bar I_{Riu}\,10^{-3}$ mm^3	z_{io} z_{iu}	ε_i	$\bar I_{Rio}\,10^{-3}$ $\bar I_{Riu}\,10^{-3}$ mm^3	z_{io} z_{iu}
3	0,521	30,0	$\underline{47{,}2}$	1,516	$\dfrac{47{,}2}{0{,}78}$	1,573 0,026	1,637	$\dfrac{47{,}2}{1{,}98}$	1,573 0,066
2	0,728	35,2	$\underline{97{,}1}$	2,118	$\dfrac{96{,}32}{9{,}96}$	2,736 0,283	2,287	$\dfrac{95{,}12}{15{,}45}$	2,702 0,439
1	1,000	33,9	$\dfrac{97{,}1}{\infty}$	2,909	$\dfrac{87{,}14}{\infty}$	— —	π	$\dfrac{81{,}64}{\infty}$	— —

$\bar I_1 = \dfrac{I_1}{h_1} = \dfrac{20350 \cdot 10^4}{6000} = 33{,}9 \cdot 10^3$ mm^3

$\bar I_2 = \cdots$

(4.16) $\quad \dfrac{\varepsilon_2}{\varepsilon_1} = \dfrac{4800}{6000} \sqrt{\dfrac{515}{750} \cdot \dfrac{20350 \cdot 10^4}{16875 \cdot 10^4}} = 0{,}728$

$\dfrac{\varepsilon_3}{\varepsilon_1} = \dfrac{4800}{6000} \sqrt{\dfrac{225}{750} \cdot \dfrac{20350 \cdot 10^4}{14400 \cdot 10^4}} = 0{,}521$

1. Annahme

(4.20) $\quad I_{R1} = \bar I_{R1} l_1 = 97{,}1 \cdot 10^3 \cdot 7200 = 66912 \cdot 10^4$ mm^4

geschätzt: $\psi = 0{,}7$

$I_{R0} = 0{,}7 \cdot 66912 \cdot 10^4 = 48938 \cdot 10^4$ mm^4

$c_o = \dfrac{20350 \cdot 10^4 \cdot 7200}{48938 \cdot 10^4 \cdot 6000} = \dfrac{33{,}9 \cdot 10^3}{0{,}7 \cdot 97{,}1 \cdot 10^3} = 0{,}50; \; c_u = 0$

(Tab. 4.3.) $\quad \beta_1^{(0)} = 1{,}08$

(4.15) $\quad \varepsilon_1 = \dfrac{\pi}{1{,}08} = 2{,}909$

$\varepsilon_2 = 0{,}728 \cdot 2{,}909 = 2{,}118; \quad \varepsilon_3 = 0{,}521 \cdot 2{,}909 = 1{,}516$

(4.17) $\quad z_{3o} = \bar I_{R3} \dfrac{h_3}{I_3} = \dfrac{47{,}2}{30{,}0} = 1{,}573$

(4.14) $\quad z_{3u} = f(\varepsilon_3 = 1{,}516; z_{3o} = 1{,}573) = 0{,}026$

(Lösung mit programmierbarem Kleinrechner)

> **Beispiel 4.1** *(Fortsetzung)*
>
> (4.14b) $\bar{I}_{R3u} = z_{3u}\bar{I}_3 = 0{,}026 \cdot 30{,}0 \cdot 10^3 = 0{,}78 \cdot 10^3 \text{ mm}^3$
>
> (4.18) $\bar{I}_{R2o} = \bar{I}_{R2} - \bar{I}_{R3u} = (97{,}1 - 0{,}78) \cdot 10^3$
> $= 96{,}32 \cdot 10^3 \text{ mm}^3$
>
> (4.17) $z_{2o} = \dfrac{96{,}32}{35{,}2} = 2{,}736$
>
> (4.14) $z_{2u} = f(\varepsilon_2 = 2{,}118; z_{2o} = 2{,}736) = 0{,}283$
>
> (4.14b) $\bar{I}_{R2u} = 0{,}283 \cdot 35{,}2 \cdot 10^3 = 9{,}96 \cdot 10^3 \text{ mm}^3$
>
> (4.18) $\bar{I}_{R1o} = (97{,}1 - 9{,}96) \cdot 10^3 = 87{,}14 \cdot 10^3 \text{ mm}^3$
>
> (Tab. 4.3.) $c_o = \dfrac{33{,}9}{87{,}14} = 0{,}389;\ c_u = 0 \to \beta_1 = 1{,}06$
>
> Der Algorithmus wird mit einer 2. Annahme nochmals durchlaufen.
>
> **2. Annahme**
>
> $\beta_1^{(1)} = 1{,}00$. Weitere Werte s. Berechnungsschema.
>
> Mit $\bar{I}_{R1o} = 81{,}64 \cdot 10^3 \text{ mm}^3$ folgt
>
> (Tab. 4.3.) $c_o = \dfrac{33{,}9}{81{,}64} = 0{,}415;\ c_u = 0 \to \beta_1 = 1{,}06$
>
> Das Ergebnis beider Annahmen deutet auf eine gute Konvergenz des Verfahrens hin.
>
> **5. Knicklängenbeiwerte des aktuellen Rahmens**
>
> (4.19) $\beta_{1o} = \beta_1 \dfrac{h_1}{h_2} \sqrt{\dfrac{N_1 I_{1o}}{N_{1o} I_1}} = 1{,}06 \sqrt{\dfrac{750 \cdot 24\,300 \cdot 10^4}{800 \cdot 20\,350 \cdot 10^4}} = 1{,}12$
>
> Alle weiteren β_j s. nebenstehende Übersicht „Endgültige β-Werte".
>
> | i | j | | |
> |---|---|---|---|
> | | 0 | 1 | 2 |
> | 3 | 2,41 | 1,87 | 1,97 |
> | 2 | 1,58 | 1,40 | 1,41 |
> | 1 | 1,12 | 1,06 | 1,00 |

4.5. Konstruktive Durchbildung

Die konstruktive Durchbildung erweist sich bei mehrgeschossigen Industriegebäuden als entscheidendes Kriterium der Wirtschaftlichkeit. Sie umfaßt inhaltlich u. a.

— die Profilierung der Bauglieder
— die Zuordnung der Bauglieder
— die Verbindungslösungen
— die Decken- bzw. Dachausbildung.

Alle Elemente der konstruktiven Durchbildung beeinflussen sich gegenseitig. Hinzu kommen weitere wichtige Gesichtspunkte, wie

— das verfügbare Sortiment an Walzstahl
— die Fertigungsmöglichkeiten des Stahlbaubetriebes
— die technologischen Möglichkeiten und Bedingungen auf der Baustelle
— Erfordernisse des Schall- und Brandschutzes und andere bauphysikalische Forderungen.

Deshalb ist in einem frühen Stadium der Bearbeitung die Frage zu beantworten: „Was kann wirtschaftlich ausgeführt werden?" Notwendig ist eine klare Konzeption für die konstruktive Lösung.

4.5.1. Profilierung der Bauglieder

Während die Bauwerksgeometrie, d. h. vor allem die horizontale und vertikale Rasterung, vorwiegend aus Forderungen der Nutzung resultiert, folgt die Profilierung der Bauglieder aus statisch-konstruktiven Erfordernissen. Für die Profilierung der Bauglieder (Stützen, Riegel, Unterzüge) haben parallel- und breitflanschige warm gewalzte I-Querschnitte hervorragende Bedeutung. Ausschlaggebend dafür sind das günstige Verhalten unter Biegedruck und einfache Lösungen für Stöße und Anschlüsse. Daneben existieren zahlreiche andere Formen, insbesondere für Stützen (Bild 4.19.).
BELENJA [4.6] empfiehlt, die Stützenquerschnitte kompakt auszuführen, um Konstruktionsfläche zu sparen. Der Schlankheitsgrad λ der Stützen ist gering, so daß die Notwendigkeit zu einer starken Gliederung nicht besteht. Diese Feststellung gilt jedoch nicht für verschiebliche Stockwerkrahmen (s. Beispiel in Abschn. 4.4.).
Häufig erweist es sich als konstruktiver Vorteil, wenn die

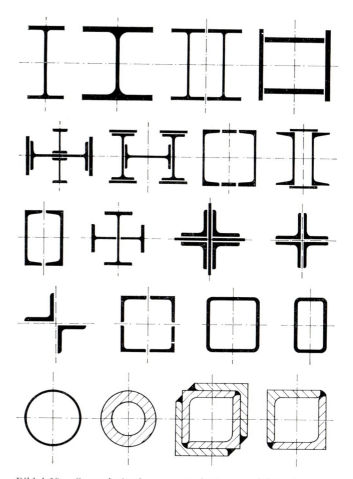

Bild 4.19. Querschnittsformen von Stützen und Riegeln mehrgeschossiger Industriegebäude [4.4; 4.23; 4.24]

Stützen mit konstanten Außenabmessungen durch alle Geschosse geführt werden. Dazu sind vor allem zwei konstruktive Möglichkeiten zu nutzen:

— Anordnung von Verstärkungen innerhalb der Querschnittskonturen
— Variation der Materialfestigkeit.

Für die Riegel sollen unter allen Umständen einstegige Querschnitte gewählt werden. Darüber hinaus erfolgt die Querschnittswahl unter dem Gesichtspunkt der Verbundwirkung mit der Geschoßdecke, wenn keine zusätzlichen Deckenträger angeordnet werden. Lasten und Spannweiten im Industriebau zwingen zur Ausnutzung der Verbundwirkung, insbesondere zwischen Deckenträger und Geschoßdecke. Das Auflegen von Betonplatten auf Stahlträger ohne Schubverband ist unwirtschaftlich. Mit der Entwicklung von Verbunddecken aus Fertigteilen wurden auch hinsichtlich des Bauablaufs befriedigende Lösungen geschaffen.

Für kleine Spannweiten sind Vollquerschnitte zu bevorzugen. Bei Spannweiten etwa ab 7500 mm sind Verbundfachwerke und Sondersysteme, wie z. B. die RÜTER-Verbunddecke [4.25; 4.26] zweckmäßig.

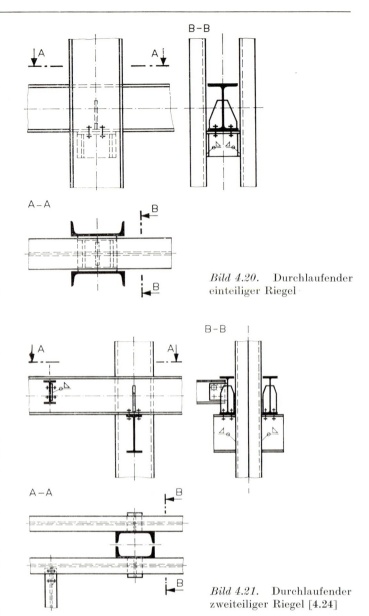

Bild 4.20. Durchlaufender einteiliger Riegel

Bild 4.21. Durchlaufender zweiteiliger Riegel [4.24]

4.5.2. Zuordnung der Bauglieder

Die zweckmäßige Zuordnung der Bauglieder spielt bei Geschoßbauten eine wichtige Rolle, da hiervon sowohl der umbaute Raum als auch das Verhältnis von Konstruktionsfläche und Nutzfläche beeinflußt werden.

Unnötige Konstruktionshöhe im Deckenbereich multipliziert sich mit der Geschoßzahl und vergrößert die Gesamthöhe des Bauwerks. Deshalb werden Deckenträger und Unterzüge mit der Oberkante bündig angeordnet. Auf eine Durchlaufwirkung der Deckenträger wird verzichtet. In Hinblick auf den Verbund mit der Geschoßdecke entstehen klare statische Verhältnisse.

Unabhängig von der konkreten Verbindungslösung Stütze/Riegel soll eine Durchlaufwirkung der Riegel in jedem Fall erreicht werden. Hierzu gibt es folgende Möglichkeiten:

1. Stützenquerschnitt 2teilig
   Riegelquerschnitt 1teilig
   Riegel wird zwischen den beiden Profilen der Stütze hindurchgeführt (Bild 4.20.).
2. Stützenquerschnitt 1teilig
   Riegelquerschnitt 2teilig
   Riegelprofile werden beiderseits am Stützenprofil vorbeigeführt (Bild 4.21.).
3. Stützen- und Riegelquerschnitt einteilig
3. a) Stützenquerschnitt durchlaufend
   Riegelquerschnitt unterbrochen
3. b) Stützenquerschnitt unterbrochen
   Riegelquerschnitt durchlaufend

(Konstruktionsbeispiele s. Abschn. 4.5.3.).
Während die Zuordnungen 1. und 2. gelenkige oder starre Verbindungen zwischen Stütze und Riegel zulassen, ist die Zuordnung 3. nur bei biegesteifer Stütze-Riegel-Verbindung möglich.
Von weitreichender Bedeutung ist die Lage der System-

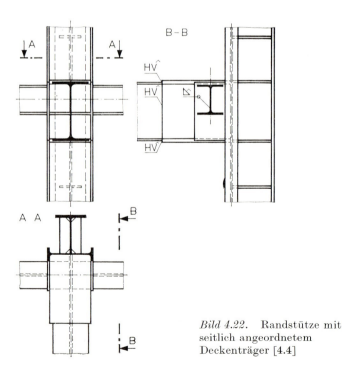

Bild 4.22. Randstütze mit seitlich angeordnetem Deckenträger [4.4]

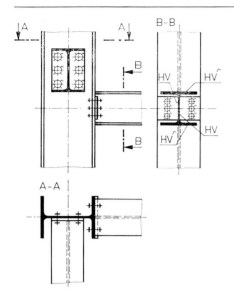

Bild 4.23. Geschraubt-geschweißter Riegelanschluß [4.24]

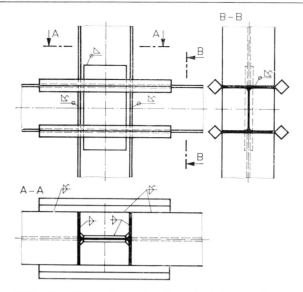

Bild 4.24. Herstellung der Durchlaufwirkung des Riegels mit seitlich angeordneten Kontinuitätslaschen aus Vierkant-Stahl [4.7]

linien der Deckenträger, Riegel, Unterzüge und Stützen. In den weitaus meisten Fällen stehen die Stützen im Schnittpunkt der Systemlinien der horizontalen Bauelemente. Wenn Rahmen- oder Verbandscheiben ausgebildet werden, ist dies sogar zwingend erforderlich. Aber insbesondere die Fertigteilbauweise hat neue Gesichtspunkte auch in den Geschoßbau hineingetragen.
Bild 4.22. zeigt einen seitlich an der Randstütze vorbeigeführten Deckenträger. Noch ausgeprägter ist dies im Beispiel 4.7.1. zu erkennen, wo sowohl die Deckenträger als auch die Unterzüge nicht mit dem Stützenraster übereinstimmen. Ausschlaggebend dafür waren Gesichtspunkte der Montage.

4.5.3. Verbindungslösungen

Als Verbindungslösungen werden betrachtet:

— Verbindung Stütze—Fundament (Stützenfüße)
— Verbindung Stütze—Riegel, Unterzug, Deckenträger (Knoten)
— Verbindung Stütze—Stütze, Riegel—Riegel (Stöße).

Für Stützenfüße sind bewährte Lösungen in Abschn. 2.5. dargestellt, Stöße s. Abschn. 2.3. Typische Lösungen von Rahmenecken und Knoten enthält Abschn. 2.6.
Für die Ausbildung von Rahmenecken und Knoten in Geschoßbauten sind als spezifische Forderungen zu beachten:

— Ausbildung der Riegelanschlüsse ohne voutenartige Verstärkungen
— orthogonale Durchdringung von Stütze, Riegel und Deckenträger.

Konstruktive Vereinfachungen ergeben sich, wenn dafür mehrere Ebenen (nebeneinander oder übereinander) zur Verfügung stehen.
Ein wesentlicher Aspekt der Verbindungslösung ist die Montageverbindung. Da sich für eine schnelle Fixierung des Bauteils im Montagezustand Schraubverbindungen besonders anbieten, gewinnen Lösungen an Bedeutung, bei denen die Montageverbindung als Teil der endgültigen Verbindung genutzt werden kann. Im Ergebnis kommen Verbindungslösungen mit unterschiedlichen Verbindungstechniken durchaus häufig vor. Eine bewährte Lösung ist die der Stegverbindung (Montageverbindung und zur späteren Schubübertragung) als gleitfeste Schraubverbindung mit nachträglicher Verschweißung der Flansche zur Übertragung von Biegemomenten (Bild 4.23.).
Als Lösungen der Durchdringungsproblematik sind hervorzuheben

— seitlich angeordnete Kontinuitätslaschen (Bilder 4.24., 4.25.)
— innen angeordnete Kontinuitätslaschen (Bild 4.26.)
— Kreuzknoten (Bilder 4.27., 4.28.)
— Stützenunterbrechung (Bilder 4.29., 4.30.).

Zu vermerken ist, daß zahlreiche Lösungen für werksseitig vollgeschweißte Knoten entwickelt wurden, bei

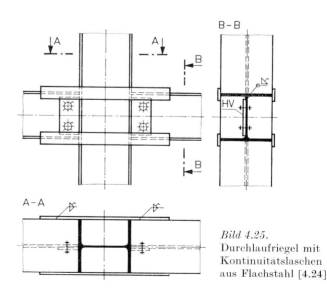

Bild 4.25. Durchlaufriegel mit Kontinuitätslaschen aus Flachstahl [4.24]

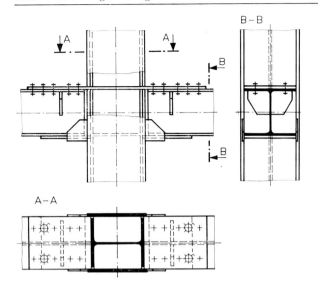

Bild 4.26. Durchlaufriegel mit innerer Zuglasche [4.4]

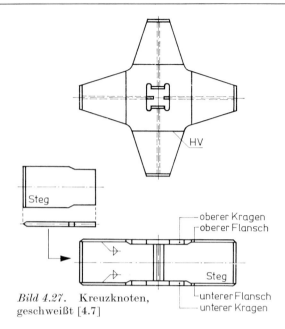

Bild 4.27. Kreuzknoten, geschweißt [4.7]

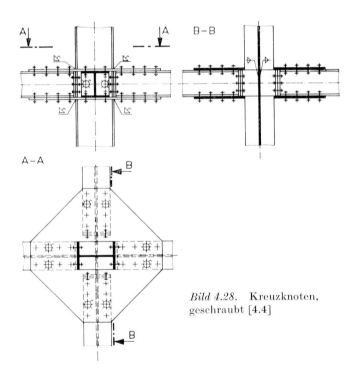

Bild 4.28. Kreuzknoten, geschraubt [4.4]

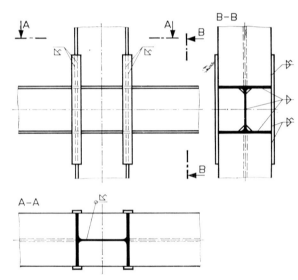

Bild 4.29. Stützenunterbrechung bei durchlaufendem Riegel mit Kontinuitätslaschen [4.4]

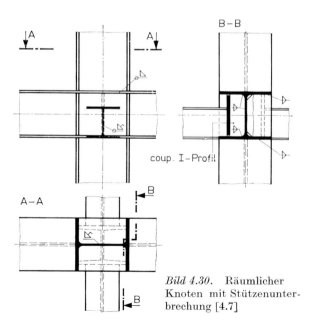

Bild 4.30. Räumlicher Knoten mit Stützenunterbrechung [4.7]

denen für die Riegel Stutzen vorgesehen werden, so daß die Verbindung auf der Baustelle außerhalb des eigentlichen Knotens erfolgt.

Neuere Untersuchungen beschäftigen sich mit der praktischen Steifigkeit der Knoten [4.27; 4.16; 4.29]. Wenn auch quantitative Schlußfolgerungen noch nicht verallgemeinert werden können, sind dennoch Feststellungen möglich, die für die Entwurfspraxis bedeutsam sind.

Die in der statischen Berechnung häufig angenommene Starrheit der Knoten ist mit vollständig geschweißten Knoten am besten gewährleistet. Bei geschraubten Anschlüssen, insbesondere Stirnplattenanschlüssen, treten z. T. größere Abweichungen in den tatsächlich übertragenen Schnittkräften auf. Allgemein werden auch die Deformationen unterschätzt, was bei Berechnungen nach Theorie II. Ordnung zu Ergebnissen führt, die auf der unsicheren Seite liegen. Andere Bewertungsmaßstäbe ergeben sich, wenn das Verhalten verschiedener Knotenausbildungen unter seismischen Beanspruchungen betrachtet wird. Diese Beanspruchungen wirken horizontal auf das Bauwerk. Die Größe der auftretenden Kräfte hängt wesentlich von der Steifigkeit der tragenden Konstruktion ab. Sie ist um so kleiner, je weicher die Konstruktion ist. Deshalb bieten sich hierbei verschiebliche Stockwerkrahmen als System und Knoten mit großer Duktilität besonders an. Diese Duktilität in der Berechnung möglichst zutreffend zu erfassen gelingt derzeitig jedoch nur bei solchen Knoten, deren Verhalten in Versuchen ausreichend nachgewiesen ist. In [4.30] wird die Momenteneintragung in Stützen senkrecht zur Stegebene untersucht. Im Ergebnis muß für eine ausreichend biegesteife Verbindung der Kraftschluß zwischen den Flanschen von Stütze und Riegel gewährleistet werden (Bild 4.31.).

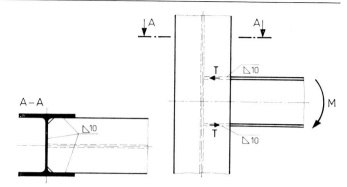

Bild 4.31. Biegesteifer Stütze-Riegel-Anschluß bei Momenteneintragung senkrecht zur Stegebene

4.5.4. Decken- und Dachausbildung

Die Dachausbildung stellt bei mehrgeschossigen Industriegebäuden im Vergleich zu anderen Gebäuden keine besonderen Anforderungen. Zu beachten ist, daß die Dachkonstruktion in bezug auf das tragende Skelett die gleiche aussteifende Wirkung ausüben sollte wie die Geschoßdecken, damit zusätzliche Stabilisierungselemente in der Dachebene entfallen können.

Die Geschoßdecken haben vielfältige Aufgaben zu erfüllen. Sie sollen alle vertikalen Lasten aufnehmen und in die Unterkonstruktion übertragen. Sie sollen starre horizontale Scheiben bilden und die Stabilisierung und Lastverteilung in horizontaler Richtung gewährleisten. Sie sollen den Erfordernissen des Schall-, Wärme- und Brandschutzes genügen, geringes Eigengewicht aufweisen, leicht zu montieren und schnell als Arbeitsebene zu benutzen sein. Diese Vielzahl der Anforderungen wird am besten durch zweischalige Decken erfüllt. Wenn die Unterdecke feuerbeständig ausgebildet wird, sind sowohl ein ausreichender Schutz der Träger als auch der erforderliche Installationsraum für Elektroleitungen, Be- und Entlüftungen, Sprinkleranlagen u. ä. gegeben.

Für die Oberdecke kommen im Industriebau vor allem Stahlverbunddecken und Stahlzellendecken in Betracht. Daneben gibt es zahlreiche andere Systeme.

Bild 4.32. zeigt Lösungen für die Sicherung des Verbundes für Geschoßdecken in Ortbeton. Sie werden den Anforderungen von Fertigteil-Bauweisen nicht gerecht. Hierfür gibt es folgende grundsätzliche Lösungen:

1. Die aus hochwertigem Beton hergestellten Deckenplatten erhalten im Auflagerbereich konische Aussparungen. An diesen Stellen werden jeweils mehrere Kopfbolzendübel vorgesehen. Nach dem Ausrichten der Platten werden die Aussparungen vergossen und so der Schubverbund erreicht (Bild 4.33.).
2. Die Deckenplatten werden bei Zwischenschaltung eines Klebemörtels mittels HV-Schrauben auf die Stahlträger gepreßt (dübelloser Verbund) (Bild 4.34.). Auch Reibungsverbund ohne Klebemörtel ist möglich.
3. Aus den Deckenplatten stehen zur Schubübertragung

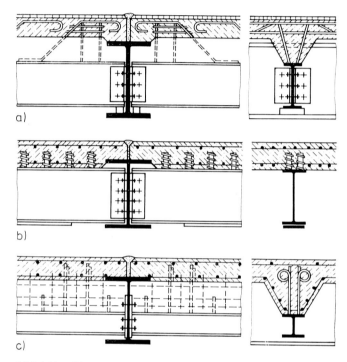

Bild 4.32. Varianten für Schubanker in Verbunddecken
a) aufgebogene Rundstähle
b) Kopfbolzendübel mit Spiralbewehrung (Peco-Verfahren)
c) Schweineschwanzdübel (PHILIPS-Verfahren) mit kurzen geraden Rundstäben im Wechsel

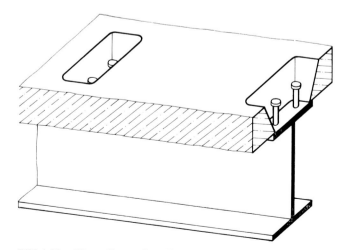

Bild 4.33. Herstellung des Verbundes bei Fertigteil-Deckenplatten mittels Kopfbolzendübel

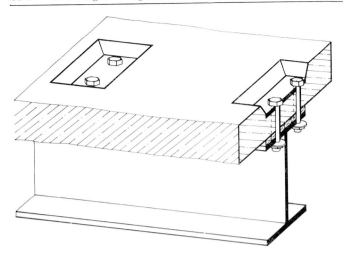

Bild 4.34. Herstellung des Verbundes mit Klebemörtel und HV-Schrauben

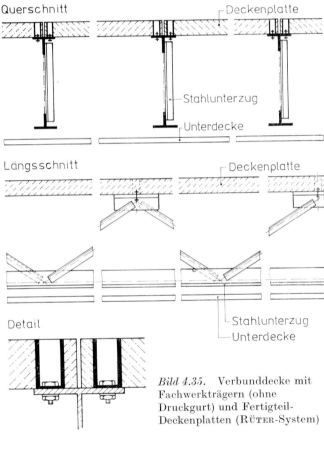

Bild 4.35. Verbunddecke mit Fachwerkträgern (ohne Druckgurt) und Fertigteil-Deckenplatten (Rüter-System)

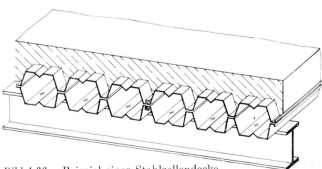

Bild 4.36. Beispiel einer Stahlzellendecke mit tragendem Aufbeton (Robertson-Q-Floor 60 A)

geeignete Stahlteile (z. B. Kontaktplatten) heraus, die nach dem Verlegen mit dem Stahlträger verschweißt werden.

Als Stahlträger der Verbunddecken werden bei Spannweiten bis etwa 7500 mm vollwandige Walzprofile gewählt. Bei größeren Spannweiten kommen Fachwerkträger unterschiedlicher Ausbildung zur Anwendung. Hierbei bietet sich die Möglichkeit, den Druckgurt weitgehend durch den Beton der Decke zu ersetzen. Einen Grenzwert in dieser Hinsicht erreicht das Rüter-System [4.25; 4.26], bei dem der Druckgurt vollständig durch die Deckenplatte gebildet wird (Bild 4.35.). Das System arbeitet mit Fertigteilplatten, welche, am Hebezeug hängend, mittels HV-Schrauben mit den oberen Knotenplatten der Träger schubfest verbunden werden, so daß der Verbund sofort und auch für Eigengewicht wirksam wird. (Hinweise zu Verbundträgern s. Abschn. 2.3.)

Stahlzellendecken werden durch profilierte Stahlbleche als tragende flächige Elemente gebildet, die auf Stahlträgern verlegt werden. Die Profilbleche können einlagig und zweilagig (parallel bzw. kreuzweise) verlegt werden. Bei zweilagig paralleler Verlegung werden die sich in der Mittelfläche berührenden Profilblechgurte mittels Punktschweißung schubfest verbunden. Der weitere Aufbau ist sehr unterschiedlich. Bei der Robertson-Q-Floor-Decke wird ein 50 mm starker Aufbeton zur Tragwirkung mit herangezogen (Bild 4.36.). Andere Systeme arbeiten mit aufgelegten Fertigteilplatten aus verschiedenen Materialien, die jedoch nicht mittragen (Bild 4.37.).

Stahlzellendecken zeichnen sich durch geringe Eigenmasse, besondere Eignung für Installationsführung und geringe Anforderungen an Transport und Montage aus. Eine den brandschutztechnischen Anforderungen entsprechende Unterdecke ist erforderlich.

4.6. Korrosions- und Brandschutz

Wie bei keinem anderen Bauwerk in Stahlkonstruktion hängen Korrosions- und Brandschutz bei mehrgeschossigen Gebäuden eng zusammen. Dabei dominiert meist der Brandschutz. Die Erfordernisse des bautechnischen Brandschutzes sind in ihrem wesentlichen Inhalt in Standards und anderen Rechtsvorschriften enthalten. Zielstellung ist dabei, ein Optimum zwischen dem im Brandfall eintretenden Schaden und dem Aufwand zu seiner Verhütung bzw. Begrenzung zu finden. Der Schutz des menschlichen Lebens muß in jedem Fall gewährleistet sein.

Nach TGL 10685 „Bautechnischer Brandschutz" ist bei mehrgeschossigen Industriegebäuden von den konkreten Nutzungsbedingungen auszugehen und je Brandabschnitt die bemessungsmaßgebende Brandgefahrenklasse zu bestimmen. Zusammen mit weiteren Kriterien wird die erforderliche Feuerwiderstandsklasse bestimmt, der alle Elemente der gewählten Baukonstruktion im jeweiligen Brandabschnitt mindestens genügen müssen. Quantitativ geht es um die Zeitdauer der Brandeinwirkung, in welcher die Bauteile ihre Funktionsfähigkeit, insbesondere ihre Tragfähigkeit, nicht verlieren. Entsprechend den sehr unterschiedlichen Nutzungsbedingungen von mehrgeschossigen Industriegebäuden sind auch die Anforderungen an den bautechnischen Brand-

4.6. Korrosions- und Brandschutz

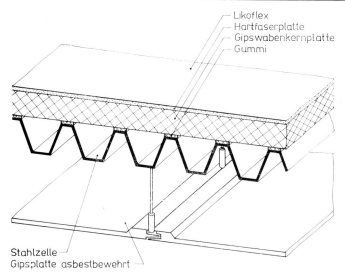

Bild 4.37. Stahlzellendecke mit leichtem Deckenaufbau [4.4]

schutz sehr variabel. Im Hinblick auf die hier interessierende Stahlkonstruktion werden jedoch in den meisten Fällen besondere Schutzmaßnahmen erforderlich. Das gilt in besonderem Maße für die Stützen, aber auch für Riegel, Deckenträger und Unterzüge.
Als grundsätzliche Möglichkeiten der Gewährleistung des *bautechnischen Brandschutzes bei Stahltragwerken* kommen in Betracht:

■ *Umkleiden der Bauteile:* Stützen und ggf. auch Träger werden mit feuerfesten bzw. feuerhemmenden Elementen (Platten, Profilstücke) so umkleidet, daß die Überhitzung des Stahls im Brandfall auf die geforderte Zeit hinausgezögert wird. Wichtig ist hierbei, daß auch die verwendeten Befestigungselemente der Beanspruchung standhalten und die Umkleidung nicht abfallen kann. Als Umkleidungsmaterialien kommen verschiedene Erzeugnisse, z. B. auf der Grundlage von Asbest, Gips und anderen nicht brennbaren Stoffen, zur Anwendung. In Brandversuchen [4.31] erwiesen sich Platten aus Sokalit MFK (Basis: Magnesiumhydroxid, Magnesiumsulfat und Alkalisilikate als Bindemittel sowie Mineralfasern als Füllstoff) als besonders geeignet.
Für Riegel, Deckenträger und Unterzüge wird der bautechnische Brandschutz sehr häufig durch die feuersichere Unterdecke gewährleistet. Diese Variante ist gestalterisch günstiger und besitzt den Vorzug, daß zwischen Ober- und Unterdecke verlegte Installationen gleichzeitig mitgeschützt werden. Ein wichtiges Effektivitätskriterium ist, daß vorgefertigte Unterdeckenelemente modular koordiniert werden, d. h., daß sie in ihren Abmessungen dem Sekundärraster des Gebäudes entsprechen. Eine andere Form des Umkleidens ergibt sich aus der Verwendung von 40 bis 50 mm starken Mineralwollematten mit Stahlblechmantel.

■ *Betonieren:* Die Verbesserung des bautechnischen Brandschutzes von Stahlkonstruktionen durch Betonieren ist sehr verbreitet. Technologisch ist sie relativ einfach. Sie ist kostengünstig und besonders effektiv, wenn es gelingt, den Beton auch statisch zu nutzen, zumal er seine Trageigenschaften bei hohen Temperaturen besser und länger bewahrt als Stahl.
Praktisch kommen sowohl das vollständige Einhüllen der Stahlquerschnitte mit Beton als auch das Ausbetonieren von Hohlquerschnitten bzw. offenen Nischen in Betracht.
Beim vollständigen Umhüllen des Stahlquerschnitts wird häufig nur die Schutzfunktion des Betons genutzt; auf die Tragfunktion wird verzichtet. Die Stärke der Umhüllung beträgt bei mittlerer Betongüte 40 mm. Eine feingliedrige konstruktive Bewehrung aus Bügeln oder Netzen ist erforderlich. Größere Nischen im Querschnitt werden zweckmäßig mit einem billigen Füllstoff ausgefüllt. Das vereinfacht Schalung und Bewehrung und erspart Beton.

■ *Putzen:* Gewährleistung des Brandschutzes durch Putzen ist einfach, aber arbeits- und zeitaufwendig. Notwendig ist ein feuerbeständiger Putzträger (Rippenstreckmetall, Rabitzgewebe). Bei den üblichen Putzschichten aus Kalk, Zement, Gips u. ä. beträgt die Schichtstärke 35 mm. Spritztechniken mit Asbest oder anderen Fasermaterialien erreichen gute Ergebnisse in der Schutzfunktion und sind weniger arbeits- und zeitintensiv. Wesentliche Nachteile ergeben sich aus der Verunreinigung der Baustelle und der als Sichtflächen ungeeigneten Putzoberfläche, so daß eine zusätzliche Verkleidung notwendig wird.
Zu den Aufgaben des bautechnischen Brandschutzes gehört auch der Schutz der Decken. Bei feuersicheren Unterdecken sind auch die tragenden oberen Decken geschützt. Bei Stahlzellen- und Stahlverbunddecken ist diese Lösung allgemein üblich. Für Stahlbetondecken ist das Putzen eine geeignete Lösung, wenn die Putzhaftung auch im Brandfall gesichert ist.

Nach [4.32] kann der bautechnische Brandschutz von Stahlbetondecken auch durch andere Maßnahmen gewährleistet werden, wie

— entsprechend große Betondeckung (allseitig, z. B. bei Rippen)
— Abminderung der Stahlspannungen (Erhöhung des Bewehrungsanteils oder Reduzierung der zulässigen Belastung)
— Einsatz von Beton verminderter Rohdichte
— Bekleidung der dem Brand ausgesetzten Betonflächen
— Auftragen von Dämmschichtbildnern.

Die Anordnung untergehängter Decken wird als effektivste, aber zugleich aufwendigste Lösung angesehen. Ökonomisch günstige Lösungen werden durch die Bekleidung erwartet, indem Brandschutzplatten im Prozeß der Herstellung der Deckenplatten auf dem Formboden verlegt werden.
Bei fachgerechter Erfüllung der brandschutztechnischen Forderungen ergibt sich, daß brandschutztechnisch geschützte Stahloberflächen meistens keinen Korrosionsschutz benötigen. Für die verbleibenden Sichtflächen gelten die in Standards und Rechtsvorschriften festgelegten Forderungen, d. h. Gewährleistung des Korrosionsschutzes nach dem Aggressivitätsgrad der umgebenden Atmosphäre.

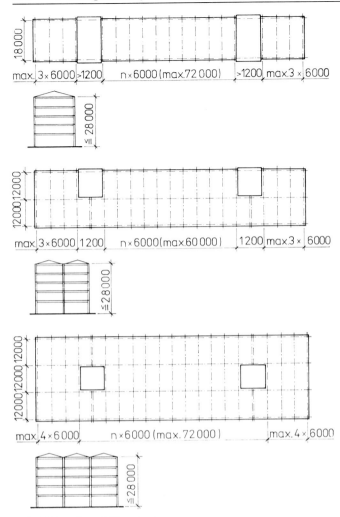

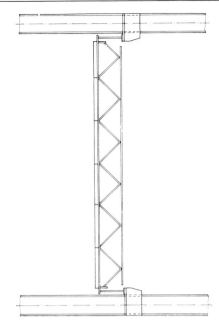

Bild 4.39. Zuordnung der Bauelemente

Bild 4.40. Geometrie- und belastungsabhängige Zuordnung der Deckenträger

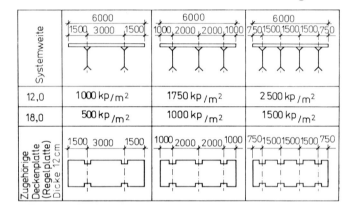

Bild 4.38. Grundrißvarianten

4.7. Beispiellösungen

4.7.1. Geschoßbau Typ „Calbe"

Der *Geschoßbau Typ „Calbe"* stellt in seiner Konzeption eines der wenigen bekannt gewordenen Baukastensysteme für mehrgeschossige Industriegebäude dar [4.1; 4.33].

Wesentliche Merkmale

1. Gliederung nach den Funktionsbereichen
   — Produktionsflächen
   — Installationsebenen (im Bereich der Decken)
   — Funktionskerne (für vertikale Erschließung und Nebenräume)
2. Bildung von Grundrißvarianten aus gleichen Gebäudezellen (Bild 4.38.)
   — Stützweite 12,0 und 18,0 m
   — Geschoßhöhe: 4,2; 4,8; 6,0; 7,2 m (innerhalb eines Gebäudes variabel)
3. Bauelemente (Bild 4.39.)
   — Stützen
   — Randträger
   — Fachwerkdeckenträger   ⎫ im
   — Stahlbeton-Fertigteil-Deckenplatten ⎬ Verbund
   — Stabilisierungselemente
4. Belastungsparameter entsprechend Tab. 4.1.

Die Bauelemente sind weitgehend vereinheitlicht. Die Anpassung der Deckenträger an unterschiedliche Belastungen erfolgt durch Variation ihres Abstands (Bild 4.40.).

5. Möglichkeit der Bildung montierbarer großflächiger Elemente
6. Beschränkung auf ein Vorzugs-Profilsortiment zwecks effektiver Fertigung in Lehren und Vorrichtungen
7. bautechnischer und versorgungstechnischer Ausbau (Fassadenelemente, Unterdecken, Fußböden, Installationen u. a.) entsprechend Sekundärraster
8. Stabilisierung
   — in horizontalen Ebenen: Deckenscheiben
   — vertikal: Funktionskerne (Scheibenstabilisierung ist möglich)
9. statisches System der Stützen
   — Pendelstützen
10. Verbund
    — Hohldübel über den Obergurtknoten der Deckenträger.

Als Belastung wurden neben dem Eigengewicht der Konstruktion und den Verkehrslasten nach Tab. 4.1. Lasten für Unterdecken, Installation und Trennwände angesetzt. Daneben wurden ein leichter Gabelstapler und wahlweise in jedem Knoten des Deckenträgers 20 kN

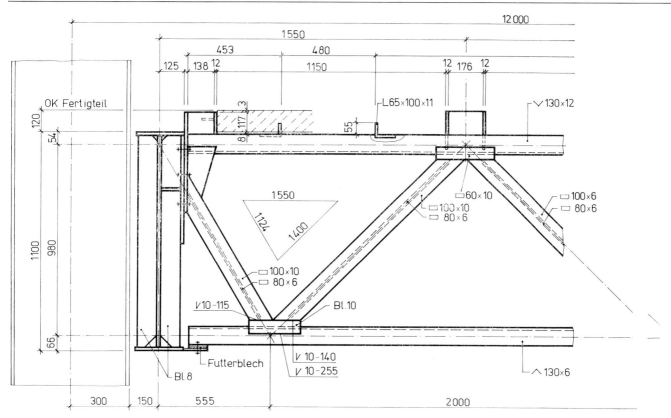

Bild 4.41. Detail Deckenträger

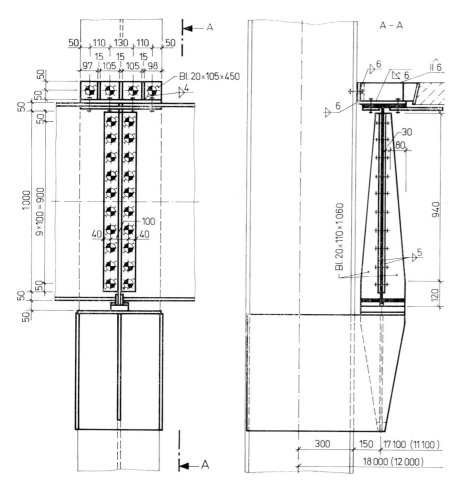

Bild 4.42. Detail Randträger—Auflager

für Hängetransport berücksichtigt. Größere dynamische Wirkungen wurden nicht erfaßt.

Einige konstruktive Einzelheiten zeigen die Bilder 4.41. und 4.42.

4.7.2. Beispiel eines mehrgeschossigen Industriegebäudes

Das Gebäude ist Bestandteil eines größeren Produktionskomplexes. An einer Längsseite erstreckt sich das massive Rohstofflager (Bunker). An der anderen Längsseite schließt eine einschiffige Verarbeitungshalle an (Bild 4.43.e). Hauptabmessungen des Gebäudes:

Länge: 84 m
Breite: 32 m
Höhe: etwa 38 m

Bedingt durch technologische Ausrüstungen großer Abmessungen trägt das Gebäude teilweise Züge eines Apparategerüstes.

Das Gebäude ist unterkellert. Massive Geschoßdecken befinden sich auf ±0 sowie in 5 und 10 m Höhe. Auf der Ebene +19,0 m befindet sich eine durchgehende Riffelblechabdeckung. Auf verschiedenen Zwischenhöhen sind kleinere Arbeits- bzw. Wartungsbühnen vorhanden, die für das tragende System des Gebäudes keine Bedeutung

4.43.a

4.43.b

4.43.c

4.43.d

4.43.e

Bild 4.43. Industriegebäude in Spremberg
a) Skelett des Ostgiebels
b) Biegesteifer Anschluß eines Verbandsstabes (gleitfeste Schraubverbindung für den Steg des Profils, Montageverbindung; geschweißter Anschluß der geschlitzten Flansche mit Kehlnähten)
c) Trägerlage und Anschlüsse im Bereich der Verbunddecke
d) Anschluß Riegel-Stütze bei +19,0 m
e) Ansicht des Ostgiebels

Fotos: KLAUS VÖLKER, Cottbus

haben. Abgesehen von den Massivdecken ist das Gebäude ein reiner Stahlbau. Als dominierendes Konstruktionselement werden I-Breitflansch-Profile verschiedener Größen verwendet. Daneben kommen IPE-Profile sowie [- und L-Profile zum Einsatz. In besonderen Situationen werden geschweißte I-Träger eingesetzt. Die Anschlüsse und Verbindungen sind geschraubt. Für alle wichtigen Anschlüsse und Verbindungen werden gleitfeste Schraubenverbindungen ausgeführt, für untergeordnete Zwecke sind nicht eingepaßte Schrauben vorgesehen. Die Stabilisierung des Gebäudes erfolgt mittels vertikaler Fachwerkscheiben, z. T. mit biegesteifen Knoten. In horizontaler Richtung werden die Verbunddecken als schubsteife Scheiben genutzt. In der Ebene $+19,0$ m und in der Dachebene liegen horizontale Verbände.

Bild 4.43.a zeigt das Skelett des Ostgiebels mit dem vertikalen Stabilisierungsverband. Bild 4.43.b verdeutlicht den biegesteifen Stabanschluß. Der Steg des I-Breitflanschprofils wird ausgenommen, die Flansche werden entsprechend geschlitzt. Der Stab wird auf das relativ große Knotenblech geschoben und mittels zweischnittiger Laschenverbindung (GV) der Steg mit dem Knoten verschraubt (Montageverbindung, gleichzeitig Teil des endgültigen Stabanschlusses). Im Nachgang werden die geschlitzten Flansche mit dem Knotenblech verschweißt. Bild 4.43.c zeigt Haupt- und Nebenträger sowie Unterzüge der Verbunddecke; Bild 4.43.d den Anschluß der Riegel an die Stützen bei $+19,0$ m.

Literatur

[4.1] Handbuch für den Stahlbau, Bd. IV, Metalleichtbauten, Brücken. Berlin: VEB Verlag für Bauwesen 1974

[4.2] Autorenkollektiv: Friedrich-Tabellenbücher Bau — Holz. Leipzig: VEB Fachbuch-Verlag

[4.3] WIEL, L.: Baukonstruktionen des Wohnungsbaues. Leipzig: BSB B. G. Teubner Verlagsgesellschaft 1983

[4.4] DANIEL, H.-D.: Lehrbriefe für das Hochschulfernstudium. Metallbau II; 3. Lehrbrief. Berlin: VEB Verlag für Technik, 1975

[4.5] Richtlinien über die Anwendung des Maß- und Gebäudesystems im Bauwesen
Richtlinie Nr. 1 Anwendung der Maßordnung im Bauwesen bei Mehrzweckgebäuden in Skelettbauweise
Richtlinie Nr. 3 Anwendung der Maßordnung im Bauwesen für Bauwerksteile des Gebäudeausbaues

[4.6] BELENJA, E. I.: Metalličeskie konstrukcii (Metallkonstruktionen). Moskva: Izdatel'stvo literatury po stroitel'stvy Moskva: 1973

[4.7] Stahlbau. Ein Handbuch für Studium und Praxis. Bd. 2. Köln: Stahlbau-Verlags-GmbH 1964

[4.8] ROIK, K.: Vorlesungen über Stahlbau. Grundlagen. Berlin (West), München, Düsseldorf: Verlag von Wilh. Ernst u. Sohn. 1978

[4.9] NEAL, B. G.: Die Verfahren der plastischen Berechnung biegesteifer Stahlstabwerke. Berlin (West), Göttingen, Heidelberg: Springer 1958

[4.10] RECKLING, K. A.: Plastizitätstheorie und ihre Anwendung auf Festigkeitsprobleme. Berlin (West), Göttingen, Heidelberg: Springer 1967

[4.11] Plastic Design of Braced Multistory Steel Frames (Plastischer Entwurf versteifter vielgeschossiger Stockwerkrahmen). New York: Commitee of Structural Steel Producers, Committee of Steel Plate Producers, American Iron and Steel Institute 1968

[4.12] PÖSCHEL, G.: Rahmentragwerke unter variabler wiederholter Belastung. Bauforschung-Baupraxis 36. Berlin: Bauinformation 1979

[4.13] TOPPING, B. H. V.: Shape Optimization of Skeletal Structures: A Review (Gestaltungsoptimierung von Skelettkonstruktion. Ein Überblick). Journal of Structural Engineering, New York 109 (1983) 8, S. 1933—1951

[4.14] AWADELLA, E. S.: Elastic Critical Loads on Multistory Rigid Frames (Elastische Traglasten vielgeschossiger biegesteifer Rahmen). Journal of Structural Engineering, New York 109 (1983) 5, S. 1091—1106

[4.15] KAM, T.-Y.; COROTIS, R. B.; ROSSOW, E. C.: Reliability of Nonlinear Framed Structures (Zuverlässigkeit nichtlinearer Rahmensysteme). Journal of Structural Engineering, New York 109 (1983) 7, S. 1585—1601

[4.16] JONES, St. W.; KIRBY, P. A.; NETHERCOT, D. A.: Columns with Semirigid Joints (Stützen mit halbstarren Anschlüssen). Journal of the Structural Division, New York, Vol. 108 No St 2 (Feb. 1982), S. 361—372

[4.17] Manual of Steel Construction (Handbuch für Stahlkonstruktion) 8. Ausg. New York: American Institute of Steel Construction 1980

[4.18] ACKROYD, M. H.; GERSTLE, K. H.: Behavior of Type 2 Steel Frames (Verhalten von Stahlrahmen nach Typ 2) New York: Journal of the Structural Division, Vol 108 No St 7 (July 1982), S. 1541—1556

[4.19] RABOLDT, K.: Zum praktischen Ermitteln der Knicklängenbeiwerte für orthogonale Stockwerkrahmen. Informationen des VEB MLK, Leipzig 16 (1977) 2, S. 22 bis 29

[4.20] RABOLDT, K.: Knicklängenbeiwerte für einfeldrige, mehrgeschossige, seitlich verschiebliche Rahmen. Informationen des VEB MLK 18 (1979) 3, S. 17—26

[4.21] RABOLDT, K.: Knicklängenbeiwerte für einfeldrige, zweigeschossige, seitlich verschiebliche Rahmen. Informationen des VEB MLK 18 (1979) 3, S. 29—34

[4.22] HOFMANN, P., u. a.: Einführung zu Stahlbau-Standards TGL 13474, TGL 13470, TGL 13502 (DDR), SNiP II-B. 3-72 (UdSSR). Kammer der Technik, Bezirksverband Erfurt, 1976

[4.23] ... Spravočnik proektirovščika. Metalličeskie konstrukcii (Handbuch des Projektanten. Metallkonstruktionen). Moskva: Strojizdat 1980

[4.24] HART, F.; HENN, W.; SONTAG, H.: Stahlbauatlas. Geschoßbauten. München: Verlag Architektur und Baudetail 1974

[4.25] RÜTER-Information 21. RÜTER-Verbunddecke System 7412. Langenhagen, BRD: Rüter-Stahlbau 1968

[4.26] RÜTER-Information 22. RÜTER-Mehrgeschoßsystem 7421 Langenhagen, BRD: Rüter-Stahlbau 1968

[4.27] KATO, B.: Beam-to-Column Connection Research in Japan (Forschungen über Stützen-Riegel-Verbindungen in Japan). New York: Journal of the Structural Division, Vol 108, NoSt 2, Febr. 1982, S. 343—360

[4.28] Technologien der Projektierung. Statik. Betonbau. Stabförmige Druckglieder. Nachweisführung. Katalog I 8244 RSB, AM 4.4./03. Berlin: Bauakademie der DDR, Institut für Industriebau 1985

[4.29] WITTEVEEN, I.; STARK, I. W. B.; BIJLAARD, F. S. K.; ZOETEMEIJER, P.: Welded and Bolted Beam-to-Column Connections (Geschweißte und geschraubte Stützen-Riegel-Verbindungen) New York: Journal of the Structural Division, Vol. 108 NoSt 2, Febr. 1982, S. 433—455

[4.30] RENTSCHLER, G. P.; CHEN, F. W.; DRISCOLL, G. C.: Beam-to-Column web Connection Details (Steganschlüsse bei Stützen-Riegel-Verbindungen). New York: Journal of the Structural Division, Vol. 108 NoSt 2, Febr. 1982, S. 393—409

[4.31] HAFRANG, J., u. Autorenkollektiv: Bautechnischer Brandschutz im Metalleichtbau. Schriftenreihe der Bauforschung, Reihe Industriebau 30. Berlin: Bauinformation 1972

[4.32] WEISE, J.: Zum Einsatz von Geschoßdecken aus Stahlbeton und Spannbeton aus der Sicht des bautechnischen Brandschutzes. Informationen des VEB MLK, Leipzig, 18 (1979) 1, S. 6—9

[4.33] Geschoßbau, Typ „Calbe", Projektunterlagen. Berlin: Bauakademie der DDR, Institut für Industriebau 1971

5 Kranbahnen

5.1. Grundlagen

5.1.1. Einteilung und prinzipieller Aufbau

Zur Lösung von Transport-, Lager- und Umschlagprozessen werden häufig Ein- oder Zweiträgerbrückenkrane eingesetzt. Die Kranbahn hat dabei im wesentlichen zwei Aufgaben zu erfüllen:

— Übertragung der vertikalen und horizontalen Radlasten eines oder mehrerer Brückenkrane in die Stützen
— formschlüssige Führung der Brückenkrane auf der Kranbahn durch Anordnung der Kranschiene.

Je nach dem Aufstellungsort unterscheidet man zwischen Hallen- und Freikranbahnen.

■ *Hallenkranbahnen*

Die Hauptbaugruppen der Hallenkranbahnen sind die Kranbahnträger, der Horizontalverband, die Auf- und Abstiege, Laufstege und Podeste. Bei kleineren Stützweiten und flurbedienten Kranen kann der Horizontalverband auch entfallen. Stützen und Längsverbände sind Bestandteile der Halle. Die in der Außenwandebene angeordneten Längsverbände haben bei einteiligen und zweiteiligen Stützen mit leichtem Kranbetrieb gleichzeitig die Funktion des Kranbahnportals. Bei zweiteiligen Stützen mit schwerem Kranbetrieb macht sich ein Bremsportal in der Kranbahn-Innenstiel-Ebene erforderlich. Die Auflagerung der Kranbahn erfolgt bei einteiligen Stützen auf Konsolen und bei zweiteiligen Stützen auf dem Innenstiel.

■ *Freikranbahnen*

Die Hauptbaugruppen der Freikranbahn sind die Kranbahnträger, der Horizontalverband mit Nebenträger, die Stützen, die Längsportale, die Auf- und Abstiege, Laufstege und Podeste (Bild 5.1.). Wie bei den Hallenkranbahnen können auch Freikranbahnen mit oder ohne Horizontalverband auf ein- oder zweistieligen Stützen ausgeführt werden.

■ *Unterflanschkatzbahnen*

In Hallen oder im Freien errichtete Unterflanschkatzbahnen mit hand- oder elektrisch betriebenem Hebezeug gestatten im Gegensatz zur Kranbahn mit Brückenkran

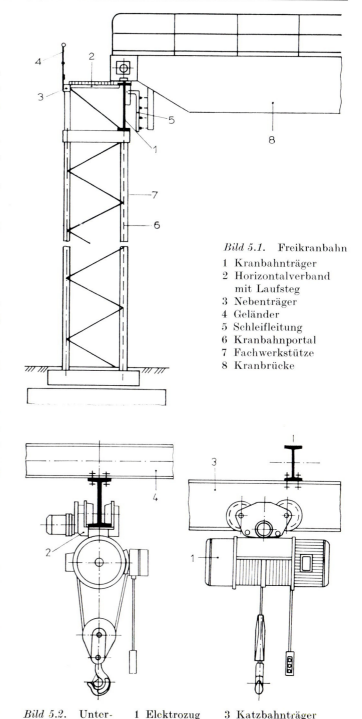

Bild 5.1. Freikranbahn
1 Kranbahnträger
2 Horizontalverband mit Laufsteg
3 Nebenträger
4 Geländer
5 Schleifleitung
6 Kranbahnportal
7 Fachwerkstütze
8 Kranbrücke

Bild 5.2. Unterflanschkatzbahn mit Elektrozug
1 Elektrozug
2 Fahrwerk
3 Katzbahnträger
4 Stützkonstruktion (Querträger)

nur eine Längsförderung (Bild 5.2.). Häufig werden sie auch nachträglich zur Rationalisierung des innerbetrieblichen Transports in vorhandene Gebäude eingebaut.

Zum Heben und Senken der Lasten werden handbetriebene Stirnradzüge, Klein-Elektrozüge, z. B. vom Typ Unilift, oder Elektrozüge, z. B. vom Typ Balcancar, eingesetzt. Der Horizontaltransport der Lasten erfolgt durch hand- oder elektrisch betriebene, auf den Unterflanschkatzbahnen laufende Fahrwerke. Während die handbetriebenen Stirnradzüge mit Haspelfahrwerken ausgerüstet sind, findet man bei Elektrozügen beide Antriebsarten. Ein Überblick über Hebezeuge für Unterflanschkatzbahnen wird in [5.1] angegeben. Im weiteren wird nur auf gerade Katzbahnträger eingegangen. Zur Statik gekrümmter Katzbahnträger wird auf [5.2] und [5.3] verwiesen.

5.1.2. Entwurfsgrundlagen

Bereits beim Entwurf einer Krananlage ist es notwendig, sicherheitstechnische Forderungen des Gesundheits-, Arbeits- und Brand- sowie des Blitzschutzes einzuhalten.

Die Forderungen des Gesundheits- und Arbeitsschutzes (TGL 30550) beziehen sich auf Laufstege und Podeste, Auf- und Abstiege, Geländer und Fahrbahnendanschläge sowie auf einzuhaltende Sicherheitsabstände (Bild 5.3.a bis e).

In bezug auf den Blitzschutz (TGL 33373) ergeben sich für stählerne Freikranbahnen keine besonderen Forderungen, da die Verbindungen bei Kranbahnen elektrisch nicht isolierend ausgeführt sind bzw. im Sonderfall auch nachträglich leitende Verbindungen hergestellt werden können. Die auf Einzelfundamenten errichten Stützen von Freikranbahnen sind an Fundamenterder anzuschließen.

Zum bautechnischen Brandschutz (TGL 10685) sind für Kranbahnen im allgemeinen keine Anforderungen zu erfüllen.

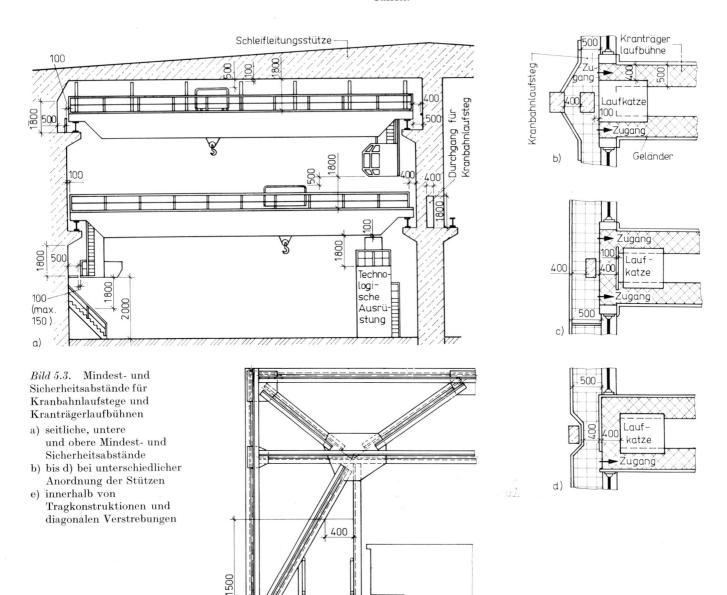

Bild 5.3. Mindest- und Sicherheitsabstände für Kranbahnlaufstege und Kranträgerlaufbühnen
a) seitliche, untere und obere Mindest- und Sicherheitsabstände
b) bis d) bei unterschiedlicher Anordnung der Stützen
e) innerhalb von Tragkonstruktionen und diagonalen Verstrebungen

5.2. Berechnung und Konstruktion

Grundlage der Projektierung einer Kranbahn bildet die jeweils gültige Berechnungsvorschrift TGL 13471 mit Festlegungen zur Berechnung und baulichen Durchbildung.

5.2.1. Lastannahmen

Für die Berechnung von Kranbahnen werden die Lasten in ständige Lasten, langfristige Verkehrslasten, kurzfristige Verkehrslasten und Sonderlasten eingeteilt und als Normlasten ermittelt.

5.2.1.1. Ständige Lasten

■ *Eigenlasten G*

Hierzu gehören die Eigenlasten aller Bauteile der Kranbahn und deren Unterstützungen.

■ *Vorspannkräfte*

Vorspannkräfte sind alle ständig im Bauwerk wirkenden Kräfte, die durch Spannglieder oder andere Maßnahmen eingeleitet werden (s. TGL 13500/01).

5.2.1.2. Langfristige Verkehrslasten

Hierzu gehören langfristige Temperatureinwirkungen.

5.2.1.3. Kurzfristige Verkehrslasten

■ *Radlasten R_g*

Die Radlasten R_g sind aus den festen und beweglichen Totlasten des Krans zu ermitteln. Das ist die Eigenlast des Kranes mit der Laufkatze in ungünstigster Stellung (Bild 5.4.a).

■ *Radlasten R_p*

Die Radlasten R_p entstehen aus der Hublast des Kranes. In Ausnahmefällen kommen noch Einflüsse aus Reiß-, Schlag- und Stoßkräften dazu. Zur Berechnung von max R_p ist von der gleichen Grenzstellung der Katze wie für die Radlasten R_g auszugehen.
Von den Kranherstellern werden im Grundmittelpaß meistens nur die maximalen und minimalen Radlasten angegeben. Zur Berechnung der Kranbahn werden jedoch diese Radlasten getrennt benötigt, so daß durch eine zusätzliche Berechnung näherungsweise die Radlasten R_p zu bestimmen sind (Bild 5.4.b). Aus der Differenz zwischen den maximalen Radlasten und den Radlasten R_p lassen sich dann die Radlasten R_g ermitteln.
Fehlen z. B. zum Zeitpunkt der Projektierung der Kranbahn Angaben des Kranherstellers, so können die Radlasten für Ein- bzw. Zweiträgerbrückenkrane auch TGL 20-360101 bzw. TGL 10384 entnommen werden.

■ *Radlasten R_m*

Die Radlasten R_m sind Massenkräfte. Sie entstehen aus der Beschleunigung bzw. Verzögerung der Hublast

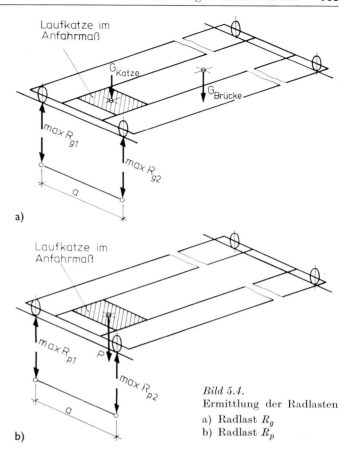

Bild 5.4.
Ermittlung der Radlasten
a) Radlast R_g
b) Radlast R_p

beim Heben und Senken. In Abhängigkeit von der Charakteristik des Hubwerksantriebs, der Hubgeschwindigkeit und den Radlasten R_p sind die ebenfalls an den Radauflagerstellen auftretenden Radlasten aus

$$R_m = \pm \psi R_p \qquad (5.1)$$

zu berechnen.
Sofern keine genauere Untersuchung erfolgt, gilt

$$\psi = (0{,}05 + 0{,}125 v_H)\,\varepsilon \qquad (5.2)$$

für motorische Hubwerke und

$$\psi = 0{,}05$$

für handbetriebene Hubwerke.

ψ Faktor
v_H Nennhubgeschwindigkeit in m/min
ε Hubwerksfaktor

Der Hubwerksfaktor ε berücksichtigt die Art und das Anlaufverhalten des Hubwerksmotors sowie das Bremsverhalten des Hubwerks. Vereinfacht kann angenommen werden:

$\varepsilon = 1{,}5$ bei Kurzschlußläufermotor
$\varepsilon = 1{,}3$ bei Hubwerken mit 2 Motoren oder 2 Bremsen
$\varepsilon = 1{,}0$ bei allen übrigen Hubwerken.

■ *Radlasten R_f*

Die Radlasten R_f entstehen aus Stößen der Fahrbewegung des Kranes. Sie haben ihren Ursprung in den Massen der Totlasten und hängen in ihrer Größe von der Qualität der Schienenoberfläche, aber besonders von der Ausbildung der Schienenstöße ab. Sie wirken in vertikaler Richtung.

$$R_f = \pm \psi_f R_g \tag{5.3}$$

$$\psi_f = 0{,}03 + a v_F \tag{5.4}$$

v_F Fahrgeschwindigkeit des Kranes in m/min
a $= 0{,}001$ bei geschraubten Schienenstößen in min/m
a $= 0{,}0002$ bei geschweißten oder besonders bearbeiteten, nicht geschweißten Stößen in min/m

Sofern $\psi_f > \psi$ ist, sind die Radlasten R_p mit ψ_f zu multiplizieren. Die Radlasten R_m bleiben dann unberücksichtigt.

- **Radlasten R_b**

Die Radlasten R_b entstehen durch Veränderung der Kranfahrgeschwindigkeit. Sie wirken längs der Kranbahn und greifen in Höhe der Schienenoberkante an (Bild 5.5.).
Ist der Abstand zwischen Massenschwerpunkt des Krans und Oberkante Schiene $h < 0{,}6\,e$, wenn e der Radstand oder der Stützbolzenabstand der Hauptschwingen des Krans ist, so darf die Vertikalkomponente R_z vernachlässigt werden. Dies trifft für Brückenkrane meistens zu.
Die Bremskraft ist dann aus der Rutschbedingung für gebremste Räder und aus dem Rollwiderstand der ungebremsten Räder zu bestimmen.

$$R_b = \mu(R_g + R_p) \tag{5.5}$$

$\mu = 0{,}12$ für gebremste Räder
$\mu = 0{,}02$ für ungebremste Räder mit Gleitlagerung
$\mu = 0{,}007$ für ungebremste Räder mit Wälzlagerung

Für alle übrigen Krane sind die horizontalen Radlasten aus Bremsen genauer zu ermitteln und die vertikalen Radlasten R_z gemäß Bild 5.5. zu berücksichtigen.

- **Radlasten R_s (Seitenkräfte)**

Durch das Fahren der Kranbrücke und das Anfahren bzw. Bremsen der Katze entstehen rechtwinklig zur Kranbahn, in Höhe der Schienenoberkante wirkende horizontale Radlasten R_s. Im Kranbetrieb kann ein völliger Gleichlauf beider Seiten des Brückenkrans nicht gewährleistet werden. Die Folge ist ein Verklemmen bzw. stoßartiges Anlaufen der Spurkränze der Laufräder bzw. horizontal angeordneter Führungsrollen an die Kranschiene. Die Größe dieser Seitenkraft wird maßgeblich durch das Führungsverhältnis des Kranes l/e und die Kranfahrgeschwindigkeit bestimmt (Bild 5.6.).
Mit einer Vergrößerung des Führungsverhältnisses werden nicht nur die Radlasten R_s größer, sondern auch die Spurkränze der Laufräder, und die Kranschienen verschleißen schneller. Deshalb bedarf es für $l/e > 8$ auch zusätzlicher Genehmigungen.
Die Seitenkraft R_s ist nach TGL 13471 jeweils nur für die Räder eines Eckpunktes jeder Kranseite anzusetzen. Bei dicht hintereinander fahrenden Kranen braucht die Seitenkraft nur an einem der benachbarten Eckpunkte berücksichtigt zu werden (Bild 5.7.). Entlastend wirkende Seitenkräfte R_s sind wegzulassen.
Wird vom Kranhersteller die Bremskraft der Katze angegeben und erzeugt sie ungünstigere Schnittkräfte als die Seitenkraft R_s, so ist sie für die Berechnung maßgebend und im Verhältnis der vertikalen Radlasten auf alle Räder des Krans zu verteilen.
Für von Hand verfahrbare Krane dürfen die nach Bild

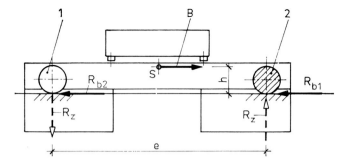

Bild 5.5. Kräfte aus Bremsen des Kranes
1 ungebremstes Rad
2 gebremstes Rad
S Massenschwerpunkt
B Bremskraft

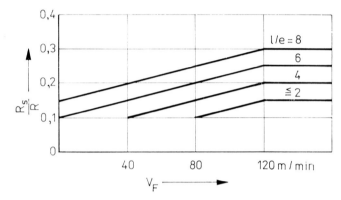

Bild 5.6. Seitenkräfte R_s (TGL 13471)
R jeweilige größte Radlast aus Hublast R_p und Totlast R_g
l Spurweite des Kranes
e Abstand der äußersten Räder oder bei um eine vertikale Achse drehbaren Schwingen, Abstand der äußersten vertikalen Schwingenbolzen
v_F Fahrgeschwindigkeit des Kranes

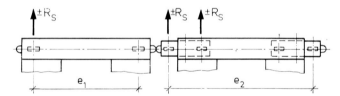

Bild 5.7. Lastanordnung der Seitenkräfte R_s (TGL 13471)

5.6. ermittelten Werte R_s/R um die Hälfte reduziert werden. Durch Handlaufkatzen und Elektrozüge direkt befahrene Kranbahnen sind mit $R_s = R/20$ zu berechnen.

- **Windlasten**

Bei Freikranbahnen und im Freien betriebenen Unterflanschkatzbahnen sind außerdem Windlasten zu berücksichtigen. Sie sind für die Kranbahn, die Kranbrücke einschließlich Katze und die Last nach den gültigen Vorschriften zu ermitteln. Bei in Betrieb befindlichem Kran ist für alle Teile, unabhängig von der Höhe über Gelände, der Staudruck $q = 0{,}2\ \text{kN/m}^2$ anzunehmen. In Ausnahmefällen können auch höhere Werte vereinbart werden. Die Windlasten sind in Richtung oder senkrecht zur Kranbahn wirkend in der Tragkonstruktion zu verfolgen. So kann z. B. der Lastfall „Sturm" in Richtung der Kranbahn mit eingelegten Schienenzangen für die Bemessung der Längsportale von Bedeutung sein.

■ *Lasten auf Laufstegen, Treppen und Podesten*

Die Laufstege, Treppen und Podeste sind für eine wandernde Einzellast von 3 kN bzw. eine gleichmäßig verteilte Last von 1,5 kN/m² zu bemessen. Der ungünstigere Wert ist für die Bemessung maßgebend. Die Geländerholme und -pfosten sind für eine horizontal wirkende Wanderlast von 0,3 kN nachzuweisen.
Ihre Wirkung auf andere Bauteile darf vernachlässigt werden, wenn ihr Einfluß gering ist.

5.2.1.4. Sonderlasten

Durch Auffahren des Brückenkrans gegen die Endanschläge entstehen Pufferkräfte. Sofern sie nur ausnahmsweise auftreten, sind sie als Sonderlast zu berücksichtigen. Sie sind nach den Arbeitskennlinien für Gummifederpuffer (TGL 35268) in Abhängigkeit von der kinetischen Energie des Krans zu bestimmen. Für die kinetische Energie gilt:

$$E_K = m_0 \frac{v_F^2}{2} \tag{5.6}$$

v_F tatsächliche Fahrgeschwindigkeit des Krans, in der Regel aber nicht mehr als 32 m/min

m_0 Größe der anteiligen, auf eine Kranbahnseite entfallenden Masse mit ungünstigster Stellung der Katze, jedoch ohne Berücksichtigung der Hublast, sofern keine starre Lastführung vorliegt.

Im allgemeinen sind die Gummifederpuffer am Kran angeordnet. Kran und Endanschlag damit auszustatten wird wegen des möglichen seitlichen Verdrückens abgelehnt. Die Pufferkräfte sind bis in die Fundamente zu verfolgen.
Für Stützen von Freikranbahnen sind, sofern Verkehrswege diese kreuzen und keine besonderen Vorkehrungen getroffen worden sind, auch Anprallkräfte (TGL 32274/01) zu berücksichtigen.

5.2.1.5. Lastfaktoren

Zur Ermittlung der Rechenlast ist die Normlast mit dem Lastfaktor γ_f nach Tab. 5.1. zu multiplizieren. Beim Ermüdungsfestigkeitsnachweis hingegen ist mit den Normlasten zu rechnen.

Tabelle 5.1. Lastfaktoren γ_f

Lasten		Lastfaktor γ_f	Bemerkungen		
Ständige Lasten	Eigenlasten	1,1 (0,9)	Der in Klammern gesetzte Wert ist einzusetzen, wenn sich die Belastung günstig auswirkt		
	Vorspannkräfte	1,1 oder 0,9	s. auch TGL 13500/01, Abschn. 4.1.7.		
Langfristige Verkehrslasten	Langfristige Temperatureinwirkungen	1,0			
Kurzfristige Verkehrslasten	Radlasten R_g	1,1			
	Radlasten R_p	1,1	für Krane mit Überlastsicherung		
		1,2	für Krane ohne Überlastsicherung	Hublast bis 30 kN	dazwischen ist linear zu interpolieren
		1,3		Hublast ab 50 kN	
	Radlasten R_m	1,2			
	Radlasten R_f	1,2			
	Radlasten R_b	1,2			
	Radlasten R_s	1,2			
	Windlasten W	1,2			
	Laufstege, Treppen und Podeste	1,2	für wandernde Einzellast 3 kN		
		1,4	für gleichmäßig verteilte Last 1,5 kN/m²		
Sonderlasten	z. B. bleibende Stützenverschiebungen und -verdrehungen	1,1 oder 0,9	s. auch TGL 13500/01, Abschn. 4.1.7.		
	Anprall an Stützen durch Fahrzeuge	1,0···1,2	je nach Art und Größe des Fahrzeugs (s. TGL 32274/03)		
	Anfahren des Kranes an die Endbegrenzungen	1,0			

Tabelle 5.2. Wertigkeitsfaktoren γ_n für Kranbahnen und Faktor $\gamma \approx \gamma_n \gamma_m$

	Geltungsbereich	Schadensfolgen			
		örtlich		ausgedehnt	
		γ_n	γ	γ_n	γ
1	Alle Bauteile von Kranbahnen außer nach Zeile 2	1,0	1,1	1,1	1,2
2	Tragwerke für Unterflanschkatzbahnen, Konsole u. dgl. mit einer Tragfähigkeit < 2 t	0,9	1,0	1,0	1,1
3	Montagelastfälle Ermüdungsfestigkeitsnachweis	1,0	—	1,0	—

5.2.1.6. Wertigkeitsfaktor und Faktor γ

Die einzelnen Bauteile bzw. Baugruppen der Kranbahn haben eine unterschiedliche Wertigkeit im Schadensfall. Für Kranbahnen ist in die mittlere Wertigkeitsgruppe einzustufen mit Ausnahme von Tragwerken für Unterflanschkatzen, Konsole und dgl. mit Tragfähigkeiten bis zu 2 t, für die die untere Wertigkeitsgruppe ausreichend ist (Tab. 5.2.).
Ausgedehnte Schadensfolgen dürfen angenommen werden bei

— Stützen
— vollwandigen Hauptträgern
— Gurten und Füllstäben im Auflagerbereich von Fachwerkträgern
— Unterspannungen, Vorspanngliedern, Verankerungen, sofern sie durch Hublasten beansprucht werden.

Örtliche Schadensfolgen dürfen angenommen werden bei

— Füllstäben von Fachwerkhauptträgern (außer im Auflagerbereich)
— Nebenträgern, Verbänden
— Auflagerteilen
— Laufstegen.

Bei der praktischen Berechnung darf auch mit dem gerundeten Produkt aus Wertigkeitsfaktor γ_n und Materialfaktor $\gamma_m = 1,1$ (s. TGL 13500/01) gearbeitet werden. Nachfolgend wird überall dort, wo es zulässig bzw. notwendig ist, der Faktor $\gamma \approx \gamma_n \gamma_m$ verwendet.

5.2.1.7. Lastkombinationen

Es sind alle Lasten in den betriebsmäßig möglichen ungünstigsten Stellungen und den Kombinationen nach Tab. 5.3. anzuordnen. Folgende Besonderheiten sind zu beachten:

— Wind auf den Kran in Kranbahnlängsrichtung ist nicht mit den Bremskräften zu überlagern, da die Bremskräfte nach Gl. (5.5) einen oberen Grenzwert darstellen. Größere Kräfte in Längsrichtung sind im Betriebsfall nicht möglich. Sind die Windkräfte größer als die Bremskräfte, so besteht bereits im Betriebszustand die Gefahr des Abtreibens. Hier sind vom Kranhersteller bereits entsprechende Maßnahmen vorzusehen, die das verhindern.

— Bei einem Kran sind R_s und R_b gleichzeitig zu berücksichtigen, bei zwei Kranen auf einer Kranbahn ist entweder R_b oder R_s beider Krane anzusetzen. Der ungünstigere Wert ist maßgebend.

— Laufen auf einer Kranbahn mehrere Krane, so sind nicht mehr als zwei Krane zu berücksichtigen, es sei denn, sie arbeiten im regelmäßigen Betrieb dicht hintereinander, oder es wirken mehrere Krane beim Heben besonders schwerer Lasten zusammen.

— Nach TGL 13471 brauchen bei Windlasten W rechtwinklig zur Kranbahn und Seitenstoß R_s nicht die vollen Schnittkraftanteile S überlagert zu werden. Im einzelnen ist festgelegt:

$$S(W + R_s) = S(W) + \frac{S(R_s)}{3}$$

oder (5.7)

$$S(W + R_s) = S(R_s) + \frac{S(W)}{3}$$

Der größere Wert von $S(W + R_s)$ ist maßgebend. Das ist z. B. zutreffend für Hallenstützen mit Kranbahnen. Es gilt aber nicht für den Lastfall „Wind in Betrieb" bei Freikranbahnen.

5.2.2. Statische Systeme und Schnittkräfte

Als statische Systeme für Kranbahnträger kommen der Zweistützträger, der Durchlaufträger und der Gelenkträger in Betracht. Der Gelenkträger wird auf Grund der aufwendigen Gelenkausbildung praktisch nicht mehr an-

Tabelle 5.3. Lastkombinationen

Grundkombinationen	1	Ständige Lasten Ungünstig wirkende langfristige Verkehrslasten Kurzfristige Verkehrslasten R_g, R_p Ungünstigste der kurzfristigen Verkehrslasten R_m, R_f, R_b, R_s oder W (im Betrieb)
	2	Ständige Lasten Ungünstig wirkende langfristige Verkehrslasten Kurzfristige Verkehrslasten R_g und W (außer Betrieb)
	3	Ständige Lasten Ungünstig wirkende langfristige Verkehrslasten Kurzfristige Verkehrslasten R_g 0,9mal kurzfristige Verkehrslasten R_p, R_m, W (im Betrieb) 0,9mal die ungünstigste der kurzfristigen Verkehrslasten R_f, R_b oder R_s
Sonderkombinationen	4	Ständige Lasten Ungünstig wirkende langfristige Verkehrslasten Kurzfristige Verkehrslast R_g 0,8mal alle anderen kurzfristigen Verkehrslasten 0,8mal die ungünstigste Sonderlast
	5	Ständige Lasten Ungünstig wirkende langfristige Verkehrslasten Kurzfristige Verkehrslast R_g 0,8mal kurzfristige Verkehrslast R_p Ungünstigste Sonderlast

gewendet. Auch beim Durchlaufträger überwiegen im Vergleich zum Zweistützträger trotz Materialeinsparungen bis zu etwa 10% die Nachteile. Diese sind: ein hoher technologischer Aufwand zur Herstellung und Schließung der Trägerstöße auf der Baustelle, eine ungünstigere Spannungsdifferenz $\Delta\sigma$ mit Auswirkungen auf die zulässige Betriebsfestigkeit und die Empfindlichkeit gegenüber Stützsenkungen. Als Vorteile sind ein geringeres Biegemoment in der vertikalen und gegebenenfalls auch in der horizontalen Ebene sowie eine geringere Querschnittshöhe zu nennen.

Für die Bemessung eines Kranbahnträgers ist das maximale Biegemoment von ausschlaggebender Bedeutung. Bevor die Biegemomente für die vertikalen Radlasten R_g, R_p, R_m und R_f getrennt ermittelt werden, muß die Stelle des maximalen Biegemomentes bekannt sein. Die Lage dieser Schnittstelle aber ist abhängig von der Lastenfolge und dem Verhältnis der Radlasten. Deshalb müssen aus der Sicht der voraussichtlich maßgebenden Grundkombination nach Tab. 5.3. die dazugehörigen vertikalen Radlasten zur Bestimmung der maßgebenden Schnittstelle zusammengefaßt werden.

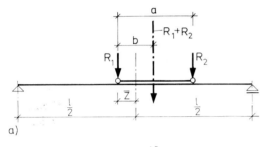

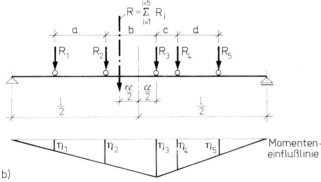

Bild 5.8. Ermittlung der ungünstigsten Laststellung für max M
a) mit 2 Rädern und $R_1 > R_2$
b) bei mehr als 2 Rädern

Für den Zweistützträger mit 2 Radlasten $R_1 > R_2$ (Bild 5.8.a) ist

$$b = \frac{R_2 a}{R_1 + R_2} \quad \text{und} \quad \bar{z} = \frac{b}{2} \qquad (5.8)$$

Das maximale Biegemoment tritt, bezogen auf die Trägermitte, im Abstand $\bar{z}$ unter der Last R_1 auf. Die Stütz- und Schnittkräfte können damit auf dem üblichen Wege getrennt für R_g, R_p, R_m und R_f ermittelt werden. Außerdem ist zu überprüfen, ob $R_1 > R_2$ in Trägermitte ein ungünstigeres Biegemoment ergibt. Das größere der beiden Biegemomente ist der Trägerbemessung zugrunde zu legen.

Bei gleichgroßen Radlasten $R_1 = R_2$ tritt das maximale Biegemoment im Abstand $\bar{z} = a/4$ von der Trägermitte auf. Wird jedoch $a > 0{,}586 l$, so ist das Biegemoment mit R in Trägermitte maßgebend.

Hat der Brückenkran mehr als zwei Räder oder fahren mehrere Krane auf der Kranbahn und innerhalb eines Feldes (Bild 5.8.b), so ist nach [5.5] folgender Weg zu beschreiten:

„Das Biegemoment unter einer ins Auge gefaßten — d. h. beliebigen — Radlast erreicht seinen Maximalwert bei derjenigen Laststellung, bei welcher die Trägermitte genau mit der Mitte des Abstandes α der Resultierenden R von der betrachteten Last zusammenfällt, wenn also R oder die betrachtete Last im Abstande $\alpha/2$ aus der Trägermitte liegt."

Im dargestellten Lastbild (Bild 5.8.b) ist z. B.

$$\alpha = \frac{R_1(a+b) + R_2 b - R_4 c - R_5(c+d)}{\sum\limits_{i=1}^{i=5} R_i} \qquad (5.9)$$

Wenn bei der so ermittelten Laststellung eine der Lasten den Träger verlassen hat oder eine weitere Last dazukommt, so ist für diese Lastfolge α erneut zu berechnen. Das größte Biegemoment des Trägers ist unter der Einzellast R_i zu erwarten, die der Resultierenden R am nächsten liegt. Es empfiehlt sich jedoch, auch die anderen, der Resultierenden am nächsten liegenden Kräfte für die Ermittlung von max M in Betracht zu ziehen.

Das maximale Biegemoment selbst sowie die anderen Schnittkräfte ermittelt man dann zweckmäßig mit den Einflußlinien für die Stelle des maximalen Biegemoments oder auch auf anderem Wege. Für das im Bild 5.8.b dargestellte Lastbild ergibt sich

$$\max M = \sum\limits_{i=1}^{i=5} R_i \eta_i \qquad (5.10)$$

5.2.3. Kranbahnträger

5.2.3.1. Gestaltung des Querschnitts aus statisch-konstruktiver Sicht

Die Forderungen nach effektivem Materialeinsatz, rationeller Fertigung und Montage und hoher Funktionssicherheit in der projektierten Nutzungsdauer verlangen vom Projektanten umfangreiche Kenntnisse über das Betriebsverhalten des Brückenkrans im Zusammenhang mit der Kranbahn und den daraus resultierenden Beanspruchungen und Verformungen der Kranbahn. Aufgrund der Spezifik sollen die Kranschiene und der Obergurt zunächst für sich dargestellt werden, ehe im Anschluß daran der Kranbahnträger als Ganzes betrachtet wird.

■ *Kranschiene*

In der DDR werden als Kranschienen Vierkantstahl (TGL 7971) und Flachstahl (TGL 7973) mit den Stahlmarken H 52-3, St 60 und St 70 oder Kranschienen als Breitfußschienen (TGL 17870/02) aus St 60-2 eingesetzt.

Die Vierkantschienen werden eben und scharfkantig hergestellt. Im Kranbetrieb ist deshalb unter ungünstigen Bedingungen Bartbildung möglich, die zum vorzeitigen Verschleiß der Laufradspurkränze führen kann. Diese Schienen sind auf dem Kranbahnträger aufzuschweißen und können unter Berücksichtigung einer 25%igen Abnutzung der Schienenkopfhöhe zum tragenden Querschnitt des Trägers gerechnet werden. Die geringen Lieferlängen von 3 bis 7 m erfordern bei längeren Kranbahnträgern aufwendige Stumpfstöße. Die Anordnung dieser Schienen ist nur dort sinnvoll, wo ein Auswechseln in der geplanten Nutzungsdauer nicht zu erwarten ist. Nach [5.16], Ri. G 19 sind Vierkantschienen aus H 52-3 nur für Kranbahnen in der Ausführungsgruppe C mit Radlasten $R_g + R_p \leq 275$ kN und in der Ausführungsgruppe A für Einträgerbrückenkrane mit einer Tragfähigkeit bis 5 t zulässig.

Laufen Krane mit Radlasten $R_g + R_p > 275$ kN auf der Kranbahn oder ist auf Grund der Häufigkeit des Fahrens und einer Fahrgeschwindigkeit $v_F > 63$ m/min mit stärkerem Verschleiß der Kranschiene zu rechnen, so sind Breitfußschienen einzusetzen. Die Befestigung der Schiene auf dem Träger erfolgt durch Knaggen gegen seitliches Verschieben und Sicherungsbleche gegen Abheben (s. Abschn. 5.2.7.1.). Bei Verschleiß ist das Auswechseln der Schiene leicht möglich. Als zweckmäßig hat sich die Anordnung einer elastischen Zwischenlage zwischen Kranschiene und Obergurt erwiesen. Sie führt zu einem ruhigen und stoßarmen Laufen des Brückenkrans sowie zu einer günstigeren Lastverteilung bei der Übertragung der Radlasten in den Kranbahnträger.

Der Einbau eines Schleißblechs ist nach Möglichkeit zu vermeiden. Es ist nur dann anzuordnen, wenn sich die Schiene während der Nutzungsdauer der Kranbahn tiefer als 2 mm in den Obergurt einarbeiten wird. Günstiger ist es, wenn anstelle eines Schleißblechs der Kranbahnträger unter Beachtung eines Verschleißes bemessen wird und erst nach Erreichen dieser Grenze, z. B. in Verbindung mit einem Schienenwechsel, nachträglich ein Schleißblech eingebaut wird.

Der Projektant der Kranbahn ist gut beraten, wenn er den Werkstoff der Kranschiene in Abstimmung mit dem Kranhersteller festlegt, denn nur durch eine richtige Paarung von Laufrad und Schiene (TGL 34963) kann eine hohe Lebensdauer beider Teile erreicht werden.

■ *Obergurt*

Der Obergurt des Kranbahnträgers einschließlich seiner Verbindung zwischen Steg und Gurt unterliegt komplizierten und abhängig von der Gestaltung auch unkontrollierten Beanspruchungen, die bei hochbeanspruchten Kranbahnen zu Schäden und vorzeitigem Verschleiß führen können.

Bei der in der Praxis üblichen Berechnung des Kranbahnträgers werden erfaßt:

a) Spannungen aus der Querkraftbiegung des gesamten Kranbahnträgers durch die vertikalen Radlasten
b) Spannungen aus den horizontalen Radlasten, die der Obergurt als Horizontalträger oder als Gurt eines horizontalen Fachwerkträgers bei einer Lastwirkung in der Horizontalträgerebene erhält. Die Schnittkräfte werden dabei näherungsweise getrennt in der Vertikal- und Horizontalebene ermittelt.
c) Druckspannungen aus örtlicher Radlast am Übergang vom Gurt zum Steg.

Zusätzliche Beanspruchungen im Obergurt ergeben sich aus

d) der Lastverteilungsbiegung infolge örtlicher Radlast in Trägerlängsrichtung
e) der Querbiegung des Obergurts bei Verwendung von Breitfußschienen
f) der Torsionsbeanspruchung durch exzentrischen Lastangriff der vertikalen und horizontalen Radlasten.

Die Berechnung der unter a) und b) genannten Spannungen wird als allgemein bekannt vorausgesetzt und bedarf deshalb keiner weiteren Erläuterung.

Zur Ermittlung der Druckspannungen aus örtlicher Radlast gemäß c) wird näherungsweise eine Lastverteilungslänge (Bild 5.9.) für geschweißte Träger angenommen mit

$$l_v = 50 + 2h \qquad \frac{l_v}{\text{mm}} \; \frac{h}{\text{mm}} \qquad (5.11)$$

l_v Lastverteilungslänge
h senkrechter Abstand zwischen OK Schiene und der Halsnaht unter Beachtung des Schienenverschleißes

Die wirksame Breite hängt von der Ausführung der Verbindung zwischen Steg und Gurt ab (Bild 5.10.). Bei Anwendung einer Doppelkehlnaht kann mit oder ohne Kontaktwirkung gerechnet werden. Da hinsichtlich einer sicheren Kontaktwirkung immer wieder Zweifel bestehen, sollte nur in Ausnahmefällen davon Gebrauch gemacht werden. Höheren Ansprüchen wird eine Stumpfnaht als HV-Naht, besser aber als K-Naht mit $t_{\text{Steg}} \geq 14$ mm gerecht. Durch einen Stegblechlängsstoß, der durch begrenzte Lieferbreiten der Bleche für hohe Träger sowieso erforderlich wird, kann für den Obergurtbereich eine größere Blechdicke verwendet werden.

Die Spannung aus örtlicher Radlast wird als mittlere Spannung berechnet aus

$$\sigma_y = \frac{R_v}{l_v b} \qquad (5.12)$$

σ_y Druckspannung unter örtlicher Radlast
R_v vertikale Radlast
b wirksame Breite

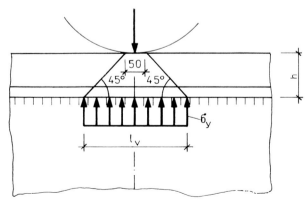

Bild 5.9. Lastverteilungslänge unter örtlicher Radlast (TGL 13471)

5.2. Berechnung und Konstruktion

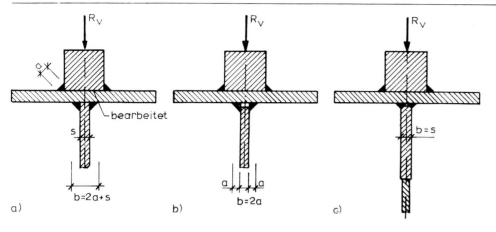

Bild 5.10. Wirksame Breiten unter örtlicher Radlast (TGL 13471)

a) bei bearbeitetem Stegblech (mit Kontaktwirkung)
b) bei unbearbeitetem Stegblech (ohne Kontaktwirkung)
c) bei Ausführung mit Stumpfnaht und abgesetztem Stegblech

Hingewiesen sei auf [5.6], wo unter Voraussetzung einer elastisch isotropen Halbebene Größe und Verteilung der Spannung σ_y genauer ermittelt und mit damals gültiger TGL 13470 verglichen werden.

Zur Ermittlung der Beanspruchungen unter d) bis f) wird auf weiterführende Literatur ([5.7] bis [5.12]) verwiesen. Bei schwerem Kranbetrieb sollten aus Sicht der Berechnung und Konstruktion die Spannungsanteile d) bis f) berücksichtigt werden, um Funktionsstörungen im Obergurtbereich vorzubeugen.

■ *Querschnitt*

Als Kranbahnträger eignen sich gewalzte und geschweißte I-Träger am besten. Während Kranbahnträger mit Stützweiten um 6 m generell ohne Horizontalverband ausgeführt werden, ist dessen Anordnung für Stützweiten > 6 m in Abhängigkeit von den Kranparametern zu entscheiden. So werden Kranbahnen für flurbediente Einträgerbrückenkrane auch noch mit 12 m Stützweite ohne Horizontalverband gebaut. Kranbahnen für Zweiträgerbrückenkrane und Stützweiten > 6 m müssen im allgemeinen aus statischen, funktionellen und ökonomischen Gründen einen Horizontalverband in Höhe des Obergurts erhalten (Bild 5.11.).

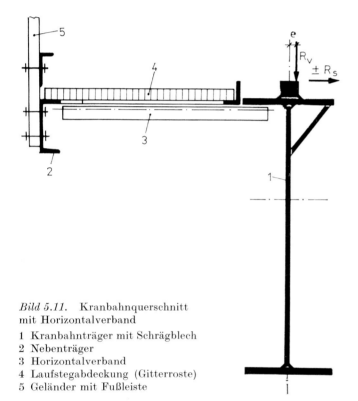

Bild 5.11. Kranbahnquerschnitt mit Horizontalverband
1 Kranbahnträger mit Schrägblech
2 Nebenträger
3 Horizontalverband
4 Laufstegabdeckung (Gitterroste)
5 Geländer mit Fußleiste

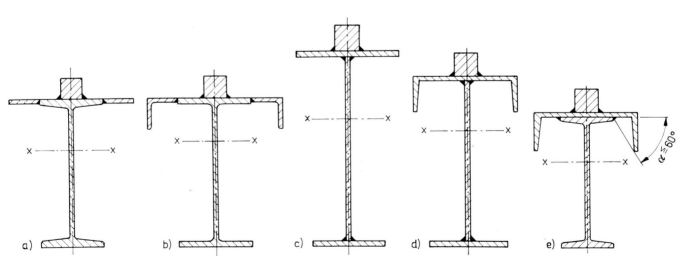

Bild 5.12. Kranbahnträgerquerschnitte

a) I-Walzprofil mit seitlich angesetzten Blechen
b) I-Walzprofil mit seitlich angesetzten Winkeln
c) geschweißter Träger mit I-Querschnitt
d) geschweißter Träger mit U-Profil als Obergurt
e) I-Walzprofil mit aufgeschweißtem U-Profil (unzweckmäßig)

Mit dem Ziel, die Trägergurte spannungsmäßig etwa gleich auszulasten, sollte auf Grund vertikaler und in Höhe des Obergurts wirkender horizontaler Radlasten ein einfachsymmetrischer I-Querschnitt gewählt werden. Der breiter und kräftiger ausgebildete Obergurt bewirkt nicht nur eine größere Horizontalsteifigkeit, sondern auch eine Verschiebung der Schwer- und Schubmittelpunktachse nach oben.

Typische Querschnitte für Kranbahnträger werden im Bild 5.12. gezeigt. Zur Verstärkung des Obergurts, besonders für Träger ohne Horizontalverband, eignen sich angeschweißte Flach- und Winkelstähle. Die Verwendung von ⊔-Profilen war besonders bei genieteten Trägern sinnvoll. Aus schweißtechnischer Sicht muß jedoch der im Bild 5.12.e dargestellte Querschnitt verworfen und der Variante nach Bild 5.12.d der Vorrang gegeben werden.

Im Regelfall wird Stahl der Festigkeitsklasse S 38/24 eingesetzt. Für schwere und weitgespannte Kranbahnträger kann auch der Einsatz von Stahl der Festigkeitsklasse S 52/36 Vorteile bringen. Grundsätzlich ist aber zu beachten, daß solche Träger verformungsempfindlicher sind. Bedingt möglich ist auch die Ausbildung als Hybridträger mit den Gurten aus Stahl der Festigkeitsklasse S 52/36 und dem Stegblech aus Stahl der Festigkeitsklasse S 38/24. Die Nutzung der höheren zulässigen Spannungen von S 52/36 schließt allerdings die Überschreitung der Rechenfestigkeiten im Steg ein, was sich in der Praxis nicht als nachteilig erwiesen hat. Für Freikranbahnen ist aus Gründen des Korrosionsschutzes der Einsatz korrosionsträger Stähle von Vorteil.

Es hat nicht an Bemühungen gefehlt, vorgespannte Kranbahnträger zu entwickeln. In [5.13] wird über eine vorgespannte Kranbahn mit Dreieck-Hohlkästen berichtet. Weiter findet man in [5.14] die Gegenüberstellung eines mit Einzelspanngliedern projektierten Kranbahnträgers mit normalen Kranbahnträgern aus St 38 und H 52 (Bild 5.13.). Die Untersuchungen ergaben, daß die vorgespannte Lösung zwar gegenüber St 38 Materialeinsparungen bringt, dafür aber auch höhere Fertigungskosten zur Folge hat.

Bei der Gestaltung der Trägerquerschnitte für Unterflanschkatzbahnen muß von der Führungsfunktion des Trägeruntergurts ausgegangen werden. Für kleinere und mittlere Tragfähigkeiten der Elektrozüge reichen Walzprofile, gegebenenfalls auch verstärkt nach Bild 5.14., aus. Bei größeren Stützweiten sind die Trägerhöhen der Walzprofile häufig zu gering, so daß der Querschnitt entsprechend der Stützweite zu verändern ist (Bild 5.14.c).

Die Höhe der Kranbahnträger wird in Abhängigkeit von der Stützweite festgelegt. Für Zweistützträger wählt man $h \approx l/10$ bis $l/12$. Eine wesentliche Über- bzw. Unterschreitung dieser Richtwerte ist aus materialökonomischer Sicht nicht zu empfehlen. Träger mit zu klein gewählter Trägerhöhe haben nicht die erforderliche Biegefestigkeit und genügen nur durch erhöhten Stahleinsatz den geforderten Verformungsgrenzen in vertikaler Richtung. Zu groß gewählte Trägerhöhen hingegen führen zwar durch die Reduzierung der Blechdicken zur Abmagerung aus der Sicht des Spannungsnachweises. Die Erfüllung der Stabilitätsnachweise Kippen und Beulen erfordert jedoch unter diesen Bedingungen viele Aussteifungen und damit einen erhöhten technologischen Aufwand ohne materialökonomische Vorteile.

5.2.3.2. Statischer Festigkeitsnachweis

Der statische Festigkeitsnachweis wird mit den durch Kombination der Lasten erhaltenen Schnittkräften für den Grundwerkstoff und alle Schweißnähte geführt. Offensichtlich nicht maßgebende Nachweise dürfen entfallen.

Neben den Einzelfestigkeitsnachweisen

$$\gamma \sigma_z^n \leq R_z^n; \quad \gamma \sigma_y \leq R_y^n; \quad \gamma \tau \leq R_\tau^n \qquad (5.13)$$

ist der Gesamtfestigkeitsnachweis

$$\sqrt{\left(\frac{\gamma \sigma_z}{R_z^n}\right)^2 + \left(\frac{\gamma \sigma_y}{R_y^n}\right)^2 - \frac{\gamma \sigma_z}{R_z^n} \cdot \frac{\gamma \sigma_y}{R_y^n} + \left(\frac{\gamma \tau}{R_\tau^n}\right)^2} \leq 1{,}1 \qquad (5.14)$$

zu führen.

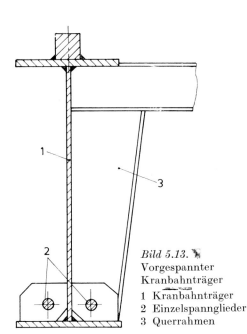

Bild 5.13. Vorgespannter Kranbahnträger
1 Kranbahnträger
2 Einzelspannglieder
3 Querrahmen

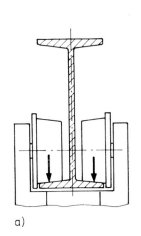 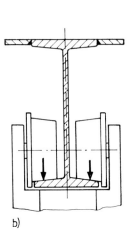 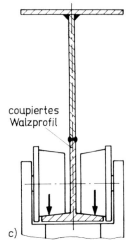

a)   b)   c)

Bild 5.14. Kranbahnträgerquerschnitte für Unterflanschkatzbahnen
a) I-Walzprofil
b) I-Walzprofil mit seitlich angesetzten Blechen
c) kombiniertes Walz- und Schweißprofil

Bei der Ermittlung der Trägheits- und Widerstandsmomente für den Kranbahnträgerquerschnitt kann eine aufgeschweißte Kranschiene unter Berücksichtigung einer 25%igen Abnutzung mit einbezogen werden. Die Verschiebung der Schwerachse ist zu beachten. Die Spannungen dürfen nur dann mit dem modifizierten Widerstandsmoment berechnet werden, wenn infolge ortsveränderlicher Belastung, wie sie für Kranbahnen vorliegt, keine fortschreitende Plastizierung zu erwarten ist.

In Trägern für Unterflanschkatzen entstehen durch die vertikale Radlast neben den normalen Biegespannungen noch zusätzliche örtliche Biegespannungen σ_r. Für Träger aus I-Walzprofilen mit geneigten Flanschen sind sie nach folgender Gleichung zu ermitteln (s. TGL 13471, Abschn. 4.2.):

$$\sigma_r = 1{,}6 \frac{R}{t^2} \tag{5.15}$$

R größte Radlast (Rechenlast) aus R_g, R_p und R_m
t mittlere Dicke des Unterflansches

Diese Spannung ist mit der Biegespannung des Trägers aus vertikalen Lasten zu überlagern. Dabei darf mit $\gamma_n = 0{,}9$ gerechnet werden.

Über experimentelle Untersuchungen an geschweißten Unterflanschkatzbahnträgern wird in [5.15] berichtet. Als Ergebnis werden Gleichungen zur Spannungsermittlung im Unterflansch und in der Halsnaht analog zum Träger aus Walzprofilen angegeben.

5.2.3.3. Ermüdungsfestigkeitsnachweis

Nach TGL 13500 ist für Bauteile und Verbindungen der Berechnungsgruppe A der Ermüdungsfestigkeitsnachweis als Betriebsfestigkeitsnachweis mit Normlasten (ohne Lastfaktoren) zu führen. Die Betriebsfestigkeit ist abhängig vom Werkstoff, vom Kerbfall, von der Grenz-Spannungsdifferenz $\Delta\sigma_D$ bzw. $\Delta\tau_D$ bei Einstufenbelastung, vom Kollektivbeiwert p und von der Spannungsspielzahl N. Der Zusammenhang dieser Größen wird in TGL 13500/02 dargestellt und durch weitere Festlegungen für Kranbahnen in TGL 13471 ergänzt. Anstelle eines genaueren Betriebsfestigkeitsnachweises nach TGL 13500 kann auch ein vereinfachter Nachweis nach TGL 13471, Abschn. 3.3.6., geführt werden.

■ *Radlastkollektive*

In TGL 13471 werden für den Ermüdungsfestigkeitsnachweis von Kranbahnträgern und ihren Unterstützungen folgende Teilkollektive aus Radlasten festgelegt:

— bei Verkehr eines Krans
  • R_g, R_p und R_m mit $N_{\bar{U}}$
  • R_s in gemeinsamer Wirkung mit R_g und R_p mit $0{,}1 N_{\bar{U}}$
— bei Verkehr mehrerer Krane
  • R_{g1}, R_{p1} und R_{m1} des ungünstigsten Kranes mit $N_{\bar{U}1}$
  • R_{g2}, R_{p2} und R_{m2} des nächst ungünstigsten Kranes mit $0{,}4 N_{\bar{U}2}$
  • R_{si} des ungünstigsten Kranes i in gemeinsamer Wirkung mit R_{gi} und R_{pi} mit $0{,}1 N_{\bar{U}i}$

$N_{\bar{U}}$ Anzahl der Kranüberfahrten in projektierter Lebensdauer

Der ungünstigste Kran ist derjenige, dessen Radlasten an der untersuchten Schnittstelle das ungünstigste Verhältnis $\Delta\sigma/\Delta\sigma_{Be}$ oder $\Delta\tau/\Delta\tau_{Be}$ bewirken.

Planmäßig zusammenarbeitende Krane sind wie ein Kran zu behandeln.

■ *Spannungskollektive, Spannungsspielzahl*

Die Spannungskollektive sind in Abhängigkeit der Radlastkollektive für die zu untersuchenden Schnittstellen zu ermitteln. Erzeugt dabei die Überfahrt eines Radlastkollektivs mit zwei Rädern (Bild 5.15.) aufeinanderfolgende Spannungsamplituden, zwischen denen die zum jeweils größeren Spannungswert gehörige Mittelspannung

$$\sigma_{1/2} < \frac{1}{2} (\max \sigma - \sigma_g) \tag{5.16}$$

unterschritten wird, ist mit zwei getrennten Spannungskollektiven (Teilkollektiven) zu rechnen. Dies trifft immer zu beim Nachweis der Schubspannungen τ und der Druckspannung σ_y unter der Radlast. Beim Nachweis der Biegespannung σ_z im mittleren Drittel von Zweistützträgern erzeugt bei einer Kranüberfahrt ein Radlastkollektiv mit zwei Rädern nur ein Spannungskollektiv, wenn der Radabstand

$$a \leq \frac{l}{2}\left(2 - \frac{R_1}{2R_2}\right) \tag{5.17}$$

ist.

l Trägerstützweite
R_1, R_2 Radlasten ($R_1 \geq R_2 \geq 0{,}5 R_1$)

Für die Einstufung in die Berechnungsgruppe ist die Gesamtspannungsspielzahl N_{ges} maßgebend. Sie ergibt sich aus der Summe der Spannungsspielzahlen der Teilkollektive.

■ *Betriebsfestigkeitsfaktor und Grenz-Betriebsspannungsdifferenz*

Da im allgemeinen keine genauere Kenntnis über die der Bemessung zugrunde zu legenden Spannungskollektive

Tabelle 5.4. Einteilung der Brückenkrane nach der Art des Kranbetriebs (s. TGL 13471)

Art des Kranbetriebs	Einsatztechnologie
Leicht	gemischte technologische Prozesse, bestehend aus einem ersten Teilprozeß mit hoher Auslastung der Nenntragfähigkeit und einem zweiten Teilprozeß, der höchstens nur $1/3$ der Nenntragfähigkeit beansprucht, aber wesentlich häufiger abläuft als der erste
Mittel	technologische Prozesse, bei denen vorwiegend Hublasten kleiner als die halbe Nenntragfähigkeit zu bewegen sind
Schwer	technologische Prozesse, bei denen vorwiegend Hublasten größer als die halbe Nenntragfähigkeit zu bewegen sind
Sehr schwer	spezialisierte technologische Prozesse, bei denen ständig etwa gleich schwere Hublasten in der Größenordnung der Nenntragfähigkeit zu bewegen sind

172 5. Kranbahnen

Bild 5.16. Betriebsfestigkeitsfaktor γ_{dBe} für die Kerbfälle 0 und 1 ▶

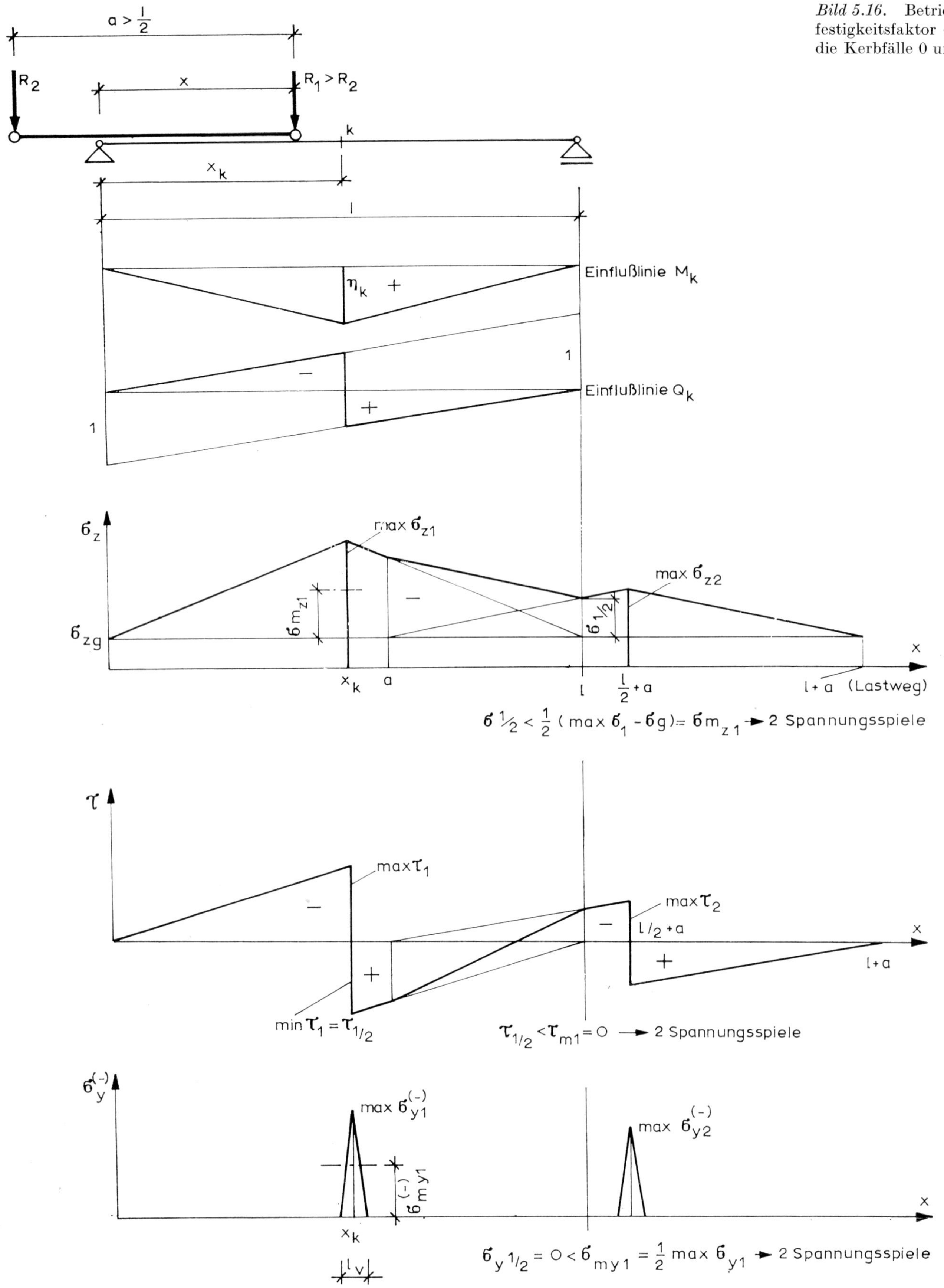

Bild 5.15. Lastwegdiagramme bei einer Kranüberfahrt mit $a > \dfrac{l}{2}$ und $R_1 > R_2$

$\sigma_{1/2} < \tfrac{1}{2}(\max \sigma_1 - \sigma_g) = \sigma_{mz1}$ → 2 Spannungsspiele

$\tau_{1/2} < \tau_{m1} = 0$ → 2 Spannungsspiele

$\sigma_{y\,1/2} = 0 < \sigma_{my1} = \tfrac{1}{2} \max \sigma_{y1}$ → 2 Spannungsspiele

Bild 5.17. Betriebsfestigkeitsfaktor γ_{dBe} für die Kerbfälle 2 bis 9 ▶

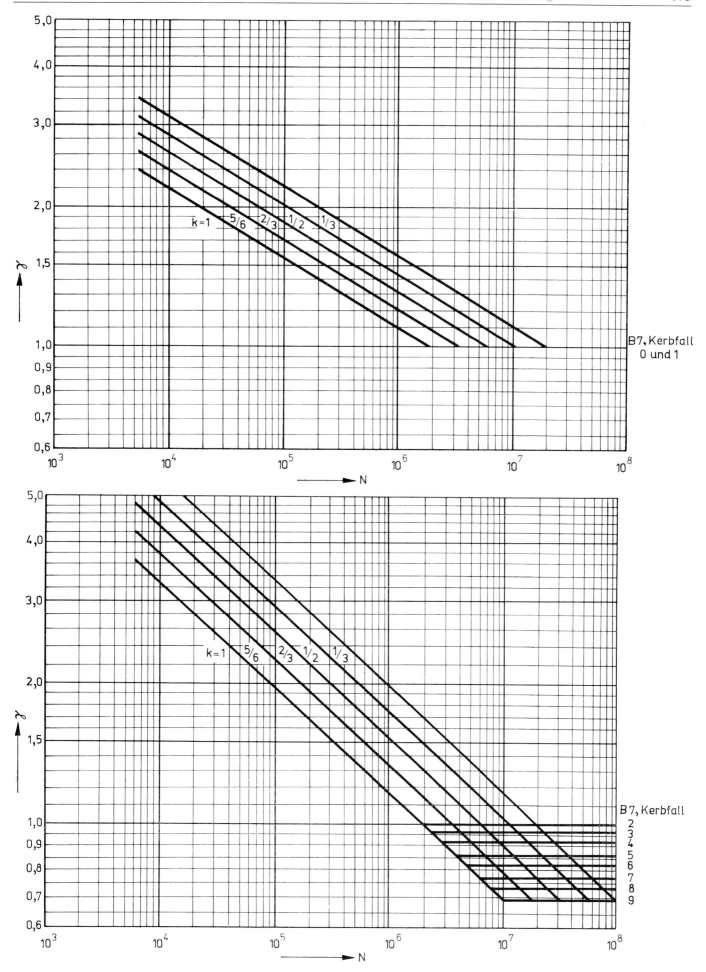

Tabelle 5.5. Kollektivbeiwerte p (s. TGL 13471)

Katz-stellung	Hub-last kN	Kran-spann-weite m	p Art des Kranbetriebs			
			leicht	mittel	schwer	sehr schwer
Gleich-verteilt	< 250	< 21	1/2	2/3	2/3	5/6
		≥ 21	2/3		5/6	
	≥ 250	< 21	1/2	1/2	2/3	2/3
		≥ 21				
Katze arbeitet vorwiegend auf einer Seite	< 250	< 21	2/3	2/3	5/6	5/6
		≥ 21		5/6		
	≥ 250	< 21	1/2	1/2	2/3	2/3
		≥ 21		2/3		

vorliegt, darf nach TGL 13500 mit Normkollektiven gearbeitet werden. Die zu den Normkollektiven gehörenden Kollektivbeiwerte p werden für Kranbahnen nach TGL 13471 näherungsweise in Abhängigkeit von der Hublast, der Spannweite des Kranes, der Katzstellung und der Art des Kranbetriebs festgelegt.

Nach der Art des Kranbetriebes werden die Brückenkrane in 4 Gruppen eingeteilt (Tab. 5.4.).

Der Kollektivbeiwert p kann unter Berücksichtigung von Tab. 5.4. der Tab. 5.5. entnommen werden. Er wird den Nachweisen der Trägerlängsspannungen σ_z, der Druckspannung σ_y infolge Radlasteintragung und der Schubspannung τ im Grundwerkstoff und Schweißnähten zugrunde gelegt.

Die Grenz-Betriebsspannungsdifferenzen $\Delta\sigma_{Be}$ bzw. $\Delta\tau_{Be}$ für den Betriebsfestigkeitsnachweis sind zu berechnen aus

$$\Delta\sigma_{Be} = \gamma_{dBe}\Delta\sigma_D \quad \text{bzw.} \quad \Delta\tau_{Be} = \gamma_{dBe}\Delta\tau_D \quad (5.18)$$

γ_{dBe} Betriebsfestigkeitsfaktor nach Bild 5.16. oder 5.17. oder nach TGL 13500/02. Zur Ermittlung von $\Delta\tau_{Be}$ ist beim Nachweis der Schubspannungen im Grundwerkstoff und in Längsschweißnähten Kerbfall 0 zu verwenden.

$\Delta\sigma_D, \Delta\tau_D$ Grenz-Spannungsdifferenz (s. TGL 13500/01, Abschn. 3.2.1. und Tab. 9.)

Wird der Wert $\Delta\sigma_{Be} = \gamma_{dBe}\Delta\sigma_D$ für die Kerbfälle 2 oder 3 größer als für Kerbfall 1 bei gleicher Festigkeitsklasse, so ist der Wert $\Delta\sigma_{Be}$ für den Kerbfall 1 maßgebend. Ergänzend zu TGL 13500/01, Tab. 11., werden in TGL 13471 Festlegungen zur Einstufung des Stegblechrandes bzw. der Halsnaht in Kerbfälle unter der Wirkung der Druckspannung σ_y infolge Radlast getroffen. Danach gilt

— belasteter Stegblechrand   Kerbfall 3
— Halskehlnaht   Kerbfall 6
— Halsnaht (K- oder HV-Naht)   Kerbfall 5.

■ *Betriebsfestigkeitsnachweis*

Wird ein Bauteil nur durch ein Spannungskollektiv beansprucht, z. B. der Horizontalverband vom Kranbahnträger, so ist nachzuweisen

$$\gamma_n \Delta\sigma \leq \Delta\sigma_{Be} \quad \text{bzw.} \quad \gamma_n \Delta\tau \leq \Delta\tau_{Be} \quad (5.19)$$

Werden zwei oder mehrere Teilkollektive nicht zu einem Gesamtkollektiv zusammengefaßt, so lautet der Nachweis

$$\sum_1^n \left(\frac{\gamma_n \Delta\sigma_j}{\Delta\sigma_{Be_j}}\right)^{\varphi'} \leq 1 \quad \text{bzw.} \quad \sum_1^n \left(\frac{\gamma_n \Delta\tau_j}{\Delta\tau_{Be_j}}\right)^{\varphi'} \leq 1 \quad (5.20)$$

$\Delta\sigma_j = |\max \sigma_j - \min \sigma_j|$ bzw. $\Delta\tau_j = |\max \tau_j - \min \tau_j|$

    Spannungsdifferenz der größten Spannungsamplituden mit Lastfaktor $\gamma_f = 1$ (Normlasten)
γ_n Wertigkeitsfaktor (s. Tab. 5.2.)
$n \geq 2$ Anzahl der Teilkollektive für ein Bauteil
$\varphi' = 6{,}50$ für Kerbfälle 0 und 1
$\varphi' = 4{,}39$ für Kerbfälle 2 bis 9

Eine Schadensakkumulation aus zusammengesetzten Spannungen verschiedener Art (σ und τ) oder gleicher Art (z. B. σ_y und σ_z) wird nach TGL 13471 für Kranbahnen nicht gefordert.

5.2.3.4. Stabilitätsnachweis

Für Kranbahnträger ist unter Wirkung der Grenzbelastung ausreichende Stabilität nachzuweisen. Der Kranbahnträger als stabartiges Bauteil unterliegt vor allem der Kippung und Beulung. Gegebenenfalls sind örtliche Bereiche, z. B. das Trägerauflager, auf Krüppeln zu untersuchen. Welche Nachweise im einzelnen zu führen sind, hängt von Belastungsbild, Querschnitt und Stablagerung ab.

■ *Kippsicherheitsnachweis*

Die Verwendung dünnwandig offener Querschnitte für Kranbahnträger erfordert eine Kippuntersuchung. Hierbei muß unterschieden werden zwischen einer Belastung nur durch vertikale Lasten und einer Beanspruchung durch vertikale und horizontale Lasten. Außerdem gibt es hinsichtlich der praktischen Berechnung noch Unterschiede zwischen Trägern mit und ohne Horizontalverband.

Wirkung vertikaler Lasten

Die auf den Träger wirkenden vertikalen Radlasten, mit ihrer Wirkungslinie durch die Schubmittelpunktsachse verlaufend, stellen den eigentlichen Stabilitätsfall des Kippens als Verzweigungsproblem dar. Praktisch sind jedoch Abweichungen von einer genau mittigen Krafteinleitung und einer ideal geraden Stabachse immer vorhanden. Diese durch eine Ersatzimperfektion ausgedrückten Abweichungen und die elastisch-plastischen Eigenschaften des Stahls erfordern die Berechnung eines realen kritischen Kippmoments M_{kr}.

Für den Kranbahnträger ohne Horizontalverband ist dabei aus Gründen der Wirtschaftlichkeit das Kippmoment M_{kr} in Abhängigkeit vom idealen Kippmoment M_{ki} genauer zu ermitteln (TGL 13503/02, Abschn. 11.).

Für Kranbahnträger mit Horizontalverband in Höhe des Obergurts verkürzt sich die Kipplänge auf den Abstand der Knotenpunkte, so daß es ausreicht, das kritische Kippmoment näherungsweise in Abhängigkeit von der

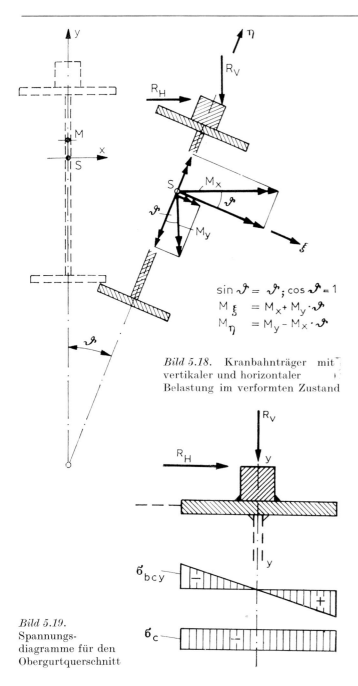

Bild 5.18. Kranbahnträger mit vertikaler und horizontaler Belastung im verformten Zustand

Bild 5.19. Spannungsdiagramme für den Obergurtquerschnitt

Gurtschlankheit zu berechnen (TGL 13503/01, Abschn. 11.2.). Eine genauere Kippuntersuchung ist für diesen Fall ohnehin auf der Grundlage von TGL 13503 nicht möglich.

Wirkung vertikaler und horizontaler Lasten

Der Kranbahnträger ohne Horizontalverband ist im allgemeinen nach Theorie II. Ordnung nachzuweisen. Dabei wird der Kranbahnträger im verformten Zustand um beide Achsen auf Biegung und auf Grund der Hebelarme der vertikalen und horizontalen Lasten in bezug auf den Schubmittelpunkt M auch auf Torsion beansprucht (Bild 5.18.). Allgemein wird empfohlen, die vertikalen Lasten im unverformten Zustand mit 1/4 der Schienenkopfbreite außermittig anzusetzen. Es ist dann nachzuweisen, daß unter γ-facher Belastung die im verformten Kranbahnträger ermittelten Biege- und Wölbnormalspannungen die Normfestigkeit des Werkstoffs nicht überschreiten.

Auf Kranbahnträger zugeschnitten, findet man in [5.17] den Nachweis mit einfach- und doppeltsymmetrischem Querschnitt sowie verschiedenen Lastanordnungen. Zur praktischen Anwendung sind jedoch meistens Idealisierungen bezüglich der Lastanordnung erforderlich. Dennoch wird in der Praxis damit gearbeitet.

In TGL 13503/02 werden für drei verschiedene, jedoch im allgemeinen nicht mit der Lastanordnung der Kranbahnträger übereinstimmende Fälle (konstantes Biegemoment, Linienlast und Einzellast in Trägermitte) Näherungsformeln für den Drillwinkel als Voraussetzung für den Nachweis nach Theorie II. Ordnung angegeben.

Die Bemessung von Unterflanschkatzbahnträgern nach Theorie II. Ordnung als Zweistützträger mit und ohne Kragarm bzw. als Kragträger ist mit [5.16], Ri. E 5 möglich.

Für den Kranbahnträger mit Horizontalverband beschränkt sich der Nachweis auf den Obergurt. In der Praxis wird näherungsweise ein Nachweis auf Druck und Biegung um die y-Achse geführt. Das durch Seitenstoß und gegebenenfalls durch Wind entstehende Biegemoment M_y und die Bremskraft R_b werden dabei nur dem Obergurt zugewiesen. Dabei vernachlässigt man das bezüglich des Schubmittelpunktes M wirkende Torsionsmoment (Bild 5.19.).

Im einzelnen gilt:

$$\gamma[\sigma_c(1 + \mu_N f_N) + \sigma_{bcy} f_{My}] \leqq R^n \gamma_d \qquad (5.21)$$

mit den Spannungsanteilen

$$\sigma_c = \left(N_G + \frac{M_x}{I_x} S_{xG}\right) \frac{1}{A_G} \qquad (5.22)$$

$$\sigma_{bcy} = \frac{M_{yG}}{W_{yG}} \qquad (5.23)$$

M_x Biegemoment infolge vertikaler Radlasten im Träger
M_{yG} Biegemoment infolge waagerechten Seitenstoßes und Wind rechtwinklig zur Kranbahn sowie auf den Kran
N_G Druckkraft im Obergurt aus Bremsen und aus der Funktion als Gurt des Horizontalverbandes mit den Belastungen Seitenstoß und Wind rechtwinklig auf die Kranbahn sowie auf den Kran
I_x Trägheitsmoment um die Hauptachse x-x des Trägers
S_{xG} statisches Moment des Obergurts und gegebenenfalls der Schiene in bezug auf die Achse x-x
A_G Querschnittsfläche des Obergurts und gegebenenfalls der Schiene
W_{yG} Widerstandsmoment des Obergurts und gegebenenfalls der Schiene in bezug auf die Achse y-y
f_N, f_{My} Vergrößerungsfaktoren nach TGL 13503/01, Abschn. 9.
μ_N ungewollte bezogene Imperfektion nach TGL 13503/01, Abschn. 9.
R^n Normfestigkeit nach TGL 13500/01
γ Faktor (s. Tab. 5.2.)
γ_d Anpassungsfaktor, hier mit 1 anzunehmen

■ *Beulsicherheitsnachweis*

Die Beulsicherheit ist für den aus Blechen zusammengesetzten Kranbahnträger in der Regel nachzuweisen. Für Walzprofilträger gilt dies nur im Ausnahmefall.
Das Beulen des Stegblechs ist nicht nur unter der Wir-

kung der Biege- und Schubspannungen, sondern auch unter der Wirkung des örtlichen Einflusses einer bzw. auch mehrerer Radlasten nach den gültigen Stabilitätsvorschriften zu untersuchen. Müssen Aussteifungen angeordnet werden, so ist den Längssteifen der Vorzug zu geben. Ein oder zwei angeordnete Schrägbleche wirken als Längssteife und unterteilen bereits das Stegblech. Im Bedarfsfall sind weitere Längssteifen vorzusehen.

Für den Druckgurt erübrigt sich meistens der Beulsicherheitsnachweis. Mit den Grenzwerten für das Breite/Dicke-Verhältnis (TGL 13503/02, Tab. 16.) kann sehr schnell festgestellt werden, ob ein Nachweis erforderlich ist oder nicht.

5.2.3.5. Formänderungsnachweis

Für einen störungsfreien Betrieb der Kranbahn ist von wesentlicher Bedeutung, daß Grenzwerte der Verformung in vertikaler und horizontaler Richtung unter Normlasten nicht überschritten werden. So verursachen zu große vertikale Durchbiegungen ein ungleichmäßiges Fahren des Brückenkrans. In TGL 13471, Abschn. 3.4., wird empfohlen, unter der Wirkung der Radlasten R_g und R_p 1/400 der Stützweite als vertikale Durchbiegung nicht zu überschreiten.

Horizontale Verformungen der Kranbahnträger stehen in Zusammenhang mit Spurweiteänderungen der Kranbahn. Die Folge zu großer horizontaler Durchbiegungen ist ein unruhiges Laufen des Krans und besonders ein erhöhter Verschleiß der Laufradspurkränze sowie der Kranschiene. In ungünstigen Fällen besteht auch Entgleisungsgefahr. Dem ist entgegenzuwirken durch eine Begrenzung der horizontalen Durchbiegung. Nach TGL 13471 wird unter Wirkung des Seitenstoßes R_s empfohlen, 1/800 der Stützweite nicht zu überschreiten.

5.2.4. Horizontalverband und Nebenträger

5.2.4.1. Funktion und Gestaltung

Der in Höhe des Kranbahnträgerobergurts angeordnete Horizontalverband hat die Aufgabe, vor allem die Seitenkräfte R_s und gegebenenfalls Windkräfte rechtwinklig zur Kranbahn in die Stützen zu übertragen. Er wirkt dem Kippen des Kranbahnträgers entgegen und nimmt die Laufstegbelastung auf. Als statisches System eignet sich ein parallelgurtiges Strebenfachwerk mit oder ohne Hilfspfosten. Die Gurte des Horizontalverbands werden dabei durch den Kranbahnträgerobergurt und den Nebenträger gebildet. Als Laufstegabdeckung verwendet man vorwiegend Gitterroste. Im Ausnahmefall können es auch Belagbleche sein. Sind sie schubfest zu einer Scheibe miteinander verbunden, so können sie zur seitlichen Stabilisierung des Kranbahnträgers herangezogen werden. Der Horizontalverband ist dann nicht mehr erforderlich.

Die Systemhöhe des Verbands ist wie für Fachwerkträger mit $h \approx 1/12$ bis $1/14$ der Stützweite festzulegen. Außerdem sind bei Hallenkranbahnen Laufstegbreite, Hallenspannweite und Kranspannweite miteinander abzustimmen.

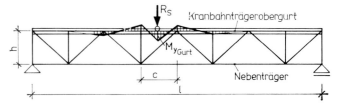

Bild 5.20. Horizontalverband als Strebenfachwerk mit Hilfspfosten

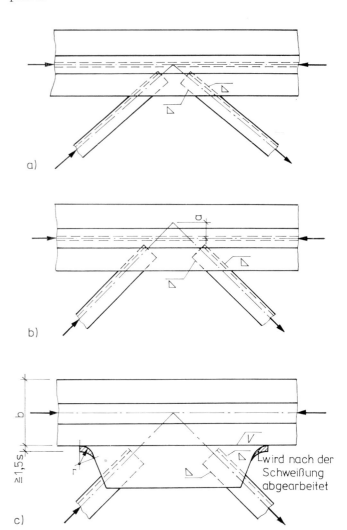

Bild 5.21. Anschluß der Verbandsstäbe am Obergurt
a) ohne Knotenblech mit sich schneidenden Systemlinien
b) ohne Knotenblech mit positivem Fehlhebel
c) mit seitlich angeschweißtem Knotenblech, ausgerundet
s Knotenblechdicke
b Gurtbreite
r Ausrundungsradius, $r \leq b/4$, $60 \text{ mm} \leq r \leq 100 \text{ mm}$

Da die Seitenkraft R_s an jeder Stelle des Kranbahnträgers angreifen kann, der Obergurt aber nur in den Abständen der Knotenpunkte gestützt ist, erfährt er eine Biegebeanspruchung (Bild 5.20.). Statisch gesehen stellt der Obergurt einen Durchlaufträger auf elastischen Stützen dar. In der Praxis trägt man dem Rechnung, in dem näherungsweise mit dem Biegemoment

$$M_{yG} = \frac{R_s c}{6} \tag{5.24}$$

gerechnet wird.

Für die Gestaltung der Knotenpunkte gelten die für Fachwerke üblichen Regeln. Auf der Seite des Kranbahnträgerobergurts ist eine knotenblechlose Ausführung anzustreben. Sie ist einfach in der Fertigung und aus der Sicht der Ermüdungsbeanspruchung möglich (Bild 5.21.a). Lassen sich die Schweißanschlüsse bei sich schneidenden Systemlinien nicht realisieren, so können durch einen positiven Fehlhebel die Anschlußbedingungen verbessert werden (Bild 5.21.b). Die dadurch entstehenden Biegemomente sind dem Obergurt zuzuweisen, da er im Vergleich zu den Verbandsfüllstäben wesentlich steifer ist.
Bei einer Ausführung mit Knotenblechen sind diese seitlich am Obergurt anzuschweißen. Sie sind zusätzlich auszurunden (Bild 5.21.c), wenn aus der Sicht des Ermüdungsfestigkeitsnachweises die Einstufung in einen günstigeren Kerbfall notwendig wird.
Auf der Seite des Nebenträgers ist der Anschluß der Verbandsfüllstäbe in der Regel nur mit Knotenblechen möglich.
Als Stabquerschnitte für die Verbandsfüllstäbe eignen sich am besten einteilige Stäbe aus L- und ⊔-Profilen.
Der ebenfalls als Gurtstab wirkende Nebenträger kann abhängig von der Stützweite des Kranbahnträgers als Biegeträger oder als leichter Fachwerkträger, besonders bei Freikranbahnen ausgebildet werden. Die freie Stützweite des Nebenträgers von Hallenkranbahnen kann durch Befestigung am Zwischenstiel der Hallenwand weiter verkürzt werden. Außerdem muß sich das Geländer daran befestigen lassen und die Auflage der Gitterroste gewährleistet sein.
Der Nebenträger hat die anteilige Eigenlast des Verbandes, die Gurtkraft aus Verbandswirkung und, sofern vorhanden, die Laufstegbelastung in die Auflager zu übertragen.

5.2.4.2. Nachweise

Die Diagonalstäbe des Horizontalverbandes unterliegen infolge Seitenstoß R_s und gegebenenfalls Wind einer wechselnden Beanspruchung. Dazu kommt, daß die in der Regel außermittig angeschlossenen einteiligen Stäbe auch noch Querlasten aus der Laufstegbelastung zu übertragen haben. Sie sind deshalb auf Druck und Biegung nachzuweisen.
Für eine Spannungsspielzahl $N = 0{,}1 N_U > 6000$ ist der Horizontalverband in die Berechnungsgruppe A einzustufen und der Ermüdungsfestigkeitsnachweis für reine Wechselbelastung unter Wirkung von R_s zu führen.
Der Nebenträger als Gurtstab des Horizontalverbands (Bild 5.22.) und als Biegestab, durch Laufsteglast beansprucht, kann näherungsweise wie folgt nachgewiesen werden:

■ *x-Achse*

Nachweis auf Druck und Biegung nach TGL 13503/01, Abschn. 9

$$\gamma[\sigma_c(1 + \mu_N f_N) + \sigma_{bcx} f_{Mx}] \leq R^n \gamma_d \tag{5.25}$$

mit den Spannungsanteilen

$$\sigma_c = \frac{N}{A} \quad \text{und} \quad \sigma_{bcx} = \frac{M_x}{W_{Tx}} \tag{5.26}$$

M_x Biegemoment aus Eigenlast (Nebenträger, Verband und Laufsteg), Verkehrslast des Laufsteges und Versetzungsmoment Ny
N Gurtkraft des Horizontalverbandes
y Hebelarm der Druckkraft N
A Querschnittsfläche des Nebenträgers
W_{Tx} modifiziertes Widerstandsmoment in bezug auf die x-Achse
μ_N, f_N, f_{Mx} s. TGL 13503/01, Abschn. 9.
R^n Normfestigkeit nach TGL 13500/01
γ Faktor (s. Tab. 5.2.)
γ_d Anpassungsfaktor, hier mit 1 anzunehmen

■ *y-Achse*

Anstelle des Nachweises Kippen mit der Längskraft kann näherungsweise ein Biegeknicknachweis für den Obergurt geführt werden, indem eine Druckkraft N' ermittelt wird

$$N' = N + \frac{M_x}{I_x} S_x \tag{5.27}$$

M_x, N s. Nachweis um die x-Achse
S_x statisches Moment des Gurtquerschnitts und gegebenenfalls 2/5 der gedrückten Stegfläche

Als Knick- bzw. Kipplänge ist gleich die Entfernung der Knotenpunkte des Horizontalverbands einzusetzen.

5.2.5. Längsstabilisierung
5.2.5.1. Funktion und Gestaltung

Zur Gewährleistung der Standsicherheit einer Kranbahn in Längsrichtung und zur Aufnahme von Längskräften ist ein Portal erforderlich. Die Längskräfte entstehen aus Anfahren und Bremsen des Krans, Auffahren des Krans auf die Fahrbahnendbegrenzung, bei Freikranbahnen auch aus Wind längs der Kranbahn und eventuellen Wärmedehnungen. Das Portal wird in der Regel als Fachwerkscheibe oder seltener auch als Rahmenportal mit größerem Freiraum ausgebildet. Nur bei kleineren Kranbahnen mit einstieligen Stützen, die in Längsrichtung eingespannt sind, z. B. durch Hülsenfundamente, kann das Längsportal auch entfallen. Die Anordnung eines Portals ist ausreichend, wenn eine Kranbahn nicht durch Dehnungsfugen unterbrochen ist. Die Länge der Kranbahn soll dabei in Abhängigkeit von den örtlichen Bedingungen

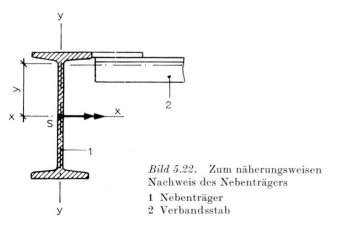

Bild 5.22. Zum näherungsweisen Nachweis des Nebenträgers
1 Nebenträger
2 Verbandsstab

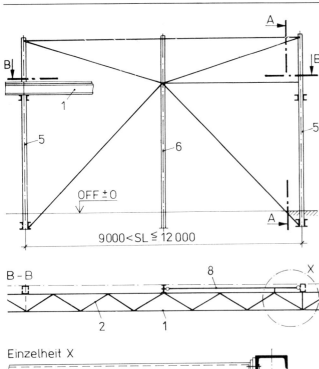
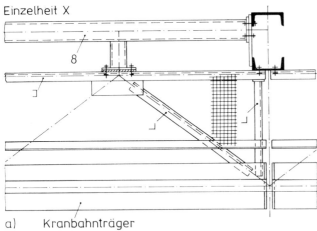
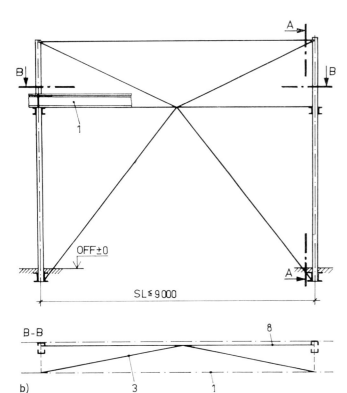

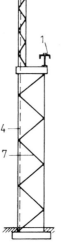

60 bis 120 m (TGL 22903) nicht überschreiten. Ansonsten ist in jedem Abschnitt einer durch Dehnungsfugen unterbrochenen Kranbahn ein Portal erforderlich.

Bei Hallenkranbahnen nutzt man den Längsverband der Halle (s. Abschn. 5.1.1.) auch als Kranbahnportal. Ist dabei das Maß der Versetzung zwischen den Achsen des Kranbahnträgers und des Längsportals größer als die Systembreite des Horizontalverbands, so müssen zusätzliche Bauelemente zur Weiterleitung der Längskräfte vorgesehen werden (Bild 5.23.a). Für Kranbahnen ohne Horizontalverband ist mindestens im Feld des Längswandportals ein zusätzlicher horizontaler Bremsverband zur Weiterleitung der Brems- und Stabilisierungskräfte erforderlich (Bild 5.23.b).

Wird das Portal in der Ebene des Kranbahnträgers angeordnet, was für Freikranbahnen immer zutrifft, so ist das System so zu wählen, daß die Diagonalstäbe aus der vertikalen Belastung keine Beanspruchung erhalten (Bild 5.24.). Dazu wird zweckmäßig das Portal als selbständiges Fachwerk ausgebildet. Die Längskräfte werden dabei über eine Arretierung in Trägermitte oder besser im Randbereich in das Portal eingeleitet. Abhängig von der Größe der Stabkräfte, dem Stützenquerschnitt und den Stablängen ist sowohl die einwandige als auch zweiwandige Ausführung üblich. Als Stabquerschnitte kommen ∟- und ⊔-Profile zur Anwendung.

5.2.5.2. Nachweise

Beim Längsportal liegt ein gewöhnliches Fachwerk vor. Die Stäbe sind nach den gültigen Vorschriften auf Druck und Zug zu bemessen. Der Ermüdungsfestigkeitsnachweis ist als Betriebsfestigkeitsnachweis unter Wirkung der Bremskraft R_b wechselnd beansprucht zu führen, wenn die Spannungsspielzahl $N = 0{,}1 N_\ddot{U} > 6000$ ist (s. Abschn. 5.2.3.3.).

5.2.6. Stützen für Freikranbahnen

5.2.6.1. Funktion und Gestaltung

Bei Freikranbahnen gehören die Stützen ebenso wie das Längsportal zur Kranbahn. Die aus den vertikalen und horizontalen Kranlasten sowie Windkräften resultierenden Auflagerkräfte am Kranbahnträger sind über die Stützen, in Längsrichtung in Verbindung mit dem Portal, in die Fundamente zu leiten. In Querrichtung sind die Stützen, ein-

Bild 5.23. Portalsysteme für Außenwandstützen aus [5.16] Ri. G 18
a) 9000 mm < SL ≦ 12000 mm
b) SL ≦ 9000 mm (ohne Horizontalverband)

1 Kranbahnträger	5 Hauptstütze
2 Horizontalverband	6 Zwischenstütze
3 Bremsverband	7 Hallenstütze
4 Längswandportal (Längsverband)	8 horizontaler Portalstab

5.2. Berechnung und Konstruktion

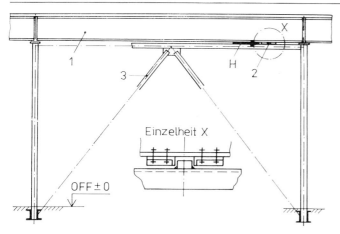

Bild 5.24. Kranbahnportal einer Freikranbahn mit Krafteinleitung im Randbereich

1 Kranbahnträger
2 Arretierung
3 Kranbahnportal

oder zweistielig, grundsätzlich einzuspannen, in Längsrichtung genügt eine gelenkige Lagerung, da das Portal die Standsicherheit gewährleistet.

Aus den im Abschn. 5.2.3.5. genannten Gründen sind auch für Kranbahnstützen horizontale Verformungsgrenzen quer zur Kranbahn einzuhalten. In TGL 13471 wird deshalb empfohlen, unter Wirkung der Seitenkraft R_s eine horizontale Verschiebung von $h/800$ (h bis in Höhe der Kranschiene gemessen) nicht zu überschreiten.

Die Einhaltung dieser Verformungsgrenze erfordert im allgemeinen eine Ausführung als Fachwerkstütze. Meistens werden die Stützenstiele der rationelleren Fertigung wegen parallel zueinander angeordnet (Bild 5.25.b). Für Stützen großer Höhe kann auch eine nach oben verjüngte Aus-

führung statische, jedoch keine technologischen Vorteile bringen (Bild 5.25.c).

Die Ausfachung der Fachwerkstützen kann ein- oder zweiwandig sein (Bild 5.26.). Betreffend die Stielquerschnitte, bietet sich die für schwere Kranbahnen ohnehin notwendige zweiwandige Ausführung an. Bei der einwandigen Ausführung werden meistens dachförmig angeordnete Winkel mit oder ohne Knotenblech vorgesehen. Hierbei ist der Stützenstiel in den Knotenpunkten als drehelastisch gestützt anzusehen, so daß der Nachweis auf Drillknicken Bedeutung erlangt.

Bei der knotenblechlosen Ausführung sind zur Realisierung des Schweißanschlusses der Diagonalstäbe positive Fehlhebel erforderlich (Bild 5.26.c). Die Folge ist eine örtliche Beanspruchung des Steges im Knotenbereich. Aus dieser Sicht ist eine Mindestdicke für den Steg festzulegen. Weitere Einschränkungen ergeben sich für diese Lösung unter Ermüdungsbeanspruchung.

Für die im Grenzbereich zwischen Fachwerk und mehrteiliger Gitterstütze liegende Kranbahnstütze empfiehlt es sich, neben der am Fuß zur Verankerung erforderlichen Traverse auch am Kopf eine Traverse anzuordnen. Ob der Stabilitätsnachweis als Gitterstütze nach Theorie II. Ordnung zu führen ist, hängt vom Schlankheitsgrad ab. Nach TGL 13503/02, Abschn. 10., ist ein Nachweis als Gitterstütze gefordert, wenn $\lambda \geq 30$ oder wenn bei einer eingespannten Fachwerkstütze das Verhältnis $h/b \geq 7{,}5$ ist.

Zu Einzelheiten der Berechnung und der konstruktiven Ausbildung der Fußtraverse sowie der Stützenverankerung wird auf Abschn. 2.5. verwiesen.

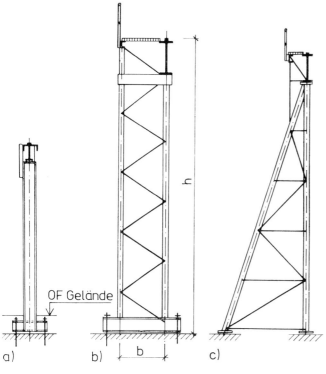

Bild 5.25. Stützen für Freikranbahnen
a) einstielige Stütze
b) Fachwerkstütze, parallele Stiele
c) Fachwerkstütze, verjüngt

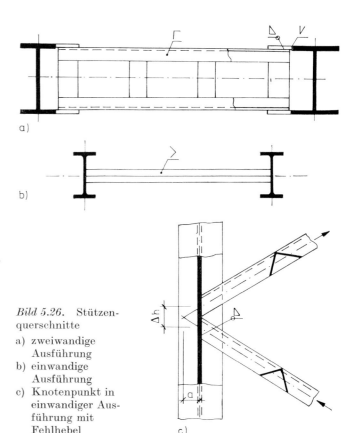

Bild 5.26. Stützenquerschnitte
a) zweiwandige Ausführung
b) einwandige Ausführung
c) Knotenpunkt in einwandiger Ausführung mit Fehlhebel

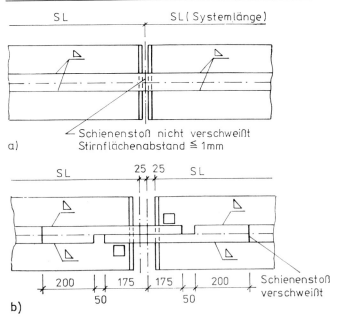
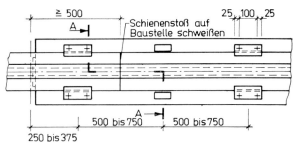
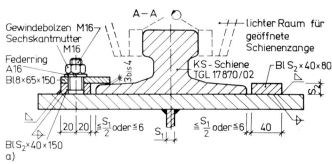

Bild 5.27. Vierkantschienenstöße aus [5.16] Ri. G 18
a) Normalstoß
b) Dehnfugenstoß

Bild 5.28. Schienenbefestigung auf dem Kranbahnträger aus [5.16] Ri. G 18
a) mit aufgeschweißten Knaggen und aufgeschraubten Sicherungsblechen

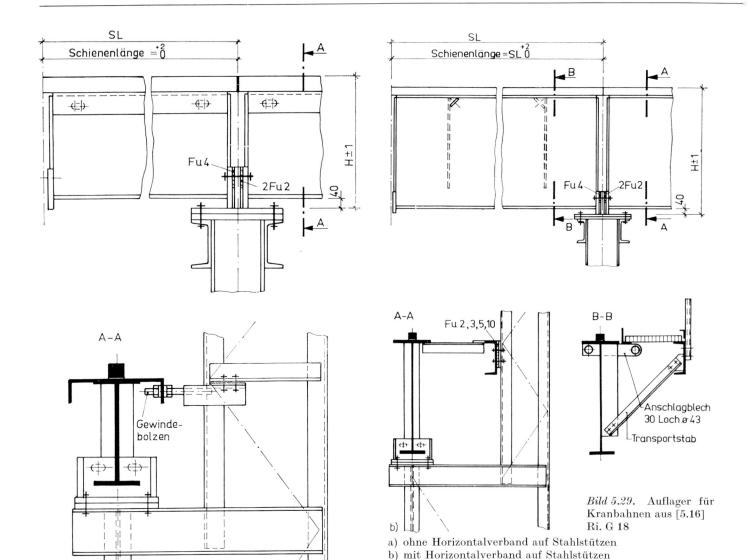

Bild 5.29. Auflager für Kranbahnen aus [5.16] Ri. G 18

a) ohne Horizontalverband auf Stahlstützen
b) mit Horizontalverband auf Stahlstützen
c) ohne Horizontalverband auf Betonstützen in der Halle
d) mit Horizontalverband auf Betonstützen im Freien

5.2. Berechnung und Konstruktion

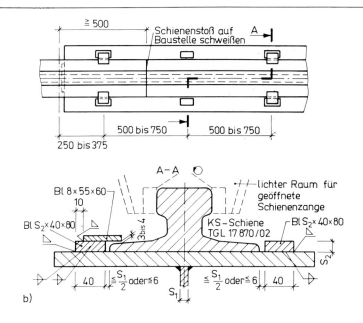

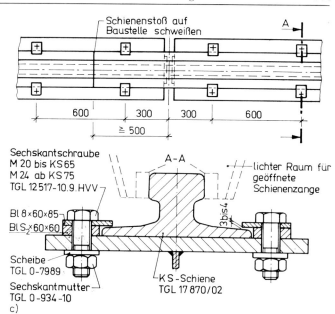

b) mit aufgeschweißten Knaggen und Sicherungsblechen
c) mit aufgeschraubten Knaggen und Sicherungsblechen

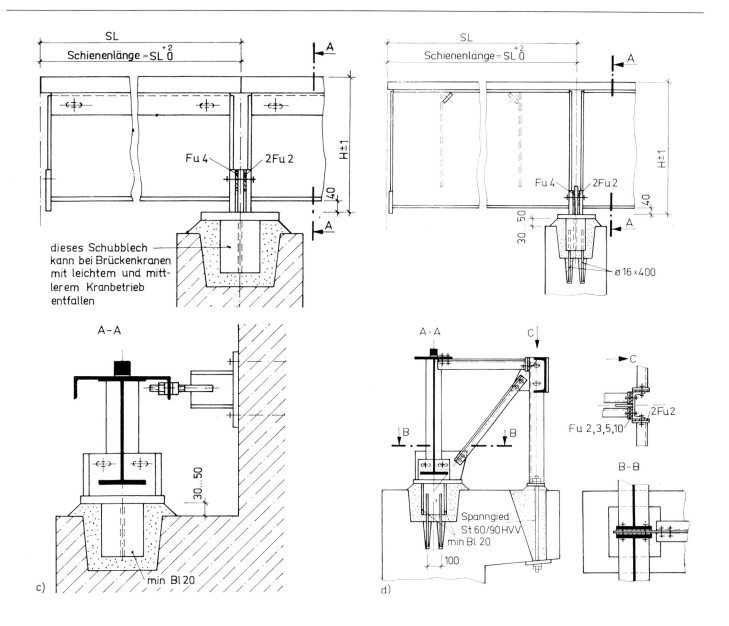

5.2.6.2. Nachweise

Hinsichtlich der zu führenden Nachweise unterscheidet sich die Freikranbahnstütze von der Hallenstütze mit Kranbahn nicht, so daß auf Abschn. 3.3. verwiesen wird. Zu beachten ist jedoch, daß die Stützenausfachung unter der Wirkung der Seitenkraft R_s wechselnd beansprucht auch auf Ermüdung nachzuweisen ist, sofern $N = 0{,}1N_U > 6000$ Spannungsspiele in der projektierten Nutzungsdauer auftreten.

5.2.7. Konstruktive Details

5.2.7.1. Schienenstoß und Schienenbefestigung

Da Vierkantschienen auf den Kranbahnträgern aufgeschweißt werden und als statisches System Zweistützträger die Regel sind, ist zwischen jedem Kranbahnträger ein Schienenstoß erforderlich. Diese Stöße an den Auflagern können rechtwinklig oder unter 45° vorgesehen werden. Zweckmäßiger ist der rechtwinklige Schienenstoß (Bild 5.27.a).
An Dehnfugen muß die Kranschiene im Auflagerbereich auf die halbe Breite reduziert werden und auf den folgenden Träger reichen (Bild 5.27.b). Diese mechanisch bearbeiteten Schienenteile sind stumpf an die Kranschiene anzuschweißen. Als Werkstoff wird für diese Schienen mindestens H 52-3 gefordert.
Breitfußschienen dagegen werden durchgehend angeordnet, auch an Dehnfugen, und auf dem Kranbahnträger aufgeklemmt. Die einzelnen Schienenstücke sind gerichtet auf der Baustelle stumpf miteinander zu verschweißen. Zwischen den Endanschlägen der Kranbahn und der durchlaufenden Schiene sind auf jeder Seite etwa 100 mm als Bewegungsausgleich frei zu lassen. Im Gegensatz zur Schiene ist das Schleißblech, sofern eins angeordnet wird (vgl. auch Abschn. 5.2.3.1.), an den Dehnungsfugen zu unterbrechen. An den Enden ist das Schleißblech über eine Länge von 100 mm beiderseits am Kranbahnträger anzuschweißen. Die Knaggen zur seitlichen Arretierung der Schiene sind so anzuordnen, daß Toleranzen der Schienenfußbreite ausgeglichen werden können (Bild 5.28.).

5.2.7.2. Auflagerausbildung für Kranbahnträger

Die Gestaltung der Auflager von Kranbahnträgern wird nicht nur durch statische Forderungen bestimmt, sondern vor allem auch durch die Forderungen einer einfachen Fertigung und Montage. Vorschläge für die Gestaltung der Auflager findet man in [5.16], Ri. G 18.
Bei Kranbahnträgern ohne Horizontalverband korrigiert man mit verstellbaren Gewindebolzen in Höhe des Obergurts und durch Anordnung von Langlöchern im Auflager-T-Stück die Spurweite (Bild 5.29.a). Bei Kranbahnträgern mit Horizontalverband, in der Regel als eine Montageeinheit gefertigt, werden in Höhe des Verbands nach Bedarf Futterbleche zwischen Nebenträger und Hallenstütze vorgesehen (Bild 5.29.b). Analog verfährt man bei Kranbahnträgerauflagern auf Betonstützen (Bild 5.29.c und d). Auf Grund der größeren Fertigungs-

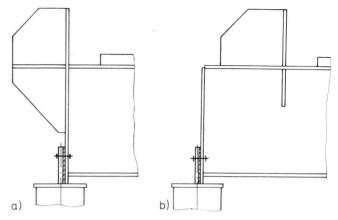

Bild 5.30. Endanschläge aus [5.16] Ri. G 18
a) in angesetzter Ausführung
b) in aufgesetzter Ausführung

genauigkeiten für Betonstützen sind die Horizontalanschlüsse so auszubilden, daß Toleranzen von ± 25 mm ausgeglichen werden können.

5.2.7.3. Endanschläge

Kranbahnen sind am Ende mit Endanschlägen auszustatten (TGL 30550/04). Nach [5.16], Ri. G 18 werden zwei Grundformen für die Gestalt der Endanschläge angegeben (Bild 5.30.). Die Druckbereiche der Stegbleche dieser Teile sind bei größeren Pufferkräften noch auszusteifen.

5.2.7.4. Schleifleitungskonsole

Die Schleifleitungskonsolen werden erst bei Montage der Stahlkonstruktion angebracht. Aus korrosionsschutztechnischen Gründen wird ein Anschweißen der Konsolen nicht empfohlen. Besser ist es, die Konsolen an Querrippen anzuschrauben, die in Abständen von 2 bis 2,5 m am Kranbahnträger angeschweißt sind. Die Abmessungen der Konsolen sind mit dem Kranhersteller zu vereinbaren (Bild 5.31.).

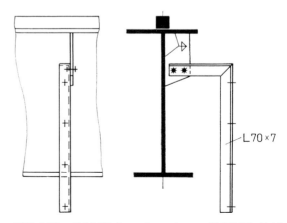

Bild 5.31. Schleifleitungskonsole aus [5.16] Ri. G 18

5.2.7.5. Stöße von Unterflanschkatzbahnträgern

Biegesteife Trägerstöße für Katzbahnträger sind nur als geschweißte Stumpfstöße möglich. Hierbei sind hinsichtlich der Schweißnahtgüte die Festlegungen nach TGL 13500 zu beachten. Werden als Katzbahn aneinandergereihte Zweistützträger verwendet, so sind im Bereich der Stoßstellen am Unterflansch Führungsbleche anzuordnen. Im Bild 5.32. ist die Ausführung nach [5.16], Ri. E 5, dargestellt (S. 189).

Beispiel 5.1

Als Teil eines Hallenprojekts ist der Kranbahnträger (Ausführung mit Horizontalverband) für einen Zweiträgerbrückenkran $1 \times 12{,}5\ t \times 21\ m$ zu berechnen.

Spurweite	e_2	$= 21$ m
Hubgeschwindigkeit	v_H	$= 20$ m/min
Fahrgeschwindigkeit	v_F	$= 63$ m/min
Anfahrmaß der Katze	e_5	$= 1550$ mm
Radstand	a	$= 5120$ mm
Anzahl der gebremsten Räder je Seite		1
Raddrücke	max R_1	$= 149$ kN
	max R_2	$= 143$ kN

Kranlaufräder wälzgelagert
Kranbahnträgerstützweite $\quad l \quad = 11\,000$ mm
Kran mit mittlerem Betrieb und gleichverteilter Katzstellung
Anzahl der Kranüberfahrten/Jahr $\quad 30\,000$
Lebensdauer der Kranbahn $\quad 40$ Jahre
Stahl der Festigkeitsklasse $\quad$ S 38/24
Kranschiene $\quad$ Vierkantschiene 60
keine Überlastsicherung

1. Belastung
1.1. Ständige Last

Eigenlast

Kranbahnträger	1,6 kN/m
Horizontalverband und Laufsteg (anteilig)	0,5 kN/m
	2,1 kN/m

1.2. Kurzfristige Verkehrslasten

Radlasten R_g

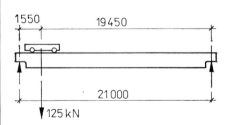

$$R_{g1} = 149 - \frac{125}{2} \cdot \frac{21-1{,}55}{21} = 91{,}1\text{ kN}$$

$$R_{g2} = 143 - \frac{125}{2} \cdot \frac{21-1{,}55}{21} = 85{,}1\text{ kN}$$

Radlasten R_p

$$R_{p1} = R_{p2} - \frac{125}{2} \cdot \frac{21-1{,}55}{21} = 57{,}9\text{ kN}$$

Radlasten R_m

$\psi = (0{,}05 + 0{,}0125 v_H)\varepsilon = (0{,}05 + 0{,}0125 \cdot 20)\,1{,}5$
$\psi = 0{,}45\ (\varepsilon = 1{,}5$ für Kurzschlußläufermotor)
$R_{m1} = R_{m2} = \psi R_p = 0{,}45 \cdot 57{,}9 = 26{,}1$ kN

Radlasten R_f

$a = 0{,}001$ bei nicht geschweißten Schienenstößen
$\psi_f = 0{,}03 + a v_F = 0{,}03 + 0{,}001 \cdot 63 = 0{,}093$
$R_f = \psi_f R_g$
$R_{f1} = 0{,}093 \cdot 91{,}1 = 8{,}47$ kN
$R_{f2} = 0{,}093 \cdot 85{,}1 = 7{,}91$ kN

Radlasten R_b

$\mu = 0{,}12$ für gebremste Räder
$\mu = 0{,}007$ für nicht gebremste Räder bei Wälzlagerung
$R_b = \mu(R_g + R_p)$
$R_b = 0{,}12(91{,}1 + 57{,}9) + 0{,}007(85{,}1 + 57{,}9) = 18{,}9$ kN

Radlasten R_s

Für $v_F = 63$ m/min und $l/e = 21/5{,}12 = 4{,}10$
ergibt sich nach Bild 5.6. $R_s/R = 0{,}14$
$R_s = 0{,}14(R_g + R_p)$
$R_{s1} = 0{,}14(91{,}1 + 57{,}9) = 20{,}9$ kN
$R_{s2} = 0{,}14(85{,}1 + 57{,}9) = 20{,}0$ kN

2. Schnittkräfte
2.1. Lage der für die Bemessung maßgebenden Schnittstelle k

Die für die Bemessung maßgebende Schnittstelle k wird für die Grundkombination 1 (Tab. 5.3.) unter Vernachlässigung des Einflusses von g ermittelt.

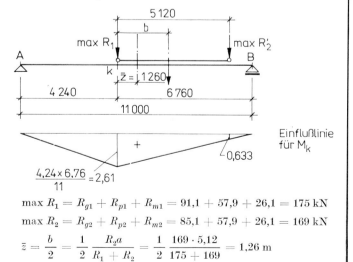

max $R_1 = R_{g1} + R_{p1} + R_{m1} = 91{,}1 + 57{,}9 + 26{,}1 = 175$ kN
max $R_2 = R_{g2} + R_{p2} + R_{m2} = 85{,}1 + 57{,}9 + 26{,}1 = 169$ kN

$$\bar{z} = \frac{b}{2} = \frac{1}{2}\frac{R_2 a}{R_1 + R_2} = \frac{1}{2}\frac{169 \cdot 5{,}12}{175 + 169} = 1{,}26\text{ m}$$

Beispiel 5.1 *(Fortsetzung)*

2.2. Biegemomente an der Schnittstelle k aus

— Eigenlast

$$M_{kg} \approx \max M_g = \frac{2{,}1 \cdot 11^2}{8} = 31{,}8 \text{ kNm}$$

— Radlasten R_g, R_p, R_m und R_f

Rad-lasten	R_1 kN	η_1 m	R_2 kN	η_2 m	$M_k = \sum R\eta$ kNm
R_g	91,1		85,1		292
R_p	57,9	2,61	57,9	0,633	188
R_m	26,1		26,1		64,6
R_f	8,47		7,91		27,1

— Radlasten R_b

$$M_{kb} = \pm \frac{18{,}9 \cdot 0{,}95}{11} \, 6{,}76 = \pm 11{,}0 \text{ kNm}$$

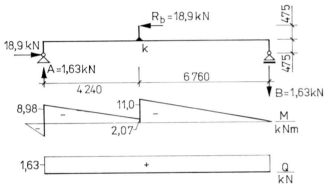

— Radlasten R_s

$$\max R_s = R_{s1} = 20{,}9 \text{ kN}$$

$$\max M_{ky} \approx \max M_y = \frac{R_{s1} c}{6} = \frac{20{,}9 \cdot 2{,}20}{6} = 7{,}66 \text{ kNm}$$

2.3. Querkräfte an der Schnittstelle k aus

— Eigenlast

$$Q_{kg} \approx 0 \text{ kN}$$

— Radlasten R_g, R_p, R_m und R_f — (R_1 in k, R_2)

Rad-lasten	R_1 kN	η 1	R_2 kN	η 1	$Q = \sum R\eta$ kN
R_1 rechts von k	R_g 91,1 R_p 57,9 R_m 26,1 R_f 8,47	0,615	85,1 57,9 26,1 7,91	0,15	68,8 44,3 19,9 6,39
R_1 links von k	R_g 91,1 R_p 57,9 R_m 26,1 R_f 8,47	−0,385	85,1 57,9 26,1 7,91	0,15	−22,3 −13,6 −6,12 −2,07

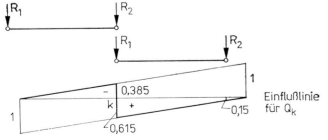

— Radlasten R_g, R_p, R_m und R_f — (R_2 in k)

Rad-lasten	R_2 kN	η 1	$Q = \sum R\eta$ kN
R_2 rechts von k	R_g 85,1 R_p 57,9 R_m 26,1 R_f 7,91	0,615	52,3 35,6 16,1 4,86
R_2 links von k	R_g 85,1 R_p 57,9 R_m 26,1 R_f 7,91	−0,385	−32,8 −22,3 −10,0 −3,06

— Radlasten R_b

$$A = Q = \frac{18{,}9 \cdot 0{,}95}{11} = 1{,}63 \text{ kN}$$

2.4. Querkräfte am Auflager A aus

— Eigenlast

$$Q_{Ag} = A_g = \frac{2{,}1 \cdot 11}{2} = 11{,}6 \text{ kN}$$

— Radlasten R_g, R_p, R_m und R_f

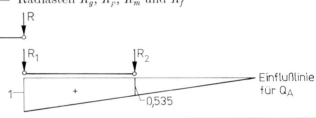

Rad-lasten	R_1 kN	η_1 1	R_2 kN	η_2 1	$Q = \sum R\eta$ kN
R_1 in A, R_2	R_g 91,1 R_p 57,9 R_m 26,1 R_f 8,47	1,0	85,1 57,9 26,1 7,91	0,535	137 88,9 40,1 12,7
R_2 in A	R_g — R_p — R_m — R_f —	—	85,1 57,9 26,7 7,91	1,0	85,1 57,9 26,1 7,91

— Radlasten R_b $Q_A = 1{,}63 \text{ kN}$ (s. Schnittstelle k)

2.5. Normalkräfte im Obergurt aus

— Radlasten R_b $N_G \approx R_b = \pm 18{,}9 \text{ kN}$

— Radlasten R_s

$$N_{kG} = \pm \frac{20{,}9 \cdot 6{,}76 \cdot 4{,}24}{11 \cdot 1{,}20} = \pm 45{,}4 \text{ kN}$$

$$\max N_G \approx \frac{20{,}9 \cdot 11}{4 \cdot 1{,}20} = \pm 47{,}9 \text{ kN} \approx N_{kG}$$

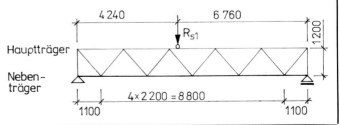

Beispiel 5.1 (*Fortsetzung*)

2.6. Schnittkraft- und Kombinationstabelle

Größe	Ständige Last	Kurzfristige Verkehrslasten					Lastkombinationen Grund- bzw. Sonderkombination nach Tab. 5.3.					Radlastkollektive für Ermüdungsfestigkeitsnachweis				
													6		7	
							1	2	3	4	5	max	min	max	min
	g	R_g	R_p	R_m	R_f	R_s	R_b									
1	2	3	4	5	6	7	8	9	10	11	12	13	14	15	16	17
M_{zx}	31,8	292	188	84,6	27,1	—	±11,0	702	601	697	668	670	596	31,8	512	512
M_{zy}^*	—	—	—	—	—	±7,66	±18,9	0	9,19	0	8,27	7,35	0	0	7,66	−7,66
N_{kG}	—	—	—	—	—	±47,9	—	0	57,5	0	51,7	64,1	0	0	47,9	−47,9
Q_{kr} $\{R_1$ in k_1	≈ 0	68,8	44,3	19,9	6,39	—	±1,63	157	133	156	149	149	133	0	113	—
Q_{ki} $\{R_2$	≈ 0	−22,3	−13,6	−6,12	−2,07	—	±1,63	−49,6	−42,2	−49,3	−47,1	−45,0	−42,0	≈ 0	−35,9	—
Q_{kr} $\{R_2$ in k	≈ 0	52,3	35,6	16,1	4,86	—	—	123	104	121,8	117	115	104	≈ 0	87,9	—
Q_{ki} $\{$	≈ 0	−32,8	−22,3	−10,0	−3,06	—	—	−77,1	−65,1	−76,3	−73,0	−71,8	−65,1	≈ 0	−55,1	—
Q_A	11,6	137	88,9	40,1	12,7	—	±1,63	327	279	325	311	308	278	11,6	238	—
R_1 $\{R_1$ in A, R_2	11,6	85,1	57,9	26,1	7,91	—	—	213	182	211	202	201	181	11,6	155	—
R_2 $\{R_2$ in A	—	91,1	57,9	26,1	8,47	—	—	207	175	205	196	194	175	0	149	—
	—	85,1	57,9	26,1	7,91	—	—	200	169	198	190	187	169	—	143	—
Lastfaktoren	1,1 (0,9)	1,1	1,3	1,2	1,2	1,2	1,2									

Momente in kNm, Kräfte in kN

Nr.	Lastkombination	Lasten und Kombinationsfaktoren	Kombinationsfaktor × Lastfaktor							
			g	R_g	R_p	R_m	R_f	R_s	R_b	
1	2	3	4	5	6	7	8	9	10	
1	Grund- bzw.	$g; R_g; R_p; R_m$	1,1	1,1	1,3	1,2	—	—	—	
2	Sonderkombination	$g; R_g; R_p; R_s$	1,1	1,1	1,3	—	—	1,2	—	
3	nach Tab. 5.3.	$g; R_g; 0,9\,(R_p; R_m; R_f)$	1,1	1,1	1,17	1,08	1,08	—	—	
4		$g; R_g; 0,9\,(R_p; R_m; R_s)$	1,1	1,1	1,17	1,08	—	1,08	—	
5		$g; R_g; 0,8\,(R_p; R_m; R_f; R_s; R_b)$	1,1	1,1	1,04	0,96	0,96	0,96	0,96	
6	Radlastkollektiv für		1,0	1,0	1,0	1,0	—	—	—	
7	Ermüdungsnachweis		1,0	1,0	—	—	—	—	—	

3. Festigkeitsnachweis
3.1. Querschnittswerte

Teil	A mm²	a mm	$10^{-3}\,aA$ mm³	e mm	$10^{-4}\,Ae^2$ mm⁴	$10^{-4}\,I_{x0}$ mm⁴	$10^{-4}\,I_{y0}$ mm⁴
□ 60×60	2700*	462,5	1248,75	356,7	34350	45,6	81
Bl 15×250	3750	432,5	1621,88	326,7	40020	≈ 0	1953
Bl 10×850	8500	0	0	105,8	9515	51180	≈ 0
Bl 12×200	2400	−431	−1034,4	−536,8	69160	≈ 0	800
	17350		1836,23		153000	51200	2834

$I_x = 51\,200 + 153\,000 = 204\,200 \cdot 10^4 \text{ mm}^4 \qquad I_y = 2834 \cdot 10^4 \text{ mm}^4$

$a_0 = \dfrac{1836{,}23 \cdot 10^3}{17350} = 105{,}8 \approx 106 \text{ mm}$

$W_{x0} = \dfrac{204\,200 \cdot 10^4}{334} = 6113 \cdot 10^3 \text{ mm}^3$

*) Schienenhöhe um 25% reduziert

Beispiel 5.1 *(Fortsetzung)*

$$W_{xu} = \frac{204\,200 \cdot 10^4}{543} = 3761 \cdot 10^3 \text{ mm}^3$$

$$W_{yG} = \frac{2034 \cdot 10^4}{125} = 163 \cdot 10^3 \text{ mm}^3$$

$$i_{yG} = \sqrt{\frac{2034 \cdot 10^4}{2700 + 3750 + 2/5 \cdot 10 \cdot 319}} = 51{,}3 \text{ mm}$$

Modifizierte Widerstandsmomente

Flächenhalbierende

$$\frac{17\,350}{2} - 2400 - h_0 \cdot 10 = 0$$

$$h_0 = \frac{1}{10}\left(\frac{17\,350}{2} - 2400\right) = 628 \text{ mm}$$

$$W_{xpl} = 2400 \cdot 634 + \frac{628^2 \cdot 10}{2} + \frac{222^2 \cdot 10}{2} + 3750 \cdot 230$$
$$+ 2700 \cdot 259 = 5302 \cdot 10^3 \text{ mm}^3 < W_{x0}$$

(Es ist deshalb auch bei den Stabilitätsnachweisen mit dem elastischen Widerstandsmoment W_{x0} zu rechnen!)

$$W_{yGpl} = \left(\frac{125^2 \cdot 15}{2} + \frac{30^2 \cdot 45}{2}\right)2 = 275 \cdot 10^3 \text{ mm}^3$$

$$W_{TyG} = \frac{275 + 163}{2} 10^3 = 219 \cdot 10^3 > 1{,}2 \cdot 163 \cdot 10^3$$
$$= 195{,}6 \cdot 10^3 \text{ mm}^3$$

Deshalb ist mit $W_{TyG} = 195{,}6 \cdot 10^3$ mm³ zu rechnen.

3.2. Statischer Festigkeitsnachweis

In allen Nachweisen ist mit $\gamma = 1{,}2$ und $\gamma_d = 1{,}0$ zu rechnen.

3.2.1. Grundwerkstoff

— Zugspannungen im Untergurt

max $M_{kx} = 702$ kNm

$$\gamma\sigma_z^{(+)} = 1{,}2 \frac{702 \cdot 10^6}{3761 \cdot 10^3} = 224 \text{ N/mm}^2 < R_z^n = 240 \text{ N/mm}^2$$

— Schubspannungen in Stegmitte

max $Q = 327$ kN

$$\gamma\tau = 1{,}2 \frac{327 \cdot 10^3 \left(2700 \cdot 356{,}7 + 3750 \cdot 326{,}7 + \frac{319^2 \cdot 10}{2}\right)}{204\,200 \cdot 10^4 \cdot 10}$$
$$= 51{,}8 \text{ N/mm}^2 < R_\tau^n = 139 \text{ N/mm}^2$$

3.2.2. Obere Halsnähte

Gewählt: Doppelkehlnaht $a = 6$ mm, ohne Kontaktwirkung, Ausführungskl. II B

max $M_{kx} = 702$ kNm

max $R = R_1 = 207$ kN

$Q_k = 157$ kN

$$\gamma\sigma_z^{(-)} = 1{,}2 \frac{702 \cdot 10^6}{204\,200 \cdot 10^4} 319 = 132 \text{ N/mm}^2 < R_z^n$$
$$= 240 \text{ N/mm}^2$$

$$l_V = 50 + 2(45 + 15) = 170 \text{ mm}$$

$$\gamma\sigma_y^{(-)} = 1{,}2 \frac{207 \cdot 10^3}{2 \cdot 6 \cdot 170} = 122 \text{ N/mm}^2 < R_y^n = 240 \text{ N/mm}^2$$

$$\gamma\tau = 1{,}2 \frac{157 \cdot 10^3(2700 \cdot 356{,}7 + 3750 \cdot 326{,}7)}{204\,200 \cdot 10^4 \cdot 6 \cdot 2}$$
$$= 17 \text{ N/mm}^2 < R_\tau^n = 168 \text{ N/mm}^2$$

Der Nachweis nach TGL 13500/01, Gl. (4) ist wegen geringer Größe der Einzelspannungen nicht erforderlich.

max $Q = 327$ kN

$$\gamma\tau = \frac{327}{157} 17 = 35{,}4 \text{ N/mm}^2 < R_\tau^n = 168 \text{ N/mm}^2$$

3.2.3. Untere Halsnähte, Schweißnähte zwischen Schiene und Obergurt

Diese Schweißnähte sind analog zur oberen Halsnaht nachzuweisen.

3.3. Stabilitätsnachweise

In allen Nachweisen ist mit $\gamma = 1{,}2$ und $\gamma_d = 1{,}0$ zu rechnen.

3.3.1. Kippsicherheitsnachweis

Maßgebend ist Lastkombination 1 (nur Vertikallasten)

max $M_{kx} = 702$ kNm

$l_k = 2200$ mm

$\Theta = 1{,}25$ (Lastangriff am Obergurt, Träger geschweißt)

$$\bar{\lambda}_M = \frac{\Theta l_k}{\lambda_s i_{yG}} = \frac{1{,}25 \cdot 2200}{93 \cdot 51{,}3} = 0{,}58 > 0{,}4$$

Einstufung in Kippmomentenlinie b, da $\frac{h_S}{s} = \frac{850}{10} = 85 < 150$

$\varphi_M = 0{,}935$

$$\gamma\sigma_b = 1{,}2 \frac{702 \cdot 10^6}{6113 \cdot 10^3} = 138 \text{ N/mm}^2 < R^n \varphi_M$$
$$= 240 \cdot 0{,}935 = 224 \text{ N/mm}^2$$

3.3.2. Knicknachweis des Obergurtes

Maßgebend ist Lastkombination 5 (Vertikal- und Horizontallasten)

max $M_{kx} = 670$ kNm

$M_{ky} = 7{,}35$ kNm

$N_{kG} = 64{,}1$ kN

$$\gamma\sigma_c = \gamma\left(N_G + \frac{M_x}{I_x}S_{xG}\right)\frac{1}{A_G}$$
$$= 1{,}2\left[64{,}1 \cdot 10^3 + \frac{670 \cdot 10^6}{204\,200 \cdot 10^4}(2700 \cdot 356{,}7 + 3750 \cdot 326{,}7)\right]\frac{1}{2700 + 3750} = 145 \text{ N/mm}^2$$

$$\gamma\sigma_{bcy} = \gamma\frac{M_{yG}}{W_{yG}} = 1{,}2 \frac{7{,}35 \cdot 10^6}{195 \cdot 10^3} = 45{,}2 \text{ N/mm}^2$$

$l_k = 2200$ mm

$$\lambda_{yG} = \frac{l_k}{i_{yG}} = \frac{2200}{51{,}3} = 42{,}9$$

$$\sigma_{ki} = \frac{\pi^2 E}{\lambda^2} = \frac{3{,}14^2 \cdot 210\,000}{42{,}9^2} = 1126 \text{ N/mm}^2$$

$$f_N = 1 + \frac{1}{\frac{1126}{145} - 1} = 1{,}15; \quad f_M = 1 + \frac{1 + 0{,}273}{\frac{1126}{145} - 1} = 1{,}19$$

$$\mu_N = \frac{\lambda\sqrt{\sigma_F/\sigma_F^* - c_1}}{c_2} = \frac{42{,}9\sqrt{240/240} - 10}{320} = 0{,}10$$

$$\gamma\sigma_c(1 + \mu_N f_N) + \gamma\sigma_{bcy} f_M$$
$$= 145(1 + 0{,}10 \cdot 1{,}15) + 45{,}2 \cdot 1{,}19$$
$$= 215 \text{ N/mm}^2 < R^n \gamma_d = 240 \cdot 1 = 240 \text{ N/mm}^2$$

Beispiel 5.1 *(Fortsetzung)*

3.3.3. Beulsicherheitsnachweis des Stegbleches

Außer an den Auflagern, werden keine weiteren Beulsteifen angeordnet.

Maßgebende Schnittkräfte und Beulfeldabmessungen

$M_z = 702$ kNm $\quad$ Last- $\quad b = 850$ mm
$Q = 157$ kN $\quad$ kom- $\quad b_i = 2$
$R = 207$ kN $\quad$ bination 1 $\quad b_D = 2 \cdot 319 = 638$ mm,
$a = 11\,000$ mm $\quad$ da $b_D = 319$ mm $< \frac{b}{2} = 425$ mm
$t = 10 - 0,5 = 9,5$ mm

■ Einzelbeulnachweise

$\sigma_{z1} = \dfrac{702 \cdot 10^6}{204\,200 \cdot 10^4} \, 319 = 110$ N/mm²

$\sigma_{z2} = \dfrac{702 \cdot 10^6}{204\,200 \cdot 10^4} \, 531 = -183$ N/mm²

$\psi = \dfrac{-183}{110} = -1,66$

$\alpha = \dfrac{11\,000}{638} = 17,2 > 2/3$

$k_\sigma = 23,9$

$\sigma_e = \left(436 \dfrac{9,5}{638}\right)^2 = 42,1$ N/mm²

$\sigma_{zki} = 42,1 \cdot 23,9 = 1006$ N/mm²; $\quad \dfrac{\sigma_{zki}}{\sigma_F} = \dfrac{1006}{240} = 4,19$

Einstufung in Beulspannungslinie b
($w_0 \leq \dfrac{b}{250}$ und keine Schweißnähte im mittleren Bereich des Stegblechs)

$\varphi_B = 1,0$

$\sigma_{zkr} = \sigma_F \varphi_B = 240 \cdot 1,0 = 240$ N/mm² $< \sigma_{zki} = 1006$ N/mm²

$\gamma \sigma_{z1} = 1,2 \cdot 110 = 132$ N/mm² $< \sigma_{zkr} \gamma_{dz} = 240 \cdot 1$
$= 240$ N/mm²

$\tau = \dfrac{Q}{A_{\text{Steg}}} = \dfrac{157 \cdot 10^3}{850 \cdot 10} = 18,4$ N/mm²

$\alpha_\tau = \dfrac{11\,000}{850} = 12,9 > 1$

$k_\tau = 5,34 + \dfrac{4,0}{12,9^2} = 5,36$

$\sigma_e = \left(436 \dfrac{9,5}{850}\right)^2 = 23,7$ N/mm²

$\tau_{ki} = 23,7 \cdot 5,36 = 127$ N/mm²; $\quad \dfrac{\tau_{ki}}{\tau_F} = \dfrac{127}{240/\sqrt{3}} = 0,92$

$\varphi_B = 0,799$

$\tau_{kr} = 0,799 \dfrac{240}{\sqrt{3}} = 111$ N/mm² $< \tau_{ki} = 127$ N/mm²

$\gamma \tau = 1,2 \cdot 18,4 = 22,1$ N/mm² $< \tau_{kr} \gamma_{d\tau} = 111 \cdot 1,11$
$= 123$ N/mm²

$\sigma_y = \dfrac{207 \cdot 10^3}{170 \cdot 10} = 122$ N/mm²

■ Gesamtbeulnachweis

$\sigma_{Vki} = \dfrac{\sqrt{(110/1,0)^2 + (122/1,11)^2 - 110/1,0 \cdot 122/1,11 + 3(18,4/1,11)^2}}{\dfrac{1 + (-1,66)}{4} \cdot \dfrac{110}{1,0 \cdot 1006} + \dfrac{1}{2} \cdot \dfrac{122}{1,11 \cdot 288} + \sqrt{\left(\dfrac{(3-(-1,66))}{4} \cdot \dfrac{110}{1,0 \cdot 1006} + \dfrac{1}{2} \dfrac{122}{1,11 \cdot 288}\right)^2 + \left(\dfrac{18,4}{1,11 \cdot 127}\right)^2}} = 261$ N/mm²

$\dfrac{\sigma_{Vki}}{\sigma_F} = \dfrac{261}{240} = 1,09$; $\quad \varphi_B = 0,857$

$\sigma_{Vkr} = 240 \cdot 0,857 = 206$ N/mm² $< \sigma_{Vki} = 261$ N/mm² $\left(\dfrac{1,2 \cdot 110}{1,0 \cdot 206}\right)^2 + \left(\dfrac{1,2 \cdot 122}{1,11 \cdot 206}\right)^2 - \dfrac{1,2 \cdot 110}{1,0 \cdot 206} \dfrac{1,2 \cdot 122}{1,11 \cdot 206} + 3\left(\dfrac{1,2 \cdot 18,4}{1,11 \cdot 206}\right)^2 = 0,438 < 1$

$\beta = \dfrac{c}{a} = \dfrac{170}{11\,000} = 0,015 < 0,25$

$k_p = 2,55 + \dfrac{1,26}{\alpha^4} = 2,55 + \dfrac{1,26}{12,9^4} = 2,55$

$P_{ki} = k_p \sigma_e h_S s = 2,55 \cdot 23,7 \cdot 850 \cdot 9,5 = 488\,000$ N

Aus $\dfrac{\sigma_y}{\gamma_{dy} \sigma_{yki}} = \dfrac{P}{\gamma_{dy} P_{ki}}$ (s. TGL 13503/02, Abschn. 16.2.1.4.)

folgt

$\sigma_{yki} = \dfrac{P_{ki}}{P} \sigma_y = \dfrac{488 \cdot 10^3}{206,8 \cdot 10^3} \cdot 122 = 288$ N/mm²

$\dfrac{\sigma_{yki}}{\sigma_F} = \dfrac{288}{240} = 1,20$

$\varphi_B = 0,89$

$\sigma_{ykr} = 240 \cdot 0,89 = 214$ N/mm² $< \sigma_{yki} = 288$ N/mm²

$\gamma_{dy} = 1,11 - 0,11 \dfrac{F_u}{F_0}$; $F_u = 0$; $F_0 = R = 207$ kN

$\gamma_{dy} = 1,11$

$\gamma \sigma_y = 1,2 \cdot 122 = 146$ N/mm² $< \sigma_{ykr} m_y = 214 \cdot 1,11$
$= 238$ N/mm²

3.4. Formänderungsnachweis

Die maximale vertikale Durchbiegung wird nach [5.22], Seite 78, berechnet. Unter Verwendung gesetzlicher Einheiten lautet die Gleichung

$f_v = \dfrac{R l^3}{I_x} k \cdot 10^4 \quad \dfrac{f}{\text{mm}} \left| \dfrac{R}{\text{kN}} \right| \dfrac{l}{\text{m}} \left| \dfrac{I_x}{\text{mm}^4} \right.$

Für gleich große Radlasten und
$a = 5,12$ m $< 0,65 \cdot 11 = 7,15$ m ist mit

$\dfrac{a}{l} = \dfrac{5,12}{11} = 0,47 < 0,65 \quad k = 14,3$

Der maximale Raddruck (Normlast) beträgt

$R_g + R_p = 91,1 + 57,9 = 149$ kN

$f_v = \dfrac{149 \cdot 11^3 \cdot 14,3 \cdot 10^4}{204\,200 \cdot 10^4} = 13,9$ mm $< \dfrac{l}{400} = \dfrac{11\,000}{400} = 27,5$ mm

3.5. Ermüdungsfestigkeitsnachweis

Im Rahmen der projektierten Lebensdauer ergeben sich

$N_{\ddot{U}} = 30\,000 \cdot 40 = 1,2 \cdot 10^6$ Kranüberfahrten.

Der Kranbahnträger ist nach TGL 13500/01, Tab. 1., in die Berechnungsgruppen A einzustufen.
Der Ermüdungsfestigkeitsnachweis ist nach TGL 13471, Abschn. 3.3.1., für zwei Radlastkollektive (s. Schnittkrafttabelle, Lastkombinationen 6 und 7) zu führen.

Für

$a = 5,12$ m $< \dfrac{11,0}{2}\left(2 - \dfrac{149}{2 \cdot 143}\right) = 8,13$ m (s. Gl. 5.17)

erzeugt eine Kranüberfahrt beim Nachweis der Biegespannungen σ_z im mittleren Trägerdrittel nur ein Spannungsspiel.

Beispiel 5.1 (Fortsetzung)

1	2	3	4	5	6	7	8	9	10	11	12	13	14	15	16	17	18
Querschnittspunkt (s. Bild)		Spannungsart	Radlastkollektive	Anzahl der Spannungskollektive	Schnittstelle z in m	Schnittkräfte in kN bzw. kNm s. Schnittkrafttabelle Lastkombinationen Nr. 6 u. 7	$\max \sigma$ bzw. $\max \tau$ in N/mm²	$\min \sigma$ bzw. $\min \tau$ in N/mm²	$\Delta\sigma = \|\max\sigma - \min\sigma\|$ bzw. $\Delta\tau = \|\max\tau - \min\tau\|$ in N/mm²	Kerbfall n. TGL 13500/01	Nr. Kerbfall Tab. 11	Grenzspannungsdifferenz κ_i	$\Delta\sigma_D$ bzw. $\Delta\tau_D$ in N/mm²	Spannungsspielzahl N	Betriebsfestigkeitsfaktor γ_{dBe} n. Bild 5.16 bzw. 5.17	Grenz-Betriebsspannungsdifferenz $\Delta\sigma_{Be}$ bzw. $\Delta\tau_{Be}$ in N/mm²	Betriebsfestigkeitsnachweis Gl. (5.19) bzw. (5.20) in N/mm²
Grundwerkstoff	1	σ_z	g, R_g+p+m	1	4,24	$\min M_x = 31{,}8$ / $\max M_x = 596$	155	8,26	147	21	2 (1)		126 (147)	$1{,}2\cdot10^6$	1,46 (1,27)	184 (187)	147 N/mm² < 184 N/mm²
	2	σ_z	g, R_g+p+m / g, R_g+p+s	1	4,24	$M_x=512$ / $M_y=\pm 7{,}66$ / $N_G=\pm 47{,}9$ / $\min M_x=31{,}8$	$-93{,}2$ / $-80{,}0$ / $-47{,}7$ / $-7{,}43$ / -135	$-5{,}0$ / $-80{,}0$ / $+47{,}7$ / $+7{,}43$ / $-24{,}9$ bzw. $8{,}26$	88,2 / 127	28	5 ($b \leq 100$ mm)	0,05 / 0,06	≈ 83 / ≈ 86	$1{,}2\cdot10^6$ / $0{,}1\cdot 1{,}2\cdot 10^6 = 1{,}2\cdot 10^5$	1,46 / 2,47	121 / 212	$\left(\dfrac{1\cdot 88{,}2}{121}\right)^{4{,}39}+\left(\dfrac{1\cdot 127}{212}\right)^{4{,}39}$ $= 0{,}355 < 1$
	3	σ_y	R_{g+p+m}	2	—	$\min R_1=0$ / $\max R_1=175$ / $\min R_2=0$ / $\max R_2=169$	-103 / $-99{,}4$	0 / 0	103 / 99,4	s. TGL 13 471, Abschn. 3.3.5.	3 (1)	0 / 0	121 (169) / 121 (169)	$1{,}2\cdot 10^6$	1,46 (1,27)	177 (215)	$\left(\dfrac{1\cdot 103}{177}\right)^{4{,}39}+\left(\dfrac{1\cdot 99{,}4}{177}\right)^{4{,}39}$ $= 0{,}172 < 1$
	4	τ	R_1 im Aufl. A und R_2; g, R_{g+p+m} / R_2 im Aufl. A; g, R_{g+p+s}	2	0	$\min Q=11{,}6$ / $\max Q=278$ / $\min Q=11{,}6$ / $\max Q=181$	36,7 / 23,9	1,53 / 1,53	35,2 / 22,4		0	—	97	$1{,}2\cdot 10^6$	1,29	125	$\left(\dfrac{1\cdot 35{,}2}{125}\right)^{6{,}5}+\left(\dfrac{1\cdot 22{,}4}{125}\right)^{6{,}5}$ $\approx 0 < 1$
Schweißnähte	5	σ_z	g, R_{g+p+m} / g, R_{g+p+s}	1	4,24	$\min M_x=31{,}8$ / $\max M_x=596$ / $M_x=512$ / $M_y=\pm 7{,}66$ / $N_G=\pm 47{,}9$ / $\min M_x=31{,}8$	$-97{,}6$ / $-83{,}7$ / $-8{,}11$ / $-7{,}43$ / $-99{,}2$	$-5{,}20$ / $-83{,}7$ / $+8{,}11$ / $+7{,}43$ / $-68{,}2$ bzw. $-5{,}20$	92,4 / 94	21	2 (1)	0,05 / 0,05	≈ 145 (169) / 149 (173)	$1{,}2\cdot 10^6$ / $0{,}1\cdot 1{,}2\cdot 10^6 = 1{,}2\cdot 10^5$	1,46 (1,27) / 2,47 (1,79)	212 (215) / 368 (310)	$\left(\dfrac{1\cdot 92{,}4}{212}\right)^{4{,}39}+\left(\dfrac{1\cdot 94}{310}\right)^{4{,}39}$ $= 0{,}031 < 1$
	6	σ_y	R_{g+p+m}	2	—	$\min R_1=0$ / $\max R_1=175$ / $\min R_2=0$ / $\max R_2=169$	$-89{,}3$ / $-86{,}2$	0 / 0	89,3 / 86,2	s. TGL 13 471, Abschn. 3.3.5.	6	0 / 0	72	$1{,}2\cdot 10^6$	1,46	105	$\left(\dfrac{1\cdot 89{,}3}{105}\right)^{4{,}39}+\left(\dfrac{1\cdot 86{,}2}{105}\right)^{4{,}39}$ $= 0{,}911 < 1$
		σ_y	R_{g+p+m}	2	—	$\min P_1=0$ / $\max P_1=175$ / $\min P_2=0$ / $\max P_2=169$	$-85{,}8$ / $-82{,}8$	0 / 0	85,8 / 82,8	s. TGL 13 471, Abschn. 3.3.5.	6	0 / 0	72	$1{,}2\cdot 10^6$	1,46	105	$\left(\dfrac{1\cdot 85{,}8}{105}\right)^{4{,}39}+\left(\dfrac{1\cdot 82{,}8}{105}\right)^{4{,}39}$ $= 0{,}765 < 1$
		τ	R_1 in $z=4{,}24$ m und R_2; g, R_{g+p+m} / R_2 in $z=4{,}24$ m; g, R_{g+p+m}	2	4,24	$\min Q=-42$ / $\max Q=133$ / $\min Q=-65{,}1$ / $\max Q=104$	11,9 / 9,31	$-3{,}76$ / $-5{,}83$	15,7 / 15,1		0	—	97	$1{,}2\cdot 10^6$	1,46	142	$\left(\dfrac{1\cdot 15{,}7}{142}\right)^{6{,}5}+\left(\dfrac{1\cdot 15{,}1}{142}\right)^{6{,}5}$ $\approx 0 < 1$

Beispiel 5.1 *(Fortsetzung)*

Beim Nachweis der Schubspannungen τ und der Druckspannung σ_y hingegen sind für zwei Kranräder zwei Spannungsspiele zu berücksichtigen.

Nach Tab. 5.5. erhält man für mittleren Kranbetrieb mit gleichverteilter Katzstellung, Kranspurweite von 21 m und Hublast von 125 kN < 250 kN einen Kollektivbeiwert

$p = 2/3$.

Die erforderlichen Nachweise für den Kranbahnträger sind in der nebenstehenden Tabelle zusammengefaßt dargestellt. Das folgende Bild ergänzt die Angaben der Spalten 2 (Lage der Querschnittspunkte) und 6 (Lage der Schnittstellen).

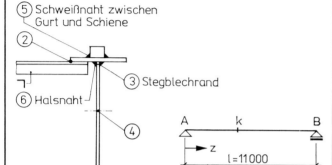

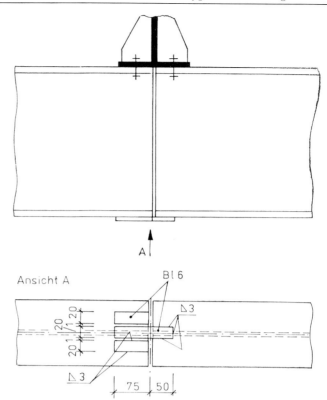

Bild 5.32. Stoßausbildung und Aufhängung für Unterflanschkratzbahnträger aus [5.16] Ri. E 5

5.3. Typenkranbahnträger

Die Normung der Kennwerte für Ein- und Zweiträgerbrückenkrane und die Beschränkung der Stützenabstände von Gebäuden aus Stahlbeton und Stahl auf 6 und 12 m bilden die wichtigste Voraussetzung für getypte Kranbahnträger. Einen Überblick über den Aufbau des Katalogwerks „Kranbahnen" entsprechend [5.18] bis [5.21] mit den wichtigsten Merkmalen vermittelt Tab. 5.6.

Tabelle 5.6. Übersicht über das Katalogwerk Bauwesen, Teil Kranbahnen — Kranbahnträger aus Stahl

Stützweite der Kranbahnträger mm	Einträgerbrückenkrane (Hersteller: VEB Hema Luisenthal)	Zweiträgerbrückenkrane (Kennwerte nach TGL 10384)
6000	Katalog M 7823 PWV [5.18] — Tragkraft des Kranes max. 8 t — maximale Hallenspannweite 24 m — ohne Horizontalverband — ohne Laufsteg — Kranschiene: Vierkantschiene 50 — Querschnitt: $h = 240\cdots360$ mm — Werkstoff St 38	Katalog M 7824 PWV [5.19] — Tragkraft des Kranes max. 20/5 t — maximale Hallenspannweite 24 m — ohne Horizontalverband — wahlweise mit oder ohne Laufsteg — Kranschiene: Vierkant- oder Breitfußschiene — Querschnitt: $h = 360\cdots600$ mm — Werkstoff St 38
12000	Katalog M 7825 PWV [5.20] — Tragkraft des Kranes max. 12,5 t — maximale Hallenspannweite 24 m — ohne Horizontalverband — ohne Laufsteg — Kranschiene: Vierkantschiene 50 bzw. 60 — Querschnitt: $h = 900$ mm — Werkstoff St 38	Katalog M 7826 PWV [5.21] — Tragkraft des Kranes max. 50 t — maximale Hallenspannweite 36 m — mit Horizontalverband — wahlweise mit oder ohne Laufsteg — Kranschiene: Vierkant- oder Breitfußschiene — Querschnitt: $h = 674\cdots910$ mm — Werkstoff St 38

Folgende Anwendungsbereiche sind für die getypten Kranbahnträger vorgesehen:

— Einträgerbrückenkrane; AA 6000 mm
  - in Mehrzweckhallen aus Stahlbeton BSE 1111, BSE 1211 und BSE 1121
  - im Baukasten Metalleichtbau/Mischbau (TBK 6000)
  - Vollwandrahmenhallen aus Stahl
— Einträgerbrückenkrane; AA 12000 mm
  - in Mehrzweckhallen aus Stahlbeton BSE 2111
  - im Baukasten Metalleichtbau/Mischbau (TBK 12000 mit Stahl- oder Betonstützen)
— Zweiträgerbrückenkrane; AA 6000 mm
  - in Mehrzweckhallen aus Stahlbeton BSE 1112 (AA 6000) mit Satteldach und Zweiträgerbrückenkran
— Zweiträgerbrückenkrane; AA 12000 mm
  - vorzugsweise in eingeschossigen Mehrzweckgebäuden des Großbaukastens (GBK) Metalleichtbau.

Literatur

[5.1] HOYER, W.: Handbuch für den Stahlbau, Band IV. Berlin: VEB Verlag für Bauwesen 1973

[5.2] DABROWSKI, R.: Gekrümmte dünnwandige Träger, Theorie und Berechnung. Berlin (West), Heidelberg, New York: Springerverlag 1973

[5.3] WABNER, L.: Zur Berechnung von gekrümmten Trägern unter der besonderen Berücksichtigung von Unterflanschkatzbahnträgern. Wiss. Berichte der TH Leipzig (1978) 11, S. 53—59

[5.4] Vorschrift der Staatlichen Bauaufsicht 131/84 (Entwurf), Änderungen und Ergänzungen zur TGL 13471. Ausg. 11/69

[5.5] Stahl im Hochbau. 12. Auflage. Düsseldorf: Verlag Stahleisen m. b. H. 1953, S. 484—485

[5.6] WARKENTHIN, W.; RIEDEBURG, K.: Einleitung der Radlasten in den Steg von direkt befahrenen Stegblechträgern. Hebezeuge und Fördermittel 5 (1965) 4, S. 107—110

[5.7] OXFORT, J.: Zur Beanspruchung der Obergurte vollwandiger Kranbahnträger durch Torsionsmomente und durch Querkraftbiegung unter dem örtlichen Radlastangriff. Der Stahlbau 32 (1963) 12, S. 360—367

[5.8] HOFFMANN, K.: Lasteinleitung in Kranbahnträgern mit elastisch gebetteten Kranbahnschienen. Fördern und Heben 30 (1980) 9, S. 808—812

[5.9] HOFFMANN, K.: Zentrische Lasteinleitung in den Obergurt bei elastisch gebetteten Breitfußschienen. Fördern und Heben 32 (1982) 1, S. 36—42, und 2, S. 83—87

[5.10] JESCHKE, H.-J.: Erhöhung der Lebensdauer von Kranbahnträgern mit Schwerlastbetrieb durch Verbesserung der Schienenbefestigung. Der Stahlbau 47 (1978) 6, S. 188

[5.11] OXFORT, J.: Beitrag zum exzentrischen Lastangriff an Kranbahnträgern. Der Stahlbau 47 (1963) 7, S. 213—216

[5.12] OXFORT, J.: Zur Biegebeanspruchung des Stegblechanschlusses infolge exzentrischer Radlasten auf dem Obergurt von Kranbahnträgern. Der Stahlbau 50 (1981) 7, S. 215—217

[5.13] MORTENSEN, M.: Wirtschaftliche Bauart von Freikranbahnen. Bauplanung — Bautechnik 30 (1966) 6, S. 286—288

[5.14] Wirtschaftliches Konstruieren im Stahlbau. Leipzig: Institut für Stahlbau und Leichtmetallbau 1962

[5.15] DITTRICH, W.: Untersuchungen an geschweißten Unterflanschträgern. Hebezeuge und Fördermittel 14 (1974) 9, S. 263—267

[5.16] Stahlhochbau — Richtlinien für Projektierung und Konstruktion. VEB Metalleichtbaukombinat, Forschungsinstitut 1974

[5.17] DABROWSKI, R.: Zum Problem der gleichzeitigen Biegung und Torsion dünnwandiger Balken. Der Stahlbau 29 (1960) 4, S. 104—111

[5.18] Katalog M 7823 PWV, Kranbahnträger für Einträgerbrückenkrane AA 6000 mm, Ausg. 3.78

[5.19] Katalog M 7824 PWV, Kranbahnträger für Zweiträgerbrückenkrane AA 6000 mm, Ausg. 3.78

[5.20] Katalog M 7825 PWV, Kranbahnträger für Einträgerbrückenkrane AA 12000 mm, Ausg. 3.78

[5.21] Katalog M 7826 PWV, Kranbahnträger für Zweiträgerbrückenkrane AA 12000 mm, Ausg. 3.78

[5.22] GREGOR, H.-J.: Der praktische Stahlbau 2, Berechnung der Tragwerke mit Wanderlasten. Berlin: VEB Verlag für Bauwesen 1969

6
Industriegerüste

Gerüste sind im Industriebau unentbehrlich und haben die verschiedensten Funktionen zu erfüllen. Je nach Art des Einsatzes unterscheidet man zwischen Kessel-, Hochofen-, Bunker-, Apparate-, Silo-, Lager- und Fördergerüsten. Aufgabe dieser Gerüste ist es, die Lasten der entsprechenden technologischen Ausrüstung zu übertragen, deren Bedienung zu ermöglichen, deren Funktionstüchtigkeit zu gewährleisten und die stabile Lage zu garantieren. Sie passen sich dabei den entsprechenden Abmessungen der Ausrüstung und den nutzertechnologischen Anforderungen an.

International wird für die meisten Gerüstarten der Baustoff Stahl bevorzugt. Er bietet den Vorteil der schnellen Montage, der Reparaturfreundlichkeit der geringen Bauteilabmessungen, der relativ geringen Eigenlasten und die Möglichkeit der Materialrückgewinnung durch Verschrotten, was bei der Kurzlebigkeit vieler Industriegerüste von Bedeutung ist. Die Verfeinerung der Berechnungsverfahren, die Nutzung der räumlichen Tragwirkung und der Einsatz hochfester Stähle führten zur Ausmagerung der in der Regel schweren Industriegerüste und damit zu entsprechender Stahleinsparung. In den letzten Jahren haben Untersuchungen zur Einführung der Misch- und Verbundbauweise zu positiven Ergebnissen in der Stahleinsparung geführt, wobei die Vorzüge der Stahlbauweise im wesentlichen erhalten blieben.

Abgesehen von der tragwerksspezifischen Nutzung und der Anpassung an die nutzertechnologischen Forderungen, sind die verschiedenen Gerüste in ihrer Tragstruktur ähnlich aufgebaut. Die wesentlichsten Tragglieder sind Stiele, Riegel und Bühnenträger. Stiele und Riegel bilden zusammen die Wandscheiben, deren Verschiebung durch eine entsprechende Stabilisierung verhindert werden muß. Eine Untersuchung in [6.1] für Industriegerüste ergab, daß dabei der Stabilisierung durch Fachwerkverbände der Vorzug gegeben wurde, da diese den Vorteil der relativ großen Steifigkeit besitzen und der oftmals erhebliche Aufwand für die Rahmenecken mit den meist großen Abmessungen entfällt. Rahmensysteme wurden bevorzugt bei kleineren Gerüsten angewandt, wo dieses System den Anforderungen an die Steifigkeit gegen seitliche Beanspruchung gerecht wird und sich der Aufwand für die biegesteifen Rahmenecken in Grenzen hält. Vielfach macht es die Nutzertechnologie erforderlich, fachwerkartige Gerüste mit rahmenartigen Tragwerken zu kombinieren, um größere Öffnungen in den Seitenwänden für Durchgänge verschiedener Art frei zu halten. Besteht die Möglichkeit der Kopplung des Gerüstes mit steifen angrenzenden Tragwerken, so kann auf eine Eigenstabilisierung verzichtet und eine einfache Riegel-Stiel-Verbindung angewendet werden. Zur Stabilisierung des Gesamttragwerks tragen die horizontalen Scheiben der Bühnen und Decken bei, die aus Riegeln, Bühnen- bzw. Deckenträgern und Horizontalverbänden gebildet werden. An Stelle der Horizontalverbände kann auch die Kombination mit einem steifen Belag zur Scheibenstabilisierung führen.

Bezüglich der Profilgestaltung zeigten Untersuchungen in [6.1], daß für Stiele der Industriegerüste überwiegend I-Walz- bzw. I-Schweißprofile verwendet wurden. Diese haben den Vorteil der einfachen Anschlußgestaltung und sind wesentlich kostengünstiger als die aufwendigen Sonderanfertigungen geschweißter Kastenprofile. In Verbindung mit der Stahlverbundbauweise sind Kasten- und Rohrprofile jedoch sehr vorteilhaft. Ebenso kann bei schweren Gerüsten nicht auf Stiele aus meist individuell hergestellten Kastenprofilen verzichtet werden. Für Riegel- und Bühnen- bzw. Deckenträger werden vorwiegend I-Walz- bzw. I-Schweißprofile eingesetzt.

Von den verschiedenartigen Industriegerüsten wurden in diesem Abschnitt die Kessel-, Bunker-, Silo- und Apparategerüste ausgewählt und an ihnen die typischen Berechnungs- und Konstruktionsgrundsätze dargestellt.

6.1. Kesselgerüste

Die wachsende Industrialisierung, der Anstieg des Verbrauchs an Elektroenergie in den Haushalten und die Verbesserung des Wohnkomforts durch die Ausstattung mit Fernheizung in den letzten 30 Jahren führten international zu einer extensiven Erweiterung der vorhandenen Kapazität an Heizwerken, Industrie- und Wärmekraftwerken. Es wurde erforderlich, leistungsfähigere Dampferzeuger zu entwickeln, die in Großkraftwerken und Industrieschwerpunkten zum Einsatz kamen. Das erforderte gleichzeitig eine Weiterentwicklung der Tragkonstruktion, wobei die Materialökonomie zunehmend im Mittelpunkt stand. Wesentlichen Einfluß auf den Stahlverbrauch für Kesselgerüste und Bühnen hat die Brennstoffgüte (Bild 6.1.). In der DDR wurde auf deren einzigen natürlichen Energieträger, den Brennstoff Rohbraunkohle orientiert. International sind Kohlestaubkessel mit einer Leistung von 2000 t Dampf/Stunde bekannt. Dabei lassen sich effektivste Wirkungsgrade bei

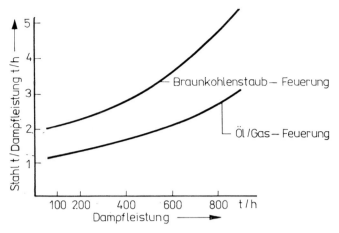

Bild 6.1. Stahleinsatz für Kesselgerüst und Bühnen für Dampferzeuger in Abhängigkeit von Brennstoff und Dampfleistung

der Energieumwandlung durch Einzugkessel (Turmkessel) mit Anordnung aller Aggregate übereinander erreichen. Die Investitionskosten nehmen jedoch mit wachsender Bauhöhe unproportional stark zu. Bild 6.2. zeigt den größten in der DDR errichteten Dampferzeuger im Montagezustand.

6.1.1. Systemgestaltung
6.1.1.1. Kriterien für die Gestaltung der Dampferzeuger

■ *Brennstoffe*

Grundsätzlich wird unterschieden in feste, flüssige und gasförmige Brennstoffe. Als Brennstoffe für den Betrieb von Dampferzeugern sind derzeit üblich:

— Heizgas (Stadtgas, Erdgas, Gichtgas)
— Heizöl (Erdöldestillate)
— Kohle (Steinkohle, Rohbraunkohle, Braunkohlenbriketts, Torf)
— biologische Brennstoffe (Holz, Rinde usw., Bagasse)
— chemische Zwischenprodukte
— Abhitze (von Gasturbinen, chem. Reaktoren usw.).

Der Aufwand an technologischen Baugruppen ist in Abhängigkeit vom vorgesehenen Brennstoff sehr unterschiedlich. Während er für Gas und Öl sehr gering ist, wächst er bei festen Brennstoffen, wie Steinkohle, Braunkohlenbriketts und Rohbraunkohle für Rostfeuerungen, und ist am höchsten bei Rohbraunkohlenstaubfeuerungen. Hier sind für den Betrieb Kohlenstaubmühlen, Luftvorwärmer mit umfangreichen Luft- und Staubleitungen sowie Rauchgasrückführungen zur Kohlevortrocknung erforderlich. Bei Einsatz von festen Brennstoffen ist es notwendig, einen Bunker für die Pufferung eines Brennstoffvorrats anzuordnen.

■ *Aufstellungsart*

Abhängig von der Größe der Dampferzeuger und von den anschließenden baulichen Anlagen wird unterschieden in
— Aufstellung im Kesselhaus
— Teilfreibauweise und
— Freibauweise.

Daraus ergeben sich differenzierte Anforderungen an die Tragkonstruktion und die Außenverkleidung der Dampferzeuger.

■ *Kesselgestaltung*

Die Gestaltung eines Dampferzeugers wird maßgeblich beeinflußt durch solche funktionsbedingten Ausführungsvariationen wie Einzug- oder Mehrzugbauweise, Leicht- oder Schwerisolierung, Anordnung der Feuerungsaggregate. Eine Zusammenstellung der möglichen Varianten enthält Tab. 6.1.

Bild 6.3. zeigt die Seitenansicht eines Dampferzeugers in $1^1/_2$-Zug-Bauweise mit Leichtisolierung und Kohlenstaubfeuerung. Auffällig sind (bei näherer Betrachtung) die zahlreichen Durchdringungen von Leitungen und Aggregaten des Dampferzeugers durch die stabilisierenden Gerüstscheiben. Priorität besitzen die funktionstechnischen Belange des Druckkörpers. Das Haupttraggerüst ist durch den Stahlbauprojektanten so zu entwickeln, daß es unter Ausnutzung der frei bleibenden Räume die Funktionen Tragsicherheit und Stabilisierung übernimmt.

6.1.1.2. Leistungsumfang — Stahlbau

Im Kesselbau werden dem Stahlbau folgende Leistungsanteile zugeordnet:

— Haupttraggerüst, teilweise ergänzt durch ein separates Gerüst, das den Luftvorwärmer trägt
— Kesselbühnen: Hier werden Laufbühnen für Bedienungs- und Wartungszwecke und große Trägerlagen mit Normlasten bis zu 10 kN/m² als Reparatur-, Transport- und Zwischenlagerflächen zusammengefaßt.
— Treppentürme und Aufzugsschächte
— Reparatureinrichtungen, z. B. Kran- oder Katzbahnen und deren Tragkonstruktion
— Kanäle: Darunter sind bei größeren Dampferzeugern

Tabelle 6.1. Kriterien für die Gestaltung eines Dampferzeugers, unabhängig von der Leistungsgröße

Brennstoff	Kesselaufbau		Kesselisolierung	Aufstellungsart
Kohle	Rostfeuerung	Einzug	Schwereinmauerung	im Kesselhaus
	Staubfeuerung			
	Wirbelschichtfeuerung	$1^1/_2$- und 2-Zug	Leichtisolierung (z. B. Kamilit)	Halbfreibauweise
Biologische Brennstoffe				
Gas		3- und Mehrzug		Freibauweise
Öl				
Abhitze				

6.1. Kesselgerüste

Bild 6.2. Kesselgerüst im Montagezustand; DE-Leistung 815 t/h, Braunkohlenstaubfeuerung

194 6. Industriegerüste

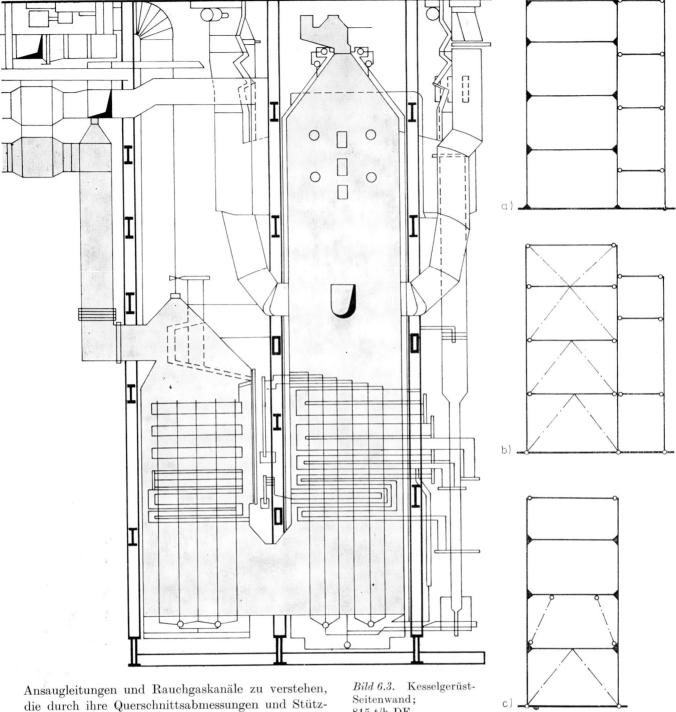

Ansaugleitungen und Rauchgaskanäle zu verstehen, die durch ihre Querschnittsabmessungen und Stützweiten sowie hohe Belastungen aus Innendrücken, Temperatur und teilweise Wind bauingenieurmäßig zu gestaltende und zu berechnende Bauwerke darstellen.

Bild 6.3. Kesselgerüst-Seitenwand; 815-t/h-DE

6.1.1.3. Funktionen des Kesselgerüstes

Kesselgerüste sind spezielle Bauwerke des Stahlhochbaus, die die Standsicherheit und Stabilität eines Dampfkessels gewährleisten. Sie müssen in der Lage sein, sämtliche Belastungen aus den Eigenmassen von Druckkörper und Stahlkonstruktion, aus dem Kesselbetrieb und atmosphärische Belastungen sicher aufzunehmen.

Für Kesselgerüste ergeben sich besondere Anforderungen:
— *Pulsation und Verpuffung:* Diese Beanspruchungen

Bild 6.4. Stabilisierung von Kesselgerüsten
a) biegesteifer Rahmen
b) Fachwerk
c) gemischte Fachwerk-Rahmen-Konstruktion
d) scheibenartige Kerne mit angekoppelten Stützen

entstehen im Verbrennungsraum und nachfolgenden Rauchgaszügen infolge von Unregelmäßigkeiten im Verbrennungsprozeß. Pulsationen treten im Kesselbetrieb ständig auf, besonders ausgeprägt bei Kohlenstaub-Dampferzeugern. Verpuffungen sind unplanmäßige Ereignisse, die durch Betriebsstörungen, wie Flammenabriß u. ä., verursacht werden können. Verpuffungen sind vom Stahlbauprojektanten derart zu berücksichtigen, daß Zerstörungen sekundärer Bauteile möglich sind, aber Beeinträchtigungen der Standsicherheit der Bauwerke ausgeschlossen werden.

— *Temperatur:* Den Temperatureinflüssen aus dem Kesselbetrieb ist Rechnung zu tragen durch Anordnung entsprechender Dehnmöglichkeiten oder durch Aufnahme der verursachten Spannungen.
— *Montage und Reparatur:* Da das Kesselgerüst ein integrierter Bestandteil der gesamten Dampferzeugeranlage ist, sind die statischen Systeme auf die Gesichtspunkte von Montage- und Reparaturtechnologien zu orientieren.
— *Stützensenkungen:* Ausbildung der Tragsysteme in der Art, daß auftretende unterschiedliche Fundamentsenkungen keine Zwängungen und damit verbunden zusätzliche Spannungen verursachen.
— *horizontale Durchbiegungen:* Eine wesentliche Anforderung an ein Kesselgerüst ist die Minimierung der horizontalen Durchbiegung aus Wind und anderen Horizontalkräften, um eine zur Zerstörung führende Beanspruchung der Einmauerisolierung bzw. Zwängungen in den Führungselementen des gasdicht geschweißten Rohrwandkörpers zu vermeiden.

6.1.2. Lastannahmen

Entsprechend den Vorschriften TGL 13450 und TGL 13500 sind für die Berechnung der Dampferzeugergerüste alle von der Fertigung bis zur Nutzung auftretenden Belastungszustände zu untersuchen. Die Lasten sind dabei so zu kombinieren, daß der für die Bemessung ungünstigste Beanspruchungszustand erfaßt wird.
Dabei sind Lastkombinationsfaktoren entsprechend TGL 32274 zu beachten.
Bei Dampferzeugergerüsten sind folgende Lasten in der Grundkombination zu berücksichtigen:

— ständige Lasten, d. h. alle Lasten aus dem Rohrkörper einschließlich Wasserfüllung, den Isolierungen und der Stahlkonstruktion
— Verkehrslasten gemäß TGL 33274/03 bzw. entsprechend besonderen Festlegungen in spezifischen Werkstandards des Dampferzeugerbaus
— Schubkräfte aus Rohrleitungen innerhalb eines bzw. zwischen verschiedenen Bauwerken
— Rückstoßkräfte von Ausblaseleitungen
— Beanspruchungen aus Temperatureinwirkungen des Dampferzeugers
— Beanspruchungen aus Pulsation beim Verbrennungsvorgang
— Schneelasten gemäß TGL 33274/05
— Windbelastung gemäß TGL 33274/07
— Beanspruchungen im Montagezustand.

Folgende Lasten sind in der Sonderkombination zu berücksichtigen:

— Verpuffungen bzw. Implosionen im Brennraum infolge Unregelmäßigkeiten im Kesselbetrieb
— Erdbebenlasten je nach Aufstellungsgebiet und Erdbebenzone.

6.1.3. Berechnung und Bemessung
6.1.3.1. Wahl des statischen Systems

Zur Sicherung der Gesamtstabilität bieten sich die im Bild 6.4. dargestellten prinzipiellen Möglichkeiten an.
Die Wahl der statischen Systeme hängt wesentlich von der Kesselbauart ab. Zahlreiche Durchdringungen der Tragwerksebenen von technologischen Bauteilen, Rohren, Rauchgaszügen sowie Wandbereiche, die für eine ungehinderte Auswechslung von Rohrpaketen im Reparaturfall frei gehalten werden müssen, lassen in den meisten Fällen die Ausbildung von durchgehenden Fachwerksystemen nicht zu (s. Bild 6.5.). Diese würden der Forderung nach geringer horizontaler Verschiebung und optimalem Materialeinsatz am besten nachkommen. Zur Gewährleistung der Stabilität werden somit überwiegend mehrstöckige Rahmensysteme gewählt, die nur teilweise oder gar nicht ausgefacht sind. Von besonderer Bedeutung für die Tragwerksscheibe ist dabei die Anordnung

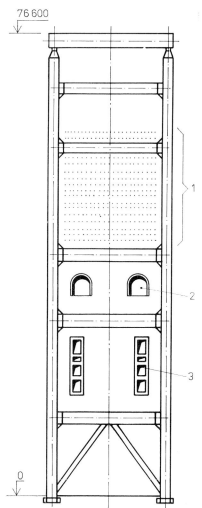

Bild 6.5. Kesselgerüst-Vorderwand, 815-t/h-DE
1 Rohraustritte
2 Rauchgasrücksaugungen
3 Kohlenstaubbrenner

von Fachwerkstäben im untersten Stockwerk. Damit können Einspannmomente der Stützen gering gehalten werden, die konstruktive Gestaltung der Stützenfüße und der Verankerung sowie die Fundamentausbildung vereinfachen sich.

Besteht die zwingende Notwendigkeit, durchgehende Fachwerkscheiben auszubilden, so müssen die Tragwerksebenen so weit vom Kessel abgerückt werden, daß keine störenden Durchdringungen mehr vorhanden sind. Diese Bauweise hat Vorteile im statischen Verhalten, führt jedoch zu großen Riegelspannweiten und damit zu größeren Trägerquerschnitten und höherem Materialeinsatz.

Ein weiterer wesentlicher Gesichtspunkt bei der Entwicklung statischer Systeme für Kesselgerüste ist die Beachtung der Montagetechnologie. Kesselgerüste mit immer größerer Tragwerkshöhe erfordern Hebezeuge entsprechender Tragkraft und Hubhöhe. Beide haben ihre praktische Grenze und lassen dann eine Montage des Kessels nach bereits komplett montiertem Gerüst nicht zu. Beispielsweise erreichte der größte in der DDR mit einem Turmdrehkran (BK 1000 Hubhöhe 80 m) errichtete Kessel eine Bauwerkshöhe von 80 m. Daraus ergab sich die Notwendigkeit einer kombinierten Montage von Gerüst- und Bühnenteilen sowie von Feuerungs- und Druckteilbaugruppen. Dieser Anspruch und die Forderung nach Blockmontage im Sinn einer optimalen Auslastung der Großhebezeuge und Senkung der Montagezeit wurden bei der Wahl des statischen Systems beachtet. Bild 6.6. zeigt das statische System des Seitenwandrahmens eines 815-t/h-Dampferzeugers während der Montage. Die Seitenwandriegel in den obersten beiden Rahmenstockwerken müssen während der Montage wesentlicher Teile des Druckteilkörpers auf der dem Kran zugewandten Seite herausgelassen werden. Erst nach kompletter Montage aller Rohrwände und der Kesseldecke mit den Rohrpaketen kann die Seitenwand endgültig geschlossen werden.

6.1.3.2. Querschnitte

Bei Stützen führen große Normalkräfte und Biegebeanspruchung über beide Querschnittshauptachsen vorwiegend zu Kastenquerschnitten. Sind in den Stützen allseitig angeschweißte Querschotte erforderlich, so sind Mindestabmessungen von etwa 1,4 m × 1,4 m einzuhalten, die eine innere Begehbarkeit erlauben (Mann-

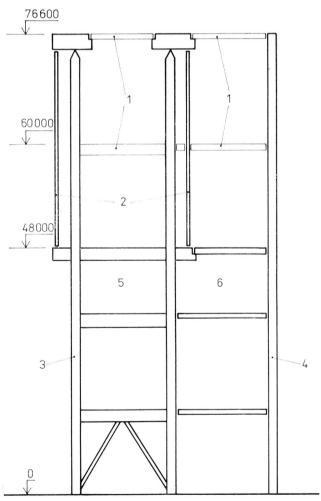

Bild 6.6. Kesselgerüst-Seitenwand, statisches System im Montagezustand

1 während der Kesselmontage fehlende Seitenwandträger
2 Zugstangen
3 Vorderwand
4 Rückwand
5 Brennkammer
6 II. Zug

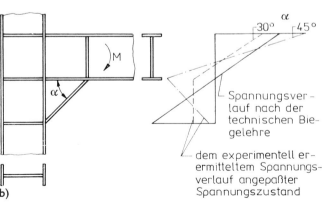

Bild 6.7. Spannungsverläufe an Riegel-Stützen-Anschlüssen
a) Doppelvoute
b) einfache Voute

löcher). Kreuzartig angeordnete I-Querschnitte weisen ebenfalls günstige Querschnittswerte auf und führen zu günstigen Schraubenanschlußmöglichkeiten für Riegel mit Stirnplatten, sie sind jedoch sehr fertigungsaufwendig und besitzen eine große Oberfläche (Korrosionsschutz). Riegel werden je nach Beanspruchung (Normalbeanspruchung, Querbiegung, Torsion aus außermittiger Lasteintragung) als I- oder Kastenträger ausgebildet.

6.1.3.3. Stahlgüten

In der DDR werden für Kesselgerüste vorwiegend die Baustähle St 38 und H 52 eingesetzt, wobei im Kraftwerksbau zunehmend auch korrosionsträger Baustahl (KT 45, KT 52) üblich ist. Für besonders temperaturbelastete Bauteile werden in geringem Maße warmfeste Stähle (z. B. 15 Mo 3) verwendet. Höherfeste Baustähle (H 60) haben sich aufgrund ihrer geringeren Dickenfestigkeit nicht durchgesetzt. In Auswertung langjähriger Messungen dürfen unter bestimmten Voraussetzungen Kesselgerüste und Bühnenträger bei Berücksichtigung von Querschnittsschwächung infolge Abrostung unkonserviert eingesetzt werden (s. TGL 25360).

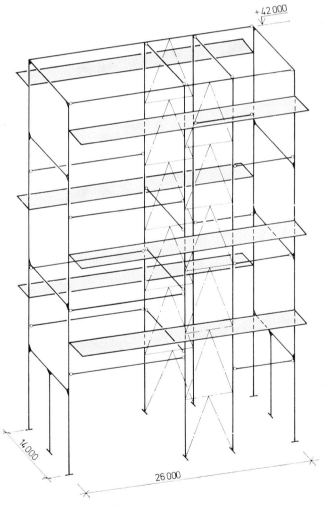

Bild 6.8. Statisches Gesamtsystem eines Kesselgerüstes, DE-Leistung 260 t/h, Braunkohlenstaubfeuerung

6.1.3.4. Riegel-Stützen-Verbindung

Bei Rahmensystemen werden an die Riegel-Stützen-Verbindungen wegen der dort auftretenden größten Schnittkräfte besonders hohe Anforderungen gestellt. Zur Wahl stehen in der Hauptsache Schweißverbindungen und Stirnplattenanschlüsse mit hochfesten Schrauben. In beiden Fällen wird meistens die Anschlußhöhe größer sein als die Trägerhöhe, um die Verbindungsmittel unterzubringen. Erreicht wird die Vergrößerung der Anschlußhöhe durch das Anordnen von einer oder zwei Vouten, wobei die untere Voute gleichzeitig als Montagehilfe genutzt werden kann. Sehr große Riegelhöhen (bis etwa 2 m) mit Vouten veranlaßten bei Schweißverbindungen zu Untersuchungen über den Spannungsverlauf in der Anschlußebene. Die qualitativen Ergebnisse dieser Forschung [6.2] sind im Bild 6.7. an zwei Konstruktionsformen dargestellt. Spezielle Berechnungsverfahren ermöglichen die näherungsweise Berechnung der Spannungen in Abhängigkeit von verschiedenen Einflußparametern (Voutenzahl, -öffnungswinkel, -höhe) bei I- bzw. Kastenstützen [6.6].

6.1.3.5. Misch- und Verbundbauweise

Das volkswirtschaftliche Erfordernis einer Stahleinsparung für Kraftwerksneubauten führte zu Untersuchungen in den verschiedensten Richtungen, u. a. auf Entwicklung neuerer Tragstrukturen, und dem verstärkten Einsatz des Stahlbetons. Während Bunker- und Maschinenhaustrakt bereits vollständig in Stahlbetonbauweise ausgeführt werden, ist das Kesselgerüst bisher ein reines Stahlhochbautragwerk geblieben. Für die Ausführung in Stahl sprechen die Vorzüge der schnellen Montage, der Flexibilität bei Umbauten und nachträglichen Erweiterungen, geringe Bauteilabmessungen und -massen und die Möglichkeit einer Materialrückgewinnung durch Verschrotten.
Möglichkeiten der Verknüpfung der Vorzüge des Stahlbaus und einer Reduzierung des Stahleinsatzes bietet die Mischbauweise. Wissenschaftliche Untersuchungen zur Einführung einer Mischbauweise [6.3] führten zur Empfehlung, die Kesselstützen als stahlummantelte Stahl-Beton-Verbund-Stützen auszuführen. Durch den Stahlmantel bleibt der Vorzug der Stahlstütze erhalten, nachträglich ohne großen Aufwand Lasteintragungen über Anschweißungen zu ermöglichen.

6.1.3.6. Berechnungsverfahren

■ *Gesamtsystem*

Bei der Berechnung der an sich räumlichen Tragwerke ist zu untersuchen, ob eine Aufteilung in ebene Systeme möglich und zweckmäßig ist. Eine sinnvolle Wahl eines statischen Systems wird diese Gesichtspunkte berücksichtigen. Bild 6.8. zeigt das Gesamtsystem eines Gerüstes, bei dem eine Zergliederung in ebene Systeme eindeutig möglich ist. Dabei werden die ebenen Systeme zum Teil durch horizontal angeordnete Verbände senkrecht zu ihrer Ebene gehalten. Bei den Kesselgerüsten handelt es sich in der Regel um schlanke, druckbeanspruchte verschiebliche Systeme. Der Einfluß der Verformung auf

6. Industriegerüste

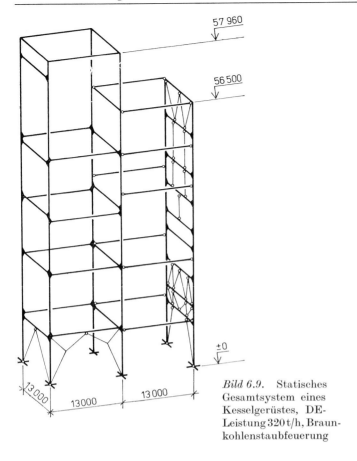

Bild 6.9. Statisches Gesamtsystem eines Kesselgerüstes, DE-Leistung 320 t/h, Braunkohlenstaubfeuerung

den Schnittkraftzustand ist relativ hoch. Da es sich außerdem um mehrere zum Teil sehr unterschiedlich steife Stockwerke handelt, ist ein Knicknachweis mit dem φ-Verfahren wenig sinnvoll und liefert keine brauchbaren Ergebnisse. Die Berechnung solcher Systeme erfolgt daher nach der Spannungstheorie II. Ordnung unter Annahme einer vorgeschriebenen (TGL 13503) Verformung des Systems. Größere Systeme werden unter Nutzung der Rechentechnik mit leistungsfähigen Rechenprogrammen [6.4] berechnet. Diese Programme sind geeignet, das Tragwerksverhalten hinreichend genau zu erfassen. Bild 6.9. zeigt ein solches System eines Kesselgerüstes. Es wird in der Regel für ruhende Belastung berechnet. Sollen Kesselgerüste in Erdbebengebieten aufgestellt werden oder werden von schnellaufenden Aggregaten (z. B. Gebläse) Unwuchten auf das Gerüst übertragen, so sind für Kesselgerüste auch dynamische Untersuchungen erforderlich. Im Bild 6.10. sind für eine Kesselgerüstseitenwand, die sich durch eine gestörte Stockwerkssteifigkeit und sehr unterschiedliche Massenbelegung auszeichnet, die ersten vier Schwingungseigenformen darstellt. Eigenfrequenzen und -formen wurden nach [6.4] Baustein 7, Kinetik räumlicher Stabtragwerke, ermittelt.

■ *Tragglieder*

Die Berechnung der Einzeltragglieder erfolgt nach den allgemeingültigen Vorschriften des Stahlbaus. Dem Projektanten stehen jedoch auch hier zahlreiche Hilfsmittel zur Verfügung. Hierzu seien die Literaturangaben [6.5] und [6.6] genannt, wobei letztere speziell für den Dampferzeugerbau entwickelte Hilfsmittel zum Nachweis der Wölbkrafttorsion enthält. Für konstruktiv komplizierte Details mit unübersichtlichem Spannungsverlauf stehen FEM-Programme zur Verfügung.

6.1.4. Konstruktive Besonderheiten

Die Forderung an den Stahlbauprojektanten nach einer schnellen Montage des Kesselgerüstes führte zur Entwicklung entsprechender Vorrichtungen und Montageverbindungen. So z. B. zu den in [6.7] dargestellten Stützen- und Riegelstößen. Bild 6.11. zeigt einen Montagestoß in geschweißter Ausführung. Um die Fortsetzung der Montage durch die zeitaufwendige Verschweißung des Stumpfstoßes nicht zu behindern, wird der zu montierende Stützenschuß (*1*) durch Spannschrauben, die an besonderen Montageösen (*2*) angebracht werden, gegen Umkippen gesichert. Das Ausrichten des Stützenschusses beim Absetzen wird durch keilförmige Bleche (*3*) erreicht, die gleichzeitig zum Anheben der Stütze dienen. Zur Sicherung einer hohen Paßgenauigkeit der Stützen werden in der Werkstatt jeweils zwei Schüsse ausgelegt und die vorher verschraubten Endschottbleche (*4*) erst nach dem axialen Ausrichten beider Stützenteile eingeschweißt.
In ähnlicher Weise wurde eine Montageverbindung für

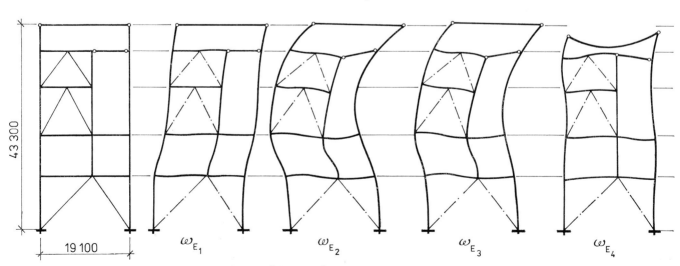

Bild 6.10. Schwingungsformen einer Kesselgerüst-Seitenwand

6.1. Kesselgerüste **199**

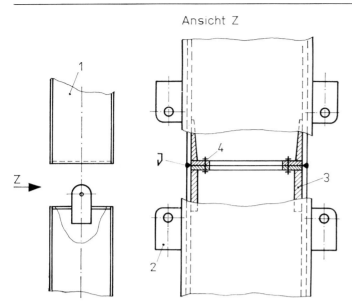

Bild 6.11. Montagestoß einer Kastenstütze

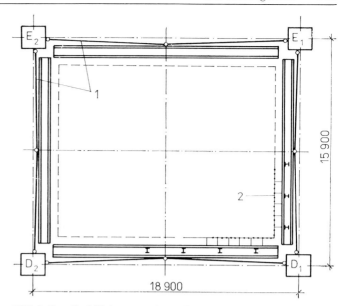

Bild 6.13. Stabilisierung eines Brennkammerrohrkörpers im Kesselgerüst

Rahmenriegel entwickelt (Bild 6.12.). Ein auf Paßlänge zugeschnittener und mit Schweißnahtvorbereitung versehener Rahmenriegel (1) wird auf eine Voute (2), die zugleich als Montagekonsol dient, abgesetzt. Über eine

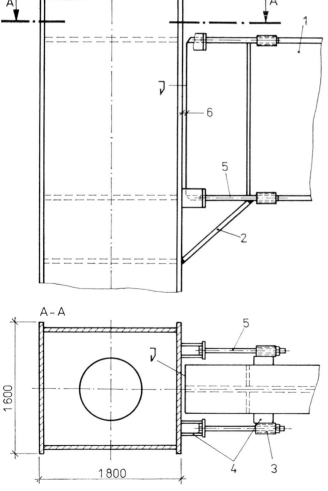

Bild 6.12. Montagestoß eines Rahmenriegels

Montagevorrichtung, bestehend aus einem Rohrstück (3) und einer Halterung (4), wird eine Spannschraube (5) befestigt, die zum einen den exakten Schweißspalt sichert und zum anderen die Eintragung eines Biegemoments in die Rahmenecke vor dem Verschweißen ermöglicht.

Zur Stabilisierung von einzelnen Baugruppen des Dampferzeugers ist es erforderlich, ausgelöst durch die Wärmedehnung, den speziellen Anforderungen entsprechende besondere Tragkonstruktionen zu entwickeln. Im Zusammenhang mit der Freibauweise von Dampferzeugern, bei denen die von gasdicht geschweißten Rohrwänden umschlossene Brennkammer unmittelbar durch Windlasten beansprucht wird, ergibt sich die Forderung nach eindeutiger horizontaler Führung des Kesselkörpers. Bild 6.13. zeigt einen Querschnitt durch einen Dampferzeuger, der über Zugstangen (1) eindeutig am Kesselgerüst arretiert ist. Die gasdicht geschweißten Rohrwände (2) können sich spannungsfrei nach allen Richtungen bei Erwärmung ausdehnen.

Vielfach ist es erforderlich, Tragkonstruktionen zu projektieren, die, ohne große Reibungskräfte zu entwickeln, in der Lage sind, auch große Dehnwege infolge hoher Temperaturen im Betriebszustand zuzulassen. Bild 6.14. zeigt eine sogenannte Satteltragkonstruktion unter einem Querzug zwischen zwei Rauchgaszügen. Zwei Rohrwände (1 und 2) bewegen sich beim An- bzw. Abfahren des Dampferzeugers zueinander bzw. voneinander (3). Die zur Stabilisierung der Rauchgaszüge vorhandenen Bandagen (4) sind in der Lage, horizontale Kräfte aufzunehmen, jedoch keine Drillmomente. Einseitig in die oberen als Kastenquerschnitte ausgebildeten Bandagen biegesteif angeschlossene Stiele (5) lösen das von der Mauerwerkslast (6) verursachte Versatzmoment in ein horizontales Kräftepaar auf die Bandagen auf. Somit ist die Satteltragkonstruktion (7) in der Lage, die horizontalen Verschiebungen zwischen den Rauchgaszügen (8, 10) aufzunehmen. Der Querzug (9) wird durch die Abstützung an den Rohrwänden nicht in seiner vertikalen Bewegung infolge Temperaturdehnung behindert.

6.2. Bunker-, Silo- und Apparategerüste

6.2.1. Gestaltung der Tragstruktur

Gerüste passen sich in Form und Abmessung der technologischen Ausrüstung und der Nutzungstechnologie an. Maßgebende Gesichtspunkte für die Wahl der Tragstruktur sind:

— die aufzunehmenden Lasten der Behälter und Apparate
— die technologischen Anforderungen des Nutzers
— die Möglichkeit der Vorfertigung
— der Transport
— die Montagetechnologie.

Riegel und Stiele bilden das tragende Skelett, zur Bedienung der Ausrüstung sind in der Regel Arbeitsbühnen und Podeste erforderlich. In Abhängigkeit von der Art der zu tragenden Ausrüstung und deren Nutzung sind einetagige, einetagig gereihte und mehretagige Gerüste auszubilden (Bild 6.15. a bis c). Stiele, Riegel und Arbeitsbühnen bilden zusammen ein räumliches Tragwerk, dessen Gesamtstabilität durch die Stabilisierung der einzelnen Tragwerksscheiben zu gewährleisten ist. Für die Stabilisierung der Wandscheiben ist das Fachwerk besonders geeignet (Bild 6.15. d bis f). Fachwerke haben den Vorteil der großen Steifigkeit. Gegenüber von Rahmentragwerken entfallen die großen Eckmomente, und es können Material-

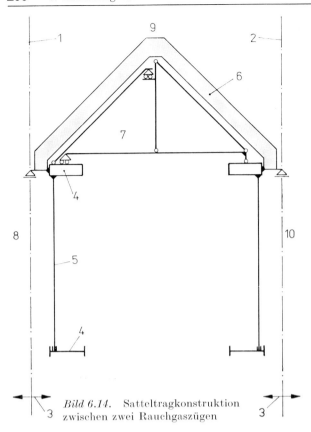

Bild 6.14. Satteltragkonstruktion zwischen zwei Rauchgaszügen

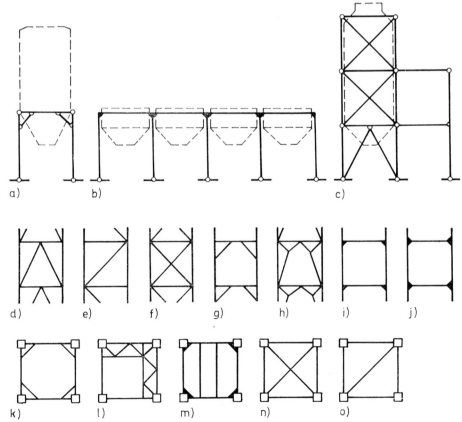

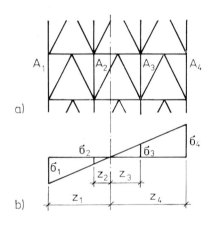

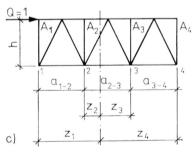

Bild 6.15. Tragstruktur von Industriegerüsten

a) bis c) Beispiele für ein- und mehretagige Gerüste
d) bis j) Stabilisierungsvarianten für die Wandscheiben
d) K-Verband
e) Strebenfachwerk
f) Kreuzverband
g) Kopfstreben
h) Portal
i) Rahmen
j) Rahmen
k) bis o) Stabilisierung der Deckenscheiben

Bild 6.16. Näherungsweise Ermittlung der Stabkräfte in mehrgliedrigen Fachwerkscheiben
a) System
b) Verteilung der Spannungen bei Annahme einer vollwandigen elastischen Scheibe
c) Schema der Verteilung der Querkraft

einsparungen bis zu 20% auftreten. Die Nutzungsfreiheit für Durchfahrten in der Erdgeschoßzone bzw. für die Durchführung von Rohrleitungen kann durch Verbände nach Bild 6.15.g und h erreicht werden. Nachteilig ist der höhere Fertigungs- und Montageaufwand. Um eine größere Nutzungsfreiheit in den Wandscheiben und günstigere Fertigungs- und Montagebedingungen zu erhalten, wird vielfach der Rahmen- (Bild 6.15.i und j) oder auch der Fachwerk-Rahmen-Mischbauweise der Vorzug gegeben. Rahmen sind insbesondere dort vorteilhaft, wo geringe Eckmomente nur mäßige Abmessungen der Rahmenecken erfordern und damit der dafür notwendige Aufwand klein gehalten wird.

Decken und Arbeitsbühnen bestehen in der Regel aus Trägerrosten, wobei der Trägerabstand durch den Belag bestimmt wird. Sie werden in die Stabilisierung des Gesamtgerüstes mit einbezogen und bilden die horizontalen Stabilisierungsscheiben. Bild 6.15.k bis o zeigt Varianten für die Gestaltung der Stabilisierung der Deckenscheiben, wobei im Falle eines steifen Belags auf Verbände verzichtet werden kann bzw. nur leichte Montageverbände notwendig sind.

6.2.2. Lastannahmen

Industriegerüste sind in Abhängigkeit von der Art der Beanspruchung für folgende Lasten nachzuweisen:

— *ständige Lasten:* Eigenlasten, Erddruck und -auflasten, Gebirgsdruck
— *langzeitige Lasten:* Last aus stationären Ausrüstungen (z. B. Werkzeugmaschinen, Apparate, Motoren, Transportbänder, Hängeförderer, Behälter und Rohre sowie deren während der Nutzung vorhandene Füllung), langfristige Temperatureinwirkungen aus der stationären Ausrüstung, Last aus Staubablagerungen
— *kurzzeitige Lasten:* Lasten beweglicher Hebe- und Transportausrüstungen, Lasten aus Bedienung und Reparatur, Schnee- und Windlasten (nur bei Frei- bzw. Teilfreibauweise), Kräfte infolge klimatischer und kurzfristiger Temperatureinwirkungen, Lasten aus Transport und Montage der Bauteile, Lasten beim Ein- und Ausschalten der Ausrüstungen und deren kurzfristiger Erprobung
— *Sonderlasten:* Kräfte aus Erdbeben und Explosionen, Lasten durch Betriebsstörungen, Lasten aus Baugrundbewegungen.

Die Lasten der Ausrüstung und ihrer Montagegeräte, soweit sie die Industriegerüste beanspruchen, müssen im technologischen Projekt enthalten sein. Dazu gehören auch Angaben über die Größe und Lage der Lasteintragungsflächen sowie über mögliche Montagewege und Abstellflächen. Bei Schüttgut, das zur Brückenbildung neigt, sind schlagartig wirkende Kräfte aus dem Einsturz der Brücken zu berücksichtigen und somit Angaben zur Ermittlung lasterhöhender Faktoren notwendig. Werden beim Entleeren Rüttler eingesetzt, sind die entsprechenden dynamischen Beanspruchungen zu berücksichtigen. Ebenso sind dem technologischen Projekt die zur Ermittlung von Massenkräften aus der Ausrüstung notwendigen Werte zu entnehmen.

6.2.3. Berechnung

Zur Berechnung der Gerüste erfolgt in der Regel die Zerlegung in Tragwerksscheiben. Die Nutzung der räumlichen Tragwirkung bringt meist nur geringe Effekte, so daß darauf verzichtet wird. Die räumliche Tragwirkung ist jedoch dadurch zu berücksichtigen, daß an den Scheibenrändern auftretende Kräfte aus zwei bzw. mehreren zusammentreffenden Scheiben zu überlagern sind. Die Schnittkräfte für Rahmen-, Fachwerk- und Mischscheiben werden in der Regel mit Hilfe von speziellen Rechenprogrammen über EDV-Anlagen ermittelt.

Das Tragskelett von Fachwerkscheiben wird für horizontale und vertikale Beanspruchung wie ein unten eingespanntes Fachwerksystem behandelt, wobei alle Knoten (auch Riegelanschlüsse) als reibungsfreie Gelenke angesehen werden. Für zwei- und mehrgliedrige Fachwerkscheiben können nach [6.8] die Stabkräfte mit einem Näherungsverfahren bestimmt werden. Man nimmt hierbei eine Verteilung der Spannungen aus horizontaler Beanspruchung wie beim vollwandigen elastischen Balken an (Bild 6.16.a und b). Zur Bestimmung der Kräfte in den Stielen ermittelt man das Trägheitsmoment der Gesamtfachwerkscheibe I_b in bezug auf den Schwerpunkt des Systems. Die Vertikalkraft N_i im entsprechenden Stiel erhält man aus

$$N_i = \frac{M z_i A_i}{I_b} \qquad (6.1)$$

M Moment im untersuchten Schnitt
A_i die Fläche des untersuchten Stiels
z_i Abstand des Stielquerschnitts vom Schwerpunkt des Systems

Kennt man die Vertikalkräfte in den Stielen, so lassen sich die Querkräfte Q_i im entsprechenden horizontalen Fachwerkabschnitt in den Zwischenfeldern bestimmen (Bild 6.16.c). Für den Fall eines dreigliedrigen Fachwerks erhält man bei $Q = 1$:

$$\left. \begin{array}{l} N_1 = \dfrac{1 h A_1 z_1}{I_b}; \quad Q_{1-2} = \dfrac{N_1 a_{1-2}}{h} = \dfrac{A_1 z_1}{I_b} a_{1-2} \\[2mm] N_4 = \dfrac{1 h A_4 z_4}{I_b}, \quad Q_{3-4} = \dfrac{N_4 a_{3-4}}{h} = \dfrac{A_4 z_4}{I_b} a_{3-4} \\[2mm] \qquad\qquad Q_{2-3} = 1 - Q_{1-2} - Q_{3-4} \end{array} \right\} \quad (6.2)$$

Aus den Querkräften lassen sich die Normalkräfte in den Diagonalstäben ermitteln. Zu beachten ist dabei, daß aus der Längenänderung der Stiele infolge Druckbeanspruchung zusätzliche Normalkräfte in den Verbandsstäben auftreten. Beim K-Verband nach Bild 6.15.d entstehen Querkräfte im Riegel. Bei sich kreuzenden Diagonalstäben nach Bild 6.15.f erhält man die zusätzliche Diagonalstabkraft aus

$$N = \sigma_s^m \cos^2 \alpha \, A_D \qquad (6.3)$$

$\sigma_s^m = \dfrac{\sigma_1 + \sigma_2}{2}$ mittlere Druckspannung aus den Längskräften in den Stielen des untersuchten Feldes
α Winkel zwischen Diagonalstab und Stiel
A_D Diagonalstabquerschnitt

Für Rahmentragwerke sind zur Ermittlung der Schnittkräfte die Reduktionsmethode, die Kraftgrößenmethode, die Deformationsmethode (II. Ordnung) üblich. Vereinfachende Annahmen und Symmetrie-Antimetriebetrachtungen erlauben Näherungsverfahren (z. B. [6.8]), die in Abhängigkeit vom System auch ohne EDV-Programme zur einfachen Ermittlung der Schnittkräfte führen.
Bei der Bemessung sind TGL 13503/01 und /02, Abschn. 14. und 15., zu beachten. Danach werden Stabwerke in der Regel nach Theorie II. Ordnung unter Annahme einer ungewollten Verformung nachgewiesen. Näherungsweise ist bei Rahmentragwerken der Nachweis der Stiele nach dem Ersatzstabverfahren unter Beachtung von Knicklängenbeiwerten möglich.

6.2.4. Konstruktive Gestaltung

6.2.4.1. Bühnenabdeckung

Bei den im Industriegerüstbau notwendigen Bühnen finden folgende Abdeckungen Verwendung:

■ *Gitterroste*

Sie haben folgende Vorteile:

— hohe Festigkeit bei geringer Eigenlast
— größtmögliche Licht- und Luftdurchlässigkeit
— hohe Gleitsicherheit, auch bei Frost und Schnee
— größte Sauberkeit, Schmutz und Wasser fallen durch
— vielseitige Anwendungsmöglichkeit und Abwandelbarkeit
— einfache Verlegung und Befestigung
— durch Verzinkung keine Korrosionsschutzprobleme
— lange Lebensdauer und Betriebssicherheit
— hohe Tragfähigkeit, geringe Kosten.

Infolge dieser Eigenschaften können sie überall dort eingesetzt werden, wo sich diese Vorteile positiv auswirken. In der chemischen bzw. kaliverarbeitenden Industrie sind sie zu vermeiden.

■ *Riffelbleche*

Zur Anwendung kommt rhombisches und linsenförmiges Riffelblech mit folgenden Vorteilen:

— dichte Abdeckung
— vielseitige Anwendbarkeit und Anpaßbarkeit
— hohe Tragfähigkeit bei entsprechender Aussteifung
— lange Lebensdauer und Betriebssicherheit
— leicht zu reinigen
— verschiedene Verlege- und Befestigungsmöglichkeiten.

Die Vorteile erlauben eine vielseitige Einsetzbarkeit, es wird vor allem dort verwendet, wo eine dichte Abdeckung notwendig ist (tropfende technologische Ausrüstung, Staub). Bei Einsatz für Gerüste in Frei- bzw. Teilfreibauweise ist der Nachteil der Glatteisbildung zu beachten. In der chemischen Industrie ist der Einsatz zu vermeiden.

■ *Holzbohlen*

Dieser Belag hat sich vor allem in der chemischen und kaliverarbeitenden Industrie bewährt und wird dort überwiegend eingesetzt. Vorteile:

— widerstandsfähig gegen chemische Einflüsse
— lange Lebensdauer
— einfach verlegbar und schnell veränderbar
— wiederverwendbar
— hohe Festigkeit.

■ *Stahlbetonfertigteile*

Für aggressive Medien sind sie wenig geeignet. Ansonsten erlaubt ihre hohe Tragfähigkeit den Einsatz für robusten und schweren technologischen Betrieb (z. B. Kessel- und Apparategerüste). Sie werden vorzugsweise bei Gerüsten verwendet, wo kaum Änderungen in der technologischen Ausrüstung zu erwarten sind.

6.2.4.2. Profilgestaltung

Als Profile für die Stiele von Industriegerüsten kommen offene und geschlossene Profile nach Bild 6.17. in Frage. Für kleinere und geringer belastete Stiele sind in der Regel Walzprofile üblich, für schwere Industriegerüste werden meist geschweißte Profile verwendet. Dem gewalzten bzw. geschweißten typisierten I-Profil wird dabei wegen des geringeren Kostenaufwands und der einfacheren Anschlußmöglichkeit in der Regel der Vorzug gegeben. Geschlossene Kasten- und Rohrprofile weisen eine hohe Sicherheit gegen verschiedene Arten des Stabilitätsverlustes (Biegeknicken, Biegedrillknicken) auf. Sie sind

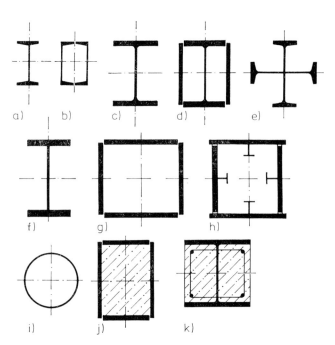

Bild 6.17. Querschnittsgestaltung für Gerüststiele
a) bis c)   Walzprofile
d) bis h)   zusammengesetzte offene bzw. geschlossene Querschnitte mit und ohne Längsaussteifung
i)   Rohrquerschnitt
j) und k)   Verbundquerschnitte

6.2. Bunker-, Silo- und Apparategerüste

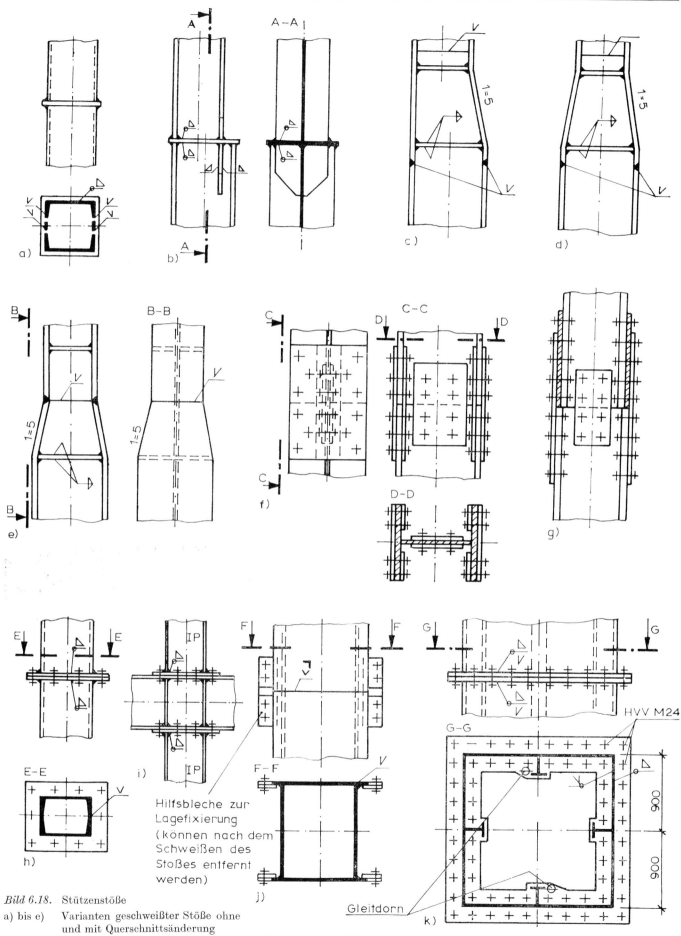

Bild 6.18. Stützenstöße
a) bis e) Varianten geschweißter Stöße ohne und mit Querschnittsänderung
f) bis i) Varianten für geschraubte Stöße mit und ohne Querschnittsänderung
j) und k) Montagestöße geschweißt und geschraubt

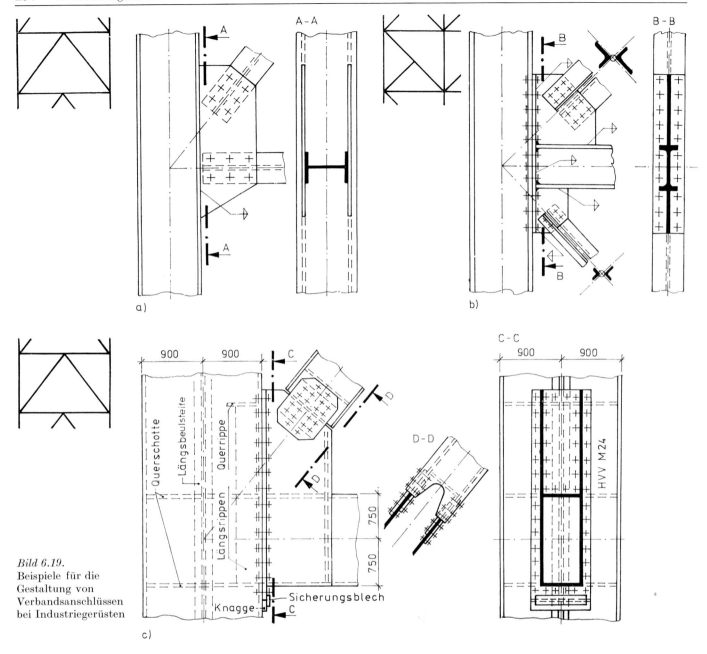

Bild 6.19. Beispiele für die Gestaltung von Verbandsanschlüssen bei Industriegerüsten

außerdem bei Anwendung der Stahl-Beton-Verbundbauweise vorteilhaft.

Für Riegel, Bühnen- bzw. Deckenträger werden vorwiegend I-Walz- und I-Schweißprofile eingesetzt.

6.2.4.3. Anschlüsse, Stöße, Stielfüße

Für den Anschluß und die Stoßgestaltung von Deckenträgern, Unterzügen und Riegeln gelten die in den Abschn. 2.3. und 2.6. aufgeführten Grundsätze. Die Stützenfußgestaltung und -bemessung erfolgt nach Abschn. 2.5.

Bei mehrgeschossigen Gerüsten sind aus Gründen des Transports und der Montage meist Stöße der Stiele auszubilden. Bild 6.18. zeigt Gestaltungsbeispiele dafür. Nach TGL 13500/01 sind Stöße in statisch unbestimmten Tragwerken und Stöße von Bauteilen, für die der Stabilitätsnachweis maßgebend ist, in der Regel so auszubilden, daß auch im Stoßquerschnitt die volle Querschnittsfläche und das volle Trägheitsmoment vorhanden sind, andernfalls ist die Auswirkung der Schwächung zu berücksichtigen. Als gelenkig angenommene Anschlüsse von Druckstäben dürfen ohne Berücksichtigung des Knickfaktors φ bemessen werden.

Der Anschluß von Verbänden muß im Montageprozeß leicht verwirklicht werden können. Für leichte Gerüste erfolgt dies, indem die verschiedenartigen Profile des Verbandes an vorher am Stiel angeschweißte Knotenbleche angeschraubt werden (Bild 6.19.a). Bei schweren Gerüsten werden meist die Knotenbleche am Riegel angeschweißt, und die Verbindung mit dem Stiel erfolgt durch geschraubte Stirnbleche (Bild 6.19.b und c).

6.2.5. Ausführungsbeispiele

Die unterschiedlichen Funktionen der Gerüste führen zu deren vielfältiger Gestaltung. Industriegerüste sind deshalb Einzeltragwerke, die nur in Ausnahmefällen deren Typisierung erlauben. Untersuchungen in [6.1] zeigten, daß nur Anschluß-, Stoß-, Fuß- und Querschnittsgestaltung in Regelausführungen einzuordnen sind, das Gerüst

6.2. Bunker-, Silo- und Apparategerüste

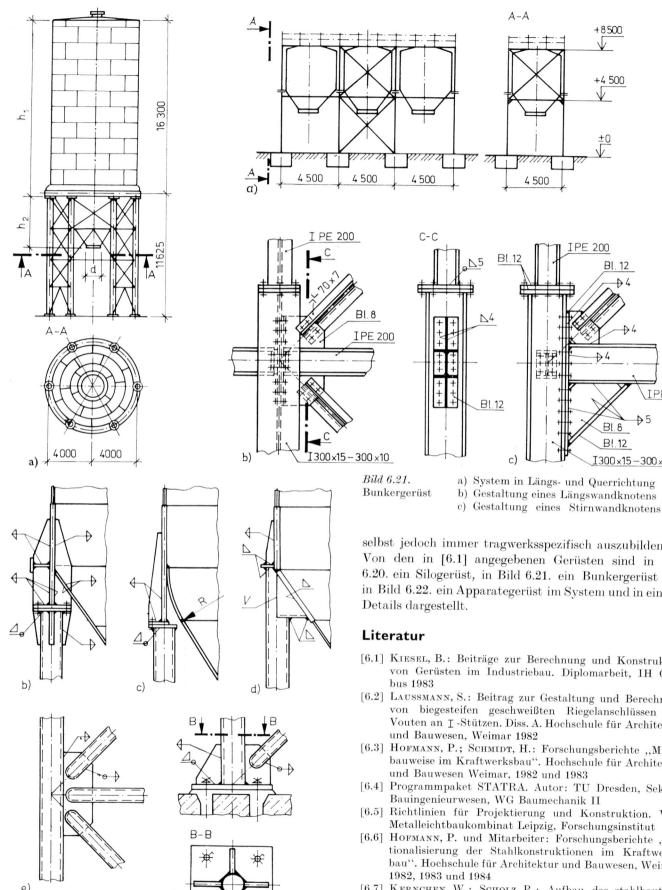

Bild 6.20. Silogerüst
a) Gesamtdarstellung
b) bis d) Varianten der Siloauflagerung
e) und f) Anschluß des Verbandes

Bild 6.21. Bunkergerüst
a) System in Längs- und Querrichtung
b) Gestaltung eines Längswandknotens
c) Gestaltung eines Stirnwandknotens

selbst jedoch immer tragwerksspezifisch auszubilden ist. Von den in [6.1] angegebenen Gerüsten sind in Bild 6.20. ein Silogerüst, in Bild 6.21. ein Bunkergerüst und in Bild 6.22. ein Apparategerüst im System und in einigen Details dargestellt.

Literatur

[6.1] KIESEL, B.: Beiträge zur Berechnung und Konstruktion von Gerüsten im Industriebau. Diplomarbeit, IH Cottbus 1983

[6.2] LAUSSMANN, S.: Beitrag zur Gestaltung und Berechnung von biegesteifen geschweißten Riegelanschlüssen mit Vouten an I-Stützen. Diss. A. Hochschule für Architektur und Bauwesen, Weimar 1982

[6.3] HOFMANN, P.; SCHMIDT, H.: Forschungsberichte „Mischbauweise im Kraftwerksbau". Hochschule für Architektur und Bauwesen Weimar, 1982 und 1983

[6.4] Programmpaket STATRA. Autor: TU Dresden, Sektion Bauingenieurwesen, WG Baumechanik II

[6.5] Richtlinien für Projektierung und Konstruktion. VEB Metalleichtbaukombinat Leipzig, Forschungsinstitut

[6.6] HOFMANN, P. und Mitarbeiter: Forschungsberichte „Rationalisierung der Stahlkonstruktionen im Kraftwerksbau". Hochschule für Architektur und Bauwesen, Weimar, 1982, 1983 und 1984

[6.7] KERNCHEN, W.; SCHOLZ, R.: Aufbau des stahlbautechnischen Teiles des 815-t/h-Dampferzeugers. Mitteilungen aus dem Kraftwerksanlagenbau der DDR, 1/79

[6.8] Metalliceskie konstrukčii, Sprovocnik proektirovščika (Metallkonstruktionen, Handbuch des Projektanten). Moskva: Strojizdat 1980

206 6. Industriegerüste

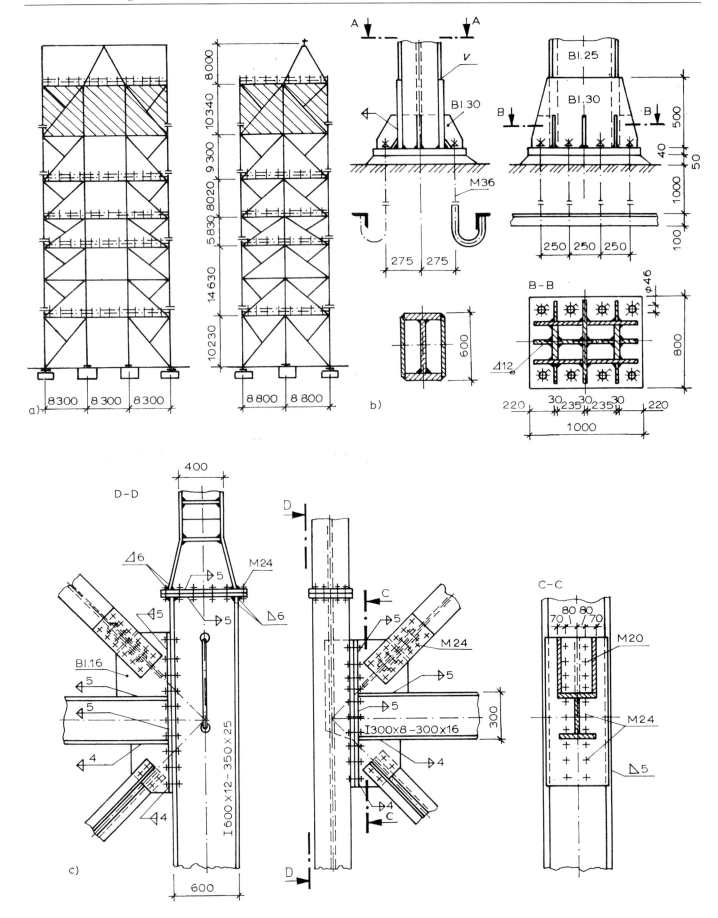

Bild 6.22. Apparategerüst a) System in Längs- und Querrichtung
b) Fußausbildung
c) Anschluß des Verbandes

7

Industriebrücken

Bild 7.1. Rohrleitungsbrücke, feldweise mit Bandbrücke kombiniert

Als Industriebrücken werden Energiebrücken (Rohrleitungs- und Bandbrücken) zu und von Betrieben und innerhalb dieser zwischen Betriebsteilen bezeichnet. Bild 7.1. zeigt den grundsätzlichen Aufbau eines Straßenübergangsfeldes einer gemeinsamen Rohrleitungs- und Bandbrücke.

7.1. Funktion

Rohrleitungen gewährleisten eine stetige, wirtschaftliche und technisch saubere Förderung von Stoffen in unterschiedlichen Zustandsformen. Tab. 7.1. zeigt eine Auswahl verschiedenen Förderguts. Rohrleitungsbrücken

Tabelle 7.1. Fördergut in Rohrleitungen

Fördergut	Förderung durch	Besonderheiten	Beispiele
Gase	Überdruck	z. T. giftig explosiv	Wasserstoff, Sauerstoff, Azetylen
Luft	Überdruck	—	Ansaugeluft, Druckluft
Dampf	Überdruck	hohe Temperatur	—
Wasser	Pumpen	—	Wasser, Abwasser
Teigige und flüssige Produkte	Pumpen	—	Teer, Öl, Benzin, Gas
Lösungsmittel	Pumpen	explosiv	Benzol, Methanol
Säuren, Laugen	Pumpen	z. T. aggressiv	Schwefelsäure, Natronlauge
Feinkörnige feste Stoffe	pneumatisch	z. T. explosiv	Kohlenstaub

haben die Aufgabe, die technologische Funktion dieser auf ihnen angeordneten Rohrleitungen einschließlich der Bedien- und Regeleinrichtungen zu sichern. Sie sind ortsfeste Tragwerke zur Unterstützung von Rohrleitungen und erlauben deren Überführung über natürliche Hindernisse, Verkehrswege und Bauten. Durch die Verlegung von Rohrleitungen auf speziellen Industriebrücken ergeben sich folgende Vorteile:

— Unterbringung verschiedenster Leitungen
— gute Zugänglichkeit, Überwachung und Wartung
— verhältnismäßig einfache Erweiterung und Änderung
— Nutzung des Raumes unter den Brücken
— andere Installationsleitungen (z. B. Kabel) können mitgeführt werden.

Bandbrücken haben die Aufgabe, die technologische Funktion der auf ihnen angeordneten Förderer einschließlich der Bedien- und Wartungseinrichtungen zu sichern. Sie sind ortsfeste Tragwerke zur Aufnahme von Band- oder Gliederbandförderern und der zugehörigen Laufgänge.

Bandanlagen sind gegenüber dem Transport mit Hilfe von Fahrzeugen wirtschaftlicher, wenn ein kontinuierlicher Bedarf von Rohstoffen oder Erzeugnissen an Sammel-, Lade- und Verarbeitungsstellen vorliegt. Dabei ist mit Hilfe der Bandbrücken sowohl eine horizontale als auch vertikale Förderung möglich. Auch für Bandbrücken ergeben sich die für Rohrleitungsbrücken genannten Vorteile.

7.2. Trassierung

Als Trasse für Rohrleitungen und Bandanlagen ist aus wirtschaftlichen Gründen in der Regel ein kurzer (wenn möglich der kürzeste) Weg zwischen den zu verbindenden Betrieben, Betriebsteilen und Anlagen anzustreben. Aus Gründen wie z. B. Geländeschwierigkeiten, Hindernisse, schlechte Gründungsverhältnisse, ungünstige Ansicht, Beachtung der Werksbebauung ist meist ein gebrochener Leitungs- bzw. Bandweg erforderlich. Die Anordnung der Rohrleitungen und Bandanlagen erfolgt dabei meistens parallel sowie rechtwinklig zu Werkstraßen und Gleisen. Rohrleitungen erhalten kein, oder wenn es z. B. zur Entwässerung notwendig ist, ein sehr kleines Gefälle (0,1 bis 0,4%). Die Realisierung der Neigung erfolgt durch die Lagerung der Rohre. Die Rohrleitungsbrücken werden deshalb in der Regel ohne Gefälle ausgeführt und größere Höhenunterschiede durch Sprünge (Abtreppung, kurze schräge Überleitung) überwunden. Bei der Trassierung ist das Abzweigen von Stichrohrleitungen zu einzelnen Betriebs- oder Anlagenteilen zu beachten.

Mit Bandanlagen sind sowohl ebene Strecken als auch Höhenunterschiede zu überwinden. Innerhalb eines Brückenstrangs können deshalb sowohl horizontal als auch in Längsrichtung geneigt liegende Brückenteile erforderlich werden. Da für die sichere Förderung des Gutes der Reibungswinkel eine bestimmende Größe ist, wird die mögliche Neigung in verhältnismäßig engen Grenzen gehalten. Im allgemeinen gelten 24° als größte zulässige Neigung. Innerhalb von Bandbrückenanlagen können Richtungsänderungen erfolgen, d. h., der Winkel zwischen zwei Brückenachsen ändert sich. In größeren Anlagen werden Querbänder (Querbrücken) in entsprechenden Winkeln zum Hauptband (Hauptbrücken) erforderlich.

7.3. Technologische Ausrüstung

7.3.1. Rohrleitungsbrücken

Die Rohrleitungen werden aus metallischen und nichtmetallischen Werkstoffen ausgeführt. Je nach Erfordernis, wie Halten von Mindesttemperaturen oder Verhindern des Einfrierens, wird ein Wärmeschutz in Form einer Isolierung aufgebracht.

Tabelle 7.2. Prinzipielle Anordnungen von Rohren in Brückenquerschnitten

Leitungsart	Anordnung		
	Geschoß	Lagerung	Lage
Gas	oberes	liegend	innen
Dampf = NW 400	oberes	liegend	außen
Dampf = NW 500	unteres	liegend	außen
Kondensat	unteres	hängend	außen
N_2	unteres	hängend	innen
Druckluft	unteres	hängend	innen
Schutzgas	unteres	hängend	innen
Wasser = NW 150	unteres	hängend	außen
Wasser = NW 200	unteres	liegend	innen
Produktleitung	unteres	hängend	außen, innen oder zwischen Geschossen

7.3. Technologische Ausrüstung

Die Anzahl der auf einer Rohrbrücke untergebrachten Rohre schwankt zwischen 1 und etwa 40. Ausschlaggebend ist die Art des Betriebs. Die Anzahl ändert sich durch Zu- und Abgänge innerhalb des Gesamtstrangs. Für die Anordnung der Rohre sind betriebstechnische Erfordernisse, wie z. B. Fördergut, Bedienung und Wartung, Zugänglichkeit, Dehnungsausgleicher, gleichmäßige Brückenbelastung, Abzweigungen und Kreuzungen, bestimmend. Zur grundsätzlichen Anordnung werden in [7.1] die in Tab. 7.2. dargestellten Empfehlungen gegeben. Mögliche Anordnungen der Rohrleitungen in verschiedenen Brückenquerschnitten zeigt Bild 7.2.

Bei der Projektierung sind spätere Erweiterungen zu beachten und Platzreserven vorzusehen. An Brückenkreuzungen werden die Rohre geradlinig durchgeführt (mit

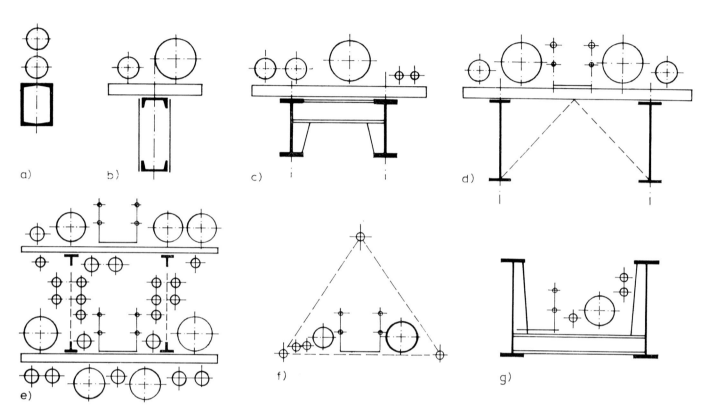

Bild 7.2. Anordnung von Rohrleitungen in verschiedenen Brückenquerschnitten

a) Vollwandträger ohne Querträger
b) Vollwandträger mit Querträger
c) zwei Vollwandhauptträger ohne Laufgang
d) zwei Vollwandhauptträger mit Laufgang
e) Fachwerkhauptträger, zwei Querträgergeschosse
f) Dreigurtbrücke
g) Trogbrücke

Tabelle 7.3. Sinnbilder und Benennung von Rohrleitungslagern

Sinnbild	Benennung	Kurzzeichen	Sinnbild	Benennung	Kurzzeichen	Sinnbild	Benennung	Kurzzeichen
Für waagerechte Rohrleitungen								
	Gleitlager	Gl		Gleitlager, federnd	Glf		Aufhängung	AH
	Gleitlager, rollend, ohne Führung	Glr		Gleitlager, federnd, zwangsgeführt	Glfz		Aufhängung, federnd	AHf
	Gleitlager, zwangsgeführt	Glz		Haltepunkt, senkrecht zur Rohrachse gleitend	HP		Schraubbügel Führungsschelle	SB FS
	Gleitlager, rollend, mit Führung	Glrz		Haltepunkt, federnd	HPf			
	Gleitlager, zwangsgeführt, gegen Abheben gesichert	Glza		Festpunkt	FP			

Höhenausgleich durch Rohrlager, kleine Rohrdurchmesser durch Zwischenräume zwischen zwei Rohren führen). Für größere Rohrdurchmesser sowie bei geringen Zwischenräumen erfolgt an der Kreuzung oft eine Kröpfung der Rohre. Rohrleitungen mit Ausdehnungsbogen sollten außen verlegt werden, um den Bogen auf einem verlängerten Querträger abstützen zu können.

Zur Abstützung der Rohrleitungen auf der Brücke werden Auflager angeordnet. Diese sind in der Regel auf den Querträgern der Brücke bzw. bei Fachwerkträgerbrücken auch auf an den Vertikalstäben angebrachten Konsolen befestigt. Für waagerechte Rohrleitungen sind nach [7.1] die in Tab. 7.3. angegebenen Symbole und Bezeichnungen üblich. Die Festlager wirken als Festpunkte der Rohrleitung und haben, in Abhängigkeit vom Einspanngrad, die im Bild 7.3. dargestellten Stützkräfte aufzunehmen. Der Einspanngrad wird in der Berechnung der Rohrleitung festgelegt. Haltepunkte sind besondere Festpunkte. Sie verhindern eine Verschiebung in Richtung der Rohrleitung. Bei den Gleitlagern muß das Gleiten ohne Wartung möglich sein.

Die zur Rohrleitung gehörenden Auflager übertragen ihre anteiligen vertikalen und horizontalen Lasten auf die Rohrleitungsbrücke. Ihr Abstand, und damit auch der Abstand der Querträger der Brücke, richtet sich vor allem nach der zulässigen freien Traglänge der Rohrleitung und wird meistens im technologischen Projekt festgelegt. Übliche Abstände sind 1500, 3000, 6000 mm (in Abhängigkeit von den Rohrdurchmessern). Für Rohrleitungen aus Stahl kann die zulässige Stützweite der Rohre für Innenfelder wie folgt ermittelt werden:

■ *nach der Tragfähigkeit*

$$L_i = 2{,}9 \sqrt{\frac{W \text{ zul } \sigma_t}{q}} \qquad (7.1)$$

W Widerstandsmoment des Rohrwandquerschnitts in mm³

zul σ_t zulässige Spannung bei Berechnungstemperatur t in N/mm²

q Streckenlast (Eigenlast, Durchflußstoff, Isolierung) in N/mm

■ *nach der Formänderung für horizontal verlegte Leitungen*

$$L_i = 4{,}4 \sqrt[4]{\frac{E_t I f_{\text{zul}}}{q}} \qquad (7.2)$$

E_t Elastizitätsmodul bei Berechnungstemperatur t in N/mm²

I Trägheitsmoment des Rohrwandquerschnitts in mm⁴

$f_{\text{zul}} = \dfrac{da}{60}$ und $2 \text{ mm} \leq f_{\text{zul}} \leq 10 \text{ mm}$ für Flüssigleitungen,

$2 \text{ mm} \leq f_{\text{zul}} \leq \dfrac{da}{120}$ für Gas- und Dampfleitungen

da Rohraußendurchmesser in mm

■ *nach der Stabilität (Knicksicherheit) der Rohrleitung*

$$L_i = 250 \sqrt{\frac{I}{A}} \qquad (7.3)$$

A Rohrwandquerschnitt in mm²

Endfelder sind Rohrleitungsabschnitte zwischen den letzten beiden Rohrhalterungen vor freien Rohrenden, falls die letzte Rohrhalterung kein Festpunkt ist. Für die zulässige Stützweite von Endfeldern gilt

$$L_e = 0{,}8 L_i \qquad (7.4)$$

Beim Festlegen der auszuführenden Stützweite sind die zulässige Belastung der Rohrhalterung sowie die Tragfähigkeit und Stabilität des Rohres im Bereich der Auflagerung zu beachten.

Dehnungsausgleicher werden eingebaut, wenn es durch die Gestaltung der Rohrleitung nicht gelingt, die infolge Temperaturänderung des Förderguts und der Umgebung entstehende Längenänderung der Rohrleitung aufzunehmen. Die Ausgleicher werden zur Sicherung ihrer einwandfreien Funktion zwischen zwei Festpunkten eingespannt. Die infolge Ausdehnung in der Rohrleitung entstehende Schubkraft (Rohrschub) wird über die Festpunkte der Rohrleitung in die Rohrleitungsbrücke geleitet.

Armaturen sind in den Rohrleitungen zum Regeln, Absperren und Absichern erforderlich. Ihre Betätigung erfolgt von Hand, mechanisch oder automatisch und medium- oder fremdgesteuert.

Eine umfassende Darstellung der Rohrleitungen, Rohrhalterungen, Auflager, Dehnungsausgleicher und Armaturen gibt [7.1].

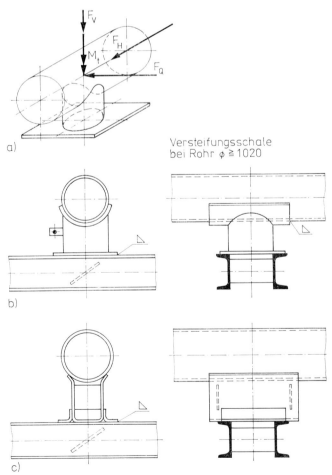

Bild 7.3. Auflager von Rohrleitungen
a) Belastung des Festlagers
b) Festlager
c) Gleitlager

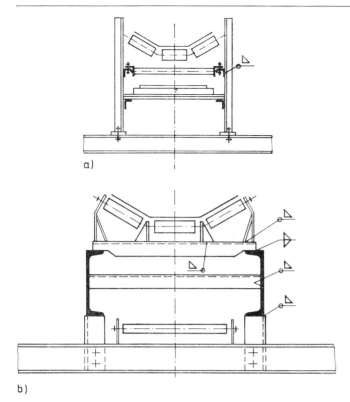

Bild 7.4. Gurtbandförderer
a) mit selbsttragendem Bandgerüst
b) Girlandenrollen direkt in der Stahlkonstruktion

7.3.2. Bandbrücken

Auf Bandbrücken werden in der Regel Gurtbandförderer angeordnet. Seltener sind Trogkettenförderer, wobei diese unter Umständen innerhalb einer Bandanlage gemeinsam mit Gurtbandförderern verwendet werden. Bild 7.4. zeigt gebräuchliche Gurtbandförderer. Es kommen *zwei Ausführungen* zum Einsatz:

— *mit selbsttragendem Bandgerüst*, wobei die Befestigung durch direkte Verschraubung oder mittels Klemmleisten auf den Querträgern bzw. bei variabler Befestigung auf zusätzlichen Längsträgern erfolgt
— *ohne selbsttragendes Bandgerüst*, d. h., die Tragrollen des Bandes sind direkt in die Stahlkonstruktion der Brücke eingebaut. Es werden allgemein Girlandenrollen verwendet, die an einem Profil verschraubt oder in Stahlseile eingehängt sind.

Die Bänder der Gurtbandförderer bedingen eine größere Vorspannung. Dazu sind Spanneinrichtungen anzuordnen. Bei längeren Bandanlagen und bei Bändern mit selbsttragendem Bandgerüst werden meistens Ballastspanneinrichtungen mit senkrechtem Spannweg eingebaut. Für Bänder ohne selbsttragendes Bandgerüst ist ein Antriebsblock auf der Stahlkonstruktion vorzusehen.
Für den stahlbautechnischen Projektanten der Bandbrücke werden die erforderlichen Angaben, wie: Art der Bänder, ihre Lage, Größe und Befestigung, Art, Größe und Lage der Spannstation und Antriebe, vom technologischen oder fördertechnischen Projektanten gegeben. Ausführliche Darstellungen und Angaben enthalten [7.2; 7.3; 7.4].

7.4. Aufbau der Gesamtbrücke

Der Aufbau eines Rohrleitungs- oder Bandbrückenstrangs oder einer Anlage mit mehreren Strängen ist vielgestaltig. Er hängt vor allem von der Trassenführung, den zu überwindenden Höhenunterschieden, der technologischen Ausrüstung, den Forderungen an Bedienung, Wartung und Schutz sowie der Art der Auf- und Übergabe des Förderguts ab. Bild 7.5. zeigt ein übliches statisches System und den Gesamtaufbau einer Rohrleitungs- und einer Bandbrücke. Ein Brückenstrang besteht im typischen Fall aus

— *dem Brückenüberbau* (Querträger, Hauptträger, Horizontalverbände, Laufgänge)
— *den Stützen* (Festpunkt- und Pendelstützen) einschließlich Aufstiege
— *der Gründung*.

In gesetzlichen Bestimmungen wie TGL 25025, 25026, 22903 und 21-381702 sind grundsätzliche Forderungen zum Aufbau der Gesamtbrücke enthalten.

7.4.1. Rohrleitungsbrücken

Rohrleitungsbrücken sind in der Regel nicht umhaust. Nur in Ausnahmefällen (Temperaturhaltung des Förderguts o. ä.) kommen geschlossene Brücken zur Anwendung. Die Verkleidung und die zugehörigen Bauteile entsprechen dabei im wesentlichen der im Stahlhochbau verwendeten Umhüllung. Der Brückenüberbau wird mit einem Hauptträger und einstieligen Stützen, mit zwei Hauptträgern und zweistieligen Stützen sowie mit ein oder zwei Geschossen für Querträger ausgeführt. Für die Nennlastklassen bis 15 kN/m kommen Vollwandträger (auch mit Unterspannung), für die Nennlastklassen ab 20 kN/m Fachwerkträger, oft mit ein- oder zweiseitigem Kragarm, zur Anwendung.
Festpunkte im Brückensystem werden durch Festpunktstützen realisiert. Auf einen Festpunkt können 60 bis 70 m Brückenlänge gerechnet werden.

7.4.2. Bandbrücken

Es kommen sowohl offene als auch geschlossene Bandbrücken zum Einsatz. Die geschlossene Ausführung ist anzuwenden, wenn Förderer, Fördergut und Bedienungspersonal gegen Witterungseinflüsse geschützt werden müssen oder wenn die Möglichkeit der Gefährdung oder Verschmutzung der Umgebung durch das Fördergut besteht. Als geschlossen gilt eine Bandbrücke mit einer die Förderer und Laufgänge umhüllenden Konstruktion. Eine offene Bandbrücke hat keine, oder nur eine die Förderer umschließende Umhüllung (z. B. Abdeckhauben über dem Gurtbandförderer).
Der Brückenüberbau besteht aus zwei Hauptträgern, die als Vollwand- oder Fachwerkträger ausgeführt werden. Eine Querträgerebene dient zur Aufnahme der Lasten aus der technologischen Ausrüstung. Als Querschnittsgestaltung für den Brückenüberbau ist auch die Ausführung von Großrohr- und Fachwerkdreigurtbrücken üblich. Die Auflagerung des Überbaus erfolgt auf festen und beweglichen Lagern. Das bewegliche Lager wird

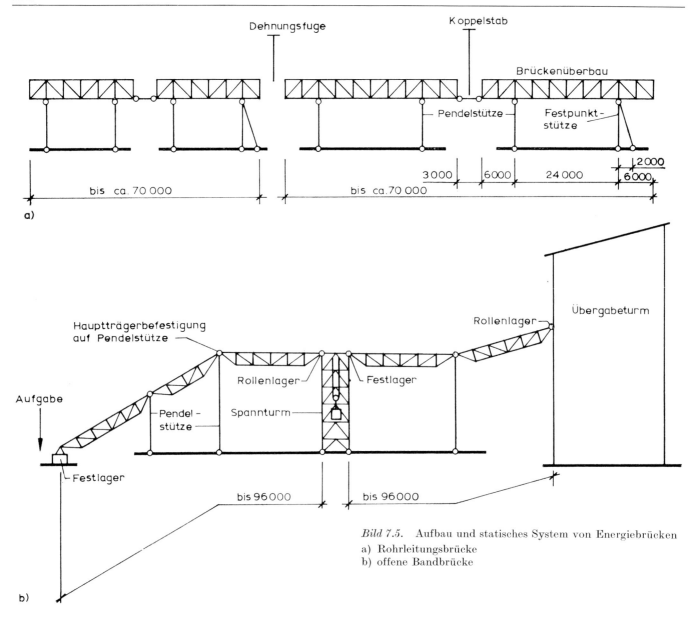

Bild 7.5. Aufbau und statisches System von Energiebrücken
a) Rohrleitungsbrücke
b) offene Bandbrücke

Tabelle 7.4. Eigengewichte von Trägern für Rohrleitungsbrücken, kN/m Brückenlänge (Normlasten)

Stützweite m	Nennlast in kN/m							Bemerkung
	5	10	15	20	30	40	60	
12 m	0,85							unterspannter Träger
18 m	1,10							
24 m	1,90							
12 m ohne Kragarm	1,30	1,80	2,20	3,70	4,00	4,60	5,40	bis Nennlastklasse 15 kN/m zwei Vollwandträger
12 m mit Kragarm	1,20	1,60	2,00	3,30	3,70	4,30	5,00	
18 m ohne Kragarm	1,45	2,20	2,60	3,50	3,90	4,70	5,50	
18 m mit Kragarm	1,40	2,10	2,40	3,10	3,50	4,10	5,30	

meistens durch Pendelstützen realisiert. Als Festpunkte im Brückensystem dienen die Aufgabe- und Übergabestationen. Die Ausführung weiterer Festpunkte erfolgt turmartig, wobei auch Spann- und Umlenktürme genutzt werden. Eine Übergabestation wird entweder durch den freien Abwurf im Bereich eines Brückenfeldes bzw. an dessen Ende oder durch einen Übergabeturm realisiert. Werden die Bänder umgelenkt, d. h., bilden die Bandachsen einen Winkel $\neq 180°$, ist in der Regel ein Umlenkturm erforderlich. Für Gurtförderer mit Spanneinrichtung werden Spanntürme vorgesehen.

7.5. Belastungen

Für die Lastannahmen von Industriebrücken gelten im Prinzip die gleichen Vorschriften und Regeln wie bei anderen Tragwerken des Industriebaus. Es werden die üblichen Lasten (ständige Lasten, Verkehrslasten, Schnee,

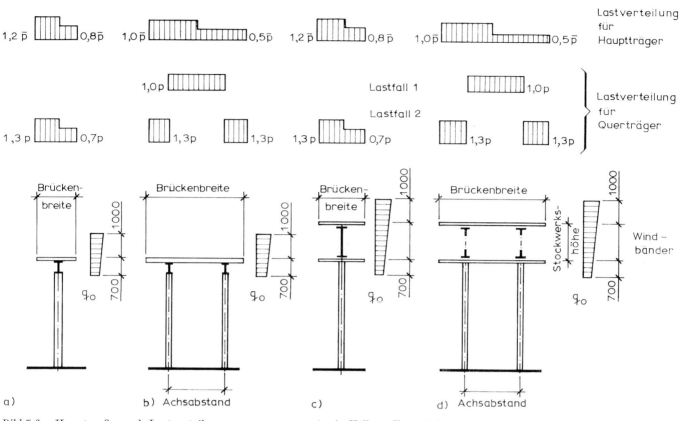

Bild 7.6. Hauptmaße und Lastverteilung an Rohrleitungsbrücken

a) ein Vollwandhauptträger
b) zwei Vollwandhauptträger
c) ein Fachwerk- oder Vollwandhauptträger, zwei Querträgergeschosse
d) zwei Fachwerkhauptträger

Tabelle 7.5. Eigengewichte von Trägern für Bandbrücken, kN/m Brückenlänge (Normlasten)

Bauweise	Förderer		Stützweite m, Neigung 0…8°				Für Festigkeitsklasse
	Anzahl	Bandbreite	12 m	18 m	24 m	30 m	
Geschlossene, Vollwandträger	1	400…1200	4,00…5,20	4,10…5,20	4,60…6,00	5,20…6,40	S 38/24
	2	400…1200	4,00…6,20	4,10…6,50	4,60…7,30	5,20…6,50	
	3	400…800	5,20…6,25	5,20…6,50	6,00…7,30	6,50…7,50	
	4	400…500	6,25	6,50	7,30	7,50	
Offen, 2 Vollwandträger	1	400…500	1,80	1,95	2,30	—	S 38/24
	1	650…2000	2,30…2,50	2,40…2,80	2,70…3,30	—	
	2	400…1000	2,30…3,00	2,10…3,20	2,60…3,70	—	
Offen, Großrohr	1	500…1200	2,30…2,45	2,25…2,70	2,50…3,00	—	S 38/24
Offen, 2 Fachwerkträger (= mit Schutzwanne)	1	650…800	1,10 (1,65)	1,12 (1,67)	1,30 (1,94)	1,55 (2,21)	S 45/30
	1	1000…1200	1,27 (2,00)	1,29 (2,03)	1,58 (2,45)	1,88 (2,72)	

Wind, Fahrzeuganprall u. a.) für deren Berechnung herangezogen. Weitere Festlegungen des technologischen Projekts sind zu beachten. Den Tab. 7.4. und 7.5. können Richtwerte für die Schätzung der Eigenlasten der Stahlkonstruktion entnommen werden. Sofern in gültigen Bestimmungen keine Werte festgelegt sind, wird für technologische Lasten empfohlen, $\gamma_f = 1{,}2$ (0,9, wenn die Verringerung ungünstiger ist) einzusetzen. Bei der Ermittlung der Lasten gibt es nachstehende Besonderheiten.

7.5.1. Rohrleitungsbrücken

7.5.1.1. Windlast quer zur Brücke

An Stelle der Ermittlung der Windlast über die vom Wind getroffene Fläche der Rohrleitung und Stahlkonstruktion wird, auch zur Berücksichtigung späterer Erweiterungen, oft mit Windbändern gerechnet. Bild 7.6. gibt deren Größe an.

7.5.1.2. Technologische Lasten

Für die Lastannahmen der vertikalen technologischen Lasten gibt es zwei Möglichkeiten:

— Ermittlung der tatsächlichen Lasten unter Beachtung der Angaben im technologischen Projekt
— Einstufung der Brücken in Nennlastklassen, vor allem zur Vereinfachung der oft komplizierten technologischen Belastung.

Übliche *Nennlastklassen* sind: 2,5; 5,0; 10,0; 20,0; 30,0; 40,0; 60,0; 80,0; 100,0 kN/m.

Unter der Nennlast versteht man die obere Grenze einer gleichmäßig über eine Brücke oder einen Brückenabschnitt verteilte Ersatzlast für die lotrechte Normverkehrslast. Die Normverkehrslast ist die Normlast infolge Eigenlast der Rohrleitungen einschließlich Fördergut, Verkehrslast aus Begehen der Laufstege sowie eventuelle Schnee- und Staublasten (d. h., Laufsteg-, Schnee- und Staublasten werden dann nicht extra angesetzt).

Eine Berechnung der Stützkräfte der Rohrleitungen als Durchlaufträger für die Belastung der Bauteile ist bei normalen Industriebrücken nicht üblich. Aus den Lastannahmen werden mit den entsprechenden Belastungsbreiten und -längen Strecken- und Einzellasten ermittelt. Sofern keine genauere Ermittlung der Lastverteilung über die Brückenbreite gemäß den Rohrbelegungen erfolgt, sind außer der gleichmäßigen Lastverteilung mindestens die Varianten nach Bild 7.6. zu untersuchen. Zur Lastverteilung an Querträgern darf angenommen werden:

$$p = 1{,}1 p_n \frac{a}{\sum b_i} \qquad (7.5)$$

p_n Normlast in kN/m Brücke
a Querträgerabstand in m
$\sum b_i$ Summe der Querträgerlängen in m (2 × bei zweigeschossiger Brücke)

Bei festliegender ungleichmäßiger Verteilung auf die Stockwerke darf die Verteilung nach Bild 7.6. mit diesem Lastverteilungsfaktor korrigiert werden. Der Lastanteil auf die Pfosten der Hauptträger (Rohrauflagerung auf Konsolen am Pfosten) ist zu berücksichtigen. Zur Lastverteilung für Hauptträger darf angenommen werden:

$$\bar{p} = \frac{p_N}{b} \qquad (7.6)$$

p_N Nennlast in kN/m
b Brückenbreite in m

Der Rohrschub (horizontale technologische Last) ist allgemein die Summe der Kräfte durch die Längenänderung der Rohrleitungen infolge Temperatur- und Druckänderung, die über die Rohrleitungslager in die Brücke eingeleitet werden. Die Richtung dieser Kräfte ist im wesentlichen von der Lage der Rohrleitung abhängig. Im Normalfall tritt Rohrschub in Längs- und Querrichtung der Brücke auf. Die als Rohrschub anzusetzenden Kräfte sind mit dem Projektanten der Rohrleitung zu vereinbaren. Die Tab. 7.6. enthält Richtwerte für den Rohrschub in Brückenlängsrichtung zur Bemessung der Hauptträger, Stützen und Fundamente. Bei Querträgern können als Rohrschub 30% der vertikalen Querträgerbelastung angesetzt werden.

Zur Erfassung von Horizontalkräften aus abzweigenden Leitungen und Ablenkkräften gilt als Rohrschub in Brückenquerrichtung je Querträgerebene eine wandernde horizontale Einzellast von 5,0 kN. Die Reibungskräfte

$$F_H = \mu_0 F_V \qquad (7.7)$$

μ_0 Haftreibungskoeffizient (Stahl—Stahl 0,2 bis 0,5; Rollenlager—Stahl 0,1 bis 0,2; Stahl—Kupferschlacke 0,25 bis 0,30; Kugellager—Stahl 0,1 bis 0,12; Plast—Stahl 0,1 bis 0,15)
F_V vertikale Stützkraft in kN

an den Gleitlagern der Rohre werden in der Regel bei der Bemessung von normalen Rohrleitungsbrücken im Industriebau nicht gesondert erfaßt. Sie können bei der Bemessung einzelner Stützen zur direkten Rohrleitungsunterstützung wesentlich sein. In [7.5] sind experimentelle Untersuchungen ausgewertet.

7.5.2. Bandbrücken

7.5.2.1. Technologische Lasten

Im Gegensatz zu den Rohrleitungsbrücken erfolgt keine Einstufung in Nennlastklassen. Zur Lastannahme für die vertikale technologische Last gibt es zwei Möglichkeiten:

— die Eigenlast der Bänder und die Fördergutlast werden dem technologischen oder fördertechnischen Projekt entnommen (Angaben in [7.2; 7.13]). Lasten für Beleuchtung und Kabel sind zu beachten.
— Zusammenstellung technologischer Lasten für Bandbreitengruppen. Damit sind die Lasten von Bandge-

Tabelle 7.6. Rohrschub in Brückenlängsrichtung, kN/m, Richtwerte (Normlasten)

Nennlastklasse kN/m	Rohrschub kN/m
2,5	0,4···0,6
5,0	0,8···1,1
10,0	1,6···2,2
20,0	2,0···4,4
30,0	3,0···6,6
40,0	3,6···8,0
60,0	4,8···10,8

Tabelle 7.7. Technologische Lasten für Bandbrücken, kN/m Brückenlänge (Normlasten)

Bandbreite	Technologische Last	
mm	min	max
= 800	1,0	3,2
1000 und 1200	2,0	4,5
1400 und 1600	3,0	8,2
1800 und 2000	3,7	11,2

Tabelle 7.8. Eigenlasten von Gurtbandförderern, kN/m (Normlasten)

Bandbreite mm	Eigenlast	Bandbreite mm	Eigenlast
400	0,8	1200	2,3
500	0,95	1400	2,8
650	1,15	1600	3,4
800	1,45	1800	4,0
1000	1,75	2000	4,7

rüst, Band, Fördergut, Kabel, Rohrleitungen, Beleuchtung, Staub und Erschütterungszuschlägen erfaßt. Tab. 7.7. gibt eine Übersicht.

Der Bandzug wird bei Förderern ohne selbsttragendes Bandgerüst über die Befestigung des Antriebs und der Umlenkstationen in die Stahlkonstruktion der Brücke geleitet. Sind im technologischen oder fördertechnischen Projekt keine Angaben vorhanden, können folgende Werte verwendet werden:

— Bandbreite 650/850 mm $Z \leq 20$ kN
— Bandbreite 1000/1200 mm $Z \leq 40$ kN.

Eine Ermittlung der Stützkräfte des Bandgerüsts als Durchlaufträger ist für die Berechnung der Bandbrücke nicht erforderlich. Mit den Lastannahmen und den entsprechenden Belastungsbreiten und -längen werden in gewohnter Weise Strecken- bzw. Einzellasten ermittelt. Bei Anordnung mehrerer Förderer oder Laufgänge im Brückenquerschnitt ist eine ungleichmäßige Belastung (nur einzelne Bänder oder Laufgänge belastet) zu beachten.

7.5.2.2. Massenkräfte

Die Massenkräfte an Auf-, Übergabe- und Abgabestellen (herabfallendes Fördergut) sind in Abhängigkeit von den Betriebsbedingungen, der Fallhöhe des Förderguts u. a. vorhandener Randbedingungen für jeden Einzelfall festzulegen. Für die Bauteile der direkten Unterstützungskonstruktion der Bandgerüste, wie z. B. Querträger, gelten nachstehende dynamische Zuschläge:

— Korngröße bis 100 mm   0% der Fördergutlast
— Korngröße über 100 bis 300 mm   10% der Fördergutlast
— Korngröße über 300 bis 500 mm   20% der Fördergutlast.

Sofern dem stahlbautechnischen Projektanten nur die Gesamtbelastung infolge des Bandes vorgegeben ist, kann die Förderlast (Differenz zwischen Gesamtlast und Eigenlast des Förderers) mit den Eigenlasten der Förderer nach Tab. 7.8. ermittelt werden.

7.5.2.3. Windlasten

Analog zu Abschn. 7.5.1.1. für Windlasten auf Rohrleitungen und Rohrleitungsbrücken ist auch bei Bandbrücken die Berechnung mittels Windbändern möglich.

7.6. Entwurfsgrundlagen

Im bautechnischen bzw. stahlbautechnischen Projekt sind der Gesundheits-, Arbeits-, Brand- und Blitzschutz zu beachten. Entsprechende Festlegungen sind den gesetzlichen Vorschriften zu entnehmen. Um einen aufwendigen Korrosionsschutz zu vermeiden, wird für die Stahlkonstruktion von Energiebrücken vielfach KT-Stahl eingesetzt. Im Entwurf sind auch die Transport- und Montagebedingungen zu beachten. Anschlagpunkte für die Montage sind festzulegen und der Nachweis des Transport- und Montagezustandes ist zu führen.

Tabelle 7.9. Empfohlene Hauptabmessungen für Querschnitte von Rohrleitungsbrücken

Form nach Bild 7.6.	Nenn-last kN/m	Brücken-breite mm	Achs-ab-stand mm	Stock-werk-höhe mm	Seg-ment-länge mm	Querträger- u. Pfosten-abstand mm
a	bis 10	1200 1800 2400 3000	—	—	6000 9000 12000 18000	
b	10…30	3600	2100	—	6000	
		4800	2700		9000	
		6000	3300		12000	
					18000	1500
		7200	3900		24000	3000
c	10…20	1800 2400 3000	—	2400	12000 18000	4500 6000
d	ab 20	4800	2700	3000	6000	
		6000	3300		9000	
		7200	3900		12000 18000	
		8400	4500		24000	

7.6.1. Rohrleitungsbrücken

In Tab. 7.9. sind zu den Brückenquerschnitten des Bildes 7.6. empfohlene Hauptabmessungen genannt.
Laufgänge sind anzuordnen, wenn sie zur Bedienung und Wartung der Rohrleitungen erforderlich sind. Ihre Laufflächen müssen gleitsicher ausgeführt sein. Die lichte Höhe über den Laufflächen beträgt mindestens 1900 mm. Als Zugänge sind wenigstens Steigleitern vorzusehen, deren maximale Abstände in der Regel 200 m und bei Beförderung toxischer Stoffe 50 m betragen.

7.6.2. Bandbrücken

Das Bild 7.7. zeigt die prinzipielle Anordnung von Bandförderern und Laufgängen im Brückenquerschnitt; Tab. 7.10. gibt geforderte Hauptabmessungen an. Die Bezeichnungen bedeuten:

— *Reparaturgang:* Laufgang für die Wartung und Reparatur durch dafür befugte Personen bei Stillstand der Förderer
— *Bedienungsgang:* Laufgang zur Bedienung durch dafür befugte Personen während des Betriebs des Förderers
— *Verkehrsweg:* Laufgang auch zur Benutzung durch andere als die beim Bedienungsvorgang genannten befugten Personen während des Betriebs des Förderers. Der Verkehrsweg kann gleichzeitig Bedienungsgang sein.

Die lichte Höhe über jeder Lauffläche muß mindestens 2000 mm betragen. Laufgänge von 8° bis 15° Neigung erhalten Trittleisten im Abstand von 400 bis 500 mm, bei

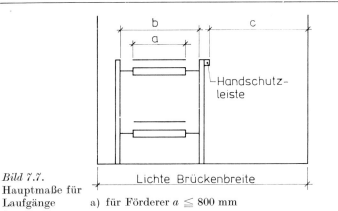
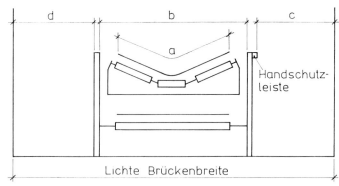

Bild 7.7. Hauptmaße für Laufgänge a) für Förderer $a \leq 800$ mm   b) für Förderer $a > 800$ mm und in Kohleveredlungsanlagen

Tabelle 7.10. Empfohlene Hauptabmessungen für Laufgänge von Bandbrücken

Nennbreite des Förderers mm a	Gerüstbreite mm b	Breite des Laufganges in mm Mindestmaße		
		Reparaturgang d	Bedienungsgang c	Verkehrsweg c
400	nach Standards für Förderanlagen	630	800	1200
500				
650				
800				
1000				
1200				
1400				
1600				
1800		1000		
2000				
2250				
2500				

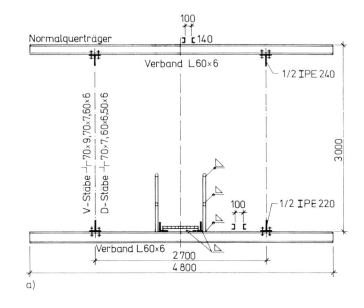

Bild 7.8. Querschnitte von Brücken
a) Rohrleitungsbrücke, Hauptträger Fachwerk
b) Rohrleitungs- und Bandbrücke Hauptträger Dreigurt
c) Bandbrücke Hauptträger Großrohr
d) geschlossene Bandbrücke

einer Neigung von 16° bis 45° sind Stufen anzuordnen. Laufgänge offener Bandbrücken sind mit Geländer zu versehen. Brücken mit einer Neigung über 15° sind mit Handlauf auszurüsten.

Besteht in geschlossenen Bandbrücken infolge Staubentwicklung die Gefahr von Aufflammungen, Verpuffungen und Explosionen, so müssen alle Flächen von Bauteilen (z. B. L-Profil von Dachverbänden), für die eine jederzeitige Staubbeseitigung nicht möglich ist, eine Neigung von 60° haben.

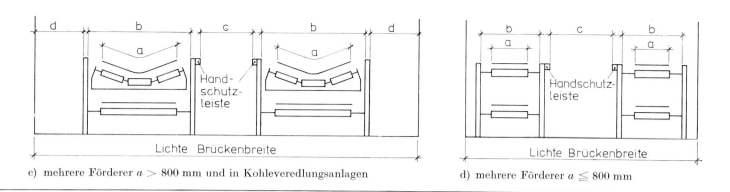

c) mehrere Förderer $a > 800$ mm und in Kohleveredlungsanlagen

d) mehrere Förderer $a \leqq 800$ mm

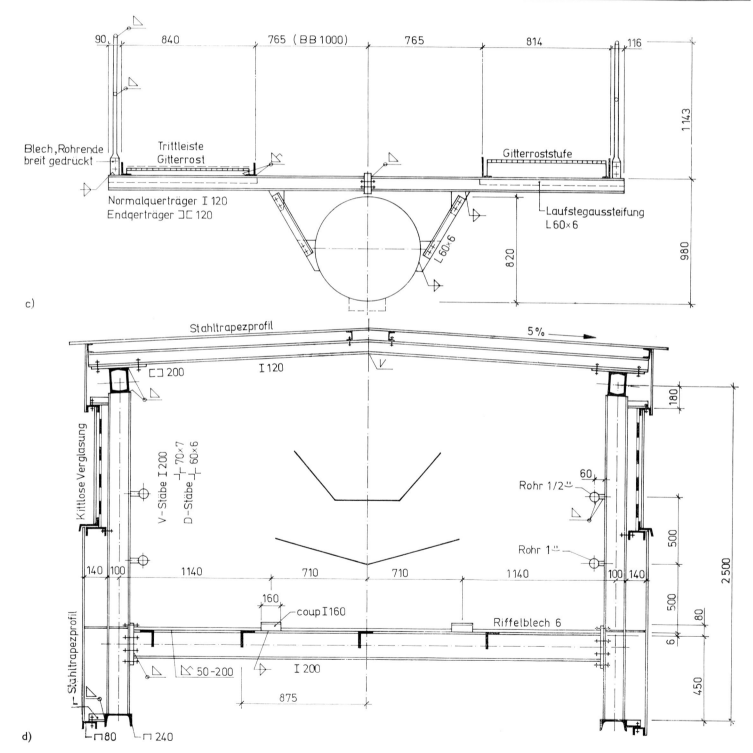

7. Industriebrücken

Geschlossene Bandbrücken sind mit einer Be- und Entlüftungseinrichtung zu versehen, deren Lüftungsflügel sich nach außen öffnen.

7.7. Berechnung und Konstruktion

Rohrleitungs- und Bandbrücken werden in der Regel in die Berechnungsgruppe C nach TGL 13500 eingestuft, d. h., eine Berechnung in bezug auf Ermüdungsfestigkeit ist nicht erforderlich. Ausnahmen liegen bei größeren Spannungsspielzahlen infolge Schwingungen (Windschwingungen bei entsprechender Windgefährdung in Abhängigkeit vom Standort, Anordnung von dynamischen Sieben) vor.

Die Berechnung eines Brückenstrangs und seiner Baugruppen und Bauteile erfolgt in Abhängigkeit vom statischen System in üblicher Weise nach den Regeln der Stabstatik.

Eine Berücksichtigung der räumlichen Tragwirkung, besonders beim Brückenüberbau, ist nicht üblich. Zur Ermittlung der Stütz-, Schnitt- und Stabkräfte erfolgt die Zerlegung in Scheiben. Beispielsweise ist danach beim Dreigurtträger die Zerlegung der angreifenden Belastung in die Scheibenkomponenten erforderlich. Dabei sind Überlagerungen der Kantenkräfte an den Schnittstellen zweier Ebenen vorzunehmen. Wird der Überbau als räumliches System berechnet, erfolgt die Ermittlung der Stütz- und Schnittkräfte nach der Faltwerktheorie, evtl. vereinfacht mit Hilfe der Kantenkraftmethode [7.6].

Zu beachten sind außermittige Krafteinleitungen, die sich vor allem ergeben infolge

— außermittigen Anschlusses der Rohrleitungen und Förderer auf den Querträgern und dabei vor allem in bezug auf horizontale Lasten
— gegen die Horizontale geneigter Bandbrückenfelder
— Einbaus von Fehlhebeln (Fachwerkhauptträger, Horizontalverband) zur Gestaltung wirtschaftlicher Knotenpunkte
— Anordnung der Schwerachsen einzelner Bauteile, vor allem mit einfachsymmetrischem Querschnitt, in verschiedenen Ebenen zur Gestaltung wirtschaftlicher Knotenpunkte (z. B. Gurtstab: ⊔-Profil; Diagonalstab: ∟-Profil).

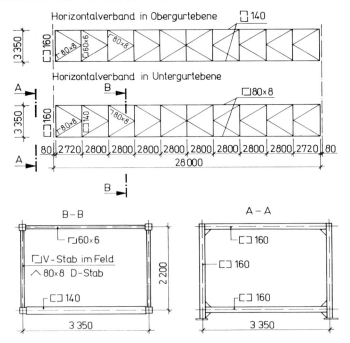

Bild 7.9. Horizontalverband eines Brückenüberbaus

7.7.1. Querträger

Als statische Systeme ergeben sich

— biegesteif am Hauptträger angeschlossener Träger mit zwei Kragarmen bei einem Hauptträger

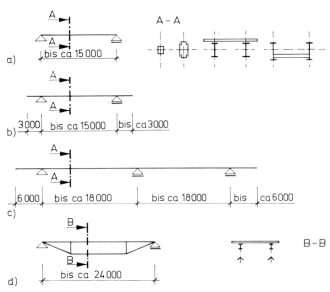

Bild 7.10. Statische Systeme von Hauptträgern

a) Vollwandträger ohne Kragarm
b) Vollwandträger mit Kragarmen
c) Durchlaufträger
d) unterspannter Träger
e) Fachwerkträger ohne Kragarm
f) Fachwerkträger mit Kragarm
g) Zweigelenkrahmen

- Träger auf zwei Stützen ohne und mit ein- bzw. zweiseitigem Kragarm bei zwei Hauptträgern
- teilweise eingespannter Träger bei Tragbrücken
- Querträger als Bestandteil von Endquerscheiben.

Folgende Querschnitte kommen zum Einsatz

- Normalquerträger bei vorwiegender Biegebeanspruchung um eine Achse: I-, [-, I PE-,][-,]C-Profile
- Endquerträger: I PE-,][-, [ ]-,][-Profile.

Die Querträger müssen so gestaltet sein, daß eine ausreichende Auflagerbreite zur Aufnahme der Rohrleitungslager bzw. Bandgerüste vorhanden ist (Bilder 7.3. und 7.8.).

7.7.2. Horizontalverbände

Als statische Systeme werden verwendet

- Fachwerk mit gekreuzten Diagonalen
- K-Fachwerk
- Strebenfachwerk (Bild 7.9.).

Als Querschnitte werden vorwiegend L- und ⊥-Profile verwendet. Für die Horizontalstäbe sind auch [-Profile üblich, wenn diese gleichzeitig als Querträger genutzt werden.

7.7.3. Hauptträger

Gebräuchliche statische Systeme sind im Bild 7.10. dargestellt. Dabei sind Brücken mit vollwandigen Hauptträgern bis etwa 3,5 kN/m und mit Unterspannung bis etwa 5 kN/m Nennlast üblich.

Als *Querschnitte* werden vor allem verwendet für

- *Vollwandhauptträger*: [ ], |⎕|, ○
- *zwei Vollwandhauptträger*: I als Walz- oder Schweißprofil
- *unterspannte Träger*
  - Obergurt: I-Profil
  - Untergurt: L-, ○-, [-, ⎕-Profile
  - Pfosten: [, ⊥-, L-Profile
  - Horizontalstäbe: L-, [-Profile
  - Querverbände: L-, [-Profile
- *Fachwerkträger*
  - Gurte: [-, 1/2 I PE-, I-, ⌐L-, ⊥-, [ ]-, [ ]-, T-Profile
  - Füllstäbe: L-, ⊥-, [ ]-, [ ]-, ⊢-, [-Profile
  - Koppelstäbe: ⊥-Profile.

Bei der Auflagerung von Rohrleitungen auf Konsolen an den Pfosten der Fachwerkhauptträger sowie bei Anordnung von Girlandenrollen in der Stahlkonstruktion sind die örtlichen Lasteinleitungen und Beanspruchungen zu beachten.

Die Auflager der Hauptträger werden als Fest- und bewegliches Lager (Gleit- oder Rollenlager) ausgebildet, wobei die Pendelstütze ein bewegliches Lager darstellt und die Befestigung der Hauptträger am Stützenkopf der Pendelstütze unverschieblich erfolgen kann. Das Bild 7.11. zeigt Beispiele für die Auflagergestaltung von Vollwand- und Fachwerkträgern.

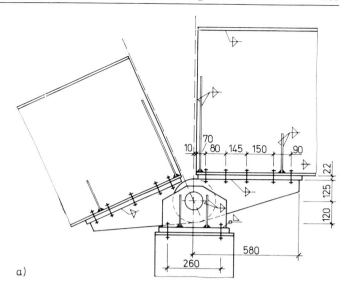

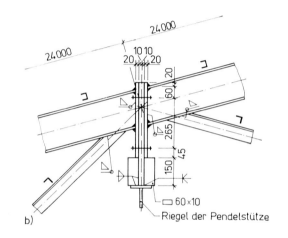

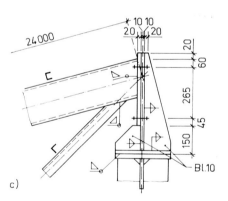

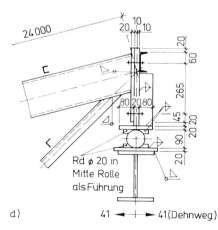

Bild 7.11. Auflager von Hauptträgern
a) von Vollwandträgern
b) Fachwerkträger auf Pendelstütze
c) Festlager
d) Rollenlager

7.7.4. Endquerscheiben

Zur Einleitung der Horizontal- und Vertikalkräfte aus dem Brückenüberbau in die Stützen werden an den Brückenauflagern spezielle Endquerscheiben ausgebildet. Sie gewährleisten die Standsicherheit der Hauptträger und garantieren deren für die Kippsicherheit notwendige Verdrehbehinderung. Für Vollwandträger und niedrige Fachwerkträger mit einem Querträgerstockwerk kann eine Absteifung gegen den Untergurt entsprechend Bild 7.2.d erfolgen. Bei niedrigen Vollwandträgern wird die Steifigkeit durch eingeschweißte bzw. geschraubte Querträger entsprechend Bild 7.2.c bzw. 7.2.g erreicht. In hohen Fachwerkträgern oder in Fachwerkbrücken mit in Untergurtebene liegenden Laufgängen oder Bandanlagen erfolgt die Ausführung der Endquerscheiben als Fachwerkportal, als Rahmen verschiedener Konstruktion oder als Trog unter Einbeziehung der Endquerträger. Bild 7.12. zeigt Beispiele für die Gestaltung solcher Endquerscheiben.

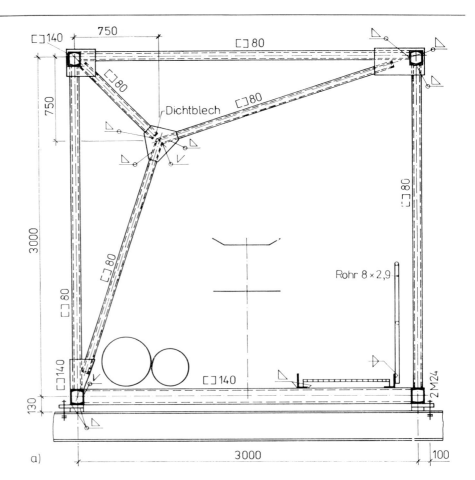

7.7.5. Stützen

Das statische System und die Ausführung der Stützen werden vor allem durch den Überbau geprägt. Eine Auswahl von üblichen Stützensystemen ist im Bild 7.13. dargestellt.

Für die Stiele, Riegel und Verbände werden folgende *Stabquerschnitte* bevorzugt:

— *einstielige Stützen* I-, I PE-, [ ]-, [ ]-, ∏-Profile
— *Gitterstützen*
  • Stiele I-, I PE-, I Schweiß-, [ ]-, ∏-Profile
  • Diagonalstäbe L-, ⌐-, ⌂-, ⊢ PE-, [ ]-Profile
  • H-Stäbe bei K-Fachwerk ⌐-, I PE-, I Schweiß-, [ ]-, ∏-Profile.

Die Einspannung von einteiligen Stützen erfolgt in der Regel in Hülsenfundamenten. Für ein- und mehrteilige Pendelstützen wird der Anschluß ans Fundament durch Einzelfußplatten und Stein- bzw. Ankerschrauben gewährleistet. Um zusätzlichen Fertigungsaufwand zu vermeiden, sollte möglichst auf Aussteifbleche verzichtet werden. Aus-

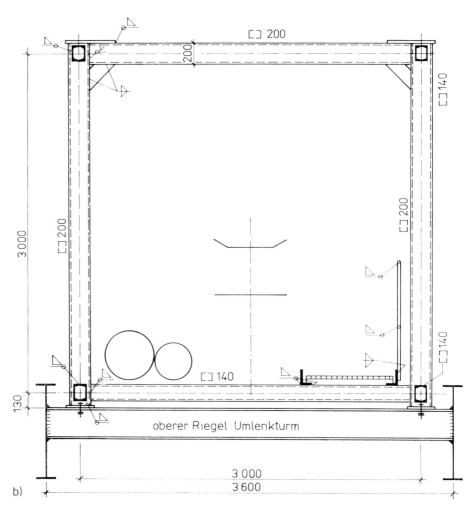

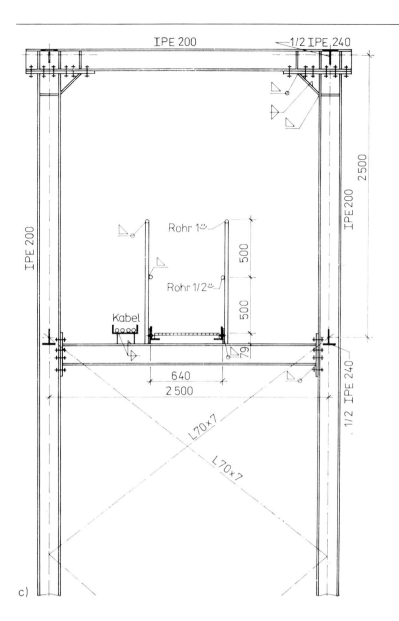
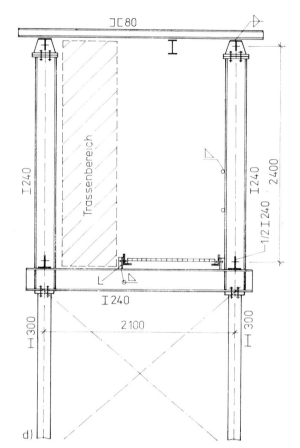

Bild 7.12. Endquerschnitte
a) Fachwerkportal
b) Zweigelenkrahmen
c) Rahmen mit Stützenstiel
d) Trog

führungsbeipiele zeigt Bild 7.14. Der Nachweis der Stützenfüße erfolgt nach Abschn. 2.5.

7.7.6. Spann-, Umlenk- und Übergabetürme

Die *Spanntürme* und meistens auch die *Umlenktürme* werden vierstielig ausgeführt. Für die Bedienung und Wartung sind Zwischenbühnen erforderlich. Der Aufstieg erfolgt über Treppen, die entsprechend den Platzverhältnissen innerhalb oder außerhalb des Turmgrundrisses angebracht sind. Dach- und Wandverkleidungen werden vorgesehen, wenn das Bedienungspersonal, die technologische Ausrüstung und das Fördergut vor Witterungseinflüssen zu schützen sind.

Das *statische System der Turmwände* ist ein

— *Fachwerk* (K-Fachwerk, gekreuzte Diagonalen, Strebenfachwerk)
— *Rahmen*, wenn im betreffenden Feld ein Brückenanschluß oder eine Durchfahrtmöglichkeit vorzusehen ist, s. Bild 7.13.g.

Als *Querschnitte* werden bevorzugt:
— *Stiele*: I-, IPE-, I-Schweiß- und Kastenprofile
— *Riegel*: I-, IPE-, I-Schweiß-, [- und []-Profile
— *Vergitterung*: L-, I-, ⌐-, []-Profile

Auf Grund der großen Abstände der Einzelstiele wird in der Regel jeder Stiel mit eigener Fußplatte und entsprechender Verankerung versehen.

Außer den vertikalen Lasten treten Horizontallasten (Wind, Bandzug, Rohrschub) in zwei Richtungen gleichzeitig auf. Bei der Überlagerung zur Bemessung der einzelnen Bauteile sind die praktisch möglichen Kombinationen unter Beachtung teilweiser Belastung zugrunde zu legen. Die Berechnung erfolgt in der üblichen Weise durch Zerlegung in Fachwerk- bzw. Rahmenscheiben unter Beachtung der räumlichen Tragwirkung.

7.8. Sonderkonstruktionen

Insbesondere für Rohrbrücken wurden für spezielle Anforderungen eine Reihe von Sonderlösungen entwickelt. An diese Brücken werden meist besondere Ansprüche bezüglich ihrer Tragwirkung und der architektonischen Gestaltung gestellt. Sie treten in der Regel nicht im Industriebetrieb auf, sondern sind als Einzeltragwerke auszubilden. An solche Sonderkonstruktionen werden z. B. folgende Forderungen gestellt:

— Nutzung des mediumführenden Rohres als Tragelement (z. B. als Gurtrohr)
— Ausbildung des statischen Systems als Hängewerk, Bogenbrücke, Langerbalken, Rahmen
— architektonisch wirkungsvolle Gestaltung der Querschnitte von Vollwand- und Fachwerkträgern
— Nutzung von Seiltragwerken.

Beispiele für Sondertragwerke zeigen Bild 7.15. und [7.7].

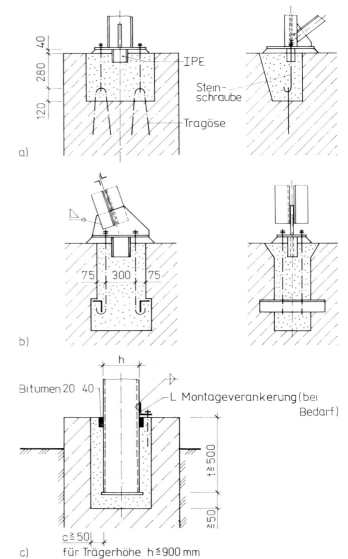

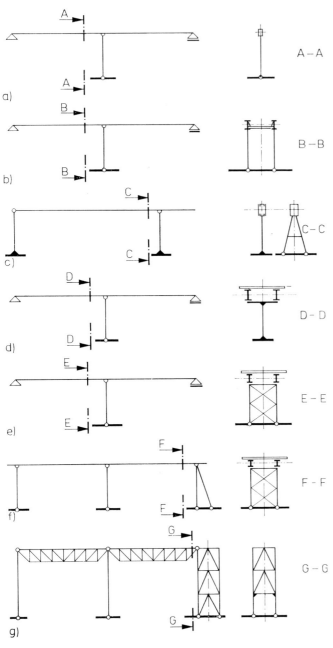

Bild 7.14. Fußpunkte von Stützen
a) eines senkrechten Stieles
b) der Strebe einer Festpunktstütze
c) eines fest eingespannten Stieles

Bild 7.13. Statische Systeme von Stützen
a) Pendelstiel als Mittelstiel bei Durchlaufträgern
b) zwei Pendelstiele
c) zweiachsig eingespannte Stütze
d) einachsig eingespannte Stütze
e) Gitterstütze als Pendelstütze in Brückenlängsrichtung
f) Gitterstütze als Festpunktstütze
g) Spann-, Umlenk- oder Übergabeturm als Festpunktstütze

7.9. Typisierung

Eine schnelle Projektierung, Ausführung und Lieferung haben Projektanten und Hersteller seit langer Zeit zur Typisierung veranlaßt. Die Typisierung erfaßt im wesentlichen

— Nennlastklassen und technologische Lastgruppen
— die Gesamtbrückenanordnung
— Stützweitenfestlegungen und Kragarmlängen
— Querträgeranordnung
— statische Systeme und Abmessungen der Bauteile
— konstruktive Gestaltung der Bauteile
— Festlegungen für die Montage.

Eine weitgehende Darstellung und entsprechende Angebote für typische Industriebrücken sind in [7.8; 7.9; 7.10; 7.11; 7.12; 7.13] enthalten. Die Bilder 7.16., 7.17. und 7.18. zeigen Beispiele daraus.

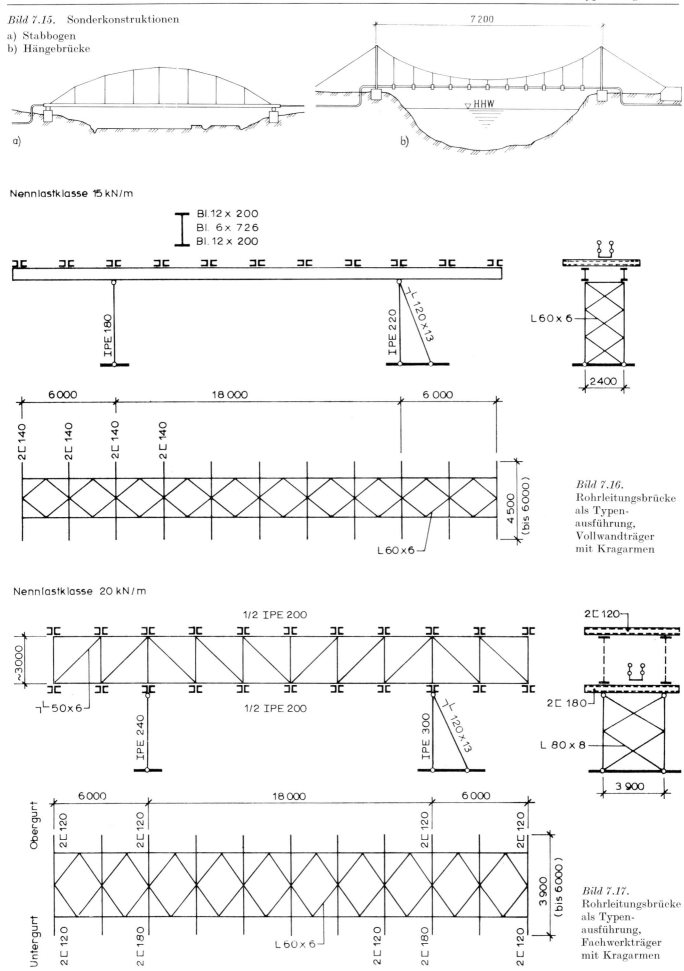

Bild 7.15. Sonderkonstruktionen
a) Stabbogen
b) Hängebrücke

Bild 7.16. Rohrleitungsbrücke als Typenausführung, Vollwandträger mit Kragarmen

Bild 7.17. Rohrleitungsbrücke als Typenausführung, Fachwerkträger mit Kragarmen

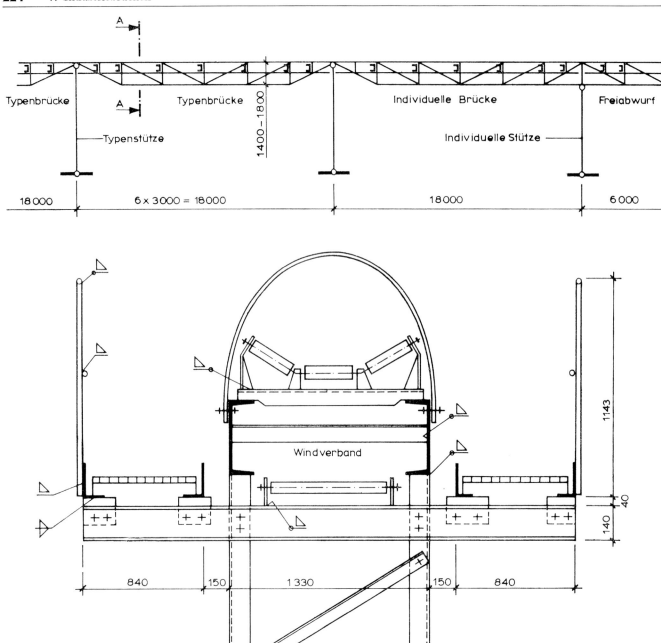

Bild 7.18. Bandbrücke als Typenausführung, Gurtbandförderer ohne selbsttragendes Bandgerüst

7.10. Ausführungsbeispiele

Durch die Bilder 7.1., 7.19., 7.20. und 7.21. werden ausgeführte Rohrleitungsbrücken dargestellt. Das Bild 7.22. zeigt eine Bandbrücke ohne selbsttragendes Bandgerüst.

Literatur

[7.1] STRIEN, H.; MERTSCHING, E.; NÖTZOLD, G.: Handbuch für den Rohrleitungsbau. 5. Aufl. Berlin: VEB Verlag Technik 1975

[7.2] VEB Schwermaschinenbaukombinat TAKRAF Leipzig: Ausrüstung für innerbetrieblichen Transport und Lagerwirtschaft. Projektierungskatalog für laufende Ergänzung 1969

[7.3] SCHEFFLER, N.: Einführung in die Fördertechnik. 1. Aufl. Leipzig: VEB Fachbuchverlag 1970

[7.4] KURTH, F.: Fördertechnik Stetigförderer. 2. Aufl. Berlin: VEB Verlag Technik 1974

[7.5] Schriftenreihe der Bauforschung, Reihe Technik und Organisation, Heft 43, Rohrleitungsstützen und Rohrleitungsbrücken. Berlin: Bauakademie der DDR 1971

[7.6] KURTH, F.: Stahlbau Bd. 2. 2. Aufl. Berlin: VEB Verlag Technik 1981

Bild 7.19. Rohrleitungsbrücke während der Montage

Bild 7.20. Rohrleitungsbrücke über die Mulde
a) Gesamtbrücke
b) Rahmenstiel

226 7. Industriebrücken

7.21.
7.22.a

7.10. Ausführungsbeispiele

7.22.b   7.22.c

7.22.d

Bild 7.21. Rohrleitungsbrücke mit einem Hauptträger zur Straßenüberquerung

Bild 7.22. Offene Bandbrücke einer Freiverladung
a) Hauptbrücke
b) Aufgabeband
c) Querbrücke und Bahnverladung
d) Brückenquerschnitt mit Girlandenrollen

[7.7] Energiebrücken aus Stahl. Merkblätter für sachgemäße Stahlverwendung 313. Düsseldorf: Beratungsstelle für Stahlverwendung 1962

[7.8] VEB Metalleichtbaukombinat Berlin: Rohrleitungsbrücken aus Stahl. Katalog M 7422 PWO. 1975

[7.9] VEB Bau- und Montagekombinat Industrie- und Hafenbau Rostock: Rohrbrücken Katalog INRO 137. 1979

[7.10] VEB Chemieanlagenbaukombinat Leipzig-Grimma: Rohrleitungsbrücken bis 3,5 kN Nutzlast Katalog RL 56. 1982

[7.11] Bauakademie der DDR Berlin: Typensegmentreihe geschlossene Bandbrücken aus Stahl. Katalog KB 545.5.053. 1963

[7.12] VEB Metalleichtbaukombinat Berlin: Offene Bandbrücken aus Stahl mit eingebautem Gurtbandförderer. Katalog M 8329 PKO. 1983

[7.13] VEB Metalleichtbaukombinat Leipzig: Richtlinie für Projektierung und Konstruktion Stahlhochbau. Katalog mit laufender Ergänzung. 1974

Bildquellen

Bild-Nr.	Quelle
7.1., 7.19., 7.23.	VEB Metalleichtbaukombinat, Fotoarchiv
7.20., 7.21., 7.22.	Autor
7.11., 7.14. a.b., 7.16., 7.17., 7.18.	VEB Metalleichtbaukombinat Berlin
7.12.	Ingenieurschule für Schwermaschinenbau „Walter Ulbricht" Roßwein

8

Sondertragwerke

Aus der Vielzahl der Sondertragwerke wurden die im Industriebau häufig anzutreffenden Bunker, Silos, Hochregallager sowie abgespannte Maste ausgewählt und die Grundlagen der Berechnung unter Beachtung konstruktiver Gesichtspunkte behandelt.

8.1. Bunker und Silos
8.1.1. Funktion und Entwurf

Bunker und Silos sind im weitesten Sinne Behälter, die der Lagerung und dem Umschlag von losen Massengütern (Schüttgütern) dienen. Im allgemeinen spricht man von einem Silo, wenn die Höhe wesentlich größer als die lichte Weite bzw. der Querschnitt über die Höhe weitgehend konstant ist, und von einem Bunker, wenn mindestens die Hälfte des Volumens als Trichter ausgeführt ist. Bei Zusammenfassungen mehrerer Einzelbehälter in einem Bauwerk nennt man diese Silozellen. In der Regel erfolgt die Aufnahme des Schüttguts durch Öffnungen in der Zellendecke und die Abgabe am trichterförmigen Auslauf im Zellenboden. Das Schüttgut kann stückig, körnig oder staubförmig sein. Die statisch günstigste Bauform ist die freistehende Kreiszelle (Bild 8.1.a), da hier bei gleichmäßigen Füll- und Entleerungsvorgängen keine Biegemomente auftreten. Beispiele für andere Bauformen sind Kreisbogenzellen (Bild 8.1.b). Rechteckzellen (Bild 8.1.c) und Vieleckzellen (Bild 8.1.d) [8.1].

Durch beim Füllen und Entleeren frei werdenden Staub bildet sich ein Staub-Luft-Gemisch, das unter bestimmten Bedingungen zu Staubexplosionen führen kann. Durch konstruktive Maßnahmen (z. B. Explosionsöffnungen, Einbau von Soll-Bruchstellen) muß die Ausbreitung einer möglichen Druckwelle nach außen gewährleistet werden.

Bunker und Silos werden schon seit vielen Jahrzehnten aus Stahl hergestellt und haben sich bewährt. Für mittlere und große Anlagen ist jedoch seit längerem ein deutlicher Trend zum Stahlbeton bzw. Spannbeton zu verzeichnen. In der Industrie und als mobile Anlagen werden jedoch nach wie vor Stahlsilos und -bunker ausgeführt.

8.1.2. Berechnungsgrundlagen

Bereits Ende des vergangenen Jahrhunderts wurde erkannt, daß die Größe und Verteilung der Belastung in Silos aus Schüttgut maßgeblich vom Verhältnis der lichten Querschnittsfläche A zu deren Umfang U beeinflußt wird [8.2] und beim Entleerungsvorgang größere Drücke als beim Füllen auftreten [8.3]. Bei stückigem und körnigem Schüttgut genügt als Kenngröße neben der Normeigenlast γ meist der Winkel φ der inneren Reibung, während bei staubförmigem Schüttgut auch Kohäsion auftritt.

Die nachfolgend angegebenen Belastungen und Schnittkräfte resultieren aus Normwerten und sind beim Nachweis des Grenzzustandes der Tragfähigkeit mit Last-, Kombinations- und Wertigkeitsfaktoren zu multiplizieren.

Entsprechend TGL 32274/09 sind bei der Ermittlung der Lastannahmen aus Schüttgütern für Silos und Bunker nach Bild 8.2. zwei Fälle zu unterscheiden.

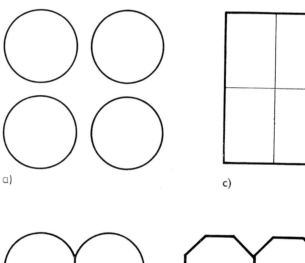

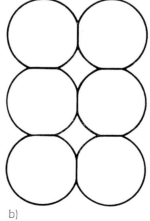

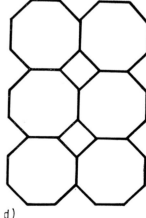

Bild 8.1. Bauweisen für Silozellen
a) freistehende Kreiszellen
b) Kreisbogenzellen
c) Rechteckzellen
d) Vieleckzellen

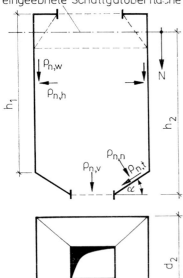

Bild 8.2. Silo- bzw. Bunkergeometrie

■ *Fall I*

$h_1 < 1{,}5\sqrt{A}$ bzw. $h_1 < 1{,}5 d_{\min}$. Bei diesen geometrischen Verhältnissen wird die Reibung zwischen Zellenwand und Schüttgut vernachlässigt, und die Belastung wird nach der Erddrucktheorie ermittelt. Mit den Bezeichnungen nach Bild 8.2. erhält man damit die Flächenlasten:

$$p_{n,w} = 0 \tag{8.1}$$

$$p_{n,h} = \gamma z \tan^2\left(45° - \frac{\varphi}{2}\right) \tag{8.2}$$

$$p_{n,v} = \gamma z \tag{8.3}$$

$$p_{n,n} = \gamma z \left[\tan^2\left(45° - \frac{\varphi}{2}\right) \sin^2\alpha + \cos^2\alpha\right] \tag{8.4}$$

$$p_{n,t} = \gamma z \sin\alpha \cos\alpha \left[1 - \tan^2\left(45° - \frac{\varphi}{2}\right)\right] \tag{8.5}$$

Für Vertikalflächen, die schrägen Wänden gegenüberliegen, wird wegen der in obigen Beziehungen enthaltenen Vereinfachungen der Ansatz

$$p_{n,h} = p_{n,n} \tag{8.6}$$

empfohlen [8.1].

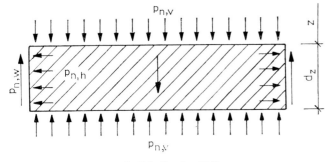

Bild 8.3. Infinitesimale Scheibe der Zelle

■ *Fall II*

Für $h_1 \geq 1{,}5\sqrt{A}$ bzw. $h_1 \geq 1{,}5 d_{\min}$ wird die Wandreibung berücksichtigt. Schneidet man durch zwei Horizontalschnitte in der Tiefe z und $z + \mathrm{d}z$ eine infinitesimale Scheibe nach Bild 8.3. mit der Querschnittsfläche A und dem Umfang U heraus, dann erhält man mit den Bezeichnungen nach Bild 8.2. und

$$p_{n,h} = k p_{n,v} \quad (k = \text{const. für alle } z) \tag{8.7}$$

$$p_{n,w} = f p_{n,h} = kf p_{n,v} \quad (f = \text{const.}) \tag{8.8}$$

aus der Gleichgewichtsbedingung

$$A \mathrm{d} p_{n,v} - \gamma A\, \mathrm{d}z + p_{n,w} U\, \mathrm{d}z = 0$$

mit den Gln. (8.7) und (8.8) die Differentialgleichung

$$\mathrm{d} p_{n,v} - \left(\gamma - \frac{kfU}{A} p_{n,v}\right) \mathrm{d}z = 0 \tag{8.9}$$

Durch die Substitution $\varphi = \gamma - \dfrac{kfU}{A} p_{n,v}$ geht Gl. (8.9) über in

$$\frac{\mathrm{d}\varphi}{\varphi} + \frac{kfU}{A} \mathrm{d}z = 0 \tag{8.10}$$

mit der Lösung

$$\varphi = C\, \mathrm{e}^{-\frac{kfU}{A} z}$$

Mit der Randbedingung

$$p_{n,v}(z=0) = 0$$

wird dann

$$p_{n,v} = \gamma z_o (1 - \mathrm{e}^{-z/z_o}) \tag{8.11}$$

mit $z_o = \dfrac{A}{kfU} \tag{8.12}$

Weiter wird

$$p_{n,h} = k\gamma z_o (1 - \mathrm{e}^{-z/z_o}) \tag{8.13}$$

$$p_{n,w} = kf\gamma z_o (1 - \mathrm{e}^{-z/z_o}) \tag{8.14}$$

Bei symmetrischer Trichterausbildung wird die Belastung der Schrägwände

$$p_{n,n} = p_{n,v}(\cos^2\alpha + k \sin^2\alpha) \tag{8.15}$$

$$p_{n,t} = p_{n,v}(1 - k)\sin\alpha \cos\alpha \tag{8.16}$$

Für Füllen ist $k = k_f = 0{,}5$ und für Entleeren $k = k_e = 1{,}0$ zu setzen. Die Belastung auf geneigte Flächen ($p_{n,n}$ und $p_{n,t}$) ist allgemein nur für den Zustand Füllen zu berücksichtigen.

Der Wandreibungsbeiwert f ist vom mittleren Korndurchmesser D (in mm) des Schüttgutes abhängig und wird für

Füllen:

$$f = f_f = \begin{cases} 0{,}9 \tan\varphi & \text{für } D < 0{,}06 \text{ mm} \\[4pt] 0{,}9 \left[\tan\varphi - \dfrac{\tan\varphi - \tan(0{,}75\varphi)}{0{,}14}(D - 0{,}06)\right] \\ \quad \text{für } 0{,}06 \text{ mm} \leq D < 0{,}2 \text{ mm} \\[4pt] 0{,}9 \tan(0{,}75\varphi) & \text{für } 0{,}2 \text{ mm} \leq D \leq 100 \text{ mm} \end{cases} \tag{8.17}$$

Entleeren:

$$f = f_e = \begin{cases} 0{,}9 \tan \varphi \text{ für } D < 0{,}06 \text{ mm} \\ 0{,}9 \left[\tan \varphi - \dfrac{\tan \varphi - \tan(0{,}60\varphi)}{0{,}14}(D - 0{,}06) \right] \\ \quad \text{für } 0{,}06 \text{ mm} \leq D < 0{,}2 \text{ mm} \\ 0{,}9 \tan(0{,}75\varphi) \text{ für } 0{,}2 \text{ mm} \leq D \leq 100 \text{ mm} \end{cases} \tag{8.18}$$

Besondere lasterhöhende Einflüsse aus außermittigem Füllen, gleichzeitigem Füllen und Entleeren, außermittigem Entleeren und möglicher Bildung von Schüttgutbrücken sind gesondert zu berücksichtigen.

In der Regel erfolgt die Berechnung der Zellen vereinfacht als waagerecht liegende, durch jeweils zwei waagerechte Schnitte herausgetrennte Rahmentragwerke (bei Annahme unverschieblicher Knoten) für waagerechte Belastung. Die Ermittlung der Schnittkräfte erfolgt zweckmäßig mittels der vereinfachten Deformationsmethode, wobei die Knotendrehwinkel als unbekannte Größen aus Bedingungsgleichungen zu bestimmen sind.

Für einfache Bauformen können die Eckmomente für konstanten Innendruck p_h wie folgt bestimmt werden:

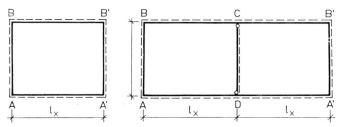

Bild 8.4. Ein- und Zweikammer-Rechteckzelle

Rechteckzellen nach Bild 8.4.

■ *Einkammer-Rechteckzelle*

Für $I_{AB} = I_{A'B'}$ und $I_{AA'} = I_{BB'}$ und mit $l'_y = l_y \dfrac{I_{BB'}}{I_{AB}}$

$$k = \frac{l_y}{l_x}; \quad k' = \frac{l'_y}{l_x}$$

$$M_A = M_B = M_{A'} = M_{B'} = -\frac{p_h l_x^2}{12} \cdot \frac{1 + k^2 k'}{1 + k'} \tag{8.19}$$

■ *Zweikammer-Rechteckzelle*

linke Kammer gefüllt

$$M_A = M_B = -\frac{p_h l_x^2}{24}\left(\frac{1 + 2k^2 k'}{1 + 2k'} + 3\frac{1 + k^2 k'}{2 + 3k'}\right) \tag{8.20}$$

$$M_C = M_D = -\frac{p_h l_x^2}{24} \cdot \frac{1 + 3k' - k^2 k'}{1 + 2k'} \tag{8.21}$$

$$M_{A'} = M_{B'} = -\frac{p_h l_x^2}{24}\left(\frac{1 + 2k^2 k'}{1 + 2k'} - 3\frac{1 + k^2 k'}{2 + 3k'}\right) \tag{8.22}$$

beide Kammern gefüllt

$$M_A = M_B = M_{A'} = M_{B'} = -\frac{p_h l_x^2}{12} \cdot \frac{1 + 2k^2 k'}{1 + 2k'} \tag{8.23}$$

$$M_C = M_D = -\frac{p_h l_x^2}{12} \cdot \frac{1 + 3k' - k^2 k'}{1 + 2k'} \tag{8.24}$$

■ *Zweikammer-Rechteckzelle mit biegsteif angeschlossener Zwischenwand*

linke Kammer gefüllt

$$l''_y = l_y \frac{I_{CD}}{I_{AB}}; \quad k'' = \frac{l''_y}{l_x}$$

$$M_A = M_B = -\frac{p_h l_x^2}{24}\left[\frac{1 + 2k^2 k'}{1 + 2k'} \right.$$
$$\left. + \frac{1 + 6k'' + 2k^2(k' + 3k'k'' - k'')}{1 + 2k' + 2k''(2 + 3k')} \right] \tag{8.25}$$

$$M_{A'} = M_{B'} = -\frac{p_h l_x^2}{24}\left[\frac{1 + 2k^2 k'}{1 + 2k'} \right.$$
$$\left. - \frac{1 + 6k'' + 2k^2(k' + 3k'k'' - k'')}{1 + 2k' + 2k''(2 + 3k')} \right] \tag{8.26}$$

$$M_{CB} = M_{DA} = -\frac{p_h l_x^2}{24}\left[\frac{1 + 3k' - k^2 k'}{1 + 2k'} \right.$$
$$\left. + \frac{1 + 3k' - k^2(k' - 6k'k'' - 4k'')}{1 + 2k' + 2k''(2 + 3k')} \right] \tag{8.27}$$

$$M_{CB'} = M_{DA'} = -\frac{p_h l_x^2}{24}\left[\frac{1 + 3k' - k^2 k'}{1 + 2k'} \right.$$
$$\left. - \frac{1 + 3k' - k^2(k' - 6k'k'' - 4k'')}{1 + 2k' + 2k''(2 + 3k')} \right] \tag{8.28}$$

$$M_{CD} = M_{DC} = M_{CB} - M_{CB'} \tag{8.29}$$

beide Kammern gefüllt
Eckmomente wie für gelenkig angeschlossene Zwischenwand

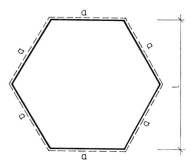

Bild 8.5. Sechseckzelle

Sechseckzelle nach Bild 8.5.

Eckmomente $M_E = -0{,}02778 p_h l^2$ \hfill (8.30)

Für die Belastung der Zellwand in vertikaler Richtung ergibt sich aus der Gleichgewichtsbedingung nach Bild 8.6.

$$\int_0^z p_{n,w} U \, d\zeta = \gamma A z - p_{n,v} A$$

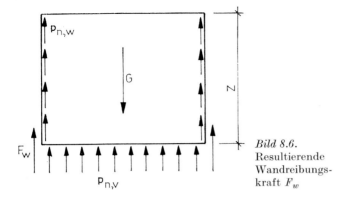

Bild 8.6. Resultierende Wandreibungskraft F_w

die auf die Längeneinheit des Umfangs bezogene resultierende Wandreibungskraft

$$F_w(z) = \int_0^z p_{n,w}\,d\zeta = \frac{A}{U}(\gamma z - p_{n,v}) \qquad (8.31)$$

$F_w(z)$ wird beim Entleeren ($k_e = 1$) größer als beim Füllen ($k_f = 0{,}5$).
Aus der resultierenden Wandreibungskraft ergibt sich zusammen mit der Eigenlast der Konstruktion und den Stützkräften die Normalkraftbeanspruchung der Zellenwand in Vertikalrichtung. Für diese Beanspruchung ist die Zellenwand in der Regel auf Beulen zu untersuchen und gegebenenfalls durch Rippen auszusteifen. Wegen der unterschiedlichen Verformungen der waagerechten Rahmenstreifen treten senkrecht dazu in den Zellenwänden Querkräfte und Biegemomente auf, die im allgemeinen vernachlässigt werden. Dies gilt jedoch nicht für den Anschlußbereich der Zellenwände an den Trichter. Nach *Marens* [8.5] kann dieses Biegemoment, bezogen auf die Längeneinheit der Knotenlinie, mit etwa

$$M = \frac{5}{64} p_h l_x^2$$

angesetzt werden.
Für vertikale Belastung ist die Zellenwand zwischen den Stützungen als wandartiger Träger zu betrachten, für den die Voraussetzungen der Balkentheorie nicht mehr gelten. Die Biegespannungen können für etwa $\frac{B}{L} > 0{,}40$ nicht mehr geradlinig über die Wandhöhe angenommen werden (Bild 8.7.). Eine Abschätzung kann für Rechteckscheiben durch die Berechnung der inneren Kräfte $Z = -D = \frac{M}{d}$ erfolgen, wobei der Hebelarm der

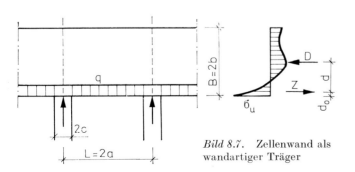

Bild 8.7. Zellenwand als wandartiger Träger

inneren Kräfte d und der Abstand d_0 vom unteren Trägerrand in Abhängigkeit von b/a und c/a aus [8.4] entnommen werden können.
Die exakte Berechnung des Spannungszustands im Auslauftrichter ist besonders bei Rechteckzellen kompliziert. Deshalb erfolgt auch die Berechnung des Trichters meist als horizontale geschlossene Rahmen, die jeweils durch zwei Horizontalschnitte herausgetrennt werden. Senkrecht zu den in waagerechten Ebenen wirkenden Rahmenschnittkräften ergeben sich in der Ebene der Schrägflächen Zugkräfte aus dem Gleichgewicht der Vertikalkräfte am abgeschnittenen Trichterteil. Bei Annahme gleichförmiger Verteilung über den Umfang und symmetrischer Trichterausbildung wird nach Bild 8.8.

$$N = \frac{G + p_{n,t} A}{U \sin \alpha} \qquad (8.32)$$

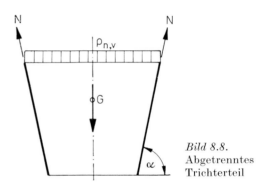

Bild 8.8. Abgetrenntes Trichterteil

Wegen der größeren Steifigkeit im Bereich der Knotenlinie der Schrägwände treten dort größere Zugkräfte als im mittleren Bereich auf, so daß Gl. (8.32) nur eine Näherung darstellt.

8.1.3. Konstruktive Gestaltung

Die konstruktive Gestaltung eines Silos oder Bunkers wird wesentlich von der Nutzungsfunktion und den Eigenschaften des Füllguts bestimmt. So werden bei leicht fließenden Füllgütern (z. B. Getreide) die Silowände häufig aus Well- oder Trapezblech hergestellt. Schwer fließende Füllgüter erfordern glatte und ebene innere Siloflächen, was auch bei der Festlegung von Korrosionsschutzmaßnahmen zu beachten ist. Silozellen, insbesondere solche mit regelmäßigem polygonalem Querschnitt, werden vielfach aus vorgefertigten Wandtafeln, bestehend aus gewelltem Stahlblech zwischen senkrechten Flachstählen, hergestellt. Die Verbindung der Wandplatten erfolgt durch Schweißung, wobei dreieckförmige Hohlstützen zur Aufnahme der senkrechten Lasten gebildet werden [8.6]. Für zylindrische Zellen werden auch gebogene Wandtafeln aus Wellblech, die durch Schrauben verbunden werden, ausgeführt. Durch die Verwendung von Wellprofil wird gegenüber ebenem Blech eine wesentlich größere Steifigkeit erreicht, die u. a. die Montage größerer Elemente ermöglicht. Bunkerkonstruktionen werden meist aus ausgesteiften ebenen Stahlblechen nach den Konstruktionsregeln des Stahlhochbaus hergestellt.

8.2. Abgespannte Maste

8.2.1. Funktion und Entwurf

Unter einem abgespannten Mast versteht man eine vertikale Stabkonstruktion, die in einem oder mehreren übereinanderliegenden Punkten durch Seile (Pardunen) abgespannt ist. Die Abspannung erfolgt im Grundriß meist nach drei Richtungen, den Seilebenen, die untereinander Winkel von 120° einschließen. Abgespannte Maste werden für Aufgaben der Funktechnik als Funkmaste (Selbststrahler oder Antennenträger) und als Freileitungs- und Fahrleitungsmaste eingesetzt. Im Industriebau werden häufig Stahlblechschornsteine, Fackelgerüste und Beleuchtungsmaste als abgespannte Maste ausgeführt.

Der Fußpunkt des Mastes kann gelenkig gelagert oder eingespannt sein.

Abgespannte Maste sind ab Höhen von 30 bis 40 m den freistehenden Türmen wirtschaftlich überlegen [8.7], erfordern jedoch eine relativ große, freie und möglichst auch ebene Grundrißfläche. Die Windangriffsflächen sind allgemein bei abgespannten Masten relativ klein, wodurch sich günstige Belastungsverhältnisse ergeben. Die Auslenkungen des Mastes sind in hohem Maße von der Größe der Seilvorspannung abhängig. Sie können jedoch auch bei größerer Seilvorspannung durch die elastische Maststützung noch relativ groß werden.

Die Aufnahme von planmäßigen Torsionsmomenten durch den Mast ist im allgemeinen nicht möglich.

Zur Vereinfachung der statischen Berechnung sollten beim Entwurf möglichst für jedes Pardunenbündel gleiche Seillängen und -neigungswinkel angestrebt werden.

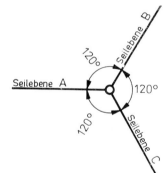

Bild 8.9. Grundriß des abgespannten Mastes

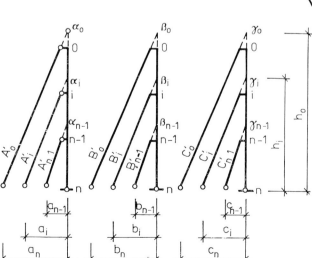

Bild 8.10. Seilebenen A, B, C

8.2.2. Berechnungsgrundlagen

Die Lastannahmen ergeben sich in Abhängigkeit von der Funktion des abgespannten Mastes nach den einschlägigen Vorschriften, z. B. für Antennentragwerke nach TGL 13480, Bohrgerüste nach TGL 13481 und Stahlblechschornsteine nach TGL 10705 im Zusammenhang mit allgemeingültigen Vorschriften wie TGL 32274 (Lastannahmen) und TGL 13500 (Stahltragwerke).

Für abgespannte Maste werden unabhängig von ihrer Funktion unterschieden

— ständige Lasten, z. B. Eigenlasten der Konstruktion und Ausrüstung, Vorspannkräfte der Abspannseile
— langzeitige Lasten, z. B. Windlasten, Temperaturwirkungen
— kurzzeitige Lasten, z. B. dynamische Windlast, Belastung durch Vereisung, Schneelasten
— plötzliche Lasten, z. B. Lasten aus Anprall, Bruch und ungewollte Änderungen der Stützenbedingungen.

Aus diesen Normlasten werden unter Berücksichtigung von Last-, Kombinations- und Wertigkeitsfaktoren die für den Nachweis des Grenzzustandes der Tragfähigkeit maßgebenden Schnittgrößen ermittelt. Die nachfolgenden Ausführungen beziehen sich zur besseren Übersichtlichkeit auf Normlasten und durch sie hervorgerufene Beanspruchungen.

Die Bezeichnungen des abgespannten Mastes sind in den Bildern 8.9. und 8.10. festgelegt.

Die Berechnung des abgespannten Mastes wird durch die nichtlinearen Kraft-Verschiebungs-Beziehungen der Abspannpunkte erschwert. Diese Nichtlinearität resultiert aus der geometrischen Änderung des Seildurchhangs.

Sind die Seilneigungen und -längen nicht gleich oder fällt die Belastungsrichtung nicht in eine Symmetrieebene, dann sind Verschiebungs- und Belastungsrichtung nicht gleich.

Im allgemeinen werden bei der Berechnung des abgespannten Mastes drei Lastfälle (LF) unterschieden (Bild 8.11.).

— LF I: Wind in einer Seilebene vom Fußpunkt weg
— LF II: Wind in dieser Seilebene auf dem Fußpunkt
— LF III: Wind senkrecht auf eine Seilebene.

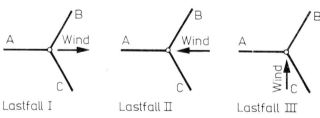

Bild 8.11. Praxisrelevante Lastfälle

Die größten Seilkräfte ergeben sich für die Lastfälle I oder III, für den Nachweis des Mastes sind die Lastfälle II oder III maßgebend. Die Mastverschiebungen werden für LF II größer als für LF I.

Die Berechnung des abgespannten Mastes kann als elastisch gestützter Durchlaufträger z. B. nach PETERSEN [8.7] oder exakt als räumliches Stabtragwerk nach MELAN

[8.8; 8.9] erfolgen, wobei jedoch ein gelenkig gelagerter Fußpunkt vorausgesetzt wird.

Im folgenden werden die genannten Berechnungsverfahren unter der Voraussetzung eines rotationssymmetrischen Aufbaus des abgespannten Mastes, also für $a_i = b_i = c_i$ und $\alpha_i = \beta_i = \gamma_i$ $(i = 0, 1, \ldots, n-1)$ nach Bild 8.13. beschrieben.

8.2.3. Mastberechnung als elastisch gestützter Durchlaufträger
nach PETERSEN

Zur Bestimmung der Federcharakteristika der Abspannpunkte erfolgt zunächst eine Vorberechnung, wobei der Mast als Durchlaufträger auf starren Stützen betrachtet wird. Die horizontalen Stützkräfte H_i werden zur Berücksichtigung des Winddrucks auf die Seile für die weitere Rechnung um 10% erhöht.

Für jeden Pardunenkranz i $(i = 0, 1, \ldots, n-1)$ sind die nachfolgenden Hilfsgrößen zu berechnen:

$$L = \frac{s^3 \gamma_g^2 \sin \alpha}{24} \tag{8.33}$$

$$M = \frac{s}{E_s \sin \alpha} \tag{8.34}$$

$$g = \frac{g}{A_s} \tag{8.35}$$

$$v_0 = -\frac{L}{\sigma_0^2} + M\left[\sigma_0 - E_S \alpha_{tS}(t_S - t_{S0}) + E_S \alpha_{tM}(t_M - t_{M0})\frac{h}{s}\cos\alpha\right] \tag{8.36}$$

s Sehnenlänge des Seiles
E_S Elastizitätsmodul des Seiles
A_S Querschnittsfläche des Seiles
σ_0 mittlere Seilspannung aus Vorspannung
t_0 Aufstellungstemperatur (S Seil, M Mast)
t Temperatur im Gebrauchszustand
α_t Temperaturausdehnungskoeffizient
h Höhe des Abspannpunktes über dem Mastfuß

Die Windbelastung senkrecht auf das Abspannseil i in der Ebene des Winkels φ je Längeneinheit ergibt sich aus

$$w = w_p \sin \varphi; \quad w_p = c q_0 d \tag{8.37}$$

c: aerodynamischer Beiwert für das Seil
q_0: Staudruck in 2/3 der Höhe des Abspannpunktes
d: Durchmesser des Seiles, gegebenenfalls unter Berücksichtigung einer Vereisung
φ: Winkel zwischen Seil und Windrichtung nach Bild 8.12.

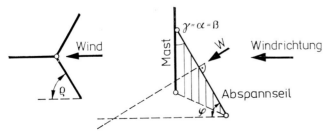

Bild 8.12. Bezeichnungen zur Windbelastung der Seile

Der Winkel φ ergibt sich aus

$$\cos \varphi = \sin \alpha \cos \varrho \tag{8.38}$$

Bezeichnet g_p die Seileigen- und Eislast je Längeneinheit, dann kann als Maß der Winkelintensität der Quotient

$$\varkappa = \frac{w_p}{q_p} \tag{8.39}$$

eingeführt werden. Mit den Hilfsgrößen

$$\Delta \sigma = \frac{H}{A_s \sin \alpha} \tag{8.40}$$

und

$$\Delta \sigma = \sigma_A - \sigma_c \tag{8.41}$$

ergeben sich folgende Kraft-Verschiebungs-Beziehungen:

■ *Lastfall I*

$\sigma_B = \sigma_c$; σ_c aus der Bedingungsgleichung

$$\sigma_c^5 - \left(\frac{v_0}{M} - \frac{7}{3}\Delta\sigma\right)\sigma_c^4 - \left(2\frac{v_0}{M} - \frac{5}{3}\Delta\sigma\right)\Delta\sigma \sigma_c^3$$
$$- \left[\left(\frac{v_0}{M} - \frac{1}{3}\Delta\sigma\right)\Delta\sigma^2 + \frac{1}{3}(G_1 + 2G_2)\frac{L}{M}\right]\sigma_c^2$$
$$- \frac{4}{3}\frac{L}{M}G_2 \Delta\sigma \cdot \sigma_c - \frac{2}{3}\frac{L}{M}G_2 \Delta\sigma^2 = 0 \tag{8.42}$$

mit

$$G_1 = \left(\frac{g_p}{g}\right)^2 (1 + \varkappa \cot \alpha)^2;$$

$$G_2 = \left(\frac{g_p}{g}\right)^2 \left[1 - \varkappa \cot \alpha + \varkappa^2 \left(\frac{3}{4} + \cot^2 \alpha\right)\right]$$

Verschiebung: $v = +v_A = -LG_1 \dfrac{1}{\sigma_A^2} + M\sigma_A - v_0$

$\hspace{10cm}(8.43)$

■ *Lastfall II*

$\sigma_B = \sigma_c$; σ_A aus der Bedingungsgleichung

$$\sigma_A^5 - \left(\frac{V_0}{M} - \frac{8}{3}\Delta\sigma\right)\sigma_A^4 - \left(2\frac{V_0}{M} - \frac{7}{3}\Delta\sigma\right)\Delta\sigma \sigma_A^3$$
$$- \left[\left(\frac{V_0}{M} - \frac{2}{3}\Delta\sigma\right)\Delta\sigma^2 + \frac{1}{3}(2G_3 + G_4)\frac{L}{M}\right]\sigma_A^2$$
$$- \frac{2}{3}\frac{L}{M}G_4 \Delta\sigma \sigma_A - \frac{1}{3}\frac{L}{M}G_4 \Delta\sigma^2 = 0 \tag{8.44}$$

mit

$$G_3 = \left(\frac{g_p}{g}\right)^2 \left[1 + \varkappa \cot \alpha + \varkappa^2 \left(\frac{3}{4} + \cot^2 \alpha\right)\right]$$

$$G_4 = \left(\frac{g_p}{g}\right)(1 - \varkappa \cot \alpha)^2$$

Verschiebung: $v = -v_A = LG_4 \dfrac{1}{\sigma_A^2} - M\sigma_A + v_0 \tag{8.45}$

■ *Lastfall III*

Wind- und Verschiebungsrichtung fallen nicht mehr zusammen. Neben der Stützkraft H in der Belastungsrichtung tritt eine Kraft $\bar{H}$ senkrecht zur Belastungsrichtung auf. Dadurch sind zwei voneinander abhängige Kraft-Verschiebungs-Beziehungen in Belastungsrichtung und senkrecht dazu zu bestimmen. Der Rechenaufwand wird damit wesentlich erhöht. In der Praxis wird deshalb häufig näherungsweise der Mast in den Abspannpunkten senkrecht zur Windrichtung als gelenkig betrachtet und nur die Kraft-Verschiebungs-Beziehung in Belastungsrichtung angesetzt. Damit wird

$$\Delta\sigma = \sqrt{3}\,(\sigma_A - \sigma_B) \tag{8.46}$$

$$\sigma_C = \frac{2}{\sqrt{3}}\Delta\sigma + \sigma_B \tag{8.47}$$

σ_B aus der Bedingungsgleichung

$$\sigma_B^7 + C_1\sigma_B^6 + C_2\sigma_B^5 + C_3\sigma_B^4 + C_4\sigma_B^3 + C_5\sigma_B^2 + C_6\sigma_B + C_7 = 0 \tag{8.48}$$

mit

$$C_1 = -\frac{v_0}{M} + \frac{7}{\sqrt{3}}\Delta\sigma$$

$$C_2 = -\frac{6v_0}{\sqrt{3}\,M}\Delta\sigma + \frac{19}{3}\Delta\sigma^2$$

$$C_3 = -\frac{L}{M}\frac{1}{3}(G_5 + G_6 + G_7) - \frac{v_0}{M}\frac{13}{3}\Delta\sigma^2 + \frac{25}{3\sqrt{3}}\Delta\sigma^3$$

$$C_4 = -\frac{L}{M}\left(G_5\frac{2}{3\sqrt{3}} + G_6\frac{2}{\sqrt{3}} + G_7\frac{4}{3\sqrt{3}}\right)\Delta\sigma - \frac{4}{\sqrt{3}}\frac{v_0}{M}\Delta\sigma^3 + \frac{16}{9}\Delta\sigma^4$$

$$C_5 = -\frac{L}{M}\left(\frac{1}{9}G_5 + \frac{13}{9}G_6 + \frac{4}{9}G_7\right)\Delta\sigma^2 - \frac{4}{9}\frac{v_0}{M}\Delta\sigma^4 + \frac{4}{9\sqrt{3}}\Delta\sigma^5$$

$$C_6 = -\frac{L}{M}G_6\frac{4}{3\sqrt{3}}\Delta\sigma^3$$

$$C_7 = -\frac{L}{M}G_6\frac{4}{27}\Delta\sigma^4$$

und

$$G_5 = \left(\frac{g_p}{g}\right)^2\left[1 + \varkappa\sqrt{3}\cot\alpha + \varkappa^2\left(\frac{1}{4} + \cot^2\alpha\right)\right]$$

$$G_6 = \left(\frac{g_p}{g}\right)^2\left[1 - \varkappa\sqrt{3}\cot\alpha + \varkappa^2\left(\frac{1}{4} + \cot^2\alpha\right)\right]$$

$$G_7 = \left(\frac{g_p}{g}\right)^2\left[1 + \varkappa^2(1 + \cot^2\alpha)\right]$$

Verschiebung in Belastungsrichtung:

$$v = \frac{2}{3}\sqrt{3}\left(-LG_5\frac{1}{\sigma_c^2} + M\sigma_c - v_0\right) \tag{8.49}$$

Mit den Gln. (8.43), (8.45) und (8.49) sind damit die Kraft-Verschiebungs-Beziehungen für die drei Lastfälle für jeden Pardunenkranz i ($i = 0, 1, \ldots, n-1$) gegeben. Die Auswertung der Kraft-Verschiebungs-Beziehung für diskrete, H benachbarte Punkte ergibt den Verschiebungsweg als nichtlineare Funktion von der Kraft. Dieser reale Verschiebungsweg wird durch die Tangente an die Kurve bei H angenähert (Bild 8.13.).

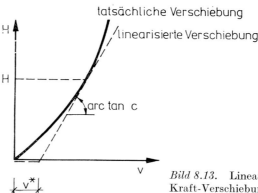

Bild 8.13. Linearisierung der Kraft-Verschiebungs-Funktion

Die Bestimmung der Auflagerverschiebung v^* und der Federkonstante C kann grafisch oder analytisch erfolgen. Für die rechnerische Lösung wählt man zweckmäßig vier Kräfte, die H benachbart sind, und nähert damit die Kraft-Verschiebungs-Funktion mit hinreichender Genauigkeit durch ein Polynom 3. Grades an (Bild 8.14.). Mit

$$\xi = \frac{H - \bar{H}_1}{H} \tag{8.50}$$

und

$$v = v_1 + a_1\xi + a_2\xi^2 + a_3\xi^3 \tag{8.51}$$

wird

$$C = \frac{dH}{dv} = \frac{\Delta H}{a_1 + 2\xi a_2 + 3a_3\xi^2} \tag{8.52}$$

$$v^* = v - \frac{H}{C} \tag{8.53}$$

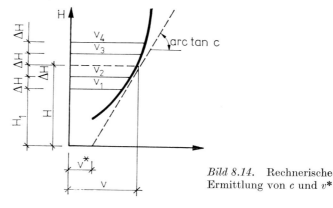

Bild 8.14. Rechnerische Ermittlung von c und v^*

Die Koeffizienten der Verschiebungsfunktion nach Gl. (8.51) werden

$$a_1 = \frac{1}{6}(-11v_1 + 18v_2 - 9v_3 + 2v_4)$$

$$a_2 = \frac{1}{6}(6v_1 - 15v_2 + 12v_3 - 3v_4) \tag{8.54}$$

$$a_3 = \frac{1}{6}(-v_1 + 3v_2 - 3v_3 + v_4)$$

Im allgemeinen kann man $\bar{H}_1 = \frac{3}{4}H$ und $\Delta H = \frac{1}{6}H$ wählen; damit wird $\xi = 1{,}5$.

Der Mast wird nun als in den Abspannpunkten i mit den Federkonstanten C_i elastisch gestützter Durchlaufträger berechnet, wobei die Auflagerverschiebung v_i^* durch den Ansatz einer Einzellast $F_i^* = C_i v_i^*$ berücksichtigt wird (Bild 8.15.). Weichen die so ermittelten horizontalen Stützkräfte H_i relativ stark von denen des Trägers auf starren Stützen ab, muß eine Neuberechnung der Federcharakteristik erfolgen. In vielen praktischen Fällen wird sich eine solche zweite Durchrechnung erübrigen. Mit den Stützkräften H_i können die endgültigen Seilspannungen $\sigma_{A,i}$, $\sigma_{B,i}$ und $\sigma_{C,i}$ berechnet werden.

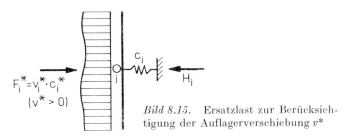

Bild 8.15. Ersatzlast zur Berücksichtigung der Auflagerverschiebung v^*

Durch die Seilkräfte werden im Pardunenkranz i folgende Lastgrößen in den Mast eingetragen

$$V_i^s = (\sigma_{A,i} + \sigma_{B,i} + \sigma_{C,i}) A_s \cos \alpha \qquad (8.55)$$

$$M_i^s = \Omega_i (\sigma_{A,i} - \sigma_{C,i}) A_s r \cos \alpha \quad \text{mit} \qquad (8.56)$$

$\Omega_i = -1$ für Lastfall I und II

$\Omega_i = -\frac{\sqrt{3}}{2}$ für den Lastfall III

r Abstand der Seilbefestigung von der Mastachse

Die Seile setzen am Pardunenkranz i aus Eigen- und Eislast (g_p) sowie Windlast (W) folgende Lastgrößen ab

$$V_i^{g_p} = \frac{3}{2} g_p s; \quad H_i^{g_p} = 0; \quad M_i^{g_p} = 0 \qquad (8.57)$$

$$V_i^W = 0; \quad H_i^W = \frac{3}{2} W_p s (1 + \cos^2 \alpha);$$

$$M_i^W = -\frac{3}{4} W_p s r \sin \alpha \cos \alpha \qquad (8.58)$$

Statt der eingangs empfohlenen Erhöhung der Stützkräfte H_i um 10% zur Berücksichtigung des Winddrucks auf die Seile kann auch der exakte Wert H_i^W angesetzt werden.

Die Momente M_i^s und M_i^W sind bei der Berechnung des elastisch gestützten Durchlaufträgers als äußere Belastung anzusetzen.

8.2.4. Berechnung des abgespannten Mastes als räumliches Stabtragwerk nach MELAN

Das verwendete Grundsystem besteht aus dem nur im oberen Pardunenkranz O gehaltenen Mast, der unmittelbar unter dem Seilbündel ein Normalkraft-Nullfeld enthält. Die Normalkraft im Mast ist die statisch überzählige Größe. Ein Mast mit $0, 1, \ldots, n-1$ Pardunenkränzen ist $(3n-2)$-fach statisch unbestimmt.

Die Seilkräfte der Seile des Pardunenkranzes i werden mit A_i', B_i' und C_i', ihre Horizontalkomponenten mit A_i, B_i und C_i bezeichnet.

Als Unbekannte werden die folgenden Größen

$$\begin{aligned} X_i &= \frac{2}{3}\left(A_i - \frac{B_i + C_i}{2}\right) \\ Y_i &= \frac{2}{3}\left(B_i - \frac{C_i + A_i}{2}\right) \\ Z_i &= \frac{2}{3}\left(C_i - \frac{A_i + B_i}{2}\right) \end{aligned} \qquad (8.59)$$

eingeführt. Daraus ergeben sich die Horizontalkomponenten der Seilkräfte zu

$$\begin{aligned} A_i &= Q_i + X_i \\ B_i &= Q_i + Y_i \\ C_i &= Q_i + Z_i \end{aligned} \qquad (8.60)$$

mit Q_i als zunächst unbekannter Größe.

Allgemeine Berechnungsgrößen sind

$$\mathfrak{a}_i = \mathfrak{b}_i = \mathfrak{i}_i = \left(-\frac{G_{iA} \sin^2 \alpha_i}{24 H_{iA}^2} + \frac{H_{iA}}{E_s A_{si} \sin^3 \alpha_i} + \alpha_t t\right) a_i \qquad (8.61)$$

G_{iA} Eigen- und Eislast des Seiles A_i ($G_{iA} = G_{iB} = G_{iC}$)

H_{iA} Horizontalkomponente der Vorspannkraft im Seil A_i ($H_{iA} = H_{iB} = H_{iC}$)

E_s Elastizitätsmodul des Seiles

A_{si} Querschnittsfläche des Seiles A_i (Seile B_i und C_i haben den gleichen Querschnitt)

α_t Temperaturausdehnungskoeffizient

t Temperaturdifferenz

a_i Abstand des unteren Befestigungspunktes des Seiles A_i vom Mastfußpunkt im Grundriß

$$n_{ix} = n_{iy} = n_{iz} = n_i = \frac{a_i}{E_s A_{si} \sin^3 \alpha_i} \qquad (8.62)$$

$$\begin{aligned} m_{ix} &= \frac{U_i^2}{24} a_i - \Theta_i \\ m_{iy} &= \frac{V_i^2}{24} a_i - \Theta_i \\ m_{iz} &= \frac{T_i^2}{24} a_i - \Theta_i \quad \text{mit} \quad \Theta_i = \frac{G_{iA}^2 \cos^2 \alpha_i}{24} a_i \end{aligned} \qquad (8.63)$$

U_i, V_i, T_i sind die resultierenden Einzellasten aus Eigen-, Eis- und Windlasten auf die Seile A_i, B_i, C_i.

■ *Lastfall I*

Mit $Y_i = Z_i = -\frac{1}{2} X_i$ und $y_1 = z_i = -\frac{1}{2} x_i$ ergeben sich für jeden Pardunenkranz i ($i = 0, 1, \ldots, n-1$) die unbekannten Kraftgrößen X_i und Q_i und die unbekannte Verschiebung x_i in Seilebene A.

Für jeden Knoten i können folgende Bedingungsgleichungen angeschrieben werden:

$$-\mu_i x_0 + x_i + \sum_{k=1}^{n-1} \varepsilon_{ik} X_k + \delta_{ix} = 0 \qquad (8.64)$$

$$x_1 = -\frac{m_{ix}}{(Q_i + X_i)^2} + n_i(Q_i + X_i) - \mathfrak{a}_i \qquad (8.65)$$

$$-\frac{x_i}{2} = -\frac{m_{iy}}{\left(Q_i - \dfrac{X_i}{2}\right)^2} + n_i\left(Q_i - \frac{X_i}{2}\right) - \mathfrak{a}_i \qquad (8.66)$$

Es bedeuten

$$\mu_i = \frac{h_i}{h_0}; \quad \varepsilon_{ik} = \frac{3}{2}\int M_{si}M_{sk}\frac{\mathrm{d}s}{EI}; \quad \delta_{ix} = \int M_{sP}M_{si}\frac{\mathrm{d}s}{EI}$$

M_{si} Moment im Grundsystem aus einer im Knoten i ausreifenden Seilkraft mit der Horizontalkomponente 1 (Bild 8.16.)

M_{sp} Moment aus Windbelastung im Grundsystem

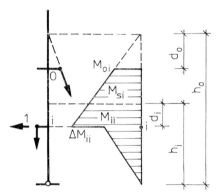

$M_{oi} = -\mu_i\, d_0$
$M_{si} = -\mu_i(h_0 - h_i)$
$M_{ii} = -\mu_i(h_0 - h_i + d_i)$
$\Delta M_{ii} = d_i$

Bild 8.16.
Momentenverlauf M_{si}

In Gl. (8.63) wird

$$U_i^2 = [W_{iA}(1 - \sin^2\alpha_i)]^2 + (W_{iA}\sin\alpha_i\cos\alpha_i + G_{iA})^2$$

$$V_i^2 = \left[W_{iA}\left(1 - \frac{1}{4}\sin^2\alpha_i\right)\right]^2 + W_{iA}^2\frac{3}{16}\sin^4\alpha_i$$

$$+ \left(W_{iA}\frac{1}{2}\sin\alpha_i\cos\alpha_i + G_{iA}\right)^2 = T_i^2$$

wobei W_{iA} der Winddruck auf Seil A_i ist für eine Windrichtung senkrecht zur Seilebene A.

Aus dem Gleichgewicht um den Fußpunkt folgt außerdem

$$X_0 = \frac{2\overline{M}}{3h_0} - \sum_{k=1}^{n-1}\mu_k X_k \qquad (8.67)$$

mit $\overline{M}$ als auf den Fußpunkt $i = n$ bezogenes Moment aller äußeren Kräfte (einschl. anteiliger Seileigen- und Eislasten sowie Windlasten auf die Seile) im Grundsystem.
Die Lösung des nichtlinearen Gleichungssystems nach den Gln. (8.64), (8.65) und (8.66) empfiehlt sich wie folgt auf iterative Weise:

— Lösungen $\overline{X}_k$ aus $\sum_{k=1}^{n-1}\varepsilon_{ik}\overline{X}_k + \delta_{ix} = 0$ und $\overline{X}_0$ aus Gl. (8.67)

— Lösungen $\overline{Q}_i$ aus $\overline{Q}_i = \dfrac{1}{3n_i}$

$$\times\left[\frac{m_{ix}}{(\overline{Q}_i + \overline{X}_i)^2} + \frac{2m_{iy}}{\left(\overline{Q}_i - \dfrac{\overline{X}_i}{2}\right)^2}\right] + \frac{\mathfrak{a}_i}{n_i}$$

— Berechnung von $\bar{x}_i$ nach Gl. (8.65) mit $\overline{Q}_i$ und $\overline{X}_i = \overline{X}_k$
— die Bedingungsgleichung (8.64) wird nicht erfüllt, vielmehr wird

$$-\mu_i\bar{x}_0 + \bar{x}_i + \sum_{k=1}^{n-1}\varepsilon_{ik}X_k + \delta_{ix} = g_i$$

— Korrektur: $\overline{X}_k^{(2)} = \overline{X}_k + \Delta\overline{X}_k$ mit $\Delta\overline{X}_k$ als Lösung von

$$\sum_{k=1}^{n-1}\psi_{ik}\Delta\overline{X}_k = -g_i \quad (i = 1, 2, \ldots, n-1)$$

wobei gilt

$$\psi_{ik} = \frac{3q_0p_0}{p_0 + 2q_0}\mu_i\mu_k + \varepsilon_{ik} \quad (i \neq k)$$

$$\psi_{ii} = \frac{3q_0p_0}{p_0 + 2q_0}\mu_i^2 + \varepsilon_{ii} + \frac{3q_ip_i}{p_i + 2q_i}$$

$$p_i = 2\frac{m_{ix}}{(\overline{Q}_i + \overline{X}_i)^3} + n_i$$

$$q_i = 2\frac{m_{iy}}{(\overline{Q}_i - \overline{X}_i/2)^3} + n_i$$

und $\Delta\overline{X}_0 = -\sum_{k=1}^{n-1}\mu_k\Delta\overline{X}_k$

— mit den neuen Näherungslösungen für X_i wird die Rechnung wiederholt, bis die Änderungen hinreichend klein werden. Die Seilkräfte werden

$$A_i' = \frac{Q_i + X_i}{\sin\alpha_i}; \quad B_i' = C_i' = \frac{Q_i - X_i/2}{\sin\alpha_i} \qquad (8.68)$$

Die Momente der Mastachse fallen in Seilebene A und betragen

$$M_s = M_{sp} + \frac{3}{2}\sum_{i=1}^{n-1}M_{si}X_i \qquad (8.69)$$

■ *Lastfall II*

In Gl. (8.64) ist wegen der umgekehrten Windrichtung δ_{ix} durch $-\delta_{ix}$ zu ersetzen, und in Gl. (8.63) wird

$$U_i^2 = [W_{iA}(1 - \sin^2\alpha_i)]^2 + (-W_{iA}\sin\alpha_i\cdot\cos\alpha_i + G_{iA})^2$$

$$V_i^2 = \left[W_{iA}\left(1 - \frac{1}{4}\sin^2\alpha_i\right)\right]^2 + W_{iA}^2\frac{3}{16}\sin^4\alpha_i$$

$$+ \left(-W_{iA}\frac{1}{2}\sin\alpha_i\cos\alpha_i + G_{iA}\right)^2 = T_i^2.$$

Die Aufstellung der Gleichungen und ihre iterative Lösung erfolgt analog zu Lastfall I.

■ *Lastfall III*

Bei Vernachlässigung der Verschiebung senkrecht zur Windrichtung ($x_i = 0$) wird

$X_i = 0; \quad X_0 = 0$

$Y_i = -Z_i$

$y_i = -z_i$

und es ergeben sich für jeden Pardunenkranz i die unbekannten Kraftgrößen Y_i und Q_i sowie die unbekannte Verschiebung y_i in Seilebene B.

Für jeden Pardunenkranz i ($i = 1, 2, \ldots, n-1$) können folgende Bedingungsgleichungen angeschrieben werden

$$-\mu_i y_0 + y_i + \sum_{k=1}^{n-1} \varepsilon_{ik} Y_k + \delta_{iy} = 0 \qquad (8.70)$$

sowie

$$Y_0 = \frac{\sqrt{3}}{3} \frac{\overline{M}}{h_0} - \sum_{k=1}^{n-1} \mu_k Y_k \qquad (8.71)$$

$$y_i = -\frac{m_{iy}}{(Q_i + Y_i)^2} + n_i(Q_i + Y_i) - \mathfrak{a}_i \qquad (8.72)$$

$$-y_i = -\frac{m_{iz}}{(Q_i - Y_i)^2} + n_i(Q_i - Y_i) - \mathfrak{a}_i \qquad (8.73)$$

In Gl. (8.70) wird $\delta_{iy} = \frac{\sqrt{3}}{2} \int M_{sp} M_{si} \frac{ds}{EI}$. Weiter gilt für die Gln. (8.72) und (8.73)

$$V_i^2 = \left[W_{iA}\left(1 - \frac{1}{4}\sin^2\alpha_i\right)\right]^2 + W_{iA}^2 \frac{3}{16}\sin^4\alpha_i$$

$$+ \left[W_{iA} \frac{\sqrt{3}}{2}\sin\alpha_i \cos\alpha_i + G_{iA}\right]^2$$

$$T_i^2 = \left[W_{iA}\left(1 - \frac{3}{4}\sin^2\alpha_i\right)\right]^2 + W_{iA}^2 \frac{3}{16}\sin^4\alpha_i$$

$$+ \left[W_{iA} \frac{\sqrt{3}}{2}\sin\alpha_i \cdot \cos\alpha_i + G_{iA}\right]^2$$

Die iterative Lösung des nichtlinearen Gleichungssystems kann wie folgt durchgeführt werden:

— Lösungen $\overline{Y}_k$ aus $\sum_{k=1}^{n-1} \varepsilon_{ik}\overline{Y}_k + \delta_{iy} = 0$ und $\overline{Y}_0$ aus Gl. (8.71)
— Lösungen $\overline{Q}_i$ aus

$$\overline{Q}_i = \frac{1}{2n_i}\left[\frac{m_{iy}}{(\overline{Q}_i + \overline{Y}_i)^2} + \frac{m_{iz}}{(\overline{Q}_i - \overline{Y}_i)^2}\right] + \frac{\mathfrak{a}_i}{n_i}$$

— Berechnung von $\bar{y}_i$ nach Gl. (8.72) mit $\overline{Y}_i = \overline{Y}_k$ und $\overline{Q}_i$
— die Gl. (8.70) wird nicht erfüllt, es ergibt sich

$$-\mu_i \bar{y}_0 + \bar{y}_i = g_i$$

— Korrektur

$$\overline{Y}_k^{(2)} = \overline{Y}_k + \Delta \overline{Y}_k \text{ mit } \Delta Y_k \text{ als Lösung von}$$

$$\sum_{k=1}^{n-1} \psi_{ik} \cdot \Delta \overline{Y}_k = -g_i \text{ mit}$$

$$\psi_{ik} = \frac{2p_0 q_0}{p_0 + q_0} \mu_i \mu_k + \varepsilon_{ik} \qquad (i \neq k)$$

$$\psi_{ii} = \frac{2p_0 q_0}{p_0 + q_0} \mu_i^2 + \varepsilon_{ii} + \frac{2p_i q_i}{p_i + q_i}$$

$$p_i = \frac{2m_{iy}}{(\overline{Q}_i + \overline{Y}_i)^3} + n_i; \quad q_i = \frac{2m_{iz}}{(\overline{Q}_i - \overline{Y}_i)^3} + n_i$$

und $\Delta \overline{Y}_0 = -\sum_{k=1}^{n-1} \mu_k \cdot \Delta \overline{Y}_k$

— Wiederholung der Rechnung mit den neuen Näherungswerten für Y_i, bis die Änderungen hinreichend klein werden.

Die Seilkräfte in Feldmitte besitzen die Größe

$$A'_i = \frac{Q_i}{\sin \alpha_i}; \quad B'_i = \frac{Q_i - Y_i}{\sin \alpha_i}; \quad C'_i = \frac{Q_i + Y_i}{\sin \alpha_i}$$

und die Biegemomente im Mast werden

$$M_s = M_{sp} + \sqrt{3} \sum_{i=1}^{n-1} M_{si} X_i$$

8.2.5. Ausführung

Der Verschiebungszustand des abgespannten Mastes wird durch die gewählte Vorspannung wesentlich beeinflußt. Eine geringe Seilvorspannung führt zu einem relativ großen Durchhang und damit zu entsprechend großen Mastverschiebungen. Je nach Aufgabenstellung des Mastes können unterschiedliche Mastauslenkungen zugelassen sein. Wird der Mast als Antennenträger eingesetzt, muß durch eine hohe Seilvorspannung eine relativ geringe Mastverschiebung sichergestellt werden. Beim Einsatz des Mastes als Selbststrahler kann die Seilvorspannung kleiner gewählt werden. Dies gilt auch für Blechschornsteine, um die Druckkrafterhöhung im Mast aus der Rohrerwärmung zu begrenzen.

Von MELAN [8.9] wird eine Seilvorspannung von etwa einem Drittel der Bruchlast vorgeschlagen. PETERSEN [8.7] geht bei der Wahl der Vorspannung von der Vorgabe eines bestimmten Durchhangs aus:

$$\bar{f} = \frac{s}{n}$$

s Sehnenlänge des Seiles
n Durchhangszahl
$\bar{f}$ Durchhang senkrecht zur Seilsehne

Damit ergibt sich die Vorspannung zu $\sigma_0 = \frac{gs}{A_s} \frac{\sin \alpha}{8} n$

Für die Wahl von n wird empfohlen

n	s	
	50 m	100 m
Antennenträger	225	125
Selbststrahler	135	80
Kamin	180	100

Bild 8.17. Kontrolle der Vorspannung mittels Visierleiste

Die Einstellung der Vorspannkraft erfolgt zweckmäßig über Federkraftmesser. Bei kleineren Masten kann die Vorspannung auch über Spannschlösser eingetragen werden. Die Kontrolle der Seilvorspannung S_0 läßt sich nach [8.7] über das Anlegen einer Visierleiste als Tangente an das untere Seilende durchführen (Bild 8.17.). Der Abstand z des Schnittpunktes der Tangente mit der Mastachse vom oberen Seilbefestigungspunkt ist mit der Seilvorspannkraft S_0 durch folgende Beziehung verbunden:

$$z = \frac{h}{\left(1 + \frac{2S_0}{gh}\right)\cos^2\alpha}$$

Bei Blechrohrmasten muß die obere Befestigung der Seile zur besseren Krafteintragung an Kreisringträgern erfolgen.

Beispiel 8.1

Für einen in zwei Punkten rotationssymmetrisch abgespannten Mast sind für Lastfall I die Seilkräfte aus Normlasten zu bestimmen.

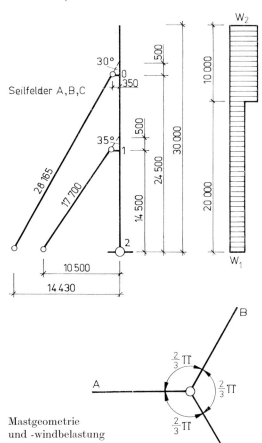

Mastgeometrie und -windbelastung

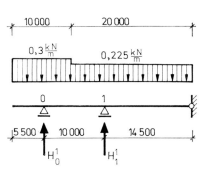

Mast als starr gestützter Durchlaufträger

1. Geometrie und Belastung

Geometrie nach nebenstehendem Bild

Mast: Stahlrohr 500 × 5
Seile: B 16 × 140 TGL 20178
$A_s = 1{,}53$ cm², $E_s = 150\,000$ N/mm²

Nach TGL 13480 ergibt sich die Windbelastung zu
$W = c_w q F_w \sin \alpha$

Unter Berücksichtigung der Böigkeit des Windes ist der Ersatzstaudruck q für
$h \leq 20$ m; $q = 0{,}75$ kN/m²
$h = 40$ m; $q = 1{,}00$ kN/m²

Für den Mastschaft wird mit $c_w = 0{,}6$ und $\alpha = \pi/2$
$W_1 = 0{,}6 \cdot 0{,}75 \cdot 0{,}50 = 0{,}225$ kN/m
$W_2 = 0{,}6 \cdot 1{,}00 \cdot 0{,}50 = 0{,}300$ kN/m

Winddruck auf die Anspannseile (s. Bild 8.12.)
$W_{Ni} = c_w q d s \sin^2 \varphi_i$, mit $c_w = 1{,}2$; $d = 0{,}016$ m;
$s = $ Sehnenlänge
$W_{N;A_0} = 1{,}2 \cdot 0{,}225 \cdot 0{,}016 \cdot 28{,}165 \cdot \sin^2 60° = 0{,}091$ kN
$W_{N;A_1} = 1{,}2 \cdot 0{,}225 \cdot 0{,}016 \cdot 17{,}70 \cdot \sin^2 55° = 0{,}051$ kN
$\cos \varphi_{B_0} = \sin 30° \cdot \cos 60° = 0{,}25 \to \varphi_{B_0} = 75{,}52°$
$\cos \varphi_{B_1} = \sin 35° \cdot \cos 60° = 0{,}287 \to \varphi_{B_1} = 73{,}33°$
$W_{N;B_0} = W_{N;C_0} = 1{,}2 \cdot 0{,}225 \cdot 0{,}016 \cdot 28{,}165 \cdot \sin^2 75{,}52° = 0{,}114$ kN
$W_{N;B_1} = W_{N;C_1} = 1{,}2 \cdot 0{,}225 \cdot 0{,}016 \cdot 17{,}70 \cdot \sin^2 73{,}33° = 0{,}070$ kN

Vorspannung in allen Seilen: $P_v = 5{,}0$ kN

2. Berechnung als elastisch gestützter Durchlaufträger

2.1. Berechnung als Durchlaufträger auf starren Stützen

Für System und Belastung nach nebenstehendem Bild (unten) wird
$H_0^1 = 3{,}104$ kN
$H_1^1 = 3{,}031$ kN

Aus Windlast auf die Seile ergibt sich nach Gl. (8.58) mit
$W_p = 1{,}2 \cdot 0{,}75 \cdot 0{,}016 = 0{,}0144$ kN/m

$H_0^w = \dfrac{3}{4} \cdot 0{,}0144 \cdot 28{,}165 \cdot (1 + \cos^2 30°) = 0{,}533$ kN

$M_0^w = -\dfrac{3}{4} \cdot 0{,}0144 \cdot 28{,}165 \cdot 0{,}35 \cdot \sin 30° \cdot \cos 30° = -0{,}0461$ kNm

$H_1^w = \dfrac{3}{4} \cdot 0{,}0144 \cdot 17{,}70 \cdot (1 + \cos^2 35°) = 0{,}320$ kN

$M_1^w = -\dfrac{3}{4} \cdot 0{,}0144 \cdot 17{,}70 \cdot 0{,}35 \cdot \sin 35° \cdot \cos 35° = -0{,}0314$ kNm

Damit wird
$H_0 = 3{,}104 + 0{,}533 = 3{,}637$ kN
$H_1 = 3{,}031 + 0{,}320 = 3{,}351$ kN

2.2. Ermittlung der Federcharakteristik für Pardunenkranz 0

Nach den Gln. (8.33) bis (8.36) und (8.39) bis (8.43) wird

$\gamma_g = \dfrac{g}{A_s} = \dfrac{12{,}01 \cdot 10^{-3}}{1{,}53 \cdot 10^2} = 7{,}85 \cdot 10^{-5}$ N/mm²

$L_0 = \dfrac{28165^3 \cdot (7{,}85 \cdot 10^{-5})^2 \sin 30°}{24} = 2868{,}3$ N²/mm²

$M_0 = \dfrac{28165}{15 \cdot 10^4 \cdot \sin 30°} = 0{,}3755$ mm³/N

$\sigma_0 = \dfrac{P_v}{A_s} = \dfrac{5000}{153} = 32{,}68$ N/mm²

$V_0^{(0)} = -\dfrac{2868{,}3}{32{,}68^2} + 0{,}375 \cdot 32{,}68 = 9{,}586$ mm

$\varkappa = \dfrac{0{,}0144}{12{,}01 \cdot 10^{-3}} = 1{,}199$

Beispiel 8.1 *(Fortsetzung)*

Tabelle 8.1. Auswertung der Kraft-Verschiebungs-Funktion

$\dfrac{H}{H_0}$	$\Delta\sigma$ N/mm²	σ_c N/mm²	$v_i^{(0)}$ mm
9/12	35,65	35,66	$v_1^{(0)} = 11,9$
11/12	43,57	34,01	$v_2^{(0)} = 15,0$
13/12	51,50	32,53	$v_3^{(0)} = 18,1$
15/12	59,42	31,20	$v_4^{(0)} = 21,1$
12/12	47,54	33,25	

Für $\dfrac{H}{H_0} = 1$ wird

$\sigma_c \quad = 33{,}25 \text{ N/mm}^2$ und
$\sigma_A \quad = 80{,}79 \text{ N/mm}^2$ sowie nach Gl. (8.56)
$M_0^s \quad = -1(80{,}79 - 33{,}25) \cdot 153 \cdot 10^{-3} \cdot 0{,}35$
$\qquad \times \cos 30° = -2{,}205 \text{ kNm}$

Tabelle 8.2. Auswertung der Kraft-Verschiebungs-Funktion

$\dfrac{H}{H_1}$	$\Delta\sigma$ N/mm²	σ_c N/mm²	$v_i^{(1)}$ mm
9/12	28,64	31,15	$v_1^{(1)} = 4{,}7$
11/12	35,00	29,59	$v_2^{(1)} = 5{,}9$
13/12	41,37	28,18	$v_3^{(1)} = 7{,}1$
15/12	47,73	26,88	$v_4^{(1)} = 8{,}3$
12/12	38,18	28,87	

Für $\dfrac{H}{H_1} = 1$ wird

$\sigma_c \quad = 28{,}87 \text{ N/mm}^2$
$\sigma_A \quad = 67{,}05 \text{ N/mm}^2$ und
$M_1^s \quad = -1(67{,}05 - 28{,}87) \times 153 \cdot 10^{-3} \cdot 0{,}35$
$\qquad \times \cos 35° = -1{,}675 \text{ kNm}$
$a_1 \quad = 1{,}200;\ a_2 = 0;\ a_3 = 0$
$c_1 \quad = \dfrac{558{,}5}{1{,}200} = 465{,}4 \text{ N/mm}$
$v \quad = 4{,}7 \text{ mm}$
$v_1^* \quad = 4{,}7 - \dfrac{3351}{465{,}4} = -2{,}5 \text{ mm}$

Mast als elastisch gestützter Durchlaufträger

$\Delta\sigma = \dfrac{H}{153 \cdot \sin 30°} = 1{,}307 \cdot 10^{-2} H = \sigma_A - \sigma_C$

$G_1^{(0)} = 1^2 \cdot (1 + 1{,}199 \cdot \cot 30°)^2 = 9{,}466$
$G_2^{(0)} = 1^2 \cdot [1 - 1{,}199 \cdot \cot 30° + 1{,}199^2(0{,}75 + \cot^2 30°)] = 4{,}314$

$\sigma_c^5 - \left(25{,}529 - \dfrac{7}{3}\Delta\sigma\right)\sigma_c^4 - \left(51{,}058 - \dfrac{5}{3}\Delta\sigma\right)\Delta\sigma \cdot \sigma_c^3$
$\qquad - \left[\left(25{,}529 - \dfrac{1}{3}\Delta\sigma\right) \cdot \Delta\sigma^2 + 46071\right] \cdot \sigma_c^2 - 43937$
$\qquad \times \Delta\sigma \cdot \sigma_c - 21969 \cdot \Delta\sigma^2 = 0$

$V_i^{(0)} = -27151 \cdot \dfrac{1}{\sigma_A^2} + 0{,}3755 \cdot \sigma_A - 9{,}586$ mit $\sigma_A = \sigma_C + \Delta\sigma$

Die Kraft-Verschiebungs-Funktion wird für

$\dfrac{H}{H_0} = \dfrac{9}{12}, \dfrac{11}{12}, \dfrac{13}{12}, \dfrac{15}{12}$ und $H_0 = 3{,}637$ kN und

$\Delta H = \dfrac{1}{6} H_0 = 0{,}606$ kN

ausgewertet (Tabelle 8.1.).

Nach Gl. (8.54) ergibt sich

$a_1 = 3{,}067;\ a_2 = 0{,}050;\ a_3 = -0{,}0167$

und mit den Gln. (8.52) und (8.53)

$C_0 = \dfrac{606}{3{,}067 + 2 \cdot 1{,}5 \cdot 0{,}05 - 3 \cdot 0{,}0167 \cdot 1{,}5^2} = 195{,}2 \text{ N/mm}^2$

$v = 11{,}9 + 3{,}067 \cdot 1{,}5 + 0{,}05 \cdot 1{,}5^2 - 0{,}0167 \cdot 1{,}5^3 = 16{,}6 \text{ mm}$

$v_0^* = 16{,}6 - \dfrac{3637}{195{,}2} = -2{,}0 \text{ mm}$

2.3. Ermittlung der Federcharakteristik für Pardunenkranz 1

$L_1 = \dfrac{17700^3 \cdot (7{,}85 \cdot 10^{-5})^2 \cdot \sin 35°}{24} = 816{,}66 \text{ N}^2/\text{mm}^3$

$M_1 = \dfrac{17700}{15 \cdot 10^4 \cdot \sin 35°} = 0{,}2057 \text{ mm}^3/\text{N}$

$v_0^{(1)} = -\dfrac{816{,}66}{32{,}68^2} + 0{,}2057 \cdot 32{,}68 = 5{,}958 \text{ mm}$

$\Delta\sigma = \dfrac{H}{153 \cdot \sin 35°} = 1{,}1395 \cdot 10^{-2} H = \sigma_A - \sigma_C$

$G_1^{(1)} = 1^2 \cdot (1 + 1{,}199 \cdot \cot 35°)^2 = 7{,}357$
$G_2^{(1)} = 1^2 \cdot [1 + 1{,}199 \cdot \cot 35° + 1{,}199^2(0{,}75 + \cot^2 35°)] = 3{,}298$

$\sigma_c^5 - \left(28{,}965 - \dfrac{7}{3}\Delta\sigma\right)\sigma_c^4 - \left(57{,}929 - \dfrac{5}{3}\Delta\sigma\right)\Delta\sigma\, \sigma_c^3$
$\qquad - \left[\left(28{,}965 - \dfrac{1}{3}\Delta\sigma\right)\Delta\sigma^2 + 18465{,}2\right]\sigma_c^2 - 17458{,}1\, \Delta\sigma \cdot \sigma_c$
$\qquad - 8729{,}0 \cdot \Delta\sigma^2 = 0$

$v_i^{(1)} = -6008{,}2 \cdot \dfrac{1}{\sigma_A^2} + 0{,}2057 \sigma_A - 5{,}958$ mit $\sigma_A = \sigma_C + \Delta\sigma$

Die Kraft-Verschiebungs-Funktion wird für

$\dfrac{H}{H_1} = \dfrac{9}{12}, \dfrac{11}{12}, \dfrac{13}{12}, \dfrac{15}{12}$ und $H_1 = 3{,}351$ kN und $\Delta H = \dfrac{1}{6} H_1 = 0{,}5585$ kN

ausgewertet. (Tab. 8.2.).

2.4. Berechnung als Durchlaufträger auf elastischen Stützen

System und Belastung sind nebenstehend dargestellt. Die Einzellasten über den elastischen Stützen berücksichtigen die Auflagerverschiebungen v^* und die Belastung aus Wind auf die Seile nach Gl. (8.58)

$F_0 = C_0 v_0^* + H_0^w = -195{,}2 \cdot 2{,}0 \cdot 10^{-3} + 0{,}533 = +0{,}143$ kN
$F_1 = C_1 v_1 + H_1^w = -465{,}2 \cdot 2{,}5 \cdot 10^{-3} + 0{,}320 = -0{,}843$ kN

Weiter wird $M_0 = M_0^w + M_0^s = -2{,}251$ kNm
$\qquad\qquad M_1 = M_1^w + M_1^s = -1{,}706$ kNm

Beispiel 8.1 *(Fortsetzung)*

Mit der Maststeifigkeit $EI = 50016$ kNm² ergibt die Berechnung des elastisch gestützten Systems

$H_0 = 2{,}676$ kN $M_{0r} = -2{,}287$ kNm
$H_1 = 2{,}880$ kN $M_{1l} = -7{,}322$ kNm
$M_{0l} = -4{,}538$ kNm $M_{1r} = -5{,}616$ kNm

Eine Neuberechnung der Federkonstante am Punkt 0 für $H = 2{,}676$ kN ergibt $C_0 = 185{,}8$ N/mm und am Punkt 1 für $H_1 = 2{,}880$ kN $C_1 = 433{,}1$ N/mm. Die Berechnung des Systems mit den veränderten Federkonstanten ergibt $H_0 = 2{,}719$ kN und $H_1 = 3{,}288$ kN. Auf eine weitere Korrektur der Federkonstanten wird verzichtet.

2.5. Seilkräfte und Mastbelastung

Für den Pardunenkranz 0 folgt mit $\Delta\sigma = 1{,}307 \cdot 10^{-2} \cdot 2676 = 34{,}98$ N/mm² aus

$\sigma_c^5 + 56{,}09\sigma_c^4 + 253{,}3\sigma_c^3 - 63041\sigma_c^2 - 1{,}5369 \cdot 10^6 \sigma_c - 26{,}8813 \cdot 10^6 = 0$

$\sigma_c = 35{,}81$ N/mm²; weiter wird $\sigma_A = 34{,}98 + 35{,}81 = 70{,}79$ N/mm²

$\sigma_B = 35{,}81$ N/mm²

und damit die Seilkräfte

$A_0 = 70{,}79 \cdot 153 \cdot 10^{-3} = 10{,}83$ kN

$B_0 = C_0 = 35{,}81 \cdot 153 \cdot 10^{-3} = 5{,}48$ kN

Nach den Gln. (8.55) und (8.57) wird durch die Seile folgende Vertikalkraft am Punkt 0 eingetragen

$V_0 = V_0^s + V_0^{gp} = (70{,}79 + 2 \cdot 35{,}81) \cdot 153 \cdot 10^{-3} \cdot \cos 30° + \dfrac{3}{2} 12{,}01 \cdot 10^{-3} \cdot 28{,}165 = 19{,}38$ kN

Die Neuberechnung von M_0^s ergibt

$M_0^s = -1(70{,}79 - 35{,}81) \cdot 153 \cdot 10^{-3} \cdot 0{,}35 \cdot \cos 30° = -1{,}622$ kNm

Für den Pardunenkranz 1 wird mit $\Delta\sigma = 1{,}1395 \cdot 10^{-2} \cdot 3288 = 37{,}65$ N/mm² aus

$\sigma_c^5 + 58{,}885 \cdot \sigma_c^4 + 181{,}51 \cdot \sigma_c^3 - 41{,}734 \cdot 10^3 \cdot \sigma_c^2 - 65{,}73 \cdot 10^4 \sigma_c - 12{,}3736 \cdot 10^6 = 0$

$\sigma_c = \sigma_B = 28{,}99$ N/mm²; $\sigma_A = 37{,}65 + 28{,}99 = 66{,}64$ N/mm²

Seilkräfte

$A_1 = 66{,}64 \cdot 153 \cdot 10^{-3} = 10{,}20$ kN

$B_1 = C_1 = 28{,}99 \cdot 153 \cdot 10^{-3} = 4{,}44$ kN

Am Punkt 1 wird eingetragen

$V_1 = (66{,}64 + 2 \cdot 28{,}99) \cdot 153 \cdot 10^{-3} \cdot \cos 35° + \dfrac{3}{2} 12{,}01 \cdot 10^{-3} \cdot 17{,}70 = 15{,}94$ kN

Die Neuberechnung von M_1^s ergibt

$M_1^s = -1(66{,}64 - 28{,}99) \cdot 153 \cdot 10^{-3} \cdot 0{,}35 \cdot \cos 35° = -1{,}652$ kNm

Auf eine neue Berechnung des elastisch gestützten Systems mit den veränderten Belastungsgrößen M_0 und M_1 wird verzichtet.

3. Berechnung als räumliches Stabtragwerk nach MELAN

3.1. Allgemeine Berechnungsgrößen

Nach Gl. (8.61) wird mit der Vorspannkraft $P_v = 5{,}00$ kN

$H_{0A} = 5{,}0 \cdot \sin 30° = 2{,}50$ kN

$H_{1A} = 5{,}0 \cdot \sin 35° = 2{,}87$ kN

und der Eigenlast der Seile $G_{0A} = 12{,}01 \cdot 10^{-3} \cdot 28{,}165 = 0{,}338$ kN

$G_{1A} = 12{,}01 \cdot 10^{-3} \cdot 17{,}70 = 0{,}213$ kN

$\mathfrak{a}_0 = \left(-\dfrac{0{,}338 \cdot \sin^2 30°}{24 \cdot 2{,}50^2} + \dfrac{2{,}50}{15 \cdot 10^3 \cdot 1{,}53 \cdot \sin^3 30°} \right) \cdot 1443 = 0{,}445$ cm

$\mathfrak{a}_1 = \left(-\dfrac{0{,}213 \cdot \sin^2 35°}{24 \cdot 2{,}87^2} + \dfrac{2{,}87}{15 \cdot 10^3 \cdot 1{,}53 \cdot \sin^3 35°} \right) \cdot 1050 = 0{,}324$ cm

sowie nach Gl. (8.62)

$n_0 = \dfrac{14430}{15 \cdot 10^4 \cdot 1{,}53 \cdot \sin^3 30°} = 0{,}503 \cdot 10^{-2}$ mm/N

$n_1 = \dfrac{10500}{15 \cdot 10^4 \cdot 1{,}53 \cdot \sin^3 35°} = 0{,}241 \cdot 10^{-2}$ mm/N

Beispiel 8.1 *(Fortsetzung)*

3.2. Spezifische Berechnungsgrößen für Lastfall I

Mit
$$W_{0A} = 1{,}2 \cdot 0{,}75 \cdot 0{,}016 \cdot 28{,}165 = 0{,}406 \text{ kN}$$
$$W_{1A} = 1{,}2 \cdot 0{,}75 \cdot 0{,}016 \cdot 17{,}70 = 0{,}255 \text{ kN}$$
wird
$$U_0^2 = [0{,}406(1 - \sin^2 30°)]^2 + 0{,}406 \sin 30° \cdot \cos 30° + 0{,}338)^2 = 0{,}161 \text{ kN}^2$$
$$V_0^2 = \left[0{,}406\left(1 - \frac{1}{4}\sin^2 30°\right)\right]^2 + 0{,}406^2 \cdot \frac{3}{16} \cdot \sin^4 30° + \left(0{,}406 \cdot \frac{1}{2}\sin 30° \cdot \cos 30° + 0{,}338\right)^2$$
$$V_0^2 = 0{,}276 \text{ kN}^2 = T_0^2$$
$$U_1^2 = [0{,}255(1 - \sin^2 35°)]^2 + (0{,}255 \cdot \sin 35° \cdot \cos 35° + 0{,}213)^2 = 0{,}140 \text{ kN}^2$$
$$V_1^2 = \left[0{,}255\left(1 - \frac{1}{4}\sin^2 35°\right)\right]^2 + 0{,}255^2 \cdot \frac{3}{16} \cdot \sin^4 35° + \left(0{,}255 \cdot \frac{1}{2} \cdot \sin 35° \cdot \cos 35° + 0{,}213\right)^2$$
$$V_1^2 = 0{,}131 \text{ kN}^2 = T_1^2$$
$$\Theta_0 = \frac{0{,}338^2 \cdot \cos^2 30° \cdot 10^6}{24} \cdot 14430 = 51{,}52 \cdot 10^6 \text{ N}^2\text{mm}$$
$$\Theta_1 = \frac{0{,}213^2 \cdot \cos^2 35° \cdot 10^6}{24} \cdot 10500 = 13{,}32 \cdot 10^6 \text{ N}^2\text{mm}$$
$$m_{0x} = \frac{0{,}357 \cdot 10^6}{24} \cdot 14330 - 51{,}52 = 163{,}12 \cdot 10^6 \text{ N}^2\text{mm}$$
$$m_{0y} = \frac{0{,}276 \cdot 10^6}{24} \cdot 14430 - 51{,}52 = 114{,}43 \cdot 10^6 \text{ N}^2\text{mm}$$
$$m_{1x} = \frac{0{,}140 \cdot 10^6}{24} \cdot 10500 - 13{,}32 = 47{,}93 \text{ N}^2\text{mm}$$
$$m_{1y} = \frac{0{,}131 \cdot 10^6}{24} \cdot 10500 - 13{,}32 = 43{,}99 \cdot 10^6 \text{ N}^2\text{mm}$$

M_{s1} ergibt sich nach Bild 8.16. mit $h_i = 15{,}0$ m, $h_0 = 25{,}0$ m
$$M_{01} = -\frac{15{,}0}{25{,}0} \cdot 0{,}50 = -0{,}30 \text{ m}$$
$$M_{11} = -\frac{15{,}0}{25} (25{,}0 - 15{,}0 + 0{,}50) = -6{,}30 \text{ m}$$
$$\Delta M_{11} = +0{,}50 \text{ m}$$

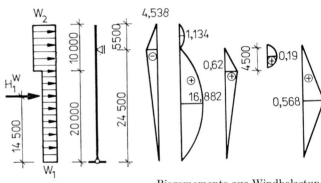

Biegemomente aus Windbelastung im Grundsystem

Der Verlauf von M_{sp} ist im nebenstehenden Bild dargestellt. Damit wird
$$\frac{2}{3} EI \cdot \varepsilon_{11} = \int M_{sp} M_{s1} \, ds = \frac{1}{3} (0{,}3^2 + 0{,}3 \cdot 6{,}3 + 6{,}3^2) \cdot 10 = 138{,}90$$
$$+ \frac{1}{3}(-5{,}8)(-5{,}8) \cdot 14{,}5 = \frac{162{,}59}{301{,}49}$$
und
$$\varepsilon_{11} = \frac{3 \cdot 301{,}49}{2 \cdot 50016} = 0{,}00904 \text{ m/kN}$$

Die Berechnung von $\int M_{sp} M_{s1} \, ds$ erfolgt hier durch numerische Integration der M-Flächen nach Bild 8.16. und nebenstehendem Bild (nach SIMPSON). Ohne Wiedergabe der Rechnung wird $\delta_{1x} = -0{,}0182$ m/kN

Das Moment der Windlast, bezogen auf den Fußpunkt, wird
$$\bar{M} = 0{,}225 \cdot \frac{20{,}0^2}{2} + 0{,}30 \cdot 10{,}0 \cdot 25{,}0 + 0{,}160 \cdot 24{,}5 = 123{,}92 \text{ kNm}$$

3.3. Bestimmung der Seilkräfte und Mastschnittkräfte

Aus $\varepsilon_{11} \bar{X}_1 + \delta_{1x} = 0$ folgt $\bar{X}_1 = 2{,}013$ kN und nach Gl. (8.67)
$$\bar{X}_0 = \frac{2 \cdot 123{,}92}{3 \cdot 25{,}0} - \frac{15{,}0}{25{,}0} \cdot 2{,}013 = 2{,}097 \text{ kN}$$

Die Lösung der Gleichung
$$\bar{Q}_0 = \frac{1}{3 \cdot 0{,}503} \left[\frac{16{,}312}{(\bar{Q}_0 + 2{,}097)^2} + \frac{2 \cdot 11{,}443}{\left(\bar{Q}_0 - \frac{2{,}097}{2}\right)^2} \right] + \frac{0{,}445}{0{,}503}$$
lautet
$$\bar{Q}_0 = 3{,}580 \text{ kN}$$

Beispiel 8.1 *(Fortsetzung)*

und aus

$$\overline{Q}_1 = \frac{1}{3 \cdot 0{,}242}\left[\frac{4{,}793}{(\overline{Q}_1 + 2{,}013)^2} + \frac{2 \cdot 4{,}399}{\left(\overline{Q}_1 - \frac{2{,}013}{2}\right)^2}\right] + \frac{0{,}324}{0{,}242} \text{ folgt}$$

$\overline{Q}_1 = 3{,}500$ kN

Nach Gl. (8.65) wird

$$\bar{x}_0 = -\frac{16{,}312}{(3{,}580 + 2{,}097)^2} + 0{,}503(3{,}580 + 2{,}097) - 0{,}445 = 1{,}904 \text{ cm}$$

$$\bar{x}_1 = -\frac{4{,}793}{(3{,}500 + 2{,}013)^2} + 0{,}242(3{,}500 + 2{,}013) - 0{,}324 = 0{,}852 \text{ cm}$$

$$-\frac{15{,}0}{25{,}0}1{,}904 + 0{,}852 + 0{,}904 \cdot 2{,}013 - 1{,}82 = -0{,}291 = g_i$$

1. Korrektur

$$p_0 = 2 \cdot \frac{163{,}12 \cdot 10^{-3}}{(3{,}580 + 2{,}097)^3} + 0{,}503 \cdot 10^{-2} = 0{,}681 \cdot 10^{-2} \text{ mm/N}$$

$$q_0 = 2 \cdot \frac{114{,}43 \cdot 10^{-3}}{\left(3{,}580 - \frac{2{,}097}{2}\right)} + 0{,}503 \cdot 10^{-2} = 1{,}914 \cdot 10^{-2} \text{ mm/N}$$

$$p_1 = 2 \cdot \frac{47{,}93 \cdot 10^{-3}}{(3{,}50 + 2{,}013)^3} + 0{,}242 \cdot 10^{-2} = 0{,}299 \cdot 10^{-2} \text{ mm/N}$$

$$q_1 = 2 \cdot \frac{43{,}99 \cdot 10^{-3}}{\left(3{,}50 - \frac{2{,}013}{2}\right)^3} + 0{,}242 \cdot 10^{-2} = 0{,}809 \cdot 10^{-2} \text{ mm/N}$$

$$\psi_{11} = \frac{3 \cdot 0{,}681 \cdot 1{,}914 \cdot 10^{-2}}{0{,}681 + 2 \cdot 1{,}914}\left(\frac{15{,}0}{25{,}0}\right)^2 + 0{,}904 \cdot 10^{-2} + \frac{3 \cdot 0{,}299 \cdot 0{,}809 \cdot 10^{-2}}{0{,}299 + 2 \cdot 0{,}809} = 1{,}595 \cdot 10^{-2} \text{ mm/N}$$

$$\Delta \overline{X}_1 = -\frac{-0{,}291}{1{,}595} = 0{,}182 \text{ kN}$$

$$\Delta \overline{X}_0 = -\frac{15{,}0}{25{,}0} \cdot 0{,}182 = -0{,}109 \text{ kN}$$

$\overline{X}_1^{(2)} = 2{,}013 + 0{,}182 = 2{,}195$ kN

$X_{(0)}^2 = 2{,}097 - 0{,}109 = 1{,}988$ kN

Aus $\overline{Q}_0^{(2)} = 0{,}663\left[\dfrac{16{,}312}{(\overline{Q}_0^{(2)} + 1{,}988)^2} + \dfrac{22{,}886}{\left(\overline{Q}_0^{(2)} - \frac{1{,}988}{2}\right)^2}\right] + 0{,}885$ ergibt sich $\overline{Q}_0^{(2)} = 3{,}551$ kN, und aus

$$\overline{Q}_1^{(2)} = 1{,}377\left[\frac{4{,}793}{(\overline{Q}_1^{(2)} + 2{,}195)^2} + \frac{8{,}798}{\left(\overline{Q}_1^{(2)} - \frac{2{,}195}{2}\right)^2}\right] + 1{,}339 \text{ folgt}$$

$\overline{Q}_1^{(2)} = 3{,}551$ kN

Nach Gl. (8.65) wird

$$\bar{x}_0^{(2)} = -\frac{16{,}321}{(3{,}551 + 1{,}988)^2} + 0{,}503(3{,}551 + 1{,}988) - 0{,}445 = 1{,}809 \text{ cm}$$

$$\bar{x}_1^{(2)} = -\frac{4{,}793}{(3{,}551 + 2{,}195)^2} + 0{,}242(3{,}551 + 2{,}195) - 0{,}324 = 0{,}921 \text{ cm} - \frac{15{,}0}{25{,}0} \cdot 1{,}809 + 0{,}814 + 0{,}904 \cdot 2{,}195 - 1{,}820 \approx 0$$

Damit gilt

$X_0 = 1{,}988$ kN $\qquad X_1 = 2{,}195$ kN

$Q_0 = 3{,}551$ kN $\qquad Q_1 = 3{,}551$ kN

Die Seilkräfte berechnen sich nach Gl. (8.68) zu

$$A_0' = \frac{3{,}551 + 1{,}988}{\sin 30°} = 11{,}08 \text{ kN}$$

$$B_0' = C_0' = \frac{3{,}551 - \dfrac{1{,}988}{2}}{\sin 30°} = 5{,}12 \text{ kN}$$

$$A_1' = \frac{3{,}551 + 2{,}195}{\sin 35°} = 10{,}02 \text{ kN}$$

$$B_1' = C_1' = \frac{3{,}551 - \dfrac{2{,}195}{2}}{\sin 35°C} = 4{,}28 \text{ kN}$$

Die Abweichungen zwischen beiden Berechnungsverfahren betragen maximal etwa 7% am Pardunenkranz 0.

8.3. Hochregallager

8.3.1. Bedeutung, Funktion und Entwurf

Mit der dynamischen Entwicklung der Produktion ergaben sich erhöhte Anforderungen an die Lagerprozesse. Dabei geht es nicht nur um einen wachsenden Umfang, sondern auch um die Notwendigkeit der verstärkten Mechanisierung und Automatisierung in der Lagerwirtschaft. Für palettierbare Stückgüter ergibt sich aus der Entwicklungsrichtung zu kompakter Lagerung ein steigender Bedarf an Hochregallagern [8.10; 8.11] und [8.12]. Nach TGL 32457/01 ist ein Hochregallager ein Bauwerk oder ein „Teil eines Bauwerkes, in das Lagergut mit Hilfe von Förderzeugen in Regale mit einer Höhe von mehr als 6 m bis Oberfläche Lagergut eingelagert wird". Die Vorteile der Hochregallager sind allgemein [8.10; 8.13]:

— hohe Umschlaggeschwindigkeit des Lagerguts
— weitgehende Möglichkeiten der Mechanisierung und Automatisierung
— zentrale Steuerung der Lagerprozesse
— hohe Raumausnutzung bei geringer Grundfläche
— geringer Arbeitskräftebedarf
— Integration im Fertigungsprozeß und
— Verbindung von Lagerung, Bereitstellung und Kommissionierung.

Unter diesen Bedingungen ergeben sich hohe Anforderungen an die Lagerorganisation und -technologie [8.10; 8.12; 8.14; 8.15; 8.16; 8.17]. Für die Gesamtplanung und Entwurfsbearbeitung eines Hochregallagers ist eine Zusammenarbeit von TUL-Technologen, Lagerorganisatoren, Fördertechnikern, Steuerungsspezialisten, Bauingenieuren u. a. erforderlich. Die bautechnische Projektierung umfaßt nicht nur das Hochregallager, sondern auch funktionsbedingte Nebenanlagen, wie Expeditionsgebäude, Verladerampen sowie Krananlagen.

8.3.1.1. Entwurfslösungen und Entwicklungstendenzen

Als Ladehilfsmittel finden besonders Paletten Verwendung (Bild 8.18.). In den Hochregallagern werden deshalb Paletten- und Fachbodenregale vorgesehen. Aus ihnen wird der Regalblock aufgebaut, der den eigentlichen Lagerbereich bildet (Bild 8.19.). Zwischen zwei Randregalreihen mit einseitigen Palettenstellplätzen und mehreren Mittelregalreihen mit beiderseitig angeordneten Palettenstellplätzen befinden sich die Regalgänge, durch die die Beschickung mit Regalbediengeräten, Stapelkranen oder sonstigen Hochstaplern erfolgt. Für Regalhäuser, bei denen der Regalblock die bauliche Hülle trägt oder stützt, ist die Längslagerung vorteilhaft, bei der die Paletten mit ihren Schmalseiten zum Regalgang liegen. Bei freistehenden Palettenregalen, die in unabhängig von der Regalkonstruktion errichtete Hallen eingebaut werden, kann aber auch die Querlagerung (Bild 8.20.) zweckmäßig sein, bei der die Paletten mit der Längsseite zum Regalgang liegen.

Die Querscheiben der Regalreihen sind die Haupttragelemente des Regalblocks. Sie werden im allgemeinen als

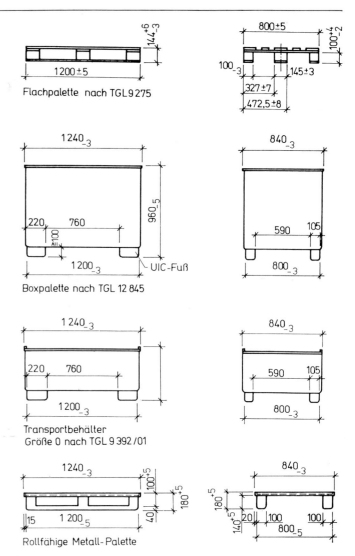

Bild 8.18. Palettenarten

Stahlfachwerk ausgebildet (Bilder 8.21., 8.22., 8.23.). Erste Erfahrungen mit Regalquerscheiben aus Stahlbeton [8.18] zeigen, daß auf diesem Gebiet noch weitere Entwicklungsarbeiten erforderlich sind [8.23]. Bei Längslagerung werden zwischen ihnen Auflageriegel zur Aufnahme der Paletten angeordnet. So können in einem Regalfach mehrere Stellplätze untergebracht werden. Bei Querlagerung erfolgt die Auflagerung der Paletten auf Anlagekonsolen an den Regalquerscheiben (Bild 8.20.). Zur Aufnahme horizontaler Beanspruchungen und zur Verringerung der horizontalen Verformungen werden die Querscheiben am Fußende durch Verankerung in die Bodenplatte eingespannt und, soweit es die Fördertechnik zuläßt, am Kopfende durch Koppelträger verbunden. Die Längsstabilisierung wird durch Horizontal- und Vertikalverbände gewährleistet, die in Festpunkten angeordnet sind (Bild 8.24.). Die Gründung erfolgt in der Regel mit einer durchgehenden Fundamentplatte [8.13; 8.24; 8.25; 8.32]. Bei der Festlegung der Dicke der Platte ist nicht nur die Tragfähigkeit, sondern insbesondere bei automatischen Anlagen das Setzungsverhalten zu beachten, da bei unterschiedlicher Auslastung des Lagers nur geringe Setzungsdifferenzen auftreten dürfen. Zur Verbesserung der Tragwirkung können Kiespolster,

8.3. Hochregallager

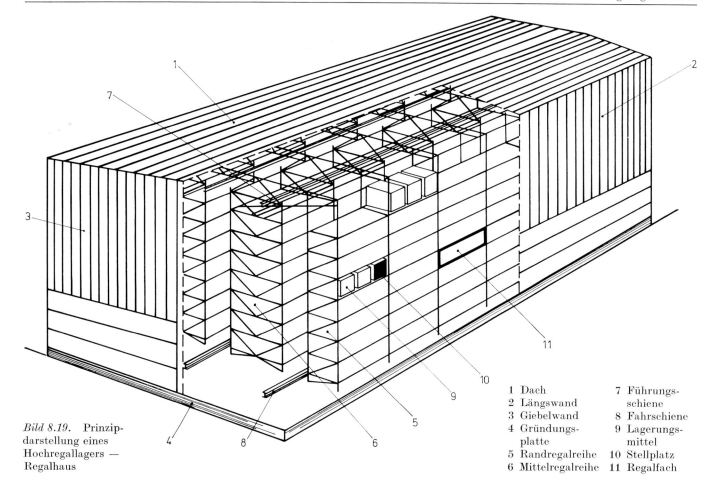

Bild 8.19. Prinzipdarstellung eines Hochregallagers — Regalhaus

1 Dach
2 Längswand
3 Giebelwand
4 Gründungsplatte
5 Randregalreihe
6 Mittelregalreihe
7 Führungsschiene
8 Fahrschiene
9 Lagerungsmittel
10 Stellplatz
11 Regalfach

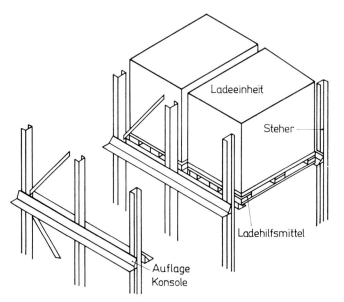

Bild 8.20. Ausschnitt aus der Regalkonstruktion für Querlagerung

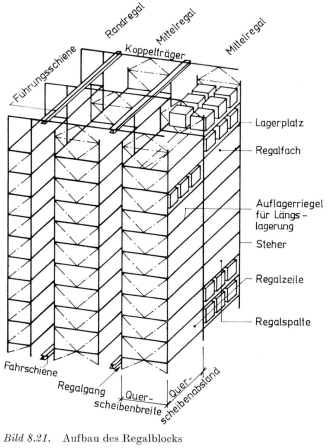

Bild 8.21. Aufbau des Regalblocks

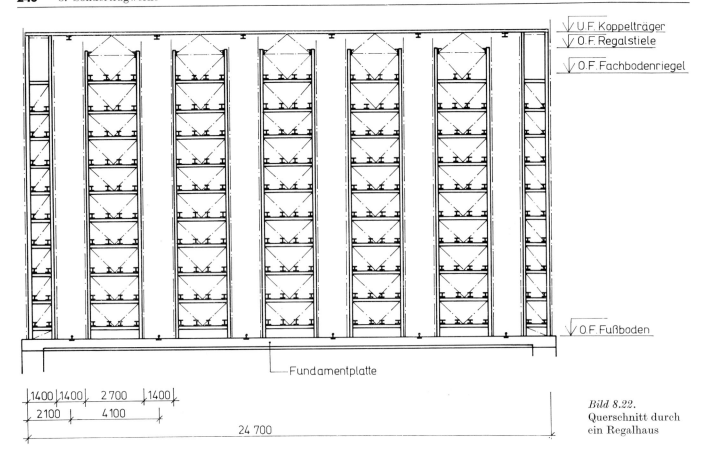

Bild 8.22. Querschnitt durch ein Regalhaus

Randverstärkungen und ggf. Pfahlgründungen angeordnet werden.

Unmittelbar zum Hochregallager gehört der Übergabebereich, in dem die Übergabeprozesse immer stärker mechanisiert und elektronisch gesteuert werden [8.13; 8.15; 8.19]. Die Regalbediengeräte (Bild 8.25.) laufen auf einer Fahrschiene am Boden und werden durch eine Führungsschiene am Regalkopf horizontal gehalten. Regalbediengeräte unterscheidet man nach der Art der Steuerung in handgesteuerte und in automatisch gesteuerte (TGL 35690 und TGL 29039). Die neueren Entwicklungen gehen zu Regalbediengeräten mit automatischer Steuerung und größeren Höhen [8.19; 8.20; 8.21; 8.22]. Die Funktionssicherheit, besonders bei automatisiertem Betrieb, stellt hohe Anforderungen an die geometrische Genauigkeit, so daß Toleranzen und Verformungen zu untersuchen sind, vgl. TGL 32457/01.

Die Aufteilung des Gesamtaufwands auf Fördertechnik, Stahlregale, Dach und Wände, Erschließung, Gründung, Brandschutzanlage und sonstige Bauarbeiten hängt von vielen Faktoren ab [8.24].

Mit wachsender Höhe des Lagers steigt der Aufwand für Fördertechnik und Stahlregale, der Aufwand für Dach und Wände bleibt etwa konstant; für Erschließung, Gründung und sonstige Bauarbeiten wird er geringer.

Da die Nutzerforderungen für die Lagerung von Stückgut in Hochregallagern einander ähnlich sind, konnte ein offenes Bausystem entwickelt werden, das die Schaffung jeder gewünschten Lagerkapazität und Regalfachgröße unter Beachtung der Entwicklung der Fördertechnik und der Automatisierung gestattet. Dabei werden Funktionslösungen für Lager mit Expeditionsgebäude und funktionellen Nebenanlagen angeboten. Entsprechend den Anforderungen an den bautechnischen Wärmeschutz, werden für Dach- und Wandkonstruktionen der Hochregallager entweder leichte Mehrschichtelemente oder Gasbeton- bzw. Stahlbetonelemente eingesetzt. Über ausgeführte Hochregallager berichten [8.24; 8.25; 8.26; 8.28; 8.29; 8.30].

8.3.1.2. Technische Gebäudeausrüstung

Die Anforderungen an die technische Gebäudeausrüstung sind abhängig von der speziellen Nutzung des Lagers. Angaben zu Heizung, Beleuchtung und Blitzschutz sind [8.13] zu entnehmen. Diesen Aussagen liegen Nutzungsanforderungen zugrunde, wie sie bei einem großen Teil der Lager bis 12 m Nennstapelhöhe auftreten.

In der Regel genügt eine Grundheizung, z. B. mit Rippenrohren, Rohrschlangen oder Konvektoren, die im Winter im unteren Regalbereich eine Temperatur von $+10\,°C$ gewährleisten. Die Anlage wird unter dem untersten Fachboden am Palettenträger abgehängt. Falls erforderlich, sind die Kabinen der Regalbediengeräte mit elektrischen Heizkörpern auszustatten.

Da die Anzahl der Beschäftigten gering ist, reicht die natürliche Lüftung durch Türen, Tore, Fenster, Oberlichte aus (etwa 1- bis 2fachen Luftwechsel je Stunde). Gabelstapler mit Verbrennungsmotoren sind in Hochregallagern nicht zugelassen.

Wird für das Lagergut eine Teilklimatisierung erforderlich, dann empfiehlt sich eine Kombination von Heizung

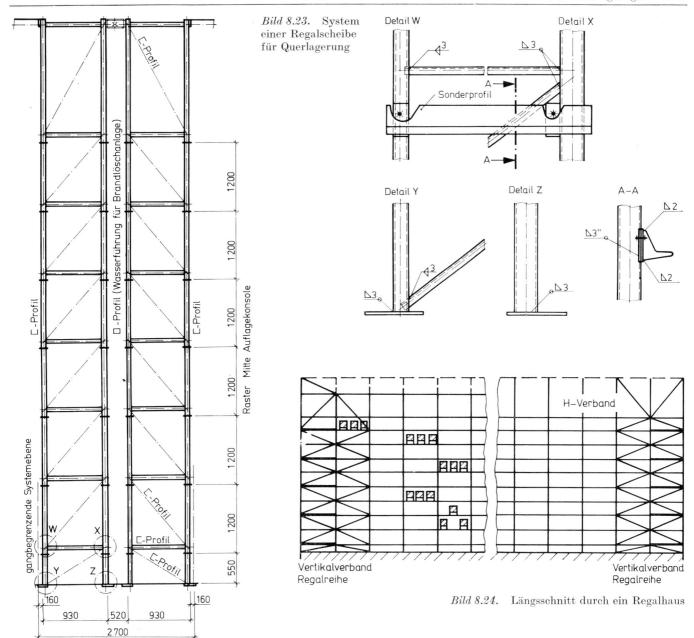

Bild 8.23. System einer Regalscheibe für Querlagerung

Bild 8.24. Längsschnitt durch ein Regalhaus

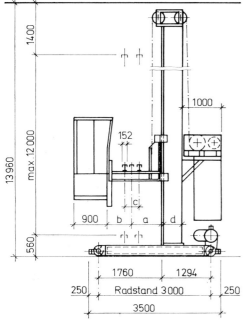

Bild 8.25. Regalbediengerät Typenreihe 80

und Lüftung als Luftheizung, wobei die Warmluft über Kanäle zugeführt wird. Zusätzlich kann in bestimmten Bereichen, z. B. an den Außenwänden, eine Grundheizung installiert werden.

Eine Temperaturschichtung läßt sich in Hochregallagern nicht vollständig ausschließen. Im Winter besteht die Gefahr der Kondenswasserbildung am Lagergut, wenn dieses zügig, von der Rampe kommend, in der Nähe der Heizkörper eingelagert wird. Es ist zu beachten, daß Führungsschienen, Fahrschienen und Codierungsbleche nicht direkt angestrahlt oder ungleichmäßig erwärmt werden sollen.

Vollklimatisierte Regalhäuser sind technisch nur mit großem Aufwand zu realisieren. Entsprechendes Lagergut wird zweckmäßigerweise in separaten Räumen gestapelt.

Bei der Beleuchtung ist unterschiedlich zu verfahren, wenn handgesteuerte oder automatisch gesteuerte Anlagen zum Einsatz kommen [8.38].

Mit zunehmender Automatisierung können die Forderungen an die Beleuchtung reduziert werden. Das kann bei

einem vollautomatisierten Betrieb bis zur Ausführung als Dunkelbau gehen. Dabei ist eine sektionsweise Ausleuchtung für Wartungsarbeiten, Probefahrten u. ä. und eine Notbeleuchtung durch Tragleuchten vorzusehen.
Für alle Stahlkonstruktionen des Hochregallagers sind elektrische Schutzmaßnahmen vorzusehen [8.37].
Werden Wände o. ä. höher als Stahlkonstruktionen geführt, sind sie mit einer Auffangeinrichtung zu versehen. Bei der Fundamentbewehrung sind die für Fundamente vorgesehenen Anschlüsse besonders zu beachten. Die Erdungsanlage ist mit der starkstromtechnischen Anlage zu verbinden.

8.3.1.3. Gesundheits-, Arbeits-, Brandschutz, Korrosionsschutz

Zur Gewährleistung des Gesundheits-, Arbeits- und Brandschutzes in Hochregallagern gibt es eine ganze Reihe spezieller Probleme. Eine Grundlage für ihre Bearbeitung wird mit [8.38] erarbeitet.
Die Hochregallager unterliegen besonderen Anforderungen des Brandschutzes [8.11, S. 183 bis 185]. Neben den allgemeinen Vorschriften des bautechnischen Brandschutzes, TGL 10685 und SNiP II-2-80, sind spezielle Vorschriften zu beachten (Vorschrift der Staatlichen Bauaufsicht 19/84 [8.33], SNiP II-104-76, VDI-Richtlinie 3564 [8.34]). Dabei bestehen zwischen den Vorschriften der einzelnen Staaten deutliche Unterschiede [8.13].
Neben den üblichen Maßnahmen des bautechnischen Brandschutzes sind stationäre Feuerlöschanlagen, wie Sprühnebel-, Schaum- oder Sprinkleranlagen, erforderlich (TGL 32457/04, [8.24; 8.25; 8.29]). Dabei kommt der Entwicklung von Sprühnebelanlagen große Bedeutung zu, da die signalisierenden Regalsektionen durch Nebelschleier eingehaust, durchdrungen und gekühlt werden können. Eine hochwirksame Brandbekämpfung ist mit einem geringen Wasserbedarf und begrenzten Wasserschäden möglich. Zur Zeit werden Versuche durchgeführt, um große Teile dieser Feuerlöschanlage auch als Bestandteil der Heizungsanlagen zu verwenden [8.35]. Sprühnebeltunnel sind bei Förderanlagen einsetzbar, die durch Brandwände gehen [8.36].
In Abhängigkeit von Standort und Funktion sind die Stahlkonstruktionen der Hochregallager den unterschiedlichsten Korrosionsbeanspruchungen ausgesetzt. Die Feingliedrigkeit erfordert einen hohen Aufwand beim Anbringen von Anstrichen, der sich bei Erneuerung im Betriebszustand wesentlich erhöht. Deshalb empfiehlt sich für Hochregallager die Feuerverzinkung als Korrosionsschutz-Hauptsystem [8.45].

8.3.2. Berechnung

Für die statische Berechnung der Stahlkonstruktionen von Hochregallagern gelten die allgemeinen Vorschriften für den Stahlbau und den Stahlhochbau. Besonderheiten ergeben sich aus:

— den hohen Anforderungen an die geometrische Genauigkeit
— der Anwendung von Stahlleichtprofilen
— der Anwendung von neuartigen, z. T. unkonventionellen, Lösungen für die Ausbildung der Knoten und der Verbindungsmittel
— der großen Anzahl gleichartiger Bauelemente und Bauwerksteile
— dem direkten Windangriff auf den Regalblock im Montagezustand.

An der wirklichkeitsnahen Erfassung dieser Besonderheiten wird gearbeitet. Ergebnisse sind in Vorschriften zusammengefaßt (TGL 13474).
Da es sich beim Regalblock um eine Konstruktion aus hohen, schlanken Einzelteilen (Regalscheiben) handelt, die große vertikale Lasten aufzunehmen hat, kommt der Stabilitätsuntersuchung besondere Bedeutung zu (s. Abschn. 8.3.2.1.).

8.3.2.1. Lastannahmen

Die Festlegungen in TGL 13474 zu den Lastannahmen stellen eine Ergänzung von TGL 32274, entsprechend den Besonderheiten der Hochregallager, dar.
Für die statische Berechnung ist die nutzertechnologisch höchste auftretende Nutzlast des Stapelgutes (Lagergut und Lagerungshilfsmittel) anzusetzen. Dabei sind die Spezifik des Lagergutes und die zulässige Tragkraft des Förderzeugs zu berücksichtigen.
Mit dem Nutzer ist festzulegen, ob, entsprechend seiner Technologie, alle Bereiche eines Regalblocks gleichmäßig ausgelastet werden. Ist dies nicht der Fall, so kann das durch eine entsprechende Verteilung der Nutzlast in der statischen Berechnung berücksichtigt werden.
Jedes Lager ist vom Hersteller deutlich mit der zulässigen Tragfähigkeit der Regalspalten und des Stellplatzes zu kennzeichnen.
Bei dem typischen Tragverhalten der Regalscheiben, die durch große Vertikallasten auf Druck beansprucht werden, wirken sich Imperfektionen merklich ungünstig auf das Tragverhalten aus. Eine detaillierte Erfassung aller möglichen Imperfektionen auf der Grundlage einer umfangreichen statistischen Erfassung [8.41] ist gegenwärtig wegen des Aufwands nicht vertretbar. Für die Untersuchung des Verhaltens des Gesamtsystems werden deshalb Vorverformungen als Schrägstellung der Stiele mit einer Neigung berücksichtigt, deren Größe entsprechend der Ausführung des Regalblocks differenziert angesetzt wird.
In der Berechnung darf die Wirkung der Vorverformung durch Horizontallasten mit dem ϱ-fachen Betrag der Nutzlasten P_N erfaßt werden, die in den Aufstandsflächen der Nutzlasten anzusetzen sind. Dabei wird angenommen, daß sich bei gekoppelten Systemen in Längs- und Querrichtung alle Stiele in eine Richtung neigen. Mit wachsenden Systemabmessungen, d. h. größerer Stielanzahl, wächst jedoch die Wahrscheinlichkeit dafür, daß sich nicht alle Stiele mit ihrem maximalen Wert in eine Richtung neigen. Dies wird berücksichtigt, indem für größere Regalblockabmessungen (≥ 48 m) eine Abminderung der Vorverformungen bzw. Horizontallasten zugelassen wird.
Bei fachwerkartigen Regalquer- und -längsscheiben

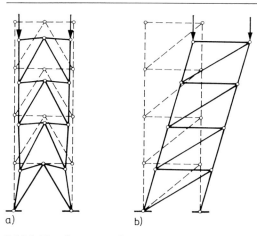

Bild 8.26. Systemverformung von Fachwerkscheiben

treten unter alleiniger mittiger Wirkung von Vertikallasten horizontale Knotenverschiebungen auf [8.41]. Sind die Füllstäbe symmetrisch in der Scheibe angeordnet (Bild 8.26.a), oder wechseln die Diagonalen ihre Richtung, so kann die Auswirkung der Knotenverschiebungen vernachlässigt werden. Sind dagegen die Diagonalen gleichsinnig geneigt (Bild 8.26.b), so sind auch die Knotenverschiebungen alle gleich gerichtet. Die Horizontalverschiebungen ergeben eine Verformung der Längsachse der Scheibe, die ähnliche Wirkungen wie eine Vorverformung hat und wie diese berücksichtigt wird.

Die Lasten aus schienengebundenen Fahrzeugen (Regalbediengeräten) sind entsprechend TGL 13474 anzusetzen. Bei der Montage eines Regalhauses, ggf. auch eines freistehenden Regals, wird vor dem Anbringen der Hüllkonstruktion der Regalblock direkt durch Windlasten beansprucht. Durch die in mehreren Ebenen angeordneten, relativ engmaschigen Regalscheiben ergibt sich eine relativ hohe Belastung durch Wind. Andererseits sind einzelne Tragelemente, wie z. B. die Fußverankerung, noch nicht voll tragfähig. Zur genauen Festlegung der anzusetzenden Windbelastung wurden deshalb Untersuchungen [8.46] durchgeführt.

Um eine wirtschaftliche Dimensionierung der Längsverbände zu erreichen, wird empfohlen, Zwängungskräfte aus der Temperaturdifferenz zwischen Montage- und eingehaustem Zustand durch konstruktive Maßnahmen abzubauen.

8.3.2.2. Untersuchung der Haupttragwirkung

Der Regalblock ist als Gesamttragwerk nach Theorie II. Ordnung zu untersuchen, wobei für die Schnittkraftermittlung eine getrennte Betrachtung der Quer- und Längsrichtung möglich ist. Die große Anzahl der Stäbe bedingt einen hohen Berechnungsaufwand. Deshalb wurden Methoden entwickelt, die eine Verringerung des Rechenumfangs durch Vereinfachung des statischen Modells (Ersetzen des Fachwerks durch einen biege- und schubweichen Stab) und Anwendung von Näherungsverfahren (Durchbiegungsverfahren) ermöglichen [8.39; 8.40].

Verbreitet ist die Untersuchung nach dem Ersatzstabverfahren als näherungsweiser Nachweis [8.40; 8.24; S. 133 bis 134].

Auf der Grundlage der Verhältnisse von vorhandener kritischer Belastung und der begrenzten Verformung erscheint eine weitere Vereinfachung der Berechnung sinnvoll.

Um die Funktionstüchtigkeit des Hochregallagers zu gewährleisten, sind die horizontalen Verschiebungen begrenzt, vgl. TGL 32457/01. Zu beachten ist, daß nicht nur die horizontalen Verschiebungen am Regalkopf, sondern auch für die Randregale an Zwischenpunkten der Höhe zu untersuchen sind. Wegen der direkten Übernahme der Windbelastung durch die Randregale treten dort andere Verformungsfiguren auf als für die Mittelregale [8.24].

Aus Gründen der Funktion und der Stahlbautechnologie werden häufig unkonventionelle Knotenausbildungen und Verbindungsmittel eingesetzt. Die sich ergebende Nachgiebigkeit der Knoten ist bei der Berechnung des Gesamtsystems zu berücksichtigen [8.42; 8.43].

Die Fundamentplatte wird häufig als Trägerrost gerechnet. Diese Berechnung als Flächentragwerk erfaßt das Tragverhalten zutreffender und führt zu wirtschaftlichen Lösungen [8.32]. Um die Auswirkungen der Setzungsmulde auf die Stahlkonstruktion gering zu halten, wird die Setzungsdifferenz zwischen zwei benachbarten Regalstielen begrenzt.

8.3.2.3. Sonstige Untersuchungen

Für die Einzelstäbe sind die üblichen Spannungs-Stabilitätsnachweise unter Beachtung der Gesamttragwirkung zu führen. Dabei ist zu beachten, daß durch spezielle Knotenausbildungen die gewohnten Lagerungsbedingungen z. T. nicht gegeben sind [8.24, S. 132 bis 133; 8.43, S. 303 bis 305] und daß häufig durch Exentrizitäten kompliziertere Beanspruchungsverhältnisse als sonst im Stahlhochbau vorliegen.

Besondere Aufmerksamkeit ist, um eine günstigere Fertigung zu ermöglichen, der Untersuchung der Knoten zu schenken, deren Ausbildung häufig von den üblichen konstruktiven Regeln abweicht. Hier können vereinfachte Untersuchungen, Traglastbetrachtungen und Experimente genutzt werden [8.24].

Bei der Montage des Regalblocks verfährt man oft so, daß die Regalscheiben während des Richtens auf den Bohrankern stehen. Nachweise sind erforderlich.

8.3.3. Konstruktion

Von der Gesamtmasse der Stahlkonstruktion entfallen etwa 30 bis 60% auf die Auflageriegel und -konsole und etwa 25% auf die Regalscheiben, während sich der Rest auf Verbände, Dach- und Wandkonstruktion verteilt.

8.3.3.1. Auflageriegel

Die Auflageriegel dienen als Palettenträger, die die Palettenlasten in die Regalscheiben weiterleiten. Daneben stabilisieren die Auflageriegel die Scheiben in Längsrichtung, indem sie die Verbindung zu den Längsverbänden herstellen.

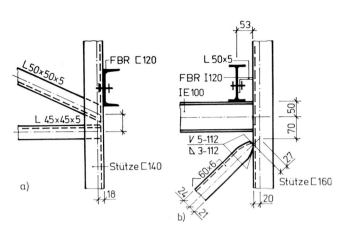

Bild 8.27. Knoten Auflageriegel — Regalscheibe
a) Riegel-[-Profil
b) Riegel-I-Profil

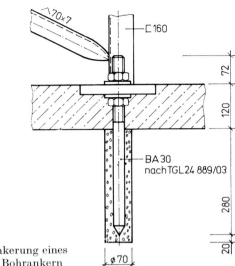

Bild 8.28. Verankerung eines Regalstehers mit Bohrankern

Die Riegel werden als Einfeld- oder Durchlaufträger ausgebildet. Als Querschnitte werden in Abhängigkeit von den funktionellen, statisch-konstruktiven und technologischen Forderungen I-, [- oder Sigma-Profile gewählt (Bild 8.27.).

8.3.3.2. Regalscheiben

Die Regalscheiben werden im allgemeinen als Fachwerk ausgebildet. Während für die Randregalscheiben das N-Fachwerk verwendet wurde und wird, hat sich für die breitere Mittelregalscheibe das zweistielige K-Fachwerk als günstigste Lösung herausgestellt [8.13; 8.23; 8.24]. Für freistehende Regale wurden Systeme entwickelt (Bild 8.23.), bei denen die Mittelregalscheibe aus zwei Randregalscheiben aufgebaut wird [8.27]. Für die Stiele kommen I-, [-, C- und Kastenprofile, für die Riegel I- und [-Profile und für die Diagonalen L- und [-Profile zum Einsatz.

Die Knoten werden wegen des Fertigungs- und Montageaufwands und ihrer großen Anzahl so einfach wie möglich ausgebildet. Dabei kommt es teilweise zu unkonventionellen Lösungen, die z. T. den üblichen konstruktiven Regeln nicht entsprechen. Besonders ist das bei Baukästen aus Einzelstäben mit Schraub- und Hakenlaschenverbindungen der Fall [8.42].

Die Verankerung der Regalscheiben erfolgt beim offenen Bausystem des Metalleichtbaukombinats mittels Bohrankern oder Stabankern in Frischbeton (Bild 8.28.). Bei Regalhäusern über 16 m Nennstapelhöhe empfiehlt sich die übliche Verankerung mit Hammerkopfschrauben und Ankerbarren.

8.3.3.3. Sonstige Konstruktionsteile

An den Enden, z. T. auch in der Mitte jeder Regalreihe und an den Bewegungsfugen wird ein Längsverband angeordnet. Um keine Stellplätze zu verlieren, liegt die Verbandsebene beim Randregal zwischen den Stielen neben der Außenwand und beim Mittelregal in Regalmittelebene. Hier werden in den Mittelregalscheiben dritte, mittlere Stiele als Verbandsgurte angeordnet. Horizontalverbände im Bereich der Längsverbände verbinden diese mit den Auflageriegeln als Elemente der Längsstabilisierung.

Im Randregalbereich empfiehlt sich ein oberer Horizontalverband als Schlingerverband. In Abhängigkeit von der gewählten Hüllkonstruktion können weitere Horizontalverbände im Randregalbereich erforderlich werden, um die Horizontalkräfte, insbesondere die Windlasten, zu verteilen.

8.3.4. Fertigung und Montage

Bei der Fertigung und Montage von Hochregallagern ergeben sich Besonderheiten aus der Vielzahl gleicher oder ähnlicher Einzelelemente, aus der Feingliedrigkeit und aus den hohen Anforderungen an die Genauigkeit. Eine Rationalisierung der Fertigung, die im allgemeinen den Korrosionsschutz einschließt, bringt beachtliche ökonomische Effekte.

Zur Erfüllung der hohen Genauigkeitsanforderungen sind besondere Maßnahmen in der Fertigung und bei der Montage erforderlich [8.31], z. B. den Einsatz von numerisch gesteuerten Säge- und Bohranlagen sowie toleranzsichernder Zusammenbau- und Schweißvorrichtungen in der Fertigung [8.17].

Gegenüber der Einzelmontage kann die Blockmontage bei Höhen von 12 bis 16 m erhebliche Vorteile bringen. Die Montagetechnologie ist so einzurichten, daß Montagezustände nicht für die Bemessung maßgebend werden. Vor der Montage der Hüllkonstruktion muß der Richtvorgang der Stahlkonstruktion abgeschlossen und ggf. der Vergußbeton erhärtet sein. Die Montage von Ausrüstungsteilen — Regalbediengeräten, TGL-Baugruppen u. a. — wird in den Montageprozeß eingetaktet. In Abhängigkeit von den Transportmöglichkeiten, von der Bauzeit usw. ist zu entscheiden, ob die Regalkonstruktion als Einzelstäbe oder als vorgefertigte Regalscheiben gefertigt und transportiert wird.

Literatur

[8.1] Timm, G.; Windels, R.: Silos. Betonkalender 1977, Teil II

[8.2] Janssen, H. A.: Versuche über Getreidedruck in Silozellen. Zeitschrift des Vereins deutscher Ingenieure 39 (1895) Nr. 35

[8.3] Prante, S.: Messung des Getreidedruckes gegen Silowandungen. Zeitschrift des Vereins deutscher Ingenieure 40 (1896) Nr. 39

[8.4] Schleicher, F.: Taschenbuch für Bauingenieure, Bd. 1, S. 856. Berlin (West)/Göttingen/Heidelberg: Springer-Verlag 1955

[8.5] Marens, H.: Einspannung quadratischer Siloböden. Beton und Eisenbeton. Berlin (West): Wilhelm Ernst & Sohn 1936

[8.6] Reimbert, M. u. H.: Silos, Berechnung, Betrieb und Ausführung. Wiesbaden, Berlin (West): Bauverlag GmbH 1975

[8.7] Petersen, Ch.: Abgespannte Maste und Schornsteine, Statik und Dynamik. Bauingenieur-Praxis 76, Berlin (West)/München/Düsseldorf: Verlag von Wilhelm Ernst & Sohn

[8.8] Melan, E.: Die genaue Berechnung mehrfach in ihrer Höhe abgespannter Maste. Der Bauingenieur 35 (1960) 11

[8.9] Melan, E.: Die Berechnung mehrfach in ihrer Höhe abgespannter Maste. Der Bauingenieur 38 (1963) 1

[8.10] Appelt, G.; Krampe, H.: Technologie der Stückgutlagerung. Berlin: VEB Verlag Technik 1984

[8.11] Papke, H.-J., u. a.: Handbuch Industrieprojektierung, Berlin: VEB Verlag Technik 1984

[8.12] Smechov, A. A.: Avtomatizirovannye sklady (Automatisierte Lager). Moskau: Mašinostroenie 1979

[8.13] Randel, W.; Gottschalk, W.; Rother, J.: Hochregallager aus dem VEB Metalleichtbaukombinat, Werk Calbe. Informationen, Leipzig 22, Metalleichtbau (1983) 4, S. 26—36

[8.14] Granitza, J., u. a.: Rationelle Lagergestaltung. Berlin: VEB Verlag Technik 1971

[8.15] Priepke, Ch.: Probleme der Umschlagzone vor dem Hochregallager. Hebezeuge und Fördermittel 19 (1979) 4, S. 110—113

[8.16] Richter, K.; Schubert, P.: Rechnergestützte Projektierung — Wiederverwendungsfähige Projektierungsunterlagen für Hochregallager. Hebezeuge und Fördermittel 20 (1980) 4, S. 100—104

[8.17] Müller, G.: Hochregallager — moderne Lagergebäude aus Stahl. Informationen Metalleichtbaukombinat Leipzig 17 (1978) 3/4, S. 34—37

[8.18] Walther, D.: Hochregallager in Sonderbauweise. Hebezeuge und Fördermittel 20 (1980) 9, S. 279—281

[8.19] Lager- und Verteilungseinrichtung für Stückgut. fördern und heben 27 (1977) Sonderheft III, S. 13—61

[8.20] Töpfer, A.: Regalbediengeräte — moderne Fördertechnik im Hochregallager. Hebezeuge und Fördermittel 21 (1981) 1, S. 14—15

[8.21] Töpfer, A.: Regalbediengeräte mit Mikrorechnersteuerung. Hebezeuge und Fördermittel 21 (1981) 6, S. 182 bis 186

[8.22] Damjanov, I.: Entwicklung von Regalbediengeräten und Lagerausrüstungen in der VR Bulgarien. Hebezeuge und Fördermittel 22 (1982) 2, S. 46—47

[8.23] Ergol'skaja, I. A.; Mel'nikov, V. M.; Prilepskij, A. V.; Jusupov, A. K.: Odnoetažnye vysotnye zony chranenija v skladach tarnoštučnych gruzov (Eingeschossige Hochregallagerzonen in Lagern für abgepacktes Stückgut). Promyšlennoe stroitel'stvo 62 (1984) 4, S. 18—21

[8.24] Lindner, J.; Gietzelt, R.; Möll, R.; Werling, L.: Zur Konstruktion und Berechnung eines Hochregallagers in Berlin. Stahlbau 51 (1982) 5, S. 129—136

[8.25] Walther, D.; Sommer, H.; Woicechowski, R.: Die Entwicklung der Hochregallagertechnik anhand von Anlagenbeispielen. Hebezeuge- und Fördermittel 22 (1982) 11, S. 328—332

[8.26] Möll, R.: 38 m hohes Hochregal in Stahlskelettbauweise mit drei vollautomatisch gesteuerten Regalförderzeugen. Stahlbau 42 (1973) 9, S. 257—264

[8.27] Vari, J.: Az „intrans-RACK" rendszerü magasraktari állvaszyszerkezetek kifejlesztésének elsö eredmenyei (Erste Entwicklungsergebnisse von Konstruktionen für Hochregallager nach dem System „intrans-RACK"). GEP XXXII. evfolyam 1980 1. szam. Januar

[8.28] Franzke, H. R.: Lager- und Vertriebszentrum in Karlsruhe. Detail (1980) 3, S. 387—392

[8.29] Thässler, E.: Transport und Lagerung von Stückgut in einem Chemiefaserwerk. Hebezeuge und Fördermittel 21 (1981) 3, S. 80—81

[8.30] Dudko, V. A.: Eksperimental'nyj odnoetažnyj vysotnyj sklad — cholodil'nik emkost'ju 5 tys. t (Experimentalbau eines eingeschossigen Kühl-Regalhauses mit einer Kapazität von 5000 t). Promyšlennoe stroitel'stvo 62 (1984) 2, S. 5

[8.31] Hofmann, P.; Matthes, R.: Qualitäts- und passungsgerechte Sicherung der nutzertechnologischen Anforderungen von Regalhäusern. IVBH-Symposium, Dresden 1975, Vorbericht, S. 67—72

[8.32] Hertwig, G.; Schomann, E.; Seiffert, H.: Wirtschaftliche Projektierung von Fundamenten für Hochregallager. Bauplanung — Bautechnik 34 (1980) 12, S. 531—534

[8.33] Staatliche Bauaufsicht — Vorschrift 19/85: Bautechnischer Brandschutz — Hochregallager. Mitteilungsblatt Staatliche Bauaufsicht 5 (1985), S. 33—36

[8.34] VDI-Richtlinie 3564: Empfehlung für Brandschutz in Hochregallagern. Entwurf 7/81

[8.35] WPF 24 D/2271337: Heizungs-, Brandschutz- und Klimatisierungssystem für Industrie- und Gesellschaftsbauten v. 3. 11. 1982

[8.36] WPE 04 B/2271997: Brandschleuse, vorzugsweise für Stetigförderanlagen v. 20. 10. 1982

[8.37] MLK-S 0101: Metalleichtbau, Blitzschutz und Erdung. VEB Metalleichtbaukombinat Leipzig, Februar 1974

[8.38] KDT-Richtlinie Regallager — Arbeitsschutz-, brandschutz- und sicherheitstechnische Grundsätze bei der Projektierung, der Errichtung und beim Betreiben, VEB BMK Erfurt, KB IPRO Jena 1986

[8.39] Raboldt, K.: Zur Untersuchung der Biegeknickung ebener Stabsysteme, in denen Fachwerk bzw. Rahmenstäbe auftreten. Informationen Metalleichtbaukombinat Leipzig 12 (1973) 3, S. 26—35

[8.40] Raboldt, K.: Zur Stabilitätsuntersuchung von Quer- und Längsscheiben von Hochregallagern. Wissensch. Ztschr. HAB Weimar 22 (1975) 5/6, S. 535—541

[8.41] Behrens, W.: Beitrag zur wirklichkeitstreuen Erfassung des Trag- und Formänderungsverhaltens von stählernen Regalblocks in Hochregallagern. Weimar: Hochschule für Architektur und Bauwesen, Diss. 1976

[8.42] Möll, R.: Palettenregale mit Hakenlaschenverbindungen ohne Längsverbände als Baukastensystem, Teil I: Regaltechnik und Gütesicherung. Stahlbau 44 (1975) 8, S. 225—234, Teil II: Berechnungsverfahren, Stahlbau 45 (1976) 7, S. 201—211

[8.43] Nather, F.: Gerüste und Hochregallager — Aktuelle statische und konstruktive Fragen. Stahlbau 51 (1982) 10, S. 300—306

[8.44] Fédération Europeenne de la Manutention. FEM 9.831 Berechnungsgrundlagen für Regalbediengeräte — Toleranzen und Freimaß im Hochregallager (Ausgabe 12. 1979 D)

[8.45] MLK-S 1001/03: Bautechnische Projekte — Korrosionsschutz, VEB Metalleichtbaukombinat Leipzig, Juni 1975

[8.46] Meisegeier, M.: Beitrag zur Windbelastung von Regalhäusern im Montagezustand. Weimar: Hochschule für Architektur und Bauwesen, Diss. 1977

[8.47] Hofmann, P.; Raboldt, K., Rother, J.: Erläuterungen zur TGL 13474 und TGL 32457/01, Verlag für Standardisierung Berlin

Ergänzungs- bzw. Ersatzneubau	Aufstockung, Ausbau, Erweiterung	Ersatz von Bauteilen und Tragelementen	
	Bedingungen im Prinzip wie bei Neubau	z. B.: — Hüllelemente — Dachkonstruktionen — Deckenkonstruktionen — Stützen	

Nutzung von Tragreserven	Präzisierung der Belastungsannahmen	Berücksichtigung vorh. Werkstoffkennwerte	Berücksichtigung der Verbundwirkung
	z. B.: — neue wissenschaftliche Erkenntnisse — Erfassung realer Lasten	z. B.: — höhere Festigkeit verwendeter Werkstoffe — Nutzung von plastischen Tragreserven	z. B.: — Pfetten mit Stahlbetondachscheibe — Deckenträger mit Stahlbetondecken
	Berücksichtigung der räumlichen Tragwirkung	Berücksichtigung von Tragreserven — Anschluß und Lagerung	
	z. B.: — Berücksichtigung der Dachsteifigkeit — Nutzung vorhandener Verbände in Dach- und Wandscheiben	z. B.: — Nutzung elastischer Einspannung von Träger- und Riegelanschlüssen — Nutzung der elastischen Einspannung von Stützenfüßen	

konstruktive Veränderungen	Veränderungen im Tragsystem	Verstärkungen	Herstellung einer Verbundwirkung
	z. B.: — Erzielung von Durchlaufwirkung für Einfeldträger — Veränderung der Lagerungsbedingungen Stütze/Binder/Riegel — Vor- und Unterspannung — seitliche Absteifungen von Stützen	z. B.: — Einschweißen von Rippen — Verstärkung von Bauteilen — Verstärkung von Knoten und Anschlüssen	z. B.: — nachträgliche Verdübelung von Trägern mit Decken- bzw. Dachscheibe — ausbetonieren von Hohlstützen mit Beton bzw. nachträgliche Ummantelung

technologische Veränderungen	Veränderung der Nutzungstechnologie		
	z. B.: — flurverfahrbare Krane anstelle von Brückenkranen — Nutzung von technologisch erforderliche Ein- und Ausbauten für Gebäudestabilisierung und Verstärkung		

Bild 9.1. Rekonstruktionsmaßnahmen im Industriebau

9 Rekonstruktionsmaßnahmen im Industriebau

Die Rekonstruktion im Industriebau ist ein Komplex von Maßnahmen zur intensiveren Nutzung und gezielten Erweiterung von Einrichtungen und Anlagen auf neuer technischer Grundlage. Sie schließt die technische Neuausrüstung, Modernisierung und Erweiterung ein.
Infolge der sich ständig verknappenden Rohstoff- und Energieressourcen rückt sie in den Industrienationen der Welt immer mehr in den Vordergrund und ist für die wirtschaftliche Entwicklung von großer Bedeutung. Die mögliche Weiternutzung vorhandener Gebäude und Anlagen durch die Anpassung ihrer Gebrauchseigenschaften an ein höheres technisches Niveau, an neue Produktionstechnologien, an die Verbesserung der Arbeits- und Lebensbedingungen, an den Umweltschutz und an architektonisch-gestalterische Belange können im Vergleich zu Neubauten auf unerschlossenem Gelände bezüglich des Bau-, Material- und Zeitaufwands zu wesentlichen Einsparungen führen.
Die Aufgaben, die in Verbindung mit der Rekonstruktion zu lösen sind, sind umfangreich und dabei in der Regel tragwerkspezifisch und lassen sich meist nicht mit im industriellen Bauen des Industriebaus typischen Bauverfahren und Baukonstruktionen bewerkstelligen. Das Kernproblem besteht darin, den relativ hohen Arbeitszeitaufwand für die Vorbereitung und Realisierung der rekonstruktionsspezifischen Bauprozesse zu senken und Verfahren zu entwickeln, die auch bei Rekonstruktionsaufgaben eine weitgehende Industrialisierung erlauben.
Nach [9.1] kommt dabei dem Stahlbau eine große Bedeutung zu. Wegen der hohen Güteeigenschaften des Materials und seiner guten Verarbeitungsfähigkeit bietet Stahl die besten Voraussetzungen für die Rekonstruktionsaufgaben. Stahlbauteile haben infolge hoher Festigkeit und gleichzeitig großer Steifigkeit nur geringe Abmessungen und sind in fast beliebigen Querschnittsformen bei variablen Lösungen einfach und genau herzustellen und zu montieren. Hinzu kommt, daß gerade bei Rekonstruktionsvorhaben oftmals Konstruktionen benötigt werden, welche die für die Baudurchführung notwendige Unterbrechung auf ein Minimum beschränken können.
Stahlkonstruktionen sind fast universell verstärkbar. Zu den Einschränkungen zählen die möglicherweise fehlende Zugänglichkeit beispielsweise der oberen Flansche, auf denen die Decken liegen, und die in vielen älteren Gebäuden nicht gewährleistete Schweißbarkeit des verwendeten Stahls.

Nach [9.1] ergab eine über 25 Jahre durchgeführte Analyse in der DDR, daß sich etwa 50 bis 60% der Rekonstruktionsmaßnahmen auf die Erhöhung der Belastung beziehen, bei etwa 30 bis 40% der Fälle sind geometrische Veränderungen erforderlich, und 15 bis 20% der Veränderungen werden durch höhere funktionelle Anforderungen begründet.
Das bedeutet, daß sich ein Hauptanteil der Rekonstruktionsmaßnahmen im Stahlbau auf Verstärkungen bzw. Auswechslung vorhandener Konstruktionen beziehen, dabei verteilen sich, ausgehend vom Gesamtumfang der Maßnahmen, nach [9.2] die Anteile wie folgt

— Bühnen (Trägerlagen)   etwa 45%
— Rohrbrücken   etwa 15%
— Kranbahnen   etwa 10%
— Gerüste   etwa 10%
— Gebäude   etwa 10%
— Dachkonstruktionen   etwa 5%
— sonstige Bauteile   etwa 5%

Die im Stahlbau erforderlichen Rekonstruktionsmaßnahmen lassen sich entsprechend Bild 9.1. unterteilen. Von der Vielzahl der Rekonstruktionsmaßnahmen, die abhängig sind von der Art des Tragwerks, vom Bauzustand, von der geforderten Nutzungstechnologie, von den Montageverhältnissen, von den Festigkeitseigenschaften vorhandener Baustoffe in Verbindung mit der geforderten Tragfähigkeit, von den Gründungsverhältnissen usw., sollen auszugsweise einige dargestellt und Hinweise zur Berechnung und Konstruktion gegeben werden. Dabei bezieht sich der vorliegende Abschnitt vorwiegend auf Industriegebäude, die Ausführungen sind jedoch sinngemäß auch auf andere Tragwerke anwendbar.

9.1. Analyse des aktuellen Zustands und Schlußfolgerungen für die Rekonstruktionsmaßnahmen

Ausgangspunkt aller Maßnahmen ist eine aussagekräftige Analyse des aktuellen Bauzustands des zu rekonstruierenden Tragwerks. Sie betrifft insbesondere

— Schäden an der Konstruktion (Zerstörung durch Umwelteinflüsse, wie z. B. aggressive Luft, Wasser, und daraus resultierende Schäden, wie z. B. Korrosion; Zerstörung durch Überlastung, wie z. B. Verformungen, Anrisse)

- Abmessung der Bauteile und Konstruktionen und ggf. Geometrieabweichungen von Soll-Maßen (Aufmaß)
- Erfassung der Materialgüten und -eigenschaften
- Zustand, Anzahl und Abmessungen der Verbindungsmittel (Schrauben, Niete, Schweißnähte) einschließlich der Anschlüsse, Stöße, Auflagerungen
- Aussagen zu den Gründungsverhältnissen.

Der Analyse des Bauzustands stehen die Forderungen gegenüber, die sich aus der für das Bauwerk geplanten Nutzungstechnologie ergeben. Solche Forderungen betreffen z. B.

- die geometrischen Abmessungen der technologischen Ausrüstung und damit des Bauwerks
- die Anordnung der technologischen Ausrüstung und deren Anbindung an die Stahlkonstruktion
- die angreifenden Lasten nach Größe, Richtung und Häufigkeit.

Die einzuleitenden Rekonstruktionsmaßnahmen sind unter Beachtung von örtlichen Bedingungen zu entscheiden, wie z. B.

- Vermeidung von Stillstandszeiten der Warenproduktion in der Phase des baulichen Rekonstruktionsprozesses
- Platzverhältnisse für den Einsatz von Montagehilfsmitteln, wie Hebezeuge, Gerüste usw.
- veränderte statische Systeme und damit veränderte Stabilisierungsverhältnisse bei Abriß und Ersatz von Tragwerksteilen.

Bauzustand, geplante Nutzertechnologie und örtliche Gegebenheiten für die Montage bilden gemeinsam den Ausgangspunkt zur Festlegung der Art und des Umfangs der einzuleitenden Rekonstruktionsmaßnahmen. Dabei sind in der Regel gegenüber dem Neubau von Industriebauten folgende Nachteile in Kauf zu nehmen:

- geringere Arbeitsproduktivität
- hoher manueller Aufwand, verbunden mit schwerer körperlicher Arbeit
- längere Bauzeiten
- volkswirtschaftliche Verluste infolge bauzeitbedingter Stillegung der Warenproduktion
- aufwendige Projektierungs- und Bauvorbereitungsarbeiten mit spezieller Ausrichtung auf die Parameter des Gebäudes.

Demgegenüber stehen jedoch folgende Vorteile, die vielfach in ihrer volkswirtschaftlichen Bedeutung überwiegen:

- Sicherung der im Bauwerk vergegenständlichten gesellschaftlichen Arbeit
- hohe Materialökonomie durch Nutzung vorhandener Baustoffe und Bauwerksteile
- Sicherung einer den Wert des Gebäudes oft übersteigenden technologischen Ausrüstung, verbunden mit der entsprechenden Warenproduktion.

Um der Zielstellung einer effektiven Rekonstruktion von Industriebauten gerecht zu werden, bedarf es einer engen Zusammenarbeit zwischen Vorfertigungsindustrie, Projektierungsbetrieb, Baubetrieb, Ausrüstungsbetrieb und Nutzer unter Beachtung folgender Grundsätze:

- Einheit von technisch-konstruktiven und bautechnologischen Lösungen
- Reduzierung der Projektierungs- und Vorbereitungszeit für Rekonstruktionsmaßnahmen durch Aufbau eines variablen Baukastensystems
- Einsatz komplett vorgefertigter, variabler und anpaßbarer Bauteile

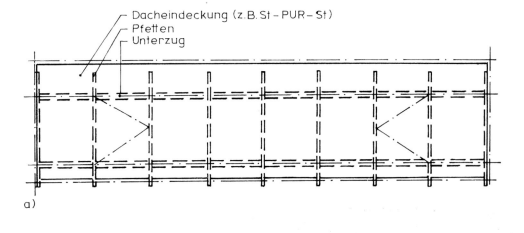
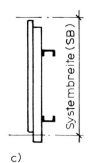
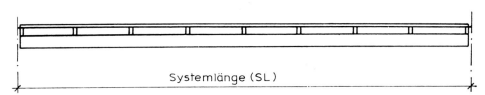

Bild 9.2. Montagerahmen als Rekonstruktionselement des Daches
a) Draufsicht
b) Längsschnitt
c) Querschnitt

- Verlagerung von Bauprozessen der Rekonstruktion in die Vorfertigung
- Durchsetzung eines hohen Mechanisierungsgrades zur Steigerung der Arbeitsproduktivität und der Verringerung des manuellen Arbeitsanteils
- Realisierung der Baumaßnahmen bei weitestgehender Aufrechterhaltung der Warenproduktion, unter Umständen Kombination des Bauablaufs mit der Generalreparatur der Ausrüstung.

9.2. Rekonstruktion durch Ersatz von Elementen und Bauteilen

In Abhängigkeit vom Bauzustand des Tragwerks sind entweder Einzelelemente oder ganze Bauwerksteile zu ersetzen. Für die Rekonstruktion von Industriegebäuden sind dabei die Bemühungen zur Verringerung des Aufwands bei weitgehender Verwendung getypter Bauteile aus dem existierenden Produktionssortiment am wei-

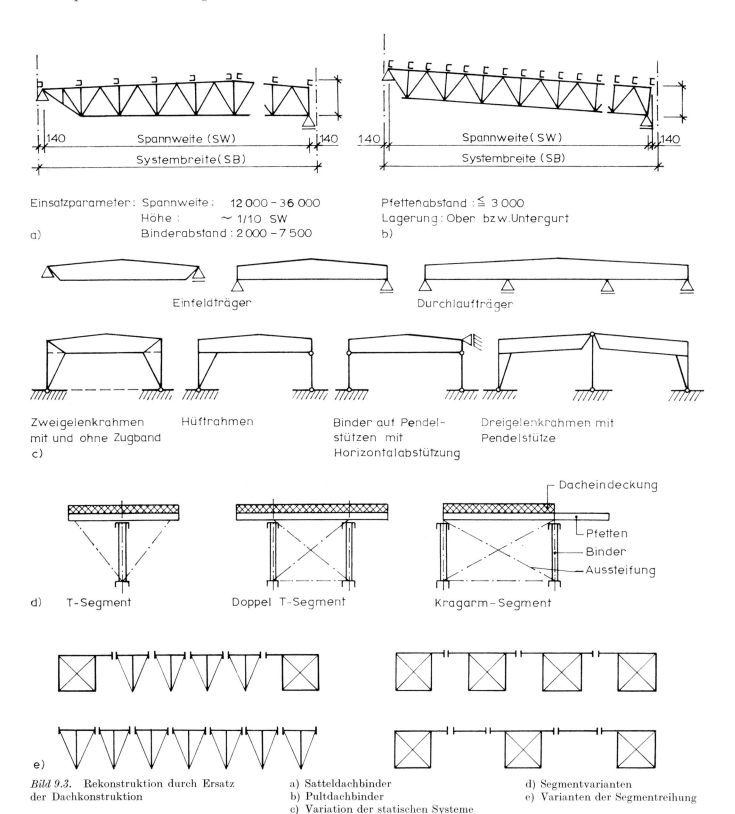

Bild 9.3. Rekonstruktion durch Ersatz der Dachkonstruktion
a) Satteldachbinder
b) Pultdachbinder
c) Variation der statischen Systeme
d) Segmentvarianten
e) Varianten der Segmentreihung

9. Rekonstruktionsmaßnahmen im Industriebau

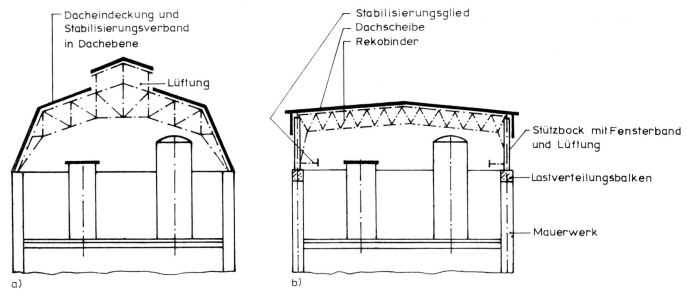

Bild 9.4. Beispiel zur Rekonstruktion eines Daches
a) alte Dachform in Abstimmung auf die Ausrüstung
b) neue Dachform mit Reko-Binder aus Stahl

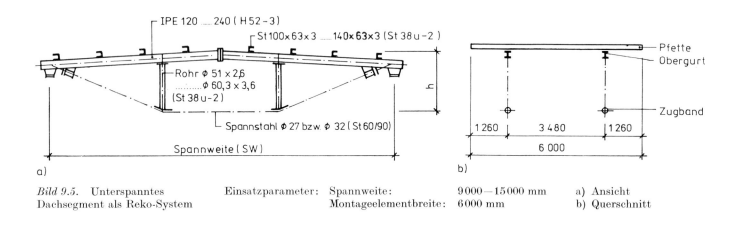

Bild 9.5. Unterspanntes Dachsegment als Reko-System   Einsatzparameter: Spannweite: 9000–15000 mm   a) Ansicht
Montageelementbreite: 6000 mm   b) Querschnitt

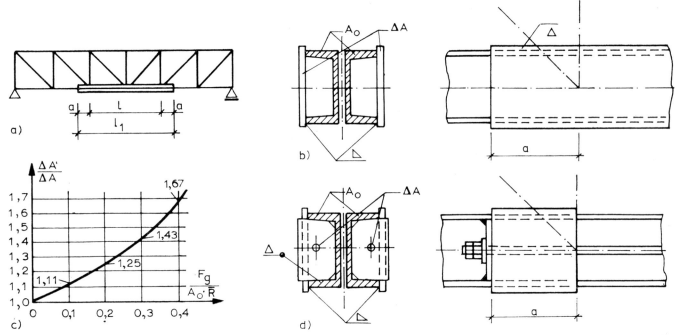

Bild 9.6. Der verstärkte Zugstab
a) Verstärkung des Untergurts eines Fachwerkbinders
b) Verstärkung durch seitliche Laschen
c) Zunahme des erforderlichen Verstärkungsquerschnitts mit steigender Vorbelastung
d) Verstärkung durch Zugstangen

testen fortgeschritten. So geben beispielsweise die Literaturquellen [9.3 bis 9.5] typisierte Elemente und Bauwerksteile sowie Beispielprojektierungen bei der Rekonstruktion von Industriegebäuden an.

Für den Ersatz verschlissener Dacheindeckung und Wandelemente sind die im Abschn. 2.1. angegebenen Hüllelemente einsetzbar, die sowohl als Ersatz der Dachhaut als auch zur Komplettierung von Montageelementen geeignet sind. Die wichtigsten Erzeugnisse hierfür sind St-PUR-St-Elemente, Al-PUR-Al-Elemente, St-PUR-Bit-Elemente, das Bitumendämmdach, EKOTAL-Trapez-Profile, Wellasbesttafeln, Stahlbetonhohldielen, leichte Flächenelemente aus Gasbeton. Diese Elemente sind in variierbarer Länge erhältlich bzw. leicht ablängbar und universell einsetzbar. Von Vorteil sind vielfach die leichten Metalleindeckungen, da sie gegenüber den schweren Stahlbetonelementen relativ geringe Eigenlasten auf die Unterkonstruktion übertragen und somit Reserven für zu verändernde Nutzungstechnologien geschaffen werden.

Für stabförmige Elemente, wie z. B. Pfetten, Riegel, Vollwandbinder, kommt das Profilsortiment des Stahlbaus (Leichtprofile, Walzprofile, Schweißprofile) bzw. Brettschichtbinder (Spannweite 3000 bis 15000 mm) in Frage.

Sind Teile einer Dachkonstruktion zu ersetzen, so bieten sich Montagerahmen entsprechend Bild 9.2. an. Sie bestehen aus der Dacheindeckung, den Pfetten und den Unterzügen, wobei in Abhängigkeit von der Belastung und Spannweite die Ausführung sowohl in Stahl als auch in Holz möglich ist.

Ist die gesamte Dachkonstruktion zu ersetzen, so sind Fachwerkbinder nach Bild 9.3. oder unterspannte Binder nach Bild 9.5. mit variabler Spannweite einsetzbar. Für Fachwerkbinder sind statische Systeme nach Bild 9.3.c möglich. Im Interesse einer schnellen Montage können dabei Segmente nach Bild 9.3.d vormontiert und in Elementereihen nach Bild 9.3.e zusammengestellt werden. Bild 9.4. zeigt ein Beispiel, bei dem der für alte Industriegebäude vielfach eingesetzte POLONCEAUbinder mit angehobenem Untergurt durch einen getypten Dachbinder ersetzt wird. Zur Lastverteilung auf das darunterliegende Mauerwerk ist ein Lastverteilungsbalken erforderlich, auf den zur Einhaltung der erforderlichen lichten Höhe ein Stützbock als getyptes Element der Rekonstruktion aufgelagert wird. Stützbock und Dachbinder bilden dann gemeinsam die für die Rekonstruktionsmaßnahme erforderliche Dachkonstruktion.

In der Regel ist jede Rekonstruktionsmaßnahme eine individuelle Aufgabe. Die hier angeführten Beispiele zeigen jedoch, daß bei Nutzung eines vorhandenen bzw. noch zu entwickelnden Produktionssortiments aus typisierten Elementen diese Maßnahme wesentlich vereinfacht und der Gesamtaufwand verringert werden kann.

9.3. Verstärkungsmaßnahmen
9.3.1. Zugstab
9.3.1.1. Verstärkung des Zugstabes

Da der Zugstab an der schwächsten Stelle bemessen wird, hat eine Verstärkung nur dann Sinn, wenn sie über die gesamte Länge (einschließlich Anschlußbereich unter Beachtung größerer Anschlußkräfte) erfolgt. Andernfalls muß eine Entlastung des Tragwerks und die Auswechslung des entsprechenden Stabes vorgenommen werden. Die Verstärkung eines Zugstabes kann z. B. bei Rekonstruktionsmaßnahmen von Fachwerken von Interesse sein. Soll z. B. der Untergurt im überbelasteten Bereich verstärkt werden, so kann das durch Verstärkungslaschen erfolgen (Bild 9.6.). Zur Beteiligung an der Tragwirkung ist ein Voranschluß der Länge a erforderlich, der sich aus der für die Übertragung der Teillast ΔF berechneten Anschlußlänge (Schraubverbindung bzw. Schweißverbindung) ergibt. Zu beachten ist, daß vor dem Anbringen der Verstärkung der Zugstab bereits vorwiegend durch ständige Lasten Fg beansprucht ist. Die Verstärkung wirkt also nur bei der Übertragung der kurzzeitigen Lasten Fp mit. Wie aus Bild 9.6.c hervorgeht, führt das zu höherem Materialaufwand gegenüber dem entlasteten Stab. Zweckmäßig erscheint deshalb ein vorheriges Entlasten oder die Anordnung von Zugstangen, die durch entsprechendes Anspannen die Vorbelastung mit aufnehmen (Bild 9.6.d).

$\sigma_0; \sigma_1$ vorhandene Spannung im unverstärkten bzw. im Verstärkungsquerschnitt

$R_0; R_1$ Rechenfestigkeiten für Zug- bzw. Verstärkungsstab

$F; Fg;$ Gesamtzugkraft, Vorbelastung, Last nach der
$Fp; \Delta F$ Verstärkung, Lastanteil des Verstärkungsquerschnitts (Rechenlasten unter Beachtung von Lastkombinations- und Wertigkeitsfaktoren)

$E_0; E_1$ Elastizitätsmodul

$\overline{m} = \dfrac{E_1}{E_0}$ Verhältnis der Elastizitätsmoduln

$A; A_0; \Delta A$ Gesamtquerschnitt, Querschnitt des unverstärkten Zugstabes, Querschnitt der Verstärkung

Für die Verstärkung eines durch Teillast Fg vorbelasteten Zugstabes erhält man bei unterschiedlichen Materialeigenschaften für Grundprofil und Verstärkungsquerschnitt:

$$\sigma_0 = \frac{Fg + Fp - \Delta F}{A_0} \leqq R_0 \qquad (9.1)$$

$$\sigma_1 = \frac{\Delta F}{\Delta A} \leqq R_1 \qquad (9.2)$$

$$\Delta F = F_p \frac{\overline{m} \Delta A}{A_0 + \overline{m} \Delta A} \qquad (9.3)$$

$$\Delta A = A_0 \frac{F - R_0 A_0}{\overline{m}(R_0 A_0 - F_g)} \qquad (9.4)$$

Für den entlasteten Zugstab bei gleichen Materialeigenschaften ($R_0 = R_1 = R$; $E_0 = E_1 = E$; $F_g = 0$; $F_p = F$) erhält man:

$$\sigma_0 = \frac{F - \Delta F}{A_0} \leqq R \qquad (9.5)$$

$$\sigma_1 = \frac{\Delta F}{\Delta A} \leq R \tag{9.6}$$

$$\Delta F = F \frac{\Delta A}{A_0 + \Delta A} \tag{9.7}$$

$$\Delta A = A_0 \frac{F - RA_0}{RA_0} \tag{9.8}$$

Für das Verhältnis der Querschnittsflächen der Verstärkung des vorbelasteten $\Delta A'$ zum entlasteten Zugstab ΔA erhält man:

$$\frac{\Delta A'}{\Delta A} = \frac{1}{1 - \dfrac{F_g}{RA_0}} \tag{9.9}$$

Die Auswertung dieser Gleichung zeigt Bild 9.6.d.

9.3.1.2. Vorspannung des Zugstabes

Günstiger als die Verstärkung des Zugstabes ist aus der Sicht des Materialaufwands die Vorspannung. Durch Regulierung der Vorspannkraft mit Hilfe von Spanngliedern aus hochfestem Material können Einsparungen an Stahl bis zu 50% erreicht werden, die sich bei einer vorhandenen Vorbelastung noch erhöhen (Bild 9.7.d). Wie bereits im Abschn. 9.3.1.1. für die Verstärkung beschrieben, hat auch die Vorspannung nur Sinn, wenn sie über die gesamte Länge des zu verstärkenden Zugstabes erfolgt. Im Bild 9.7. ist die Vorspannung des Untergurts eines Fachwerkbinders dargestellt. Die Vorspannung erfolgt hier über die gesamte Untergurtlänge; sie ist jedoch auch für einen überbelasteten Teil des Gurtstabes möglich, wobei die Eintragung der Vorspannkraft über eine entsprechende Voranschlußlänge zu garantieren ist. Im Vorspannungszustand muß der Stabilitätsverlust verhindert werden, indem im Abstand a eine Abstützung des Zugstabes gegen das Spannglied erfolgt.

$A_1; A_2$ — Querschnitt des Zugstabes bzw. Spanngliedes
$E_1; E_2$ — Elastizitätsmoduln des Zugstabes bzw. Spanngliedes
$R_1; R_2$ — Rechenfestigkeiten des Zugstabes bzw. des Spanngliedes
$F; F_g; F_p$ — Gesamtkraft; Vorbelastung bzw. nach dem Vorspannen eingetragene Zugkraft (Rechenlasten unter Beachtung von Lastkombinations- und Wertigkeitsfaktoren)
$\sigma_{01}; \sigma_{02}$ — Vorspannung im Zug- bzw. Spannstab
$\sigma_1; \sigma_2$ — Gesamtspannung im Zug- bzw. Spannstab
$X; \Delta X$ — Vorspannkraft bzw. Zuwachs der Vorspannkraft unter Belastung
Δl — Längenänderung unter Belastung

$$\overline{m} = \frac{E_2}{E_1}; \quad \overline{k} = \frac{R_2}{R_1}; \quad \overline{n} = \frac{\sigma_{01}}{R_1};$$

$$\overline{s} = \frac{F_g}{F_p} \quad \text{Rechenbeiwerte}$$

Folgende Gleichungen drücken die Wirkungsweise des vorgespannten Zugstabes aus:

$$X = F_g + \sigma_{01} A_1 = \sigma_{02} A_2 \tag{9.10}$$

$$F_p = (\sigma_{01} + R_1) A_1 + (R_2 - \sigma_{02}) A_2$$
$$= (\sigma_{01} + R_1) A_1 + \Delta X \tag{9.11}$$

$$F_g + F_p = R_1 A_1 + R_2 A_2 \tag{9.12}$$

$$\Delta X = \frac{F_p A_2 \overline{m}}{A_2 \overline{m} + A_1} \tag{9.13}$$

$$\Delta l = \frac{(\sigma_{01} + R_1) l}{E_1} = \frac{(R_2 - \sigma_{02}) l}{E_2} \tag{9.14}$$

Die Spannung im Vorspannungs- bzw. Belastungszustand erhält man wie folgt:

$$\sigma_{01} = \frac{F_g - n_1 X}{A_1} \geq R_1 \tag{9.15}$$

$$\sigma_{02} = \frac{n_1 X}{A_2} \tag{9.16}$$

$$\sigma_1 = \frac{F_g - n_2 X}{A_1} + \frac{F_p}{A_1 + \overline{m} A_2} \leq R_1 \tag{9.17}$$

$$\sigma_2 = \frac{n_1 X}{A_2} + \frac{F_p \overline{m}}{A_1 + \overline{m} A_2} \leq R_2 \tag{9.18}$$

Nach [9.6] können beim vorgespannten Zugstab die Lastfaktoren $\gamma_{f1} = 1{,}1$ bzw. $\gamma_{f2} = 0{,}9$ für das Überschreiten

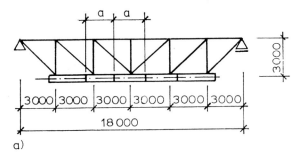
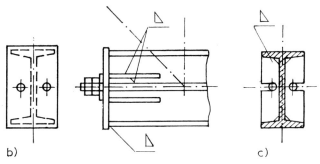
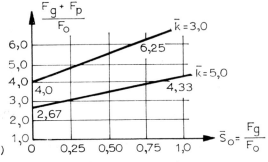

Bild 9.7. Vorspannung eines Fachwerkuntergurtes
a) Bindersystem
b) Spanngliedverankerung
c) Abstützung des Untergurtes gegen die Spannglieder
d) Erhöhung der Tragfähigkeit mit zunehmender Vorbelastung

9.3. Verstärkungsmaßnahmen

bzw. Unterschreiten der rechnerischen Vorspannkraft vernachlässigt werden, da eine geringfügige Umlagerung der Vorspannkraft keinen wesentlichen Einfluß auf den Spannungszustand hat.
Aus den Gln. (9.10) bis (9.18) erhält man

$$A_1 = \frac{Fp}{R_1} \cdot \frac{\bar{k} - \overline{m}(1+\bar{n})(1+\bar{s})}{(1+\bar{n})(\bar{k}-\overline{m})} \quad (9.19)$$

$$A_2 = \frac{Fp}{R_1} \cdot \frac{\bar{n}(1+\bar{s})+s}{(1+\bar{n})(k-\overline{m})} \quad (9.20)$$

$$A = A_1 + A_2 = \frac{Fp}{R_1} \cdot \frac{\bar{k} - \overline{m}(1+\bar{n})(1+\bar{s}) + \bar{n}(1+\bar{s})+s}{(1+\bar{n})(\bar{k}-\overline{m})} \quad (9.21)$$

$$X = Fp \left[\bar{s} + \bar{n}\frac{\bar{k}-\overline{m}(1+\bar{n})(1+\bar{s})}{(1+\bar{n})(\bar{k}-\overline{m})}\right] \quad (9.22)$$

$$\Delta X = Fp \cdot \overline{m}\frac{\bar{n}(1+\bar{s})+\bar{s}}{\bar{k}-\overline{m}} \quad (9.23)$$

Stellt man die aufnehmbare Last des vorgespannten $(F_g + F_p)$ der des nicht vorgespannten Stabes (F_0) gegenüber, so erhält man die mögliche Erhöhung der Tragfähigkeit bei Rekonstruktion durch Vorspannung.

$$\frac{F_g + F_p}{F_0} = 1 + \bar{k}\frac{\bar{s}_0 + \bar{n}}{\bar{k}-\overline{m}(1+\bar{n})} \quad (9.24)$$

Diese im Bild 9.7.d ausgewertete Formel zeigt, daß sich mit zunehmendem Verhältnis $\bar{s}_0 = \dfrac{F_g}{F_0}$ die Tragfähigkeit erhöht ($\overline{m}=1; \bar{n}=1$).

9.3.2. Druckstab

Als Rekonstruktionsmaßnahme zur Erhöhung der Tragfähigkeit des Druckstabes sind die Verstärkung (Bild 9.8.a), das Auspressen von Hohlprofilen bzw. die Ummantelung von Profilstäben mit Beton (Bild 9.8.h u. i), die seitliche Abstützung (Bild 9.8.b bis d) und die Vorspannung (Bild 9.8.e bis g) bekannt, wobei die beiden letztgenannten Maßnahmen zur Veränderung des Tragsystems führen.

9.3.2.1. Verstärkter Druckstab

Für den Fall des nicht vorbelasteten (bzw. des vor dem Anbringen der Verstärkungslaschen entlasteten) Druckstabes hält TGL 13503/02 Abschn. 3.5. eine Berechnungsmöglichkeit bereit, die mit genügender Genauigkeit für den Nachweis des verstärkten Druckstabes genutzt werden kann.

Für $0{,}1 \leq v = \sqrt{\dfrac{I_0}{I_1}} \leq 1$ darf der Knicklängenbeiwert näherungsweise nach folgender Gl. ermittelt werden:

$$\beta \approx \frac{1}{v}\left[1 - \frac{l_1}{l}(1-v^2)\right] \geq 1 \quad (9.25)$$

Unter der Voraussetzung, daß die vorhandenen bzw. durch Anschweißen von Laschen auftretenden zusätzlichen Verformungen die durch TGL 13503 berücksichtigten ungewollten Außermittigkeiten nicht überschreiten, kann der Stab einer entsprechenden Knickspannungslinie zugeordnet und der übliche Knickspannungs-

---

Beispiel 9.1

Der überlastete Untergurt eines Fachwerkbinders entsprechend Bild 9.7. soll durch Vorspannung verstärkt werden.

$Fg = 0$

$Fp = F = 1220$ kN

Untergurt I 200 TGL 0-1025

$A_1 = 33{,}5$ cm²

Untergurt: S 38/24

$\gamma_m = 1{,}1$

$R_1 = 240/1{,}1 = 218$ N/mm²

Spannstab: S 90/60

$\gamma_m = 1{,}1$

$R_2 = 600/1{,}1 = 545$ N/mm²

$\bar{k} = \dfrac{R_2}{R_1} = 2{,}5$

1. Spannung im unverstärkten Untergurt

$\sigma = \dfrac{1220 \cdot 10^3}{33{,}5 \cdot 10^2} = 364$ N/mm² $> R_1 = 218$ N/mm²

2. Vorspanngrad aus Gl. (9.19)

$A_1 = 33{,}5 \cdot 10^2 = \dfrac{1220 \cdot 10^3}{218} \cdot \dfrac{2{,}5 - (1+\bar{n})}{(1+\bar{n})(2{,}5-1)} \rightarrow \bar{n} = 0{,}32$

3. Spannstabquerschnitt aus Gl. (9.20)

$A_2 = \dfrac{1220 \cdot 10^3}{218} \cdot \dfrac{0{,}32}{(1+0{,}32) \cdot (2{,}5-1)} = 9{,}04 \cdot 10^2$ mm²

gewählt 2 SG 26; aus Stahl der Festigkeitsklasse S 90/60 nach TGL 12530/05; $A_2 = 2 \cdot 4{,}59 \cdot 10^2$ mm²

4. Vorspannkraft aus Gl. (9.22)

$X = 1220 \cdot 10^3 \dfrac{0{,}32(2{,}5 - (1+0{,}32))}{(1+0{,}32) \cdot (2{,}5-1)} = 232{,}7 \cdot 10^3$ N

5. Spannungen nach Gl. (9.15) bis (9.18)

$\sigma_{01} = -\dfrac{232{,}7 \cdot 10^3}{33{,}5 \cdot 10^2} = -69$ N/mm² > -218 N/mm²

$\sigma_1 = -69 + \dfrac{1220 \cdot 10^3}{(33{,}5 + 9{,}18) \cdot 10^2} = 218$ N/mm² $= R_1$

$\sigma_2 = \dfrac{232{,}7 \cdot 10^3}{9{,}18 \cdot 10^2} + \dfrac{1220 \cdot 10^3}{(33{,}5 + 9{,}18) \cdot 10^2} = 538$ N/mm² $< R_2$

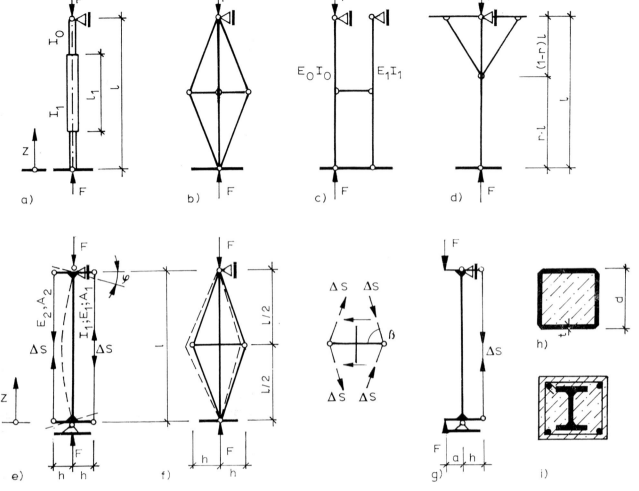

Bild 9.8. Varianten zur Lasterhöhung beim Druckstab

a) Verstärkung
b) bis d) seitliche Abstützung
e) bis g) Vorspannung
h) und i) Stahlbetonverbund

nachweis geführt werden. Für die Berechnung sind dabei die größeren Querschnittswerte $(I_1; A_1)$ maßgebend.

Für den Fall des Druckstabes, der unter Belastung verstärkt werden soll, erfolgt am günstigsten eine Untersuchung als Spannungsproblem der Theorie II. Ordnung. Nach [9.7] werden dabei folgende Schritte und Annahmen empfohlen (planmäßig mittig beanspruchter Druckstab)

■ *Nachweis im Grundzustand*

$$\sigma_0 = \frac{\gamma F_0}{A_0} + \frac{\gamma F_0 w_{0m} f}{I_0} y_0 \leqq 0{,}8 \sigma_F \qquad (9.26)$$

$$w_{0m} = \mu_0 \frac{i_0^2}{e_0} \quad \text{(strukturelle Imperfektion)} \qquad (9.27)$$

$$\mu_0 = \frac{93 \sqrt{\sigma_F/\sigma_{ki}} - 10}{220} \quad \begin{array}{l}\text{(Knickspannungslinie } c \\ \text{nach TGL 13 503)}\end{array} \qquad (9.28)$$

f Vergrößerungsfunktion nach TGL 13 503
γ Produkt aus Material- und Wertigkeitsfaktor entspr. TGL 13 500
F_0 Vorbelastung im Grundzustand (Rechenlasten)
F_1 Gesamtbelastung (Rechenlasten)

Die Proportionalitätsgrenze $(0{,}8\sigma_F)$ sollte im Grundzustand unter Vorbelastung nicht überschritten werden, andernfalls sollte vor dem Anbringen der Verstärkung eine Entlastung herbeigeführt oder eine andere Form der Verstärkung gewählt werden.

$$w_{Gm} = \frac{F_{0ki}}{F_{0ki} - \gamma F_0} w_{0m} \quad \begin{array}{l}\text{(Gesamtverformung} \\ \text{im Grundzustand)}\end{array} \qquad (9.29)$$

■ *Nachweis im Ausgangszustand*

Der Ausgangszustand ist charakterisiert durch die Verformungen und Spannungen, die in Verbindung mit dem Anbringen der Verstärkungslaschen entstehen. Dabei sind zwei prinzipielle Möglichkeiten zu unterscheiden. Die erste Möglichkeit liegt vor, wenn der ursprüngliche Stab mit den Verstärkungselementen zusammengebaut wird, ohne daß ein Verbiegen der Verstärkungselemente erfolgt. In diesem Fall ist die Verformung im Ausgangszustand charakterisiert durch

$$w_{1m} = w_{Gm} + w_{sm} \qquad (9.30)$$

Bei der zweiten Möglichkeit werden die Verstärkungselemente entsprechend der Verformung im Grundzustand unter Zwängung angebracht (Pressen, Züge, Spannschlösser o. ä.), und sie beeinflussen damit die Verformung

$$w_{1m} = w_{Am} + w_{sm} \qquad (9.31)$$

$$w_{Am} = w_{Gm}\left(1 - \frac{\alpha(I_1 - I_0)}{I_0 + (I_1 - I_0)}\right) \qquad (9.32)$$

$$\alpha = \frac{\dfrac{\pi^2 E I_1}{l^2}}{\dfrac{\pi^2 E I_1}{l^2} - \gamma F_0} \qquad (9.33)$$

w_{sm} berücksichtigt die Verformung aus dem Schweißen unter Belastung und kann z. B. nach [9.7] bzw. [9.8] ermittelt werden.

■ *Nachweis des verstärkten Stabes unter Gesamtbelastung*

$$\sigma_1 = \frac{\gamma F_1}{A_1} + \frac{\gamma F_1 w_{1m} f}{W_{T1}} \leq \sigma_F \qquad (9.34)$$

■ *Nachweis der Verbindungsmittel*

Die Verbindungsmittel müssen das Zusammenwirken zwischen Grundquerschnitt und Verstärkungselementen bei der Biegeverformung sichern und an den Stabenden gegebenenfalls noch die Verteilung der zusätzlich aufgebrachten Normalkraft übernehmen, wenn die Eintragung der Belastung nur über den Grundquerschnitt erfolgt

$$\max Q = \gamma F_1 w_{1m} f \frac{\pi}{l} \qquad (9.35)$$

$$N = \gamma(F_1 - F_0)\frac{A_1 - A_0}{A_1} \qquad (9.36)$$

9.3.2.2. Seitlich abgestützter Druckstab

Beim unter Vorbelastung durch seitliche Abstützung verstärkten Druckstab (Bild 9.8.b bis d) muß von zwei Phasen der Tragwirkung ausgegangen werden.

— *Phase 1*: Der Druckstab wirkt unter Vorbelastung ohne seitliche Abstützung und ist für diesen Zustand in der üblichen Form nachzuweisen.
— *Phase 2*: Unter Gesamtbelastung kommt die seitliche Abstützung als Auflager mit Federwirkung zum Tragen und verändert die Knickfigur.

Der Nachweis für die 2. Phase kann nach [9.9] näherungsweise als Spannungsproblem II. Ordnung betrachtet werden. Wird die Vorverformung des unbelasteten Druckstabes nach TGL 13503 als strukturelle Imperfektion in der Größenordnung

$$w_{0m} = \mu_0 \frac{W_{T0}}{A_0} \qquad (9.37)$$

angenommen, so erhält man die Momente nach Theorie II. Ordnung für die beiden Teilbereiche nach Bild 9.8.d wie folgt:

$0 \leq z \leq rl$:

$$M(z) = \gamma F_1 w_{0m} \frac{\pi^2}{\pi^2 - \varepsilon_1^2}$$
$$\times \left\{\sin\frac{\pi z}{l} - K\frac{\sin[\varepsilon_1(1-r)]\sin(r\pi)}{\varepsilon_1 \sin \varepsilon_1} \cdot \sin \varepsilon_1 \frac{z}{l}\right\} \qquad (9.38)$$

9.3. Verstärkungsmaßnahmen

$rl \leq z \leq l$:

$$M(z) = \gamma F_1 w_{0m} \frac{\pi^2}{\pi^2 - \varepsilon_1^2}\left\{\sin\frac{\pi z}{l} - K\frac{\sin(\varepsilon_1 r)\sin(r\pi)}{\varepsilon_1 \sin \varepsilon_1}\right.$$
$$\left.\times \sin\left[\varepsilon_1\left(1 - \frac{z}{l}\right)\right]\right\} \qquad (9.39)$$

Die Kraft in der seitlichen Abstützung erhält man aus:

$$F_c = \frac{\gamma F_1 w_{0m}}{l} \frac{\pi^2}{\pi^2 - \varepsilon_1^2} K \qquad (9.40)$$

In den Gln. (9.38) bis (9.40) bedeuten

F_1 Druckkraft im untersuchten Belastungszustand (Rechenlast)
F_0 Druckkraft im Ausgangszustand (Rechenlast)
$\varepsilon_1 = l\sqrt{\dfrac{\gamma F_1}{EI}}$; $\varepsilon_0 = l\sqrt{\dfrac{\gamma F_0}{EI}}$ Stabkennwerte
$K = \dfrac{C}{\varepsilon_1^2 + CR}\dfrac{\varepsilon_1^2 - \varepsilon_0^2}{\pi^2 - \varepsilon_0^2}$
$C = \dfrac{cl^3}{EI}$ bezogene Federsteifigkeit der Abstützung
c Federsteifigkeit der Abstützung
$R = \dfrac{\sin[\varepsilon_1(1-r)]\sin(\varepsilon_1 r)}{\varepsilon_1 \sin \varepsilon_1} - r(1-r)$

Für den Fall einer starren seitlichen Abstützung wird $c = \infty$ und

$$K = \frac{1}{R}\frac{\varepsilon_1^2 - \varepsilon_0^2}{\pi^2 - \varepsilon_0^2}$$

Der Nachweis nach Theorie II. Ordnung erfolgt unter γ-facher Rechenlast wie folgt:

$$\sigma_1 = \frac{\gamma F_1}{A} + \frac{\gamma M(z)}{W_T} \leq \sigma_F \qquad (9.41)$$

Hierbei ist $M(z)$ mit den Gln. (9.38) bzw. (9.39) zu ermitteln.

9.3.2.3. Druckstäbe mit Vorspannung

Vorgespannte Systeme von Druckstäben nach Bild 9.8.e und f werden vorwiegend für Maste großer Höhe angewandt und führen zu materialökonomischen Lösungen [9.6; 9.10]. Der planmäßig mittig beanspruchte vorgespannte Druckstab besteht dabei in der Regel aus dem eigentlichen Druckglied und zwei im Abstand h in der Ebene bzw. 4 in senkrecht zueinander liegenden Ebenen angeordneten Spanngliedern. Die von Haus aus nicht zur Druckübertragung geeigneten Spannglieder aus Seilen, Spanndrähten oder Rundstählen wirken bei der Druckübertragung mit, solange die Vorspannung durch die anteilige Druckspannung nicht überschritten wird. Die Stabilisierung durch Vorspannung kann auch bei Rekonstruktionsaufgaben von Bedeutung sein.

Betrachtet man den Fall der Vorspannung eines Druckstabes nach Bild 9.8.e, so ergeben sich nach [9.10] folgende Beziehungen. Beim Stabilitätsverlust tritt ein seitliches Ausweichen des Druckgliedes und damit eine Verdrehung der an den Stabenden biegesteif angeschlossenen Querstäbe um den ∢φ auf. Dadurch entsteht in den Spannstäben die Kraft ΔF, die aus den Beziehungen der

Formänderung in folgender Größe ermittelt werden kann:

$$\Delta F = 2 \cdot \frac{E_2 A_2}{l} h\varphi \qquad (9.42)$$

Stellt man das erzeugbare Einspannmoment infolge ΔF dem Moment beim Verlust der Stabilität des Druckstabes gegenüber, so läßt sich die kritische Knicklast aus folgender Gl. ermitteln:

$$F_{kr} = \frac{v^2 E_1 I_1}{l^2} \qquad (9.43)$$

wobei v vom Verhältnis der Elastizitätsmoduln und von den geometrischen Charakteristika des Systems abhängt. Für starre Einspannung nimmt v den Wert $v = 2\pi$ an. Nach [9.10] liegt das praktisch erzielbare v in den Grenzen von 4,5 bis 5,5. Damit läßt sich der erforderliche Spanngliedquerschnitt ermitteln aus:

$$A_2 = \frac{\dfrac{v}{\operatorname{tg} v} + \dfrac{v}{\sin v}}{4 E_2 h^2} E_1 I_1 \qquad (9.44)$$

Die kleinste erforderliche Vorspannkraft erhält man aus:

$$X = \frac{F_{kr}}{\left(1 + c\,\dfrac{E_1 A_1}{E_2 A_2}\right)} \qquad (9.45)$$

wobei

$$F_{kr} \approx \frac{4\pi^2 E_1 I_1}{l^2} \quad \text{zu setzen ist.} \qquad (9.46)$$

c Anzahl der Spannglieder

Für den Fall nach Bild 9.8.f erhält man folgende Beziehungen:

$$F_{kr} = \frac{v^2 E_1 I_1}{\left(\dfrac{l}{2}\right)^2} \qquad (9.47)$$

$$A_2 = \frac{\pi^2 E_1 I_1}{2\left(\dfrac{l}{2}\right)^2 E_2 \sin^2 \beta \cos \beta} \qquad (9.48)$$

wobei der Querschnitt für das Spannglied so gewählt wurde, daß $v = \pi$ ist.

$$X = \frac{F_{kr}}{\dfrac{A_1}{A_2}\dfrac{E_1}{E_2} \cos \beta} \qquad (9.49)$$

Für den Fall nach Bild 9.8.g (planmäßig außermittig beanspruchter Druckstab) gibt [9.10] entsprechende Rechenansätze an. Die angegebenen Berechnungsformeln gelten für eine Vorspannung ohne Vorbelastung und sind für Vorspannung unter Belastung entsprechend umzustellen.

9.3.2.4. Tragfähigkeitserhöhung durch Stahlverbund

Verbundstützen können als
— einbetonierte Stahlprofile
— ausbetonierte geschlossene Stahlprofile
— ausbetonierte offene Stahlprofile

Bild 9.9. Querschnitte von Verbundstützen — Auswahl

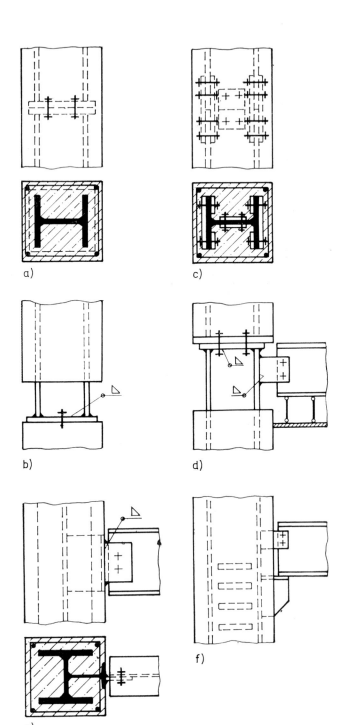

Bild 9.10. Einbetonierte Stahlprofil-Verbundstützen, konstruktive Details
a) bis d) Kopf- und Fußpunkte
e) und f) gelenkige Anschlüsse

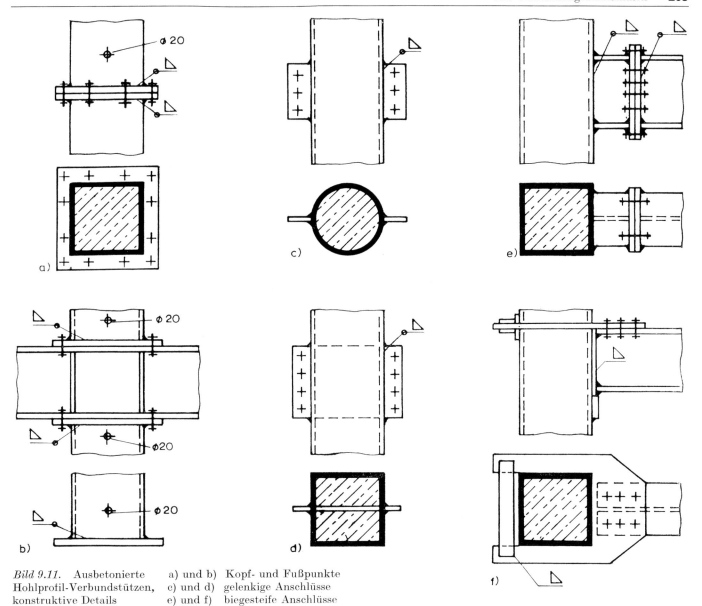

Bild 9.11. Ausbetonierte Hohlprofil-Verbundstützen, konstruktive Details
a) und b) Kopf- und Fußpunkte
c) und d) gelenkige Anschlüsse
e) und f) biegesteife Anschlüsse

oder als Kombination solcher Querschnitte entsprechend Bild 9.9. ausgeführt werden.
Für die Rekonstruktion sind hierbei die Vorteile der deutlich größeren Tragfähigkeit und der besseren Brandschutzeigenschaften von Bedeutung.

■ *Konstruktive Durchbildung*

Die konstruktive Durchbildung erfordert große Sorgfalt, damit die rechnerisch ermittelten Versagenslasten auch erreicht werden können. Besonderes Augenmerk ist dabei auf die Lasteinleitungsbereiche zu richten.
Werden die Lasten gleichmäßig über starre Endplatten in die Kopf- und Fußpunkte der Verbundstütze eingeleitet, so sind in der Regel keine zusätzlichen Verbundmittel anzuordnen, da die infolge Kriechens und Schwindens entstehenden Beanspruchungen meist von der Verbundfuge aufgenommen werden können. Werden demgegenüber die Stützenlasten nur in den Stahlquerschnitt eingeleitet, so sind in diesem Bereich zusätzliche Verbunddübel vorzusehen (Bilder 9.10. und 9.11.).

Hohlprofil-Verbundstützen sind, auch wenn keine Feuerwiderstandsforderungen bestehen, mit Dampfaustrittsöffnungen für den Brandfall zu versehen. Dazu sind im Abstand ≤ 3000 mm sowie am Stützenkopf und Stützenfuß mindestens je zwei gegenüberliegende Löcher mit einem Durchmesser ≥ 20 mm anzuordnen.
Stahloberflächen, die mit dem Beton im Verbund stehen, sind durch ihn vor Korrosion geschützt. Alle anderen Stahlteile sind entsprechend zu behandeln.

■ *Berechnung*

Die Berechnung, bauliche Durchbildung und Ausführung von Verbundstützen erfolgt in der DDR gemäß der Vorschrift der StBA [9.12]. Der Nachweis erfolgt mittels Teilsicherheitsfaktoren.
Es ist der

— Grenzzustand der Tragfähigkeit und der
— Grenzzustand der Nutzungsfähigkeit

nachzuweisen.

9. Rekonstruktionsmaßnahmen im Industriebau

Tabelle 9.1. Nachweis von Verbundstützen — Näherungsverfahren

Beanspruchung	Nachweise	Erläuterungen	

Planmäßig mittiger Druck	$N(S) \leq N(R)$	$N(S) = \sum \eta_i N_i$
		 $N(R) = \varphi N_{pl}$
		 $N_{pl} = N_{pl,a} + N_{pl,b} + N_{pl,s}$
		   a Baustahl
		   b Beton
		   s Betonstahl
		 $N_{pl,a} = R_a A_a$
			$N_{ki} = \dfrac{\pi^2}{l_k^2}(E_a I_a + E'_b I_b + E_s I_s)$
			 $\bar{\lambda} = \sqrt{N_{pl}/N_{ki}}$
			 $\varphi = \varphi(\bar{\lambda},$ Knickspannungslinie nach TGL 13503$)$
			 η — Grenzlastfaktor

Druck und einachsige Biegung	$N(S) \leq N(R)$ $M^{II}(S) \leq 0{,}9 s M_{pl}$	$M^{II}(S) = M^{I}(S) \cdot \dfrac{N_{ki} + \delta N(S)}{N_{ki} - N(S)}$ $\bar{\varphi} = \dfrac{1-\psi}{4}\cdot\varphi \quad -1 \leq \psi \leq 1$	$M^{II}(S)$ Moment nach Th. II. Ordnung $M^{I}(S)$ Moment nach Th. I. Ordnung δ Beiwert nach TGL 13503
Druck und zweiachsige Biegung	$N(S) \leq N(R)$ $M_x^{II}(S) \leq 0{,}9 s_x M_{pl,x}$ $M_y^{II}(S) \leq 0{,}9 s_y M_{pl,y}$ $\dfrac{M_x^{II}(S)}{s_x M_{pl,x}} + \dfrac{M_y^{II}(S)}{s_y M_{pl,y}} \leq 1$		
Voraussetzungen	$0{,}2 \leq N_{pl,a}/N_{pl} \leq 0{,}9$ $\bar{\lambda} \leq 2{,}0$ $\mu_s = A_s/A_b \leq 0{,}03$ $R_a \leq 420$ N/mm² rechnerisch ansetzen		

Tabelle 9.2. Tragfähigkeitsverhältnis des ausbetonierten Hohlprofils gegenüber der reinen Stahlstütze (Verhältnis der Quetschlasten)

d/t		S 38/24 (St 38)			S 52/36 (H 52)		
		Bk 25	Bk 35	Bk 45	Bk 25	Bk 35	Bk 45
40	$N_{pl}/N_{pl,a}$	1,600	1,840	2,080	1,400	1,560	1,720
	$M_{pl}/M_{pl,a}$	1,115	1,141	1,161	1,085	1,109	1,128
60	$N_{pl}/N_{pl,a}$	1,924	2,293	2,663	1,616	1,862	2,109
	$M_{pl}/M_{pl,a}$	1,156	1,182	1,201	1,123	1,150	1,170

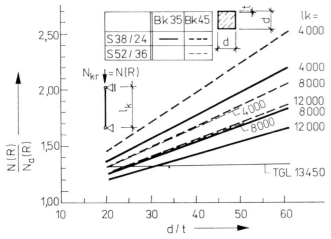

Bild 9.12. Tragfähigkeitsverhältnis des ausbetonierten Hohlprofils gegenüber der reinen Stahlstütze — (Verhältnis der kritischen Lasten)

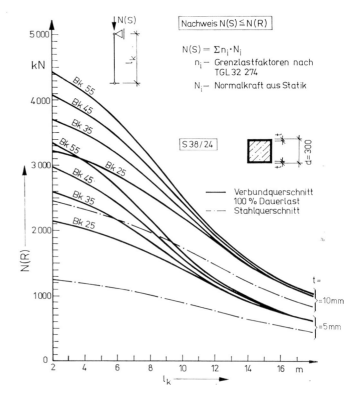

Bild 9.13. Tragfähigkeitsverhältnis des ausbetonierten Hohlprofils gegenüber der reinen Stahlstütze — (Verhältnis der kritischen Lasten)

9.3. Verstärkungsmaßnahmen

Die Normlasten und deren Lastfaktoren sind TGL 32274 zu entnehmen. Die Rechenfestigkeiten für Stahl und Beton nach TGL 33403 sind in [9.12] enthalten.
Die Berechnung hat nach Theorie II. Ordnung zu erfolgen. Abweichend von der Betrachtung am Gesamtstab darf vereinfachend auch der Nachweis des am ungünstigsten beanspruchten Querschnitts geführt werden.
Die Grenztragfähigkeit des Verbundquerschnitts darf unter folgenden Voraussetzungen bestimmt werden:

— starrer Verbund Baustahl/Beton/Betonstahl
— Beton trägt auf Zug nicht mit
— bilineare Spannungs-Dehnungs-Linie für den Baustahl und den Betonstahl
— wirklichkeitsnahe Spannungs-Dehnungs-Linie für die Betonbiegedruckzone.

Neben den „exakten" Verfahren, die den Einsatz der Rechentechnik erfordern, wurden international verschiedene Näherungsverfahren für die Projektierungspraxis entwickelt. Eines dieser Verfahren nach DIN 18806 wurde in [9.12] übernommen. Es paßt sich gut an die Vorgehensweise des Stahlbaus an. Die mit ihm erzielten Ergebnisse stimmen mit Versuchsergebnissen gut überein. Die Grenztragfähigkeit des Verbundquerschnitts wird danach durch die Summation des Tragvermögens seiner einzelnen Komponenten Baustahl/Beton/Bewehrungsstahl beschrieben:

$$N_{pl} = N_{pl,a} + N_{pl,b} + N_{pl,s} \tag{9.50}$$

$$N_{ki} = \frac{\pi^2}{l_k^2}(E_a I_a + E_b' I_b + E_s I_s) \tag{9.51}$$

Hierbei ist E_b' ein fiktiver Elastizitätsmodul des Betons. Der Nachweis bei Druck und Biegung erfolgt über Interaktionsbeziehungen. Die Nachweisführung nach dem Näherungsverfahren ist in Tab. 9.1. zusammengestellt.

■ *Tragfähigkeitserhöhung durch Verbund*

Verbundstützen haben im Vergleich zu reinen Stahlstützen (aber auch Betonstützen) ein erheblich größeres Tragvermögen. Der Tragfähigkeitsgewinn ist bei Druck ohne Biegung bedeutend größer als bei überwiegender Biegebeanspruchung (Tab. 9.2.).
Der bedeutende Zuwachs an Tragvermögen bei ausbetonierten Hohlprofilen erklärt sich daraus, daß einerseits der Beton das Stahlblech abstützt und damit die kritische Beulspannung des Stahlblechs erhöht wird und andererseits das Hohlprofil den Beton umschließt und damit Abplatzungen verhindert.
Wie Bild 9.12. zu entnehmen ist, ist die Tragfähigkeitssteigerung besonders groß bei gedrungenen Stützen aus normalfestem Baustahl in Verbindung mit einer hohen Betongüte. Für eine Hohlprofil-Verbundstütze mit der Kantenlänge $d = 300$ mm sind die aufnehmbaren Normalkräfte in Abhängigkeit von Knicklänge, Blechdicke und Betongüte im Vergleich zur reinen Stahlstütze im Bild 9.13. angegeben.

■ *Nutzung der Verbundwirkung*

Verbundstützen werden international hauptsächlich dann eingesetzt, wenn große zentrische Lasten einzuleiten sind bzw. wenn Stützen mit hoher Steifigkeit erforderlich werden. Nach [9.13] zeichnen sich folgende Einsatzgebiete ab:

— Rekonstruktion bestehender Stahlstützen
— Substitution von Stahlstützen unter Beibehaltung der stahlbaumäßigen Anschlüsse (z. B. bei Rohr- und Bandbrücken)
— Substitution von Betonstützen bei Nutzung der Vorteile der Verbundstützen.

Beispiel 9.2

Die angegebene Verbundstütze ist für die auftretende Belastung nachzuweisen.

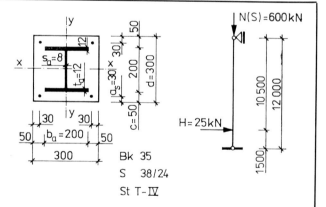

Bk 35
S 38/24
St T-IV

75% Dauerlast:
$m_{b5} = 0{,}9 + 0{,}1(1 - 0{,}75) = 0{,}925$ [9.12]
$R_b^0 = 19{,}6$ N/mm²
$R_b = 19{,}6 \cdot 0{,}925 = 18{,}1$ N/mm²
$E_b = 34\,700$ N/mm²
red $E_b' = \dfrac{E_b}{2}\left(1 - \dfrac{0{,}75}{2}\right) = 10\,800$ N/mm² [9.12]

1. Querschnitts- und Festigkeitskennwerte

		Baustahl a	Beton b	Betonstahl s	Verbundquerschnitt v
A_i	10^{-3} mm²	6,21	83,0	0,804	90,0
$J_{x,i}$	10^{-6} mm⁴	46,1	617	11,6	675
$J_{y,i}$	10^{-6} mm⁴	16,0	647	11,6	675
R_i	N/mm²	218	18,1	430	—
$N_{pl,i}$	kN	1350	1500	345	3195
$\delta_i = N_{pl,i}/N_{pl}$		0,423	0,469	0,108	1,000
$N_{ki,x}$	kN	664	457	167	1290
$N_{ki,y}$	kN	230	479	167	876

Beispiel 9.2 *(Fortsetzung)*

2. Nachweis mittiger Druck

$\bar{\lambda}_x = \sqrt{3195/1290} = 1{,}57$ $\qquad$ $\bar{\lambda}_y = \sqrt{3195/876} = 1{,}91$

$\varphi_{x,b} = 0{,}323$ $\qquad$ $\varphi_{y,c} = 0{,}216$

$N_x(R) = 0{,}323 \cdot 3195 = 1035 \text{ kN}$ $\qquad$ $N_y(R) = 0{,}216 \cdot 3195 = 691 \text{ kN}$

Stahl allein:

$\lambda_y = \sqrt{1350/230} = 2{,}42$ $\qquad$ $N_{a,y}(R) = 0{,}143 \cdot 1350 = 193 \text{ kN}$

3. Nachweis Biegung um die x-Achse

$$x_{pl} = \frac{A_a R_a + A_s R_s - \dfrac{A_s}{2}(2R_s - R_b) - (b_a t_a - s_a(c + t_a))(2R_a - R_b)}{s_a(2R_a - R_b) + bR_b}; \quad x_{pl} = 64{,}4 \text{ mm}$$

$$M_{pl,x} = R_b b x_{pl}\left(\frac{d - x_{pl}}{2}\right) + b_a t_a (2R_a - R_b)\frac{d - 2c - t_a}{2} - s_a(x_{pl} - c - t_a)(2R_a - R_b)\frac{d - (x_{pl} + c + t_a)}{2}$$

$$+ \frac{A_s}{2}(2R_s - R_b)\left(\frac{d}{2} - a_s\right)$$

$M_{pl,x} = 175 \text{ kNm}$

$M_D = M_{pl,x} + N_{pl,b} \cdot \dfrac{d/2 - x_{pl}}{4} = 207 \text{ kNm}$ $\quad\Big\}\quad \gamma = \dfrac{M_D}{M_{pl}} = \dfrac{207}{175} = 1{,}18$

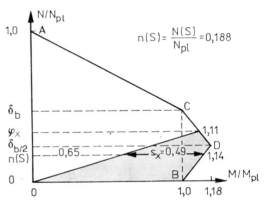

$M_x(S) = 25 \cdot \dfrac{1{,}50 \cdot 10{,}50}{12{,}00} = 32{,}8 \text{ kNm}$

$M_x^{II}(S) \approx M_x(S) \cdot \dfrac{N_{ki,x}}{N_{ki,x} - N(S)} = 32{,}8 \dfrac{1290}{1290 - 600} = 61{,}3 \text{ kNm}$

$\dfrac{M_x^{II}(S)}{M_{pl,x}} = \dfrac{61{,}3}{175} = 0{,}35 < 0{,}9 s_x = 0{,}9 \cdot 0{,}49 = 0{,}44$

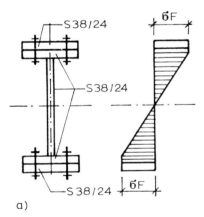

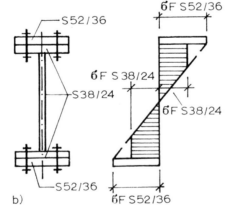

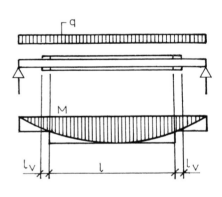

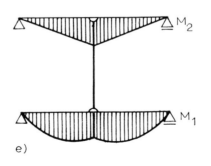

Bild 9.14. Verstärkung des Biegestabes

a) Verstärkung durch Laschen gleicher Festigkeit
b) Verstärkung durch Laschen höherer Festigkeit (hybrider Querschnitt)
c) System bei Verstärkung durch Laschen
d) Aufhängung als Rekonstruktionsmaßnahme
e) Momentenfläche im gekoppelten System

Beispiel 9.3

Die Überlastung eines Unterzuges ist durch eine Aufhängung nach Bild 9.14.d aufzunehmen.

Rechenlasten unter Berücksichtigung von Kombinations- und Wertigkeitsfaktoren:

$q = g + p = 3 + 18 = 21$ kN/m

Werkstoffkennwerte: S 38/24

$\gamma_m = 1{,}1$

$R = 240/1{,}1 = 218$ N/mm²

Für den Unterzug erhält man:

$\max M = \dfrac{21 \cdot 10^2}{8} = 262{,}5$ kNm;

für den Unterzug ist vorhanden:

I 300 TGL 0-1025 mit

$W_{x1} = 653$ cm³ und

$I_{x1} = 9800$ cm⁴;

aufnehmbares Moment:

$M_1 = 653 \cdot 10^3 \cdot 218$
$= 142 \cdot 10^6$ Nmm
$< 262{,}5 \cdot 10^6$ Nmm

Schnittkräfte und Nachweise im gekoppelten System

Für das gekoppelte System nach Bild 9.14. erhält man, wenn beachtet wird, daß die Eigenlasten bereits vor der Aufhängung wirken:

$E = 2{,}1 \cdot 10^5$ N/mm²; $I_1 = 9800$ cm⁴; $I_2 = 12510$ cm⁴; $A_3 = 10$ cm²

$M_0 = \dfrac{pl^2}{8} = 225$ kNm

$X = -\dfrac{\delta_{10}}{\delta_{11}} = \dfrac{\dfrac{1}{3} \cdot 225 \cdot 2{,}5 \cdot 1{,}25 \cdot 10}{\dfrac{1}{3} \cdot 2{,}5^2 \cdot 10 + \dfrac{1}{3} \cdot 2{,}5^2 \cdot 10 \dfrac{9800 \cdot 10^{-8}}{12510 \cdot 10^{-8}} + 1^2 \cdot 5 \cdot \dfrac{9800 \cdot 10^{-8}}{10 \cdot 10^{-4}}}$

$X = 62{,}3$ kN

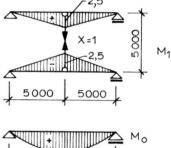

Schnittkräfte im Stab 1 und Spannungsnachweis

$\max M_1 = 129{,}3$ kNm; $\sigma = \dfrac{129{,}3 \cdot 10^6}{653 \cdot 10^3} = 198$ N/mm² < 218 N/mm²

Schnittkräfte und Spannungsnachweis für Stab 2

$\max M_2 = 155{,}7$ kNm; I 320 TGL 0-1025; $W_x = 782$ cm³; $\sigma = \dfrac{155{,}7 \cdot 10^6}{782 \cdot 10^3} = 199$ N/mm² < 218 N/mm²

Spannungsnachweis im Stab 3

$\sigma = \dfrac{62{,}3 \cdot 10^3}{10^3} = 62{,}3$ N/mm² < 218 N/mm²

9.3.3. Biegestab

9.3.3.1. Verstärkung durch Laschen im überbeanspruchten Bereich aus Material gleicher bzw. höherer Festigkeit

Ist der zu verstärkende Träger allseitig zugänglich, so kann eine Erhöhung der Tragfähigkeit durch aufgeschraubte bzw. aufgeschweißte Steg- oder Flanschlaschen (Bild 9.14.) über eine rechnerisch zu ermittelnde Länge (Verstärkungs- und Anschlußlänge) erfolgen. In Abhängigkeit von der Beanspruchungsrichtung ist dabei den Laschen den Vorzug zu geben, die das größere Trägheitsmoment erzielen. Aufgeschweißte Laschen setzen die Schweißbarkeit des Grundprofils voraus, und es sollte möglichst eine Entlastung des Biegeträgers vorausgehen. Muß das Schweißen unter Eigenlast erfolgen, sind vorherige Untersuchungen über den Temperatureinfluß zu führen und eine entsprechende Schweißfolge festzulegen, um auftretende Schweißeigenspannungen und Verformungen klein zu halten. Bei geschraubten Laschen sind Schwächungen in der Zugzone durch die Schraubenlöcher zu berücksichtigen. Zur erforderlichen Anschlußlänge und der notwendigen konstruktiven Gestaltung gibt TGL 13500/01 entsprechende Hinweise.

Wird für die Laschen Material gleicher Festigkeit verwendet, so kann unter Beachtung der Voraussetzungen nach TGL 13500 unter γ-facher Rechenlast mit einer Teilplastizierung des Querschnitts gerechnet werden (Bild 9.14.a). Für die Biegebeanspruchung im nichtverstärkten Bereich wird das elastische Bemessungsverfahren empfohlen. Werden beiderseits Laschen aus Material höherer Festigkeit verwendet, so kann nach TGL 13500 die Teilplastizierung des hybriden Querschnitts genutzt werden (Bild 9.14.b). Die maßgebenden Nachweise können unter Beachtung des Abschn. 2.3. und TGL 13500 auf der Basis Bemessung nach Teilsicherheiten durchgeführt werden.

9.3.3.2. Aufhängung bzw. Unterstützung des Biegeträgers

Für Decken unter bzw. über Produktionsräumen, in denen die Produktion nicht unterbrochen werden darf, bietet sich unter anderem die Aufhängung bzw. Unterstützung an. Im Fall der Aufhängung wird der überlastete Biegeträger mit einem zweiten Tragelement (z. B. Biegeträger oder Fachwerkträger) einfach (Bild 9.14.d) oder mehrfach gekoppelt. Die Koppelkraft im Verbindungsstab zwischen beiden Tragsystemen wird in der üblichen Weise für das statisch unbestimmte System unter Beachtung der Steifigkeitsverhältnisse ermittelt. Zu berücksichtigen ist, daß das nachträglich angeschlossene Tragwerk nicht bei der Übertragung der ständigen Lasten g mitwirkt, es sei denn, der zu verstärkende Biegestab wird völlig entlastet, oder der Koppelstab wird (z. B. mit Hilfe eines Spannschlosses) für die ständigen Lasten vorgespannt.

Für die Unterstützung liegen ähnliche Verhältnisse vor, wenn die Kopplung mit einem elastischen Tragsystem erfolgt. Bei Abstützung gegen eine zusätzliche Gründung kann wegen der großen Steifigkeit mit einer starren Abstützung gerechnet und die elastische Verformung der Stütze vernachlässigt werden.

9.3.3.3. Vorgespannter Biegestab

Eine effektive Möglichkeit, die Tragfähigkeit eines Biegeträgers zu erhöhen, ist die Vorspannung (Bild 9.15.).

Dabei findet man bei Rekonstruktionsmaßnahmen in der Regel den doppeltsymmetrischen Querschnitt vor; der aus der Sicht des Materialaufwands günstigere einfachsymmetrische Querschnitt hat nur für den Neubau Bedeutung. Für den doppeltsymmetrischen Querschnitt erhält man folgende Beziehungen [9.14]:

A_1; A_G; A_{st}; A_2 Gesamtquerschnitt des Biegestabes, Gurtquerschnitt, Stegquerschnitt, Spannstabquerschnitt

M, M_g, M_p maximales Biegemoment aus den Rechenlasten unter Beachtung von Lastkombinations- und Wertigkeitsfaktoren, Moment aus ständigen Lasten, Moment aus kurzzeitigen Lasten

σ_{o1}; σ_{u1}; σ_2 Gesamtspannung am oberen Rand des Biegestabes, Gesamtspannung am unteren Rand des Biegestabes, Gesamtspannung im Spannstab

σ'_{o1}; σ'_{u1}; σ'_2 Vorspannung am oberen Rand des Biegestabes, Vorspannung am unteren Rand des Biegestabes, Vorspannung im Spannstab

R_1; R_2 Rechenfestigkeit des Biege- bzw. Spannstabes

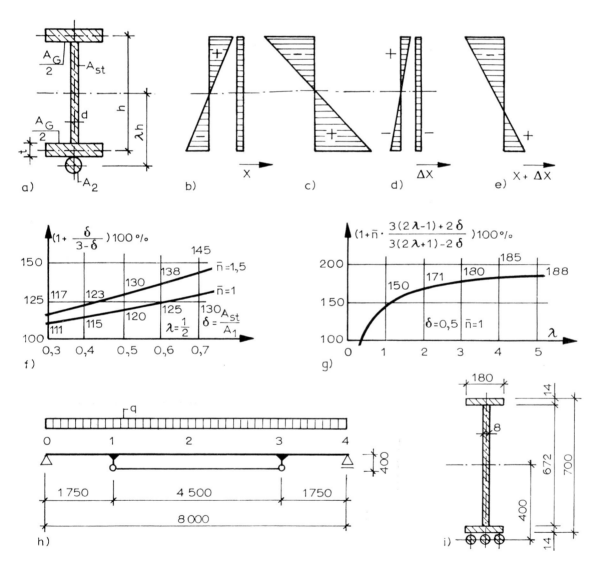

Bild 9.15. Erhöhung der Tragfähigkeit durch Vorspannung
a) Querschnitt
b) Vorspannungszustand
c) Spannung aus Belastung
d) Selbstvorspannung
e) Gesamtspannung
f) und g) Tragfähigkeitserhöhung durch Vorspannung
h) und i) System und Querschnitt im Beispiel 6.3

9.3. Verstärkungsmaßnahmen

$\bar{n} = \dfrac{\sigma'_{u1}}{R_1}$ Vorspanngrad

$\bar{m} = \dfrac{E_2}{E_1}$ Verhältnis der Elastizitätsmoduln

$\bar{k} = \dfrac{R_2}{R_1}$ Verhältnis der Rechenfestigkeiten

$X; \Delta X$ Vorspannkraft, Zunahme der Vorspannkraft unter Belastung (Selbstvorspannung)

h Trägerhöhe

λh Abstand des Spanngliedes von der Trägerachse

$\gamma = \dfrac{h}{d}$ Stegschlankheit

$\delta = \dfrac{A_{st}}{A_1}$ Querschnittsverhältnis

$\gamma_{f1}; \gamma_{f2}$ Lastfaktoren für das Überschreiten ($\gamma_{f1} = 1{,}1$) bzw. das Unterschreiten ($\gamma_{f2} = 0{,}9$) der rechnerischen Vorspannkraft

W_1 Widerstandsmoment des Biegestabes

Querschnittswerte:

$$h = \sqrt{A_1 \gamma \delta}; \quad A_{st} = \delta A; \quad A_G = (1-\delta) A;$$
$$W = \frac{1}{6}\sqrt{A_1^3 \gamma \delta}\,(3 - 2\delta) \tag{9.52}$$

Spannungszustand Vorspannung (Bild 9.15.b)

$$\sigma'_{o1} = -\frac{\gamma_{f1} X}{A_1} + \frac{\gamma_{f1} X \lambda h}{W_1} \quad \text{bzw.} \quad \sigma'_{o1} = \frac{\gamma_{f1} X}{A} \cdot \frac{3(2\lambda - 1) + 2\delta}{3 - 2\delta} \tag{9.53}$$

$$\sigma'_{u1} = \left| -\frac{\gamma_{f1} X}{A_1} - \frac{\gamma_{f1} X \lambda h}{W_1} \right| \leq \bar{n} R_1 \quad \text{bzw.}$$

$$\sigma'_{u1} = \left| -\frac{\gamma_{f1} X}{A_1} \cdot \frac{3(2\lambda + 1) - 2\delta}{3 - 2\delta} \right| \leq \bar{n} R_1 \tag{9.54}$$

Gesamtspannungszustand (Bild 9.15.e)

$$\sigma_{o1} = \left| -\frac{\gamma_{f2} X + \Delta X}{A_1} + \frac{(\gamma_{f2} X + \Delta X)\lambda h}{W_1} - \frac{M}{W_1} \right| \leq R_1 \tag{9.55}$$

$$\sigma_{u1} = -\frac{\gamma_{f2} X + \Delta X}{A_1} - \frac{(\gamma_{f2} X + \Delta X) h}{W_1} + \frac{M}{W_1} \leq R_1 \tag{9.56}$$

$$\sigma_2 = \frac{\gamma_{f1} X + \Delta X}{A_2} \leq R_2 \tag{9.57}$$

Vorspannkraft:

$$X = \frac{\bar{n} R_1}{\gamma_{f1}\left(\dfrac{1}{A_1} + \dfrac{\lambda h}{W_1}\right)} \tag{9.58}$$

Aussagen darüber, welche Erhöhung der Tragfähigkeit durch die Vorspannung erreicht werden kann, erhält man ausgehend davon, daß die Gesamtspannung am oberen Rand des Biegestabes höchstens den Wert $\sigma'_{o1} + R_1$ erreichen darf. Unter Beachtung der Gln. (9.53) und (9.54) erhält man

$$\sigma'_{o1} = \bar{n} R_1 \frac{3(2\lambda - 1) + 2\delta}{2(2\lambda + 1) - 2\delta} \tag{9.59}$$

und daraus:

$$\frac{\sigma'_{o1} + R_1}{R_1} = 1 + \bar{n}\,\frac{3(2\lambda - 1) + 2\delta}{3(2\lambda + 1) - 2\delta} \tag{9.60}$$

Für den Fall, daß das Spannglied in Höhe des Trägeruntergurtes liegt $\left(\lambda = \dfrac{1}{2}\right)$ und der Vorspanngrad voll ausgelastet wird ($\bar{n} = 1$), erhält man:

$$\frac{\sigma'_{o1} + R_1}{R_1} = 1 + \frac{\delta}{3 - \delta} \tag{9.61}$$

Die Auswertung dieser Gleichung zeigt Bild 9.15.f. Bei den zur Verfügung stehenden Walz- und Schweißprofilen liegt δ zwischen 0,4 und 0,6. Die Erhöhung der Tragfähigkeit für den Fall $\bar{n} = 1$ liegt somit zwischen 15 und 25%. Wird λ variiert, so erhält man aus Gl. (9.60) bei voller Ausnutzung des Vorspanngrades ($\bar{n} = 1$)

$$\frac{\sigma'_{o1} + R_1}{R_1} = 1 + \frac{3(2\lambda - 1) + 2\delta}{3(2\lambda + 1) - 2\delta} \tag{9.62}$$

Die Auswertung dieser Gleichung im Bild 9.15.g zeigt, daß mit zunehmendem Spanngliedabstand die Tragfähigkeit gesteigert werden kann. Für $\lambda \to \infty$ steigert sich die Tragfähigkeit auf das Doppelte. Es muß jedoch beachtet werden, daß mit $\lambda > \dfrac{1}{2}$ die Verbindung des Spanngliedes mit dem Biegeträger nicht mehr möglich wird und damit der Vorspanngrad aus Gründen des Stabilitätsverlustes im Vorspannungszustand in der Regel nicht mehr voll ausgenutzt werden kann.

Geht man davon aus, daß eine Teilbelastung (z. B. Eigenlasten) bereits vor dem Vorspannprozeß vorhanden ist, so erhöht sich die Effektivität der Vorspannung noch, da der Vorspanngrad $\bar{n} > 1$ gewählt werden kann. Die im Bild 9.15.f dargestellte Kurve zeigt, daß für $\bar{n} = 1{,}5$ eine wesentliche Erhöhung der Tragfähigkeit bei Vorspannung erzielt wird.

Unter äußerer Belastung erhöht sich die Vorspannkraft um den Anteil ΔX, was mit der Erhöhung der Vorspannung im Biegestab verbunden ist (Selbstvorspannung, Bild 9.15.d)

$$\Delta X = -\frac{\delta_{10}}{\delta_{11}} = -\frac{\displaystyle\int_0^l \frac{\overline{M} M}{EI}\,dl + \sum \frac{\overline{N} N}{EA} l}{\displaystyle\int_0^l \frac{\overline{M}^2}{EI}\,dl + \sum \frac{\overline{N}^2}{EI} l} \tag{9.63}$$

Berücksichtigt man die Selbstvorspannung in den Gln. (9.55) und (9.56) durch den Beiwert β:

$$\beta = \frac{\gamma_{f2} X + \Delta X}{\gamma_{f1} X} \tag{9.64}$$

so erhält man:

$$\frac{M}{W_1} + \frac{\gamma_{f1} \beta X}{A_1} - \frac{\gamma_{f1} \beta X \lambda h}{W_1} \leq R_1 \tag{9.65}$$

$$\frac{M}{W_1} - \frac{\gamma_{f1} \beta X}{A_1} - \frac{\gamma_{f1} \beta X \lambda h}{W_1} \leq R_1 \tag{9.66}$$

Beispiel 9.4

Für das System und den Querschnitt entsprechend Bild 9.15. h und i ist, ausgehend von der angegebenen Belastung und den Werkstoffkennwerten, die *Bemessung eines doppeltsymmetrischen* I *-Biegeträgers* durchzuführen und die *Tragfähigkeit im Falle einer Vorbelastung vor dem Vorspannen zu ermitteln.*

Die Größe der eingetragenen Vorspannkraft wird zuverlässig kontrolliert: $n_1 = n_2 = 1,0$.

Werkstoffkennwerte
Träger S 38/24
$R_1^n = 240$ N/mm²
Spannglied S 90/60
$R_2^n = 600$ N/mm²
Sicherheitsfaktoren nach TGL 13500:
$\gamma_n' = 1,1$
$\gamma_m = 1,1$
$\gamma_d = 1,0$
$R_1 = 218$ N/mm²
$R_2 = 545$ N/mm²

Spanngliedlänge
in Höhe des Untergurts
$\lambda \approx \dfrac{1}{2}$

Rechenlasten
unter Beachtung von Lastkombinationsfaktoren:
langzeitige Lasten
$q = 19,8$ kN/m
kurzzeitige Lasten
$p = 53,2$ kN/m
Gesamtlasten
$q = 73$ kN/m

1. Freie Bemessung

1.1. Schnittkräfte

$$\max M = 1{,}1 \cdot \frac{73 \cdot 8^2}{8} = 642{,}4 \text{ kNm}$$

$$M_1 = 1{,}1 \left[73 \cdot 4 \cdot 1{,}75 - \frac{73 \cdot 1{,}75^2}{2} \right] = 438{,}9 \text{ kNm}$$

$$\max Q = 1{,}1 \cdot \frac{80 \cdot 8}{2} = 352 \text{ kN}$$

1.2. Vorbemessung

— Annahmen

$$\gamma = \frac{h}{d} = 100; \quad \beta \approx 1{,}45; \quad \delta = \frac{A_{st}}{A_1} = 0{,}5; \quad \lambda \approx 0{,}5; \quad \bar{k} = \frac{R_2}{R_1} = 2{,}5;$$

$$\bar{n} = \frac{\sigma_{u1}'}{R_1} = 1; \quad \bar{m} = \frac{E_2}{E_1} = 1$$

— Trägerquerschnitt aus Gl. (9.68)

$$A_1 = \sqrt[3]{\left[\frac{6 \cdot 642{,}4 \cdot 10^6}{218 \sqrt{100 \cdot 0{,}5}} \cdot \frac{(3 - 2 \cdot 0{,}5) + 6 \cdot 0{,}5}{(3 - 2 \cdot 0{,}5)[(3 - 2 \cdot 0{,}5)(1 - 1{,}45) + 6 \cdot 0{,}5(1 + 1{,}45)]} \right]^2}$$
$$= 98 \cdot 10^2 \text{ mm}^2$$

— Querschnittswerte unter Beachtung der Gl. (9.52)

$$h = \sqrt{98 \cdot 10^2 \cdot 100 \cdot 0{,}5} = 700 \text{ mm}; \quad A_G = (1 - 0{,}5) \cdot 98 \cdot 10^2 = 49 \cdot 10^2 \text{ mm}^2$$

$$A_{st} = 0{,}5 \cdot 98 \cdot 10^2 = 49 \cdot 10^2 \text{ mm}^2; \quad W_1 = \frac{1}{6} \cdot \sqrt{98 \cdot 10^6 \cdot 100 \cdot 0{,}5} \cdot (3 - 2 \cdot 0{,}5)$$
$$= 2286 \cdot 10^3 \text{ mm}^3$$

— Spannstabquerschnitt aus Gl. (9.69)

$$A_2 = 98 \cdot 10^2 \cdot \frac{1{,}45}{2{,}5} \cdot \frac{3 - 2 \cdot 0{,}5}{(3 - 2 \cdot 0{,}5) + 6 \cdot 0{,}5} = 22{,}74 \cdot 10^2 \text{ mm}^2$$

1.3. Bemessung und Spannungsnachweise

— gewählter Querschnitt (Bild 9.15.i)

$A_G = 2 \cdot 180 \cdot 14 = 50{,}4 \cdot 10^2$ mm²; $\quad A_{st} = 67{,}2 \cdot 0{,}8 = 53{,}8 \cdot 10^2$ mm²
$h = 700$ mm; $\quad I_{x1} = 79525 \cdot 10^4$ mm⁴; $\quad W_{x1} = 2272 \cdot 10^3$ mm³; $\quad A_1 = 104{,}2 \cdot 10^2$ mm²

— Spannstabquerschnitt: 3 ESG ⌀ 32 nach [9.15] und [9.16] mit $A_2 = 3 \cdot 6{,}94 \cdot 10^2 = 20{,}82 \cdot 10^2$ mm²

— Vorspannkraft aus Gl. (9.58) mit vorhandenen Abmessungen

$$X = \frac{218}{\dfrac{1}{104{,}2 \cdot 10^2} + \dfrac{(4/7) \cdot 700}{2272 \cdot 10^3}} = 801{,}5 \cdot 10^3 \text{ N}$$

— Spannkraft aus Selbstvorspannung aus Gl. (9.63)

$$\Delta X = -\frac{\delta_{10}}{\delta_{11}} = -\frac{-0{,}4 \cdot 438{,}9 \cdot 4{,}5 - \dfrac{2}{3} \cdot 0{,}4(624{,}4 - 438{,}9) \cdot 4{,}5}{(-0{,}4)^2 \cdot 4{,}5 + (-1{,}0)^2 \dfrac{79525 \cdot 10^{-8}}{104{,}2 \cdot 10^{-4}} \cdot 4{,}5 + 1{,}0^2 \dfrac{79525 \cdot 10^{-8}}{20{,}82 \cdot 10^{-4}} \cdot 4{,}5} = 364{,}2 \text{ kN}$$

— Spannung im Spannglied aus Gl. (9.57)

$$\sigma_2 = \frac{(801{,}5 + 364{,}2) \cdot 10^3}{20{,}82 \cdot 10^2} = 559 \text{ N/mm}^2 \approx R_2 = 545 \text{ N/mm}^2$$

Beispiel 9.4 *(Fortsetzung)*

— Spannungen im Trägerquerschnitt aus Gln. (9.54) bis (9.56)

$$\sigma'_{u1} = \left| -\frac{801,5 \cdot 10^3}{104,2 \cdot 10^2} - \frac{801,5 \cdot \frac{4}{7} \cdot 700 \cdot 10^3}{2272 \cdot 10^3} \right| = 218 \text{ N/mm}^2 = R_1$$

$$\sigma_{o1} = \left| -\frac{(801,5 + 364,2)\,10^3}{104,2 \cdot 10^2} + \frac{(801,5 + 364,2)\,10^3 \cdot \frac{4}{7} \cdot 700}{2272 \cdot 10^3} - \frac{642,2 \cdot 10^6}{2272 \cdot 10^3} \right|$$

$$= 189,4 \text{ N/mm}^2 < R_1 = 218 \text{ N/mm}^2$$

$$\sigma_{u1} = 34,4 \text{ N/mm}^2 < R_1 = 218 \text{ N/mm}^2$$

— Spannung am Eintragungspunkt der Vorspannkraft

$$\sigma = \frac{M_1}{W_{x1}} = \frac{438,9 \cdot 10^6}{2272 \cdot 10^3} = 193 \text{ N/mm}^2 < R_1 = 218 \text{ N/mm}^2$$

1.4. Erhöhung der Tragfähigkeit durch Vorspannung

$$M' = W_{x1} R_1 = 495 \cdot 10^6 \text{ Nmm}$$

$$\frac{M - M'}{M'} \cdot 100\% = \frac{642,4 - 495}{495} \cdot 100 = 29,8\%$$

2. Erhöhung der Tragfähigkeit bei Vorspannung unter Eigenlast

2.1. Schnittkräfte

— aufnehmbares Moment ohne Vorspannung

$$M' = W_{x1} R_1 = 495 \cdot 10^6 \text{ Nmm}$$

— Moment aus langzeitigen Lasten

$$\max M_g = 1,1 \cdot \frac{19,8 \cdot 8^2}{8} = 174,2 \text{ kNm}$$

$$M_{g1} = 1,1 \left(19,8 \cdot 4 \cdot 1,75 - \frac{19,8 \cdot 1,75^2}{2} \right) = 119,1 \text{ kNm}$$

— Moment aus kurzzeitigen Lasten

$$\max M_p = 1,1 \cdot \frac{53,2 \cdot 8^2}{8} = 468,2 \text{ kNm}$$

$$M_{p1} = 1,1 \left(53,2 \cdot 4 \cdot 1,75 - \frac{53,2 \cdot 1,75^2}{2} \right) = 320,0 \text{ kNm}$$

2.2. Mögliche Erhöhung der Tragfähigkeit durch Vorspannung unter Eigenlast

— Vorspanngrad

$$\bar{n} = 1 + \frac{M_g}{W_{x1} R_1} = 1 + \frac{174,2 \cdot 10^6}{2272 \cdot 218 \cdot 10^3} = 1,35$$

— Vorspannkraft aus Gl. (9.58)

$$X = \frac{1,35 \cdot 218}{\dfrac{1}{104,2 \cdot 10^2} + \dfrac{4/7 \cdot 700}{2272 \cdot 10^3}} = 1082 \cdot 10^3 \text{ N}$$

— Spannstabquerschnitt aus Gl. (9.57) ($\beta \approx 1,3$)

$$A_2 = \frac{X\beta}{R_2} = \frac{1,3 \cdot 1082 \cdot 10^3}{545} = 25,8 \cdot 10^2 \text{ mm}^2$$

erforderlich: 4 ESG ⌀ 32 nach [9.15] und [9.16] mit $A_2 = 27,76 \cdot 10^2 \text{ mm}^2$

— Vorspannkraft unter Belastung durch kurzzeitige Lasten nach Gl. (9.63)

$$\Delta X = -\frac{-0,4 \cdot 320 \cdot 4,5 - 2/3 \cdot 0,4(468,2 - 320) \cdot 4,5}{(-0,4)^2 \cdot 4,5 + (-1,0)^2 \cdot \dfrac{79525 \cdot 10^{-8}}{104,2 \cdot 10^{-4}} \cdot 4,5 + 1^2 \cdot \dfrac{79525 \cdot 10^{-8}}{27,76 \cdot 10^{-4}} \cdot 4,5} = 321 \text{ kN}$$

— aufnehmbares Moment, ausgehend vom Gesamtspannungszustand nach Gl. (9.55)

$$\sigma_{o1} = -\frac{(1082 + 321)\,10^3}{104,2 \cdot 10^2} + \frac{(1082 + 321) \cdot 10^3 \cdot 4/7 \cdot 700}{2272 \cdot 10^3} - \frac{M}{2272 \cdot 10^3} = -218$$

$$M = 750,6 \cdot 10^6 \text{ Nmm}$$

— Erhöhung der Tragfähigkeit

$$\frac{M - M'}{M'} \cdot 100 = \frac{750,6 - 495}{495} \cdot 100 = 51,6\%$$

> **Beispiel 9.4** *(Fortsetzung)*
>
> **2.3. Spannungsnachweise**
>
> — Spannung im Spannstab nach Gl. (9.57)
> $$\sigma_2 = \frac{(1082 + 321) \cdot 10^3}{27{,}76 \cdot 10^2} = 505{,}4 \text{ N/mm}^2 < R_2$$
>
> — Vorspannung im Biegeträger nach Gl. (9.54)
> $$\sigma'_{u1} = \left| \frac{174{,}2 \cdot 10^6}{2272 \cdot 10^3} - \frac{1082 \cdot 10^3}{104{,}2 \cdot 10^2} - \frac{1082 \cdot 10^3 \cdot 4/7 \cdot 700}{2272 \cdot 10^3} \right| = 217 \text{ N/mm}^2 < R_1$$

Aus den Gln. (9.54) und (9.65) erhält man unter Beachtung von Gl. (9.52) das aufnehmbare Moment (für $\gamma_{f1} = 1$):

$$M = R_1 \frac{\sqrt{A_1^3 \gamma}}{6} \frac{\sqrt{\delta}(3 - 2\delta)\,[(3 - 2\delta)(1 - \beta\bar{n}) + 6\lambda(1 + \beta\bar{n})]}{(3 - 2\delta) + 6\lambda} \quad (9.67)$$

und daraus den erforderlichen Biegestabquerschnitt

$$A_1 = \sqrt[3]{\frac{6M}{R_1 \sqrt{\gamma\delta}}} \times \sqrt[3]{\left[\frac{(3 - 2\delta) + 6\lambda}{(3 - 2\delta)\,[(3 - 2\delta)(1 - \beta\bar{n}) + 6\lambda(1 + \beta\bar{n})]}\right]^2} \quad (9.68)$$

Den erforderlichen Spannstabquerschnitt erhält man aus (9.57) unter Beachtung der Gln. (9.52) und (9.64) für $\gamma_{f1} = \gamma_{f2} = 1$

$$A_2 = A_1 \frac{\beta\bar{n}}{\bar{k}} \frac{3 - 2\delta}{(3 - 2\delta) + 6\lambda} \quad (9.69)$$

Die Untersuchung wurde hier für elastisches Tragverhalten geführt, unter Beachtung der Angaben in [9.6] kann auch teil- bzw. vollplastisches Verhalten berücksichtigt werden.

9.3.3.4. Unterspannung des Biegeträgers

Für die Rekonstruktion ist die Unterspannung konstruktiv und technologisch leicht verwirklichbar. Die Unterspannung besteht aus dem Zugband (Rundstahl, Flachstahl, Profilstähle) und einem bzw. mehreren Pfosten (druckstabile Profile). In der Regel wirkt die im Rahmen der Rekonstruktion nachträglich montierte Unterspannung nur für kurzzeitige Lasten mit dem Biegeträger zusammen. Die Effektivität kann erhöht werden, wenn der Biegestab vor dem Anbringen der Unterspannung entlastet oder das Zugband in der Größenordnung der langzeitigen Lasten vorgespannt wird. Letzteres ist bei Rekonstruktionsaufgaben oft notwendig, um große vorhandene Verformungen rückgängig zu machen. Ist z. B. der Produktionsbetrieb unter den zu verstärkenden Deckenträgern oder Unterzügen ohne Unterbrechung weiterzuführen, kann anstelle der Unterspannung auch die Überspannung (Sprengwerk) ausgeführt werden. In diesem Fall wird das Zugband zum Druckstab, der wegen der erforderlichen stabilitätsgerechten Ausführung natürlich zu höherem Materialaufwand führt. Hinweise zur Berechnung können Abschn. 3.2.2. entnommen werden.

9.3.3.5. Der Verbundträger

Bei Verstärkungsmaßnahmen im Rahmen von Rekonstruktionsaufgaben kann durch den Verbund zwischen vorhandenen Stahlträgern (z. B. einer Trägerdecke) und nachträglich aufgebrachten Stahlbetonfertigteil- bzw. Ortbetondecken die notwendige Erhöhung der Tragfähigkeit erreicht werden. Hinweise zur konstruktiven Gestaltung und Berechnung können Abschn. 2.3. entnommen werden.

9.3.4. Verstärkungsmaßnahmen bei Stabsystemen

Die Möglichkeiten zur Erhöhung der Tragfähigkeit von Stabsystemen sind sehr vielfältig. Sie sind vor allem abhängig von der Art des Stabsystems, von den veränderten Nutzungsbedingungen und von der damit in Zusammenhang stehenden Veränderung der Beanspruchung. Zur Anregung seien hier einige Maßnahmen zur Tragfähigkeitserhöhung angeführt (Bild 9.16.). Zu beachten ist auch hier, daß nicht nur die Verstärkung für die Tragfähigkeitserhöhung entscheidend ist, sondern alle Details bis einschließlich der Gründung nachgewiesen werden müssen.

■ *Verstärkung überbeanspruchter Bauteile durch Lamellen*

Die notwendige Tragfähigkeitserhöhung ist oftmals durch die Anordnung von aufgeschweißten bzw. aufgeschraubten Lamellen in überbeanspruchten Bereichen der Stabsysteme zu verwirklichen (Bild 9.16.a, b). Für die Bemessung gelten die im Abschn. 9.3.3.1. gemachten Aussagen.

■ *Stabilisierung durch Verbände und vollwandige Scheiben*

Der Zunahme der Horizontalbeanspruchung, z. B. aus Wind oder aus Schlingerkräften bzw. Bremskräften bei Kranbahnen, kann durch die Anordnung von zusätzlichen Verbänden bzw. vollwandigen Scheiben begegnet werden (Bild 9.16.c, d). Wird beispielsweise die in der Stabilisierung nicht mitwirkende Dachhaut durch stabilisierende Dachscheiben (z. B. EKOTAL-Trapezprofilblech, Stahlbetondachelemente) ersetzt, kann die Scheibenwirkung zur Verteilung der Schlingerkräfte der Kranbahn auf eine größere Zahl von Querrahmen herangezogen werden (Abschn. 9.4.2.).

9.3. Verstärkungsmaßnahmen

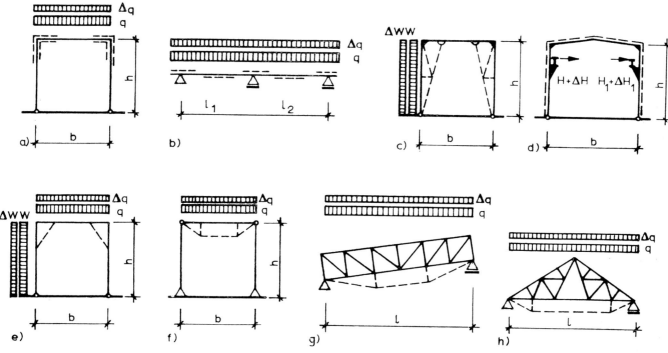

Bild 9.16. Beispiele für Verstärkungsmaßnahmen

a) und b) Verstärkungslamellen
c) und d) Stabilisierung durch Verbände und Scheiben (z. B. EKOTAL-Trapezprofil)
e) bis h) Unterstützung und Unterspannung

■ *Unterstützungen und Unterspannungen*

Zur Erhöhung der Tragfähigkeit von Stabsystemen sind vielfältige konstruktive Maßnahmen der Unterstützung und Unterspannung möglich (Bild 9.16.e bis h).

■ *Verbundwirkung*

Die Nutzung des Stahl-Beton-Verbunds beispielsweise für Dächer und Decken führt sowohl zur Tragfähigkeitserhöhung als auch zur Stabilisierung von Gebäuden.

■ *Vorspannung*

Für die Erhöhung der Tragfähigkeit vorhandener Stabsysteme kann die Vorspannung zu wesentlichen Vorteilen führen. Eine Auswahl verschiedener Möglichkeiten der Vorspannung mit Hilfe von Spanngliedern für rahmenartige Tragwerke zeigt Bild 9.17.
Die Anordnung von horizontalen Spanngliedern in Höhe der Rahmenfußgelenke (Bild 9.17.a) führt zu einer Entlastung des mittleren Riegelbereichs und verringert die Horizontalkräfte in den Fundamenten. Gleichzeitig werden jedoch die Schnittkräfte in der Rahmenecke erhöht, so daß diese Art der Vorspannung in der Regel nur in Verbindung mit anderen Verstärkungsmaßnahmen von Bedeutung sein kann.
Einen größeren Effekt zur Erhöhung der Tragfähigkeit bringt die Spanngliedanordnung in Riegelhöhe (Bild 9.17.b; c), sie führt jedoch zur Einengung des Lichtraumprofils.
Die Einleitung der Vorspannung über Konsolen durch vertikal angeordnete Spannglieder (Bild 9.17.d; e) führt ebenfalls zur vorteilhaften Überlagerung der Schnittkräfte aus Vorspannung und Belastung. Günstig würde sich auswirken, wenn im Fall der Rekonstruktion die Vorspannung nicht über das Anspannen der Spannglieder, sondern durch Anhängen der Außenwände an die Konsole erreicht würde (Bild 9.17.d). In vielen Fällen kann auch das Vorspannen des Riegels den gewünschten Effekt der Tragfähigkeitserhöhung erzielen (Bild 9.17.f).
Bei Fachwerken unterscheidet man zwischen dem Vorspannen von Einzelstäben (Zuggurt, auf Zug beanspruchte Diagonalstäbe) und dem Vorspannen des gesamten Systems. Den größeren Effekt erreicht man, wenn durch entsprechende Spanngliedführung bei möglichst vielen Stäben des Fachwerks die gewünschte Vorspannung erzielt wird. Dieser Forderung entspricht z. B. die Spanngliedanordnung nach Bild 9.18. über die gesamte Länge des Binders.
Sollen Fachwerke nachträglich vorgespannt werden (z. B. im Rahmen der Rekonstruktion), so ist dies meist nicht ohne besondere Maßnahmen zur Stabilisierung der im Vorspannprozeß druckbeanspruchten Zugstäbe möglich. Besonders gefährdet ist der Untergurt, der aus der Fachwerkebene heraus eine große freie Knicklänge besitzt. Aber auch in Fachwerkebene muß gegebenenfalls der Untergurt durch zusätzliche Vertikalstäbe gehalten werden (Bild 9.18.d bis e). Dabei ist oftmals eine Spanngliedführung nach Bild 9.18.e vorteilhaft, wo eine Stabilisierung der vorgespannten Stäbe durch Verbund mit dem Spannglied möglich ist.
Untersuchungen ergaben für den bei Rekonstruktionsfällen häufigen POLONCEAUbinder nach Bild 9.18.b mit gerader Spanngliedführung eine Tragfähigkeitserhöhung bis zu 30% (15 m bis 18 m Spannweite), die mit Vergrößerung des Spanngliedabstands weiter zunimmt.

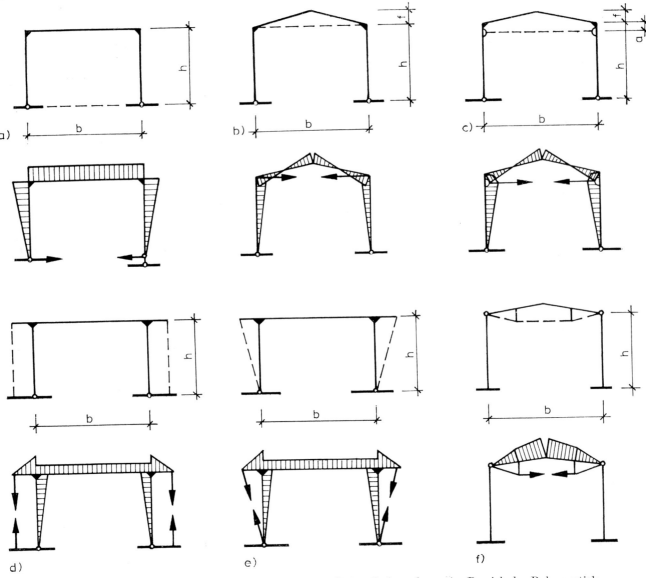

Bild 9.17. Beispiele zur Erhöhung der Tragfähigkeit durch Vorspannung

a) bis c) Spanngliedanordnung im Bereich der Rahmenstiele
d) und e) Spanngliedanordnung im Bereich von Konsolen
f)   Vorspannung des Riegels

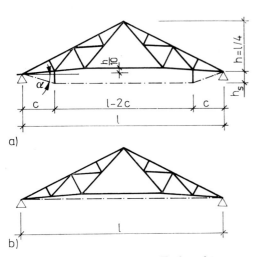

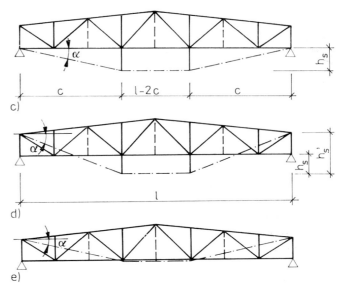

Bild 9.18. Vorspannung von Fachwerken

a) und b) POLONCEAUbinder mit geknickter bzw. gerader Spanngliedführung
d) bis e) Strebenfachwerk mit verschiedenartiger Spanngliedführung

9.4. Nutzung vorhandener Tragreserven

Vereinfachende Annahmen für die Berechnung von Stahltragwerken führen zu Tragreserven, die es in Verbindung mit Rekonstruktionsmaßnahmen zu nutzen gilt. So werden beispielsweise Stahltragwerke zur Vereinfachung der Nachweise in ebene Scheiben zerlegt, wobei die entlastende räumliche Tragwirkung meist unbeachtet bleibt. Anschlüsse und Auflagerungen nimmt man als Gelenke an, obwohl deren konstruktive Gestaltung einer teilweisen Einspannung entspricht. Ebenso werden oftmals Stahlbauteile mit Werkstoffkennwerten eingebaut, die wesentlich günstiger als die vorausgesetzten sind. Vielfach liegen auch Bedingungen für Tragsysteme vor, die die Nutzung der plastischen Tragreserven gestatten. Werden diese Tragreserven berücksichtigt, so lassen sich unter Umständen wesentliche Einsparungen bei Rekonstruktionsmaßnahmen erzielen.

9.4.1. Experimentelle Bestimmung der Tragwerkssteifigkeit

Die experimentelle Bestimmung der Tragwerkssteifigkeit läßt sich oftmals mit verhältnismäßig einfachen Methoden realisieren. Da für sie die Tragfähigkeit der schwächsten Konstruktionsglieder maßgebend ist, sind diese vorher rechnerisch zu erfassen und davon ausgehend die zu untersuchenden Bauteile festzulegen. Der erforderliche Versuchsaufwand dürfte im Fall des experimentell ermittelten Nachweises höherer Tragfähigkeit in der Regel kleiner sein als andernfalls erforderliche Verstärkungs-, Neu- oder Umbaumaßnahmen.

9.4.2. Berücksichtigung der räumlichen Tragwirkung

Die Berücksichtigung der räumlichen Tragwirkung ist z. B. bei Hallenkonstruktionen mit Brückenkranen interessant. Die Berechnung der Querrahmen erfolgt üblicherweise einzeln für die Maximalbeanspruchung. Diese Betrachtungsweise vergibt Tragreserven, die sich aus der Verteilung örtlicher Horizontalbelastungen (Schlingerkräfte) durch räumliche Tragwirkung auf mehrere Querscheiben des Tragsystems ergeben. Es lassen sich also wesentliche Tragreserven erschließen, wenn es gelingt, die praktisch vorhandene räumliche Tragwirkung zu erfassen bzw. wenn im Rahmen der Rekonstruktion gezielte konstruktive Veränderungen am Tragwerk vorgenommen werden, die die räumliche Tragwirkung erfaßbar machen. Die Größe der Verteilung der Lasten hängt im wesentlichen ab von

— der Steifigkeit der Dachscheibe
— Art des Kranbahnträgers und des Schlingerverbandes.

Große Steifigkeiten können für Dacheindeckungen aus Betonelementen, Kassettenplatten oder Trapezprofilblechen vorausgesetzt werden. Vergleichende Untersuchungen ergaben, daß bei steifer Dachscheibe eine Lastverteilung durch den Schlingerverband vernachlässigt werden kann. Für die Ermittlung der Lastverteilung örtlich eingeleiteter Lasten durch die Dachscheibe wird hierbei das gesamte Gebäude bzw. ein Gebäudeblock zwischen zwei Dehnungsfugen betrachtet (Bild 9.19.). Vernachlässigt man die Drehbehinderung des untersuchten Blockes durch die Längswandscheiben und nimmt näherungsweise für die Giebelscheiben gleiche Steifigkeit wie für die Zwischenscheiben (Rahmen bzw. Binder-Stützen-Scheiben) an, so geben [9.11; 9.17] ein vereinfachtes Verfahren zur Ermittlung der Lastverteilung örtlicher Horizontallasten an.

Für die zu untersuchende Querscheibe wird, ausgehend von den diese beanspruchenden Kräften (Schlingerkräfte des Kranes), eine Ersatzkraft F_e in Höhe des Binderauflagers ermittelt.

$$F_e = \frac{\Delta}{\delta} \qquad (9.70)$$

δ Verschiebung des Rahmens am Binderauflager infolge der Einheitslast
Δ Verformung infolge F_e

Die Verformung eines beliebigen Rahmens Δ_i unter Berücksichtigung der räumlichen Verteilung der Kraft F_e erhält man aus der Verschiebung und Verdrehung des Blocks infolge der auf die Rahmen entfallenden Kraftanteile R_i (Bild 9.19.)

$$\Delta_i = \Delta_i' + \Delta_i'' = R_i'\delta + R_i''\delta = \frac{F_e}{n}\delta + \frac{F_e e l_i}{\sum l^2} \cdot \delta \qquad (9.71)$$

Wegen $e = \dfrac{l_i}{2}$ erhält man daraus für die Querscheibe „i":

$$\Delta_i = \left[\frac{1}{n} + \frac{l_i^2}{2\sum l^2}\right] F_e \delta \qquad (9.72)$$

n Anzahl der Querscheiben

Die größte Verformung würde sich für die Querscheibe „1" ergeben. Als Giebelscheibe erhält sie jedoch nicht die volle Kranlast, so daß die „zweite" Querscheibe der Berechnung zugrunde gelegt wird. Für diese erhält man:

$$\Delta_2 = \left[\frac{1}{n} + \frac{l_2^2}{2\sum l^2}\right]\delta F_e \qquad (9.73)$$

Denkt man daran, daß bei räumlicher Tragwirkung die benachbarten Rahmen die Verformung des zu untersuchenden beeinflussen (dabei wird mit genügender Genauigkeit nur der Einfluß der unmittelbar benachbarten Querscheiben berücksichtigt), so erhält man nach Bild 9.19. eine Gesamtverformung in der Größenordnung:

$$\Delta_2 = \left[\frac{1}{n} + \frac{l_2^2}{2\sum l^2}\right]\delta F_e + \left[\frac{1}{n} + \frac{l_1^2}{2\sum l^2}\right]\delta F_{e;l}$$
$$+ \left[\frac{1}{n} + \frac{l_3^3}{2\sum l^2}\right]\delta F_{e;r} \qquad (9.74)$$

$$F_{e;l} = F_{e;1} = \frac{\sum y'}{\sum y} F_e; \quad F_{e;r} = F_{e;3} = \frac{\sum y''}{\sum y} F_e \qquad (9.75)$$

Mit genügender Genauigkeit kann die Verschiebung der Querscheibe daraus in folgender Form bestimmt werden:

$$\Delta_2 = \left[\frac{1}{n} + \frac{l_2^2}{2\sum l^2}\right]\mu\delta F_e; \quad \text{wobei} \quad \mu = \frac{\sum F}{\sum Fy} \qquad (9.76)$$

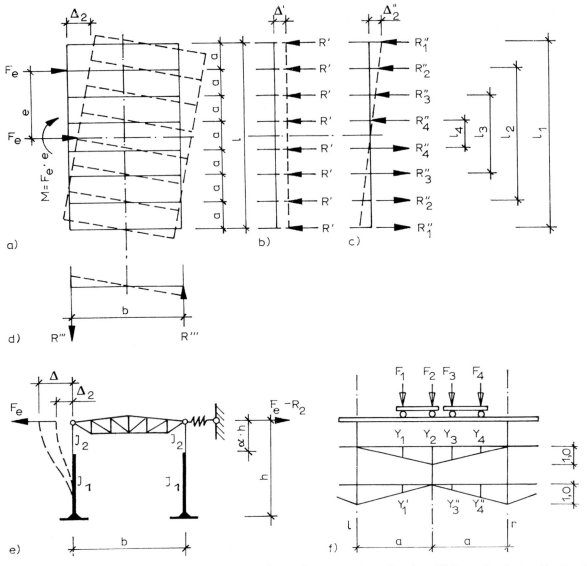

Bild 9.19. Zur Berücksichtigung der räumlichen Tragwirkung von eingeschossigen Hallen mit schubsteifer Dachhaut
a) rechnerisches System
b) Verschiebung des Blocks
c) und d) Verdrehung des Blocks
e) rechnerisches System der Querscheibe unter Beachtung der räumlichen Tragwirkung
f) Einflußlinien der Beanspruchung der Nachbarscheiben auf die untersuchte Querscheibe

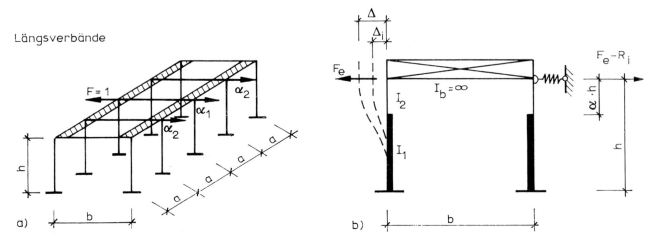

Bild 9.20. Zur Berücksichtigung der räumlichen Tragwirkung eingeschossiger Hallen mit Längsverbänden
a) Hallenblock
b) Querscheibe

In der gleichen Weise erhält man die Beanspruchung der „zweiten" Querscheibe aus:

$$R_2 = \left[\frac{1}{n} + \frac{l_2^2}{2 \sum l^2}\right] \mu F_e \qquad (9.77)$$

Die Stützkraft der elastischen Stützung (Bild 9.19.) erhält man als Differenz der für den zweiten Rahmen ermittelten Kraft F_e und der daraus resultierenden Reaktion R_2.

$$F'_{e2} = F_e - R_2$$

Die Schnittkräfte in der 2. Querscheibe ergeben sich als algebraische Summe der Beanspruchung aus den äußeren Lasten und der Kraft F'_{e2} unter Beachtung der Vorzeichen.

Wird die Steifigkeit der Dachscheibe im Rahmen von Rekonstruktionsmaßnahmen durch einen Verband entsprechend Bild 9.20. hergestellt und vernachlässigt man den Einfluß des Schlingerverbandes und des Kranbahnträgers, so kann der Einfluß der räumlichen Tragwirkung auf die Verteilung örtlich eingeleiteter Kräfte (z. B. Schlingerkräfte des Kranes) nach [9.17] folgendermaßen berücksichtigt werden.

Die Längsverbände in der Dachscheibe werden als Durchlaufträger mit elastischer Stützung betrachtet und die Querscheiben in Höhe der Verbände als elastisch gehalten angesehen. Untersuchungen zeigten, daß mit genügender Genauigkeit ein Block von 5 Querscheiben betrachtet werden kann. Die Beanspruchung für die mittlere Querscheibe des Blocks ergibt sich aus:

$$R_i = \alpha_1 F_e + \alpha_2 (F_{e;l} + F_{e;r}) \qquad (9.78)$$

wobei F_e wiederum die nach Gl. (9.70) ermittelte Ersatzkraft in Höhe des Binderauflagers ist.

Die Koeffizienten α berücksichtigen die Verteilung der Kraft F_e bei Nutzung der räumlichen Tragwirkung und sind abhängig von den Querscheibenabmessungen, von den Steifigkeitsverhältnissen des Riegels und der Stiele, von der Steifigkeit der Verbände und von der Art der Verbindung zwischen Riegel und Stiel (gelenkig gelagert bzw. eingespannt). Dabei berücksichtigt α_2 den Einfluß der beiden links und rechts der zu untersuchenden Querscheibe liegenden Scheiben, wobei aus

$$F_{e;l} = \frac{\sum y'}{\sum y} F_e \quad \text{und} \quad F_{e;r} = \frac{\sum y''}{\sum y} F_e \qquad (9.79)$$

nach Bild 9.19.f zu ermitteln ist.

Für den Fall eines Binder-Stützen-Systems mit einfach abgestuften Kranbahnstützen und Einspannung des Binders können die α-Werte in Abhängigkeit vom Beiwert c Tabelle 9.3. entnommen werden.

$$c = \frac{a^3}{h^3} \cdot \frac{\sum (I_1 d)}{\sum I_v} \qquad (9.80)$$

$$d = \frac{A}{4AC - 3B^3}; \quad A = 1 + \alpha\mu; \qquad (9.81)$$

$$B = 1 + \alpha^2 \mu; \quad C = 1 + \alpha^3 \mu$$

$$\mu = \frac{I_1}{I_2} - 1$$

Tabelle 9.3. Koeffizienten α_1 und α_2 zur Berücksichtigung der räumlichen Tragwirkung von Binder-Stützen-Systemen bei Einspannung des Binders zwischen einfach abgestufte Kranbahnstützen

c	α_1	α_2	c	α_1	α_2
0,000	0,200	0,200	0,080	0,382	0,260
0,002	0,209	0,203	0,090	0,394	0,263
0,004	0,218	0,206	0,100	0,404	0,267
0,006	0,226	0,209	0,200	0,472	0,277
0,008	0,233	0,212	0,300	0,514	0,272
0,010	0,240	0,215	0,400	0,542	0,267
0,020	0,272	0,226	0,500	0,565	0,261
0,030	0,298	0,235	0,600	0,585	0,254
0,040	0,320	0,242	0,700	0,602	0,247
0,050	0,339	0,248	0,800	0,617	0,241
0,060	0,356	0,252	0,900	0,631	0,234
0,070	0,370	0,257	1,000	0,644	0,226

Die Summe der Trägheitsmomente $\sum I_v$ der Längsverbände erhält man aus

$$\sum I_v = \sum (A_1 z_1^2 + A_2 z_2^2) \beta \qquad (9.82)$$

wobei A_i und z_i die Gurtquerschnitte des Längsverbandes und deren Schwerpunktabstände darstellen. Der Beiwert β berücksichtigt die Nachgiebigkeit der Verbindungen des Längsverbandes und wird nach [9.17] mit $\beta = 0{,}80$ für geschweißte und $\beta = 0{,}6$ für geschraubte Längsverbände vorgeschlagen.

Die Steifigkeit des Dachbinders wird dabei in der für Binder-Stützen-Systeme üblichen Weise mit $I_B \Rightarrow \infty$ vorausgesetzt.

Die horizontale Verschiebung des untersuchten Rahmens „i" unter Beachtung der räumlichen Tragwirkung erhält man wie folgt:

$$\Delta_i = \delta R_i = \delta[\alpha_1 F_e + \alpha_2 (F_{e;l} + F_{e;r})] \qquad (9.83)$$

Die Schnittkräfte in der Querscheibe „i" ergeben sich, wie bereits bei Hallen mit schubsteifer Dachhaut beschrieben, als algebraische Summe der Beanspruchung aus den äußeren Lasten und der Kraft F'_e unter Beachtung der Vorzeichen.

$$F'_e = F_e - R_i \qquad (9.84)$$

Ein einfaches Verfahren, bei dem sowohl die Steifigkeit der Dachscheibe als auch die durchgehende Kranbahn in Verbindung mit dem Schlingerverband zur räumlichen Verteilung der Kranlasten genutzt wird, geben [9.18; 9.20] an. Für die Erfassung der Stützenbeanspruchung einer eingespannten Kranbahnstütze mit gelenkig gelagertem Dachbinder wird anstelle eines in das Gesamttragwerk eingebundenen Rahmens eine Stütze mit zwei elastischen Auflagern betrachtet (Bild 9.21.). Die Feder C_1 ersetzt die Stützung durch die Dachscheibe und den Rest des Rahmens, die Feder C_2 die Wirkung des durchlaufenden Schlingerverbandes und des Kranbahnträgers. Wird der Schlingerverband als durchlaufender, an den Stützen elastisch gelagerter Träger betrachtet, läßt sich C_2 relativ einfach aus einem Momentenansatz für eine

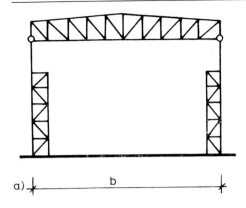

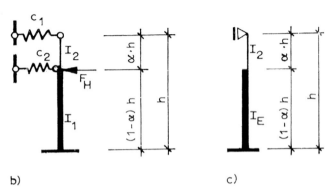

Bild 9.21. Zur Berücksichtigung räumlicher Tragwirkung eingeschossiger Hallen mit Längs- und Schlingerverbänden
a) Hallensystem im Querschnitt
b) rechnerisches System der Stütze
c) Ersatzstütze für den Stabilitätsnachweis

gegebene Einheitsverschiebung an einer mittleren Stütze ermitteln. Näherungsweise erhält man:

$$C_2 = 15 \cdot \frac{EI_s}{a^3} \qquad (9.85)$$

I_s Trägheitsmoment
a Feldlänge des Schlingerverbandes

Die Federkonstante C_1 bzw. die Verschiebung des Stützenkopfes hängt von der Dachsteifigkeit, Stützensteifigkeit und der Art der Dachbinder ab. Vernachlässigt man bei der Ermittlung der Rahmensteifigkeit den Einfluß der Schlingerverbände und nimmt die Bindersteifigkeit in der üblichen Form mit $I_b \Rightarrow \infty$ an, so erhält man die Federkonstante aus der Rahmensteifigkeit in Rahmenebene (C_{1R}) und der Stützwirkung der Dachlängsverbände bzw. Dachscheiben (C_{1D}) wie folgt:

$$C_1 = C_{1R} + C_{1D} = \frac{3EI_1}{h^3\left(1 + \alpha^3 \frac{I_1 - I_2}{I_2}\right)} + \frac{12I_v E}{a^3} \qquad (9.86)$$

Die von den Auflagern (Schlingerverband, Dachverband) aufzunehmenden Horizontallasten ergeben sich dann aus folgendem Gleichungssystem:

$$\begin{aligned} X_1\left(\delta_{11} + \frac{EI_1}{C_1}\right) + X_2 \delta_{12} &= -\delta_{10} \\ X_1 \delta_{12} + X_2\left(\delta_{22} + \frac{EI_1}{C_2}\right) &= -\delta_{20} \end{aligned} \qquad (9.87)$$

Die Kombination der Federkonstanten erlaubt es, alle auftretenden Stützfälle zu realisieren:

Fall 1: $C_1 > 0$; $C_2 = 0$ übliche Annahme mit Koppelkraft

Fall 2: $C_1 \to \infty$; $C_2 = 0$ Lastverteilung durch starre Dachscheibe (Stahlbetonelemente, sehr steife Dachlängsverbände, mehrschiffige Hallen)

Fall 3: $C_1 > 0$; $C_2 > 0$ Lastverteilung durch weiches Dach und Schlingerverband

Fall 4: $C_1 \to \infty$; $C_2 \gg 0$ Lastverteilung durch steifes Dach und steifen Schlingerverband (anzustrebender Zustand)

Mit Hilfe der aufzunehmenden Horizontallasten können die notwendigen Verstärkungsmaßnahmen am Schlingerverband oder in der Dachscheibe entschieden werden. Da die Kranseitenkräfte bis zu 30% der Momentenanteile der Stützen ausmachen, ist ein Momentenabbau in der Größenordnung von 20% möglich.

Bei Berücksichtigung der Dachsteifigkeit vergrößert sich die Beanspruchung des Stützenoberteils, was bei leichteren Hallen zu Überbeanspruchungen führen kann. Neben der Lastverteilung führt die Berücksichtigung der elastischen Stützenlager zu einer günstigen Veränderung der Knickbedingungen. Um komplizierte Berechnungen nach Theorie II. Ordnung unter Erfassung der Lagerbedingungen zu vermeiden, wird in [9.18] vorgeschlagen, die vergrößerte Steifigkeit der Stütze aus der elastischen Lagerung durch ein Ersatzträgheitsmoment zu berücksichtigen. Der Stabilitätsnachweis der Kranbahnstütze erfolgt dann mit dem Trägheitsmoment I_E anstelle von I_1

$$I_E = -\frac{1}{2}\left[I_2\left(\frac{1}{\alpha^3} - 1\right) - 5I_s \frac{h^3(1-\alpha)^3}{X_2 a^3}\right] + \sqrt{A + B} \qquad (9.88)$$

$$A = \frac{1}{4}\left[I_2\left(\frac{1}{\alpha^3} - 1\right) - 5I_s \frac{h^3(1-\alpha)^3}{X_2 a^3}\right]^2$$

$$B = -I_s I_2 \frac{h^3(1-\alpha)^3}{X_2 a^3 \alpha^3}$$
$$\times [5(\alpha^3 - 1) + 0{,}625(1-\alpha)(2+\alpha)^2]$$

9.4.3. Nutzung der teilweisen Einspannung unvollkommener Gelenke von Auflagerungen und Anschlüssen

Die überwiegende Zahl von Auflagerungen und Anschlüssen in Stahlkonstruktionen sind unvollkommene Gelenke. Nutzt man die dadurch auftretende teilweise Einspannung, so können Tragreserven des Systems erschlossen werden, die unter Umständen bei Rekonstruktionsmaßnahmen von Bedeutung sind. Erforderlichenfalls kann auch durch einfache konstruktive Maßnahmen eine teilweise Einspannung herbeigeführt werden.
Als Beispiel für die Auflagerung in Form unvollkommener Gelenke seien Zweigelenkrahmen von Hallen genannt, bei denen die Fußausbildung aus Gründen der Fertigung meist als Flächenlager erfolgt (Bild 9.22., [9.19]). Derartige Rahmen können bei Vorhandensein von Stiel-

längskräften ein Fußmoment aufnehmen, da die freie Verdrehung des Stieles im Auflagerbereich behindert wird. Vernachlässigt man das Mitwirken von Ankerschrauben und eventuelle ungewollte Einspannung zwischen Oberkante Fundament und Oberkante Fußboden, so läßt sich das auftretende Einspannmoment, ausgehend von der zulässigen Betonpressung, wie folgt ermitteln (Bild 9.22.):

$$M = Fe \qquad (9.89)$$

Für den Fall der Annahme einer starren Fußplatte (Bild 9.22.a) erhält man e aus

$$e = \frac{a}{2} - c = \frac{a}{2} - \frac{2}{3}\frac{F}{\overline{R_b}b} \qquad (9.90)$$

Legt man der Untersuchung eine elastisch-plastische Fußplatte zugrunde, so erhält man unter Beachtung der Näherungen aus Bild 9.22.b:

$$e = \frac{a}{2} - c = \frac{a}{2} - \frac{R_b b}{6F}\left[d^2 - \frac{2Fd}{R_b b} + \frac{4F^2}{R_b^2 b^2}\right] \qquad (9.91)$$

R_b Rechenfestigkeit — Betondruck (TGL 33403)
b Breite der Fußplatte

Untersuchungen in [9.19] ergaben, daß bei Zweigelenk-

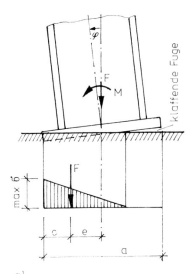

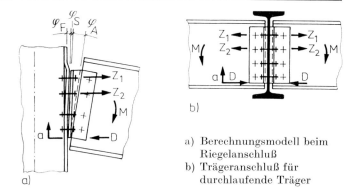

a) Berechnungsmodell beim Riegelanschluß
b) Trägeranschluß für durchlaufende Träger

Bild 9.23. Ermittlung des Einspannmomentes bei unvollkommenen Gelenken

rahmen mit geringer Dachlast und großer Kranbelastung die größten Reserven erschlossen werden können. Im günstigsten Fall ist eine Erhöhung der Kranbelastung bis zu 15% zu erzielen. Im Normalfall bringt die Nutzung der unvollkommenen Gelenkwirkung nur geringe Tragreserven, die aber in Verbindung mit anderen Maßnahmen von Bedeutung sein können.

Unvollkommene Gelenke treten beispielsweise auch bei Doppelwinkelanschlüssen von Riegeln in Industriegerüsten und durchlaufenden Trägern in Trägerdecken auf (Bild 9.23.). In [9.2] wurden die Ergebnisse von Untersuchungen publiziert, die die Drehsteifigkeit von Doppelwinkelanschlüssen erfassen, um sie bei der Berechnung von Gerüstscheiben zu berücksichtigen. Die Drehsteifigkeit erhält man aus der Beziehung

$$\hat{c} = \frac{M}{\varphi} \qquad (9.92)$$

wobei sich der Drehwinkel φ aus den Anteilen φ_A (Aufbiegung des Anschlußelementes), φ_s (Schraubendehnung) und φ_F (Verformung der Anschlußebene) zusammensetzt. Für baupraktische Fälle können in der Regel die Anteile aus Verformung der Anschlußebene und der Schraubendehnung vernachlässigt werden. Die Verformungen der Anschlußelemente wurden in [9.2] über Näherungslösungen für die endlich berandete Kragplatte unter Berücksichtigung ihrer elastischen Einspannung erfaßt. Die Drehsteifigkeit $\hat{c}$ in kNm wurde als die skalare Größe jenes Momentes bestimmt, welches eine Verdrehung des Stabendquerschnitts zur Anschlußebene am Knoten von der Größe 1 hervorruft.

9.4.4. Nutzung plastischer Tragreserven

Als Grenztragfähigkeit von Stahlkonstruktionen wurde in der Regel bei der Projektierung der theoretische Zustand angesehen, bei dem der Bereich des elastischen Verhaltens gerade verlassen wird und an der am ungünstigsten beanspruchten Stelle des Konstruktionsteils Fließen eintritt. Der Beginn der plastischen Verformung ist jedoch nicht mit den Kriterien der Zerstörung identisch, Metalltragwerke weisen sogenannte plastische Tragreserven auf, die unter Beachtung der entsprechenden konstruktiven und stabilitätstheoretischen Voraussetzungen für die Rekonstruktion genutzt werden können.

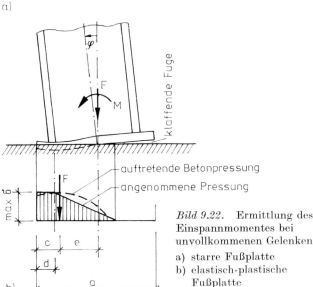

Bild 9.22. Ermittlung des Einspannmomentes bei unvollkommenen Gelenken
a) starre Fußplatte
b) elastisch-plastische Fußplatte

Als Grenztragfähigkeit wird hierbei der Zustand angesehen, bei dem ein sogenannter plastischer Mechanismus das Versagen des Systems herbeiführt bzw. durch plastische Gesamtverformung die Nutzungsfähigkeit des Tragwerks verlorengeht. Eine große Zahl von wissenschaftlichen Arbeiten vieler Länder drückt die Ergebnisse von Untersuchungen zur Nutzung dieser Tragreserven aus. Für statisch unbestimmte Träger- und Rahmensysteme gibt TGL 13450/02 eine durch experimentelle und theoretische Untersuchungen abgesicherte Berechnungsvorschrift an, die auch als Grundlage für im Rahmen der Rekonstruktion zu untersuchende Stahltragwerke genutzt werden kann. Dabei sind die dort angegebenen Bedingungen meist durch zusätzliche konstruktive Maßnahmen abzusichern.

9.4.5. Einbeziehung wirksamer Bauteile in die Tragwirkung von Metallkonstruktionen

Vielfach stehen Stahlkonstruktionen mit Bauteilen in Verbindung, deren Beteiligung an der Tragwirkung in der Phase der Projektierung vernachlässigt wurde. Im Rahmen der Rekonstruktionsaufgaben kann die Nutzung dieser Tragwirkung Bedeutung erlangen.
Beispielsweise liegt bei massiven Umfassungswänden, Trennwänden, Gebäudekernen und Decken eine Beteiligung an der Tragwirkung vor bzw. kann durch konstruktive Maßnahmen erreicht werden. Die Interaktion mit derartigen Tragwerksteilen kann unter Umständen in Verbindung mit anderen Maßnahmen zur Erschließung von Tragreserven beitragen.
Nachgewiesenermaßen sind z. B. auch Rohrleitungen in Rohrbrücken und Gebäuden durch ihre Verbindung mit der Unterkonstruktion an der Tragwirkung der Stahlkonstruktion beteiligt. Durch zusätzliche konstruktive Maßnahmen kann unter Umständen auch diese Tragreserve bewußt nutzbar gemacht werden.

9.4.6. Nutzung der wirklichen Materialeigenschaften

Es ist bekannt, daß in vielen Fällen die vorhandenen Stahlfestigkeiten beträchtlich über den normativ angenommenen liegen und damit sicherlich Tragreserven vorhanden sind. Bei Einzeltraggliedern ist es denkbar, daß aufgrund von Materialuntersuchungen die wirklichen Festigkeitswerte genutzt werden können. Für ganze Tragwerke wird der Umfang der Probenentnahme so groß, daß an eine praktische Nutzung kaum zu denken ist.

9.5. Gezielte Veränderungen des Tragsystems

Bei Rekonstruktionsmaßnahmen findet man vielfach Tragsysteme vor, deren Tragfähigkeit durch Systemveränderungen erhöht bzw. deren Tragfunktion durch gezielte Veränderungen der Tragwirkung verbessert werden kann. Häufigste Maßnahmen sind hierbei das Schließen von Gelenken zur Erzielung von Durchlaufwirkungen und Einspannungen, die Unterstützungen, Abstützungen und Aufhängungen, die Unter-, Über- und Abspannungen und verschiedene Arten der Vorspannung. Veränderungen des Tragsystems sind meist gleichzeitig mit Verstärkungsmaßnahmen verbunden, die teilweise bereits im Abschn. 9.3. beschrieben wurden. In zusammenfassender Form soll hier auf einige der vielfältigen Maßnahmen der gezielten Veränderung des Tragsystems hingewiesen werden.

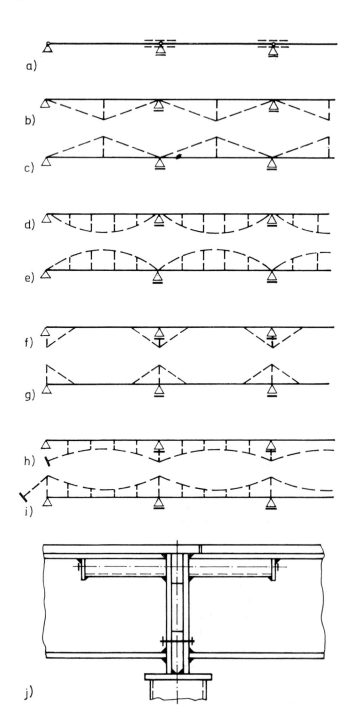

Bild 9.24. Gezielte Veränderungen des Tragsystems
a) Schließen der Gelenke
b) und c) einfache Unter- bzw. Überspannung
d) und e) mehrfache Unter- bzw. Überspannung
f) und g) Abstützung bzw. Aufhängung
h) Sprengwerk
i) Aufhängung
j) Beispiel für das Schließen der Gelenke mit Hilfe von Spannankern bei Kranbahnträgern

9.5. Gezielte Veränderungen des Tragsystems

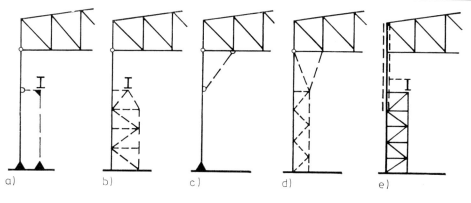

Bild 9.25. Veränderungen beim Binder-Stützen-System
a) und b) Vorgelagerte Stützen
c) bis e) Schließen des Binderauflagergelenks

9.5.1. Veränderungen bei Trägersystemen

Bei Trägersystemen von Decken und Bühnen (Deckenträger und Unterzüge), Dächern (Pfetten) und Kranbahnen wurde vielfach bei in einer Richtung hintereinanderliegenden Trägern der Einfeldträger als statisches System gewählt. Die Gründe hierfür sind verschieden, Hauptargumente für den Einfeldträger sind einfache Fertigung und Montage und der geringere konstruktive Aufwand gegenüber den bei Durchlaufträgern erforderlichen biegesteifen Stößen. Bei Kranbahnträgern kommt noch das Argument der Anfälligkeit von Durchlaufträgern gegen ungleichmäßige Stützensenkungen hinzu.

Die Schließung der Gelenke auf verschiedenartige konstruktive Weise und das dadurch entstandene Durchlaufträgersystem kann zu wesentlichen Tragreserven führen. Untersuchungen bei Kranbahnträgern ergaben eine Verringerung der für die Bemessung maßgebenden Momente bis zu 25% und gleichzeitig eine wesentliche Versteifung des gesamten Hallentragwerks. Führt man die zugehörigen Schlingerverbände ebenfalls mit Durchlaufwirkung aus, so kann die unter Abschn. 9.4.2. beschriebene räumliche Verteilung der Kranhorizontalkräfte und damit eine Entlastung der Stützen in beträchtlicher Größenordnung erzielt werden. Es sei noch erwähnt, daß das Argument der ungleichmäßigen Stützensenkungen entfällt, da diese im Fall der Rekonstruktion bereits abgeklungen sind.

Die konstruktive Ausführung für die Schließung der Gelenke ist meist unproblematisch, besonders dann, wenn die Materialgüten und Schweißeigenschaften bekannt sind. Bild 9.24.j zeigt die Gestaltung eines biegesteifen Stoßes mit Hilfe von eingeschweißten zusätzlichen Bauteilen zur Aufnahme von Spannankern, der in variierbarer Form bei verschiedenartigen konstruktiven Ausführungen vorhandener Kranbahnauflagerungen genutzt werden kann. Bei nichtschweißbarem Werkstoff ist eine analoge Ausführung mit angeschraubten Bauteilen nutzbar. Neben gezielten Maßnahmen zur Erreichung einer Durchlaufwirkung sind Verstärkungen nach Bild 9.24.a bis i möglich, die gleichzeitig zur Veränderung des Tragsystems führen.

9.5.2. Veränderungen bei Binder-Stützen-Systemen

In Abhängigkeit von der Art der erforderlichen Rekonstruktionsmaßnahme und der notwendigen Erhöhung des Tragvermögens sind beim Binder-Stützen-System Veränderungen am Binder, an den Stützen und am Gesamtsystem möglich.

Veränderungen am Bindersystem ergeben sich aus den in Abschn. 9.3. beschriebenen Maßnahmen der Unterstützung, der Unterspannung, der Vorspannung und des Verbundes.

Bei Stützen können Entlastungen bzw. eine Erhöhung der Tragfähigkeit durch vorgelagerte Stiele oder durch Ausbildung einer Fachwerkscheibe (Bild 9.25.a, b) erzielt werden. Diese Möglichkeit ist z. B. als Ersatz eines Kranbahnkonsols im Falle erhöhter Kranlasten oder bei nachträglicher Anordnung einer Krananlage anwendbar.

Zu Vorteilen bei der Stabilisierung der Binder-Stützen-Scheibe und zur Erhöhung der Tragfähigkeit kann die biegesteife Verbindung zwischen Stütze und Binder führen (Bild 9.25.c bis e). Die dadurch erzielte Tragwirkung ist abhängig von der Stützenhöhe, der Spannweite, dem Verhältnis der Trägheitsmomente und der Höhen abgestufter Kranbahnstützen, dem Verhältnis der Dachlasten zu den Kranlasten, der Stützenspreizung (mehrteilige Stützen) usw. Das Schließen des Gelenks der Binderauflagerung ist in der Regel mit Verstärkungsmaßnahmen an der Stütze und im Auflagerbereich der Binder verbunden. Eine Erschließung von Tragreserven kann z. B. auch bei mehrschiffigen Hallen und Einfeldbindern durch Kopplung zu durchlaufenden Fachwerken erreicht werden.

Zur Ermittlung der Wirksamkeit dieser Maßnahmen sind ausführliche Voruntersuchungen unter Berücksichtigung aller möglichen Lastkombinationen erforderlich.

9.5.3. Veränderungen an Rahmensystemen

Häufigste Verbindung der Stahlkonstruktion von Rahmentragwerken mit dem Fundament ist das Fußgelenk. Durch nachträgliche Fußeinspannung kann die Tragfähigkeit der Stahlkonstruktion verbessert werden. Konstruktiv ist diese leicht zu verwirklichen. Sie kann durch ein- bzw. beiderseitig angeordnete Druckglieder (Druckbeanspruchung der Stiele wird vorausgesetzt) (Bild 9.26.a, b), durch ein- bzw. beiderseitig angeordnete Zugglieder (z. B. Bohranker) (Bild 9.26.c, d) oder durch Kombination von Zug- und Druckgliedern (Bild 9.26.e, f) erreicht werden. Die Größe der erzielbaren Einspannung ist neben der Abmessung der nachträglich angeordneten

Stahlbauteile von den Fundamentabmessungen und Gründungsverhältnissen abhängig. Vor der Veränderung der Fußausbildung sind hierzu die notwendigen Voruntersuchungen zu führen.

Zur Stabilisierung und Entlastung von Rahmentragwerken kann die nachträgliche Anordnung von Verbänden (Bild 9.27.) führen. Die Verbände nehmen die horizontalen Beanspruchungen auf, so daß besonders die Konzentration großer Momente in den Rahmenecken vermindert wird. Bei Anordnung der Verbände nach Bild 9.27. a, b wird gleichzeitig die Beanspruchung der Riegel aus vertikaler Belastung verringert.

In rahmenartigen Gerüsten, z. B. Kessel-, Behälter- und Dampferzeugergerüsten, sind oftmals gelenkig angeschlossene Zwischenriegel angeordnet. Durch nachträgliches Schließen der Gelenke zu biegesteifen Anschlüssen kann die Rahmenbeanspruchung besser verteilt werden. Unter Umständen führt die Anordnung von zusätzlichen Riegeln und Stielen im Rahmensystem zur gewünschten

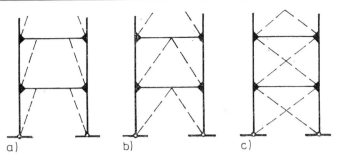

Bild 9.27. Nachträgliche Anordnung von Verbänden bei Rahmentragwerken zu deren Entlastung

Verteilung der Schnittkräfte und damit zur Erschließung der im Rahmen einer Rekonstruktion erforderlichen Tragreserven.

9.6. Präzisierung der Belastung

Wesentlichen Einfluß auf Rekonstruktionsmaßnahmen hat die Präzisierung der Belastung. Der Projektant hat dabei den Vorteil, daß er viele der tatsächlich auftretenden Lasten (z. B. Eigenlasten, Verkehrslasten) genauer erfassen kann und nicht auf Abschätzungen unter Beachtung von Lastfaktoren angewiesen ist. Durch gezielte Veränderungen der Lasteinwirkung können unter Umständen umfangreiche Rekonstruktionsmaßnahmen verhindert werden. Ebenso lassen sich oft durch die Nutzung neuester Erkenntnisse in der Erfassung der Lasten Tragreserven erschließen. Auf einige Beispiele der praktischen Erfassung solcher Reserven bei Rekonstruktionsmaßnahmen sei im Folgenden hingewiesen.

9.6.1. Erfassung der tatsächlichen Belastung

Bei der Projektierung von Stahltragwerken werden oftmals die Eigenlasten durch Abschätzung berücksichtigt und nicht ausreichende nutzertechnologische Angaben durch Sicherheitszuschläge erfaßt. Im Rahmen von Rekonstruktionsmaßnahmen können die dadurch vorhandenen Reserven Bedeutung gewinnen und in Verbindung mit anderen Untersuchungen meist den erforderlichen Bauaufwand verringern. Durch Aufmaßarbeiten können z. B. Abmessungen der Bauteile, Lage und Lastgröße von nutzertechnologischen Ausrüstungen, Abgrenzungen von Produktionsflächen, tatsächlich auftretende Lastverteilungen, Grenzhöhen für Lagergüter (z. B. Höhe für Schüttgüter) und vieles andere bestimmt und den projektierten Lastannahmen gegenübergestellt werden.

Die Erfassung der tatsächlichen Belastung ist bauwerksspezifisch und muß in Abhängigkeit von den auftretenden Einflußfaktoren bestimmt werden.

9.6.2. Gezielte Veränderung der Lasteinwirkung

Eine Überbelastung der Tragkonstruktion von Stahltragwerken kann durch gezielte Veränderung der Lasteinwirkung abgebaut werden. Die hierfür notwendigen Maßnahmen sind abhängig von der Art des Tragwerkes und von der Möglichkeit, die beeinflußbaren Lasten zu verändern.

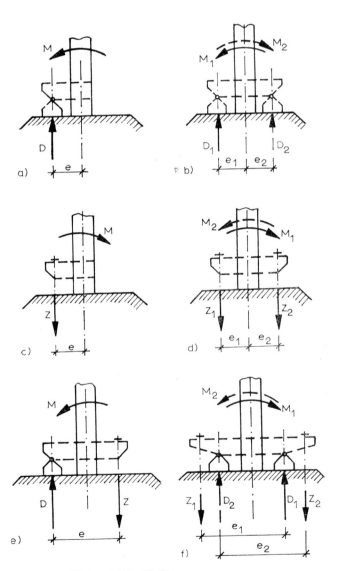

Bild 9.26. Nachträgliche Fußeinspannung
a) und b) durch ein- bzw. zweiseitig angeordnete Druckglieder
c) und d) durch ein- bzw. zweiseitig angeordnete Zuganker
e) und f) durch Kombination von ein- bzw. zweiseitig angeordneten Zug- und Druckgliedern

Zur beeinflußbaren Belastung gehören die Eigenlasten. So ist es beispielsweise möglich, bei Hallen des Industriebaus die schweren Stahl- und Spannbetonelemente des Daches und der Wände durch leichte Umhüllungen (Al-PUR-Al; St-PUR-St; Stahltrapezprofile mit entsprechender Dämmung) zu ersetzen.

Ebenso kann durch gezielte Beeinflussung des nutzertechnologischen Ablaufs die Lasteinwirkung verändert werden. So besteht beispielsweise die Möglichkeit, durch vielfältige Festlegungen zur Nutzung von Kranen die in den ursprünglichen Projektierungsunterlagen ermittelten Maximalwerte der Beanspruchung günstig zu beeinflussen und Lastabminderungen vorzunehmen. In vielen Fällen wird, bedingt durch produktionsfreie Zonen an den Hallenlängsseiten, das Anfahrmaß „a" der Krankatzen nicht genutzt, wodurch eine wesentliche Abminderung der Raddrücke auf die Kranbahn und die Stützen eintritt. Ebenso kann bei Mehrkranbetrieb eine Vergrößerung der Kranabstände untereinander, besonders für Kranbahnträgerlängen kleiner als 12 m, zur effektiven Verringerung der Lasteinwirkung auf die Unterkonstruktion beitragen. Die genannten Maßnahmen sind technisch durch die Anordnung von Sicherheitselementen beherrschbar. Unter Umständen führt auch der Ersatz der Brückenkrane durch flurverfahrbare Krane (z. B. Portalkrane) zur erwünschten Entlastung der tragenden Stahlkonstruktion.

Die Möglichkeiten der Beeinflussung der Belastung sind vielfältig und in Abhängigkeit vom speziellen Stahltragwerk zu überprüfen.

9.6.3. Nutzung neuer wissenschaftlicher Erkenntnisse zur Erfassung der Lasten

Als Belastung wird die Summe der äußeren physikalischen Erscheinungen (z. B. Gravitation, Wind) und der inneren Einflüsse (z. B. Temperaturänderungen, Kriechen, erzwungene Verformungen) angesehen. Die einzelnen Lastkomponenten sind in Abhängigkeit von der Zeit veränderlich, so daß die zufällige Kombination dieser Komponenten zum Zeitpunkt t sehr vielfältig sein kann (Bild 9.28.). Die Zufälligkeit der Belastungserscheinung kann durch mathematisch-statistische Gesetzmäßigkeiten beschrieben werden. Die hierzu erforderliche statistische Belastungstheorie hat jedoch bisher im Bauwesen und somit auch im Metallbau nur ungenügend Anwendung gefunden, so daß man auf Näherungen angewiesen ist.

Bei der Erfassung der maßgebenden Belastung kann nach [9.21] bezüglich der Korrelation eine Einteilung in drei Gruppen erfolgen:

— Die Belastungen sind voneinander stochastisch unabhängig, jede kann selbständig wirken (Wind, Kran usw.).

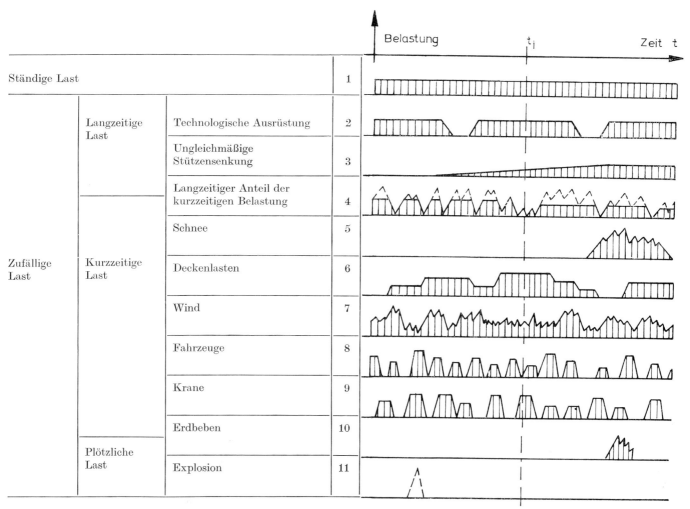

Bild 9.28. Wahrscheinlichkeit des Auftretens der Belastung zu einem beliebigen Zeitpunkt t_i

- Die sog. sekundären Belastungen sind von der Existenz anderer (primärer) Belastungen positiv abhängig, d. h., sie können nicht selbständig vorkommen (z. B. Seitenkräfte und senkrechte Wirkungen eines Kranes).
- Manche Belastungen sind von der Existenz anderer Einwirkungen negativ abhängig, sie können an der Konstruktion nicht gleichzeitig wirken (z. B. Schnee und höhere Umgebungstemperaturen).

Reserven liegen besonders in der Erfassung der Gesamtbelastung der ersten Gruppe. Es ist offensichtlich, daß die Wahrscheinlichkeit des gleichzeitigen Auftretens der extremen Komponenten aller Belastungen deutlich niedriger sein kann als die Wahrscheinlichkeit, mit der die einzelnen Komponenten auftreten. In der Projektierungspraxis ist es deshalb zweckmäßig, die Summe aller möglichen extremen Werte so zu reduzieren, daß sich die Wahrscheinlichkeit, mit der ein extremer Wert der Summe aller Komponenten erreicht wird, der Wahrscheinlichkeit des Auftretens der einzelnen extremen Wirkungen nähert. Der Übergang zu den neuen Vorschriften der Bemessung mit Hilfe von Teilsicherheitsfaktoren in der DDR erlaubt gegenüber dem Verfahren mit globalen Sicherheitswerten eine wirklichkeitsnähere Berücksichtigung der auftretenden Lasten. Durch Lastkombinationsfaktoren wird die Wahrscheinlichkeit des gleichzeitigen Auftretens der Extremwerte der einzelnen Lastkomponenten besser erfaßt.

Den Untersuchungen zur Lastkombination wird international viel Aufmerksamkeit geschenkt. Als Beispiel sei hier die Ermittlung der Wirkung der Horizontalkräfte aus Kranseitenstoß in der Überlagerung mit Windbelastungen nach [9.22] genannt. Sie führte zu der Schlußfolgerung (s. Abschn. 5.2.1.4.), daß es vertretbar ist, die Schnittkräfte S von Tragkonstruktionen, die durch Kranseitenkräfte und Windlasten beansprucht werden, nach folgendem Vorschlag zu berechnen:

Bei $S(k_N) \geqq S(w_N)$ $\quad S = S(k_N) + \dfrac{1}{3} S(w_N)$ (9.93)

bei $S(k_N) < S(w_N)$ $\quad S = S(w_N) + \dfrac{1}{3} S(k_N)$ (9.94)

Es wird also nur noch die größere der beiden Normlasten (Kranseitenstoß k_N; Wind w_N) voll angesetzt und die kleinere auf $1/3$ abgemindert. Dieser Vorschlag führt nach [9.22] auf eine Abminderung der maßgebenden Schnittkräfte bis zu 67% der ursprünglich maßgebenden Werte. Umfangreiche Untersuchungen gelten der dynamischen Belastung. In den letzten Jahren hat sich die Untersuchung einer Stahlkonstruktion auf dynamische Beanspruchung mehrfach verändert. Während vor einigen Jahren die Bemessung dynamisch beanspruchter Bauwerke durch einen oft unrichtig interpretierten dynamischen Beiwert erfolgte, stehen heute dem Statiker Hilfsmittel zur Verfügung, die das tatsächliche Verhalten wirklichkeitsnäher erfassen.

Die Nutzung dieser neuen wissenschaftlichen Erkenntnisse gestatten es, auch bei Rekonstruktionsvorhaben Reserven zu erschließen und eventuell in Verbindung mit anderen Maßnahmen den Aufwand für Bauwerksveränderungen möglichst klein zu halten.

Literatur

[9.1] EICHSTÄDT, I.: Erfahrungen, Probleme und Tendenzen der baulichen Rekonstruktion in der Industrie. Bauforschung/Baupraxis 43 (1979), S. 11—16

[9.2] HOFMANN, P.; MEITZ, J.: Rekonstruktionsprobleme bei Stahlkonstruktionen des Industriebaus. Beiträge der 10. Informationstagung Metallbau, KdT-Bezirksverband Erfurt (1981), S. 5—35

[9.3] Richtlinien zur Rekonstruktion von Dachtragwerken. Katalog 1/8260/RKY. Bauakademie der DDR, Institut für Industriebau (1981)

[9.4] VEB Chemiekombinat Bitterfeld, RSM-Programm. Arbeitsbericht der AG Beispielprojektierung. 1 (1979)

[9.5] VEB Chemiekombinat Bitterfeld, RSM-Programm. Arbeitsbericht der AG Beispielprojektierung. 2 (1980)

[9.6] BELENJA, E. I.: Predvaritel'no naprjažennye nesuščije metalličeskije konstrukcii (Vorgespannte tragende Metallkonstruktionen). Moskva: Strojizdat 1975

[9.7] REBROV, I. S.; RABOLDT, K.: Zur Berechnung von Druckstäben, die unter Belastung verstärkt werden. Informationen des MLK Forschungsinstitutes 20 (1981) 1, S. 21—26

[9.8] OKERBLOM, N. O.; DEMJANCEVYCH, V. P.; BAJKOVA, I. P.: Projektirovanije technologii izgotovlenija svarnych konstrukcij (Projektierung der Technologie zur Fertigung von Schweißkonstruktionen). Moskva: 1963

[9.9] RABOLDT, K.; WOLF, H.-U.; AST, M.: Erhöhung der Tragfähigkeit stählerner Druckstäbe durch seitliche Abstützung unter Belastung. Bauplanung — Bautechnik 37 (1983) 1, S. 41—43

[9.10] Metalličeskije konstrukcii, spravočnik projektirovčika. (Metallkonstruktionen, Handbuch des Projektanten). Moskva: Strojizdat 1980

[9.11] BELENJA, E. I.: Metalličeskije konstrukcii (Metallkonstruktionen). Moskva: Izdatel'stvo literatury po stroitel'stvu 1973

[9.12] Vorschrift der StBA 08/84, 3. Entwurf: Berechnung, bauliche Durchbildung und Ausführung von Verbundstützen, 1984

[9.13] MARX, S.; KIND, S.; GOEBEN, H.-E.: Verbundkonstruktionen im Stahlbau — Ein Beitrag zur Walzstahleinsparung. Wissenschaftliche Berichte der TH, Leipzig 8 (1984) 1, S. 36—74

[9.14] FÜG, D.: Die Vorspannung beim Biegeträger für Neubau und Rekonstruktion. Beiträge der 11. Informationstagung Metallbau, KDT-Bezirksverband Erfurt (1982), S. 52—99

[9.15] Zulassung Nr. 1/75 der staatlichen Bauaufsicht des MfV: Einstabspannglieder (ESG) St 60/90

[9.16] Vorschrift Nr. 65/77 der staatlichen Bauaufsicht des MfB: Einsatz von Spannstahl St 60/90 Durchmesser 27 und 32 mm nach TGL 12 530/05 mit aufgerolltem Gewinde für Tragglieder ohne Vorspannung

[9.17] Prostranstvennaja rabota stal'nogo karkaca odnotažnych promyšlennych zdanij i ee učet (s primeneniem EVM) pri rasčete poperečnych ram (Räumliche Tragwirkung des Stahlskeletts einetagiger Industriegebäude und deren Berücksichtigung bei der Berechnung der Querrahmen). Charkow: Metodičeskie ukazanija CHISI 1982

[9.18] WERNER, F.: Spezielle Rekonstruktionsmaßnahmen bei Hallen mit Kranbahnen. Beiträge der 11. Informationstagung Metallbau, KDT-Bezirksverband Erfurt (1982)

[9.19] HOFMANN, P.; HUNGER, R.: Rekonstruktion von Vollwandrahmenhallen mit Kranbahnen. Forschungsbericht der HAB Weimar, WB Metallbauwerke, Weimar 1984

[9.20] HUNGER, R.; SIEBELING, M.; WERNER, F.: Näherungsverfahren zur Erfassung der räumlichen Tragwirkung von Hallen mit Kranbahn. Bauplanung — Bautechnik 38 (1984) 12, S. 550—554

[9.21] MAREK, P.: Grenzzustände der Metallkonstruktionen. Berlin: VEB Verlag für Bauwesen 1983

[9.22] GRASSE, W.; GRIGA, G.: Zur Kombination der Kranseitenkräfte mit den Windlasten. Informationen des VEB MLK Forschungsinstitut 20 (1981) 1, S. 2—7

Übersicht über verwendete Vorschriften

TGL 13 500/01	Stahlbau; Stahltragwerke; Berechnung mit Teilsicherheitsfaktoren und bauliche Durchbildung, Entwurf 6/85
TGL 13 500/02	Stahlbau; Stahltragwerke; Berechnung mit Teilsicherheitsfaktoren, Erläuterungen, Berechnungsmöglichkeiten, Entwurf 7/85
TGL 13 503/01	Stahlbau; Stabilität von Stahltragwerken; Berechnung mit Teilsicherheitsfaktoren, Grundlagen, Entwurf 7/85
TGL 13 503/02	Stahlbau; Stabilität von Stahltragwerken; Berechnung mit Teilsicherheitsfaktoren, Erläuterungen und Berechnungsmöglichkeiten, Entwurf 7/85
TGL 13 450/01	Stahlbau; Stahltragwerke im Hochbau; Berechnung mit Teilsicherheitsfaktoren, Entwurf 7/86
TGL 13 450/02	Stahlbau; Stahltragwerke im Hochbau; Berechnung nach dem Traglastverfahren 3/75 und 3/84
TGL 13 450/03	Stahlbau; Stahltragwerke im Hochbau; Berechnung von Dachpfetten und Wandriegeln 9/78
TGL 13 450/04	Stahltragwerke im Hochbau, Profilbleche in Dächern, Wänden und Geschoßdecken, 12/85
TGL 13 450/05	Stahltragwerke im Hochbau, Dünnblechverbindungen, Entwurf 12/85
TGL 13 474	Stahlbau; stählerne Stapelregale; Berechnung, bauliche Durchbildung, 8/85
TGL 13 470	Stahlbau; Stahltragwerke der Hebezeuge; Berechnung, bauliche Durchbildung 10/74
TGL 13 471	Stahlbau; Stahltragwerke für Kranbahnen; Berechnung mit Teilsicherheitsfaktoren, Entwurf 6/85
TGL 17 870/02	Hebezeuge; Kranschienen: Schienenprofil mit breitem Fuß, 5/66
TGL 34 963	Hebezeuge; Laufräder; Berechnungsgrundlagen zur Auswahl 7/78
TGL 20-360 101	Hebezeuge; Einträger-Brückenkrane mit Elektrozug und elektrischem Fahrantrieb; Kennwerte, Hauptabmessungen 12/71
TGL 10 384	Hebezeuge; Zweiträger-Brückenkrane; Kennwerte, Hauptabmessungen 12/65
TGL 32 457/01	Hochregallager — Termini, Funktionsbedingte Forderungen, Entwurf 1/86
TGL 35 690	Regalförderzeuge; Kennwerte; Hauptabmessungen, 11/83
TGL 29 039	Regalförderzeuge; Technische Lieferbedingungen, 11/87
TGL 32 457/04	Hochregallager; Sprühwasser-Feuerlöschanlage 2/84
TGL 22 903	Bewegungsfugen in Bauwerken; Anordnung und Ausbildung 4/83
TGL 25 025	Rohrleitungsbrücken; grundsätzliche Forderungen 12/70
TGL 25 026	Bandbrücken; grundsätzliche Forderungen 12/70
TGL 21-381 702	Bandbrücken geschlossen, für lichte Breite 3100 bis 6100; Typen, Hauptabmessungen, Kennwerte (Berichtigung vom 11.65 Mitteilung der ZFS 2/65)
TGL 7971	Vierkantstahl warm gewalzt; für allgemeine Verwendung Abmessungen (Berichtigung vom 17.6.68) 2/66
TGL 7973	Flachstahl warm gewalzt; für allgemeine Verwendung, Abmessungen (Berichtigungen vom 18.3.68 und 17.6.68) 12/66
TGL 0-1025	I-Profilstahl; warm gewalzt, Sortiment 5/79
TGL 29 658	I PE-Profilstahl; warm gewalzt parallelflanschig, Sortiment 11/82
TGL 26 088/01	I-Träger, geschweißt; doppeltsymmetrisch; Abmessungen, statische Werte 10/72
TGL 24 889/02	Verankerung von Maschinen, Apparaten und Konstruktionen; Verankerung mit Steinschrauben 7/74
TGL 24 889/03	Verankerung von Maschinen, Apparaten und Konstruktionen; Verankerung mit Bohrankern 10/78
TGL 24 889/04	Verankerung von Maschinen, Apparaten und Konstruktionen; Verankerung mit Spezialbohrankern 3/79
TGL 24 889/05	Verankerung von Maschinen, Apparaten und Konstruktionen; Verankerung mit Ankerbarren 1/74
TGL 24 889/06	Verankerung von Maschinen, Apparaten und Konstruktionen; Verankerungselemente; Ankerbarren 9/73
TGL 24 889/07	Verankerung von Maschinen, Apparaten und Konstruktionen; Verankerungselemente; Hammerschrauben 9/73
TGL 9310/01	Gitterroste und Gitterroststufen für Industrieanlagen; Ermittlung der Tragfähigkeit 6/76
TGL 9310/02	Gitterroste und Gitterroststufen für Industrieanlagen; Technische Lieferbedingungen; Arbeitsschutz, Prüfung 6/76
TGL 9310/03	Gitterroste und Gitterroststufen für Industrieanlagen; Einbau 11/78
TGL 9310/04	Gitterroste und Gitterroststufen für Industrieanlagen; Lagesicherungselemente 6/76
TGL 10 694	Treppen, Leitertreppen, Steigleitern und Aufstiege über Steigeisen; Schrägrampen, Geländer, Brüstungen; funktionelle und bautechnische Forderungen 9/69
TGL 28 371	Stahltrapezprofile verzinkt und verzinkt mit organischen Schutzschichten; kalt geformt 6/75
TGL 24 290	Profilierte Bleche aus Aluminium 2/80
TGL 22 972/13	Stützkernelemente; Deckschichten aus Aluminiumband; Kernschicht aus Polyurethan-Hartschaumstoff 12/75
TGL 24 778/01	Stahlbetonhohldielen; technische Lieferbedingungen 12/75
TGL 24 778/02	Stahlbetonhohldielen; Prüfung 12/75
TGL 24 778/03	Stahlbetonhohldielen; Anwendung 12/75
TGL 33 482/02	Deckenelemente aus Beton; Geschoßdeckenplatten für Wohngebäude und Gesellschaftsbauten 10/82
TGL 33 405/01	Betonbau; Nachweis der Trag- und Nutzungsfähigkeit; Konstruktionen aus Beton und Stahlbeton 10/80
TGL 33 405/02	Betonbau; Nachweis der Trag- und Nutzungsfähigkeit; Konstruktionen aus Spannbeton 10/80
TGL 112-0880	Mauerwerksbau aus künstlichen Steinen; Projektierung 2/65
TGL 33 403	Betonbau; Festigkeits- und Formänderungskennwerte 10/80
TGL 32 274/01	Lastannahmen für Bauwerke; Grundsätze 12/76
TGL 32 274/02	Lastannahmen für Bauwerke; Normeigenlasten und Reibungswinkel 5/79
TGL 32 274/03	Lastannahmen für Bauwerke; Verkehrslasten 12/76

TGL 32274/05	Lastannahmen für Bauwerke; Schneelasten 12/76	TGL 10705/03	Industrieschornsteine; Stahlbetonschornsteine 2/76
TGL 32274/07	Lastannahmen für Bauwerke; Windlasten 12/76	TGL 10705/04	Industrieschornsteine; Säureschornsteine 2/76
TGL 32274/09	Lastannahmen für Bauwerke; Lasten für Schüttgüter in Silos und Bunkern Entwurf 10/76	TGL 10705/05	Industrieschornsteine; Stahlblechschornsteine 10/79
TGL 33373/01	Bautechnische Maßnahmen für Erdung, Potentialausgleich und Blitzschutz; Begriffe, allgemeine Forderungen 2/81	TGL 20178/01	Drahtseile; Spiralseile aus Stahldrähten; 1 plus 6 = 7 Drähte 9/75
TGL 33373/02	Bautechnische Maßnahmen für Erdung, Potentialausgleich und Blitzschutz; Gründung 2/81	TGL 20178/02	Drahtseile; Spiralseile aus Stahldrähten; 1 plus 6 plus 12 = 19 Drähte 9/75
TGL 35268	Gummifederpuffer; Abmessungen, Kennwerte 4/78	TGL 20178/03	Drahtseile; Spiralseile aus Stahldrähten; 1 plus 6 plus 12 plus 18 = 37 Drähte 9/75
TGL 12530/05	Stähle für den Stahlbetonbau; Spannstahl St 60/90; warm gewalzt 8/74	TGL 20178/04	Drahtseile; Spiralseile aus Stahldrähten; 1 plus 6 plus 12 plus 18 plus 24 = 61 Drähte 9/75
TGL 10685/01	Bautechnischer Brandschutz; Begriffe 4/82	TGL 37706	Maßordnung im Bauwesen; Grundbestimmungen 10/81
TGL 10685/02	Bautechnischer Brandschutz; Brandlast, Brandlaststufen 4/82	TGL 37707	Maßordnung im Bauwesen; Systemlinien, Systemmaße und Baurichtmaße für Gebäude 3/83
TGL 10685/03	Bautechnischer Brandschutz; Brandsperren, brandschutztechnische Gebäudeabstände 4/82	RGW 182-75	Grundstandards der Austauschbarkeit; Metrisches Gewinde; Hauptmaße 8/78
TGL 10685/04	Bautechnischer Brandschutz; Evakuierungswege für Personen in Bauwerken 4/82	DIN 18806	Teil 1 Verbundkonstruktionen; Verbundstützen 9/81 Entwurf
TGL 10685/05	Bautechnischer Brandschutz; Löschwasserversorgung, Zufahrten und Zugänge der Feuerwehr 4/82	DIN 1055	Blatt 3 Lastannahmen für Bauten; Verkehrslasten 6/71
TGL 10685/06	Bautechnischer Brandschutz; Brandgefahrenklassen 4/82	DIN 1025	Teil 2 Formstahl; warmgewalzte I-Träger, breite I-Träger, IPB-Reihe; Maße, Gewichte, zulässige Abweichungen, statische Werte
TGL 10685/07	Bautechnischer Brandschutz; Feuerwiderstandsklassen, Forderungen an Ausbaukonstruktionen 4/82	DIN 1025	Teil 3 Formstahl; warmgewalzte I-Träger, breite I-Träger, leichte Ausführung, IPBl-Reihe; Maße, Gewichte, zulässige Abweichungen; statische Werte
TGL 10685/08	Bautechnischer Brandschutz; Brandabschnittsgröße 4/82	DIN 1025	Teil 4 Formstahl; warmgewalzte I-Träger, breite I-Träger, verstärkte Ausführung, IPBv-Reihe; Maße, Gewichte, zulässige Abweichungen, statische Werte
TGL 10685/09	Bautechnischer Brandschutz; Rauch- und Hitzeableitung 4/82		
TGL 30350/04	Gesundheits- und Arbeitsschutz; Hebezeuge; sicherheitstechnische Mittel, Warn- und Signaleinrichtungen 7/81	Sowjetische Vorschriften	
TGL 30350/09	Gesundheits- und Arbeitsschutz; Hebezeuge; sicherheitstechnische Forderungen für Laufstege, Podeste, Auf- und Abstiege, Sicherheitsabstände 7/81	SNiP II-23-81	Stroitel'nye Normy i pravila, Normy projektirovanija, Stal'nye konstrukcii (Baunormen und Regeln, Projektierungsnormen, Stahlkonstruktionen) Moskva 1982
TGL 13480	Stahlbau; stählerne Antennenwerke; Berechnung, bauliche Durchbildung 3/72	SNiP II-2-80	Promyšlenye normy dlja proektirovanija zdanij i sooruženij (Brandschutznormen für die Projektierung von Gebäuden und baulichen Anlagen)
TGL 13481	Stahlbau; stählerne Bohrgerüste; Berechnung, bauliche Durchbildung 2/64	SNiP II-104-76	Skadskie zdanija i pomeščenija dlja obščego ispol'zovanija (Lagergebäude und -anlagen zur allgemeinen Verwendung)
TGL 10705/01	Industrieschornsteine; bautechnische Grundsätze 2/76		
TGL 10705/02	Industrieschornsteine; Mauerwerksschornsteine 2/76		

Sachwörterverzeichnis

Ankerschrauben 67, 68, 69
Anschlüsse
   Fachwerkstäbe 90
   Riegel 40
   Träger 43
   Verbände 103, 179, 221
Apparategerüste 200, 206
Auflagerung
   Fachwerkbinder 92
   Industriebrücken 219
   Kranbahnträger 119, 180
   Kranschienen 180
   Pfetten 35
   Träger 43
   Treppen 60

Biegeträger
   mit durchbrochenem Steg 49
   vollwandiger 45
Brandschutz 154, 248
Brücken
   Bandbrücken 208
   Rohrleitungsbrücken 208
Brückenkrane 171
Bühnen 41
Bühnenabdeckung 42, 202
Bunker 229
Bunkergerüste 200

Dachelemente 21
Dampferzeugergerüste 191
Decken 41
Deckenbeläge 42
Druckstab
   abgestützt 261
   verstärkt 259
   vorgespannt 261
Dübel 51, 54, 153

Einspannung 67
EKOTAL-Trapezprofilbleche 23, 51
Endquerscheiben von Brücken 220
Ermüdungsfestigkeitsnachweis 171

Fachwerkträger 86
Faltwerk 84
Freikranbahn 161

Gebäude
   eingeschossige 49
   mehrgeschossige 137
Gelenk
   Pfetten 30, 36
   Stützenfuß 64
Gerüste 191, 200
Gitterroste 42

Hallenbauten 79
Hallenkranbahn 161
Hallenstabilisierung 79
Hallensysteme 81, 83, 84
Hochregallager 244
Hüllelemente 21
   metallische 21
   nichtmetallische 29
Hybridträger 47

Kesselgerüste 191
Knicklängenbeiwerte
   Rahmenstiele 130
   R-Träger 97
   Stockwerkrahmen 145
   Stützen 112—118
Knoten
   Fachwerk 90, 91
   Kranbahnen 176, 178, 180
   Raumstabwerk 100
   Stockwerkrahmen 151
Konsole 72
Korrosionsschutz 154, 248
Kranbahnen 161
Kranschienen 169, 180

Lastannahmen
   Hallenbauten 79
   Hochregallager 248
   Industriebrücken 213
   Industriegerüste 195, 201
   Kranbahnen 163
   mehrgeschossige Gebäude 141
   Pfetten 29
   Riegel 41
   Treppen 61
Leitern 59

Maste 233

Pfetten 29
Profilgestaltung
   Fachwerke 89
   Industriebrücken 219
   Industriegerüste 196, 202
   Pfetten/Riegel 29, 34, 40
   Rahmen 120
   R-Träger 97
   Stützen 102, 149, 196, 202
   Träger 41

Querschnitte
   Hallen 81, 83, 84, 85
   Industriebrücken 216
   Kranbahnträger 169, 170
   Kranschienen 180
   Pfetten 29, 34
   Riegel 40
   Stützen 102, 149, 196, 202

Rahmenecken 70
Rahmenstiele 129
Raumstabwerke 99
Rekonstruktionsmaßnahmen 253
Riegel 41
R-Träger 97

Schnittkräfte
   abgespannte Maste 233
   Binder-Stützen-Systeme 105
   Rahmensysteme 130
Seiltragwerke
   abgespannte Maste 233
   Hallen 84
Silogerüste 200
Silos 229
Stabilisierung
   Hallen 79

Industriebrücken 219
Industriegerüste 194, 200
Kranbahnen 176, 177
mehrgeschossige Gebäude 139
Stabilitätsnachweis
   Druckstab 120, 259
   Kranbahnträger 174
Stahlverbunddecken 50
Stahlverbundstützen 262
Stahlverbundträger 53
Stöße
   Gerüststiele 203
   Träger 44
   Stützen 102, 149, 179, 222, 259
Stützenfuß
   Einspannung 67, 179, 222, 279, 282
   Gelenk 64, 179, 205, 222, 247
Systeme
   Dachtragwerke 81, 83, 84
   Fachwerkbinder 87
   Industriebrücken 212
   Industriegerüste 195, 200
   mehrgeschossige Gebäude 139
   Pfetten 30
   Rahmen 120
   Stützen 102, 103, 129
   unterspannte 94

Tragreserven
   Materialfestigkeit 280
   plastische 279
   räumliche Tragwirkung 275
Treppen 59
Typenkranbahnträger 189

Unterspannung 94, 273, 280

Verbände
   Dach 81
   Giebel 81, 83
   Industriebrücken 218, 219
   Industriegerüste 194, 200
   Kranbahnen 169, 178
   Längswände 81, 83
   mehrgeschossige Gebäude 140
Verbundbauweise 50, 53, 262
Verbundsicherung 52, 55
Verstärkung
   Biegestab 267
   Druckstab 259
   Stabsysteme 272
   Zugstab 257
Vorschriften
Vorspannung
   Biegeträger 268
   Druckstab 259
   Fachwerkträger 85, 274
   Hüllelemente 22
   Pfetten 34
   Zugstab 258

Wabenträger 49, 97
Walzträger 41
Wandriegel 41

Zugstab 257
Zugstangen 31